人工智慧的現在與未來

它將如何改變全世界

施永強教授 著
Prof. Frank Yeong-Chyang Shih, PhD

感謝您購買旗標書，
記得到旗標網站
www.flag.com.tw
更多的加值內容等著您…

<請下載 QR Code App 來掃描>

● FB 官方粉絲專頁：旗標知識講堂

● 旗標「線上購買」專區：您不用出門就可選購旗標書！

● 如您對本書內容有不明瞭或建議改進之處，請連上旗標網站，點選首頁的 聯絡我們 專區。

若需線上即時詢問問題，可點選旗標官方粉絲專頁留言詢問，小編客服隨時待命，盡速回覆。

若是寄信聯絡旗標客服 email，我們收到您的訊息後，將由專業客服人員為您解答。

我們所提供的售後服務範圍僅限於書籍本身或內容表達不清楚的地方，至於軟硬體的問題，請直接連絡廠商。

學生團體 訂購專線：(02)2396-3257 轉 362
傳真專線：(02)2321-2545

經銷商 服務專線：(02)2396-3257 轉 331
將派專人拜訪
傳真專線：(02)2321-2545

國家圖書館出版品預行編目資料

人工智慧的現在與未來：它將如何改變全世界／施永強教授 著. -- 初版. -- 臺北市：旗標科技股份有限公司, 2024.10　面；　公分

ISBN 978-986-312-812-0(平裝)

1.CST: 人工智慧　2.CST: 技術發展　3.CST: 個案研究

312.83　113015668

作　　者／施永強教授

發 行 所／旗標科技股份有限公司

台北市杭州南路一段 15-1 號 19 樓

電　　話／(02)2396-3257(代表號)

傳　　真／(02)2321-2545

劃撥帳號／1332727-9

帳　　戶／旗標科技股份有限公司

監　　督／陳彥發

執行企劃／林佳怡

執行編輯／林佳怡

美術編輯／林美麗

封面設計／林美麗

校　　對／林佳怡

新台幣售價：680 元

西元 2024 年 10 月 初版

行政院新聞局核准登記 - 局版台業字第 4512 號

ISBN 978-986-312-812-0

獻辭

謹以此書獻給

教導我樂觀進取、奮發向上的模範父母

施明宗先生和林淑慎女士

以及

賢淑且給予我無限幸福與喜悅的妻子黃安玲醫師、

令我引以為榮的兒子施亞倫醫師和女兒施亞婷醫師，

並感謝所有在此書完成過程中，給予我鼓勵和支持的師長與朋友們！

施永強

作者簡介

施永強教授 (Professor Frank Yeong-Chyang Shih) 出生於臺南市，四歲時父親為了給孩子創造更好的教育條件，做出了重大的決定和犧牲。將工作遷至高雄市，並全家搬遷至此。祖父施吉成在擔任臺南市安南區安順國小老師期間，熱心教學，特別關懷貧困學生，因表現優異被推選為校長，並當選為臺南市參議員。父親施明宗在擔任高雄市鹽埕國小教師期間，以勤奮敬業和熱心服務著稱，因表現卓越被推選為總務主任。他非常重視數學，常教育我們：「一切科學均以數學為本」。先後獲得四十八次獎勵、兩次記大功，並榮獲『高雄市十大優良教師』及『高雄市模範徵屬代表』的殊榮，曾受邀至總統府接受教育獎章。母親施林淑慎性格淳樸，熱心助人，深受鄰里讚譽。她以孝順的態度和細心的照顧獲得了『高雄市模範母親』的榮譽。教育世家的背景對施永強教授產生了深遠的影響，使他對教育事業抱有極大的熱情和關注。

施教授先後畢業於鹽埕國小、鹽埕國中、高雄中學、國立成功大學電機工程系、美國紐約州立大學石溪分校 (SUNY Stony Brook) 電機碩士以及印第安納州立普渡大學 (Purdue University) 電機電腦博士。1988 年 1 月，施教授受聘於美國紐澤西州立理工大學 (New Jersey Institute of Technology) 擔任助理教授，五年後取得終身職副教授，再五年後升等為正教授。

施教授歷任系主任、研究所所長、碩士委員會主席和博士委員會主席等職務，並曾任全校評鑑教授升等暨終身聘任權委員會主席。主屬電腦科學系，附屬電機工程系、生物醫學工程系和資訊科技系。現擔任人工智慧電腦視覺實驗室主任，以及臺灣留學生聯誼會的指導教授。施教授至今指導並畢業過三十多位博士生及三百多位碩士生。在社區服務方面，曾任大紐約區海外臺灣人筆會會長、大紐約區中工會理事和北美臺南同鄉同學會會長。

施教授迄今獲頒多項榮譽，包括紐澤西州立理工大學多次的最佳研究獎和最佳教學獎，且多次獲得國際學術期刊和研討會的最佳論文獎。他曾受邀於歐洲、亞洲、美洲等二十多所大學與研究機構擔任客座教授，包括臺灣的中央研究院、臺灣大學、成功大學、師範大學、清華大學、中山大學、臺灣科技大學、東華大學、宜蘭大學、臺東大學；美國的哥倫比亞大學 (Columbia University) 和普林斯頓大學 (Princeton University)；日本的國立情報學研究所 (National Institute of Informatics, Tokyo, Japan)；法國的國家科技學院 (Conservatoire National des Arts et Métiers, Paris, France) 和國家計算機科學與控制研究所 (INRIA, Institut national de recherche en informatique et en automatique)；以及中國的北京大學、北京交通大學、南京信息工程大學、上海大學、湖南中南大學和山東臨沂大學等等。

施教授獲得了多項美國國科會 (National Science Foundation) 的研究獎金，以及美國航空太空總署 (NASA, National Aeronautics and Space Administration)、美國陸軍、海軍、空軍及工業界 (如 AT&T、IBM) 的研究計畫獎金。現擔任國際模式識別與人工智慧期刊 (International Journal of Pattern Recognition and Artificial Intelligence) 的主編以及十多個國際專業學術期刊的副編。他還曾擔任過許多國際學術研討會的主席和委員。

施教授是國際著名的人工智慧、影像處理和模式識別專家學者，在數學形態學 (Mathematical Morphology)、模式識別和訊息隱藏等領域有著傑出的貢獻，尤其專攻於數位浮水印 (Watermarking) 和隱寫術

(Steganography) 的安全性和可靠性。他至今發表了兩百六十多篇學術論文，並著有五本書，包括《數位浮水印和隱寫術》(Digital Watermarking and Steganography)、《影像處理和數學形態學》(Image Processing and Mathematical Morphology)、《影像處理與模式識別》(Image Processing and Pattern Recognition)、《多媒體安全》(Multimedia Security) 和《留學美國、教育子女、邁向哈佛》等。

施教授擁有一個幸福美滿的家庭，支持他在教學與研究中的每一步。妻子黃安玲醫師出生於台中大甲，來自醫師世家。她北一女中、台北醫學院以及美國賓州 (University of Pennsylvania) 大學畢業。才智出眾，擁有卓越的智慧和洞察力，常常能夠解答各類困難的謎題。她性格善良大方，對家人關懷備至，無私奉獻，專注於相夫教子，全心照顧孩子。在施教授和妻子的共同教育下，他們的兩位兒女在美國高中均以創紀錄的極優異第一名成績畢業。除了在學業上取得傑出成就，他們還在鋼琴、小提琴、網球和游泳等方面也取得了卓越的成果，最終兩位都成功地獲得了世界頂尖學府哈佛大學 (Harvard University) 的錄取及獎學金。他們的成就讓教授感到無比驕傲！

兒子施亞倫 (Allen Shih) 於 2013 年從哈佛大學畢業，在四年間獲得學士和碩士雙學位，並以優異成績在畢業典禮接受表揚。2017 年畢業於耶魯大學 (Yale University) 醫學院，目前在哈佛醫學院附屬教學醫院 Beth Israel Deaconess Medical Center (BIDMC) 擔任醫師。

女兒施亞婷 (Jenny Shih) 於 2015 年從哈佛大學畢業，她的畢業論文獲得幹細胞研究所 (Stem Cell Institute) 的最佳論文獎，並被教授評為研究所等級。2019 年畢業於哈佛大學醫學院，目前在哈佛醫學院附屬教學醫院 Brigham and Women's Hospital (BWH) 擔任醫師。

目錄

第 6 章　深度學習

第二篇 人工智慧的應用

第 7 章 影像分析

第 8 章 浮水印 (Watermarking)

第 9 章 隱寫術 (Steganography)

第 10 章 自然語言處理 (Natural Language Processing, NLP)

第 11 章 自動化與機器人 (Automation and Robotics)

第 12 章 智慧城市

第 13 章 使用人工智慧的健康醫療 (Healthcare)

第三篇 人工智慧的研究實例

第 14 章 數學形態學的深度學習框架

第 15 章 深度形態神經網路

第 19 章　透過深度學習對生態數據進行分類

第 20 章　人工智慧在醫學影像進行肺炎分割和分類的聯合學習

第 21 章　創新的胸部 X 光影像分類技術：自適應形態神經網路的應用

第 22 章　基於單類二進位遮罩的土地覆蓋影像分割

第 23 章　FPA-Net：用於土地覆蓋影像分割的頻率引導定位注意力網路

第 24 章　基於隨機對抗式攻擊防禦的醫學影像退化標記激勵網路

第 25 章 用於防禦的自適應影像重建對抗式攻擊

第 26 章 基於決策樹的高效能摩托車多車牌偵測辨識系統

第 27 章 透過機器學習方法預測藥物毒性

第 28 章　統計小型車輛和人群的新型多資料增強和多深度學習框架

第 29 章　深度混合神經網路及其在息肉偵測的應用

第 30 章　利用全局限制對比度自適應直方圖均衡化增強醫學 X 光影像

參考文獻

推薦序文(一)

吳誠文 國家科學及技術委員會主任委員

2024.09.13

我與施永強教授初識，有幸於稍早訪美期間在參加大紐約地區臺灣筆會 (Taiwan Pen Club) 年會時見面相談，得知他四十多年來在學術界深耕人工智慧領域的教學與研究，表現傑出。他願意將畢生經驗寫成本書，成為學子及社會人士認識人工智慧知識及趨勢的重要參考資料來源，著實令人讚賞佩服。

這本書詳盡介紹了目前人工智慧領域重要的理論基礎與方法，例如機器學習、深度學習、生成對抗網路等，也介紹了重要的應用領域與發展方向，例如自然語言處理、電腦視覺、智慧城市、自動化與機器人、健康醫療等，是一本相當完整的學習人工智慧知識及趨勢的書籍。不止如此，它也詳盡介紹了許多人工智慧應用的研究實例，對於想要使用人工智慧工具解決實際問題的專業人士的確也是一本實用的參考書籍。

賴總統今年五月就任時立即提出以均衡臺灣、韌性臺灣、健康臺灣的國政願景推動建設臺灣成為人工智慧之島的施政目標，國科會依據這個重要政策目標擬定了三個方向，並結合行政院各部會制定各項行動方案，未來將逐步推動執行。這三個方向為 (1) 投資人工智慧系統研發（不只硬體研發），(2) 發展創新人工智慧系統產業（不只硬體製造產業），及 (3) 促進國民應用人工智慧工具的文化。

我發現以上這三個施政方向與本書的目標相當契合，因此推薦讀者仔細閱讀，定能提升出未來在人工智慧時代的價值。如果國民普遍具有應用人工智慧工具的文化，未來我們將能孕育出半導體與 AI 驅動的各種創新智慧系統產業，並且連接到我們已經發展非常成功，非常寶貴的製造供應鏈。

推薦序文(二)

陳良基 前科技部部長

在我就讀成功大學期間，便有幸結識了施永強學弟，他當時就展現出勤奮刻苦的學習態度。多年後，於 2019 年我擔任科技部部長期間，在考察美國科技產業及哈佛大學和麻省理工學院之際，有機會在波士頓科技組晚宴上聆聽施教授的精彩演講。在會中他對人工智慧科技發展的深入見解和精闢分析，令我印象深刻。

當 2017 年至 2020 年期間，我有幸擔任臺灣科技部部長，並在此期間提出了「人工智慧推動策略」，以我國 IC 產業的優勢為基礎，制定了「AI 小國大戰略」。這一策略旨在打造完整的創新生態圈—3D1C (Discovery-Development-Delivery-Commercialization)，希冀透過五箭齊發，迅速增強台灣在人工智慧研發上的實力與基礎建設，帶動下一波經濟轉型，提升國際競爭力，讓臺灣成為世界級人工智慧應用的重鎮及相關產業的研發、製造與價值創造中心。

施永強教授在這本《人工智慧的現在與未來：它將如何改變全世界》書中，透過其豐富的專業經驗和深入的研究，探討了人工智慧領域的最新創新及未來發展趨勢，並展望了 AI 將如何深刻改變我們的生活和社會結構。書中涵蓋了自然語言處理、電腦視覺、機器學習與深度學習、生成對抗網路、智慧城市、自動化與機器人技術，以及健康醫療等多個關鍵領域，為讀者提供了詳細的介紹。特別值得一提的是，書中包含了十七個精心設計的研究範例，這些範例為讀者提供了進一步學習和實踐的機會。

施永強教授在人工智慧領域有著四十多年的教學與研究經歷，他在書中以平易近人的方式，將深奧的 AI 知識轉化為易於理解的內容。透過這本書，相信讀者能夠快速有效掌握人工智慧的核心概念，並認識到其對全球社會的潛在影響。施教授在科技與教育領域累積了豐富的經驗，他透過詳實的分析和深刻的見解，生動地展示了人工智慧在不同領域的應用場景和未來發展潛力。這本書面向各類讀者，無論是對 AI 感興趣的初學者、社會大眾，還是致力於深耕 AI 領域的高中生、大學生及碩士、博士研究生，都能從中獲得全方位的人工智慧知識，並找到未來的研究方向。個人認為，這本書不僅僅是一本學術參考資料，更是一部引領讀者理解和應對未來挑戰的重要著作。對於那些希望在人工智慧領域有所成就的人來說，這本書無疑是一個不可或缺的資源。

推薦序文 (三)

深植人心的智慧變革

沈孟儒 講座教授 國立成功大學校長

施永強教授是成大電機工程系傑出校友，也是享譽國際的人工智慧、影像處理及模式識別學者，他在數學形態學、模式識別和訊息隱藏等領域成就斐然，迄今發表兩百六十多篇學術論文與五本專書，為學術界帶來豐富的知識寶庫，其貢獻卓越，備受推崇。能為《人工智慧的現在與未來：它將如何改變全世界》撰寫序文，我感到無比榮幸。

作為當前最具影響力的技術革新之一，人工智慧正以驚人速度席捲全球，無論是電腦視覺、自然語言處理，還是自動化與機器人，甚至是健康醫療領域，人工智慧的廣泛應用不僅影響著日常生活，也在推動社會進步中扮演著關鍵角色。施教授在書中以嚴謹的學術態度和清晰易懂的寫作風格，系統地講解人工智慧的基本概念和理論，更透過詳實的研究案例，展示人工智慧在不同領域中的具體應用，提供全面性的學術視野和實踐指導。

這本書結合施教授深厚的教學與研究經驗，為我們揭示人工智慧領域的最新發展與應用前景，幫助大家快速掌握人工智慧如何在各個領域帶來顛覆性的影響。身處在科技快速發展浪潮、資訊不斷更新的世界脈動裡，期盼這本書能成為您的指南針，指引您在這充滿機遇與挑戰的科技時代中開創未來。

推薦序文(四)

得 AI 道者得天下智慧

黃光彩 於 Rockville, Maryland.
亞洲大學講座教授、
前 IBM 全球副總、台師大校長

Open AI 在 2022 年 11 月推出 ChatGPT 測試版後 2 個月內用戶增加到 1 億，創下了史上最短時間達到 1 億用戶的目標。自此以後人工智慧 AI/GAI 的名詞隨處可見，大家都在討論 AI，不僅是一般的使用者，軟體工程師及硬體工程師也都全民參與。一股 AI 的風潮，席捲全球，全球的股市也屢創新高。今年六月初 Taiwan 的 Computex 2024 更聚集歷屆最多科技大廠 CEO 們接力開講，包括 AMD 的蘇姿丰、Nvidia 的黃仁勳、Supermicro 的梁見後、Intel、Qualcomm、Microsoft、Google、Synopsys、AWS、Micron、Arm、NXP Semicon、Seagate、Ampere、Phison 等大廠，把台灣推向全球運算革命的核心地位。以「AI 串聯、共創未來 (Connecting AI)」為主軸，計有來自 36 國 1,500 家企業參展、使用 4,500 個攤位，吸引了 5 萬名國內外業界專家蒞臨參觀。全球經歷一場巨大的轉變，臺灣因為掌握了先進的半導體製造技術，處於人工智慧革命的中心，成為全球供應鏈的關鍵參與者。 因此台灣政府主動要與業界共同投資打造臺灣成為 AI 智慧島，保證會維持穩定供電，建置超級電腦，以及持續培養人才，讓臺灣建立更多 AI 量能，成為全球 AI 生態系的心。

人工智慧 (AI) 領域迎來了前所未有的進步。從語音助手到自動駕駛，AI 的影響已遍及我們生活的方方面面。最近兩年，AI 技術取得了顯著的進展，並對各個領域產生了深遠的影響，這些技術包括：

(1) **多模態生成式 AI**：它結合了文本、圖像和視訊等多種形式，能夠更全面地理解和回應用戶需求。例如，用戶可以透過文本描述生成相應的視訊內容，這在電影製作、教育和廣告行業中具有巨大潛力。

(2) **獨立運行的生成式 AI**：隨著技術進步，越來越多的 AI 應用能夠在個人設備上獨立運行，而不依賴於雲端伺服器。這提高了用戶的隱私保護，並使 AI 應用更加便捷和普及。

(3) **生成式 AI 和可穿戴技術的結合**：AI 技術與可穿戴設備的結合提供了個性化的健康監測和即時翻譯等功能，讓科技產品更加智慧，並為用戶提供了全新的互動方式，這也將提供老人照護所需的社交人形機器人 (Humanoid)。

(4) **專業化生成式 AI**：這種 AI 在特定領域 (如醫療、法律等) 提供更精確的建議和分析，根據特定行業的數據和知識進行深入學習，從而提供更專業和準確的服務，協助工作品質的提升。

(5) **多工機器人**：AI 技術的進步使得單一模型可以執行多種任務，這在自動駕駛、無人飛機、工業自動化和家庭機器人等領域具有廣泛應用。

(6) **AI 生成的網路假訊息**：隨著 AI 生成技術的進步，網路虛假資訊、深度偽造和詐騙集團成為一大挑戰。這些技術的濫用可能對政治和社會穩定產生嚴重影響。

(7) **法律和倫理問題**：AI 技術的發展引發了許多法律和倫理問題，如版權、隱私和道德問題。法律問題如誹謗和名譽損害；議題干擾和隱私權等。倫理問題如誠信和透明度破壞了公共信任；責任歸屬由於較難追溯其來源；社會影響：可能引發社會恐慌、分裂和不信任等。這需要制定相應的法律法規和倫理準則來規範 AI 的發展和應用，企業需要謹慎應對其帶來的挑戰。

施永強教授在 AI 領域多年的貢獻非常豐富且多樣，涵蓋了多個跨領域的影響。包括：

(1) **圖像處理和電腦視覺演算法**：這是目前熱門領域，無人載具 (無人車、無人機、無人潛艇) 所需要的技術，如圖像分割、特徵提取和物體識別等。他的研究也包括針對對抗性攻擊的自適應圖像重建和土地覆蓋圖像分割等。

(2) **醫學影像分析**：他在醫學影像分析方面的貢獻，包括胸部 X 光圖像分類和使用深度混合神經網路進行息肉檢測等，同樣的技術也可用在半導體的檢測、製造業的品管及農產品的自動篩選、等級分類等。

(3) **媒體安全及版權保護**：有了快速穩健的圖像浮水印技術和多媒體安全，可以保護數位內容免受未經授權的盜用及竄改。

(4) **AI 和機器學習的應用**：包括開發深度學習框架，用於各種應用，如藥物毒性預測和對抗性攻擊的防禦。

(5) **太陽能影像分析**：施教授還致力於太陽能影像特徵的自動檢測和分類，為空間天氣研究做出了貢獻。

施教授把他過去的教學與研究的經驗寫成本書，用中文出版，以深入淺出的方式，娓娓道來人工智慧的原理及 17 個創新應用的例子，讓看過這本書的人能有一個循序漸進且全面性的了解。也能給閱讀此書的朋友，不論是在研究上、學習上、工作上、生活上有相當的啟發。相信對一般讀者、二代企業家甚至年輕的高中生對 AI 的認知與創新應用，會很有貢獻。這本書不僅推動了跨領域發展 AI 的應用，還會對 AI 應用在實際生活面產生深遠的影響。

施教授在 New Jersey Institute of Technology (NJIT) 任職正教授三十多年，曾經歷電腦系系主任、NJIT 全校教授升等暨終身聘任權的評鑑委員會主席、研究所所長、博士委員會主席、碩士委員會主席。獲得多項美國國科會的研究獎金，美國航空太空總署、美國陸軍、海軍、空軍及工業界 (AT&T、IBM) 的研究計畫獎金，還擔任十多個國際專業學術期刊的主編及副編，許多國際學術研討會的主席和委員。發表過逾兩百六十多篇的學術研究論文，並著有五本專業的大學及研究所教科書。是一位傑出的 AI 專家。在紐約，他更是為台灣人社團的志工，盡心服務，是一位紐約地區台灣人意見領袖，廣受尊敬。本書前面，施教授更有篇章提及早年台灣人到美國的留學生生活情趣，讓我這位有和他類似經歷的人喚起回憶（他在普渡，我曾在伊利諾香檳），更是感同身受，特別向想了解人工智慧發展的讀者，推薦此書，值得細讀。

推薦序文 (五)

涂醒哲 醫師 臺灣產業科技推動協會理事長
前衛生署長、立法委員、國策顧問、嘉義市長

人工智慧 (AI) 必將改變人類，AI 的發展被視為第四次工業革命，其力量的強大，影響的範圍將遠超過前三次工業革命。

臺灣何其有幸，在這波 AI 的浪潮中，臺灣站在浪尖，引領風騷。AI 相關的產業近來帶動臺灣股票市值大幅成長，股市從馬英九總統 8 年執政，一直原地踏步的 8000 多點，在蔡英文總統執政後一路奔馳，2024 年交棒給賴清德總統時，已經穩穩站上 20000 多點。台積電市值甚至高達近兆美元，擠進全球前十大，堪稱臺灣的護國神山。

尤其讓臺灣人振奮的是帶動此波 AI 革命的黃仁勳，是道地的臺灣臺南人。他成立的 NVIDIA，市值竟然曾經超過微軟，成為全球市值第一的公司。而駕著 AI 浪潮飛奔而來的重要人物，還有超微 (AMD) 的蘇姿丰及美超微 (SuperMicro) 的梁見後，也都是臺灣人。臺灣人民走路有風，成為 AI 革命最大的精神及財富的受益者。

但 AI 之所以能夠成為顯學，除了台積電精密的半導體晶片製造技術及 NVIDIA 的 GPU 快速運算能力外，讓 AI 能夠學習、判斷甚至思考，進展到生成式人工智慧 (Generative AI)，其上游的神經網路運算邏輯更是功不可沒。未來下游的應用端會需要更多的軟體開發，才能畢 AI 之功於一役。

其中不能不提到的就是另一個臺灣人，也是臺南人的施永強教授。沒有施教授，AI 可能做不到今日令人驚嘆的成果。

施永強教授畢業於國立成功大學電機工程系後到美國留學，獲得紐約州立大學石溪分校電機碩士以及印第安納州立普渡大學電機電腦博士。在 1998 年就做到美國紐澤西州立理工大學正教授。施教授橫跨電腦科學、電機工程系，以及生物醫學工程和資訊技術各種專長，現擔任人工智慧電腦視覺實驗室主任。施教授除了得獎無數外，也曾受邀於歐洲、亞洲、美洲的二十多所大學與研究機構擔任客座教授，也曾回來臺灣的中央研究院、臺灣大學等多家大學教育英才。去年他到臺灣大學向電腦碩博士學生上課時，我還特地去旁聽學習。

施教授是國際著名的人工智慧、影像處理和模式識別專家學者，專攻於數位浮水印和隱寫術的安全性和可靠性。他發表了兩百六十多篇學術論文，並著有五本書，可以說是 AI 領域的拓荒者及領導者。他也出書關心《多媒體安全》，對飽受中共網軍攻擊的臺灣，提供更多 AI 時代來臨的網路安全警訊。

更令人敬佩的是在非常忙碌的學術生涯中，施教授還能不忘愛臺灣的初心，他不但擔任臺灣留學生聯誼會的指導教授，並曾任大紐約區海外臺灣人筆會會長和北美臺南同鄉同學會會長。甚至出版「留學美國、教育子女、邁向哈佛」，啓廸後進。

由於施教授的臺灣情，讓我上次去紐約拜訪蘇春槐博士（蘇姿丰父親）時，有機會認識施教授，相談甚歡。

AI 能有用必須仰賴電腦視覺，利用生成對抗網路這種強大的生成模型，可以生成逼真的影像和影片。當 AI 能進一步看到東西，了解資料並進一步分析思考，才能產生有意義的結果，這方面正是施教授的專長。

施教授在本書「人工智慧的現在與未來：它將如何改變全世界」中，以其專業，為 AI 如何運作，如何發展，如何改變全世界，以其生動之筆，娓娓道來。從 AI 的歷史、電腦視覺、機器學習、深度學習談到語言處理及機器人。我最高興的是施教授還特別提到健康醫療，尤其如何增強醫學 X 光影像，包括對肺炎的分類，對息肉的偵測…，未來人工智慧將會大幅改變醫師影像判斷的品質及效率。未來也將如黃仁勳所期待的，健康產業才是 AI 最終最有意義的落腳處。

施教授這本書是迎接 AI 時代的現代人必讀之作。不管是大學生、研究生，所有想要深入了解人工智慧背景和未來發展趨勢的人，閱讀此書，都將受益無窮。

特為之序！

推薦序文（六）

傅楸善 台大資訊工程系教授
2024 年 7 月 27 日

《人工智慧的現在與未來：它將如何改變全世界》是很精采的書。美國紐澤西州立理工大學 (New Jersey Institute of Technology) 施永強教授是傑出的國際知名學者，也是國際模式識別與人工智慧期刊 (International Journal of Pattern Recognition and Artificial Intelligence) 的主編。感謝他於 2021 年邀請我擔任編輯。本書深入淺出，將人工智慧從學術的象牙塔用通俗易懂的講法介紹給廣大群眾，非常難能可貴。

感謝上帝的賞賜。本人在 1992 年從美國哈佛大學電腦科學系獲得博士學位，在美國電話電報公司貝爾實驗室 (AT&T Bell Laboratories) 工作 9 個月，學習工業界經驗後，於 1993 年 2 月回國在台大資訊工程系作育英才超過 31 年，專注於電腦視覺與數位影像處理研究。正是人工智慧最重要的應用。

本書第三至九章涵蓋的機器學習與深度學習是電腦視覺與數位影像處理的骨幹。應用在醫學影像輔助診斷，可以增進全民的健康。應用在自動光學檢測，可以偵測出晶圓瑕疵，讓護國神山台積電可以改善良率，進而協助輝達邁向世界第一大市值公司，也造就臺灣出生的三兆男黃仁勳董事長。

人工智慧的技術仍有很大的努力空間。自動駕駛技術離第 5 階：在任何狀況下全自動駕駛，目前仍是夢想。臺灣與日本的少子化現象是國安問題，可能會亡國。少子化所伴隨的超高齡老年化社會所需要的老年照護人力與技術，也很可能要靠人工智慧解決。希望未來國家的主人翁，讀了這本書後受到啟發，將來投入人工智慧的研究與發展，會是國家的福祉。

作者自序文

施永強 二〇二四年寫於美國紐澤西州

教育是百年樹人的重要事業，個人的成就不能僅僅依靠考試成績或固定的標準來衡量。正如俗話所說：「條條大路通羅馬」，這種多元化的觀念應成為父母和學生的共識。教育的真正目的不在於培養出千篇一律的學生，而是在於充實精神生活和強調思維的發展。教育過程應透過持續的思考、經驗的重組和創新來拓展學生的視野，使學習變得更愉快，並培育出更符合社會需求的人才。在當今這個資訊化、高科技和高人文的國際社會中，教育事業更重大關係到國家的興衰。

臺灣的人工智慧教育正在迅速發展，涵蓋從中小學到大專院校的廣泛範圍。AI 相關課程和培訓已逐漸成為教育系統的一部分，目標是培養未來所需的科技人才。臺灣的中小學教育已經開始引入程式設計和基本 AI 概念的課程。教育部推動了「程式教育」政策，鼓勵學校將程式設計納入正式課程，以提升學生的邏輯思維和解決問題能力。學生可以學習如 Scratch 和 Python 等程式語言，來掌握 AI 的基本概念和應用。此外，一些學校提供專門的 AI 選修課程，涵蓋機器學習、資料科學和神經網路等領域。這些課程通常結合數學和計算機科學，幫助學生理解 AI 的基本原理和實際應用。

Scratch 是一種視覺程式語言，透過多個區塊代碼幫助孩子們開發遊戲。每個區塊具有預定的功能和顏色，這有助於孩子們理解不同的用途。他們可以變更角色、添加音效、構建物件，這使得孩子們能夠輕鬆地進行繪圖、製作動畫，並創造自己的故事。這不僅能激發他們的創意，還能為未來學習更複雜的動畫軟體和工具打下良好的基礎。

另一方面，Python 是一種程式語言，廣泛應用於網路、桌面和移動應用程式的開發，特別是在人工智慧、機器學習、資料科學和數據分析等領域中表現突出。Python 的主要優勢在於其可讀性，程式碼結構清晰易懂，這是許多其他程式語言所不具備的。

臺灣的許多大學已設立了人工智慧相關的學位課程和研究項目，涵蓋本科、碩士和博士課程。這些課程不僅專注於深度學習、自然語言處理和電腦等技術，也包括 AI 在醫療、金融和製造業等多個領域的應用。此外，許多大學和研究機構也積極參與 AI 技術的研發，並與工業界合作進行實際應用的研究與開發。臺灣政府與產業界更積極地推動 AI 教育的普及，政府提供獎學金和研究經費，以支持學生和研究人員深入學習和研究 AI 技術。許多科技公司和新創企業與學術界合作，提供實習機會和專業培訓，幫助學生將學術理論應用於實際工作中。

在本書中，我記錄了為實現理想而奮鬥的一生，從臺灣遠赴美國留學開始，並與讀者分享其求學和留美經歷、教育歷程的反思，以及畢業後從事教學和研究的經驗。本書綜合了我四十多年來在人工智慧教學與研究方面的豐富經驗，以淺顯易懂的方式，引導初學者、社會大眾、高中生、大學生以及碩士和博士研究生全面了解人工智慧，並精確掌握其研究方向。

臺灣的教育體系往往重視考試，強調記憶標準答案，而相對忽略推理研究和知識的應用。學生通常缺乏自主探索答案的機會，缺少啟發性質的創作計畫和家庭作業，社會普遍期望學生迅速達成目標。而在美國，教育體系更加自由開放，學校注重培養學生的創造力和個人價值。美國的中小學教育中，教師強調人道主義價值觀，鼓勵學生思考重大問題的成因及其解決方案，並引導他們關注人類的福祉。這些問題往往沒有標準答案，學生需要透過收集資料、深入思考，並將資料轉化為有價值的資訊，最終形成自己的結論。

在大學招生方面，美國不以統一考試為唯一標準，SAT 或 ACT 考試僅作參考之一。除了學業成績以外，學校還重視學生在課外活動中的表現，包括社區服務、特殊才藝（如音樂、美術和運動等），以及領導統御能力。這些因素都對學生的錄取有著重大的影響。由於沒有統一考試的壓力，美國高中生可以根據自己的興趣選修課程，學習自己感興趣的領域。因為沒有普遍的升學補習文化，學生在課餘時間可以積極參與社區活動。這不僅增強了他們對社區的認同感，也培養了他們對所屬環境的責任感。教育的核心目標是讓學生在快樂中學習，找到適合自己發展的道路。要實現教育改革，必須先有清晰的「理想」，並確立有效的「方法」，設立具體的「目標」，並規劃實施的「步驟」。唯有如此，才能克服挑戰，達成教育改革的成功。

2012 年暑假，我回到家鄉臺灣，受聘於臺北南港區中央研究院資訊科學所擔任客座教授。我有時乘坐交通車從臺灣大學前往中研院，有時則搭乘臺北捷運至南港站，再轉乘公車抵達中央研究院。行程中常見許多年輕學子在這座城市中為前途努力奮鬥，他們的熙來攘往讓我感觸良多。

倚於車窗旁，隨著車輛的顛簸，我不禁回想起那些閃現而過的年輕面孔，內心萌生了將我們這一代人在美國留學奮鬥的經歷記錄下來的想法，希望藉此激勵後進。臺灣的未來取決於經濟發展，而經濟的未來則依賴科技。因此，臺灣應當以科技立國。美國作為尖端科技的領導者，臺灣最寶貴的資源之一便是能將在美國取得的成就和經驗帶回國內，或者透過技術合作的方式，實現科技轉移，推動臺灣的科技發展。

當我漫步於中央研究院的胡適紀念館時，見到了胡適先生的名言：「要怎麼收穫，先那麼栽。」胡適先生還曾說過：「被孔丘、朱熹牽著鼻子走，固然算不得英雄，可是被馬克思、列寧、史達林牽著鼻子走，也算不得好漢。」他強調，青年人應該成為自己思想的主人，不應被他人牽著鼻子走而迷失自我，而是要培養獨立的人格和自由思考的精神，透過自己的眼睛認識世界。基於這些思考，以及作為學者的使命感，我決定撰寫這本書，希望能對臺灣的教育有所提升，讓青年人了解在美國留學的實際情況，從而鼓勵他們勇敢追求自己的理想。我們這一代的留學生在美國的求學與奮鬥中，經歷了歡樂與艱辛的交織。我們帶回臺灣的不僅是科學知識和先進技術，還有多元的文化、思想和生活方式，這些對臺灣的發展帶來了哪些影響和變化呢？

2024 年，人工智慧在臺灣成為一大熱潮！ 6 月的臺北 Computex 展為期 5 天，吸引了眾多科技巨頭，包括輝達的黃仁勳、超微的蘇姿丰和英特爾的季辛格，皆親自來到臺灣。他們不僅是為了展示產品，更是為了鞏固與臺灣供應鏈的關係。臺灣在人工智慧領域的半導體先進製程、CoWoS 先進封裝、雲端運算的 AI 伺服器、AI PC 及關鍵零件到系統組裝等方面的地位難以撼動。黃仁勳在臺大綜合體育館的演講中直言：「臺灣是非常重要的國家」，並感謝臺灣的供應鏈，稱其為「無名的英雄，卻是世界的支柱」。

在此，我特別感謝父親施明宗老師和母親施林淑慎女士，他們教導我樂觀進取和努力向上。此外，也特別感謝賜予我福氣和歡樂的妻子黃安玲醫師、兒子施亞倫醫師、女兒施亞婷醫師，以及所有在本書寫作過程中鼓勵和幫助我的師長與朋友們。

CHAPTER

1

前言

人工智慧（Artificial Intelligence，簡稱 AI）是透過建立及應用內建於動態運算環境的演算法來模擬人類智慧活動的基礎技術。AI 的目標是讓電腦能夠像人類一樣的思考和行動。為了實現這一目標，需要三個關鍵要素：運算系統、大數據和 AI 演算法（即程式碼）。若要使 AI 的功能越接近人類，對大數據和處理能力的要求就越高。若將資料比喻為數據（Data），機器學習就是處理器（Processor），而人工智慧則相當於結果（Outcome）。深度學習（Deep Learning）是機器學習的一種重要方法，讓電腦具備類似於神經網路的結構，可以進行複雜的運算，並展現擬人化的判斷和行為，是目前人工智慧的主流技術。

人工智慧的創新和應用正在迅速發展，尤其是在深度學習和神經網路（Neural Networks）領域。這些技術能夠解決許多模式識別（Pattern Recognition）的問題，對我們的生活方式產生了深遠的影響。隨著人工智慧技術、資源和基礎設施日益成熟，不論公司的規模大小，只要策略性地規劃投資和發展方向，人工智慧都能帶來巨大的商業價值。然而，大多數公司仍然無法全面發揮 AI 的潛力。其原因主要有四項：缺乏有效的數據基礎設施、缺少 AI 工程師、缺乏策略性部署，缺乏專案發展過程中的變革管理。

隨著人工智慧技術的不斷進步，我們期待在各行各業中發揮更大的作用，帶來更多的創新和變革。人工智慧的研究領域非常廣泛，涵蓋資料科學、心理學、語言學、神經學、邏輯學、哲學、認知科學和生物學等多個學科。在現代電腦中，人工智慧的應用隨處可見，使電腦變得更加智慧。

四十多年前，我開始從事人工智慧研究。隨著電腦技術的進步，當初的理想與夢想逐漸實現。近期的人工智慧產品，如 ChatGPT 和 AI 藝術生成器，正在顛覆各個行業的面貌。讓我們展望人工智慧的未來，並探討人工智慧如何融入您的業務。人工智慧和深度學習是否會取代人類的工作？這是許多人關心的問題。希望透過我在人工智慧領域四十多年的研究經驗介紹，能讓大家對人工智慧產生更大的興趣，並獲得正確的認知。

1.1 接受邀請演講人工智慧

我很榮幸在 2018 年應邀在多個場合發表有關人工智慧的演講，包括：大紐約區海外臺灣人筆會年會、Living Well Club、臺灣同鄉會 Job Fair、Legrand 公司，以及在 2018 年 11 月 30 日至 12 月 3 日於桃園中原大學舉辦的第三屆全球生物醫學工程研討會（2018 Global Conference on Biomedical Engineering, GCBME）發表主題演講。此外，我還在科技部醫學工程學門成果發表會作主題演講，並在成功大學舉辦的 AI 國際論壇中進行 AI 主題演講和指導 AI 生醫中心，與研究團隊及相關領域的師生進行人工智慧的交流和探討。我也應邀在亞洲大學的「International Forum of AI Technology on Medical Applications」發表專題演講，題目是「AI Deep Learning in Medical Image Analysis」。

2019 年 10 月 20 日，時任中華民國副總統、現任總統賴清德醫師訪問美國紐約時，我與妻子特地前往與他共進午餐歡迎，並就國事進行了請教和討論（圖 1.1）。

圖 1.1 2019 年 10 月 20 日我與妻子特地前往紐約歡迎時任副總統賴清德醫師的到訪。

在 2020 年至 2023 年期間，我擔任大紐約區海外臺灣人筆會會長。於 2020 年 9 月 21 日，我們舉辦了一場「AI 人工智慧的發展與應用」線上講座。感謝時任中華民國駐美大使、現任副總統蕭美琴女士錄影致詞並致以祝賀（圖 1.2）。她在致詞中強調：「AI 是台灣經濟產業非常重要的一部分」。我也在講座中發表了專題演講，題為「AI 的實際應用」。

圖 1.2 2020 年 9 月 21 日蕭美琴駐美大使特地祝賀大紐約區海外臺灣人筆會的線上講座：「AI 人工智慧的發展與應用」。

在隨後的幾年間，我陸續收到許多機構的邀請，分享人工智慧的發展與應用。以下是一些值得分享的重要演講：

- 2022 年 11 月 19 日，在駐紐約臺北經濟文化辦事處，我發表了題為「人工智慧影響就業市場趨勢」的演講，討論了人工智慧對就業市場的影響以及未來的趨勢（圖 1.3）。
- 2023 年 6 月 17 日，在駐芝加哥臺北經濟文化辦事處，我發表了「人工智慧的現在與未來」演講，探討了人工智慧的最新發展和未來前景（圖 1.4）。

- 2024 年 7 月 6 日，在賓州西切斯特大學（West Chester University）舉辦的美東臺灣人夏令會上，我發表了題為「人工智慧的現在與未來：它將如何改變世界」的演講，深入探討了人工智慧如何改變我們的生活和世界，引起了熱烈的迴響（圖 1.5）。

圖 1.3 於 2022/11/19 在駐紐約臺北經濟文化辦事處演講：「人工智慧影響就業市場趨勢」。

圖 1.4 於 2023/6/17 在駐芝加哥臺北經濟文化辦事處演講：「人工智慧的現在與未來」。

圖 1.5 2024/7/6 在賓州西切斯特大學（West Chester University）的美東臺灣人夏令會演講。

每場演講都引起了聽眾熱烈的迴響。在這些演講中，我分享了人工智慧的最新進展和應用，尤其是在醫學影像分析方面的深度學習技術。此外我也在演講中強調，人工智慧並不是要取代人類，而是要輔助人類，幫助我們更有效率地完成工作。雖然某些重複性和程序化的工作會被自動化，但這也將創造新的工作機會和職位。透過掌握和應用這些新技術，人類可以從事更具創造性和挑戰性的工作，從而提升整體生活品質和工作效率。我希望透過這些演講和討論能夠啟發更多人對人工智慧的興趣，並共同探討如何將人工智慧技術應用到各行各業中，推動社會的進步與發展。

1.2 大力推動人工智慧和資料科學

從歷史的角度來看，人類科學的發展是一個成功的故事。科學的進步揭開了許多過去被認為高深莫測的奧秘，並帶來眾多實用的發明，大大地便利了人類生活。科學觀念及其產品已經大眾化，成為日常生活中的必需品，甚至成為我們追求的目標。我們常說這是一個知識爆炸的時代，隨著知識的增加，科技也在迅速發展。

科技的進步直接影響到每一個人。電腦的普及是近代史上最具深遠影響的發展之一。遙控系統、自動操作和社交媒體的出現，使得我們的生活方式發生了巨大的變化。尤其是智慧型手機的普及和機器人的發明，使得電腦的應用突破了傳統程式計算和資料儲存的時間與空間限制。

如今，電腦運算速度每兩年就會翻倍，儲存資料的能力也在不斷增強。電腦一小時內能夠完成的工作，若由人腦和人手來完成，可能需要成千上萬位工程師連續不斷地工作好幾年才能完成。這樣的進步不僅提高了生產效率，還推動了各行各業的創新和發展。

在這部成功的科技發展歷史中，每一項突破都帶來新的觀念，並去除了過去的一些無知。儘管科學確實能夠解決許多不便，提高人類的生活水準，但它無法改進人類的基本道德和宗教信仰問題，更不能滿足人心靈的空虛。道德規範依舊薄弱，人類親情和友情的疏遠，反倒因為科技的發展而加劇，給人類帶來前所未有的危機，我們不得不重新評估科技的影響。

科技的進步確實帶來了巨大的便利和效率，但也帶來了一些負面影響。例如，智慧型手機和社交媒體雖然讓我們能夠隨時隨地聯繫，但也讓面對面的交流減少，導致人與人之間的親密度下降。此外，科技的快速發展有時會使人們過度依賴技術，而忽視了自身能力的培養和心靈的成長。

道德和精神層面的提升需要依賴教育、文化和宗教等多方面的努力，這些都是科技所不能替代的。我們需要在享受科技帶來便利的同時，不斷強化我們的道德觀念和人際關係，重視精神生活的豐富和心靈的滿足。

重新評估科技的影響並不意味著拒絕進步，而是要找到一個平衡點，讓科技真正服務於人類的全面發展。我們需要思考如何在科技進步的同時，保持人類的基本價值觀，促進社會的和諧與穩定。唯有如此，科技才能真正成為提升人類福祉的力量，而不是帶來更多的問題和挑戰。

身為人工智慧與電腦科學教授，我在過去的40年裡，拜訪了世界許多國家，深切感受到建立一個人工智慧和資料科學的大學研究中心是如此迫切需要。這兩個領域在全球都取得了巨大的進步。該中心將作為一個跨學科的研究機構，其使命是推動廣泛領域的創新研究和教育，包括科學、工程、生命科學、醫學、藝術、社會科學、人文學科和管理等多個學科。該中心的目標是支持人工智慧和資料科學的核心研究，促進跨校園的跨學科合作研究，提供計算資源基礎設施和獨特資料集的訪問，發展與行業及公共組織的關係，並推動人工智慧和資料科學的教育。

我強烈認為這個人工智慧與資料科學合而為一的研究中心，可以實現以下工作：

(1) **提供合作研究的資助訊息和機會**：

中心將為資料科學和人工智慧領域的教師們提供資助訊息和合作研究的機會，並透過新的卓越獎金及研究計劃來幫助他們。

(2) **定期舉辦研討會、會議和論壇**：

中心將定期舉辦各類型研討會、會議和論壇，促進學術交流和知識共享，推動領域內最新研究成果的討論和應用。

(3) **建立多個跨領域社群**：

中心將在各個領域建立多個社群，以聯繫和支持其成員，並促進跨學科合作研究，形成一個強大的學術網路。

(4) **充當「橋樑」實體**：

中心旨在成為一個「橋樑」實體，透過研究小組之間的諮詢、指導和聯繫來幫助研究人員，促進資源共享和協同創新。

(5) **建立國際合作項目**：

中心將與國際知名大學簽訂協議，建立國際合作項目，促進教師和學生的交換及交流，實現互利共贏，拓展全球影響力。

透過這些努力，該中心將推動人工智慧和資料科學的發展，並確保這些技術以負責任和可持續的方式應用於各個領域，從而造福人類社會。中心將致力於培養未來的科技領袖，推動科技進步，同時關注倫理問題，確保技術應用對社會產生積極影響。建立這樣一個研究中心不僅是對當前科技發展的回應，更是對未來的投資。我們期待透過這個平台，匯聚全球智慧，共同探索和應對人工智慧和資料科學領域的挑戰，創造美好的未來。

1.3 臺灣 1980 年代的留美浪潮

二次世界大戰後，美國大力發展經濟以提升人民的生活水準。1980 年代，臺灣掀起了一股留學美國的浪潮，許多臺灣學生選擇前往美國留學，追求他們的美國夢。這些留美學生畢業後，有些人選擇留在美國繼續奮鬥發展，有些人則返回臺灣貢獻所學，無論是直接還是間接，都以他們的知識和技術報效國家，幫助建設臺灣成為美麗的科技島。

臺灣先後成立了新竹科學園區、南部科學園區和中部科學園區，這些科學園區引進了新技術設備，創立了新產業，大幅提升了工廠生產力和技術研發能力。臺灣因此得以科技立國，成為享譽國際的科技寶島，國民平均所得大幅提高，俗稱「臺灣錢淹腳目」。

那個時期，美國的商店裡隨處可見標有「MIT」（Made In Taiwan）的產品。臺灣與香港、南韓、新加坡一起，被譽為「亞洲四小龍」，這些地區緊跟著日本這隻領航大雁，創造了經濟高速成長的奇蹟。然而，經過二、三十年後，臺灣在這隊雁行中逐漸落後，往日的風光歲月不復存在，這令人感傷。

近幾年，隨著人工智慧的快速發展以及臺灣在半導體晶片製造方面的全球領先地位，臺灣的經濟再次興盛起來。這些科技進步重新點燃了臺灣經濟的活力，為未來發展帶來了新的希望和機遇。有感於此，我在本書中描述了當年臺灣遠赴美國留學生的艱辛奮鬥史，希望能與新一代的青年學子共同勉勵，再度創造並繼續維持轟轟烈烈、光榮的美麗科技島。

1.3.1 踏出留學美國的第一步，攻讀碩士學位

我是家族裡第一位留學美國者，因此父母及親戚們專程陪我到桃園機場。當時我只帶著兩個行李箱，沒想到生平第一次坐飛機，就要橫跨太平洋那麼遠，從臺灣飛到美國紐約的甘迺迪（JFK）機場。1983 年 8 月，我第一次來到美國，雖然旅程冗長，但覺得新鮮有趣，一點都不感到疲勞。

我到達紐約州立大學石溪分校（State University of New York at Stony Brook）攻讀電機工程碩士，現在已改名為石溪大學（Stony Brook University），位於紐約州的長島（Long Island）。從紐約市向東開車約兩個小時便可到達。校園寬廣，佔地約一千英畝，有醫學中心，並與鄰近的布魯克黑文國家實驗室（Brookhaven National Laboratory）有合作關係。該校包括文、理、工、商、醫學、護理等學院，電機工程系歷史悠久，享譽國際。

石溪大學的電機工程系中，有來自臺灣的陳啟宗（Chi-Tsong Chen）教授，他著有暢銷書《訊號與系統》（Signals and Systems）與《線性系統導論》（Linear System Theory）。此外，物理系還有舉世聞名的諾貝爾獎得主楊振寧教授，為學校增添了不少光彩和聲譽。這段留學經歷，不僅是我個人的轉捩點，也是我家族的一個重要里程碑。我懷著興奮和好奇心，開始了在石溪大學的學習和生活。

在石溪大學，有兩百多位來自臺灣的學生。新生如果聯絡臺灣同學會，就會有學長開車到甘迺迪機場接機。大家都是遠渡重洋來到異地就讀，彼此互相幫忙照顧，感情濃厚。同學會常舉辦各項活動，吃喝玩樂，以解鄉愁。當時與我同期來的有十位電機新生，大家常聚集討論選課，互相指導，克服陌生環境的種種困難。

初到美國時，我第一次看到大雪，整個操場覆蓋著厚厚的白雪，讓我非常興奮，特地躺在雪上照相留念。冬天室外寒冷，但幸好學校宿舍裡有乒乓球桌，我經常與同學打乒乓球，以此運動身體。這段時間，不僅讓我逐漸適應了異國的生活，也結交了一群志同道合的朋友。彼此在學業上互相鼓勵，也在生活上互相照顧，這種濃厚的友情讓留學生活變得更加豐富多彩。我深刻體會到，這些寶貴的經歷和友誼，將會成為我人生中最珍貴的回憶。

當初來紐約州立大學讀碩士之前，我已經決心要攻讀博士學位，所以選擇以非論文項目的方式完成碩士學位，每學期修五門課，共兩個學期（九個月）就畢業。在此期間，我擔任助教，幫教授批改學生作業，並在課堂上解題。剛開始用英語講解有些不適應，但漸漸習慣後也就駕輕就熟了。其實在美國讀書，考試和作業對我來講並不算難題，因為在臺灣已經受過相當嚴格的訓練。反而，維持均衡營養的三餐才是最大的挑戰。

學校餐廳提供的美式食物，剛開始吃時覺得新鮮美味，什麼都好吃，但連續吃幾天下來後就覺得厭膩，而且花費也高。由於平日功課繁忙，為了省時省錢，我往往在週日燉一鍋滷肉放在冰箱裡，需要吃的時候再拿出來加熱，用大同電鍋煮飯，再炒兩盤蔬菜。這樣的飲食方式雖然節省了時間和金錢，但長時間下來也會讓人感到厭倦。

於是，我和幾位同學一起開伙，大家輪流煮飯燒菜，這樣不僅增加了飲食的變化，也增添了不少樂趣。然而，若是碰上不太會做菜的同學，那麼大家也只好認了，忍著吃了吧！

在這段期間，我學會了在繁忙的學業中找到平衡，並逐漸適應了在異國生活的各種挑戰。這些經歷不僅鍛鍊了自理能力，也加深了對生活的理解和感悟。留學的生活雖然艱辛，但每一步都讓我更加堅定了追求學術夢想的決心。

1.3.2 進一步攻讀博士學位

在紐約州立大學度過的九個月時光，真是稍縱即逝。1984 年 5 月獲得碩士學位後，我前往印第安納州普渡大學（Purdue University）電機工程研究所攻讀博士學位。在離開紐約之前，由於平日課業繁重，無暇遊覽紐約市。因此，我與同學們相約前往市區參觀，包括博物館、航空母艦、聯合國大廈、世貿中心、帝國大廈和中央公園等著名景點。我們就像《紅樓夢》裡的劉姥姥進大觀園，雖然走馬看花，但大家興致勃勃，滿心愉悅，欣賞紐約市的繁華熱鬧，驚嘆確實不愧是世界第一大都市。

在美國留學期間，有些人因經濟因素需要打工賺錢。在此也順便談談打工賺錢的機會。一般持 F1 簽證的留學生，按照法令規定，只允許在校內打工，每週最多二十個小時。往往大學為了降低成本，會用學生臨時工代替全職員工。學生的工作通常比較輕鬆，例如在圖書館幫忙、擔任教學或研究助理、幫老師改作業、做實驗或調查、在學校餐廳製作漢堡、在實驗室清洗玻璃器具等等。這些工作雖然報酬不高，但對於緩解經濟壓力和累積工作經驗都有很大的幫助。更重要的是，這些工作提供了與美國學生和教職員交流的機會，幫助我們更快地適應和融入當地的文化和生活。在這段期間，我不僅學到了很多書本上沒有的知識，也獲得許多寶貴的生活經驗，這些經歷都成為我人生中不可或缺的一部分。

儘管「餐館打工」理論上是不合法的，但這是十幾二十年前老一輩留學生的經驗。據我所知，現在的同學們幾乎沒有人再去做餐館刷盤子這類的工作了。如果畢業前希望在校外工作，通常需要申請 Curricular

Practical Training (CPT)。每個學校的 CPT 政策有些不同，但大多數學校會要求選修一門名為「專業實習」的課，這門課即為校外實習；有些學校則有嚴格的審核機制，如果認為實習內容與專業無關，或認為專業不需要實習，可能就不會批准。

校外實習對於留學生來說是寶貴的經驗，不僅能夠將課堂上學到的理論知識應用到實際工作上，還能為未來的職業生涯打下基礎。實習期間，可以接觸到最新的技術和行業趨勢，累積實戰經驗，同時也有機會建立專業人脈，這對於未來找工作非常有幫助。

總結來說，儘管在留學生活中面臨著種種挑戰，但這些經歷也讓我們變得更加堅強和獨立。無論是在校內打工還是校外實習，都為我們提供了寶貴的學習和成長機會，使我們能夠適應未來的職業生涯。

在普渡大學攻讀博士學位

1984 年 5 月，我在紐約州立大學石溪分校畢業後，隨即轉往普渡大學（Purdue University）攻讀博士學位。普渡大學位於美國中部印第安納州的大學城 West Lafayette，是一所著名的州立大學。普渡大學素有名校之稱，擁有四萬多名學生，其中工學院的學生就佔了四分之一。該校的電機工程系名列全美前十，擁有豐厚的獎學金和經費，設備極為先進。

在普渡大學，我進一步深造，研究電機工程領域的前沿課題。這段時間，我有幸接觸到最先進的實驗室設備和資源，並與來自世界各地的優秀師生共同學習和研究。學校的豐厚資源和嚴謹學風使我在學術上獲得了長足的進步，並為未來的職業發展打下了堅實的基礎。

普渡大學不僅在學術上提供了極大的支持，也讓我體會到了美國中部的文化與生活。West Lafayette 雖然是一個大學城，但它充滿了活力和機遇，為我的博士生涯增添了許多難忘的回憶。

普渡大學的電腦設備

在成大時，全校只有一台電腦，所有人都需要輪流使用來執行程式。而在普渡大學，電腦數量眾多，達到「想用隨時能用」的程度，且配備了先進的電子郵件系統。這樣高水準的設備 無疑讓我的研究工作如魚得水。

普渡大學的電腦設施不僅數量充足，性能也非常強大。這使得我在進行複雜的數據分析和模擬時，能夠高效地完成任務。此外，先進的電子郵件系統使我能夠方便地與指導教授、同學以及國內外的學術夥伴進行溝通和協作，大幅提高了研究工作的效率和品質。

有了這些先進的資源和設備，我得以專注於研究，探索電機工程領域的前沿課題。普渡大學提供的良好研究環境，極大地促進了我的學術成長和專業發展，為我在學術界和職業生涯中取得成功奠定了堅實的基礎。

當年成功大學的電腦設備

當年成大電機系分為五組：電力、電子、計算機（電腦）、通訊和控制。由於我從小就喜歡創新的事物，熱衷於動手製作新玩具，聽說電腦是一種新奇的玩具，我毫不猶豫地選擇了電腦組。這個選擇對我的職業生涯產生了深遠的影響。在電腦組的學習過程中，我接觸到了計算機科學的各個方面，從硬體設計到軟體程式，無不讓我感到興奮和挑戰。選擇電腦組也讓我有機會參與各種創新項目，激發了我的創造力和解決問題的能力。這些經歷不僅提升了我的專業素養，還培養了我對科技創新的熱情，為我後來在普渡大學的進一步深造打下了良好的基礎。

當時電腦相當新穎且龐大，全校僅有一台，並且十分珍貴，放置在計算機中心並享受著冷氣。這台主機是 CDC CYBER 170/172，是當時全臺灣運算速度最快的電腦，由王唯農校長向教育部大力爭取而來。這部大機器不僅要應付電腦組學生課程的需求，還要滿足全校各科系的需求。

由於大家都想使用這台電腦，只好輪流排日期、制定規則。首先，我們需要把程式書寫在格式紙上，集中收齊後交由計算機中心的小姐打卡。兩、三天後，打完卡再拿回檢查。由於打卡小姐工作繁忙，大量打卡又趕時間，因此檢查結果經常會發現打字錯誤，必須更正再重新排隊。再等兩、三天，確認一切正確後，才送去上機。如果不幸程式編寫有錯誤或者邏輯不對，就會需要偵錯（debug），又得重新來過，直到獲得正確答案為止。這樣一來一往，往往耗時一個月以上。

這樣的流程讓我們學會了耐心和細心。每次寫程式時，我們都要格外小心，確保程式碼的正確性，避免不必要的錯誤和延誤。同時，也培養了我們在有限資源下有效利用時間和資源的能力。儘管過程繁瑣且耗時，但這段經歷對我們的成長有著深遠的影響。它不僅磨練了我們的技術能力，也讓我們體會到科技進步帶來的便利與挑戰。這些寶貴的經驗成為我日後在更先進的環境中進行學習和研究的堅實基礎。

有些同學因等得太久而放棄，轉到其他組去了。但我依然堅持到底，持續奮戰。現在回想起來，幸虧有當時那股執著力，才有了後來的回報。如今風水輪流轉，看到人們從其他科系轉到電腦系，而我依然靠著電腦這個行業謀生，這可真是貨真價實的「鐵飯碗」。科技的迅速發展，使得電腦和相關技術成為現代社會不可或缺的一部分，這也讓我當初的選擇變得更加有價值。

電腦在現代生活中的重要性

1978 年在成大學習電腦時，我就深深感受到電腦的功能無窮，幾乎各行各業都可以應用它。常說：「這是個資訊爆炸的時代」，世界上第一台電子電腦於 1946 年在美國研發出來，從此以後全世界展開了「電腦革命」。到了 1980 年代，個人電腦開始普及，資訊的傳遞變得越來越簡便、快捷、廉價，因而產生了「資訊革命」。當今的世界，幾乎無法想像如果生活中缺少了電腦會怎麼樣。電腦已經成為日常生活中必不可缺的工具，適合各個年齡層和各行各業。從商業管理、醫療診斷、教育教學到娛樂消遣，電腦技術無處不在，大大地改變了我們的生活方式和工作模式。

電腦顯著提升了員工的效率和生產力，幫助企業節省寶貴的時間。在學校，電腦透過提供影音資源，幫助學生更容易理解各項課程的基本概念。在大學院校，電腦輔助教學和研究進行高效率且快速的研究計算和模擬實驗，並提供平台以促進與其他成員的溝通和知識共享。電腦應用於鐵路、銀行、電力、通訊和購物等領域，還廣泛應用於醫療行業，協助醫生快速有效地診斷疾病。無論是私人還是公共機構，電腦在全球各地的管理系統中都已經成為不可或缺的工具。

電腦還在媒體和娛樂等行業發揮了重要作用，無論是拍攝電影還是製作商業廣告，都得到了顯著的幫助。隨著電腦技術的快速發展，電腦行業也帶來了許多創新：平板電腦、掌上型電腦和筆記型電腦已經逐漸取代了傳統的桌上型電腦。隨著設備變得更加輕便和小巧，電腦已成為人們隨身攜帶、隨時隨地應用的工具，充分發揮其功能和效能。

電腦的基本構成和運作原理

電腦（或計算機）改變了人類生活的型態，那到底什麼是電腦？它如何運作？電腦是一種電子機器，用來處理訊號。我們在電腦的一端輸入訊號（或稱資訊、數據），儲存並運算，然後將結果輸出。所有這些過程都有專業名稱：

(1) **輸入**：鍵盤和滑鼠是獲取資訊並傳輸到計算機的基本工具，也可以使用麥克風和語音識別軟體來輸入資訊。

(2) **儲存**：計算機儲存所有檔案和文件在硬碟裡，這是一個巨大的磁芯記憶體，雖然精密但體積不大。數位相機和手機等基於計算機的設備則使用其他種類的儲存設備，如記憶卡或 USB 隨身碟。

(3) **處理**：計算機的處理器（中央處理單元，CPU）是埋藏在內部的微晶片，它接受電腦程式（軟體）的命令，並非常努力地工作。在這個過程中，處理器會變得非常熱，因此電腦內部配有小風扇來散熱，否則過熱會燒壞處理器。

(4) **輸出**：計算機配備有顯示高解析度影像的 LCD 液晶螢幕，立體聲揚聲器可以播放音樂，也可以連接印表機來列印文件和圖片。

1.3.3 攻讀博士，先找名師指導教授

當時普渡大學共有三百多位來自臺灣的學生。我初抵住宿的租房時，住在鄰室的臺大電機畢業的博士生鄧洪聲（國立中興大學教授退休）介紹了他的指導教授傅京孫（King-Sun Fu）。傅教授是模式識別（Pattern Recognition）和人工智慧（Artificial Intelligence, AI）的先驅，並且是美國國家工程院和臺灣中研院的院士，學術成就斐然。當時，傅教授門下有三十多位博士和碩士生，這足以證明他的聲譽及研究規模之龐大。

由於傅教授經常出國參加學術研討會，他總是攜帶學生的論文，利用飛行時間進行批改。在校期間，他每週固定花三小時，與所有學生共同會議討論。每週都會有一位學生上台，發表自己的新研究方法和實驗結果。傅教授鼓勵學生提問，並且自己也會提出尖銳的問題，深入探討研究細節。這種教學方式不僅提升學生的研究能力，還培養獨立思考和解決問題的能力。

傅教授非常關心臺灣資訊業的發展，並答應承擔推動臺灣資訊業進步的重任。遺憾的是，1985 年 4 月 29 日，傅教授在華盛頓 DC 猝逝，當時他正在美國國家工程院參加國家科學基金會（NSF）新成立的工程研究中心（Engineering Research Center, ERC）慶祝晚宴。傅教授的意外逝世，對普渡大學和學術界都是極大的震撼和損失。為表示追悼，蔣經國總統特地頒發了「國失良師」的匾額，以表彰傅教授對國家的貢獻。

1.3.4 痛失良師，再找其他名師，開發新的研究領域

傅教授過世後，我轉到歐文．米契爾（Robert Owen Mitchell）教授門下。米契爾教授擁有麻省理工學院（MIT）的博士學位，性格隨和、聰明且風趣。當時，他擔任普渡大學工學院的副院長，工作繁忙，因此很少有時間與學生進行討論，也不會主動找學生。但是，每當我向他報告新的研究進展時，他總會欣然暫停手頭的工作，與我深入討論。原來，研究工作一直是他的熱愛所在。

那時我研究的是一個新興領域：「數學形態學」（Mathematical Morphology）。當教授第一次向我介紹這個領域時，我覺得非常有趣，於是便決定投入研究。當我累積了足夠的理論內容和實驗成果，可以將其發表於期刊時，米契爾教授非常慎重，反覆推敲文章的句子結構，並修改我的英文表達，直到滿意為止才提交。我對此深表感激，因為在他的用心指導下，我學會了如何用英語寫作論文。這對我日後擔任教職及從事研究工作，有莫大的幫助。

這篇論文後來送交給模式識別領域排名第一的期刊《IEEE Transactions on Pattern Analysis and Machine Intelligence》審查。該期刊的淘汰率相當高，而且大部分被接受的文章都要經過大幅度的修改。然而，驚訝的是我們的論文，評審並未要求修改，馬上接受並且發表，這一切都得歸功於米契爾教授的悉心指導。

1.3.5 研究大問題，牽一髮而動全身

每當解決一個重大問題時，需要考慮各種因素的連鎖影響，真可謂牽一髮而動全身。而且，科學沒有邊界，不能局限於狹窄的範圍內。因此，我們平時應該涉獵各種學科，了解不同解決問題的方法，並運用多學科（Multi-disciplinary）的理論來進行系統整合（Systems Integration）。

經過長時間的研究和思考，我發現我的研究議題「數學形態學」出現了一道曙光，這可以使用不同的數位邏輯來進行等值運算。然而，這個方法卻陷入了運算量龐大且速度緩慢的困境。在實際的工業應用中，追求快速運算的前提下，這個方法顯然難以實現。

我嘗試從不同角度來思考和評估，大膽假設，並多方面向不同領域的師長和同學請教。皇天不負苦心人，最終我找到了一個新的解決方案，即採用**閾值分解**（Threshold Decomposition）和**平行處理**（Parallel Processing）的結合，來減少運算量，實現**即時運算**（Real-time Computing）的功能。這項重大的發現促進了數學形態學在工業界的有效應用和發展。

當時，許多人建議米契爾教授和我將這項發明申請專利以賺取收益，但米契爾教授卻婉拒了。他向我解釋，他寧願將這項技術發表成論文，讓所有人共享這份寶貴的技術資源。後來，這篇論文成為被引用次數最多的論文之一。

1.3.6 良師益友，日以繼夜向學

除了良師的指導外，益友也給了我很多幫助。普渡大學有來自不同國家的同學，我們彼此討論、腦力激盪，透過各自的專攻議題，分享研究心得。在這樣的環境下，只有不藏私，提供給別人更多，自己才能獲得更多的機會。這種邏輯思維在東方文化中較難被理解。我參與美國國科會在普渡大學設立的工程研究中心（Engineering Research Center, ERC）的大型研究計畫，得以拜訪大型製造公司，直接進入工廠與第一線的工人面對面交談，了解物件製造過程中遇到問題的核心所在，然後帶回實驗室思考解決的方法。這種產學密切合作，避免了研究範圍過於空泛，陷入不切實際的鑽研。

在這樣的環境中學習，自然更容易專注於學業。我經常在實驗室工作到深夜。有一次，由於思考困難議題，我反覆嘗試用不同的方法來驗證思路的正確性。等到完成後剛踏出實驗室準備回家時，碰到了米契爾教授，直覺地打招呼說：「Good Evening」，卻聽到他回答：「Good Morning」。一瞬間我愣住了，等走到外面才發現天色已泛白，看了看手錶，已經是早上八點了！真是日夜兼程地向學啊！

在良師益友和頂尖求學環境的幫助下，印象深刻並深受恩惠的還有臺灣同學之間的互助合作精神。普渡的臺灣留學生多靠獎學金維生，生活清苦，但憑藉互助、自立、奮鬥，贏得了學校的讚賞和其他同學們的敬佩。從臺灣到美國，新生一下飛機，第一眼看到的就是不同種的人和陌生的土地，不免感到茫然和孤獨。但只要事先通知同學會，老同學便會開車三個小時到芝加哥機場接機。學成歸國的博士們，不論有多少行李，也都能協調大家開車送機，真是同學友誼珍貴呀！

在美國，異鄉生活並不像在臺灣那樣容易、熟悉。需要考慮安全、交通、購買食物等問題。況且治安不好，大眾運輸工具也不多。雖然這裡是有車階級的天堂，但是如果沒有車，那只能靠兩條腿了。老同學們像「母雞帶小雞」般，帶你熟悉環境，每週購買一次食物與日用品，讓你能夠很快適應，過上獨立的生活。

在臺灣，你不會感受到「國之重、家之親」。然而身在異域，不由得不想家、不想親人、不想臺灣的好。因此，同學會常常舉辦各種活動，老學長們也會在周末或假日邀請大家到家裡聚會聊天，平衡情緒，減少鄉愁。

1.3.7 完成博士學位，受聘大學助理教授

1987 年 7 月，我回到臺灣探望家人，並順道在臺灣大學、交通大學和成功大學進行演講，發表我最近的研究成果和未來的研究方向，與國內的學術界進行交流。當時臺灣比較缺乏留美的教授，所以他們都熱情地歡迎我回臺任教。

八月底返回普渡大學後，我立刻向米契爾教授詢問：「我可以畢業了嗎？」沒想到他爽快地回答：「把畢業論文拿給我看一看」。我聽了非常高興，於是把以前的研究成果整理好並加以補充描述，於十月交給米契爾教授。他讀完後非常滿意，於是我們計劃在十二月初舉行我的博士論文口試。圖 1.6 的照片是 1987 年 12 月通過博士論文的最後口試與米契爾教授合影留念。

圖 1.6 於 1987 年 12 月通過博士論文的最後口試與米契爾教授合影。

這時候，我決定嘗試尋找美國大學的教職工作。沒想到剛寄出去履歷後，馬上就接到紐澤西州立理工大學（New Jersey Institute of Technology）電腦科學系主任的電話，會談後他竟然立刻就給我口頭聘書，並安排我搭機去紐澤西州理工大學參觀。參觀回來後兩週，我就接到了書面聘書。於是我在 1988 年 1 月 1 日開始了在該校任職助理教授，也就婉拒了其他公司如 IBM、貝爾實驗室及多所大學的面試邀請。

1.3.8 留學美國，雖艱苦但寶貴

在美國求學的歲月，雖然艱苦，但我很榮幸能在如此優異的環境中，與良師益友及臺灣的同儕環繞下，經歷了各種考驗與磨練。1987 年 12 月，我如願以償地獲得了普渡大學的電機電腦博士學位。1988 年 6 月，我的祖父、父母親、妹妹和妹婿特地從臺灣飛來美國，參加我的畢業典禮（圖 1.7），這對我來說真是意義重大。

圖 1.7 於 1988 年 6 月家人來普渡大學參加畢業典禮。右起：父親施明宗、祖父施吉成、我、妹婿李啟源（註：母親施林淑慎和妹妹施碧玲因身體不適而留在紐澤西住處）。

鑒於過往的經歷，我常勸年輕人要趁年輕時好好地努力讀書，一氣呵成。而且，只有在艱苦的環境中磨練，才能激發出真正的潛能。環境太優渥時，就要想辦法製造出挑戰的機會，養成自立、自強、自助的習慣。唯有在艱苦的環境裡，才能孕育出偉大的人才。出國留學，需要承受離鄉背井、孤獨在外的磨練，但必須始終抱持「樂觀誠實」的態度，努力追尋那需永恆攀爬的學術殿堂。

人生的路途上往往崎嶇不平、顛簸難行，但不能因此一蹶不振。機會是留給有準備的人，必須靠自己努力去爭取。而決定自己命運的，不僅是自身的性格修養和人生際遇，還有對周遭環境變化的抗壓能力等。

記得丘成桐教授在臺灣大學演講時提到他在美國加州大學柏克萊分校（University of California, Berkeley）的求學經歷，以此勉勵學生努力耕耘，勿妄自菲薄。丘教授生於廣東，後隨家人移居香港，於香港中文大學畢業後前往美國加州大學柏克萊分校完成博士學位。他曾獲得國際數學獎項 Veblen 獎和費爾茲獎（Fields Medal），是臺灣中央研究院院士，現任教於美國哈佛大學。

丘教授說，在柏克萊求學時，他見到不少數學大師，驚覺自己懂得太少。除了主修數學代數外，他還旁聽了六門不同學科的課程，每天從早上八點到下午五點不停地在圖書館看書，以啟發思考力。可見凡事要下苦功，才會有所成功。他鼓勵學生，做研究要有求知欲和好奇心作為牽引和動力，最重要的是對學問有興趣，產生懷疑，才會問問題，進而追求事實真相。

學子們啊，橄欖樹不僅存在於夢中，也在茫霧般塵世的前方。只有趁早踏出那一步，才能追尋到它隨風搖曳的枝幹。

電腦是我喜歡的領域

因為從小對數學有著濃厚的興趣，我在大學時選擇了電機工程系。電機工程涵蓋範圍廣泛，需要運用數學和科學來解決許多實際問題，其領域包括電力、電子、控制、通訊和計算機等學科，涉及人類生活的各個層面。當時，計算機學門剛剛起步，寫程式、打卡和跑電腦需要花費大量時間排隊及等待。然而，計算機的優勢在於它能夠精準地數位化處理、控制和表達各種資料、文字、公式、影像和訊號。我對這些非常感興趣，也喜歡學習新的事物，因此選擇了計算機組。

學習計算機非常辛苦，尤其在 1978 年，國內計算機剛起步，大家都是新手，很多不明之處需要尋找大量資料來參考比對。寫程式和跑電腦更是耗時，往往要等待一個月之久才能練習一道題目。後來，我到美國普渡大學攻讀博士，電機工程系有極好的設備和二十四小時開放的電腦教室。我經常待在那裡，現場修改程式並立即跑電腦查看結果，徹夜不眠是常事，感覺光陰似箭，連串的夜晚在不知不覺中就過去了。

編寫電腦程式樂趣無窮，它非常實用，不僅可以幫助發揮創意，還可以開闢一個有關計算機應用的職涯。這些指令可以用不同的電腦語言來實現，其實只是用不同的思考邏輯、組織形式和文字表達。我們通常會用不同的程式語言來解決不同類型的問題，因此，先選擇一種你覺得相關的、基本的程式語言來學習是很重要的。之後，你可以多學一些其他程式語言，來做互補性的組合。

有些人剛學習第一個程式語言時，覺得太困難就放棄了。他們誤認為程式語言是電腦的語言，是全新且難以閱讀的，甚至認為需要學習和電腦說話，學習像電腦那樣的思維方式。事實上，絕大多數的電腦程式語言是專為一般人設計的。計算機科學有低層次的程式語言和高階程式語言。低階語言如「組合語言」或「機器語言」，是直接和電腦操作，每個指令指揮電腦執行一步動作，完成一系列處理器操作。高階語言則類似於自然語言，像數學和邏輯概念的使用，因為它們被設計成易於讓人理解，而不是以電腦為目標。

學習這些高階語言並不意味著學習與電腦溝通。如果你覺得「易於理解」這四個字過於浮誇，不妨拿程式語言和實際的人類語言做比較。例如，我們的中文，雖然是母語，從小使用，但到國高中時，很多人還很難在考試中拿到高分。又譬如英文，作為世界上流通最廣的語言，應該力求簡易，但除了各種文法以外，很多慣用語也常讓人困惑。要精通一門人類語言，可能需要三到五年的時間，但像 Python 一類的高階語言，只要願意用心學習，半年到一年就能實用並投入職場。

程式語言確實已盡力做到夠簡單，可能只是因為看起來和人類熟悉的語言不太相似，所以一時無法適應。

如果你嘗試閱讀外語，你會面臨不熟悉的單字、文法規則和語法。但在讀高階程式語言的程式碼時，你不會面臨這些問題，每個字都來自現有的英語詞彙，沒有外來詞，更沒有發音問題。程式語言的完整詞彙完全產自現實，易於閱讀且快速學習，目的是為像你我這樣的人設計。考慮目前的趨勢，隨著人類生活的資訊化，程式語言一天比一天更加滲入我們生活的每一個層面。所以，何不從今天起，開始了解它呢？

1.3.9　美國的教育制度

教育議題在美國很受重視，總統選舉時往往被用來辯論。外國人移民來美國，都會嘗試了解。美國從十九世紀初就提供免費的公民教育，聯邦政府不操控公立學校，而由州和地方政府管理。五十個州都有自己的教育部門來制訂監督該州的學校，並在年稅收裡，給予公立學校教育經費。從幼稚園到十二年級，都不用繳交學費。社區學院和公立大學的學生，有很多獲取獎學金或獲得貸款。美國公立學校是由當地學區控制，每個學區的學校董事會，是由地方選舉產生的小型委員會來管理，校董會制定整體政策與審核經費。一般情況下，學區分為小學、初中和高中。小學教育包括幼稚園和一年級到五年級。大多數的小孩，年滿五歲時會進入幼稚園。年滿六歲時，就讀一年級。

美國的小學教育尊重個性和興趣發展，強調綜合技能和培養強烈的社會參與意識，養成獨立自主的態度，並不斷挑戰和挖掘學生的潛能，來做最好的自己，而不是為得第一感到驕傲。家長不會給孩子任何壓力，告訴孩子要玩得開心，所以小孩每天都迫不及待地去上學。老師實用活潑的教學方式，帶給學生許多快樂並從中學習知識。學校一年級的主課，包括英語和數學，其餘還有第二外國語、科學、社會常識、音樂、圖畫和體育。

小學是根據嚴格的指導方針來教育兒童，學校充滿許多學科外的活動，如體育、藝術、音樂和電腦。有些年齡較大的兒童也上籃球和橄欖球。從幼稚園到二年級，學生學習如何閱讀，而在三年級以上，是從閱讀中來學習。閱讀成為一個越來越重要的工具，用來幫助學生擴大自己的知識。基本課程中心是學語言，不僅閱讀、寫作、口語，並學聽話，也學數字與空間關係的語言，思考問題，並透過藝術表達自己。著眼於連貫性和統一性，許多學校將不同的學科領域彙集成一體的教學。

初中含有六到八年級，而高中含有九到十二年級。美國聯邦政府規定教育是義務教育，從六至十六歲的學童必須接受中小學教育以獲得生活所需的基本知識技能與語文能力。除了數學、英語、自然科學和社會科學，高中學生都須加選一種外國語言和體育，也需選擇音樂、美術、電腦科學、家政、藝術或戲劇課程。課程可以是一或兩學期的長度，高中學校也提供職業培訓課程，增加學生實務工作的知識。

想進入理想大學，在學業上更要加倍努力，學生在修完一個科目的必修課程後，可以選擇修讀榮譽（Honor）課程，接著可以修讀相當於大一程度的大學預科課程（Advanced Placement, AP），或直接經過老師推薦或通過考試，選修 AP 課程。此類課程的科目包括高級數學、高級英語、高級歷史、藝術、科學等，每個學校所開的課程項目不同，AP 課程挑戰度高且要求嚴謹，往往需要繳交重量級的報告。修畢後再通過 AP 檢定考試，其學分可以抵銷大學的必修課程（當然這得視每所大學的規定！），學生也可以跳過修課，直接參加 AP 檢定考試。由於 AP 課程難度高，可以做為申請大學的加分條件。

1.3.10 教育子女的經驗

教育子女的要素，除了孩子本身要有奮鬥不懈、勇於嘗試的精神以外，攸關重要的是父母的關照、付出、引導和陪伴。其餘的就要靠上帝的祝福，以及對上帝的順從。我們鼓勵子女全方位發展興趣，以下分為幾方面加以敘述：學校課業、音樂藝術、課外活動、體育運動、社區服務、多旅遊並培養國際觀。我們常教育子女，不管扮演什麼角色一定要全力以赴。今天當學生就要把書讀好。我們常用不同遊戲的方式，強調活潑式的學習，啟發他們在各學科上，養成用極少時間、有效率、快樂讀書的習慣。

兒子從小就會自己創造玩具，除了自己玩，也分給同伴玩。我們每年都加入科學博物館的會員，東奔西跑逛遍東岸大大小小的科學博物館，記得有一次去參觀科學博物館，他要求買一套化學實驗器材，回家後就悶不吭聲不見人影，自己關在房間裡，洋洋得意地做起實驗來。因為對科學有興趣，後來在哈佛大學，就選擇主修「物理化學生物」的合一專業，只花了三年就完成大學課程，後被哈佛化學研究所錄取，一年內完成化學碩士學位，總共四年內捧著哈佛大學學士和碩士雙學位回家，真是有夠賺。

兩個小孩從小學到高中，不管修什麼課程，總是盡全力拿到最高的成績，那就是 A+（平均九十七分以上），只有兩、三科拿到 A，在學校盡量選修榮譽班課程或大學先修 AP（Advanced Placement）課程。參加各類學術競賽，拿到無數的獎狀，曾多次獲得國際數學奧林匹克比賽（The International Mathematical Olympiad, IMO）全校第一名，國際化學奧林匹克比賽（The International Chemical Olympiad, ICO）全校第一名，紐澤西全州奧林匹克化學比賽的前十名，全校數學、科學比賽的第一名，莫里斯郡（Morris County）數學、科學比賽的第一名等等。並被提名獲選參加紐澤西州州長的科學學校（New Jersey Governor's School）。在校內的功課，他們都以學校歷年來破紀錄最高的成績，兒子在 Delbarton 高中第一名畢業，女兒在莫里斯鎮高中（Morristown High School）第一名畢業，並都代表該屆畢業生在畢業典禮上發表演講。女兒於二〇〇四年參加國際數學奧林匹克比賽，成績名列全國的前 2%，獲得黃金做的別針。兒子在學校贏得最高個人成就獎的獎盃，他的名字被雕刻在學校大廳的數學奧林匹克板塊佈告欄。

「學音樂的小孩不會變壞」，也有研究報告，幼年持續學習音樂的孩子，其數理能力、情緒穩定度及專注力，皆明顯較佳。他們從五歲起，就學習鋼琴及小提琴。夫人會彈鋼琴，愛好音樂、唱歌，她都陪同孩子，參與團體班及個別班的上課，並於課後擔任助教，從旁協助他們快樂學習。我本身則會口琴，有時候全家聚集聆聽音樂、唱歌及合奏音樂，和樂融融。他們很喜歡古典音樂，常自動自發、快樂的練習鋼琴及小提琴，從中得到樂趣，培養出對音樂的感情，也用來當讀書累了可以音樂來調節休息。他們都贏過許多鋼琴比賽獨奏與合奏的第一名，家裡擺滿著數不盡的獎狀和獎盃；並且都被選入紐澤西全州高中交響樂團，演奏小提琴。他們把鋼琴當作一種娛樂，抒發感情的工具，並在教會幫忙司琴。女兒甚至在申請大學的論文中，以題目「音樂與科學」來論述，特別獲得耶魯大學（Yale University）的主審教授來函，給予萬分讚賞並鼓勵來耶魯就讀。

美國高中如同社區，學生生活相互關係非常密切。大小活動都受到很大的重視，尤其課後社團和體育活動的參與是非常必要的。他們從小就喜歡打桌球、網球、跆拳道、溜冰及游泳。先跟教練學習正確地握拍、擊球、發球的姿勢，我們常利用空閒時間陪小孩練習。初高中時一有時間，他們就參加美國網球協會 USTA（United States Tennis Association）舉辦的各式比賽，從中學習與同年齡的小孩互相交流，切磋球技。他們都是高中學校的網球和游泳校隊，女兒更是學校連續四年網球的第一單打（First Single），並獲得教練每年特別選出的最重要球員獎 MVP（Most Valuable Player）四次，曾贏得當地縣比賽（County Tournament）的第二名；每年都獲取資格，參加紐澤西州全州高中網球比賽。四年內擔任網球校隊參加比賽總數達 109 場次，創下學校歷年來網球比賽場數最多及贏球最多的紀錄。

游泳則以體力最為重要，他們從小就在 Morris Center YMCA 和 Pools School, Denville，跟老師學習正確的游泳姿勢技巧。全家加入當地的健身俱樂部運動，他們都一直參加俱樂部所屬的游泳隊，都曾獲得游泳教練選出的 MVP。在高中他們都是游泳校隊，女兒更獲得資格參加紐澤西州全州高中的游泳比賽。加強體育運動的目的，不僅強健身體，更可以透過體育活動，增添生活趣味，緩衝讀書壓力，擴大生活領域。

感謝上帝，藉著耶穌基督，把天上各樣屬靈的福氣賜給我們。感謝我的妻子、兒女，因為他們的愛心和不斷地支持。妻子是第三代基督徒，我則於一九九九年在蕭清芬牧師（註：現任蕭美琴副總統的父親）主持下受洗為基督徒。妻子在教會擔任執事，我則擔任長老。他們都參加每週的聖經研討、主日學及主日崇拜，也選修宗教信仰的課程，使得心靈有依靠、平安，產生力量泉源。暑假時參加基督教會舉辦的夏令營，如：假期聖經學校（Vacation Bible School, Morris Plains）、志工團隊，及美國的志願者醫療團（Volunteers in Medical Missions）去秘魯義診。他們因為從小已養成了服務社區的習慣，當他們就讀哈佛大學時，常去麻州總醫院（Massachusetts General Hospital）擔任志工，還利用週六、日，去教導波士頓的小學生和不懂英語的老人，並於暑假時組織同學，在台北大學舉辦哈佛台灣領導統御研討會（Harvard Taiwan Leadership Conference）擔任志願教學老師。

為了培養互助合作的精神，促進社區進步，增強整體力量，身為社區的一份子，應該自動自發地貢獻智慧、力量，積極地參與社區發展工作，並藉此激發孩子的服務精神，秉持著回饋社區之理念。他們讀高中時會利用空閒去當地醫院擔任志工，利用假日到老人中心彈鋼琴、拉小提琴，娛樂老人家，秋末時到老人的家裡幫忙掃落葉，並參加社區舉辦的慈善組織，如 Soup Kitchen, Rotary Club 和 Red Cross 等。他們對台灣有濃厚的感情，都主動要求去台灣原住民區擔任志工。在高中暑假時，他們去台灣參加由台灣基督教長老教會主辦的「我愛台灣」志工活動（I Love Taiwan Mission）、在台東布農部落和紅葉教會擔任志工，教小孩英語、傳福音、幫忙教會事工及課業輔導等。

總而言之，以上只是大概描述教育子女的經過，其中大大小小的事情真多，不是三言兩語就可以講完。事實上，妻子和我都花了相當多的時間與心力，與他們相處，擔任司機東奔西跑、趕場比賽、參加各式各樣的課內和課外活動。雖然孩子非常忙碌，但他們注重效率，凡事專心，事半功倍。我們很重視小孩睡眠，他們每晚到十點時就會自動上床睡覺，從不熬夜，養成充分睡眠的好習慣。老實說在美國大家都有共同的體驗，那就是撫養小孩真是不簡單啊！

1.4 參訪以色列的學術旅遊

以色列被稱為上帝賜給亞伯蘭的流奶與蜜的應許地（The Promised Land Flowing with Milk and Honey）。聖經舊約《創世記》12:1-3 記載：

(1) 耶和華對亞伯蘭說：「你要離開本地、本族、父家，往我所要指示你的地去。

(2) 我必使你成為大國，賜福給你，使你的名為大；你也要使別人得福。

(3) 為你祝福的，我必賜福於他；那咒詛你的，我必咒詛他。地上的萬族都要因你得福」。

許多猶太人相信，現今被稱為以色列的土地屬於猶太人，以履行上帝與亞伯拉罕的約定，給予猶太人一個應許之地。以色列的國土面積約 22,000 平方公里，約為臺灣的 0.6 倍。以色列的人口約 930 萬人，約為臺灣的 0.4 倍。這樣一個面積和人口都比臺灣小的國家，其科技經濟國力卻強於臺灣許多倍。圖 1.8 顯示臺灣與以色列的對比。

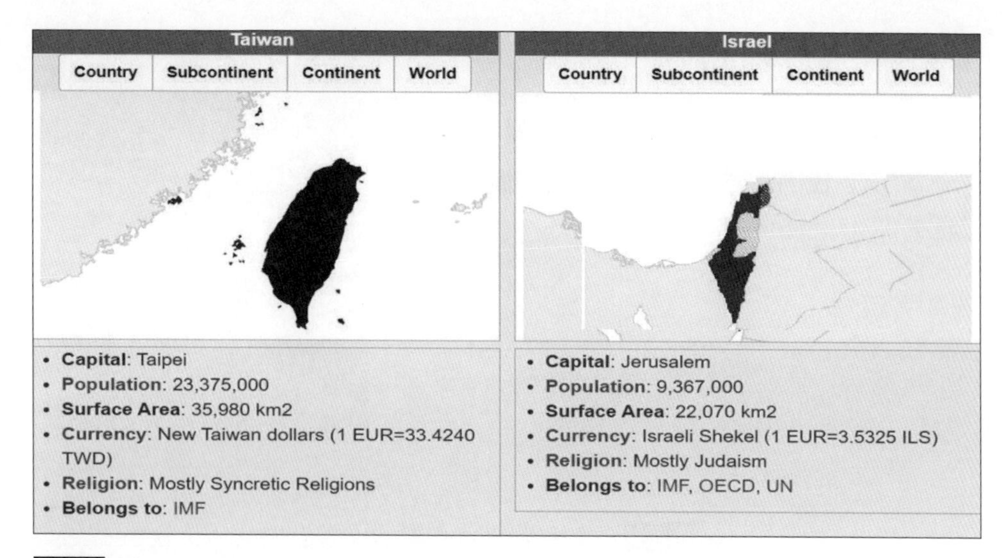

圖 1.8 臺灣與以色列的對比。

十九世紀末，猶太人開始逐漸返回應許之地，將當地從荒蕪的沙漠變成肥沃的綠洲。聖經多處清楚預言，上帝會再次興起以色列國。1948 年 5 月 14 日，以色列復國。以色列建國的第二天，便遭到阿拉伯聯軍（埃及、約旦、敘利亞、伊拉克、黎巴嫩、沙烏地阿拉伯）圍攻，但最終以色列擊退了聯軍。之後多次的圍攻，以色列都能夠戰勝。聖經還預言，在主耶穌回來之前，聖殿將被重建，這將是第三個聖殿。

我的這次旅遊是以「Faculty Fellowship Program in Israel」的名義，由美國猶太國家基金會（Jewish National Fund）贊助，從全美選拔了三十位大學教授。原定於 2020 年 5 月 30 日至 6 月 12 日舉辦，但因為受到新冠疫情的影響，延期至 2022 年 5 月 21 日至 6 月 3 日才得以成行。

我們的學術旅遊不同於一般的旅遊團，受邀的教授要與以色列的大學中，有共同研究領域的教授進行個別面談，討論互助合作的研究計劃。旅程中一半是聖經宗教文化之旅，另一半則是安排與以色列的政要、軍人、新聞記者、商人、教授、大學生等進行會談，深入地瞭解以色列。

1.4.1 旅行軌跡

為期十四天的旅行軌跡如附圖 1.9 所示，顯示了我們的巴士所行經的路線圖。

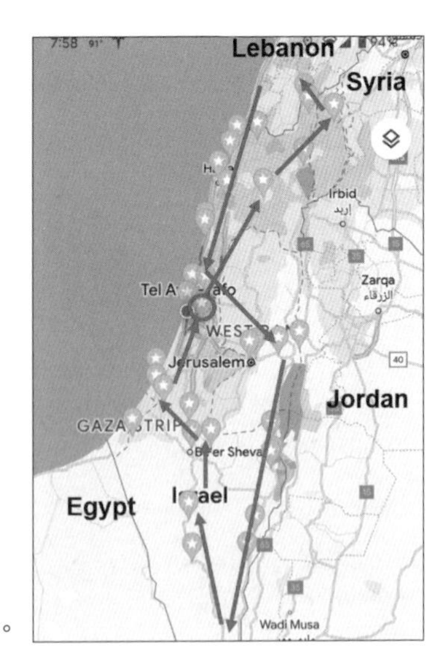

圖 1.9 巴士所行經的路線圖。

第一天抵達特拉維夫機場後，我們進行了晚宴互相認識。住一晚後，隔天往東北前往拿撒勒的天使報喜堂（Basilica of the Annunciation），這是聖母瑪利亞之家（House of the Virgin Mary）。聖經記載上帝差天使加百列去見一個處女，「就近一個處女，是已經許配給大衛家的一個人，名叫約瑟。這處女名叫馬利亞」（《路加福音》1:27-35）。天使告訴馬利亞她將生下耶穌，也就是彌賽亞。馬利亞聽見後對天使說：「我從沒有與男人同寢，這件事怎麼發生呢？」馬利亞的話表明她當時還是個處女。上帝用他的力量，也就是聖靈，使馬利亞懷孕（《馬太福音》1:18）。天使告訴馬利亞：「聖靈必臨到你身上，至高者的能力必蔭庇你，因此你將要生的聖者，必稱為上帝的兒子」。

接著我們前往位於加利利海（Sea of Galilee）西北岸的迦百農，參觀迦百農的會堂（The Capernaum Synagogue）。這裡是漁村和貿易中心，彼得、安德烈、雅各、約翰等人曾居住於此。迦百農在基督的生命和事工中發揮了獨特而重要的作用，是耶穌向以色列人傳福音的重要地點。迦百農的居民，包括社會地位較高的公民，有許多機會親自聽到耶穌的資訊，並見證祂的偉大力量和慈愛。這裡的魚群眾多，餐廳流行「聖彼得的魚」。

接著，我們乘坐巴士往西北前往戈蘭高地（Golan Heights），參訪軍事碉堡。這裡煙硝瀰漫，仿佛戰爭迫在眉睫，舉目可見敵國敘利亞。然後我們到第三大城海法（Haifa），再開往耶路撒冷。

隔天，我們前往耶路撒冷的西牆不遠之處，往低處走就能看見大衛城（City of David）。入口處有一個大豎琴模型，象徵大衛善於彈琴，藉此驅逐掃羅王身上的惡魔。這裡是當年大衛興建的王宮遺跡，也能看到當時居民的遺跡，居高臨下俯視百姓，來此可理解為何大衛會看到婦人拔示巴在洗澡。

圖 1.10 顯示我拜訪西牆，又名哭牆。位於耶路撒冷老城內，聖殿山山下西側。西牆是猶太人祈禱和朝聖的地點，是第二聖殿庭院的古城牆殘存部分。猶太人經常到此悼念他們消失的聖殿，故稱「哭牆」。朝聖者將他們寫在紙片上的禱詞或願望塞在牆縫中，並在牆前虔誠禱告。導遊發給我們紙條，我也將祈求願望寫下來，依序到西牆前祈禱，並將紙條塞入牆縫中（圖 1.11）。

圖 1.10 拜訪西牆，又名哭牆。

圖 1.11 我將寫在紙片上的禱詞和願望塞在牆縫中，並虔誠禱告。

聖經記載耶穌在最後晚餐樓為門徒洗腳，逾越節晚餐後，祂到客西馬尼園徹夜禱告。猶大帶羅馬人來抓耶穌，耶穌被帶去見彼拉多受審，隨即開始了耶穌的苦路 14 站。我們來到了耶穌基督被釘死的地方，即各各他的所在之處，耶穌的聖墓也在其中。第十二站是各各他，即耶穌被釘十字架、受難的地方。第十三站是耶穌的身體從十字架取下後，清潔並塗上油膏的石板。第十四站是耶穌被埋葬及復活的地方。

來到約旦河耶穌基督的洗禮地點（The Baptismal Site of Jesus Christ），聖經告訴我們，耶穌在約旦河畔接受施洗者約翰的洗禮。約旦河分隔兩國，對岸即是約旦的國土。

馬薩達（Masada）是猶太人的精神堡壘，位於以色列死海西岸邊的峭壁上，是一個地勢險峻的天然堡壘。公元 72 年，猶太人反抗羅馬統治者占領了馬薩達。羅馬大軍包圍了馬薩達，守軍堅守了三年。當要塞即將被攻陷前夕，為避免落入敵手，馬薩達全城九百多名男女老少寧願選擇自由死，也不願做亡國奴（不自由，毋寧死）。由於猶太教禁止自殺，他們推派出十名勇士作為執行者，所有人緊抱妻兒，躺在地上，自願接受戰友的一劍刺喉。最後留一名勇士處死其他執行者，然後自盡。

「死海」因高鹽度使魚類無法生存於水中，又稱「鹽海」。由於鹽度高，任何人都能輕易地漂浮在海水上。

我們還參觀了阿拉瓦國際農業培訓中心（AICAT - Arava International Center for Agricultural Training）。這所學校提供獎學金給非洲及東南亞的學生，幫助他們學習種植農作物的技巧和高科技人工智慧方法，畢業後回家鄉開農場。

- **加薩走廊**（Gaza Strip）：加薩走廊人口約 185 萬，大多數居民為遜尼派穆斯林。目前該地區由巴勒斯坦國政府統治。

- **特拉維夫**：特拉維夫的希伯來語名稱意為「舊的新大陸」。1998 年，《新聞周刊》將特拉維夫評為全球十大最具科技影響力的城市之一。特拉維夫大學是以色列最好的大學之一，這座城市目前是世界上生活成本最高的城市之一。

圖 1.12 是我和以色列前總理 Ehud Olmert 的合影。圖 1.13 是整個團隊的合照。這次難得的以色列學術旅遊讓我深深感受到臺灣需要向以色列學習的幾個重要方面：

(1) **創業精神**：以色列被稱為 " 創業國家 "，擁有超過 6,000 家創業公司。學生從 8 年級開始就首次體驗創業生活。

(2) **從零開始建設**：以色列從無到有建立了包括軍事在內的各種工業，許多創新和發展最終進入民用市場，促使許多公司因此成長。

(3) **追求卓越**：" 足夠好 " 還不夠好，每個人都必須追求卓越。

圖 1.12 我和以色列前總理 Ehud Olmert 的合影。

圖 1.13 參訪以色列學術旅遊團的團體照。

1.5 人工智慧影響政治民主

透過人工智慧對大數據的分析，我們能夠探索並解決以往難以處理的問題，這在政治生活中將產生深遠的影響。將人工智慧應用於選民意向和社群媒體分析，可以精確預測選舉結果並影響社會輿論。當人工智慧應用於政府治理時，可以掌握人民的需求資訊，提供更好的公共服務，或進行更嚴密的社會控制。人工智慧在政治學研究中的應用，透過收集和分析研究對象的行為和態度數據，可以推估、預測甚至解釋許多政治現象。

在 2024 年 7 月的英國選舉中，首位以 AI 形式參與政治活動的人工智慧候選人 AI Steve 備受矚目。它是企業家史蒂夫・恩達科（Steven Endacott）的替身。AI Steve 收集並分析選民的意見，以此生成政見，而非史蒂夫· 恩達科個人的政策。恩達科相信，像 AI Steve 這樣的候選人可以實現更直接的民主形式。他表示：「我們實際上正在利用 AI 作為技術基礎來重塑政治，不是為了取代人，而是為了真正將政治與民眾、選民聯繫起來。」利用 AI 讓選民的聲音更真實地反映在政治決策中，實現更民主和透明的政治流程。

人工智慧能夠迅速處理大量數據，並從中提取有用的資訊。AI 可以更高效地分析選民的意見和需求，並根據這些資訊制定政策。此外，AI 可以持續學習和改進，根據最新的數據和趨勢調整政策，使其更加符合民眾的期待。人工智慧有望提升政治過程的透明度，所有政策和決策過程都基於公開收集的數據和演算法，選民可以清楚地看到政策制定的每個步驟。這樣的透明度有助於減少腐敗和黑箱操作，使政治更加開放和公正。

然而，人工智慧在政治中的應用也面臨諸多挑戰和風險。首先，人工智慧演算法的設計和數據來源必須保持中立和公正，避免偏見和操縱。其次，人工智慧缺乏人類的情感和道德判斷，可能在某些複雜的社會問題上無法做出最優決策。最後，選民對人工智慧的信任和接受程度也是一大挑戰。選舉作為民主最真切的體現，使人民能夠透過選票來選擇代表或對關鍵問題作出決策，是反映民意以及對政府進行監督的根本，也是社會進步與改革的動力來源。然而，隨著生成式 AI 技術的興起與應用，資訊操弄對選舉過程產生影響，衝擊民主社會的核心價值，對選舉公正性和資訊真實性帶來全新挑戰。

對於生成式 AI 用於製造假資訊的隱憂，在美國政界得到跨黨派參議員的關注與共識。而這一問題不僅限於美國，其他國家在 2024 年的選舉期間，也陸續出現生成式 AI 影響民主選舉的案例。反觀臺灣的選舉已於 2023 年底圓滿完成，過程中出現了生成式 AI 製造虛假影片及音檔企圖影響特定候選人的情況。但臺灣民眾基於長久積累的資訊及媒體識讀素養及民主社會的韌性，搭配許多自發性的公民團體的公開資訊揭露和分享，迅速匡正了這些虛假資訊，並未對選民心中的價值判斷造成重大影響。

針對 AI 工具可能影響民主選舉的隱憂，科技公司也不斷積極表態，表示願意採取「合理的預防措施」，來防止 AI 工具被用來擾亂世界各地的民主選舉。2024 年 2 月 18 日，來自 Adobe、亞馬遜、Google、IBM、Meta、微軟、OpenAI 和 TikTok 的高層聚集在慕尼黑安全會議上，宣布了一個新框架，用於應對 AI 生成的故意欺騙選民的深度偽造行為，其中包含安全（Secure）、賦權（Empower）以及進步（Advance）三大面向。雖然該協議在很大程度上象徵意義大於實質效果，但面對日益真實的生成式 AI 生成影像、音訊和影片，這些科技公司的自主監管行為確實在整體資訊傳播機制中扮演著關鍵守門員的角色。

1.6 人工智慧的定義與範疇

根據《韋伯字典》（Webster dictionary）的定義，人工智慧是應用電腦系統或演算法來模仿人類智慧的行為能力。它是電腦科學的一個分支，旨在利用電腦來模擬智慧行為。人工智慧的特徵是能夠推理並實現特定目標。人工智慧的研究始於 20 世紀 50 年代並於 60 年代被美國國防部採用。

機器學習（Machine Learning）是人工智慧的一部分，是用電腦程式來實現無需人工協助，即可自動學習和適用新資料的技術。人工智慧技術應用於下棋、電動遊戲、汽車自動駕駛和銀行系統中的詐騙活動偵測。

提到人工智慧，總是讓人聯想到機器人。隨著技術的發展，先前對人工智慧的定義標準已經過時。支援人工智慧的技術包括以下幾項：

- **電腦視覺**（Computer Vision）：使電腦能夠辨識圖片和照片中的物體和人物。
- **自然語言處理**（Natural Language Processing）：使電腦能夠理解人類語言。
- **圖形處理單元**（Graphics Processing Unit）：一種電腦晶片，用來運算數學公式以形成圖形和影像。
- **物聯網**（Internet of Things）：由實體設備、車輛和其他嵌入感測器、軟體和網路連接的物體組成的網路。
- **應用程式介面**（Application Programming Interface, API）：讓兩個或多個電腦程式或元件相互通訊。

演算法在人工智慧的結構中扮演重要角色，簡單的演算法用於簡單的應用程式，而複雜的演算法則幫助建立強大的人工智慧。

人工智慧可以應用於許多領域和行業，包括醫療保健、金融等。在醫療保健方面，AI 可用於建議藥物劑量、制定治療方案以及協助手術室的外科手術。在金融業，人工智慧可以偵測並標記詐欺性的銀行活動。2022 年，人工智慧隨著生成式預訓練轉換器（Generative Pre-trained Transformer, GPT）的應用進入主流。最受歡迎的應用程式是 OpenAI 的 DALL-E 文字轉影像工具和 ChatGPT。人工智慧正迅速發展，並在各個領域產生深遠影響。隨著技術的不斷進步，我們可以預見 AI 將在未來的應用中扮演更加重要的角色。

1.7 人工智慧的創新與應用

人工智慧的創新與應用在現今的科技領域中展現出巨大的潛力和多樣化的發展。以下是一些主要的創新方向及其應用領域：

(1) **自然語言處理（Natural Language Processing）**：透過深度學習技術，AI 能夠更佳理解和生成人類語言，提升語言模型的準確性和流暢性。

(2) **電腦視覺**：結合卷積神經網路（Convolutional Neural Network）和其他深度學習技術，AI 能夠達到人類影像分析的精準度。

(3) **機器學習和深度學習**：透過強化學習和生成對抗網路（Generative Adversarial Network）等方法，AI 能夠自我改進和生成逼真的數據。

(4) **強化學習**：透過嘗試錯誤法和獎勵機制，AI 能夠在複雜的環境中學習最佳行動策略。

(5) **生成對抗網路**：透過兩個神經網路的對抗學習，AI 能夠生成逼真的數據和影像。

(6) **智慧城市**：透過整合大數據和 AI 技術，提升城市的管理和服務效率。

(7) **自動化與機器人**：AI 賦予自動化系統能夠更靈活且智慧地完成複雜任務。

(8) **健康醫療**：AI 在醫學診斷、藥物發現和個人化醫療方面展現出巨大的潛力。

(9) **教育科技**：AI 可以提供個人化的學習體驗和教育資源，提升學習效果。

(10) **創意產業**：AI 能夠輔助甚至創造音樂、藝術和文學作品，拓展創作的邊界。

人工智慧的創新與應用已經滲透到各個領域，並且隨著技術的不斷進步，其影響力和應用範圍將會持續擴大。

目前的人工智慧（AI）被稱為「弱人工智慧」（Weak AI），因為它存在一些限制。然而，實現「強人工智慧」（Strong AI）是未來發展的目標。目前，AI 只能在某些特定技能上超越人類，但預計未來 AI 將能在所有認知任務上超越人類。這一進步既帶來機遇，也帶來挑戰，強調了學習 AI 技能以謹慎管理和塑造未來的重要性。

人工智慧的類型

人工智慧根據其能力可分為三種類型：

- **窄 AI**（Narrow AI）：能夠智慧地完成特定任務，目前的 AI 主要處於這一階段。
- **通用 AI**（General AI）：通用人工智慧（Artificial General Intelligence, AGI）指的是能模仿人類智慧的機器。
- **超 AI**（Super AI）：指具備自我意識且擁有超越人類認知能力的 AI，能夠完成任何人類可以執行的任務。

目前，AI 被分類為窄 AI 或弱 AI，僅能執行特定的任務。其應用範圍包括自動駕駛汽車、語音識別等技術。

1.8 人工智慧的未來發展

人工智慧前景光明，但也面臨諸多挑戰。隨著技術的進步，AI 預計將在醫療保健、金融、交通運輸等領域中變得越來越普及。AI 驅動的自動化將改變就業市場，促使對新職位和技能的需求增加。AI 幾乎在所有領域都有應用，以下是各個主要領域的未來發展。

醫療保健

未來，人工智慧在醫療保健領域的發展包括使用機器人進行手術、個性化藥物研發，以及使用虛擬助手監測患者。AI 將能透過從健身手環或個人病史中讀取數據，分析症狀模式來診斷疾病，並建議合適的藥物，這些藥物可以透過手機輕鬆訂購。醫療行業的主要關注點是收集準確和相關的患者數據，因此 AI 在處理大量醫療數據方面非常適合。此外，AI 在醫療領域的應用廣泛，並且具有良好的擴展性和適應性。

教育

人工智慧已被引入教育領域，協助教師、學生和管理人員減少重複性工作的需求，提高教育品質，增強視覺效果，並為更多人提供教育機會。未來的教育將根據個人的性格和能力進行量身定制的教育，學生的學習過程會變得更具互動性和趣味性。知識的實踐應用將在實驗室實驗等安全環境中更加突出。由於減少了死記硬背的需求，教育將更加以應用為基礎，因為事實和資訊將隨時隨地可供使用。智慧教室將逐漸發展為智慧建築，從而對學校環境產生積極影響。

金融

人工智慧在各行各業中擁有巨大的潛力，也能改善個人和國家的經濟健康。未來，AI 演算法將被用於股票基金的管理並超越人類監管者。在金融領域，AI 驅動的策略將顛覆傳統的交易和投資方式。這對於無法負擔此類技術的基金管理機構可能造成不利影響，因為決策將迅速且突然地做出，並對業務產生大規模影響，競爭將激烈而緊張。

軍事和網路安全

AI 輔助的軍事技術已經創造出不需要人員操作的自主武器系統，這是提升國家安全的最安全方式。未來，智慧機器人軍隊將具備士兵或特種部隊的智慧，能夠執行各種任務。如果這些技術落入不法分子之手或 AI 自主做出錯誤決策，可能會帶來災難性的後果。

交通運輸

未來，人工智慧在交通運輸領域的主要應用是自動駕駛車輛和智慧聯網汽車。這些車輛配備了預測系統，能夠可靠地提供潛在的零件故障資訊、路線和駕駛指導、應急和災害預防措施等。具備內置無線連接和網路的聯網汽車將成為行業標準。人工智慧被用來提升導航系統以及優化交通流量，使交通運輸更加高效、安全和便捷。隨著新技術的發展，期待從自動駕駛車輛到智慧交通管理系統，人工智慧有潛力改變我們的交通方式。

廣告

人工智慧驅動的系統能利用歷史數據有效地模擬廣告活動，提供準確的結果，這比傳統的試驗性活動更為高效且省成本。這將徹底改變市場營收，使公司和品牌能夠在安全的環境下投資資金。智慧情感分析工具和方法可以更精確地接觸潛在消費者，從而生成銷售線索並轉化為實際銷售，同時還能在產品上市前評估市佔率，進行競爭對手研究。

未來人工智慧發展的核心目標在於實現情境應用，將雲端計算、大數據、物聯網及終端設備整合為一個完整的生態系統，以提供針對實際問題的解決方案和智慧應用服務。AI 技術涵蓋了從晶片設計、終端硬體、到雲端運算系統等硬體基礎設施，以及類神經網路、專家系統、大數據趨勢預測分析、開發平臺架構、深度學習與機器學習、語音與影像辨識等先進演算法技術。人工智慧的應用領域廣泛，涵蓋金融科技、智慧製造、智慧醫療與健康、智慧交通等領域，並且自動駕駛汽車與機器人將成為人工智慧技術落地的首波重點。

1.9 人工智慧常見的疑問

以下是一些關於人工智慧常見的十大疑問：

疑問 1：依靠人工智慧會產生危險嗎？

人工智慧的出現引發了人們對這項技術的不確定、恐懼，甚至是仇視，這主要源於大多數人對其缺乏充分了解。AI 主要依照人類的指令來自動快速地執行任務，例如撰寫文章、組織活動和翻譯語言等。然而，AI 模型的運作方式就像個「黑箱」，人類很難真正理解內部的實際運作情形。如果直接完全地仰賴 AI 模型作出決策，一旦產生錯誤，後果將不堪設想。況且如果 AI 系統遭遇「對抗性攻擊」(Adversarial Attack)，則模型誤判輸入的資料，進而導致整個系統產生錯誤的結果。AI 也同時帶來了「資料隱私」的風險，在醫療、金融等領域，尤其像 ChatGPT 的生成式 AI，很容易就洩漏重要資訊給機器。甚至我們無法規範的 AI 產生假造錯誤的資訊傳播、威脅網路安全以及政治偏見等問題。

疑問 2：人工智慧的準確性是否取決於訓練數據？

是的，訓練數據品質在人工智慧中至關重大，因為它直接影響人工智慧模型的效能、準確性和可靠性。高品質的數據使模型能夠做出更好的預測，並產生更可靠的結果，從而增強使用者的信任和信心。如果訓練數據品質不佳、不準確或不相關，則 AI 系統的輸出也將是品質差、不準確或不相關。確保數據品質也是減縮數據中存在的偏差，以免在人工智慧生成的輸出繼續或擴大這些偏差，這有助於減少對特定群體或個人的不公平待遇。透過實施穩健的資料收集、清理、驗證和監控等策略，可以確保訓練數據品質，從而提高人工智慧系統的效能和效用。

疑問 3：人工智慧與人類一樣聰明嗎？

人工智慧已經展現了令人驚訝的結果，使它們被認為可以與人類相媲美。然而，它們的能力仍然有局限性。AI 的行為具有特定性，例如，它們能生成某領域的輸出，但這些行為是基於模式分析和指導，而非自主行動。AI 目前仍缺乏通用能力，例如能夠下圍棋的 AI 卻無法生成繪畫或撰寫小說。科學家和研究人員正在努力將多樣功能結合起來，但使 AI 達到與人類同等智慧的水準仍然極具挑戰性。

疑問 4：人工智慧會使人類失業嗎？

人類對自我改進的渴望將使他們不會失去工作。人工智慧只會改變工作方式，使人類需要新的專業技能。AI 已經取代了許多工作，並提供了更具有挑戰性的機會。它還提高了生產力，為創造力提供了空間。人工智慧的應用將取代許多人類勞動崗位，因為 AI 能夠完成原本由人類執行的工作。這與其他高科技系統取代人類勞動的情況類似。AI 技術的發展不僅創造了新的職位，還促進了專業技能的升級和轉型。

疑問 5：人工智慧不是我的公司行業必要的技術吧？

人工智慧推動產業創新，但不是每個公司行業都適合人工智慧。企業管理者和決策者必須採用人工智慧的技術來重新設計他們的業務。這樣可以使得員工繁重的工作實現自動化，並提供個人化產品和服務，來滿足客戶不斷增加的要求。自動化將改變人們的工作方式。

為避免被淘汰，員工需要改變和適應，專注於可能需要進行培訓的高價值任務。如果您的公司行業是人工智慧沒有辦法取代的工作，像那些需要人際互動與同理心的行業，譬如服務業、心理治療師、諮商輔導員、音樂家、表演藝術者和法官等。社交性愈強的工作，人工智慧愈是無法取代，但可以提供協助。 另外與社會有關的行業，不管是策略管理、創意文化、心理、政治、廣告、法律和經濟等，只要跟人有關的議題，而不是「最佳化」的問題，就不是人工智慧可以取代的。

疑問 6：企業不使用人工智慧會更好嗎？

人工智慧系統對於任何企業制定有效的增長和發展策略都是不可避免的。透過預測模型和對業務問題的邏輯分析，AI 可以提供多種有效的解決方案，使企業呈現指數級增長。它還能夠發現企業的不足之處，精確地指出問題的根本所在，並提供適當的解決方案。

疑問 7：人工智慧將奴役人類嗎？

人工智慧的存在及其驚人的能力常被比喻為科幻情節。然而，AI 奴役人類的說法遠非真實。要使 AI 能夠奴役人類，需要擁有類似人類的品質和意識來做智慧的決定。儘管科學取得了巨大的進步，但目前尚無法定義意識，因此我們不能奢望 AI 程式系統能夠達到這一個境界。AI 僅是一種工具，基於人類指定的演算法來解決複雜的問題。

疑問 8：各國政府有在監管人工智慧嗎？

隨著像 ChatGPT 這樣的大型語言模型在全球的發展，各國紛紛對人工智慧進行監管。有些國家制定了嚴格的法律來規範這項技術，而另有些國家則缺乏監管機制。中國和歐盟特別的關注，分別制定了詳細但有所不同的 AI 監管規則。各國政府的監管來自於對 AI 的多方面擔憂，這些擔憂主要包括隱私問題以及具爭議性軟體可能對社會造成的危害。

疑問 9：如何防止聲音、照片和影片的偽造？

防止聲音、照片和影片的偽造需要綜合運用技術、法律和教育等方面。防止偽造的技術包括數位浮水印和加密技術，以及利用 AI 和機器學習技術開發的工具來檢測和識別深度偽造，並且透過辨識獨特的生物特徵（如指紋、聲音和臉部特徵）來驗證身份，防止身份盜用和偽造。在法律規範方面，各國政府應制定相關法規，明確規定偽造行為的法律責任，並對偽造和散布偽造內容的行為進行嚴懲。在教育方面，應提高公眾對於辨別真偽資訊的能力，使人們能夠更明確地識別偽造內容。

疑問 10：面對人工智慧的發展，我和我的孩子應該做什麼？

面對人工智慧的迅速發展，有幾件事情您和您的孩子可以考慮。鼓勵自己和孩子學習程式語言、資料科學和人工智慧的基礎知識。提升批判性思維和解決問題的能力，保持開放的學習態度，隨時更新知識來適應技術變革。多去探索新興的領域，了解 AI 對社會、經濟和倫理帶來的影響，並參與相關議題的討論和決策。常常參加 AI 研討會、講座和相關課程，不僅能學習新知識，還能結識專家學者和志同道合的人士。這不僅有助於適應未來的職場變化，還能積極參與塑造 AI 時代的來臨。

CHAPTER

2

人工智慧的歷史演變

人工智慧（Artificial Intelligence, AI）自從提出以來經歷了多次重要的發展階段，逐漸成為現代科技的重要領域。以下是人工智慧歷史演變的主要階段：

(1) **早期探索（1940s ～ 1950s）**：在1943年，沃倫・麥卡洛克（Warren McCulloch）和沃爾特・皮茨（Walter Pitts）發表了一篇論文，提出了人工神經網路的概念。1950年，艾倫・圖靈（Alan Turing）提出了著名的圖靈測試，用於判斷機器是否具備智慧。

(2) **誕生與黃金時代（1950s ～ 1970s）**：1956年，被視為人工智慧誕生的達特茅斯（Dartmouth）會議舉行。此後，AI研究進入了快速發展的黃金時期。研究者們開發了早期的AI程式。

(3) **第一次低潮（1970s ～ 1980s）**：隨著研究的深入，AI面臨了許多技術挑戰和資金短缺。第一次人工智慧之冬出現，研究進展放緩，資金支持減少。

(4) **專家系統時代（1980s ～ 1990s）**：1980年代，專家系統成為AI研究的主要方向。這些系統利用知識庫來模擬專家的決策過程，並在醫學診斷、財務分析等領域獲得了某些程度的成功。

(5) **第二次低潮（1990s）**：由於專家系統的局限性和高昂的維護成本，AI研究再次陷入低潮，第二次人工智慧之冬隨之而來。

(6) **復興與發展（2000s ～至今）**：進入21世紀，隨著計算能力的提升和大數據的興起，AI研究迎來了復興。深度學習和神經網路的技術獲得了重大突破，推動了影像識別、語音識別、自然語言處理等領域的快速發展。2010年代，AI技術廣泛應用於自動駕駛、智慧助手、醫療診斷等多個領域，人工智慧再次成為科技界的焦點。

2.1 人工智慧的起源

上帝創造了宇宙，《聖經》在創世記中記載：起初，神創造天地。地是空虛混沌，淵面黑暗；神的靈運行在水面上。神說：「要有光」，就有了光。神看光是好的，就把光暗分開了。神稱光為「晝」，稱暗為「夜」。有晚上，有早晨，這是頭一日。

《聖經》記載了世界歷史與演變，揭示人類自始便擁有高度的智慧。例如，亞當在一天之內為所有動物命名（創世記 2:19），樂器和冶金術的發明（創世記 4:19-22），以及建造諾亞方舟的大工程（創世記 6:14-16），這些都是智慧的表現。顯示人類擁有強大的大腦，甚至超乎我們想像的強大。上帝自創世之初便賦予人類智慧，使我們能夠與祂溝通並管理祂的創造物。無論我們擁有何種能力，都是為了讚美祂，宣揚祂的偉大與愛。

上帝創造人類智慧，人類智慧創造人工智慧

《聖經》列王紀上 3:1-15 記載，耶和華在夜晚的夢中向所羅門王顯現，對他說：「你想要什麼，只管向我求。」所羅門王回答：「求你賜我智慧治理你的子民，並能辨別是非；不然，我怎能治理你這眾多的子民呢？」箴言 9:10-11 說：「敬畏耶和華是智慧的開端，認識至聖者便是聰明。」上帝創造了人類，並賜給人類智慧。人類在此基礎上創造了機器，並賦予機器智慧，這便是人工智慧。

從心理學家的角度來看，智慧（Intelligence）是一個多維度的概念。不同的理論提供了多種視角，幫助我們理解智慧的本質及其表現形式。這種多元化的定義不僅有助於全面地理解智慧，也在教育、職業選擇和個人發展等領域提供了實用的指導。一般來說，智慧包含三種能力：

(1) **學習能力**：快速有效地吸收新知識和技能，適應新環境的靈活性，以及保持好奇心和求知慾的持續學習。

(2) **分析問題的能力**：運用邏輯和批判性思維來分析問題，理解複雜概念，並整合來自多個來源的資訊，形成全面的理解。

(3) **解決問題的能力**：用創造性思維來產生新穎和有效的解決方案，做出合理的決策，並將理論知識應用到實際問題中，實現有效解決。

這三種能力共同構成了智慧的核心要素，使個體能夠在不同的情境中相互補充，有效地學習、分析和解決各種問題。

再來看看科學歷史的發展，都是有一個軌跡可尋的。每一個重大的發展都有一個引爆點，這個引爆點要嘛源自新觀念的形成，要嘛來自新方法的出現，從而引爆後續無限的發明或發展。神經科學有系統的最基本研究，可以說始自一百多年前的西班牙病理學家 Santiago Ramóny Cajal（1852-1934）。他所建立的神經組織基本結構維持至今。

人的腦細胞（neuron）大約有 850 億到 1200 億個，腦部的功能非常多樣且複雜。這些細胞擁有許多不同的功能，並透過超過 100 兆個突觸連接，形成神經網路體系。人類對自身發展的歷史中，有許多不滿意的地方。即使我們自稱為「智人」，但我們距離理想的願景仍有相當距離。例如，人類歷史上幾乎每年都有戰爭，人們試圖消滅其他人類。我們的智慧還不夠優異，常常忘記事情，記憶模糊，而且計算和反應速度也緩慢。

神經科學一步步揭開了人腦的功能，其奧秘也逐漸被揭曉。優秀的腦科學研究可以為建構人工智慧為主的人工輔助腦奠定基礎。這種輔助性的人工腦與原本的人腦結合，形成一個經由非生物演化而來的進階腦。

智慧是無邊無際且無窮無盡的。智慧的本質在於其無法被局限於特定的範疇或邊界。它涵蓋了知識的各層面，從科學、藝術到哲學，無所不包。智慧不僅僅是知識的累積，更是洞察力、創造力和批判性思維的結合。隨著人類對世界的深入理解，智慧不斷地延伸，新的發現和創見不斷地湧現，使智慧永遠在動態發展中。因此，智慧是一個無限的資源，為人類社會的進步和發展提供了持續的動力。

圖 2.1 中，我用一個模糊的圓（象徵沒有邊界）來代表智慧。智慧包括自然智慧和人工智慧。人工智慧涵蓋以下領域：機器學習（Machine Learning）、電腦視覺（Computer Vision）、模式辨識（Pattern Recognition）、自然語言處理（Natural Language Processing）、專家系統（Expert System）、資料探勘（Data Mining）、機器人（Robotics）、電腦遊戲（Computer Games）、智慧代理（Intelligent Agents）、遺傳演算法（Genetic Algorithm）、模糊理論（Fuzzy Theory）和神經網路（Neural Networks）。

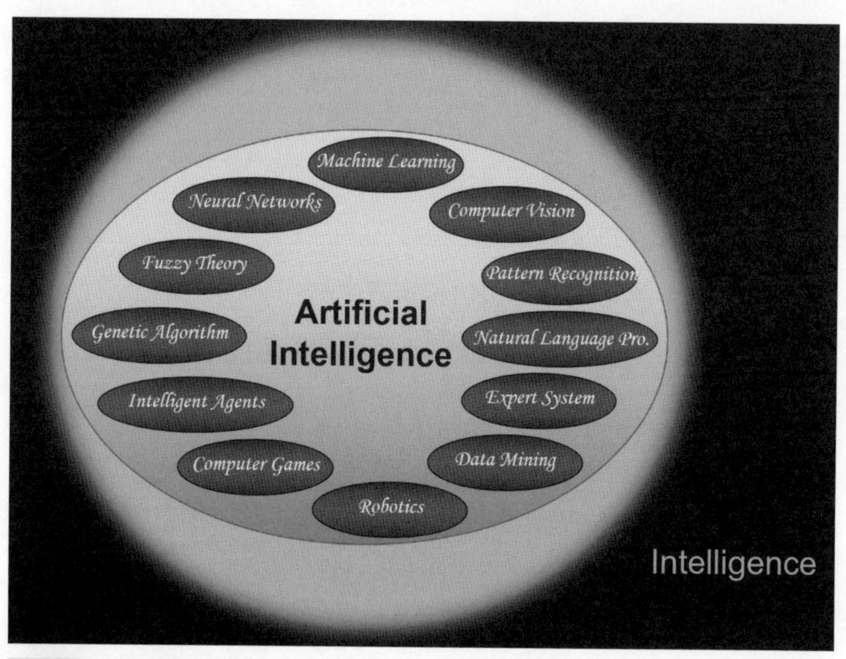

圖 2.1 用一個模糊的圓來代表智慧以及所包含的領域。

人工智慧的起源可以追溯到 1943 年，當時神經生理學家沃倫・麥卡洛克（Warren McCulloch）和數學家沃爾特・皮茨（Walter Pitts）建立了一個模仿腦神經運作的數學模型。他們的工作開創了使用電腦來模擬人類智慧，為後來的人工智慧研究奠定了基礎。這個模型不僅展示了神經元網路的基本運作原理，還提出了利用邏輯閘（Logic Gate）來模擬大腦神經元活動的方法，這成為後來人工神經網路的重要理論基礎。

我的研究經歷始於 1984 年，在美國普渡大學攻讀博士學位期間，專注於人工智慧和模式識別的研究。畢業後，在紐澤西州立理工大學任教，除了繼續該研究以外，並擴展了研究領域，涵蓋機器人視覺、多媒體資料安全、智慧浮水印（Intelligent Watermarking）、數位鑑識（Forensics）、隱寫術（Steganography）以及深度學習（Deep Learning）等專門領域，對這些領域的發展做出了重要貢獻，並在學術界和工業界獲得了廣泛的讚賞與表揚。

機器學習是一種將無明顯秩序的數據轉化為有價值資訊的方法。換句話說，機器學習的價值在於從數據中提取規律並用來預測未來。機器學習的應用範圍廣泛，包括以下幾個方面：

(1) **分類問題**：例如影像識別和垃圾郵件識別。

(2) **迴歸問題**：例如股價預測和房價預測。

(3) **排序問題**：例如點擊率預估和推薦系統。

(4) **生成問題**：例如影像生成、影像風格轉換和影像文字描述生成。

機器學習的方法可以分為兩類：

(1) **符號式學習**（Symbolic Learning）：這種方法將事例依其特徵以文字或符號方式表示，然後嘗試提取其分類規則。符號式學習通常使用邏輯推理和決策樹等技術，適合處理結構化和可解釋的數據。

(2) **連結式學習**（Connectionist Learning）：這種方法將事例的特徵用數值形式表示，然後利用類神經網路的機制來學習其分類規則。連結式學習擅長處理非結構化數據和複雜模式識別，透過調整神經網路中的權重來優化學習過程。

這兩種方法各有其優勢和適用範圍，符號式學習強調可解釋性和規則的明確性，而連結式學習則注重處理複雜數據和模式識別的能力。在實際應用中，選擇哪種方法通常取決於具體的問題和數據特性。

深度學習的研究早在 1940 年代就已經開始，它是機器學習（Machine Learning）的一個分支，也是目前人工智慧的主流技術。深度學習利用多層神經網路來模仿人腦的學習過程，能夠自動從大量數據中提取特徵並進行模式識別和預測。深度學習的最佳傑作如下：Google AlphaGo 是一個深度學習系統，透過自我對弈和學習大量棋譜，最終在圍棋比賽中擊敗了多位世界級棋手。IBM Watson 系統在美國的 Jeopardy 電視節目比賽中奪得冠軍，展示了其強大的自然語言處理和知識檢索能力。這些成功案例展示了深度學習在複雜問題解決和智慧系統中的巨大潛力，推動了人工智慧技術的快速發展。

建立一套深度學習的網路其實並沒有想像中那麼困難。只要有基本的了解，再搭配網路資源自學，就可以開始建立自己的深度學習網路。深度學習的流程也可以簡化為三個步驟：

(1) **建立網路**：選擇並搭建適合的神經網路結構。這可以是簡單的多層感知器，也可以是複雜的**卷積神經網路**（CNN）或**循環神經網路**（RNN）。使用現有的深度學習框架如 TensorFlow、PyTorch 或 Keras，可以方便地定義和設計網路結構。

(2) **設定目標**：定義模型的學習目標和損失函數。這一步包括選擇適當的優化演算法（如梯度下降）和評估指標，確保模型能夠有效地學習並達到預期的性能。

(3) **開始學習**：將數據輸入到神經網路中進行訓練。在這一步中，透過反覆的訓練和調整超參數（如學習率、批次大小等），模型逐漸學會從數據中提取有用的資訊並進行準確的預測。

透過這三個簡單步驟，即使是初學者也能開始構建自己的深度學習模型。隨著實踐經驗的累積，逐漸掌握更多的技巧和方法，可以進一步優化和提升模型的性能。

深度學習本質上是函數的集合，而神經網路就是大量函數的綜合體。每個神經元可以視為一個函數，它接收輸入數據，進行運算並輸出結果。當我們輸入大量數據（影像、文字或音頻），神經網路會經過多層並應用各種函數進行運算，最終輸出一組數值，這些數值代表了機器對輸入數據的理解和處理結果，可以是分類標籤、迴歸預測值或其他目標。機器可以根據這個解答決定下一步行動，人類也可以根據這個建議做出決策。

我們可以在深度學習的神經網路中加入各種變數，透過電腦執行程式後，迅速看到結果，並告訴機器這個結果是正確還是錯誤，然後調整函數。這個反覆迭代的過程就是所謂的「學習」。具體來說，這個過程包括以下步驟：

(1) **設置變數**：在神經網路中加入各種變數，這些變數可以是網路層的權重、偏值以及其他超參數。

(2) **執行程式**：將數據輸入網路，經過各層的計算，產生輸出結果。

(3) **評估結果**：透過損失函數評估輸出的結果是否接近預期目標。損失函數可以衡量輸出結果與真實結果之間的差異。

(4) **反饋與調整**：利用反向傳播演算法（Backpropagation），計算損失函數對各層權重的梯度，並根據這些梯度調整權重和偏值，以減少損失函數的值。

(5) **反覆迭代**：不斷重複上述步驟，透過大量數據的訓練，逐步減少損失函數的值，使網路的輸出結果越來越準確。

這個過程透過反覆迭代，模型的性能逐漸提高，最終找到一個最佳的函數。這個最佳函數能夠對新數據進行準確的預測或分類，從而得出最佳解答。圖 2.2 顯示人工神經元細胞的結構。由於生物神經元具有不同的突觸性質和突觸強度，所以對神經元的影響各不相同。我們用加權值來表示這些差異，其正負模擬了生物神經元中突觸的興奮和抑制，其大小則代表了突觸的不同連接強度。

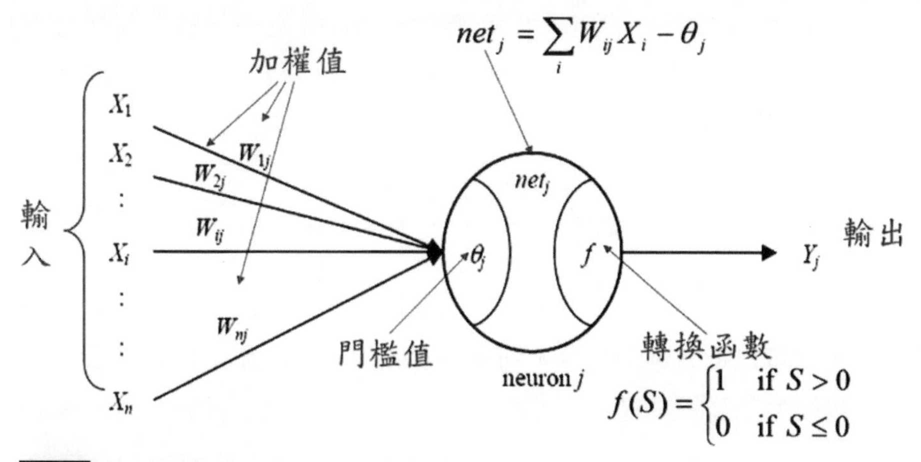

圖 2.2 人工神經細胞結構。

在人工神經網路中，這些加權值用來調整輸入訊號的影響力。輸入訊號經過加權後進行累加整合，相當於生物神經元中的膜電位。當累加結果超過一定閾值時，神經元會激動並產生輸出。類神經網路模擬了生物神經元的運作，透過調整權重來達到類似的學習功能。人腦約有一千億個神經細胞，每個神經細胞約有一千個突觸與其他神經細胞相連。這種高度連接的結構使得人腦具有強大的計算和學習能力。

在人工神經網路中，透過大量的神經元和多層結構，可以模擬複雜的學習過程和模式識別能力。這些網路能夠處理大量數據，學習其中的規律，並進行預測和決策。隨著訓練過程的進行，權重會逐漸調整，使得網路的性能不斷提高，最終達到預期的學習效果。因此，人腦中約有一百萬億個突觸連結，形成了一個高度連結的網狀神經網路（見下頁圖 2.3）。

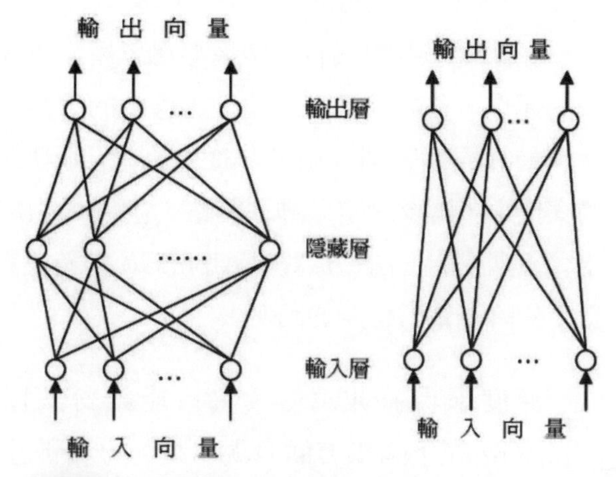

圖 2.3 高度連結網狀的神經網路。

假設神經網路的每一層有 1000 個神經元，那麼每一層之間就有 100 萬個權重值。隨著層數的增加，網路的複雜度也會隨之提高，這確實使得整個系統變得相當複雜。但是，這並不意味著這個過程是不可管理的。在神經網路中，千百萬個數值（權值）並不是由人類手動設定的。這些權值是透過機器學習過程中自動學出來的。人類主要負責以下幾個方面：

(1) **定義學習規則**：設計神經網路的結構，包括選擇合適的層數、神經元數量以及激勵函數等。同時，定義損失函數和優化演算法，這些是模型學習的基礎。

(2) **提供學習資料**：收集並準備大量的訓練數據，這些數據包含了輸入特徵和相應的標籤（正確解答）。這些數據用於訓練神經網路，使其能夠學習到輸入與輸出之間的關係。

(3) **監督學習過程**：在訓練過程中，使用反向傳播演算法來計算損失函數相對於權值的梯度，並根據這些梯度來調整權值。這個過程是自動進行的，透過多次迭代，網路會逐漸收斂到一組最佳權值，使得模型的預測結果與真實結果之間的差異最小。

(4) **評估與調整**：在訓練完成後，對模型進行評估，確保其在測試數據上的表現良好。如果需要，對模型進行調整和優化，以進一步提高其性能。

在深度學習中，有許多模型可以用來辨識影像，其基本方法類似於人腦的運作。首先，模型會處理影像中的線條，然後逐漸將小區域組合成形狀，最終觀察整個大區域，從而判斷出圖形的內容。例如，在 AlphaGo 的案例中，團隊設定了神經網路，並將大量的棋譜資料輸入，讓 AlphaGo 學習下圍棋的方法。最終，AlphaGo 能夠判斷棋盤上的各種狀況，並根據對手的落子做出相應的回應。

深度學習並非萬能，它只能針對某種特定需求進行設計。雖然 AlphaGo 在下圍棋方面表現卓越，但其神經網路若應用於駕駛則無法成功。目前，深度學習的各種應用尚處於起步階段，還有許多領域需要人們進一步開發、設計、發展和測試。

2.2 人工智慧的發展

人工智慧的發展與應用正如火如荼地呈現出指數型增長。如今，無論是私人企業、大學，還是公共研究機構，都在為人工智慧的進一步發展做出貢獻。隨著生成式人工智慧工具的出現，人們逐漸認識到其潛力，這些工具能夠自動產生過去難以想像的創造性傑作，例如文字、影像和影片。

人工智慧已經全面滲透到人類的食衣住行育樂等各個領域，其應用範圍也日益廣泛，從教育、醫療、交通到娛樂，皆因人工智慧技術的蓬勃發展而帶來革命性的變革。為了了解人工智慧如何走到今天這一步，我們有必要回顧它最初的起源。

人工智慧有著悠久的歷史，可以追溯到 20 世紀 50 年代。幾乎每十年都會出現重大的里程碑。我們將回顧人工智慧發展史上的一些重大事件，以便更好地了解這項技術的演進過程。

在 20 世紀 50 年代，計算工具本質上只是一種大型計算機。早在電腦成為現代設備之前，數學家和電腦科學家就已經設想了人工智慧的可能性，這標誌著人工智慧的起源。英國數學家艾倫・圖靈（Alan Turing）想像了一種能夠遠遠超越程式設計能力的機器。對於圖靈來說，計算機雖然根據程式設計的編碼運作，但它可以擴展到超越其原始功能之上。

由於當時電腦還不具備快速運算的能力，圖靈無法證明他的理論基礎，但人們歸功於他在人工智慧誕生之前就已經有了這樣的概念。他創造了一種方法，稱為「模仿遊戲」（imitation game），或普遍被稱為「圖靈測試」（Turing test），來評估機器是否具有與人類相同的思考方式。

圖靈認為可以透過模仿遊戲來測試機器的智慧。測試的方式是讓人工智慧冒充人類，並用文字與人類溝通，以矇騙人類。測試的內容由人類評估人類與機器的對話，所有參與者彼此隔離。對話僅限於文字，如果評估者無法區分哪一方是機器、哪一方是人類，那麼這台機器就通過了測試，被認為具有人類的智慧。測試的重點不在於機器的回答是否正確，而在於其回答與人類回答的相似程度。這種方法至今仍然有效，許多產品都聲稱自己通過了圖靈測試。在今日的電腦科學界，最高的榮譽獎項被稱為圖靈獎（Turing Award），相當於電腦科學界的諾貝爾獎。

1955 年 9 月 2 日，約翰‧麥卡錫（John McCarthy）、馬文‧明斯基（Marvin Minsky）、納撒尼爾‧羅徹斯特（Nathaniel Rochester）和克勞德‧夏農（Claude Shannon）正式提出了一個計畫，該提案首次引入並介紹了「人工智慧」（Artificial Intelligence）的名稱。

1956 年夏天，達特茅斯大學（Dartmouth University）的數學教授約翰‧麥卡錫邀請來自不同學科的研究人員參加夏季研討會，重點研究「思考機器」的可能性，討論如何讓機器模仿人類。該研討會相信，「學習的每個層面或智慧的任何特徵，原則上如果可以精確地描述，就可以製造機器來模擬它」，並將這種機器命名為「人工智慧」，簡稱「AI」。由於他們在那個夏天進行的討論和工作，他們被認為是人工智慧領域的創立者。

達特茅斯會議開啟了人工智慧的發展，接下來的二十年間，人工智慧不斷增長，在早期發展了實用的聊天機器人（chatbot）。麻省理工學院的電腦科學家約瑟夫‧維森鮑姆（Joseph Weizenbaum）於 1966 年創建了第一個聊天機器人 ELIZA，其目的是透過用戶的回答內容重新組合成新的問題，與用戶進行互動交談。維森鮑姆相信，機器與人類之間的來回對話相當於人工智慧的簡化模擬。結果，許多用戶開始相信他們正在與人類專業人士交談。他的研究論文報告指出：「有些受試者很難相信 ELIZA 不是人類」。

1966 年至 1972 年間，史丹佛研究促進計畫（Stanford Research Initiative）的人工智慧中心開發了一種配備感測器和影像攝影機的移動機器人系統，稱為 Shakey the Robot。這是一個用於不同環境中的機器人自動導航系統。其目的是探索人工智慧的概念和技術，使自動化功能可以在真實環境中獨立運作。雖然與現在的機器人相比，Shakey 的能力相當粗糙，但該機器人大幅推動了人工智慧的發展，包括視覺分析、路線規劃和物件操縱等領域。

1974 年，應用數學家詹姆斯・萊特希爾（James Lighthill）發表了一份批評人工智慧學術研究的報告，他認為研究發展專家和學者在機器智慧的潛力方面承諾過多，但具體實現不足。由於他的譴責，導致了支持人工智慧研發的資金大幅削減。1970 年代初到 1970 年代末這段時間被稱為「人工智慧之冬」（AI Winter），指的是人工智慧的期望與技術缺陷之間的重大落差。在這段時期，人工智慧專家都不敢說自己從事人工智慧研究，寧願稱自己是做資訊工程的，因為怕找不到工作。

70 年代的人工智慧之冬持續了二十年，雖然 80 年代初曾短暫復甦。當時人工智慧的發展以縮小範圍，注重「專家系統」（Expert System）為主。專家系統是將人類專家的知識規則化並儲存在系統中，使電腦能夠進行推理或提供建議。最早的應用是把 AI 訓練成醫生，但效果有限。因為當時電腦運算速度不夠快，儲存容量不夠大，且系統維護成本高。

直到 1990 年代後期，該領域才獲得更多研發資金並取得實質進展。德國科學家恩斯特・迪克曼斯（Ernst Dickmanns）於 1986 年發明了第一輛自動駕駛汽車，當時該車輛只能在沒有其他車輛和乘客的道路上行駛。

1990 年代，電腦的硬體設備有顯著提升。隨著半導體技術的突破，微處理器的運算速度加快，記憶體容量也大幅增加。在軟體方面，網際網路的出現以及 Python、Java 和 C++ 等高階程式語言的發展，提高了軟體開發的效率，促使人工智慧再度復甦。

1996年，IBM開發了一套自動下西洋棋的電腦程式系統，名為「深藍」(Deep Blue)，並與當時的世界冠軍加里·卡斯帕羅夫(Gary Kasparov)進行了六場比賽。結果，深藍只贏了兩場比賽，以2比4輸給了卡斯帕羅夫。但在隔年1997年的比賽中，深藍在標準時間控制和錦標賽環境中以3.5 比 2.5 擊敗了卡斯帕羅夫。這場令人難以置信的勝利具有開創性，代表著人工智慧領域的一項重大成就。深藍雖然不具備現在的生成式人工智慧功能，但它處理資訊的速度遠遠超過人腦。在一秒鐘內，它可以評估2億個潛在的西洋棋走法。

隨著人們對人工智慧重新產生興趣，該領域從2000年開始經歷了顯著成長。Kismet是一款能夠識別和模擬人類情感的社交機器人(social robot)，其研究可以追溯到1997年，但該計畫在2000年才取得成果。Kismet 由 Cynthia Breazeal 博士在麻省理工學院人工智慧實驗室創建，包含感測器、麥克風和描述人類情感過程的程式。這些設備有助於機器人讀取和模仿人類的各種情感。Breazeal在2001年告訴《麻省理工新聞》:「我認為，人們常常擔心科技會讓我們變得不那麼像人類」。他反駁這一觀點說:「它真正頌揚了我們的人性，這是一個在社交互動中茁壯成長的機器人」。

2004年，火星的軌道比平常更接近地球，因此NASA利用這一有利的航行距離，向這顆紅色星球派出了兩輛漫遊車，分別命名為「勇氣號」(Spirit)和「機遇號」(Opportunity)。這兩輛車都配備了人工智慧，可以幫助它們穿越火星艱難的岩石地形，並即時做出決定，而不是依賴人類的幫助。

在1997年，IBM的深藍電腦系統成功擊敗了西洋棋世界冠軍。多年後，該公司於2011年創造了另一個具有競爭力的電腦系統，名為華生(Watson)，它在美國收視率極高的益智問答節目《Jeopardy》中大顯身手。Watson DeepQA 收錄了百科全書和網路資料，每秒可以處理500GB的資料，相當於一秒鐘閱讀一百萬本書。Watson 被設計成能接收自然語言問題並做出相應回答，因此擊敗了該節目的兩位歷史冠軍肯・詹寧斯（Ken Jennings）和布拉德・拉特（Brad Rutter）。

2011 年，蘋果公司在展示 iPhone 產品時加入了一項新功能：名為 Siri 的虛擬助理。2014 年，亞馬遜發布了名為 Alexa 的專屬虛擬助理。兩者都具備自然語言處理能力，可以理解口語問題並給出解答。然而，它們仍存在局限性。Siri 和 Alexa 被稱為「命令控制系統」，其程式設計可以理解一長串問題，但無法回答超出其權限範圍的任何問題。

電腦科學家傑弗瑞・辛頓（Geoffrey Hinton）在 1970 年代攻讀博士學位時，就開始探索神經網路的概念。但直到 2012 年，他和兩名研究生在 ImageNet 競賽中展示了他們的研究成果，科技業才真正看到了神經網路的進步。辛頓在神經網路和深度學習方面的研究成果，對自然語言處理和語音識別等人工智慧領域起了奠基作用。辛頓的研究成果讓他在 2013 年加入 Google，但他最終在 2023 年辭職，以便能夠更自由地討論創造人工通用智慧的潛在危險。他和 John Hopfield 因為創造機器學習的模型，徹底改變人類的工作和生活方式的特殊貢獻，於 2024 年榮獲諾貝爾物理學獎。

2016 年，總部位於香港的漢森機器人公司（Hanson Robotics）創造了類人機器人索菲亞（Sophia）。她能做出臉部表情、講笑話和進行對話，這比早期的 Kismet 機器人技術有重大的飛躍。由於其創新的人工智慧和與人類交流的能力，索菲亞在全球大受歡迎，並經常出現在脫口秀節目中，包括《今夜秀》等深夜節目。更令人驚訝的是，沙烏地阿拉伯於 2017 年授予索菲亞公民身份，使她成為第一個獲得這項權利的人工智慧生物。此舉在沙烏地阿拉伯引起了很大的批評，特別是來自婦女的批評，因為她們缺乏索菲亞現在擁有的某些權利。

在這段期間，Apple 和 Google 的語音助理，以及特斯拉的自動駕駛技術也相繼問世。下棋是一種人工智慧的表現，其中圍棋被認為是一種簡單易學的古老棋類，事實上比西洋棋更加複雜。由於潛在局面數量巨大，要下好圍棋對任何計算機系統來說幾乎是不可能的。圍棋的複雜程度比西洋棋高出一百倍。然而，Google DeepMind 人工智慧研究實驗室開發的人工智慧程式 AlphaGo，於 2016 年擊敗了世界圍棋冠軍李世乭。

AlphaGo 結合了神經網路和先進的搜尋演算法，透過一種名為強化學習的方法訓練自己下圍棋，在數百萬盤對局中增強能力。當它以 4-1 戰勝當時的世界冠軍南韓九段棋士李世乭時，震驚了全世界，證明了人工智慧可以解決曾經無法解決的問題。此時，許多人工智慧的能力已經超越了人類，不僅僅是圍棋，還包括德州撲克（Texas hold'em）、數學定理的證明、人臉辨識、語音辨識、指紋辨識、自動駕駛、處理大量數據和文件，以及物流和製造業的自動化等。

2.3 生成式人工智慧

近年來人工智慧的快速發展在很大程度上歸功於生成式人工智慧的進步，即人工智慧能夠根據文字提示生成文字、影像和影片。生成式人工智慧不同於過去的系統，後者是根據預設的詢問進行編碼，而生成式人工智慧則不斷從網路上的資料（如文件、照片等）中學習。

人工智慧研究公司 OpenAI 建立了一個基於轉換器的生成式預訓練模型（Generative Pre-trained Transformer），這成為早期語言模型 GPT-1 和 GPT-2 的架構基礎。即使有如此大量的學習數據，它們產生獨特文字反應的能力仍然有限。相反地，大型語言模型 GPT-3 在 2020 年發佈時引起了極大迴響，代表著人工智慧的重大進展。GPT-3 在 1750 億個參數上進行訓練，遠遠超過了 GPT-2 的 15 億個參數。

DALL-E 是 OpenAI 在 2021 年發布的一個文字轉影像模型。當使用者以自然語言文字提示 DALL-E 時，程式會產生逼真、可編輯的影像。DALL-E 的第一個版本使用了 OpenAI 的 GPT-3 模型，並在 120 億個參數上進行訓練。2022 年 12 月，OpenAI 發布了人工智慧聊天機器人 ChatGPT，只花 5 天時間就突破百萬用戶，兩個月後竟然達到一億用戶。

ChatGPT 與用戶的互動方式比以往的聊天機器人更加逼真，這要歸功於其基於 GPT-3 模型的設計，該模型經過數十億次輸入訓練，以提高其自然語言處理能力。使用者可以提示 ChatGPT 做出不同的回應，例如幫助編寫程式碼、撰寫履歷、克服寫作障礙或進行研究。此外，與以往的聊天機器人不同，ChatGPT 可以提出後續問題，並辨識不恰當的提示。

2023 年是生成式人工智慧具有里程碑意義的一年。OpenAI 發布了 GPT-4，在其前代產品的基礎上再創新高。微軟將 ChatGPT 整合到其搜尋引擎 Bing 中，Google 也發布了其 GPT 聊天機器人 Bard（已更名為 Gemini）。從此，聊天機器人之間的競爭拉開序幕。現在，GPT-4 可以產生更細緻、更有創意的回覆，並參與越來越多的活動，例如通過律師資格考試。ChatGPT 能夠與人類進行自然對話，準確互動，還可以幫助解決各種疑難雜症。學生用它來寫作業，演講者用它來寫演講稿，程式設計師用它來寫程式碼，藝術家用它來生成各式風格的圖畫和藝術作品。

2023 年 12 月谷歌（Google）推出 Gemini，是人工智慧模型系列。它具有多模態能力，能夠處理和理解文本、影像、音頻、影片和程式碼等多種形式的資料。可以應用於谷歌的多項產品和服務中，包括 Gmail、Docs、Sheets、Maps 和 YouTube，提供自然語言生成、語音轉錄、藝術創作和影片分析等功能。此外，Google Gemini 也被整合到 Google Workspace 和 Google Cloud 中，作為 AI 驅動的助手，幫助用戶提高工作效率、創造力和數據分析能力。這使得用戶能夠利用先進的人工智慧技術，進行更有效的協作和決策。

2024 年 3 月，OpenAI 發布了一款新的文字影音模型，名為「索拉」（Sora）。它將改變影音世界的生態，可以生成長達一分鐘的影片，同時保持高品質的視覺效果，並按照用戶的指示產生。這是一種擴散模型，從一個看起來像靜態雜訊的影片開始生成，然後透過多個步驟去除雜訊，逐漸轉換為清晰的影片。Sora 可以一次生成整個影片，也可以擴展生成影片的長度。

2.4 人工智慧的硬體設備

人工智慧能夠持續蓬勃發展，有一部份要歸功於全球 AI 晶片公司輝達（Nvidia）。1993 年，臺灣出生的黃仁勳（Jensen Huang）和他的兩位朋友創立了輝達。當時正值電腦科技飛躍的時代，Nvidia 設計了一種特殊的可程式電腦晶片。幾十年來，英特爾（Intel）和超微半導體公司（Advanced Micro Devices，簡稱 AMD）一直主導著美國的晶片產業，但這兩家公司專門生產中央處理器（CPU），它們是基本運算和軟體流程的基礎。Nvidia 則專注於圖形處理器（GPU），顧名思義，GPU 能夠更有效率地處理影像，最初主要應用於影像和電腦遊戲。然而事實證明，GPU 還能以普通 CPU 無法做到的方式執行平行運算，使其更節能，更能處理複雜的運算需求。

輝達一開始專注於製造圖形處理器，使 3D 遊戲更順暢，並在這方面做得最好。雖然遊戲市場不小，但對運算速度的需求相對較低。輝達不想浪費 GPU 強大的運算能力，一直在尋求擴展到遊戲市場以外的領域。於是在 2007 年，輝達推出了全新的運算架構 CUDA。這是一種創新的平行運算架構，允許程式設計者利用 GPU 進行運算，大幅擴展了 GPU 的應用範圍，不再局限於遊戲。

2010 年，AI 的深度學習技術崛起，需要大量的運算能力來訓練複雜的神經網路模型。而輝達的 CUDA 成了理想的工具。許多科研機構、大學和公司，包括 OpenAI 和氣象局等，都使用 Nvidia 的 GPU 來訓練他們的 AI 模型。

隨著時間的推移，其他大型晶片製造商也開始製造自己的 GPU 來與之競爭，但 Nvidia 在該領域享有先發優勢，並率先開發出 GPU 解決方案。Nvidia 將其晶片與一套配套軟體結合在一起，成為程式設計師的首選。此外，與競爭對手相比，Nvidia 的供應鏈使其能夠更快、更可靠地大量生產 GPU。例如，汽車公司開始將 Nvidia 晶片用於處理來自感測器的影像資訊的駕駛輔助軟體。目前，所有特斯拉汽車都採用了 Nvidia 的硬體。儘管如此，直到 2020 年，英特爾的市值一直高於 Nvidia。

在 Covid-19 大流行期間，遠端工作的轉變以及隨之而來對雲端運算資料中心需求的增加，再加上人們被困在室內時對電腦遊戲的興趣增加，進一步加速了 Nvidia 的收入。隨後，矽谷在 OpenAI 的帶領下，開始意識到人工智慧改變所有公司業務方式的潛力。Nvidia 的生態系統，從軟體到材料採購，使其成為需要大量運算能力來滿足人工智慧需求的公司的首選。Nvidia 的財富從此一飛沖天，如今其市值接近 3 兆美元，幾乎與蘋果相當。

CPU 和 GPU 的區別

中央處理器（Central Processing Unit, CPU）和圖形處理器（Graphics Processing Unit, GPU）的主要區別在於，CPU 負責處理電腦的所有主要功能，而 GPU 是一種專用組件，擅長同時運行許多較小的任務。CPU 和 GPU 都是現代電腦中不可或缺的矽基微處理器。

GPU 又稱圖形卡或顯示卡，是專門用於處理影像和影片的電腦元件。它與主機板分離，並擁有獨立的記憶體。隨著電腦在運行 3D 圖形和其他高強度工作負載的能力不斷提高，由 CPU 處理所有事務的效能開始下降。因此，需要一個專用的微處理器來處理這些負擔。GPU 就像是專門的 CPU，適合進行多工處理。

事實上，CPU 過去所做的工作與 GPU 所做的一樣。CPU 用串列依序方式處理運算，而 GPU 則是將運算任務分解，以平行方式處理。GPU 的核心數比 CPU 多，但體積更小。擁有更多的內核，GPU 可以更有效率地同時處理更多的數學和幾何運算，適用於精確計算 3D 物體的座標轉換、數據轉換和檔案翻譯。而 CPU 由於是通用目的的元件，因此受到更多的限制。一般來說，CPU 是通用組件，負責處理計算機的主要功能，擁有 2 到 64 個核心，進行序列運行處理，通常一次只處理一項大工作。相較之下，GPU 是專用元件，負責處理圖形和影像運算，擁有數千個核心，進行平行運行處理，適合一次同時處理多個較小的工作。

圖形處理器因其平行處理結構和大量的核心數，使其在人工智慧運算中非常重要。這些特性使 GPU 能夠同時執行數千次操作，非常適合訓練神經網路、解決最佳化問題和分析大型資料集等任務。GPU 是生成式人工智慧的關鍵組成部分，在許多人工智慧的進步中發揮了重要作用。

臺灣對人工智慧硬體設備的貢獻

臺灣在人工智慧硬體設備的貢獻卓越，尤其體現在輝達（NVIDIA）執行長黃仁勳、超微（AMD）執行長蘇姿丰和美超微（Supermicro）創辦人兼執行長梁見後這三位傑出領袖的領導下。他們被譽為「矽谷台裔 AI 三巨頭」，不僅展示了在技術創新和市場領導力上的非凡成就，也體現了全球科技產業中多元文化的融合與貢獻。

(1) **黃仁勳**：作為輝達的創辦人和執行長，他帶領公司在 GPU 技術和人工智慧計算領域取得領先地位。輝達的技術在自動駕駛、醫療影像和 AI 訓練等領域廣泛應用。

(2) **蘇姿丰**：作為超微的總裁兼執行長，她在推動公司產品創新和市場競爭力方面發揮了關鍵作用。特別是她推動的 Ryzen 處理器系列，顯著提升了 AMD 在全球市場的地位。

(3) **梁見後**：作為美超微的創辦人和執行長，他領導公司專注於高效能、節能的伺服器解決方案，為許多大型數據中心和雲計算基礎設施提供支持。

這三位領袖在人工智慧和科技領域的貢獻，不僅鞏固了他們各自公司在全球市場中的競爭優勢，也展示了台裔美國人在全球科技產業中的卓越影響力。他們的成就不僅是個人和公司成功的典範，更是推動全球 AI 硬體設備進步的重要力量。以下繼續介紹蘇姿丰和梁見後的兩家公司。

超微半導體（Advanced Micro Devices, AMD）執行長蘇姿丰（Lisa Tzwu-Fang Su）

現任超微半導體董事長、CEO 暨總裁蘇姿丰，於 1969 年出生於臺南市，3 歲時全家移民到美國。身為數學家的父親蘇春槐，當時在紐約哥倫比亞大學攻讀研究生。蘇姿丰先後在德州儀器、IBM、飛思卡爾半導體等科技大廠工作，2014 年接掌超微總裁兼執行長，也是 AMD 有史以來首位女執行長。當年 AMD 瀕臨破產的巨大危機，不過蘇姿丰把危機當轉機，上任後把重點放在 PC、NB、繪圖晶片與伺服器處理器，2016 年發表 Zen 微架構、隔年推出 Ryzen 處理器，終於在 2017 年讓 AMD 轉虧為盈。在人工智慧題材加持下，AMD 股價大漲，使得蘇姿丰今年身價來到 11 億美元、約合 355 億元台幣，躋身「10 億美元富豪榜」。

AMD Ryzen AI 處理器是同級 Windows 筆記型電腦處理器中，率先準備好提供新一代 AI 電腦體驗的領先者。AMD Ryzen AI 的運作基礎包括：

(1) **神經處理單元 (NPU)**：採用 AMD XDNA 技術的專用 AI 引擎，專為提供極致的 AI 處理效率而設計。

(2) **AMD Radeon 顯示卡**：針對 AI 工作負載最佳化的引擎。

(3) **AMD Ryzen 處理器**：具有強大 AI 功能的核心，能實現令人興奮驚艷的全新 AI 電腦體驗。

超微說，針對筆電的 Ryzen Pro 8040 系列，以及桌機的 Ryzen Pro 8000 系列，是商用個人電腦最強大的晶片，採用先進的 4 奈米製程。2024 年 1 月，超微宣布，下一代的 Ryzen 8000G 個人電腦桌機系列晶片，將能在「遊戲、內容創作等繁重工作負荷中，發揮強大能力與優異表現」。Ryzen 8000G 系列晶片，也是採用 4 奈米製程。

全球伺服器大廠美超微（Super Micro）創辦人暨總裁梁見後（Charles Liang）

梁見後出身於嘉義，嘉義高工和臺北工專（現臺北科技大學）畢業後，26 歲到美國攻讀碩士。在 1993 年創立美超微電腦（Super Micro Computer），把一間小小的電腦伺服器供應商，蛻變成全球伺服器霸主。

在競爭激烈的伺服器市場，美超微很早切入高速運算的跑道，以「綠色運算」、「模組化伺服器」作為其產品的競爭優勢。美超微採用液冷技術的伺服器架構，節省整體成本與環境意識高漲。並以模組化開發伺服器，通用電源供應器、散熱模組、主機板、機殼等設計，能夠跨代支援處理器平台。美超微透過服務高科技公司，把產品品質、技術做到最好，建立口碑；如今服務更多的是雲端、5G、電信、金融和高效能運算等客戶。

CHAPTER

3

電腦視覺的基本原理

電腦視覺（Computer Vision, CV）是一門研究如何使機器能夠理解和解釋視覺世界的科學。它涉及影像和影片的獲取、處理、分析和理解，並從中提取有用的資訊。電腦視覺已經擴展到從記錄原始資料到提取影像模式和資訊解釋的廣泛領域。它結合了數位影像處理、模式識別、人工智慧和電腦圖形學的概念、技術和方法。電腦視覺中的大多數任務都涉及從輸入場景（數位影像）中提取特徵，並從中獲取事件或描述性資訊。

解決電腦視覺問題的方法取決於應用領域和所分析資料的性質。以下是一些常見的應用：

(1) **數位影像處理**：這是電腦視覺的基礎，包括影像的捕捉、預處理（如降噪和增強）以及基本的幾何變換和顏色處理。

(2) **模式識別**：這涉及識別影像中的模式和對象，常用技術包括特徵提取和機器學習演算法，如支援向量機（Support Vector Machine）和神經網路。

(3) **人工智慧**：深度學習在電腦視覺中扮演重要角色，尤其是卷積神經網路，能夠自動從大規模數據中學習複雜的特徵和模式。

(4) **電腦圖形學**：這涉及影像的生成和更改，通常與電腦視覺結合，用於場景重建、虛擬實境和擴增實境等。

3.1 電腦視覺簡介

電腦視覺是人工智慧的一個重要分支，旨在研究如何讓電腦從數位影像或影片中獲取、處理和理解視覺資訊的領域。其目標是模仿人類視覺系統，使機器能夠自動執行與視覺相關的任務。電腦視覺的應用範圍非常廣泛，包括影像識別、物體檢測、影像分割、運動追蹤和三維重建等。以下是電腦視覺的基本原理和一些關鍵技術：

(1) **影像處理**（Image Processing）：影像處理是電腦視覺的基礎，涉及對數位影像進行處理和分析，以提取有用的資訊。主要技術包括影像預處理和特徵提取。

(2) **特徵表示與描述**：電腦視覺系統需要將提取的特徵轉化為數位表示，以便進行後續處理。常用的方法包括：尺度不變特徵轉換（Scale-Invariant Feature Transform, SIFT）、加速穩健特徵（Speeded-Up Robust Features, SURF）、邊緣和輪廓。

(3) **物體檢測與辨識**：物體檢測與辨識是電腦視覺的核心應用，涉及在影像中定位並識別特定的物體。常用技術包括：樣板匹配、Haar 階層式分類器和卷積神經網路。

(4) **影像分類與分割**：影像分類是指將整個影像分配到某一類別。這個過程涉及識別影像中的主要物體或場景，並將其歸類。影像分割是將影像劃分為若干區域，並標識出不同區域所屬的類別。這一過程更為精細，通常應用於醫學影像分析、自動駕駛等需要準確定位物體的領域。

深度學習（Deep Learning），特別是卷積神經網路，在電腦視覺中取得了巨大成功。它透過多層神經網路自動學習影像中的特徵，大幅提高了影像識別和物體檢測的精準度和速度。其主要技術如下：

(1) **層級結構**：深度學習模型透過多層卷積和池化操作，自動學習影像的多層次特徵。這種層級結構允許模型從低層次的邊緣和角點，到高層次的物體和場景進行特徵提取。

(2) **大規模數據訓練**：深度學習模型需要大量標註數據來訓練，以提高模型的準確性和泛化（Generalization）能力。透過大數據的訓練，模型能夠學習到更多的特徵，從而提升對未見數據的預測性能。

(3) **遷移學習**：遷移學習是一種利用在大規模數據集上訓練好的模型，透過微調來適應新的任務的方法。這種方法能夠節省訓練時間和資源，並且在標註數據有限的情況下，依然能夠獲得良好的效果。

生成對抗網路（Generative Adversarial Network, GAN）是一種深度學習模型，由兩個神經網路組成：生成器（Generator）和判別器（Discriminator）。這兩個網路透過對抗學習的方式共同訓練，最終生成逼真的影像和影片。其主要原理包括：

(1) **生成器**：生成器的作用是生成逼真的影像。它接受隨機雜訊作為輸入，並透過一系列的神經網路層將其轉換為假影像。

(2) **判別器**：判別器的作用是區分生成的影像和真實影像。它接收一個影像作為輸入，並輸出一個機率值，以判別該影像是真實的還是生成的。

(3) **對抗訓練**：生成器和判別器透過對抗訓練相互提升。生成器試圖欺騙判別器，使其認為生成的影像是真實的，而判別器則試圖準確區分生成的影像和真實影像。隨著訓練的進行，生成器生成的影像會越來越逼真，而判別器的判斷能力也會越來越強。

三維（Three-dimensional, 3D）視覺技術是一種使計算機能夠感知、分析和理解三維空間中物體和場景的方法。這種技術利用各種感測器和演算法，從三維數據中提取資訊，以實現多種應用，如 3D 建模、物體識別、導航和虛擬實境等。三維視覺技術是一個快速發展的領域，它結合了計算機科學、數學、物理學和工程學的知識，為許多行業提供了創新解決方案。隨著技術的不斷進步，三維視覺技術的應用前景將更加廣闊。其主要技術包括：

(1) **立體視覺**：立體視覺透過兩個攝影機捕捉影像，計算深度資訊。這種方法模仿人類的雙眼視覺系統，透過比較兩幅影像的差異來推斷物體的三維結構和距離。

(2) **深度學習**：深度學習利用三維卷積網路（3D CNN）來處理三維數據。它能夠直接處理三維數據，從中提取有用的特徵，用於物體識別、姿態估計和場景理解等應用。將三維場景中的每個點或區域分配給特定的類別，如地面、建築物、樹木等。它可以用在運動追蹤和導航，在移動過程中，同時建立環境的地圖並確定自身位置，用於無人駕駛、自動導航等。

3.2 影像處理的介紹

影像（Image）是訊號（Signal）的子集。訊號是一種傳遞有關物理系統行為或某些現象屬性的資訊函數。訊號是一種包含資訊的變化模式，可以以多種方式表示。例如，交通號誌燈使用紅色、黃色和綠色來表示停止、注意和通行。訊息通常透過某種介質進行發送和接收，如電流和電壓等電訊號常用於無線電、雷達、聲納、電話和電視等領域。訊號可以分為時間變化和空間變化的形式，並可以是連續的或離散的。主要的訊號類型包括：

- **電訊號**：如無線電、雷達、聲納等。
- **聲波訊號**：傳遞語音或音樂訊息。
- **熱電偶訊號**：傳遞溫度資訊。
- **酸鹼測計訊號**：傳遞溶液的酸性。

從數學上來說，訊號表示為一個或多個自變數的函數，這些變數可以是連續的或離散的。訊號可以用來表示不同形式的數據，如聲音、影像、溫度、壓力等。連續訊號是自變數在連續域內取值的函數。常見的例子包括：時間連續訊號（如音頻訊號）和空間連續訊號（如影像訊號）。離散訊號是自變數在離散域內取值的函數。常見的例子包括：時間連續訊號（如數位音頻訊號）和空間連續訊號（如數位影像訊號）。

訊號處理是從訊號中提取資訊的過程。數位訊號處理涉及以數字或符號序列表示訊號以及對這些序列的處理。它始於 17 世紀，現已成為極其多樣化的科學技術領域的重要工具。這種處理的目的是估計訊號的特徵參數或將訊號變換成對人類更敏感的形式。

隨著現代訊號處理設備的速度、能力和經濟優勢不斷增強，人們加強了開發能夠模擬人類能力的複雜、即時自動系統的努力。由於數位革命，數位訊號得到了越來越多的使用。大多數家用電子設備完全或幾乎完全基於數位訊號。整個網際網路是一個數位訊號網路，現代行動電話通訊也是如此。數位訊號處理（Digital Signal Processing, DSP）的發展使得各種訊號處理應用變得更加高效和精確，並促進了許多現代技術的進步。隨著技術的進一步發展，DSP 將在更多領域中發揮越來越重要的作用。

3.2.1 訊號的世界

世界上充滿各種各樣的訊號，每個都有其物理意義。有時，人體無法接收或解釋（解碼）特定訊號，因此無法捕捉訊號所傳達的訊息。然而，這些訊號並不是毫無意義或微不足道的，相反地，它們正是我們努力理解的對象。從世界訊號中了解的越多，我們就能提供更好的生活環境。例如，如果能夠提前感知到警訊，就可以避免一些災難或損害。

根據歷史記載，公元前 373 年，希臘城市赫利斯（Helice）發生地震，幾天前包括老鼠、蛇和黃鼠狼在內的動物成群結隊地逃離了這座城市。許多人聲稱，狗和貓在地震前通常會表現得很奇怪，例如吠叫、哀鳴或表現出緊張和不安的跡象。這些行為被認為是動物對即將發生災難的提前感知。

訊號的特徵可以是多種形狀、幅度、持續時間及其他物理屬性。根據時間軸的取樣，訊號可以分為連續時間訊號和離散時間訊號。同時根據時間軸和幅度軸來取樣，訊號可以分為類比訊號和數位訊號。根據出現的週期，訊號又可以分為週期訊號（在某個週期內重複出現）和非週期訊號（不重複出現）。如果訊號可以用數學函數來決定，我們稱為確定性訊號。如果訊號行為具有不確定性，我們稱為隨機訊號。

訊號也可以根據維度進行分類：**一維訊號**（如音頻訊號）、**二維訊號**（如影像訊號）、**三維訊號**（如體積數據）和**多維訊號**（多於三維的訊號）。

訊號處理技術使我們能更佳理解和利用這些訊號，從而改進我們的生活品質，預防潛在的災難，並在各個應用領域中發揮重要作用。隨著科技的進步，訊號處理技術將繼續發展，為我們提供更多的機會和挑戰。

3.2.2 一維訊號

一維訊號通常被建模為時間波形的集合，例如 $x(t)$ 或 $f(t)$。這些訊號可以表示為隨時間變化的函數。一維訊號處理有著悠久的歷史，其重要性體現在生物醫學工程、聲學、聲納、雷達、地震學和語音通訊等領域。當我們使用電話時，我們的聲音會轉換為電訊號，並透過電信系統在全球傳播。透過自由空間和無線電接收器傳播的無線電訊號則被轉換成聲音。在語音傳輸和識別中，人們可能希望提取語音訊號的一些特徵參數，以表示聲學語音輸入的時間和頻譜行為。或者，人們可能希望從訊號中去除雜訊等干擾，或修改訊號將其呈現為專家更容易解釋的形式。

以下是一些與一維訊號處理相關的應用：

(1) **生物醫學工程**：例如心電圖（ECG）訊號的處理和分析，用於監測和診斷心臟健康。
(2) **聲學**：例如音頻訊號的處理，用於音樂製作、音頻壓縮等。
(3) **聲納和雷達**：用於目標檢測和追蹤，導航和監控等應用。
(4) **地震學**：例如地震波訊號的分析，用於地震預測和研究。
(5) **語音通訊**：例如語音訊號的處理，用於電話通訊、語音識別和語音合成等。

3.2.3 二維訊號

訊號處理問題不僅限於一維訊號。二維訊號是兩個獨立變數的函數，例如 $f(x,y)$。這些訊號常用於表示平面上強度變化的功能行為，特別是在影像處理中。二維訊號可以看作是在平面上變化的強度函數。日常生活中，我們所看到的場景由發光物體組成，這些物體反射的光能形成了二維強度函數，通常稱為影像。

由於計算技術的革新，人們可以用較低的成本大量應用，影像處理現已影響我們日常生活的幾乎所有領域。例如，文件的自動採集、處理和生成，工業過程自動化，醫學影像的收集和自動分析，航空照片的增強和分析以偵測森林火災或農作物損害，衛星天氣照片的分析，以及月球和太空偵測器的電視傳輸增強等。詳細說明如下：

(1) **文件的自動採集、處理和生成**：例如，光學字元辨識（OCR）技術用於自動識別和處理掃描文檔中的文字。

(2) **工業過程自動化**：在製造業中，影像處理技術用於檢測產品的品質和識別缺陷。

(3) **醫學影像的收集和自動分析**：CT、MRI 和 X 光等醫學影像技術用於診斷和治療疾病。自動化分析工具可以幫助醫生更快速地識別病變區域。

(4) **航空照片的增強和分析**：用於偵測森林火災或農作物受損，提供即時的環境監測和災害預警。

(5) **衛星天氣照片的分析**：用於天氣預報和氣象研究，幫助氣象學家分析天氣模式和趨勢。

(6) **月球和太空偵測器的電視傳輸增強**：提升從月球或太空探測器傳回的影像品質，幫助科學家進行太空研究。

3.2.4 三維訊號

靜止場景的照片是平面上的函數影像。透過新增時間變量，三維訊號可表示動態場景的影像序列，稱為視訊訊號。視訊訊號是影像隨時間變化的結果，需要更複雜的處理和分析技術。三維訊號包含三個維度：兩個空間維度 (x, y) 和一個時間維度 t。這種訊號常用於表示動態場景，例如電影、影片監控和醫學影像中的動態過程。視訊訊號的電腦分析需要發展出內部表現形式，像是描繪場景中的實體，表示這些實體的外觀和配置的可辨別變化。

影像序列的電腦分析需要開發對所描繪場景中的實體內部表示以及這些實體外觀和配置的可辨別變化的理解。更基本的方法來自於改進應用導向解決方案的努力。以下是一些說明性範例。

(1) **醫學影像處理**：例如，透過 CT 掃描和 MRI 獲取的三維醫學影像資料可用於檢測和診斷疾病。

(2) **自動駕駛**：車輛的視覺系統透過處理連續的影像序列來識別道路、行人和其他障礙物，從而實現自動駕駛。

(3) **運動分析**：運動員的動作可以透過視訊訊號進行分析，以提高其表現並預防受傷。

(4) **監控系統**：視訊監控系統透過分析即時影像來檢測和報告可疑活動。

定期分析從衛星感測器獲得的影像序列有助於檢測和監控變化。例如，對整個生長和收穫期間記錄的影像系列進行評估，可以產生更可靠的覆蓋類型繪圖以及改進作物田地估計。此外，確定雲的位移向量場也非常重要，這些向量場用於估計風速分佈，進而應用於天氣預報和氣象建模。

生物醫學應用涉及研究生長、轉化和運輸現象。例如，心血管造影、血液循環和新陳代謝研究是評估時間影像序列在醫學領域的主要應用。設計行人專用區的建築師會重視有關行人在大廳和走廊中行走的定量數據。從電視影格（幀）序列中提取此類數據的努力可以被視為行為研究，並且它們也可以分配到一個單獨的主題，如物件追蹤。在交通監控、目標追蹤和自動導航的視覺回饋中，物件追蹤尤其受到關注。

3.2.5 多維訊號

當訊號以多維形式表示時，通常稱為多維訊號。正如前幾節所討論的，影像是二維訊號，而視訊是三維訊號。多維訊號是向量值，並且可以是多個相關自變數的函數。人們透過對哪個域最能代表訊號的基本特徵進行明智的猜測來選擇在其中處理訊號的變數域。多維訊號處理是一個創新領域，致力於開發能夠捕捉和分析多維資訊的技術。其應用範圍廣泛，以下是一些應用範例：

(1) **三維臉部建模**：用於人臉識別和動畫製作。透過多視角的影像捕捉和處理，生成高精準度的三維人臉模型。

(2) **三維物件追蹤**：在虛擬實境和擴增實境中，三維物件追蹤技術被用來識別和追蹤用戶的手勢和動作。在自動駕駛和機器人導航中，追蹤環境中的動態物體以避免碰撞和導航。

(3) **多維訊號濾波**：用於去除多維數據中的雜訊，保留有用的訊息。例如，在醫學影像中，濾波技術可以用來減少影像中的雜訊，提高診斷的準確性。

在涉及視覺的問題中，顯然需要一種普遍適用的人工智慧方法來在多維訊號空間中進行最佳維度選擇，因為輸入資料的維度通常會超過常規的處理能力。如果只是臨時地丟棄某些可用資訊來降低維度，這種方法很可能會失敗。因此，設計一個能夠學習相關資訊提取機制的系統至關重要。

這樣的系統需要能夠自動識別和保留對問題解決最有意義的特徵，同時排除冗餘或雜訊資訊。這可以透過機器學習技術來實現，例如深度學習，它能夠從大量的多維資料中自動學習到重要特徵。此外，這些技術應能夠在多維訊號空間中有效地運行，保證準確性和效率。總之，為了解決視覺問題中的多維訊號處理挑戰，需要開發能夠智慧選擇和提取相關資訊的先進系統，這對於實現高效和準確的分析至關重要。

隨著技術的不斷進步，多維訊號處理技術將變得越來越精確和高效。這將促進各個領域的進步，例如：

- **醫療診斷**：提高影像診斷的準確性和效率。
- **自動駕駛**：提升自動駕駛系統對環境的感知和反應能力。
- **虛擬實境和擴增實境**：提供更為真實和沉浸的用戶體驗。

3.3 數位影像處理

影像由各種實體設備產生，包括靜態相機和攝影機、掃描器、X 光設備、電子顯微鏡、雷達和超音波，並用於多種目的，包括娛樂、醫療、商業、工業、軍事、民用、安全和科學。數位影像處理技術的好處在於提升人類解釋影像資訊的能力以及處理場景數據以供自主機器感知。

影像的定義

《韋伯字典》將影像定義為：「影像是對物體或事物的表現、相似或模仿，一種生動或圖形化的描述，用來表示其他事物的東西。」，影像可以透過多種形式存在，包括繪畫、素描、攝影等。「圖片」一詞是受限的影像類型，《韋伯字典》將其定義為：「透過繪畫、素描或攝影製作的表現形式；對物體或事物的生動、形象、準確的描述，以暗示心理影像或給事物本身的準確概念。」，在影像處理中，「圖片」一詞有時等同於「影像」。

數位影像處理從一張影像開始，並產生該影像的修改版本。《韋伯字典》將數位定義為：「透過數值方法或離散單位進行的計算」，將數位影像定義為：「物件的數位表示」，將處理定義為：「使某物經歷過程的行為」，並將流程定義為：「導致期望結果的一系列行動或操作」。例如，洗車是一個過程，它將汽車從骯髒變成乾淨。

數位影像分析

數位影像分析是將數位影像轉換為數位影像以外的東西的過程，例如一組測量數據或決策。影像數位化是將圖形形式轉換為數位資料的過程。這包括將連續的影像訊號離散化，得到數位影像。數位影像是在空間座標和亮度（強度）上都被離散化的影像 $f(x, y)$。影像被劃分稱為圖片元素（picture element）或像素（pixel）的小區域（見圖 3.1）。

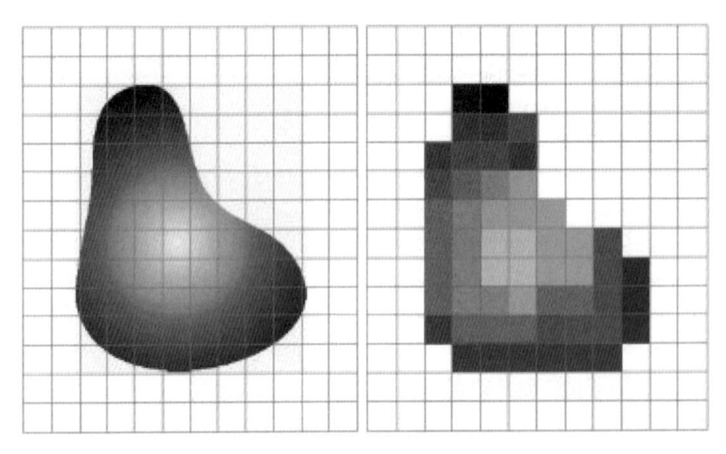

圖 3.1 影像數位化。

影像數位化包括兩個步驟：影像採樣（即空間座標的數位化 (x, y)）和灰階量化（即亮度幅度數位化）。影像採樣是將影像的空間座標離散化，這一步將連續的影像轉換為離散的數位形式。這意味著影像被劃分為一個整數矩形陣列，每個單元格稱為像素。每個像素代表影像中一個特定的點，其位置由其行和列的坐標確定。灰階量化是將影像的亮度幅度數位化。這一步將每個像素的亮度值量化為離散的灰階值。這些灰階值通常是 2 的整數次方。例如，8 位元的灰階量化將亮度分為 256 個級別，從 0（全黑）到 255（全白）。圖 3.2 所示尺寸為 8 × 8，每像素有一個位元組（即 8 位元 =256 個灰階）的數位影像。在這個數位影像中，每個數字代表對應像素的灰階值。數值越高，像素越亮。這些灰階值共同形成了影像的亮度或強度分佈。

1	8	219	51	69	171	81	41
94	108	20	121	17	214	15	74
233	93	197	83	177	215	183	78
41	84	118	62	210	71	122	38
222	73	197	248	125	226	210	5
35	36	127	5	151	2	197	165
196	180	142	52	173	151	243	164
254	62	172	75	21	196	126	224

圖 3.2 數位影像及其灰階數值。

影像的品質取決於樣本的數量和灰階數量。樣本數量越多、灰階數量越多，影像的品質就越好。然而，這也會導致對大量儲存空間的需求，因為影像的儲存空間是影像尺寸和儲存灰階所需位數的乘積。

影像解析度與品質

- **解析度**：指影像的像素數量，即影像的尺寸。例如，1024 × 1024 的影像具有比 512 × 512 或 256 × 256 的影像更高的解析度。
- **灰階數量**：指每個像素的亮度值範圍。8 位元灰階表示有 256 個可能的亮度值，從 0 到 255。

解析度降低與影像品質

當影像的解析度降低時，影像的品質也會降低，這會導致一些常見的問題：

- **棋盤效應**：在低解析度下，影像可能顯示出明顯的方塊狀顆粒，稱為棋盤效應。
- **顆粒感**：低解析度的影像在放大後會顯示出顆粒感。

當高解析度影像（如 1024 × 1024）縮小到較低解析度（如 512 × 512）時，影像品質可能不會顯著惡化。然而，如果進一步縮小到 256 × 256，再放大回 1024 × 1024，影像品質會顯著下降，顯示出明顯的顆粒感。這是因為縮小過程中丟失了許多細節資訊，放大後無法再恢復這些資訊。

影像的品質取決於其應用。為了實現最高的品質，同時兼顧最低的記憶體需求，可以採用以下兩種技術：基於影像特徵的採樣和錐形量化。基於影像特徵的採樣是根據影像的特徵來選擇不同的採樣策略：

- **銳利灰階過渡區域**：在這些區域中，影像的細節變化劇烈，為了保留細節，應進行精細採樣。
- **平滑區域**：在這些區域中，影像變化較少，可以進行粗略採樣，以節省記憶體空間。

這種方法可以在保持高品質的同時，減少記憶體需求。錐形量化是一種根據灰階值的出現頻率來分配灰階級別的方法：

- **高頻區域**：在灰階頻繁出現的區域中，量化級間隔較細，以保留更多細節。
- **低頻區域**：在灰階較少出現的區域中，量化級間隔較粗，以節省記憶體。

這種方法可以在保持合理灰階數量的同時，保證影像的視覺效果。儘管具有相對較少的灰階，但具有大量細節的影像有時仍保有令人滿意的外觀。這可以透過使用一組 Nk 平面中影像的主觀測試來檢查等偏愛曲線（Iso-preference curve）來看出，其中 N 是樣本數，k 是灰階數。主觀測試涉及人類觀察者評估不同影像的視覺品質。這些測試可以幫助確定在特定應用中，哪種採樣和量化策略能夠提供最佳視覺效果。等偏愛曲線是一種用來描述在不同樣本數和灰階數下，人類對影像視覺品質偏好的曲線。透過這些曲線，可以找到最佳的樣本數和灰階數的組合，以實現最好的視覺品質和記憶體利用率。

(1) **像素運算**：每個像素的輸出僅取決於該像素的輸入，與該影像中的所有其他像素無關。這種操作僅涉及單個像素的處理，常見的像素運算包括：

a. **閾值化**（Thresholding）：將高於特定閾值的像素設為白色，將其他像素設為黑色。這是二值化的一種形式，用於強調特定亮度範圍內的細節。

b. **亮度加法 / 減法**（Brightness Addition/Subtraction）：增加或減少每個像素的亮度值，以改變影像的整體亮度。

c. **對比拉伸**（Contrast Stretching）：拉伸影像的亮度範圍，以增強影像的對比度。這種操作可以使影像的細節更加明顯。

d. **影像反轉**（Image Inversion）：將影像的亮度值反轉，即將每個像素的值變為其最大值減去原來的值。這種操作常用於建立負片效果。

e. **對數變換**（Log Transformation）：使用對數變換來擴展影像暗部的細節，通常用於處理範圍寬廣的影像。

f. **冪次轉換**（Power-law Transformation）：使用冪定律變換來調整影像的亮度，這種操作可以用來增強影像的細節。

(2) **局部（或鄰域）操作**：每個像素的輸出取決於該像素鄰域的輸入值。這種操作通常涉及使用一個核（kernel）或濾波器來處理影像的區域，以實現不同的效果。局部操作可以是自適應的，因為結果取決於每個影像區域中遇到的特定像素值。以下是一些常見的局部操作範例：

- **邊緣檢測**：邊緣檢測是用來識別影像中物體邊界的一種技術。常用的邊緣檢測方法包括 Sobel 運算子、Prewitt 運算子和 Canny 邊緣檢測。

- **平滑濾波器**：平滑濾波器用於減少影像中的雜訊和細節，使影像更加平滑。常見的平滑濾波器有平均濾波器和中值濾波器。
  - » **平均濾波器**：透過對鄰域內所有像素取平均值來平滑影像。
  - » **中值濾波器**：透過取鄰域內所有像素的中值來平滑影像，對於去除椒鹽雜訊 (雜訊為黑點與白點) 特別有效。
- **銳化濾波器**：銳化濾波器用於增強影像的邊緣和細節，使影像看起來更加清晰。常見的銳化濾波器包括拉普拉斯濾波器和梯度濾波器。
  - » **拉普拉斯濾波器**：透過計算像素鄰域的二階導數來增強邊緣。
  - » **梯度濾波器**：透過計算像素鄰域的梯度來增強邊緣，常見的包括 Sobel 和 Scharr 濾波器。

(3) **幾何運算**：每個像素的輸出只取決於由幾何變換定義的其他一些像素的輸入等級。這類運算的特點是，它們不需要所有像素的輸入來進行轉換，而是基於幾何變換操作影像中的特定像素。常見的幾何運算

a. **平移**（Translation）：將影像中的每個像素移動到一個新的位置，根據指定的水平和垂直移動量進行移動。

b. **旋轉**（Rotation）：將影像中的每個像素繞某個中心點旋轉一定角度。

c. **縮放**（Scaling）：改變影像的尺寸，可以透過指定縮放比例來放大或縮小影像。

d. **仿射轉換**（Affine Transformation）：透過線性轉換對影像進行扭曲、旋轉、縮放和平移。仿射轉換保持影像中的直線和比例不變。

e. **透視轉換**（Perspective Transformation）：透過非線性轉換對影像進行扭曲，改變影像的視角。透視轉換可以將矩形轉換為任意四邊形。

(4) **全域操作**：某個像素的輸出取決於影像中的所有像素。這類操作可以與影像中的像素值無關，或者它可能反映所有像素而不是局部子集計算的統計數據。常見的全域操作

a. **距離變換**（Distance Transform）：對於每個物件像素，計算從它到所有背景像素的最小距離。這個操作有助於形態學分析和形狀描述。

b. **直方圖均衡化**（Histogram Equalization）：調整影像的對比度，使其直方圖均勻分布。這有助於增強影像的對比度。

c. **影像扭曲**（Image Warping）：使用全域變換來改變影像的幾何形狀。影像扭曲可以用來校正透視失真或建立藝術效果。

d. **霍夫變換**（Hough Transform）：一種用於檢測影像中直線和其他幾何形狀的技術。常用於邊緣檢測和形狀識別。

e. **連通分量標記**（Connected Component Labeling）：標記影像中所有連接的物件。這個操作對於影像分割和物件識別非常有用。

3.4 數位影像處理的應用

如今，幾乎所有的領域都受到數位影像處理的某種程度影響。以下是一些主要應用領域及其具體應用：

a. 遙測

- **應用**：衛星和其他太空船取得的影像可用於追蹤地球資源、研究太陽特徵、地理測繪和太空影像應用。
- **範例**：
  - **地球資源追蹤**：使用衛星影像監控森林砍伐、農業活動和城市擴展等。

- **地理測繪**：利用衛星影像進行高精準度地形圖製作。
- **太陽特徵研究**：分析太陽的活動，如太陽黑子和耀斑。

b. 商業影像傳輸和儲存

- **應用**：廣播電視、電話會議、辦公室自動化傳真影像傳輸、電腦網路通訊、安全監控系統和軍事通訊。
- **範例**：
  - **廣播電視**：提高影像品質，壓縮技術使得傳輸更加高效。
  - **電話會議**：高畫質影片傳輸技術使得遠端會議更清晰。
  - **安全監控**：透過影像分析技術即時監控和檢測異常行為。

c. 醫療處理

- **應用**：包括 X 光、血管攝影、電腦斷層掃描（CT）、核磁共振（MRI）等。這些影像可用於患者篩檢和監測或檢測患者的腫瘤或其他疾病。
- **範例**：
  - **X 光**：檢查骨折、肺部感染等。
  - **CT 掃描**：詳細的三維內部結構影像，幫助診斷腫瘤和內部損傷。
  - **MRI**：利用磁場和無線電波產生高解析度的體內影像，用於診斷腦部、脊柱和關節等疾病。

d. 雷達、聲納、聲音影像處理

- 應用：包括各類目標的偵測與辨識、飛機的動態監測。
- **範例**：
  - **雷達**：用於飛機和船舶的導航和監控，氣象預測中的雲層監測。
  - **聲納**：在海洋中用於探測潛艇和魚群位置。
  - **聲音影像**：用於聲學成像，研究聲波傳播和聲源定位。

e. 機器人 / 機器視覺

- **應用**：識別或描述 3D 場景中的物件或工業產品，幫助機器人進行導航和操作。
- **範例**：
  - **工業自動化**：使用機器視覺系統進行產品檢測和分類，實現生產線自動化。
  - **機器人導航**：透過攝影鏡頭和感測器識別周圍環境，進行自主導航和避障。
  - **3D 物體識別**：在倉庫和物流中識別和抓取特定物品。

圖 3.3：地理測繪，展示了利用衛星影像進行高精準度地形圖製作的過程和成果。圖 3.4：太空影像應用，展示了太空船拍攝的地球或其他星球影像，用於科學研究和資源管理。圖 3.5：醫學影像處理，展示了 X 光、CT 掃描和 MRI 影像的應用，例如檢測腫瘤、骨折和其他疾病。圖 3.6：雷達和聲納影像，展示了雷達影像用於飛機動態監測和聲納影像用於水下探測的應用。圖 3.7：機器視覺，展示了機器視覺系統識別 3D 場景中的物件或工業產品，用於自動化生產和機器人導航。

圖 3.3 用於追蹤地球氣候和資源的遙測影像。

圖 3.4 太空影像應用。

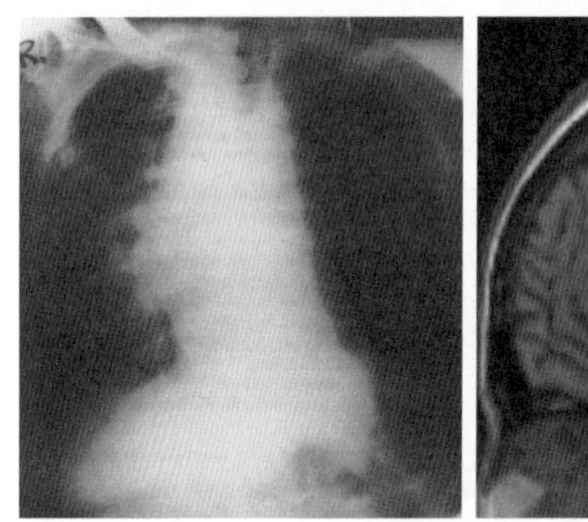

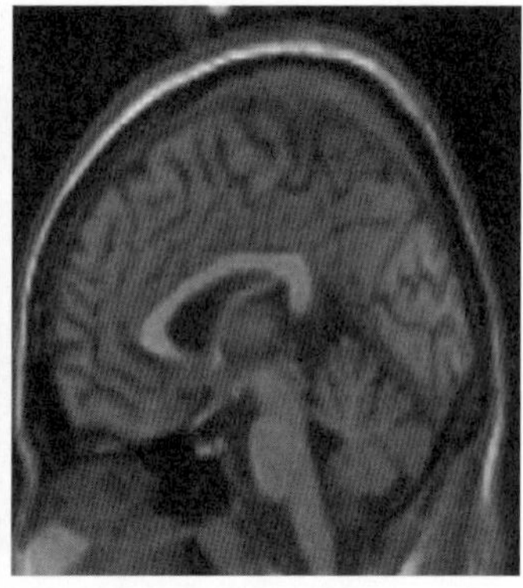

圖 3.5 醫學影像應用。

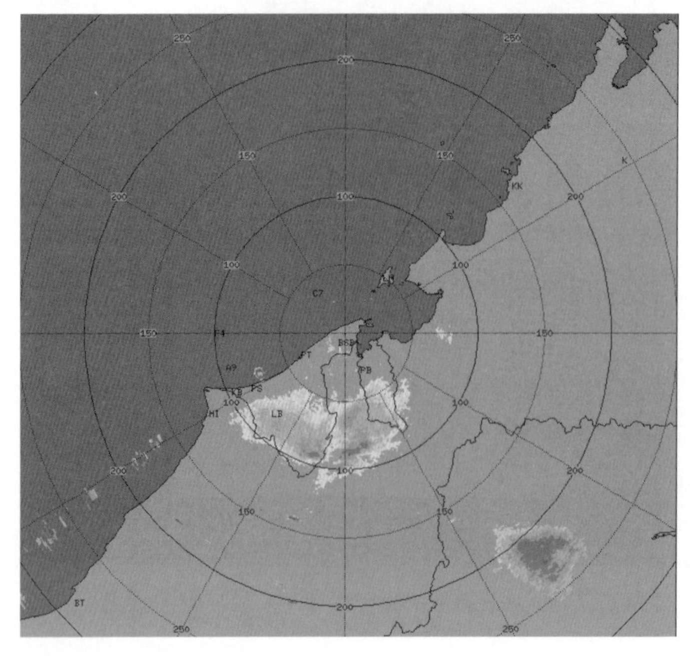

圖 3.6 雷達成像。

圖 3.7 機器人和機器視覺應用。

3.5 影像處理系統的要素

影像處理系統包括多個重要的組成部分，每個組成部分在整個處理過程中扮演著關鍵角色。以下是影像處理系統的主要要素：

(1) 影像擷取

影像擷取是影像處理的第一步，從現實世界中獲取影像數據。這包括使用各種設備來捕捉或轉換影像。具體過程如下：

a. **實體設備**：

- **相機**：包括數位相機、手機相機、專業攝影機等，這些設備對電磁波譜中可見光範圍內的光敏感，並將捕捉到的光訊號轉換為電訊號。
- **掃描器**：用於將類比影像（如 35 毫米印刷品、幻燈片等）轉換為數位影像。掃描器對影像進行掃描，生成對應的電訊號。
- **醫學成像設備**：如 X 光機、CT 掃描儀、MRI 機等，這些設備對不同類型的電磁波譜（如 X 光、射頻波）敏感，並生成對應的影像訊號。

b. **數位轉換**：

- **數位轉換器（Analog-to-Digital Converter, ADC）**：將實體設備生成的電訊號轉換為數位形式。數位轉換器將連續的類比訊號轉換為離散的數位訊號，使其可以被電腦處理。
- **數位相機**：直接捕捉數位影像，省去了類比訊號轉換的步驟。

c. **影像來源**：

- **類比轉數位**：使用掃描器將類比影像（如印刷品或底片）轉換為數位影像。
- **數位捕捉**：使用數位相機直接捕捉數位影像，或使用其他數位設備（如手機、平板電腦）捕捉和處理影像。

(2) 儲存

影像資料的儲存可以根據需求分為短期儲存、線上儲存和檔案儲存。

a. **短期儲存**：短期儲存是指在影像處理過程中使用的臨時儲存，目的是提供快速存取和高效處理。

- **電腦記憶體（Random-Access Memory, RAM）**：
  - » 電腦記憶體提供了快速存取的能力，可以在處理過程中臨時儲存影像數據。RAM 的優點是存取速度快，但缺點是容量有限且斷電後數據會丟失。
  - » 範例：在進行即時影像處理時，影像數據會被加載到 RAM 中，以便快速處理和分析。
- **影格緩衝區（Frame Buffer）**：
  - » 影格緩衝區是一種專用硬體，用於臨時儲存影像數據。通常用於顯示設備或需要高頻影像更新的應用中。影格緩衝區能快速讀取和寫入影像資料 適合需要高性能的影像處理任務。

b. **線上儲存**：線上儲存是指能夠相對快速存取的儲存方式，適合頻繁讀取和寫入數據的應用。

- **機械硬碟（HDD）和固態硬碟（SSD）**：機械硬碟和固態硬碟都是常見的線上儲存設備。SSD 具有更快的讀寫速度和更好的性能，但成本較高；HDD 則具有更大的容量和較低的成本。

- **網路儲存（NAS）**：網路儲存設備（NAS）允許多個用戶透過網路訪問共享儲存資源。它適合團隊合作和需要集中管理的影像數據儲存。

c. **檔案儲存**：檔案儲存指的是長期保存影像數據的方法，適合不常存取但需要安全保存的數據。

- **光碟（CD/DVD/Blu-ray）**：光碟是一種傳統的檔案儲存介質，適合長期保存影像數據。它具有防篡改和防刪除的特性，但存取速度較慢。
- **雲端儲存**：雲端儲存提供了靈活且可擴展的檔案儲存解決方案，數據儲存在遠端的資料中心，並透過網際網路存取。雲端儲存具有高可靠性和數據冗餘性，適合要長期保存且偶爾存取的數據。

(3) 處理

大多數影像處理功能可以透過在主機上執行的軟體來實現。這些軟體包括各種演算法和工具，用於對影像資料進行不同形式的處理和分析。

(4) 通訊

通訊是影像處理系統中不可或缺的一部分，涉及影像資料的傳輸和分發。影像通訊的傳輸速度取決於使用的電纜類型和技術標準。影像通訊涉及將影像資料從一個設備傳輸到另一個設備，傳輸速度和品質取決於所使用的電纜類型和技術標準。以下是一些常見的影像通訊技術和標準：

- **同軸電纜**：標準同軸電纜支援高達數百 MHz 的頻寬，傳輸速率在數百 Mbps 到 1Gbps 之間。
- **光纖**：光纖可支援數十 Tbps 的傳輸速率，非常適合長距離和高速網際網路骨幹網。

- **HDMI**（High-Definition Multimedia Interface）：HDMI 線支援最高 48 Gbps 的頻寬，適用於高解析度影像和音頻傳輸。
- **SDI**（Serial Digital Interface）：SDI 電纜用於專業影片設備之間的數位影片傳輸，支持高達 12 Gbps 的傳輸速率。

(5) 顯示器

顯示是影像處理系統中的最後一步，將處理後的影像資料呈現給用戶。不同的顯示設備和技術可以根據應用需求選擇。主要包括單色和彩色顯示器、隨機存取陰極射線管（CRT）和列印設備。

- **單色顯示器**：僅顯示黑白或灰階影像，主要用於需要高對比度和清晰度的應用。
- **彩色顯示器**：能夠顯示全彩影像，適合大多數日常和專業應用。

實例：人臉辨識的影像處理系統過程

為了說明影像處理系統的過程，我們以人臉辨識為例。問題的領域是人的臉，目的是將人臉與個人的身分連結起來。輸出是人的識別碼（例如身分證字號）。以下是實現人臉辨識目標的必要程序：

a. **影像擷取**

首先，需要透過高解析度數位相機擷取人臉影像，並將其壓縮為影像檔案。

b. **預處理**

預處理階段可以透過提高對比度、清晰度和色彩來增強擷取的影像。

c. **分割**

在分割階段，首先將影像裁切到僅包含臉部區域，然後將臉部分割為眼睛、嘴巴、鼻子、下巴等部分。

d. **表示和描述**

在表示和描述階段，對每個分割區域進行特徵提取，例如主成分分析（PCA）、紋理分析、眼睛和鼻子的縱橫比或眼睛的顏色。

e. **匹配識別和解釋**

在此步驟中，使用前一步驟中提取的特徵，基於特定的識別演算法來匹配每個單獨分割的區域，並創建一個整體的複合描述。

f. **知識庫**

最後，將上述特徵向量輸入到已知主題的知識庫中，將其與資料庫中的主題相關聯，傳回可能的個人身分證字號。

CHAPTER

4

影像處理

影像處理（Image Processing）是利用演算法和數學模型來處理和分析影像。影像處理的目標是提高影像品質、從影像中提取有意義的資訊以及基於影像的任務自動化。本章將介紹（1）**影像增強**：提高影像的視覺品質，例如增加對比度、減少雜訊和消除偽影；（2）**數學形態學**：用代數、拓撲、機率和積分幾何的數學模型，提供物體幾何結構和形狀的定量描述；（3）**影像分割**：將影像的像素分類過程，從背景中提取或分割物件或劃分區域或片段；（4）**影像表示和描述**：用影像的特徵和區域屬性來表示影像，以便電腦可以進行分析和操作。

4.1 影像增強（Image Enhancement）

每當影像從一種形式轉換為另一種形式時，例如成像、複製、掃描、傳輸或顯示，輸出影像的品質可能會低於輸入影像的品質。在不了解影像品質如何退化的情況下，難以預測特定增強方法的效果。影像增強旨在提升人類對影像資訊的感知和可解釋性，並為後續的影像辨識提供更有用的輸入資料。這些增強過程涉及各種技術和方法，用以強調影像的特徵或修正其缺陷。影像增強廣泛應用於醫學影像處理、攝影、電影、遙感探測和電腦視覺等領域。一般來說，影像增強技術可分為三類：

(1) **空間域（Spatial Domain）方法**：直接對影像中的像素操作。

(2) **頻率域（Frequency Domain）方法**：對影像進行傅立葉轉換（Fourier Transform）或其他頻率域操作。

(3) **組合方法**：同時在空間域和頻率域中處理影像。

在進行影像增強時，沒有通用的規則可以用來確定最佳的影像增強技術。因此，增強方法是針對特定應用並且通常是憑經驗開發出來的。當影像增強技術用作後續影像處理的預備工具時，我們可以透過測量公式來確定哪種技術較為合適。一般來說，影像增強的過程可以分為三種類型：

點處理（Point Process）、遮罩處理（Mask Process）和全域處理（Global Process）。

(1) **點處理**：在點處理中，每個像素根據特定公式進行修改，這只取決於相同像素處的輸入，與其他像素值無關。輸入可以是一個或多個影像。例如，可以逐點取得兩個影像的差異或乘積。

(2) **遮罩處理**：在遮罩處理中，使用卷積遮罩（Convolution Mask）根據像素鄰域的值修改每個像素。例如，可以在鄰域中取平均值作為低通濾波器（low-pass filter）。

(3) **全域處理**：在全域處理中，影像（或子影像）中的所有像素都列入計算內。例如，直方圖均衡法（Histogram Equalization）將整個輸入像素的直方圖重新映射為均勻分佈的直方圖。

這三種類型的處理都可以在空間域中運作。但是在頻率域方法中，由於頻率變換的性質是全域過程，所以屬於全域處理。當然，如果規定只對於分割的小影像區塊而不是整個影像進行運算，頻率域操作可以變成僅基於局部鄰域的遮罩操作。

實際上，在單通道（Single-pass）濾波中要增強受一個或多個退化源影響的影像是非常困難的。必須先消除雜訊並保留邊緣，可能需要多次處理才能恢復原來的品質。這種方式類似於人類視覺系統。當我們看到圖片時，我們的視覺系統會聚焦於最感興趣的地方。人可以瞬間以極高的精確度識別物體邊緣和區域，而傳統計算機並不那麼準確。

影像增強技術，包括灰階變換（Grayscale Transformation）、分段線性變換（Piecewise Linear Transformation）、位元平面切片（Bit Plane Slicing）、直方圖均衡化（Histogram Equalization）、算術運算增強（Arithmetic Operation）、色彩增強（Color Enhancement）、影像修復（Image Restoration）、平滑濾波器（Smoothing Filter）和銳化濾波器

（Sharpening Filter）。這些技術對於提升視覺資訊的品質至關重要。透過這些技術，影像可以變得更清晰、更詳細，並且更有助於分析和解釋。

4.1.1 灰階變換（Gray Scale Transformation）

灰階變換使用數學公式改變整個像素的灰階，或透過映射函數（Mapping Function）修改某區域內的灰階值。這種變換通常可以增強影像的對比度，使影像的細節更加明顯。

- **閾值處理（thresholding）** 是最簡單的方法，使用階躍函數（step function）來改變灰階值。凡是輸入影像的灰階值低於閾值（threshold value），其輸出值變為 0；高於閾值則變為 255。
- **影像負片（image negative）** 是將輸出的亮度隨著輸入亮度的增加而減少，實現影像灰階反轉。這樣可將通常為白底黑字的影像反轉為黑底白字，相當於照相負片。在大的黑色背景中，小的白色或灰色區域的細節會更顯著。設輸入灰階 r 和輸出灰階 s 在 $[0, L-1]$ 範圍內。輸入和輸出灰階之間的關係由公式表示：$s = L - 1 - r$。圖 4.1 顯示 Lena 影像及其負片。

圖 4.1 (a) Lena 影像，(b) 其負片影像。

從輸入灰階到輸出灰階的映射函數可以使用數學運算，例如對數（logarithm）、指數（exponential）、根（root）、冪（power）等，或者任意次數的多項式函數。灰階變換也可以使用查找表（lookup table）來執行。從輸入灰階 r 到輸出灰階 s 的一些對應範例如圖 4.2 所示。例如，對數映射由公式表示：$s = c\log(1+r)$，其中 c 是常數。對數映射的一個有用應用是壓縮大動態範圍的灰階值（例如，傅立葉頻譜（Fourier spectrum）），因此最亮的像素不會主導顯示，而較暗的像素仍然可見。灰階變換可以使用查找表來執行，並且通常用於人類感知目的。

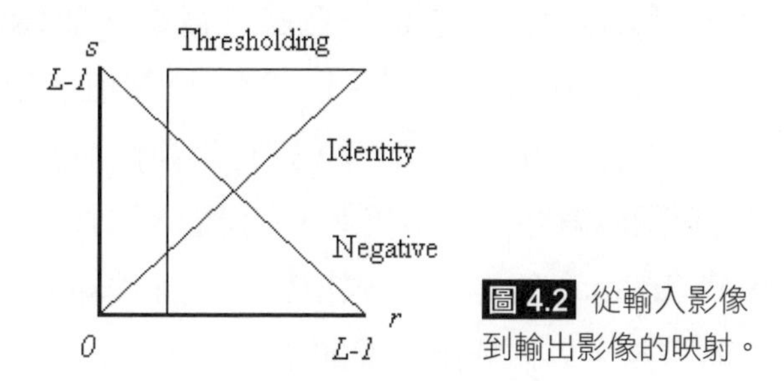

圖 4.2 從輸入影像到輸出影像的映射。

4.1.2 分段線性變換（Piecewise Linear Transformation）

分段線性變換使用不同的線性函數，來映射不同的輸入灰階區間。由於照明不佳、感光元件缺乏動態範圍或鏡頭設定錯誤，可能會出現低對比度影像。對比度拉伸旨在透過拉伸輸入亮度值的窄範圍，以跨越所需的亮度值範圍（通常是灰階值的整個範圍），從而提高影像的對比度。對比拉伸的一般函數如圖 4.3 所示。變換函數的位置 (r_1, s_1) 和 (r_2, s_2) 控制變換函數的形狀。此函數的約束條件是：$r_1 \le r_2$ 和 $s_1 \le s_2$。此函數是單值且單調遞增的，因此輸出中的灰階順序被保留。

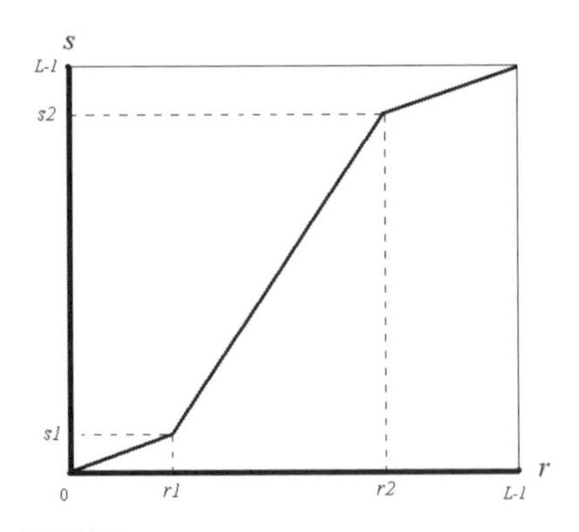

圖 4.3 對比度拉伸的映射函數。

如果 $r_1 = s_1$ 和 $r_2 = s_2$，它是一個線性函數，表示輸出灰階沒有變化。如果 $r_1 = r_2$、$s_1 = 0$ 和 $s_2 = L-1$，則它是閾值函數，輸出是二值影像。如果 $r_1 < r_2$、$s_1 = 0$ 和 $s_2 = L-1$，則它是線性縮放。讓輸入灰階 r 在 $[0,\ L-1\ ]$ 的全範圍內對應到輸出灰階 s。讓輸入影像的最小值和最大值分別表示為 "min" 和 "max"。以下公式用於執行線性縮放，並將浮點值四捨五入為最接近的整數，以便輸出影像顯示為：

$$s = \frac{L-1}{\max - \min}(r - \min) \tag{4.1}$$

圖 4.4 顯示對比度拉伸的範例。

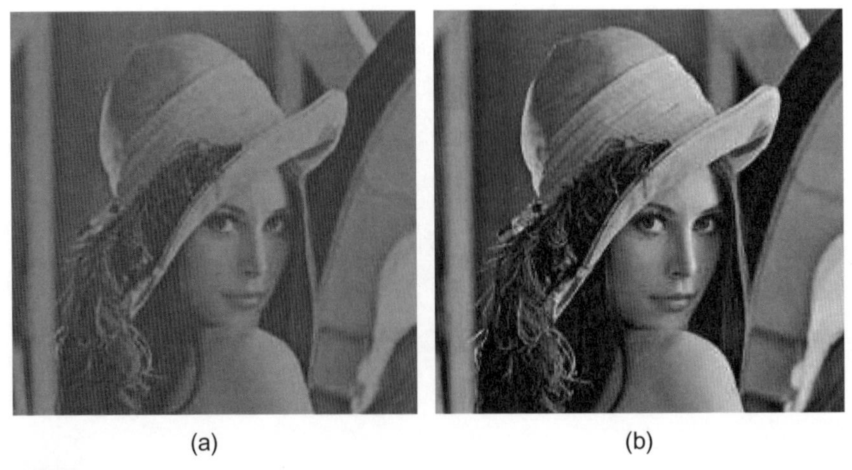

圖 4.4 (a) 低對比影像，(b) 對比拉伸後的影像。

● 範例 4.1：給定 $r_1 = 2, s_1 = 1, r_2 = 5, s_2 = 7$。顯示下列影像在 [0,7] 範圍內的對比拉伸輸出。

2 2 3 3 3 3 3 2
2 2 2 2 3 2 3 2
2 0 4 4 5 5 3 3
3 0 4 4 5 5 5 5
2 4 4 4 4 5 7 3
2 2 4 5 6 5 6 2
2 3 4 4 2 5 6 2
2 3 2 2 2 3 5 3

● 解答：使用給定的 (2,1) 和 (5,7) 座標，變換函數如下圖所示。

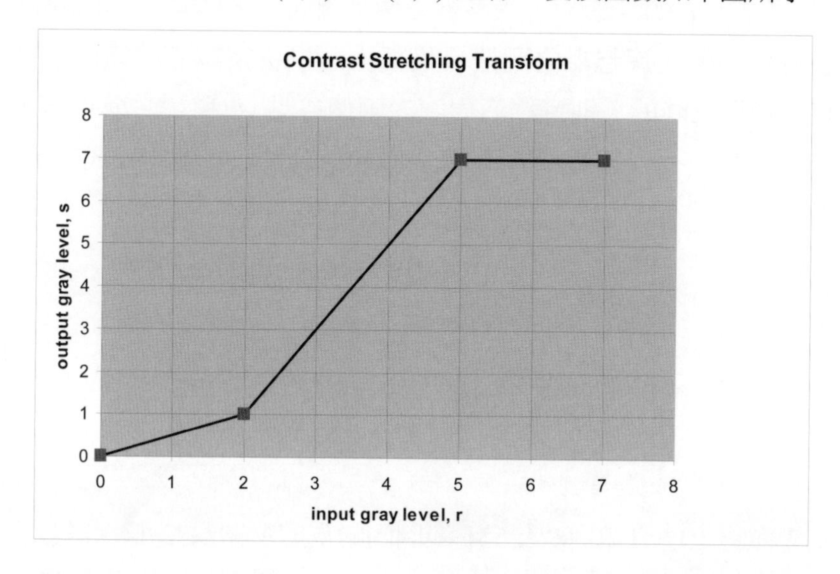

這導致從輸入原始值到對比度拉伸值的以下強度變換：

Original value	Contrast-stretched value
0	0
1	0
2	1
3	3
4	5
5	7
6	7
7	7

下面的對比度拉伸影像是透過在原始影像中進行上述替換而獲得的：

1 1 3 3 3 3 3 1
1 1 1 1 3 1 3 1
1 0 5 5 7 7 3 3
3 0 5 5 7 7 7 7
1 5 5 5 5 7 7 3
1 1 5 7 7 7 7 1
1 3 5 5 1 7 7 1
1 3 1 1 1 3 7 3

另一種分段線性變換使用輸入影像的直方圖（histogram）來尋找包含最相關資訊的像素簇（cluster）。直方圖是顯示灰階分佈的圖表，顯示每個灰階在影像中的像素數目。大多數影像都趨向於多模態（multimodal），需要在背景和像素簇起點之間搜尋最低值，以決定該簇的範圍。例如，如果直方圖是三峰的，則選擇簇周圍的兩個谷點 A 和 B。令輸出灰階在 [0, 255] 範圍內。此灰階變換將輸入灰階映射到輸出灰階的公式表示為：

$$s = \begin{cases} \dfrac{255 - A + B}{2(B - A)}(r - A) + \dfrac{A}{2} & \text{if } A \le r \le B \\ \dfrac{r}{2} & \text{if } r < A \\ \dfrac{r + 255}{2} & \text{if } r > B \end{cases} \tag{4.2}$$

此變換將 $[0, A]$ 和 $[B, 255]$ 範圍內的灰度壓縮為 2 倍。該簇在 [A, B] 範圍內擴展了 2 倍。請注意，所使用的線性函數可以替換為任何所需的數學函數，例如二次多項式和高次多項式。

4.1.3 位元平面切片

由於影像包含 256 個灰階的像素，每個像素由 8 個位元組成，位元平面切片會分解影像的每一個位元。一個每像素 8 位元的影像可以分割成八個位元平面，其中 0 是最低有效位元（Least Significant Bit, LSB），7 是最高有效位元（Most Significant Bit, MSB）。每個平面都由該位元的 0 和 1 組成，其中 0 轉換為灰階 0，1 轉換為灰階 255。高階位包含視覺上更重要的數據，低階位提供有關影像的更詳細細資訊。圖 4.5 顯示 Lena 影像的位元平面切片。影像顯示，大多數影像資訊包含在較高（即更重要）位元中，而較低有效位元包含一些更精細的細節和雜訊。

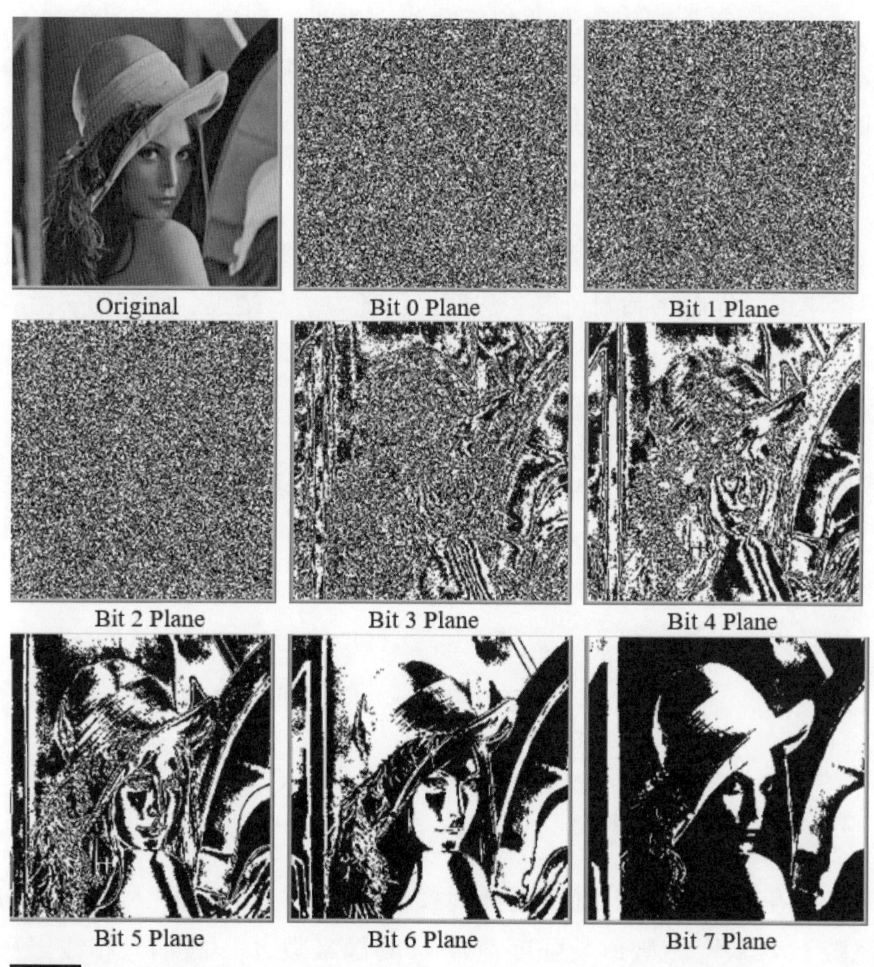

圖 4.5 Lena 影像及其位元平面 0（最低有效位元）到 7（最高有效位元）。

位元平面切片的一個應用是影像處理中的資料壓縮。位平面組合是切片的逆過程。重新組合平面以重建影像，但是不需要考慮所有切片貢獻。特別是在資料速率很重要的情況下，可以忽略某些平面，直到灰階的變化對影像產生可接受的影響。

4.1.4 直方圖均衡化（Histogram Equalization）

直方圖均衡化採用單調非線性映射，重新分配輸入影像中像素的亮度值，使輸出影像中的亮度值接近均勻分佈，即所有值的出現機率相等。這種均勻分佈只能在數位影像中實現近似值。直方圖均衡化常用於影像比較，因為它能有效地增強細節並校正數位化或顯示系統的非線性效應。

一般來說，直方圖均衡化透過拉伸影像的動態範圍，使影像的密度分佈變得平坦，從而增強對比度。然而，這種方法會帶來一些問題。由於拉伸動態範圍來增強對比度，直方圖均衡化同時會增加背景雜訊，並且在接近同值區域中的影像品質可能會下降。

將影像像素值 $r \geq 0$ 視為具有連續機率密度函數 $p_R(r)$ 和累積機率分佈 $F_R(r) = P[R \leq r]$ 的隨機變數 R 的元素。令映射函數 $s = f(r)$ 位於輸入影像和輸出影像之間。為了均衡輸出影像的直方圖，我們設 $p_S(s)$ 為常數。如果假設灰階在 0 和 1 之間，則 $p_S(s) = 1$ 形成均勻隨機變數 s。

$$s = F_R(r) = \int_0^r p_R(r)dr \tag{4.3}$$

將均勻分佈在 (0, 1) 上。

為了在數位影像上實現這種變換，我們用 n 表示輸入影像中的像素總數、n_G 灰階總數以及強度值為 r_j 的像素數 n_{r_j}。設輸入和輸出灰階值的範圍為 $[0, 1, \ldots, n_G - 1]$。然後，直方圖均衡變換將輸入值 r_k（其中 $k = 0, 1, \ldots, n_G - 1$）對應到輸出值 s_k，如下所示：

$$s_k = T(r_k) = (n_G - 1)\sum_{j=0}^{k} \frac{n_{r_j}}{n} = \frac{(n_G - 1)}{n}\sum_{j=0}^{k} n_{r_j} \tag{4.4}$$

請注意，產生的浮點值將四捨五入到最接近的整數作為輸出值。圖 4.6 顯示低對比度輸入影像及其直方圖均衡後的結果影像。

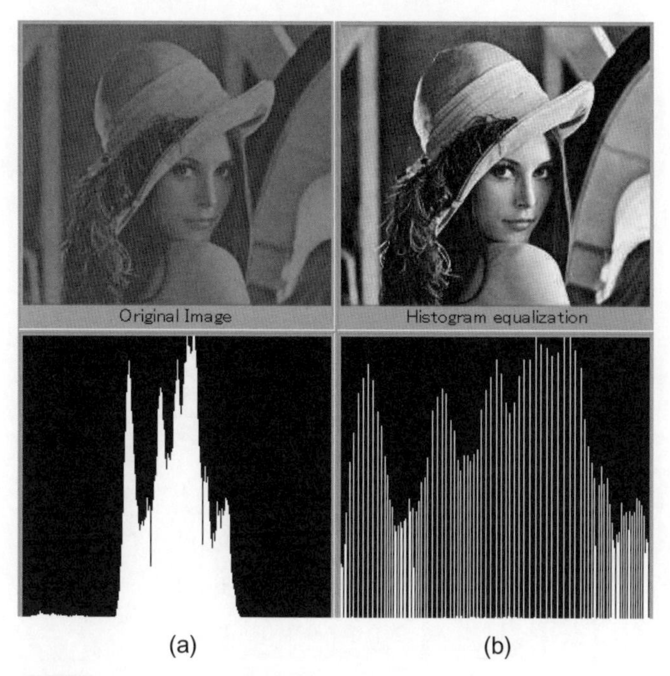

圖 4.6 (a) 顯示低對比影像及其直方圖，
(b) 顯示均衡後的影像及其直方圖。

- 範例 4.2：假設對數位影像進行直方圖均衡化。顯示直方圖均衡的第二遍將產生與第一遍完全相同的結果。
- 解答：假設直方圖均衡的第一遍將輸入值 r_k 轉換為 s_k，然後第二遍 s_k 變換為 v_k。第二遍根據以下變換進行：

$$v_k = T(s_k) = \frac{(n_G - 1)}{n}\sum_{j=0}^{k} n_{s_j} \tag{4.5}$$

由於具有 r_k 的每個像素（而不是其他像素）都映射到 s_k，因此它遵循 $n_{s_k} = n_{r_k}$。所以

$$v_k = T(s_k) = \frac{(n_G - 1)}{n}\sum_{j=0}^{k} n_{r_j} = s_k \tag{4.6}$$

這顯示直方圖均衡的第二遍將產生與第一遍相同的結果。請注意，在這種情況下，假設四捨五入誤差可以忽略不計。

- 範例 4.3：對下面 8×8 的輸入影像應用直方圖均衡化。假設輸入和輸出灰階在 [0,7] 範圍內。

1	1	5	5	0	0	1	0
1	1	2	2	0	1	0	1
1	7	6	6	5	5	0	0
0	7	6	7	5	5	5	5
4	7	6	7	3	5	7	0
1	1	4	1	6	5	6	1
2	2	4	1	1	5	1	1
1	2	2	0	0	0	0	5

- 解答：在這種情況下，$n_G = 8$ 和 $n = 64$。使用公式（4.4），得出

$$s_k = \frac{7}{64}\sum_{j=0}^{k} n_{r_j}$$

r_k	n_{r_j}	$\sum_{j=0}^{k} n_{r_j}$	s_k
0	13	13	1
1	17	30	3
2	6	36	4
3	1	37	4
4	3	40	4
5	12	52	6
6	6	58	6
7	6	64	7

因此，輸出影像為：

3	3	6	6	1	1	3	1
3	3	4	4	1	3	1	3
3	7	6	6	6	6	1	1
1	7	6	7	6	6	6	6
4	7	6	7	4	6	7	1
3	3	4	3	6	6	6	3
4	4	4	3	3	6	3	3
3	4	4	1	1	1	1	6

4.1.5 透過算術運算增強（Enhancement by Arithmetic Operations）

算術運算（例如減法、加法、乘法、除法、平均值）通常用於將兩個或多個影像組合並轉換為一個新影像，以顯示或突出場景中的某些特徵。也可以僅使用單一影像作為輸入，對所有像素執行算術運算以修改亮度並增強對比度。

影像減法

是兩個輸入影像的差值，通常使用像素值之間的絕對差。影像減法可用於偵測同一場景中的一系列影像變化或識別移動物體。

影像平均

適用於影像像素中的雜訊和相關雜訊不相關且雜訊具有零平均值。這些條件是必要的，因為影像平均方法依賴於對 N 個不同雜訊影像的求和。如果雜訊的平均值未達到 0，則雜訊的偽影將出現在平均影像中。該方法的數學表示如下所述。令捕獲的 K 個影像為 $g_i(x,y)$，$i=1,2,\ldots,K$。平均影像表示為 $\bar{g}(x,y)$，可以使用以下公式計算：

$$\overline{g}(x,y)=\frac{1}{K}\sum_{i=1}^{K}g_i(x,y) \tag{4.7}$$

假設捕獲的影像 $g_i(x,y)$ 是透過向原始影像 $f(x,y)$ 添加雜訊 $\eta_i(x,y)$ 而形成的，如下所示：

$$g_i(x,y)=f(x,y)+\eta_i(x,y) \tag{4.8}$$

此方法可以提高影像品質，因為如果將足夠的影像平均在一起，可以有效地消除雜訊。當影像集中的雜訊真正不相關時，雜訊的平均值應該接近於零。在每對座標 (x,y) 處，雜訊都是不相關的且平均值為零。如果影像 $\overline{g}(x,y)$ 是透過對 K 個不同雜訊影像進行平均而形成的，則可以得出：

$$E\{\overline{g}(x,y)\}=f(x,y) \text{ and } \sigma^2_{\overline{g}(x,y)}=\frac{1}{K}\sigma^2_{\eta(x,y)} \tag{4.9}$$

其中 $E\{\overline{g}(x,y)\}$ 是 $\overline{g}$ 的期望值，$\sigma^2_{\overline{g}(x,y)}$ 和 $\sigma^2_{\eta(x,y)}$ 是 $\overline{g}$ 和 η 的方差，均位於座標 (x,y)。平均影像中任意點的標準差為

$$\sigma_{\overline{g}(x,y)}=\frac{1}{\sqrt{K}}\sigma_{\eta(x,y)} \tag{4.10}$$

隨著增加，每個位置 (x,y) 的像素值的可變性會減少。因為 $E\{\overline{g}(x,y)\}=f(x,y)$，這意味著隨著平均過程中使用的雜訊影像數量的增加，而 $\overline{g}(x,y)$ 接近 $f(x,y)$。此方法可以提高影像品質，因為如果將足夠的影像平均在一起，則可以有效地消除雜訊，如果真正不相關，則大量分佈的影像集應該使雜訊平均值為零。

同樣，**影格平均法（frame averaging）**提供了一種對多個影格進行平均以創建更穩定影像的方法。此方法可用於消除像素振動或高頻影像變化。其工作原理是將每個影格添加到影格的移動平均值中，這有效地產生了對許多影格進行平均的相同效果，而無需像對數百個影格進行平均那樣佔用大量記憶體和時間。

4.1.6 平滑濾波器（Smoothing Filter）

簡單的均值平滑濾波器旨在將輸入影像中的每個像素值替換為其鄰域（包括自身）的均值（或平均值）。這樣可以消除不代表其周圍環境的像素值。與其他卷積濾波器一樣，均值濾波器基於內核（kernel），內核表示計算中要採樣的鄰域的形狀和大小。通常使用 3 × 3 方形核，如下所示，但也可以使用更大的內核（例如 5 × 5 方形）來進行更嚴格的平滑處理。圖 4.7 顯示應用 3 × 3 平均內核的範例。

$$\frac{1}{9}\begin{bmatrix} 1 & 1 & 1 \\ 1 & 1 & 1 \\ 1 & 1 & 1 \end{bmatrix}$$

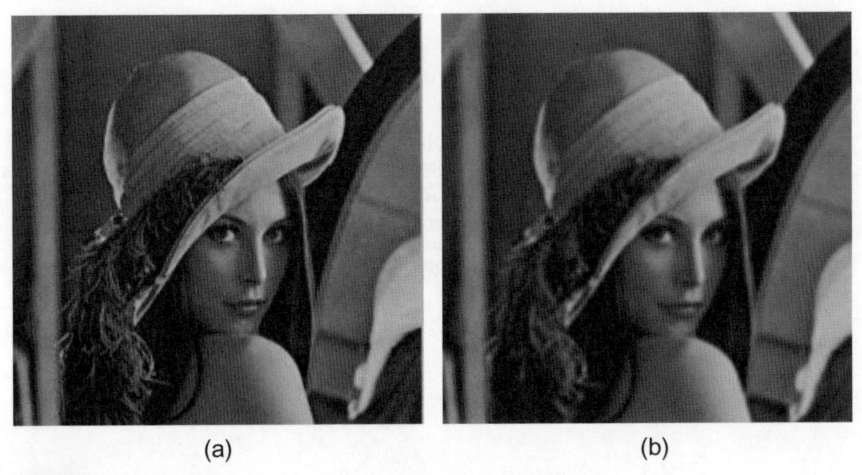

圖 4.7 (a) Lena 影像，(b) 3 × 3 平均濾波器後的結果影像。

另一種影像平滑方法是使用高斯濾波器（Gaussian filter）對輸入影像進行卷積。高斯濾波器具有高斯（鐘形）曲線的形狀，能夠篩除具有高空間頻率的雜訊並產生平滑效果。一維高斯濾波器函數為：

$$G(x) = \frac{1}{\sqrt{2\pi\sigma}} e^{-x^2/2\sigma^2} \tag{4.11}$$

其中 σ 是分佈的標準差。平均數零和 $\sigma=1$ 的分佈如圖 4.8 所示。

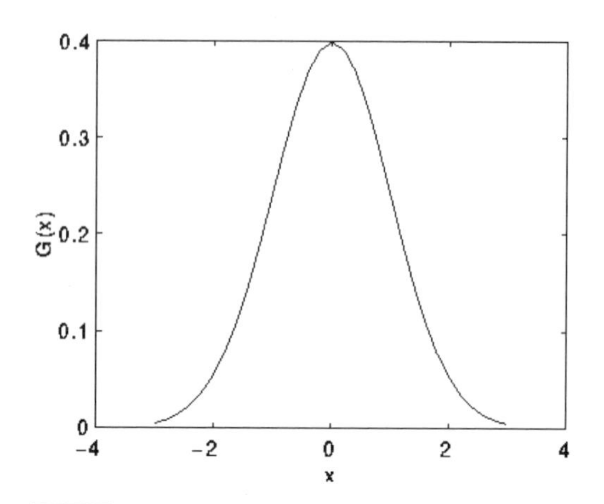

圖 4.8 均值為零且 $\sigma=1$ 的一維高斯濾波器函數。

在二維中，各向同性（即圓對稱）高斯濾波器函數為：

$$G(x,y)=\frac{1}{\sqrt{2\pi}\sigma^2}e^{-(x^2+y^2)/2\sigma^2} \tag{4.12}$$

平均值 (0,0) 和 $\sigma=1$ 的分佈如圖 4.9 所示。

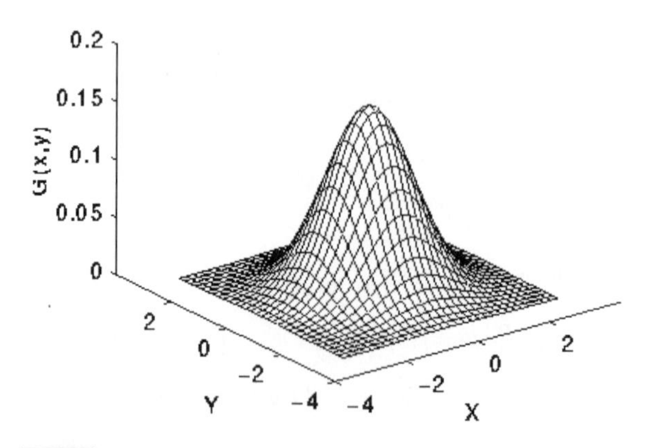

圖 4.9 均值 (0, 0) 和 $\sigma=1$ 的二維高斯濾波器函數。

在影像處理中，使用高斯函數的離散表示來進行卷積。理論上，高斯分佈在所有位置都不為零，這意味著卷積內核無限大。但實際上，距平均值約三個標準差以上的值可近似為零，因此可以截斷超出此範圍的內核。圖 4.10 顯示 3 × 3 和 5 × 5 的整數值卷積核，它們近似為 $\sigma = 1$ 的高斯濾波器函數。請注意，乘以恆定的縮放因子以確保輸出灰階與輸入灰階處於相同範圍內。

$$\frac{1}{16}\begin{bmatrix} 1 & 2 & 1 \\ 2 & 4 & 2 \\ 1 & 2 & 1 \end{bmatrix}$$

(a)

$$\frac{1}{273}\begin{bmatrix} 1 & 4 & 7 & 4 & 1 \\ 4 & 16 & 26 & 16 & 4 \\ 7 & 26 & 41 & 26 & 7 \\ 4 & 16 & 26 & 16 & 4 \\ 1 & 4 & 7 & 4 & 1 \end{bmatrix}$$

(b)

圖 4.10 離散高斯低通卷積濾波器 (a) 3 × 3 和 (b) 5 × 5。

- 範例 4.4：假設一個低通空間濾波器是透過對點 (x, y) 的四個直接鄰域進行平均而形成的，但不包括該點本身。在頻率域中找出等效濾波器 $H(u, v)$。
- 解答：空間平均數為

$$g(x,y) = \frac{1}{4}\left[f(x,y+1) + f(x+1,y) + f(x-1,y) + f(x,y-1)\right]$$

進行傅立葉變換得到

$$G(u,v) = \frac{1}{4}\left[e^{j2\pi v/N} + e^{j2\pi u/M} + e^{-j2\pi u/M} + e^{-j2\pi v/N}\right]F(u,v) = H(u,v)F(u,v)$$

其中 $H(u,v) = \frac{1}{2}\left[\cos(2\pi u/M) + \cos(2\pi v/N)\right]$ 是頻率域中的濾波器傳遞函數。

另一種平滑濾波器稱為中值濾波器（median filter），用於減少影像中的雜訊，類似於均值濾波器。然而，中值濾波器在保留影像中的有用細節方面表現更好，特別是對於消除椒鹽雜訊（salt-and-pepper noise）非常有效。椒鹽雜訊的特徵是在影像上隨機出現明亮和黑暗的高頻特徵。從統計上看，椒鹽雜訊通常遠遠超出任何給定像素鄰域的分佈峰值，因此中位數非常適合識別不存在椒鹽雜訊的位置，從而將其排除去除雜訊。分佈的中位數是使較大值和較小值具有相同機率的值。為了計算一組樣本值的中位數，我們將它們按降序或升序排序，然後選擇中間值。圖 4.11 顯示在添加椒鹽雜訊的 Lena 影像上應用中值濾波器的範例。

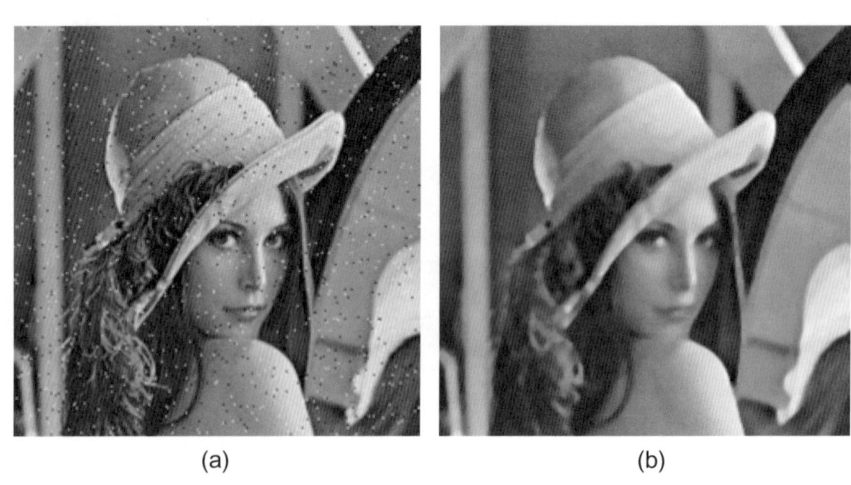

(a) (b)

圖 4.11 (a) 椒鹽雜訊影像，(b) 中值濾波後的結果影像。

中值濾波器是一種非線性濾波器，也是所謂的排序統計濾波器（order-statistic filters）的子集。在像素周圍的鄰域中，可以選取最大值、最小值或按降序或升序排列的任意排序值，而不僅僅是中位數。

4.1.7 銳化濾波器（Sharpening Filter）

銳化濾波器用於增強物體的邊緣，並調整物體與背景之間的對比度。它們有時與閾值處理結合使用來進行邊緣檢測。銳化或高通濾波器允許高頻成分通過並刪除低頻成分。要使內核成為高通濾波器，中心附近的係數必須設定為正，而外圍的係數必須設定為負。銳化濾波器可分為四種：高通濾波器（High-Pass Filter）、高斯拉普拉斯濾波器（Laplacian of Gaussian Filter）、高增幅濾波器（High-Boost Filter）和微分濾波器（Derivative Filter）。

(1) **高通濾波器（High-Pass Filter）**：與低通濾波器相反，高通濾波器透過高頻成分，但衰減（或刪除）頻率低於截止頻率的成分。一個簡單的 3 × 3 高通濾波器如下圖所示：

$$\begin{bmatrix} -1 & -1 & -1 \\ -1 & 8 & -1 \\ -1 & -1 & -1 \end{bmatrix}$$

圖 4.12 顯示在 Lena 影像上套用高通濾波器的範例。

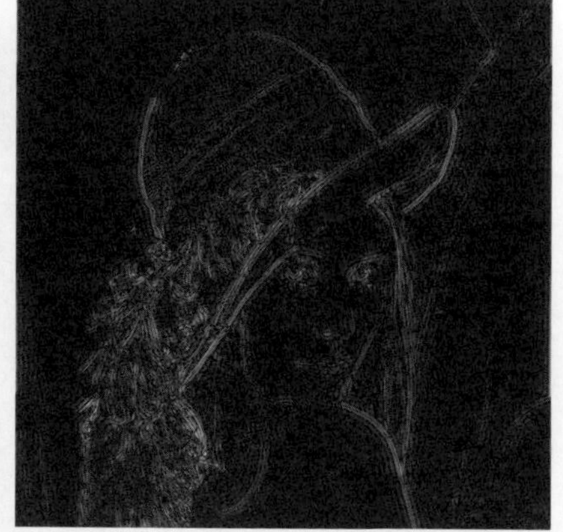

圖 4.12 在 Lena 影像上套用高通濾波器。

(2) **高斯拉普拉斯濾波器（Laplacian of Gaussian Filter）**：這是一種將拉普拉斯濾波器和高斯濾波器結合的濾波器，其特性由參數和內核大小決定。它能夠同時平滑和銳化影像。

(3) **高增幅濾波器（High-Boost Filter）**：用於強調影像中的高頻成分，代表影像的細節，同時不消除低頻成分。這種濾波器透過將原始影像乘以一個放大係數來實現增幅效果。它將原始影像乘以放大係數 A，如下所示：

$$\begin{aligned} &\text{High boost} = \text{A} \times \text{Original} - \text{Lowpass} \\ &= (A-1) \times \text{Original} + (\text{Original} - \text{Lowpass}) \\ &= (A-1) \times \text{Original} + \text{Highpass} \end{aligned} \tag{4.13}$$

請注意，如果 $A = 1$，則它成為標準高通濾波器。以下由 3×3 內核表示。

$$\begin{bmatrix} 0 & 0 & 0 \\ 0 & A & 0 \\ 0 & 0 & 0 \end{bmatrix} - \frac{1}{9}\begin{bmatrix} 1 & 1 & 1 \\ 1 & 1 & 1 \\ 1 & 1 & 1 \end{bmatrix} = \frac{1}{9}\begin{bmatrix} -1 & -1 & -1 \\ -1 & 9A-1 & -1 \\ -1 & -1 & -1 \end{bmatrix} \tag{4.14}$$

圖 4.13 顯示在 Lena 影像上套用 $A = 1.5$ 的高增強濾波器的範例。

圖 4.13 在 Lena 影像上套用 $A = 1.5$ 的高增強濾波器。

(4) **微分濾波器（Derivative Filter）**：這種濾波器基於影像的微分運算，用於強調影像中的變化，特別是邊緣和輪廓。對於影像函數 $f(x,y)$，梯度向量定義為：$\nabla f \equiv (\partial f / \partial x)\overrightarrow{i} + (\partial f / \partial y)\overrightarrow{j}$，其中 $\overrightarrow{i}$ 和 $\overrightarrow{j}$ 分別是沿 x 軸和 y 軸的單位向量。讓 $f_x \equiv \partial f / \partial x$ 和 $f_y \equiv \partial f / \partial y$。$\nabla f$ 的大小為 $\sqrt{f_x^2 + f_y^2}$，方向為 $\theta = \tan^{-1}(f_y / f_x)$。對於數位影像，梯度算子的導數是兩個差：$f_x = f(x+1, y) - f(x, y)$ 和 $f_y = f(x, y+1) - f(x, y)$。兩者都可以透過與以下內核的卷積來獲得：

$$\begin{bmatrix} -1 & 1 \\ 0 & 0 \end{bmatrix}, \begin{bmatrix} -1 & 0 \\ 1 & 0 \end{bmatrix}$$

如果我們考慮對角線方向，兩個核心是：

$$\begin{bmatrix} 0 & 1 \\ -1 & 0 \end{bmatrix}, \begin{bmatrix} 1 & 0 \\ 0 & -1 \end{bmatrix}$$

稱為羅伯茲交叉（Roberts cross）梯度算子。如果考慮大小為 3 × 3 的核，先求一個方向的平均值，然後求另一個方向上這些平均值的差，我們有：

$$\begin{bmatrix} -1 & 0 & 1 \\ -1 & 0 & 1 \\ -1 & 0 & 1 \end{bmatrix}, \begin{bmatrix} -1 & -1 & -1 \\ 0 & 0 & 0 \\ 1 & 1 & 1 \end{bmatrix}$$

稱為蒲瑞維特（Prewitt）算子。如果考慮水平和垂直鄰域的雙重權重，我們有：

$$\begin{bmatrix} -1 & 0 & 1 \\ -2 & 0 & 2 \\ -1 & 0 & 1 \end{bmatrix}, \begin{bmatrix} -1 & -2 & -1 \\ 0 & 0 & 0 \\ 1 & 2 & 1 \end{bmatrix}$$

稱為索伯（Sobel）算子。

高斯拉普拉斯濾波器（Laplacian of Gaussian, LoG）是拉普拉斯濾波器和高斯濾波器的組合，其特性由參數 σ 和核大小決定，如核心的數學表達式所示：

$$\mathrm{LoG}(i,j) = -\frac{1}{\pi\sigma^4}\left(1-\frac{i^2+j^2}{2\sigma^2}\right)e^{-(i^2+j^2)/2\sigma^2} \tag{4.15}$$

LoG 濾波器的三維圖形如圖 4.14 所示。

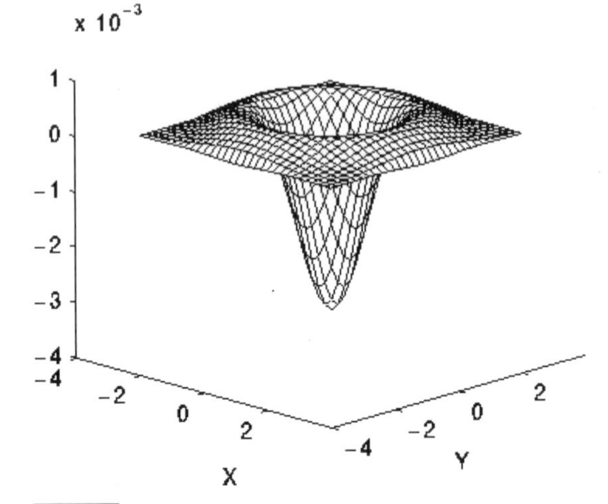

圖 4.14 高斯濾波器的拉普拉斯算子。

近似函數的離散 9 × 9 核（對於高斯 σ = 1.4）如圖 4.15 所示。在 Lena 影像上應用此核心的範例如下頁的圖 4.16 所示。

0	1	1	2	2	2	1	1	0
1	2	4	5	5	5	4	2	1
1	4	5	3	0	3	5	4	1
2	5	3	-12	-24	-12	3	5	2
2	5	0	-24	-40	-24	0	5	2
2	5	3	-12	-24	-12	3	5	2
1	4	5	3	0	3	5	4	1
1	2	4	5	5	5	4	2	1
0	1	1	2	2	2	1	1	0

圖 4.15 LoG 函數的離散逼近 σ = 1.4。

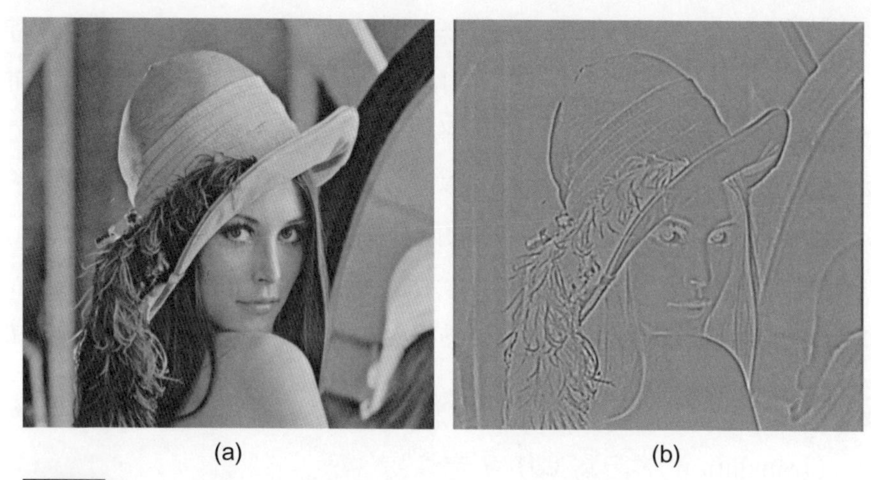

圖 4.16 (a) Lena 影像，(b) 應用離散 9 × 9 LoG 濾波器後的結果。

4.2 數學形態學（Mathematical Morphology）

數學形態學提供了幾何結構和形狀的定量描述，以及代數、拓撲、機率和積分幾何的數學描述。數學形態學已被證明在許多影像處理和分析應用中極為有用。數學形態學透過操作各種形狀的結構元素（structuring element）來提取影像形狀特徵，例如邊緣、圓角、孔、角、楔形和裂縫。在工業視覺應用中，數學形態學可用於實現快速物件辨識、影像增強、分割和缺陷檢查。

影像可以由一組像素表示。數學形態學算子處理兩個影像，一個是輸入影像，另一個影像作為內核，被稱為結構元素。每個結構元素都有設計的形狀，可以將其視為輸入影像的探針或濾鏡。透過使用各種結構元素來探測輸入影像以便修改它。數學形態學中的基本運算是膨脹（dilation）和侵蝕（erosion），它們可以按順序組合成其他的運算，例如開（opening）運算和閉（closing）運算。

令 E^N 表示 N 維歐幾里德空間（Euclidean space）中所有點 $p=(x_1,x_2,\ldots,x_N)$ 的集合。E^2 中的二值影像是輪廓，代表前景（foreground）區域的集合。E^3 中的二值影像是一個實體，代表物件的表面和內部的集合。二元膨脹使用集合元素的向量加法組合兩個集合。令 A 和 B 分別表示元素 a 和 b 的兩個集合，其中 $a=(a_1,a_2,\ldots,a_N)$ 和 $b=(b_1,b_2,\ldots,b_N)$ 是元素座標的 N 元組。A 對 B 的二元膨脹（binary dilation）是元素對所有可能向量和的集合，一個來自 A，另一個來自 B。

- 定義 4.1：設集合 $A\subset E^N$ 和元素 $b\in E^N$。A 與 b 的平移（translation），記為 $(A)_b$，定義為

$$(A)_b=\{c\in E^N \mid c=a+b \text{ for some } a\in A\} \tag{4.16}$$

- 定義 4.2：令 $A,B\subset E^N$。A 與 B 的二元膨脹（binary dilation），記為 $A\oplus_b B$，定義為

$$A\oplus_b B=\{c\in E^N \mid c=a+b \text{ for some } a\in A \text{ and } b\in B\} \tag{4.17}$$

膨脹 b 的下標表示二進位。我們可以改寫成

$$A\oplus_b B=\bigcup_{b\in B}(A)_b=\bigcup_{a\in A}(B)_a \tag{4.18}$$

在膨脹過程中，集合 A 和 B 的作用是對稱的。膨脹 $A\oplus_b B$ 是所有中心 c 的軌跡，當平移 $(B)_c$（即透過將 B 的原點放在 c 處）就會碰到集合 A。也就是說，如果我們將每個點 $a\in A$ 視為一棵種子，從中長出一朵花，那麼所有花的聯集就是 A 和 B 的膨脹結果。使用 3 × 3 正方形的膨脹就是一種對八鄰域的運算，可以透過相鄰連接的矩陣架構來實現。

侵蝕是膨脹的形態對偶。它使用集合元素的向量減法組合兩個集合。如果 A 和 B 分別表示兩個包含元素 a 和 b 的 E^N 集合，則 B 對 A 的二元侵蝕（binary erosion）是所有元素 x 的集合，其中對於每個 $b\in B$，滿足 $x+b\in A$。

- 定義 4.3：B 對 A 的二元侵蝕，記為 $A \ominus_b \mathrm{B}$，定義為

$$\mathrm{A} \ominus_b \mathrm{B} = \{x \in E^N \mid x + b \text{ for every } b \in B\} \tag{4.19}$$

相同的，我們可以寫成

$$\mathrm{A} \ominus_b \mathrm{B} = \bigcap_{b \in B} (A)_{-b} \tag{4.20}$$

二元膨脹和侵蝕的範例如圖 4.17 所示。

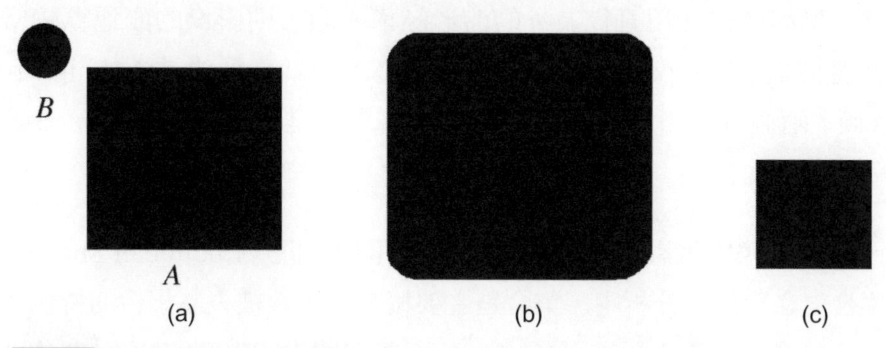

圖 4.17 二元形態學運算的範例。(a) A 和 B (b) $A \oplus_b B$ (c) $A \ominus_b B$。

在實際應用中，膨脹和侵蝕可以組合，要嘛先膨脹影像，然後再侵蝕膨脹的結果，要嘛反之亦然。在任何一種情況下，迭代應用膨脹和侵蝕的結果都是消除尺寸小於結構元素的特定影像細節，而不會導致未抑制特徵的全局幾何失真。

- 定義 4.4：以結構元素 B 對影像 A 進行開運算，以 $A \circ B$ 表示，定義為：

$$A \circ B = (\mathrm{A} \ominus \mathrm{B}) \oplus \mathrm{B} \tag{4.21}$$

- 定義 4.5：影像 A 透過結構元素 B 的閉運算，用 $A \bullet B$ 表示，定義為：

$$A \bullet B = (\mathrm{A} \oplus \mathrm{B}) \ominus \mathrm{B} \tag{4.22}$$

請注意，符號 $\oplus$ 和 $\ominus$ 可以表示二值或灰階膨脹和侵蝕。相同地，我們可以寫成

$$A \bullet B = \bigcup_{B_y \subseteq A} B_y \tag{4.23}$$

開運算和閉運算可以解釋如下：開運算將刪除太小而無法容納探針的區域中的所有像素。相反的順序，即閉運算，將填滿比探針小的孔和凹陷。此類濾波器可用於抑制物件特徵或根據物件的形狀或大小分佈來區分物件。例如如果使用直徑為 h 的盤形結構元素，則影像的開運算相當於低通濾波器（low-pass filter）。開運算殘差是就高通濾波器（high-pass filter）。兩個直徑不相等的影像的開運算之差是帶通濾波器（band-pass filter）。

數學形態學將影像物件表示為歐幾里德空間（Euclidean space）中的集合。在形態學分析中，集合是主要概念，函數被視為集合的特例（例如，N 維多值函數可以被視為 $(N+1)$ 維空間中的集合）。從這個角度來看，任何函數或集合處理系統都被視為從一種集合到另一種集合的映射（變換）。將形態學變換從二值處理擴展到灰階處理，引入了膨脹和侵蝕操作的自然形態學。

設 F 和 K 分別為灰階影像 $f(x,y)$ 和灰階結構元素 $k(m,n)$ 的領域。當 f 或 k 為灰階時，應用於這兩個函數的形態學算子稱為灰階形態學。

- 命題 4.1：設 $f(x,y)$: $F \rightarrow E$ 和 $k(m,n)$: $K \rightarrow E$。然後 $(f \oplus_g k)(x,y)$: $F \oplus_g K \rightarrow E$ 可以計算為

$$(f \oplus_g k)(x, y) = \max \{ f(x - m, y - n) + k(m, n) \} \tag{4.24}$$

對於所有 $(m,n) \in K$ 和 $(x-m, y-n) \in F$。

- 命題 4.2：設 $f(x,y)$: $F \rightarrow E$ 且 $k(m,n)$: $K \rightarrow E$。然後 $(f \ominus_g k)(x,y)$：$F \ominus_g K \rightarrow E$ 可以計算為

$$(f \ominus_g k)(x,y) = \min\{f(x+m, y+n) - k(m,n)\} \tag{4.25}$$

對於所有 $(m,n) \in K$ 和 $(x+m, y+n) \in F$。

請注意，灰階膨脹和侵蝕與卷積運算子類似，只不過用加法 / 減法代替乘法，用最大 / 最小值代替總和。然而，與卷積不同，形態運算是高度非線性的。假設結構元素為 3 × 3 的正方形，所有數值皆為 0。灰階膨脹、侵蝕、開和閉的例子如圖 4.18 所示。

圖 4.18 由所有值為 0 的 3 × 3 正方形進行灰階形態學運算的範例。(a) Lena 影像，(b) 灰階膨脹，(c) 灰階侵蝕，(d) 灰階開運算，(e) 灰階閉運算。

4.3 影像分割（Image Segmentation）

影像分割是將像素分類的過程，旨在從背景中提取或分割物件或區域。它是影像識別、影像壓縮、影像視覺化以及影像檢索成功的關鍵預處理步驟。目的是根據像素的相似性對像素進行分組，這些相似性可以透過顏色、亮度、紋理或其他特徵來衡量。對於各種分割技術來說，沒有單一的標準分割方法。許多不同類型的場景部分可以作為描述的基礎段落，並且可以透過多種不同的方式嘗試從影像中提取這些部分。選擇適當的分割技術取決於影像和應用的類型。

分段或細分的層級取決於所處理的問題領域。例如，在光學字元辨識（Optical Character Recognition, OCR）中，文字需要從文件影像中分離出來，並進一步劃分為列、行、單字和連接的組件。在建立字元子影像時，經常會遇到品質下降的文件（例如經過傳真、掃描、影印等）中出現的相連或損壞的字元。開發正確分割單字成字元的技術仍然具有挑戰性。

分割技術主要有四種類型：閾值（thresholding）、基於邊界（boundary-based）、基於區域（region-based）和混合技術（hybrid）。閾值處理基於以下假設：直方圖（histogram）中的集群（cluster）對應於背景或感興趣的對象，可以透過分離這些直方圖集群來提取感興趣的對象。

除了閾值處理，許多影像分割演算法還基於像素亮度與其局部鄰域相關的兩個屬性：不連續性和相似性。基於像素不連續性的方法稱為基於邊界或邊緣提取方法，而基於像素相似性的方法稱為基於區域的方法。

(1) **基於邊界的方法**：假設像素的亮度強度、顏色和紋理等屬性在不同區域之間應該突然改變。邊緣檢測是這類方法的典型應用。

(2) **基於區域的方法**：假設同一區域內的相鄰像素應具有相似的值。區域增長和區域合併是這類方法的典型應用。

(3) **閾值處理**：透過設定灰度值的閾值來將影像分割成背景和前景。根據直方圖中的峰值和谷值來設定閾值，可以有效地分離物體。

(4) **混合技術**：這些技術結合了上述方法的特點，利用多種策略來達到更精確的分割效果。例如，先使用閾值處理進行初步分割，然後應用邊界或區域方法進行細化。

眾所周知，僅基於邊界或區域資訊的分割技術，通常無法產生準確的分割結果。因此，我們趨向於利用此類資訊互補性的混合分割演算法。混合方法將邊界檢測和區域增長結合在一起，以實現更佳的分割效果。需要注意的是，這兩個結果應該一致地實現前景和背景的分割。

對分割演算法的評價大多是主觀的，因此，人們通常會根據直覺和多張分割影像的結果來判斷演算法的有效性。影像分割技術包括：閾值處理（thresholding）、物件標記（component labeling）、透過蛇模型（snake modeling）定位物件輪廓、邊緣檢測（edge detection）、透過自適應數學形態學（mathematical morphology）連結邊緣、自動種子區域成長（automatic seeded region growing）、自上而下的區域劃分（top-down region dividing）和基於深度學習的分割（deep learning-based segmentation）。

4.3.1　閾值處理（Thresholding）

閾值處理提供了一種簡單方便的方法，根據影像前景（foreground）和背景（background）區域的不同亮度或顏色來執行影像分割。幾十年來，自動選擇最佳閾值一直是一個挑戰。並非所有影像都可以使用簡單的閾值成功分割為前景和背景。其有效性依賴於亮度直方圖的分佈。

如果前景對象的亮度分佈與背景的亮度分佈非常不同，則可以清楚地應用閾值進行影像分割。在這種情況下，我們期望在直方圖中看到與前景物件相對應的不同峰值，以便可以選擇閾值來相應地隔離這些峰值。

如果不存在這樣的峰值，則簡單的閾值處理不太可能實現良好的分割效果。

選擇閾值 λ 的方法有多種。例如，通用閾值表示為

$$\lambda = \frac{\sigma\sqrt{2\log n}}{\sqrt{n}} \tag{4.26}$$

其中 σ 是小波係數的標準差，n 是樣本的總大小。另一種可能性是分位數閾值（Quantile Thresholding），其中 λ 統計設定為將具有最小量值的係數的百分比替換為零。另一種自動選擇最佳閾值 λ 的自適應方法包括四個步驟：（1）選擇初始估計 λ；(2) 計算閾值 λ 後的兩組像素內的兩個平均值 μ_1 和 μ_2；(3) 計算新的閾值 $\lambda = (1/2)(\mu_1 + \mu_2)$；(4) 如果新的閾值變化較小 (即小於預定常數)，則進行閾值選擇；否則，返回步驟 2。

- 範例 4.5：在下面的影像上應用自適應閾值選擇方法。

1	1	1	1	0	0	1	0
1	1	0	1	1	1	1	1
1	2	8	8	8	9	1	0
0	1	8	9	9	9	1	0
0	1	8	8	9	8	1	0
1	1	8	9	9	8	1	1
0	1	1	1	1	1	0	0
1	0	0	0	0	0	0	0

- 解答：我們先計算影像的平均灰階，即 2.5781，作為初始閾值 λ_0。我們用 λ_0 將影像分割為兩組像素並計算平均值 μ_1 和 μ_2。新的閾值 $\lambda_1 = 0.5(\mu_1 + \mu_2) = 4.5312$。然後用 λ_1 將影像分割為兩組像素並計算新的平均值 μ_1 和 μ_2。新的閾值 $\lambda_2 = 0.5(\mu_1 + \mu_2) = 4.5312$。由於 $\lambda_1 = \lambda_2$，因此最佳閾值是 4.5312。請注意，如果選擇隨機數作為初始閾值，則需要更多的迭代次數才能收斂到最佳閾值。

4.3.2 物件標記（Object Labeling or Component Labeling）

場景中很可能包含多個物件。為了建立物件模型庫，必須單獨提取每個物件。使用物件標記技術，可以將這些物件的陣列表示為一個多值影像，其中每個物件的點都具有唯一的非零標記，而背景的點則標記為零。此技術僅需要兩次影像掃描。

若要標記 4- 連通分量（4-connected component），僅需檢查上鄰點和左鄰點。如果使用 8- 連通性（8-connectedness），則還包括上面的兩個對角鄰點。設物體點的值為 "1"，背景點的值為 "0"。假設採用 8- 連通性。如果點 P 的所有四個先前掃描的鄰域都是零，則為 P 指派一個新標籤。如果四個鄰域之一為 1，則 P 獲得與該鄰域相同的標籤。如果其中兩個或多個為 1，則 P 取得它們中的任意一個標籤，並將不同標籤標記在一起建立等價表以供之後調整。等價處理是將等價對合併到同一類；即，為每個類別分配一個唯一的標籤。最後，執行第二次掃描，並用其類別的代表取代每個標籤。現在每個組件都已貼上唯一的標籤。經過這些過程後，每個單獨的模型物件都可以透過其標籤來取得。

- 範例 4.6：使用前景 4- 連通性對下圖進行物件標記。

```
        1 1 1     1 1   1 1
    1 1 1   1 1 1 1       1
1 1     1 1 1   1 1 1 1 1
```

- 解答：兩步驟程序執行如下：

```
            a a a     b b   c c
(1)     d d a   a a a a       c (Mark d = a, b = a)
    e e     a a a   a a a a a

            a a a     a a   c c
(2)     a a a   a a a a       c
    e e     a a a   a a a a a
```

4.3.3 透過蛇模型（Snake Model）定位物體輪廓

蛇模型是影像分割中的一種變體。它透過最小化沿著蛇的長度積分的內部和外部能量總和來移動蛇點以接近邊緣。最佳的蛇位置被定義為要求最小化蛇長度積分的內部和外部能量總和的變分問題的解。對應的歐拉公式（Euler equation）給出了此最小化的必要條件，包括力平衡公式。

蛇模型在物件分割、立體匹配（stereo matching）、運動追蹤等方面提供了許多應用。在影像處理中，蛇模型將蛇定義為能量最小化的樣條線，受外部約束力引導並受到將其拉向線條和邊緣等影像特徵的力影響。它是一種主動輪廓模型，能鎖定附近的邊緣並準確地定位它們。

蛇模型的能量函數由兩部分組成。第一部分反映輪廓的幾何特性，第二部分則利用外部力場驅動蛇。第一部分用於施加分段平滑度（piecewise smoothness）約束，而第二部分負責將蛇置於能量的局部最小值附近。傳統蛇模型的主要缺點是，當物件位於複雜背景中時，強邊緣可能不是感興趣的物件邊緣。因此，研究人員提出了統計和變分方法來豐富能量函數並擴展其靈活性。他們利用統計分析來計算目標物體與背景之間的差異，但這些方法依賴於前置資料，例如獨立的機率模型和模板模型（template model）。然而，除非在非常受限的環境下捕獲影像，否則此類前置資料通常是不可用的。

4.3.3.1 傳統蛇模型（Snake Model）

蛇模型是一種受控的連續性樣條，在目標函數的影響下移動並定位到指定的輪廓。令蛇為參數曲線：$v(s)=[x(s),y(s)]$，其中參數 $s\in[0,1]$。它圍繞著影像空間域移動，以最小化由下式定義的目標能量函數

$$E_{snake}(v)=\sum_{i=1}^{n}[\alpha\times E_{cont}(v_i)+\beta\times E_{curv}(v_i)+\gamma\times E_{image}(v_i)] \qquad (4.27)$$

其中 α、β 和 γ 分別是控制蛇的張力、剛度和吸引力的權重係數。第一項和第二項相應地是一階和二階連續性約束。第三項測量邊緣強度（即影像力）。

點間距均勻的連續力 E_{cont} 可以計算為

$$E_{cont}[v_i] = \frac{\left|\overline{d} - |v_i - v_{i-1}|\right|}{\max_j \{\left|\overline{d} - |v_i(j) - v_{i-1}|\right|\}} \tag{4.28}$$

其中 $\{v_i(j) \mid j = 1, 2, ..., m\}$ 表示蛇點 v_i 的 m 個鄰域，並且 $\overline{d}$ 表示蛇輪廓上所有相鄰點對的平均長度，如下式所示

$$\overline{d} = \frac{\sum_{i=1}^{n} |v_i - v_{i-1}|}{n} \tag{4.29}$$

其中 $v_0 = v_n$，此項傾向於保持每對相鄰頂點之間的距離相等。二階連續性的能量 E_{curv} 表示為

$$E_{curv}[v_i] = \frac{|v_{i-1} - 2v_i + v_{i+1}|}{\max \ \{|v_{i-1} - 2v_i + v_{i+1}|\}} \tag{4.30}$$

在以上公式的分子可以重新排列為

$$v_{i-1} - 2v_i + v_{i+1} = (v_{i+1} - v_i) - (v_i - v_{i-1}) \tag{4.31}$$

如果第 i 個頂點被推向兩個相鄰頂點的中點，則 E_{curv} 最小化；即輪廓的形狀將保持 C^2 連續性。第三項的影像能量 E_{image} 源自於影像，因此它在感興趣的特徵（例如邊界）處呈現較小的值。考慮梯度（表示為 grad）大小，將活動輪廓引向階梯邊緣。將相對大小標準化為

$$E_{image}[v_i] = \frac{\min\{|grad|\} - |grad_{v_i}|}{\max\{|grad|\} - \min\{|grad|\}} \tag{4.32}$$

其中 min 和 max 分別表示 v_i 的局部 m- 鄰域中的最小和最大梯度。由於公式（4.32）的分子始終為負，因此 E_{image} 可以最小化以定位最大梯度，即邊緣。一般來說，傳統的蛇模型可以在簡單的背景下定位物體輪廓。如果背景變得複雜，就會失敗，因為複雜的背景會產生雜訊邊緣，與物體邊緣競爭吸引蛇。

4.3.3.2 改進的蛇模型

當蛇模型無法在複雜背景中定位物體輪廓時，會出現以下兩個問題。一是灰階靈敏度，也就是說，灰階的變化越突然（例如雜訊），對蛇的能量函數的影響就越大。另一個是蛇由於靠近蛇點而錯誤地定位了屬於背景細節的邊緣。圖 4.19 顯示複雜背景下的圓盤物件。如果蛇點在盤外初始化，則由於背景網格的干擾，蛇無法準確定位圓盤輪廓。這個想法是將蛇輪廓包圍的多邊形的平均強度推向目標物體的平均強度。多邊形和物體之間的強度差越小，蛇就越接近物體輪廓。因此，建立了一個新的能量術語，稱為區域相似能量（Regional Similarity Energy, RSE），用於計算要添加到整體能量中的灰度差異。

圖 4.19 圓盤物件駐留在複雜的背景中。

據推測，目標圓盤的強度是均勻的，而其背景是複雜的。如下頁的圖 4.20 所示，設目前迭代中的蛇輪廓為 C，其中包含一個點 i。定義 i 鄰域的區域，並在下一次迭代中搜尋 i 的鄰域以尋找新點 i'，例如，這會產生與其他鄰域相比的最小面積。這樣的輪廓 C' 被視為基準區域，其封閉區域的平均強度被視為基準平均強度 M_i。

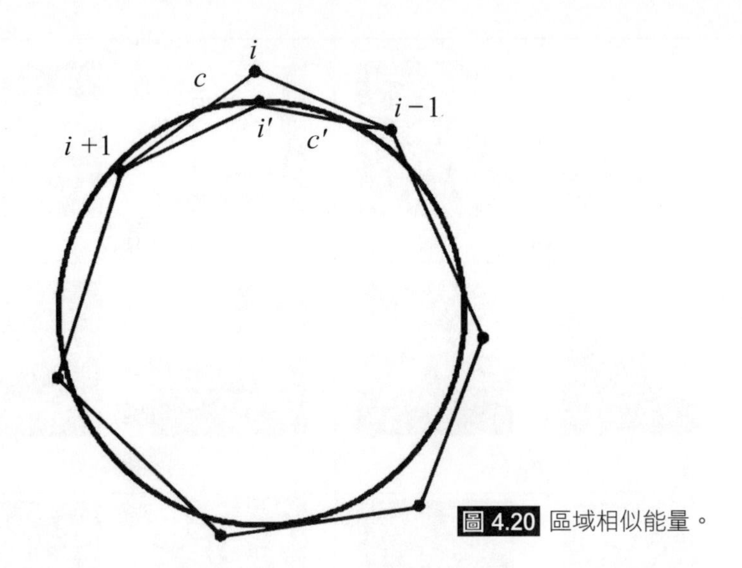

圖 4.20 區域相似能量。

令 p 表示 i 鄰域中的點。p 點的 RSE 計算如下

$$E_{RSE}(i,p)=\left|m(p)-M_i\right| \tag{4.33}$$

其中 $m(p)$ 表示點 p 附近的平均強度。因此，蛇輪廓的 RSE 為

$$E_{RSE}[v(s)]=\sum_i E_{RSE}(i,p) \tag{4.34}$$

對於凸面和凹面區域，分析可能位於物體輪廓外部、上方或內部的蛇點。如下頁的圖 4.21 所示，共有 6 種情況，每種情況的左側影像都顯示凸出或凹入的區域，並覆蓋有蛇的輪廓。右圖顯示 RSE 分佈，其中亮度表示能量值。方框表示鄰域區域。由於希望蛇輪廓的平均強度最接近物體輪廓的平均強度，因此優選最小 RSE。情況 (a-c) 適用於凸區域。在情況 (a) 中，RSE 會將蛇點拉向邊界。在情況 (b) 中，物件邊界內的部分方框（即黑色區域）將保持蛇點相同；然而，物件邊界之外的其他部分（即白色區域）會將蛇點拉向邊界。在情況 (c) 中，RSE 將無法運作，因為方框完全位於物件邊界內。類似地，情況（d-f）適用於凹區域。

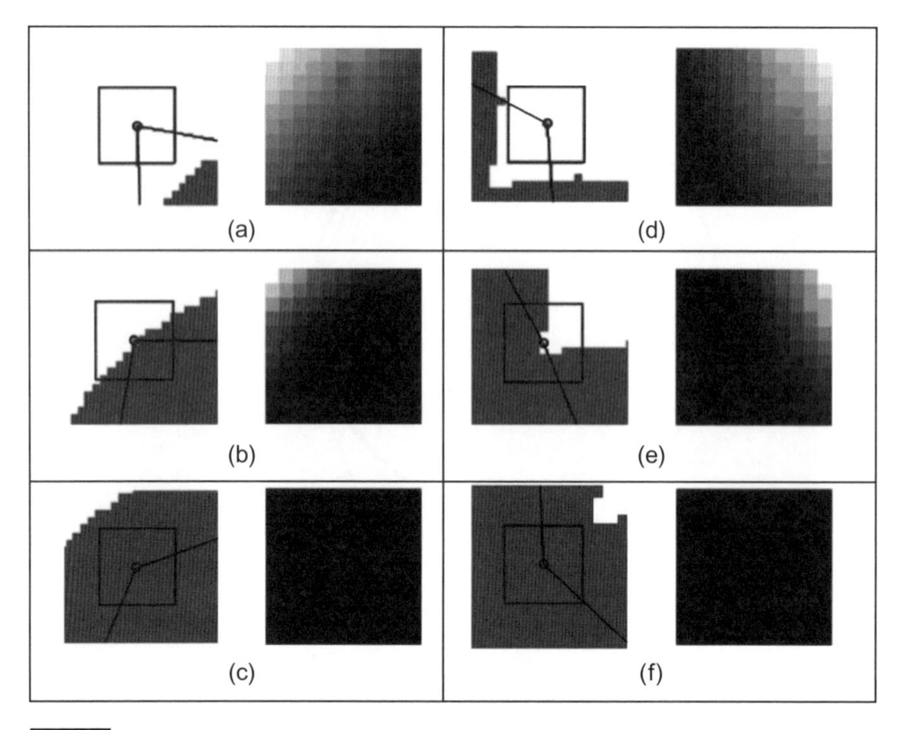

圖 4.21 情況 (a-c) 顯示凸區域邊界的外部、邊界上方和內部；情況 (d-f) 分別顯示凹區域邊界的外部、內部和內部。

圖 4.22(a) 顯示一個 300 × 300 像素的影像，(b) 說明了 15 × 15 區域內點 'a' 的 RSE。可以觀察到，能量流將蛇點 'a' 向下推至圓盤輪廓。

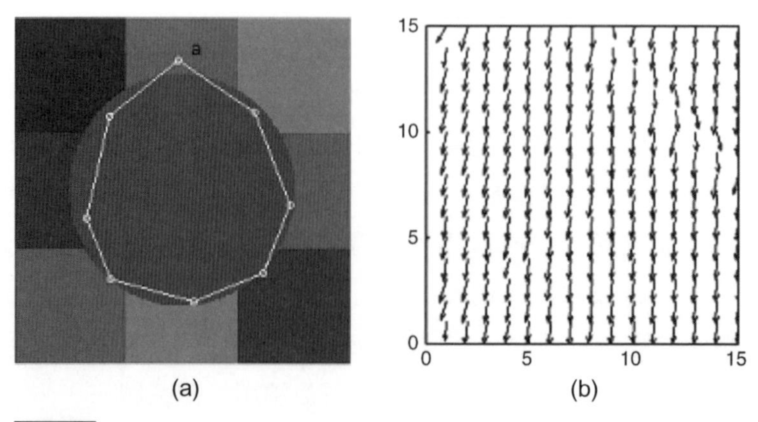

圖 4.22 蛇點 'a' 在 15 × 15 區域內的能量流。

4.3.4 邊緣檢測（Edge Detection）

影像中的邊緣是影像強度的顯著局部變化，通常與影像強度或影像強度的一階導數的不連續性相關。影像強度的不連續性可以是：

(1) **階梯不連續性**（Step Discontinuity）：影像強度從不連續性一側的某個值突然變為另一側的不同值。

(2) **線段不連續性**（Line Discontinuity）：影像強度突然變化後改變值，但隨後在一段短距離內返回起始值。

然而，階梯邊緣和線條邊緣在實際影像中很少見。由於低頻分量或大多數感測設備引入的平滑，實際訊號中很少存在尖銳的不連續性。階梯邊緣變成斜坡邊緣，線邊緣變成屋頂邊緣，其中強度變化不是瞬時的，而是在有限距離內發生。

影像分割是影像分析中將影像劃分為各個感興趣區域的基本步驟。灰階邊緣偵測是影像分割技術之一。邊緣運算子的輸出應該形成連續的邊界，以便進一步處理感興趣的區域。邊緣偵測問題可以分為三個階段：過濾、偵測和追蹤。

(1) **過濾**：透過應用基於局部像素特徵的模糊推理來控制高斯平滑的程度，以對影像進行濾波。

(2) **偵測**：導數（derivation）是突出邊緣的有效工具，可以透過分析垂直於邊緣的強度分佈的一階導數（first derivative）來檢測邊緣。

(3) **追蹤**：類似地，可以透過確定二階導數（second derivative）的過零點（zero crossing）來偵測邊緣。

導數濾波器強調物體的邊緣（即高頻成分）。由於影像是二維函數，因此需要定義求導的方向。邊緣可以是水平、垂直或任意方向。令 h_x，h_y和 h_θ 分別表示水平、垂直和任意角度導數濾波器。他們的關係可以表示為：

$$[h_\theta] = \cos\theta \cdot [h_x] + \sin\theta \cdot [h_y] \tag{4.35}$$

對於函數 $f(x,y)$，梯度濾波器產生向量導數 $\nabla \mathbf{f}$ 作為梯度：

$$\nabla \mathbf{f} = \begin{bmatrix} \partial f / \partial x \\ \partial f / \partial y \end{bmatrix} = \frac{\partial f}{\partial x}\mathbf{u}_x + \frac{\partial f}{\partial y}\mathbf{u}_y = (h_x * f)\mathbf{u}_x + (h_y * f)\mathbf{u}_y \tag{4.36}$$

其中 " * " 表示卷積運算，$\boldsymbol{u}_x$ 和 $\mathbf{u}_y$ 分別為水平和垂直方向的單位向量。梯度向量的大小是

$$|\nabla \mathbf{f}| = \left[\left(\frac{\partial f}{\partial x} \right)^2 + \left(\frac{\partial f}{\partial y} \right)^2 \right]^{1/2} = \sqrt{(h_x * f)^2 + (h_y * f)^2} \tag{4.37}$$

梯度向量的方向是

$$\theta(\nabla \mathbf{f}) = \tan^{-1}\left(\frac{\partial f / \partial y}{\partial f / \partial x} \right) = \tan^{-1}\left(\frac{h_y * f}{h_x * f} \right) \tag{4.38}$$

為了計算簡單，梯度大小近似取為：

$$|\nabla \mathbf{f}| = |h_x * f| + |h_y * f| \tag{4.39}$$

基本導數濾波器是 $h_x = \begin{bmatrix} -1 & 1 \end{bmatrix}$ 和 $h_y = \begin{bmatrix} 1 \\ -1 \end{bmatrix}$。濾波器的中心位於兩個水平或垂直相鄰像素的中間（即網格）。為了使用像素（而不是網格）作為中心，濾波器擴展到 3 個像素，如下所示：

$$h_x = \begin{bmatrix} -1 & 0 & 1 \end{bmatrix} \text{ 和 } h_y = \begin{bmatrix} 1 \\ 0 \\ -1 \end{bmatrix}$$

Roberts 交叉梯度算子使用 2 個像素的二維情況：

$$h_x = \begin{bmatrix} 1 & 0 \\ 0 & -1 \end{bmatrix} \text{ 和 } h_y = \begin{bmatrix} 0 & 1 \\ -1 & 0 \end{bmatrix}$$

Prewitt 梯度算子使用 3 個像素的二維情況：

$$h_x = \begin{bmatrix} -1 & 0 & 1 \\ -1 & 0 & 1 \\ -1 & 0 & 1 \end{bmatrix} \text{ 和 } h_y = \begin{bmatrix} 1 & 1 & 1 \\ 0 & 0 & 0 \\ -1 & -1 & -1 \end{bmatrix}$$

Sobel 梯度算子稍微修改了 Prewitt 梯度算子，將更多權重放在靠近中心的像素上，如下所示：

$$h_x = \begin{bmatrix} -1 & 0 & 1 \\ -2 & 0 & 2 \\ -1 & 0 & 1 \end{bmatrix} \text{ 和 } h_y = \begin{bmatrix} 1 & 2 & 1 \\ 0 & 0 & 0 \\ -1 & -2 & -1 \end{bmatrix}$$

另一種廣泛使用的邊緣運算稱為 Canny 邊緣算子，它使用變分法來尋找最佳化給定函數的函數，該函數由水平、垂直和對角線中的四個指數項之和來描述。

- 範例 4.7：在下圖上應用 Sobel 算子的兩個遮罩，並使用所謂的「平方和平方根」組合兩個結果。顯示將實數四捨五入為整數後的輸出邊緣影像。那麼，我們該如何分離邊緣像素和非邊緣像素呢？該影像中物體的大致形狀為何？

1	1	1	1	0	0	1	0
1	1	0	1	1	1	1	1
1	2	8	8	8	9	1	0
0	1	8	9	9	9	1	0
0	1	8	8	9	8	1	0
1	1	8	9	9	8	1	1
0	1	1	1	1	1	0	0
1	0	0	0	0	0	0	0

● 解答：將遮罩落在影像之外的部分清零。將兩個結果的平方和與 h_x 和 h_y 進行卷積後取平方根，我們得到輸出影像：

4	3	2	3	4	4	4	4
5	10	23	29	32	27	13	4
6	22	31	32	32	33	28	4
6	31	29	3	1	31	35	4
4	31	30	4	1	32	32	4
4	24	31	29	30	34	25	3
3	13	27	35	35	28	14	3
1	3	4	4	4	3	1	0

我們可以透過閾值處理將邊緣像素與非邊緣像素分開。透過選擇兩個重要峰值之間的谷值，使用直方圖閾值處理，我們可以獲得二值邊緣影像，如右所示。此影像中物體的大致形狀為正方形。

0	0	0	0	0	0	0	0
0	1	1	1	1	1	1	0
0	1	1	1	1	1	1	0
0	1	1	0	0	1	1	0
0	1	1	0	0	1	1	0
0	1	1	1	1	1	1	0
0	1	1	1	1	1	1	0
1	0	0	0	0	0	0	0

圖 4.23 顯示 Lena 影像以及分別應用 Roberts、Prewitt 和 Sobel 算子的結果影像。需要注意的是，h_x 和 h_y 是可分離的。也就是說，它們可以分解為一維情況。例如在 Prewitt 梯度算子中，

$$h_x = \begin{bmatrix} 1 \\ 1 \\ 1 \end{bmatrix} \cdot \begin{bmatrix} -1 & 0 & 1 \end{bmatrix} \text{ 和 } h_y = \begin{bmatrix} 1 \\ 0 \\ -1 \end{bmatrix} \cdot \begin{bmatrix} 1 & 1 & 1 \end{bmatrix}$$

(a)

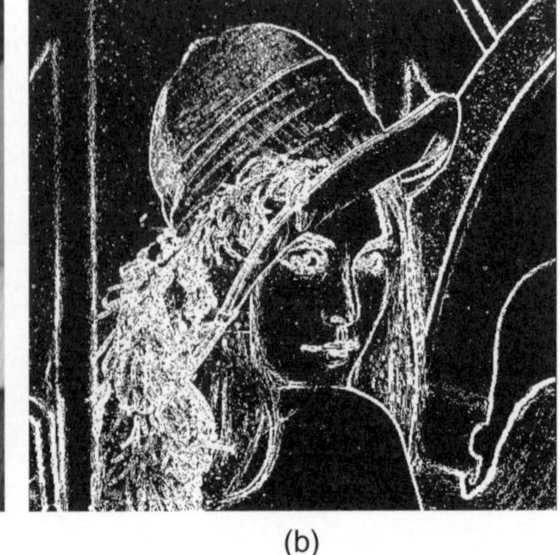
(b)

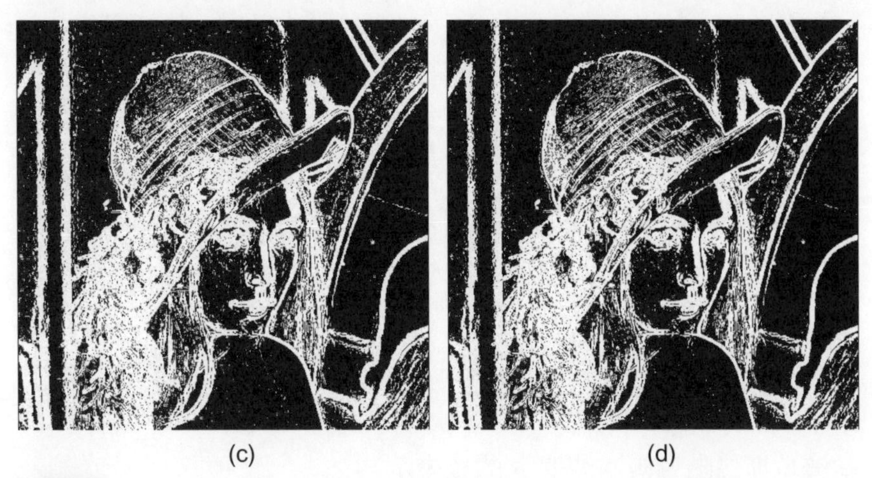

圖 4.23 (a) Lena 影像以及 (b) Roberts、(c) Prewitt 和 (d) Sobel 濾波器之後的結果影像。

在影像導數濾波器中也可以採用兩個變數函數的高階導數。拉普拉斯二階導數濾波器扮演重要角色。與一階導數濾波器不同，拉普拉斯算子是各向同性的；即，它對任何方向的邊緣都給予相同的響應。然而，缺點是邊緣方向的損失，以及邊緣響應與邊緣幅度不密切相關。

令輸入影像 f 的 3×3 視窗表示為：

$f(x-1,y+1)$	$f(x,y+1)$	$f(x+1,y+1)$
$f(x-1,y)$	$f(x,y)$	$f(x+1,y)$
$f(x-1,y-1)$	$f(x,y-1)$	$f(x+1,y-1)$

拉普拉斯算子定義為：

$$\nabla^2 f = \frac{\partial^2 f}{\partial x^2} + \frac{\partial^2 f}{\partial y^2} \tag{4.40}$$

因為

$$\begin{aligned}\frac{\partial^2 f}{\partial x^2} &= [f(x+1,y) - f(x,y)] - [f(x,y) - f(x-1,y)] \\ &= f(x+1,y) + f(x-1,y) - 2f(x,y)\end{aligned} \tag{4.41}$$

同樣的

$$\frac{\partial^2 f}{\partial y^2} = f(x, y+1) + f(x, y-1) - 2f(x, y) \tag{4.42}$$

所以

$$\nabla^2 f = [f(x+1, y) + f(x-1, y) + f(x, y+1) + f(x, y-1)] - 4f(x, y) \tag{4.43}$$

拉普拉斯二階導數濾波器 h 的核表示為：

$$h = \begin{bmatrix} 0 & 1 & 0 \\ 1 & -4 & 1 \\ 0 & 1 & 0 \end{bmatrix}$$

- 範例 4.8：對右圖應用拉普拉斯二階導數濾波器。顯示將實數四捨五入為整數後的輸出邊緣影像。那麼如何才能區分邊緣像素和非邊緣像素呢？該影像中物體的大致形狀為何？

1	1	1	1	0	0	1	0
1	1	0	1	1	1	1	1
1	2	8	8	8	9	1	0
0	1	8	9	9	9	1	0
0	1	8	8	9	8	1	0
1	1	8	9	9	8	1	1
0	1	1	1	1	1	0	0
1	0	0	0	0	0	0	0

- 解答：使用的拉普拉斯二階導數濾波器遮罩如下：

0	1	0
1	-4	1
0	1	0

輸出是

-2	-1	-2	-2	2	2	-3	2
-1	0	11	6	6	7	0	-3
-1	3	-14	-6	-5	-17	7	2
2	7	-6	-3	-1	-9	7	1
2	6	-7	3	2	-5	6	2
-3	7	-13	-10	-9	-13	6	-3
3	-2	6	7	7	5	2	1
-4	2	1	1	1	1	0	0

負值和正值被重新調整為從 0 到 255。如果採用絕對值的方法，這是不正確的，因為它會產生幾乎相等大小的雙線，這樣會令人困惑。上圖進行閾值處理得到邊緣影像後，觀察到物體是一個正方形。圖 4.24 顯示應用拉普拉斯二階導數濾波器的範例。有時，拉普拉斯二階導數濾波器 h 的內核會擴展為包括對角鄰域，如右所示：

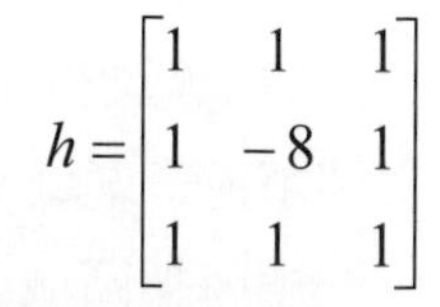

$$h = \begin{bmatrix} 1 & 1 & 1 \\ 1 & -8 & 1 \\ 1 & 1 & 1 \end{bmatrix}$$

(a)

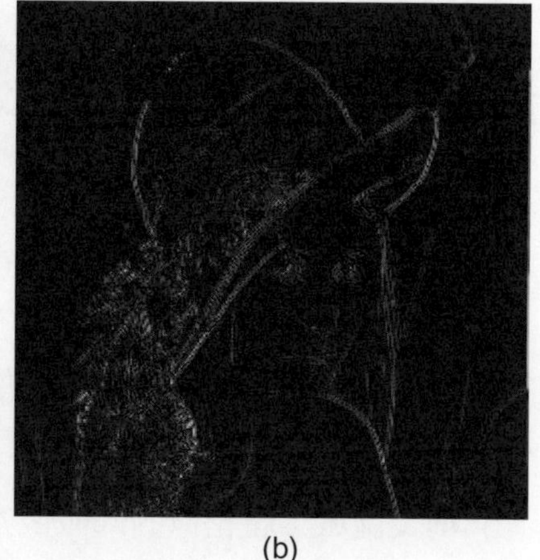

(b)

圖 4.24 (a) Lena 影像，(b) 拉普拉斯濾波器的結果影像。

4.3.5 透過自適應數學形態學連結邊緣（Edge Linking by Adaptive Mathematical Morphology）

在邊緣或線條連結中，通常會做出兩個假設：(1) 場景中的真實邊緣和線條點遵循某些連續性模式，而雜訊像素不遵循任何此類連續性；(2)

真實邊緣或線條像素的強度大於雜訊像素的強度。對於不同的應用，像素的「強度」有不同的定義。

傳統的形態運算使用固定形狀和大小的結構元素（structuring element）來處理整個影像像素。在自適應形態學（adaptive morphology）中，結構元素的旋轉和縮放因子被納入考慮。結構元素會根據影像的局部特性進行調整來連結邊緣。

4.3.6 自動種子區域生長（Automatic Seeded Region Growing）

種子區域生長是一種從指定的種子點開始，透過將像素合併到其最近的相鄰種子區域來增長區域的影像處理技術。這一方法的原理是基於選擇位於感興趣區域（Region of Interest, ROI）內的初始種子點，然後根據適當的隸屬標準添加相鄰像素。

種子區域生長的步驟

(1) **選擇種子點**：從影像中選擇一個或多個種子點，這些點位於感興趣區域內。

(2) **檢查鄰域像素**：經常檢查 4 或 8 個相連的鄰域以確定最相似的鄰域像素。4 鄰域包括上下左右四個方向的像素，而 8 鄰域還包括四個對角方向的像素。

(3) **增長區域**：將相似的鄰域像素合併到區域中，根據隸屬標準（例如像素值差異）決定哪些像素應該被合併。

(4) **迭代過程**：這個過程迭代運行，逐步擴展區域，直到滿足停止標準。停止標準可以是區域增長到一定大小、所有鄰域像素都不再滿足隸屬標準，或者達到預定的影像處理目標。

(5) **生成區域**：生長過程最終將產生一個包含與種子像素具有相似屬性的像素的單一區域。

4.3.7 自上而下的區域劃分法（A Top-Down Region Dividing Approach）

基於直方圖和基於區域的分割方法已廣泛應用於影像分割。然而，這些方法在實際應用中會遇到一些困難。例如，基於直方圖的技術需要選擇合適的閾值，而基於區域的技術則可能面臨過度分割後所需的耗時合併處理。為了解決這些問題，並提供高效的演算法，開發了一種新穎的自上而下的區域劃分方法，用於影像分割。該方法結合了基於直方圖和基於區域方法的優點，從而產生更好的分割結果，同時保持較低的計算複雜度。

基於直方圖（或基於特徵）的分割技術透過閾值生成二值影像。這種方法假設物體和背景像素的強度在直方圖中會聚集成兩組，形成雙峰結構。直方圖中的閾值通常是從兩組之間的谷值中選擇的，目的是找到一個能夠最小化錯誤分類的最佳閾值。

基於直方圖的分割技術

(1) **直方圖分析**：

a. 對影像的灰度直方圖進行分析，確定物體和背景像素的強度分佈。

b. 直方圖中通常會出現雙峰結構，代表物體和背景兩類像素。

(2) **閾值選擇**：

a. 閾值選擇是關鍵步驟，目的是找到一個最佳閾值，使得物體和背景像素之間的錯誤分類最小化。

b. 閾值過高會導致許多物體像素丟失，物體輪廓被嚴重破壞；閾值過低則會引入過多背景像素，增加雜訊。

c. 常用方法包括 Otsu 閾值法、谷值法等。

(3) **生成二值影像**：

根據選擇的閾值，將影像像素分為物體和背景兩類，生成二值影像。

優點

- **計算複雜度低**：基於直方圖的技術計算簡單，適合即時應用。
- **實現簡單**：直方圖分析和閾值選擇方法簡單易行。

缺點

- **閾值選擇困難**：當直方圖呈多峰時，選擇合適的閾值變得困難，容易導致錯誤分類。
- **忽略空間關係**：基於直方圖的技術僅考慮像素強度分佈，而不檢查連接像素之間的空間關係，可能導致分割結果不連貫或不準確。

基於分水嶺（watershed）的分割是一種基於區域的方法，使用自下而上的策略將影像分割成幾個小區域，然後進行合併過程。這種方法將影像視為地形表面，將影像強度視為海拔。分水嶺分割方法包括沉浸式（immersion-based）系統和排水降雨（drainage rainfall）系統兩種主要方法。

分水嶺分割方法

原理

- **地形表面**：影像被視為一個地形表面，像素強度被視為地形的海拔高度。
- **集水區**：水滴從地表最低高度（最低強度）的最低點開始逐漸填滿上升的集水區。每個像素將沿著下降路徑流向局部最低點。
- **分水嶺點**：當水位逐漸升高時，兩個集水區會在某些點相遇，這些點稱為分水嶺點。輪廓上的一組分水嶺像素被定義為分水嶺線。

執行方法

(1) **沉浸式系統**：

a. 這種方法將影像中的最低點視為水源，隨著水位的上升，水會從這些最低點開始擴展。

b. 當水位升高到一定程度時，來自不同最低點的水會相遇，形成分水嶺線。
c. 沉浸式系統模擬水從低處逐漸漫延的過程，最終形成影像的分割。

(2) **排水降雨系統：**

a. 模擬降雨過程，雨水降落到地表後沿著地形流向最低點。
b. 每個像素將沿著其下降路徑流向局部最低點，最終形成集水區。
c. 當集水區之間的水流相遇時，形成分水嶺線。

由於分水嶺演算法對局部最低點高度敏感，通常會導致過度分割，換句話說，影像中會存在過度擁擠的區域。為了合併類似的較小連接區域，使用區域鄰接圖（Region Adjacency Graph, RAG）來進行區域生長。雖然基於分水嶺的影像分割比基於直方圖的方法提供了更好的結果，但其計算複雜度較高。

為了提供更有效的演算法，不僅獲得更好的結果，而且保持較低的複雜度，提出了一種新的基於自上而下區域劃分（Top-Down Region Dividing, TDRD）的方法。該方法會迭代地劃分子區域，直到子區域的大小大於預定的閾值或子區域的同質性小於預定義的閾值。

4.3.8 基於深度學習的分割（Deep Learning-Based Segmentation）

深度學習演算法會自動從資料中擷取特徵，可用於影像分割。深度學習模型可以學習難以手動指定的複雜特徵。卷積神經網路、全卷積網路（Fully Convolutional Network, FCN）和循環神經網路（Recurrent Neural Network, RNN）都是可用於影像分割的深度學習架構。每種架構都有其優點和缺點。

由於卷積神經網路可以直接從影像中學習特徵，因此非常適合影像分割任務。它由多個卷積層和一個或多個全連接層組成。在全連接層中，一層中的所有神經元都與下一層中的每個神經元相連接。這使得 CNN 能夠捕捉影像中像素之間複雜的非線性相關性。

對於影像語義分割任務，循環神經網路是另一個常用選擇。RNN 非常適合處理視訊影格等時間序列數據，因為它們按順序分析輸入資料。它也可以學習長期依賴性，這有助於理解影像中的特徵如何隨時間變化。

4.4 影像表示和描述（Image Representation and Description）

將影像分割成區域後，需要以適合電腦處理的形式來表示和描述這些區域。數位影像的表示和操作是影像處理、模式識別、圖形資料庫、電腦圖形學、地理資訊系統和其他相關應用中的兩項重要任務。

影像表示涉及影像的特徵和區域屬性，而影像描述則涉及提取有助於區分一類物件與另一類物件的定量資訊。影像表示和描述對於場景中物體的成功檢測和識別至關重要。

將影像分割為物體和背景區域後，需要將它們表示和描述成具有特徵的特徵，以供電腦進行模式識別處理，或者轉換成定量編碼以便高效儲存和影像壓縮。基本上有兩種類型的特徵：外部特徵和內部特徵。

(1) **外部特徵表示**：側重於物體形狀特徵，例如邊界。
(2) **內部特徵表示**：強調物體區域特徵，例如紋理（texture）、拓撲（topology）和骨架（skeleton）。

透過通訊通道傳輸並儲存在電腦系統中磁碟上的影像，通常包含大量重複資料。影像壓縮技術旨在用盡可能少的位元來表示影像。不同的技術被用來減少儲存需求，透過處理來消除影像中的一些重複性資料，而不會遺失任何資訊，以避免在後來復原影像時導致錯誤。許多無損（lossless）影像編碼方案已經被提出，例如：

(1) **運行長度編碼（遊程編碼）（Run-Length Coding）**：將連續重複的資料點壓縮為一個數據值及其出現次數。
(2) **鏈碼（Chain Coding）**：用鏈狀表示法來表示邊界。
(3) **裂紋編碼（Crack Coding）**：將物體邊界表示為一系列的裂紋段。
(4) **矩形編碼（Rectangular Coding）**：用矩形來表示區域。
(5) **四元樹（Quadtree）**：將影像區域遞迴地分割成四個子區域。
(6) **中軸轉換（Medial Axis Transformation）**：將物體表示為骨架。

為了在影像中識別或分類物體，首先必須從影像中提取一些特徵，然後在模式分類器中使用這些特徵來獲得最終的類別。特徵提取（或檢測）的目的是根據影像的內在特徵和應用來定位影像中的顯著特徵區域。這些區域可以在全域或局部鄰域中定義，並透過形狀、紋理、大小、強度、統計特性等來區分。

特徵提取的主要類型

(1) **形狀特徵**：
  a. **邊緣檢測**：使用 Sobel、Canny 等邊緣檢測算子來提取物體的邊緣。
  b. **輪廓檢測**：使用輪廓檢測演算法來提取物體的輪廓。
  c. **形狀描述符**：如 Hu 矩、傅立葉描述符等，用於量化和描述物體形狀。

(2) **紋理特徵**：
  a. **灰度共生矩陣（GLCM）**：捕捉影像中灰度級之間的空間關係，用於描述紋理特徵。
  b. **局部二值模式（LBP）**：捕捉影像局部區域的紋理模式。
  c. **小波變換**：用於提取影像中的多尺度紋理特徵。

(3) **大小特徵**：

a. **區域大小**：計算物體的面積或周長，作為大小特徵。

b. **外接矩形**：使用最小外接矩形或外接圓來描述物體的大小和位置。

(4) **強度特徵**：

a. **平均值和標準差**：計算影像或影像區域的平均灰度值和標準差，描述影像的強度特徵。

b. **直方圖特徵**：使用灰度直方圖來描述影像的強度分佈。

(5) **統計特性**：

a. **一階統計量**：如均值、方差、偏度和峰度，用於描述影像的統計特性。

b. **高階統計量**：如熵、能量、對比度等，提供更豐富的統計資訊。

特徵提取的步驟

(1) **預處理**：對影像進行預處理，如降噪、平滑、對比度調整等，為特徵提取做好準備。

(2) **區域分割**：使用分割演算法將影像分割成不同區域，如使用分水嶺、閾值分割、區域生長等方法。

(3) **特徵檢測**：在分割區域內進行特徵檢測，提取各種特徵。

(4) **特徵描述**：使用適當的方法描述提取的特徵，將其轉化為數值表示。

(5) **特徵選擇**：根據應用需求選擇最有用的特徵，去除冗餘或無用的特徵。

一般來說，基於局部特徵的區域擷取器，在面對物體遮蔽或影像變形時，顯示出其強韌性的優勢。這些技術可以檢測影像中局部分佈的特徵，並提供獨特且緊湊的表示方案。相較於使用所有像素值，這種方法避免了冗餘和雜訊，透過特徵描述符來提取、過濾並總結最獨特的特徵，構建緊湊的特徵向量。這些描述符的緊湊性和辨別力極大地促進了模式分類器的效果。

CHAPTER

5

機器學習

5.1 簡介

學習（Learning）旨在獲取新知或修改現有的行為、價值觀、知識、技能或偏好。行為主義、認知主義、建構主義、體驗主義和社會學習理論各自定義了個人學習的方式，即人類如何學習。與此相對應，機器學習（Machine Learning, ML）依賴數據進行學習，這與人類從經驗中學習的自然法則不同。從根本上來講，機器學習是人工智慧的一個分支，使電腦能夠自主思考和學習。機器學習的目標是讓電腦透過自我改進來提高準確性，並透過所選動作產生正確結果的頻率來衡量這種準確性。透過不斷調整和最佳化，機器可以不斷改進其操作，以達到更高的準確性和效率。

研究人員已經在相關文獻中正式定義了機器學習。這個術語由亞瑟·塞謬爾（Arthur Samuel）於 1959 年創造，他將機器學習定義為無需明確程式，即可為電腦提供學習能力的研究領域。後來，湯姆·米切爾（Tom Mitchell）提出一個適當的定義，該定義已被證明對工程設定更有用：「一個電腦程式可以從某些任務 T 和某些效能度量 P 的經驗 E 中學習，如果它在任務 T 上的性能根據效能度量 P 測量，隨著經驗 E 的增加而提高。」這個定義強調了機器學習過程中的三個關鍵要素：任務 T、效能度量 P 和經驗 E。隨著經驗的累積，機器在特定任務上的表現應該不斷提高，從而實現更高的效能和準確性。

機器學習是一個多學科領域，涵蓋了廣泛的研究範疇，增強了其在現代科技中的重要性。它融合了統計學、數學、計算機科學以及專業領域知識，從而推動了許多應用的發展，如影像識別、語音識別、自然語言處理、推薦系統和自動駕駛等。由於其廣泛的應用前景和深遠的影響力，機器學習在學術界和工業界都得到了高度重視和廣泛研究。

機器學習模型的模擬與計算統計密切相關，其主要目的是透過電腦進行預測。機器學習還涉及數學最佳化，這使得模型、應用程式和框架與統計領域緊密聯繫。數學最佳化在機器學習中扮演著重要角色，因為它幫助確定最佳參數，從而提高模型的性能和準確性。這兩個領域的交集促進了更高效、更準確的機器學習模型的開發，並擴展了其應用範圍。不僅如此，這種交互還促進了演算法的進步，使其能夠處理更複雜的問題，從而在各行各業中提供更可靠的預測和分析。

現實世界的問題非常複雜，是機器學習應用的絕佳對象。機器學習可以應用於各個領域，以設計和編寫具有高性能的演算法，例如電子郵件中的垃圾郵件過濾、社交網路的詐欺檢測、線上股票交易、臉部和形狀檢測、醫療診斷、流量預測、字元辨識和產品推薦等。一些現實的例子包括：

- **Google 自動駕駛汽車**：使用機器學習來識別道路標誌、行人和其他車輛，以實現自動駕駛。
- **Netflix 推薦系統**：透過分析用戶的觀看歷史和偏好，向用戶推薦他們可能喜歡的電影和節目。
- **Facebook 朋友建議**：使用機器學習分析用戶的社交網路，推薦可能認識的朋友。
- **Amazon 推出「更多需要考慮的項目」和「給自己買點東西」的項目**：根據用戶的購買歷史和瀏覽行為，來推薦相關產品。
- **信用卡詐欺檢測**：透過分析交易的模式，識別並標記可疑的信用卡交易。

5.2 資料科學問題與機器學習

機器學習需要讓電腦在學習和不斷累積經驗的基礎上，在沒有任何人類干預的情況下，複雜地執行任務，以了解問題的複雜性和適應性的需求。這使得機器學習在解決現實世界的複雜問題方面具有很大潛力，並且能夠不斷改進其性能和效率。

人類每天執行許多任務，主要關注在完美地執行這些任務，並在明確定義的程序下進行。例如：烹飪、駕駛和語音辨識等。機器學習可以有效地完成另一類任務，即分析大型且複雜的資料集。這些任務往往超越了人類的能力範圍，例如：遙感、天氣預報、電子商務和網路搜尋等。機器學習在這些領域的應用，不僅提高了資料分析的效率和準確性，還使得人類能夠從中獲取有價值的見解，進而做出更明智的決策。

機器學習已被證明能夠有效解決資料科學問題。資料科學定義為將統計學、資料分析、機器學習及相關方法統一運用，用資料來理解和分析實際現象的學科。選擇合適的機器學習演算法非常重要，因為根據問題的類型，可以應用不同的機器學習方法。以下是各類別的解釋：

- **分類問題**：輸出只能是已知的固定數量的類別之一（如「是與否」、「真或假」）的問題稱為分類問題。根據輸出類別的數量，分類問題可以分為二元分類問題或多類分類問題。
- **異常檢測問題**：分析特定模式並檢測其中的變化或異常的問題屬於此類。例如，信用卡公司使用異常檢測演算法來發現客戶與平常交易行為的偏差，並在出現異常交易時發出警報。此類問題涉及找出異常值。
- **迴歸問題**：迴歸演算法用於處理連續和數值輸出的問題，通常回答「多少」的問題。
- **聚類（分群）問題**：聚類屬於無監督學習演算法的範疇。這些演算法試圖學習數據內的結構，並根據數據結構的相似性來建立聚類。然後對不同的類別或簇進行標記。經過訓練後，該演算法會將新的未見過的數據分配到某個已建立的集群中。
- **強化學習問題**：當根據過去的學習經驗做出決策時，使用強化學習演算法。機器代理透過與不斷變化的環境進行互動，訓練試錯來學習行為。這種方法使用獎勵和懲罰的概念對代理進行程式設計，而無需明確指定如何完成任務。遊戲程式和溫度控制系統是使用強化學習的範例。

5.3 機器學習的發展

過去 80 多年來，人工智慧和機器學習這兩個術語，被電腦科學家、工程師、研究人員、學生和專業人士一直在研究、利用、應用和重新發明它們。機器學習的數學基礎在於代數、統計學和機率。在艾倫・圖靈（Alan Turing）、約翰・麥卡錫（John McCarthy）、亞瑟・塞謬爾（Arthur Samuel）、艾倫・紐厄爾（Allen Newell）和弗蘭克・羅森布拉特（Frank Rosenblatt）等研究人員的貢獻下，機器學習和人工智慧的發展在 1950 年代和 1960 年代開始進入正軌。亞瑟・塞謬爾在最佳化跳棋程式上提出了第一個可行的機器學習模型。弗蘭克・羅森布拉特創建了感知器（Perceptron），一種基於生物神經元的流行機器學習演算法，奠定了人工神經網路的基礎。以下是實際機器學習開發的主要範例：

- **1950 年**：艾倫・圖靈創造了「圖靈測試」（Turing Test）來檢驗機器的智慧程度。透過圖靈測試，機器應該能夠讓人類相信他們實際上是在與另一個人，而不是機器對話。
- **1952 年**：亞瑟・塞謬爾（Arthur Samuel）創建了一種高效能的學習演算法，能夠與自己進行西洋跳棋遊戲並進行自我訓練，提出了第一個可行的機器學習模型。
- **1956 年**：馬文・明斯基（Marvin Minsky）和約翰・麥卡錫與克勞德・夏農（Claude Shannon）和內森・羅徹斯特（Nathan Rochester）在達特茅斯組織了一次會議，這次會議標誌著人工智慧的誕生。
- **1958 年**：弗蘭克・羅森布拉特創建了感知器（Perceptron），這是一種基於生物神經元的機器學習演算法，為人工神經網路（Artificial Neural Network）的發展奠定了基石。
- **1979 年**：史丹佛大學的學生開發了史丹佛購物車，這是一種能夠在房間內導航並避開路徑上障礙物的複雜機器人。

- **1981 年**：傑拉德·德容（Gerald Dejong）提出了解釋基礎學習（Explanation Based Learning, EBL），這是一種電腦分析訓練數據並建立丟棄無用數據規則的方法。
- **1985 年**：泰倫斯（泰瑞）· 索諾斯基（Terrence J. Sejnowski）發明了 NetTalk，它能夠像孩子一樣學習英語單字的發音。
- **1990 年**：機器學習的重點從知識驅動轉向數據驅動，機器學習被用來分析大量數據並從中得出結論。
- **1997 年**：IBM 發明的深藍（Deep Blue）電腦系統，能夠擊敗國際象棋世界冠軍加里·卡斯帕羅夫（Garry Kasparov）。
- **2006 年**：「深度學習」一詞由傑弗瑞·辛頓（Geoffery Hinton）創造，指的是一種使用多層神經元進行學習的新神經網路架構。
- **2011 年**：IBM 的華森（Watson）在《Jeopardy》節目中擊敗了人類競爭對手，展示了回答以自然語言提出問題的能力。蘋果公司在展示 iPhone 產品時加入了一項新功能：名為 Siri 的虛擬助理。
- **2012 年**：Google 開發了 Google Brain，這是一個用於檢測影片和影像中模式的深度神經網路。
- **2014 年**：Facebook 發明了基於深度神經網路的 DeepFace 演算法，能夠準確地辨識照片中的人臉。Amazon 發布了名為 Alexa 的專屬虛擬助理。
- **2015 年**：Amazon 推出了自己的機器學習平台「AWS」。微軟則建立了分散式機器學習平台「Azure」，用於將機器學習問題有效分發到多台電腦上平行工作以找到解決方案。
- **2016 年**：2014 年 Google 收購了 DeepMind 科技，DeepMind 開發出被認為是最複雜的棋盤遊戲 AlphaGo。2016 年 AlphaGo 成為第一個擊敗職業棋士的電腦圍棋程式。漢森機器人公司（Hanson Robotics）創造了索菲亞（Sophia）機器人。
- **2017 年**：Google 推出了使用機器學習和深度學習演算法的 Google Lens、Google Clips、Google Home Mini 和 Google

Nexus 手機。Nvidia 推出了 NVIDIA GPU，作為深度學習引擎。蘋果推出了 HomePod，一種機器學習互動設備。

- **2021 年**：OpenAI 發布的一個文字轉影像模型 DALL-E。
- **2022 年**：OpenAI 發布了人工智慧聊天機器人 ChatGPT，只花 5 天時間就突破百萬用戶，兩個月後達到一億用戶。
- **2023 年**：OpenAI 發布了 GPT-4，在其前代產品的基礎上再創新高。Microsoft 將 ChatGPT 整合到其搜尋引擎 Bing 中，Google 也發布了其 GPT 聊天機器人 Bard（後來更名為 Gemini）。
- **2024 年**：OpenAI 發布了一款新的文字影音模型，名為索拉（Sora）。

5.4 機器學習的一般模型

機器學習用於解決各種需要自動化學習的問題。學習問題通常有三個特徵：

- **任務類別**：要學習和執行的具體任務。
- **績效衡量標準**：用於評估和改進模型的性能指標。
- **獲得經驗的過程**：模型從數據中學習的方式。

例如，在跳棋遊戲中，學習問題可以定義為：

- **任務 *T***：玩遊戲。
- **績效衡量 *P***：戰勝對手的比賽數量。
- **經驗 *E***：透過與自己進行遊戲練習，不斷提升表現。

機器學習的通用模型由六個主要組件組成，這些組件各自採用不同的演算法。每個組件都有其特定的任務，如下所述：

a. 資料的收集和準備

機器學習過程中的主要任務是收集和準備資料，使其適合作為演算法的輸入。大量數據有助於解決各種問題。網路資料通常是非結構化的，包含大量雜訊（不相關或冗餘資料）。因此，需要對資料進行清理和預處理，轉換為結構化格式。

b. 特徵選擇

從資料收集中獲得的資料可能包含大量特徵，並非所有特徵都與學習過程相關。需要刪除不相關的特徵，並選擇最重要特徵的子集。

c. 演算法的選擇

並非所有機器學習演算法都適用於所有問題。某些演算法更適合特定類別的問題。為當前問題選擇最佳的機器學習演算法對於獲得最佳結果至關重要。

d. 模型和參數的選擇

大多數機器學習演算法需要初始的手動干預來設定各種參數的最合適的值。

e. 訓練

選擇合適的演算法和參數值後，需要使用資料集的一部分作為訓練資料來訓練模型。

f. 效能評估

在系統正式實施之前，必須針對未見過的資料對模型進行測試，以評估模型的效能，使用準確率（Accuracy）、精確率（Precision）和召回率（Recall）等各種效能指標來衡量模型學習的效果。

5.5 機器學習的種類

根據演算法的訓練方式以及訓練時輸出可用性的不同，機器學習可分為十類，包括：監督學習、無監督學習、強化學習、進化學習、半監督學習、整合學習、人工神經網路、基於實例的學習、降維演算法和混合式學習。以下對每個種類進行說明。

5.5.1 監督學習（Supervised Learning）

在監督學習中，演算法被提供了一組已標記的範例或訓練數據，並基於這些訓練集，透過將其預測的輸出與實際的輸出進行比較來學習更準確的回應。監督學習常用於基於歷史數據的預測。例如，給定一組花朵的測量值，系統可以預測鳶尾花的種類；或利用望遠鏡獲得物體的彩色影像來識別該物體是星系、類星體還是恆星；或者基於一個人的上網記錄來推薦電子商務網站的產品。監督學習任務可以進一步區分為分類任務和迴歸任務。在分類任務中，輸出標籤是離散的，而在迴歸任務中，輸出標籤是連續的。

5.5.2 無監督學習（Unsupervised Learning）

無監督學習方法從未標記的資料中識別現有的潛在模式，以便從中導出規則。此技術適用於資料類別未知的情況。這裡，訓練資料沒有被標記。無監督學習被認為是一種基於統計的學習方法，專注於從未標記的資料中尋找隱藏結構。

5.5.3 強化學習（Reinforcement Learning）

強化學習用於訓練軟體以做出決策，從而達到最佳結果。模仿人類透過試錯過程來達成目標的學習方式。那些朝向目標的行為會被強化，而那些偏離目標的行為則會被忽略。使用獎懲機制來處理數據，從每一個行動的回饋中學習，自行發現達成最終結果的最佳路徑。強化學習有助於人工智慧系統在未知環境中實現最佳結果。

5.5.4 進化學習（Evolutionary Learning）

進化學習的靈感來自於生物有機體對環境的適應。該演算法透過理解行為並適應輸入來排除不太可能的解決方案。它基於適應度的概念來提出問題的最佳解決方案。

5.5.5 半監督學習（Semi-Supervised Learning）

半監督學習演算法結合了監督學習和無監督學習。在這兩種類型中，要嘛為所有觀察提供標籤，要嘛不提供標籤。然而，有時候只有部分觀察結果有標籤，而大多數觀察結果沒有標籤，這可能是因為標籤成本高或缺乏熟練的專業人員。在這種情況下，半監督學習演算法最適合模型建構。半監督學習可用於分類、迴歸和預測問題，並可進一步分類為生成模型、自訓練和支援向量機。

5.5.6 整合學習（Ensemble Learning）

整合學習是一種機器學習模型，其中訓練大量學習者（單一模型）來解決常見問題。與其他機器學習技術不同的是，整合學習透過從訓練資料中建立一組假設並將它們組合起來建立預測模型，以減少偏差（採用 boosting 技術）、方差（採用 bagging 技術）或改進預測（採用 stacking 技術）。整合學習可以進一步分為兩類：

(1) **順序整合方法**：這些方法依序建立基礎學習器（例如，AdaBoost）。此方法利用了基礎學習器之間的依賴性。

(2) **平行整合方法**：在這些方法中，基礎學習器彼此獨立，因此透過平行建立基礎學習器來利用這種關係（例如，隨機森林）。

- **Bagging**：是 Bootstrap Aggregating 的縮寫。它在樣本群體上實現同質學習器，並取所有預測的平均值。
- **Boosting**：是一種迭代技術，透過在上次分類的基礎上調整觀測值的權重來改進模型。它嘗試擬合一系列弱學習器模型，這些模型的表現比隨機預測要好一些。AdaBoost（自適應增強）是最廣泛使用的增強演算法之一。

5.5.7 人工神經網路（Artificial Neural Network）

人工神經網路受到生物神經網路的啟發。生物神經網路由神經元細胞組成，這些細胞透過互連幫助電信號在大腦中傳播。神經網路中學習的基本單位是神經元，亦即神經細胞。神經元由四個部分組成，分別是樹突（受體）、細胞體（電訊號處理器）、細胞核（神經元的核心）和軸突（神經元的傳輸端）。類似於生物神經網路，人工神經網路工作有三層：輸入層、隱藏層和輸出層。這種類型的網路具有加權互連，並透過調整互連的權重進行學習，以執行平行分散式處理。感知器學習演算法、反向傳播演算法、Hopfield 網路和徑向基底函數網路（Radial Basis Function Network, RBFN）是一些流行的演算法。根據學習行為，人工神經網路可以進一步分類為：

- **監督神經網路**（Supervised Neural Network）：輸入和輸出作為訓練資料呈現給網路，並透過調整權重來使用這些數據訓練網路以獲得準確的結果。當網路經過充分訓練後，會向其提供未見過的資料來預測輸出。
- **無監督神經網路**（Unsupervised Neural Network）：在無監督神經網路中，網路不提供任何輸出。它試圖找到輸入資料之間的某種結構或相關性，並將這些資料分組到一個群組或類別中。當新資料作為輸入提供時，網路會識別其特徵並根據相似性將其分類到一組中。

- **強化神經網路**（Reinforcement Neural Network）：當人類與環境互動並從錯誤中學習時，強化神經網路也會透過錯誤決策的懲罰和正確決策的獎勵來從過去的決策中學習。產生正確輸出的連結權重被加強，而產生錯誤反應的連結權重被削弱。

5.5.8 基於實例的學習（Instance-based Learning）

與其他機器學習方法不同，基於實例的學習不會從訓練資料中提供目標函數的明確定義。相反，它僅儲存訓練實例，並推遲泛化，直到對新實例進行分類。因此，它也被稱為惰性學習器。此類方法建立了訓練實例的資料庫，每當新資料作為輸入出現時，它都會使用相似性度量將該資料與資料庫中的其他實例進行比較，以找到最接近的匹配並進行預測。惰性學習器對每個要分類的新實例進行不同的局部估計，而不是對整個實例空間進行全局估計，因此訓練速度更快，但需要更多時間進行預測。K 均值、K 中值、層次聚類和期望最大化是一些流行且基於實例的演算法。

5.5.9 降維演算法（Dimensionality Reduction Algorithms）

在過去的幾十年裡，智慧機器學習模型已被廣泛應用於氣候學、生物學、天文學、醫學、經濟和金融等眾多複雜和數據密集應用。然而，現有的基於機器學習的系統在處理大量資料時的效率和可擴展性仍不足。資料的高維度已被證明是資料處理的一大挑戰，另一個挑戰是資料的稀疏性。尋找此類資料的全域最優值的成本很高。降維演算法有助於透過減少資料的維數來降低計算成本。它透過減少冗餘和不相關的數據並清洗數據來提高結果的準確性。降維以無監督的方式進行，以搜尋和利用資料中的隱藏結構。有許多降維演算法可以與分類和迴歸演算法相結合，例如多維標度（Multidimensional Scaling, MDS）、主成分分析（Principal Component Analysis, PCA）、線性判別分析（Linear Discriminant Analysis, LDA）和主成分迴歸（Principal Component Regression, PCR）。

5.5.10 混合式學習（Hybrid Learning）

儘管集成學習對於處理分類演算法中的計算複雜性、過度擬合和局部最小值等常見問題提供了一種解決方案，但研究人員也發現了其局限性。多個分類器的複雜整合使得實施和結果分析變得困難。整合可能會增加個體基礎學習器層級的誤差，而不是提高模型的準確性。如果選擇了較差的分類器，整合可能會導致準確性較差。為了解決這些問題，混合學習的方法被創建，用於異質模型的集合。例如，聚類（clustering）與決策樹（Decision Tree）的組合或聚類與關聯挖掘（Association Mining）的組合等。在上述所有學習範例中，監督學習是迄今為止最受研究人員和實踐者歡迎的。

5.6 機器學習演算法

在本節中，我們將解釋不同範例中使用的機器學習演算法。儘管每個範例的演算法數量眾多，並且在相關文獻中都有報導，但在本文中，我們只考慮比較著名的演算法。

監督學習包括

(1) 決策樹（Decision Tree）

決策樹是一種逼近離散值目標函數的技術，它以決策樹的形式表示學習函數。決策樹透過根據特徵值從根節點到葉節點對實例進行排序來進行分類。每個節點代表實例屬性的一些決策（測試條件），而每個分支代表該特徵的可能值。實例的分類從稱為決策節點的根節點開始。樹根據節點的值，沿著特徵測試輸出值對應的分支向下遍歷（走訪）。此過程在前一條邊末尾的新節點為首的子樹中繼續。最後，葉節點表示分類類別或最終決策。

使用決策樹時，關鍵在於如何決定哪個屬性是每個節點層級的最佳分類器。多種演算法用於實現決策樹，最受歡迎的包括：**分類和迴歸樹**（Classification and Regression Tree, CART）、**迭代二分法 3**（Iterative Dichotomiser 3, ID3）、**卡方自動交互檢測法**（Chi-square Automatic Interaction Detection, CHAID）、**卡方** Chi-Square C4.5 **和** C5.0 **以及** M5 **模型樹**。這些演算法各有特點，能夠在不同的應用場合中有效地構建決策樹。

(2) 單純貝氏分類器（Naive Bayes Classifier）

單純貝氏分類器使用貝葉氏機率定理進行分類。貝氏定理在給定 $P(A|B)$ 表示的事件 B 的一些先驗機率的情況下計算事件 A 的後驗機率，如下所示：

$$P(A|B) = \frac{P(B|A)\,P(A)}{P(B)} \tag{5.1}$$

其中 A 和 B 是事件；$P(A)$ 和 $P(B)$ 是觀察 A 和 B 彼此獨立的機率；$P(A|B)$ 是條件機率，即在 B 為真的情況下觀察 A 的機率；$P(B|A)$ 是假設 A 為真時觀察到 B 的機率。單純貝氏分類器屬於簡單機率分類器的範疇，基於貝氏定理的概念，在特徵之間具有強烈的獨立性假設。當輸入的維度很高時它特別適合。

(3) 支援向量機 (Support Vector Machines, SVM)

支援向量機可用於分類和迴歸問題，是一種監督學習演算法。支援向量機基於邊距最大化的概念。在此演算法中，每個資料項都被映射為 N 維空間中的點（其中 N 是資料集中的特徵數量），每個特徵的值即對應座標的值。SVM 透過尋找一條最佳線（超平面）將訓練資料集分為不同類別來進行分類。SVM 的工作原理是最大化最近的數據點（在兩個類別中）和超平面（即邊距）之間的距離。這樣可以確保分類的穩定性和精確性。

(4) 迴歸分析（Regression Analysis）

迴歸分析是一種預測建模技術，它研究因變數（目標）和自變數（預測變數）之間的關係。它是數據分析和建模的重要工具。在這種方法中，我們嘗試將直線和曲線擬合到資料點，以最小化資料點與曲線或直線的距離之間的差異。迴歸分析有多種，例如線性迴歸分析、邏輯迴歸分析和多項式迴歸分析。

- **無監督學習**：K- 平均演算法（K-Means Clustering）

  K- 平均演算法是一種用於聚類分析的主流無監督機器學習演算法。其目標是將 n 個觀測值分成 k 個簇，其中每個觀測值屬於具有最接近平均值的簇，作為簇的原型。特定簇中觀測值的平均值定義了簇的中心。

- **基於實例的學習**：K- 最近鄰（K-nearest Neighbors, KNN）

  它是一種用於分類和迴歸的非參數方法。給定 N 個訓練向量，KNN 演算法要識別類別的未知特徵向量的 K 個最近鄰。

- **整合學習**：隨機森林（Random Forest）

  它是一種用於分類和迴歸的集成學習方法。它使用裝袋方法創建多棵具有隨機資料子集的決策樹。隨機森林中所有決策樹的輸出被組合起來形成最終的決策樹。隨機森林演算法有兩個階段，一個是創建隨機森林，另一個是根據第一階段創建的隨機森林分類器進行預測。

- **降維**：主成分演算法（Principal Component Algorithm）

  主要用於降低資料集的維度，有助於減少資料集特徵的數量或資料集中自變數的數量。使用正交變換將相關變數轉換為一組稱為主成分的線性不相關變數。

5.7 應用領域

5.7.1 醫學領域的機器學習方法

隨著技術的發展，如今幾乎所有的診所或醫院都擁有自動化的測試和掃描設備。在當前的情況下，醫療主管或醫生通常會獲取實驗室報告並考慮患者的症狀，然後透過觀察這些情況為患者提供藥物。這個過程會浪費大量時間。機器學習演算法可以用來分析醫療診斷數據，從而產生許多隱藏但有趣的模式，用於對各種專業診斷問題做出決策。

醫療數據，如疾病症狀和實驗室測試數據，可以作為系統的輸入，並透過使用機器學習方法產生結果。根據結果的準確性，系統會決定如何使用訓練和測試數據。使用一些機器學習演算法，例如分類、預測和關聯演算法，可以提高對特定疾病的診斷準確性、速度、可靠性和效能。然而，醫療數據的主要問題在於數據維度的增加以及這些維度的不斷變化。此外，還可能存在手動輸入數據而產生的人為錯誤。

機器學習結合了不同的工具和技術，來解決醫學領域中的許多診斷問題。這些工具和技術被用來分析不同的臨床參數。例如，乳癌是全世界女性最常見的癌症之一。根據全球統計數據，乳癌已成為當今社會嚴重的公共衛生問題。乳癌的早期診斷顯著提高了女性的存活率。機器學習工具及其應用在乳癌診斷中發揮了重要作用。

5.7.2 大數據分析中的機器學習方法

機器學習演算法用於大數據的分析和處理，未來的發展應該集中在提高準確性和創造價值方面。機器學習有許多可用於處理大數據的工具，例如 MapReduce 框架、Apache Spark、Apache Mahout 等。

5.7.3 製造業中的機器學習

製造業需要有效率地滿足高品質產品的需求，機器學習在這方面取得了顯著進展。有監督的機器學習演算法在製造業中得到了廣泛應用。例如，支援向量機可以用於製造監控和故障診斷，也可以用於影像識別，從而輕鬆識別損壞的地方。統計學習理論（Statistical Learning Theory, SLT）著重於對未知輸入的功能概括和輸出估計，並強調未來在製造業中使用無監督機器學習技術的必要性。

5.7.4 物聯網中的機器學習技術

物聯網（Internet of Things, IoT）的核心在於開發更智慧的環境。物聯網的過程可以定義如下：首先，感測器和物聯網設備從環境中收集原始數據。接下來，分析這些原始數據並提取有用的知識。然後，這些知識可以在不同的應用領域中使用，機器學習也將其用作訓練資料並在各種應用中進行預測。物聯網發展迅速，學術界和工業界開發了眾多應用，這些應用會產生大量數據。將機器學習與物聯網結合，為機器提供了一個可以思考的大腦，稱為「嵌入式智慧」。

5.7.5 資訊檢索中的機器學習

資訊檢索系統創建大量資料（data）和文本（text），供人們滿足其資訊需求。資訊檢索可以被視為文本探勘（text mining）研究的一部分。文本探勘可以對結構化資料和非結構化資料進行處理。對於文字挖掘，可以使用分類和聚類演算法，這些方法也可用於分析不同的社交網站。例如，使用 SVM 分類器對 Twitter 資料進行情緒分析。幾十年來，資訊檢索已逐漸實現自動化。

5.7.6 機器學習研究

以下是一些可以有效利用機器學習來推動研究的科學領域：

(1) **神經科學的新見解**：機器學習可以幫助揭示神經科學中的複雜模式和結構。
(2) **檢測物理學中的新粒子**：機器學習可用於分析大型強子對撞機（Large Hadron Collider，LHC）等設備產生的數據，幫助檢測新粒子。
(3) **尋找天文資料的模式**：機器學習可以用來分析天文數據，發現隱藏的天體模式。
(4) **對天氣變化的預測**：機器學習技術在天氣預測中也有廣泛應用。

機器學習也可應用於生物技術研究。預測是機器學習中最常用的技術之一，可以用來預測未來值。在生物技術中，機器學習主要應用於分類和迴歸，這對於預測和分析生物技術研究中不同參數非常重要。

5.7.7 電腦安全中的機器學習

機器學習可以應用於不同的領域，並且在所有這些領域中都顯示出比傳統的基於規則的方法更有效。這些機器學習方法也應用於網路安全系統中，主要用於入侵偵測、惡意軟體分析和垃圾郵件偵測等方面。傳統的安全方法無法有效保障網路安全，因為需要更多的人為介入來識別威脅。這個傳統的過程可以透過使用機器學習演算法來改進。

5.8 結論

本章討論了機器學習在不同領域的應用，特別關注機器學習在分析數據和生成有助於決策的模式方面的應用。在醫療領域，這些模式用於更好的診斷；在製造業中，可用來監控機器狀況和故障診斷；在大數據分析中，使用機器學習模型可以顯著提高效能。機器學習演算法不僅適用於這些領域，還可用於行銷、金融以及其他需要將大量數據轉化為有用資訊的領域。透過在這些領域使用機器學習演算法，我們能做出更準確的預測。

CHAPTER

6

深度學習

深度學習（Deep Learning）是一種機器學習技術，透過模仿人類大腦的結構和功能來進行數據處理和模式識別。它基於人工神經網路，特別是多層神經網路，這些網路包含多個隱藏層，可以自動從數據中提取特徵和進行分類。深度學習徹底改變了影像處理領域，提供了適應現實世界視覺資料複雜性的強大工具。

6.1 卷積神經網路（Convolutional Neural Network, CNN）

卷積神經網路是一種專門的深度學習架構，以其處理網格狀拓撲資料（例如影像）的能力而聞名。典型的卷積神經網路架構由多種類型的層組成：卷積層、激勵函數層、池化層和全連接層。每一層都執行特定的功能，有助於提高網路偵測影像中的模式和特徵的整體能力。

卷積層（Convolutional Layer）

卷積層是 CNN 的核心結構。它將卷積運算應用於輸入，將結果傳遞到下一層。卷積透過取得內核權重和輸入影像區域的點積來模擬濾波器，以產生特徵圖。卷積運算的公式：

$$f_{i,j}^{(l)} = \sum_m \sum_n I_{i+m,j+n} K_{m,n} \tag{6.1}$$

其中 $f_{i,j}^{(l)}$ 是第 l 層中位置 (i, j) 的輸出特徵圖；l 是上一層的輸入影像或特徵圖；K 是核心或濾波器，並且 m, n 是內核中的索引。

激勵函數層（Activation Layer）

卷積之後，應用激勵函數將非線性引入模型中，這是一個關鍵特徵，因為大多數現實世界的數據都是非線性的。

這使得 CNN 能夠學習更複雜的模式。常用的激勵函數如下：

(1) **Sigmoid 函數**：輸出範圍在 (0, 1) 之間，適合處理二進位輸出。缺點是容易造成梯度消失問題，影響深層網路的訓練效果。

$$\sigma\left(x\right)=\frac{1}{1+e^{-x}} \tag{6.2}$$

(2) **Tanh（雙曲正切）函數**：輸出範圍在 (-1, 1) 之間，相對於 Sigmoid 函數，中心在 0 收斂速度更快。缺點是同樣會遇到梯度消失問題。

(3) **線性整流（Rectified Linear Unit, ReLU）激勵函數**：

$$R\left(z\right)=\max\left(0,z\right) \tag{6.3}$$

其中 z 是神經元的輸入。ReLU 由於其計算簡單且能夠減少梯度消失問題的可能性而被廣泛使用。簡單且計算效率高，能有效減少梯度消失問題。缺點是當輸入為負時，會導致梯度為零，不再更新。

(4) **Softmax 函數**：常用於多分類問題的輸出層，將輸出轉換為機率分佈，所有輸出的和為 1。

$$\text{Softmax}\left(x_i\right)=\frac{e^{x_i}}{\sum_j e^{x_j}} \tag{6.4}$$

激勵函數的選擇對神經網路的性能和學習效果至關重要，需要根據具體應用和網路結構進行調整和優化。在輸入層和隱藏層，通常使用 ReLU，因為能有效解決梯度消失問題並加速收斂。在輸出層，根據任務類型選擇適當的激勵函數。如果是二分類問題，則使用 Sigmoid 函數。如果是多分類問題，則使用 Softmax 函數。如果是迴歸問題，通常使用線性激勵函數或無激勵函數。

池化層（Pooling Layer）

池化層透過將一層神經元簇的輸出組合到下一層的單一神經元來減少資料的維度。最大池化是最常見的類型之一，可減少資料維度和處理時間，同時使特徵檢測不受尺度和方向變化的影響。最大池化操作：

$$P_{i,j} = \max_{a,b \in W_{i,j}} I_{a,b} \tag{6.5}$$

其中 $P_{i,j}$ 是池化輸出，$W_{i,j}$ 是應用池化的輸入區域，$I_{a,b}$ 是池化區域內的輸入。這些過濾技術中的每一種都對影像處理領域做出了獨特的貢獻，特定的應用程式受益於它們獨特的特性。高斯模糊在降噪方面的簡單性和有效性、雙邊濾波器的細節保留能力以及引導濾波器的效率和靈活性，說明了可用於影像增強和分析工具的多樣性。然而，對更通用、更有效率和高效能的過濾技術的探索仍在繼續，推動研究開發能夠超越現有方法局限性的新方法。

全連接層（Fully-Connected Layer）

全連接層的主要特點是層中的每個神經元與前一層的每個神經元都完全相連，即每個輸入都影響每個輸出。全連接層接受來自前一層的輸入向量，透過線性變換和非線性激勵函數，生成輸出向量。每個輸入神經元與每個輸出神經元之間都有一個權重，並且每個輸出神經元還有一個偏值（bias）。

假設輸入向量為 $\mathbf{x}$，權重矩陣為 w，偏值向量為 $\mathbf{b}$，則輸出向量 $\mathbf{y}$ 可以表示為

$$\boldsymbol{y} = f\left(\mathbf{wx} + \mathbf{b}\right) \tag{6.6}$$

其中 f 是激勵函數。經過訓練的 CNN 的性能可以顯著超越傳統方法，尤其是在受益於自動特徵提取，和對新的、未見過的數據的適應性任

務中。這使得 CNN 在條件變化很大的動態環境中特別有價值，例如即時視訊處理或室外攝影機的可變照明條件。CNN 代表了影像處理技術的重大進步。它們從資料中學習、適應新場景以及對影像執行複雜轉換的能力使它們成為現代影像處理任務的重要工具。

CNN 透過多層結構逐層提取影像的低級和高級特徵，最終將其轉換為特徵向量，用於分類或識別。初始卷積層提取低級特徵如邊緣和紋理，隨著層數增加，提取越來越高級的特徵如形狀和物體。卷積和池化層學習影像的空間結構和特徵關聯，全連接層進行特徵組合和最終分類。

CNN 對比傳統方法的優越性

CNN 具有以下三個優點：

- **自動特徵提取**：傳統影像處理方法依賴手工設計特徵，而 CNN 自動從數據中學習特徵，避免人工干擾與費時。
- **空間不變性**：透過卷積和池化操作，CNN 能夠捕捉影像的空間結構特徵，對平移、縮放和旋轉具有較高的穩健性。
- **層次特徵表示**：CNN 透過多層結構逐層提取和組合特徵，從而能夠學習到更豐富、更抽象的特徵表示。

6.2 神經網路

神經網路方法在問題解決領域中表現出兩個主要特徵。首先，神經網路架構是平行的和連結的。神經元之間的連接在整個系統功能的實現中起著主要作用。第二個特點是，在建立解決特定問題的系統時，規定的電腦程式被啟發式學習過程所取代。這意味著神經網路使用代表性的資料（即訓練資料）和歸納資料規律的學習過程。每個神經元的傳遞函數的修改是根據訓練資料集經驗得出的，以便最大化目標。

在神經網路中，總是會遇到兩個操作階段：學習階段和執行階段。

- **學習階段**：在這個階段，神經網路從訓練集中獲取輸入，並透過調整連接權重來實現所需的關聯或分類。學習過程是啟發式的，基於經驗和數據的迭代調整。
- **執行階段**：在這個階段，神經網路處理來自外界的輸入資料以檢索相應的輸出。這兩個階段的處理類型和所涉及的時間限制有所不同。

神經網路透過其平行和連結的架構，結合啟發式學習過程，在解決各種複雜問題中展現了強大的能力。學習階段和執行階段的協同作用，使得神經網路能夠從大量數據中提取有價值的資訊，並進行準確的預測和分類。

神經網路可以被視為訊號處理器，採用「值傳遞」架構，概念上類似於傳統的類比計算機。每個神經元可以從輸入層或其他層接收多個輸入，然後產生單一輸出，該輸出可以作為其他神經元的輸入或整個網路的全局輸出。許多神經網路模型，例如羅森布拉特（Rosenblatt）的感知器（perceptron）和福島（Fukushima）的認知機（Cognitron），使用二進位輸入並僅產生二進位輸出，可以實現布林函數。

在形成簡單分層架構的前饋分層神經網路中，每層的執行都是在單一步驟中完成的。第一層的輸入神經元可以視為來自外界感測器訊息的入口點，稱為感覺神經元；最後一層的輸出神經元可以視為控制決策點，稱為決策神經元。中間層的神經元通常稱為隱藏神經元，扮演中間處理的角色。每次網路遍歷時，網路會隱含地記住了執行時的輸入向量和輸出向量的映射。這種映射表示為傳遞函數 $\mathbf{X} \rightarrow \mathbf{Y}$，它接受 n 維輸入向量 $\mathbf{X} = (x_1, x_2, \cdots, x_n)$，並輸出 m 維輸出向量 $\mathbf{Y} = (y_1, y_2, \cdots, y_m)$。

6.2.1 可程式邏輯神經網路

使用動態可程式邏輯模組（Dynamically Programmable Logic Module, DPLM）來建構神經網路結構的概念是基於早期的努力，旨在透過使用通用邏輯模組提供邏輯電路的通用設計。神經網路是用只有有限數量輸入的節點模組建構的。圖 6.1 顯示一個 2- 位元輸入 DPLM 模組，它由常用的 4 選 1 多工器和 4- 位元控制暫存器組成。在該電路中，4 位輸入和 2 位控制的角色被交換。2- 位元控制（X）用於選擇暫存器（C）中 4- 位元值的任意位元作為輸出（Y）。其中，$\mathbf{X}=(x_0,x_1)$ 表示具有四種組合的輸入向量：{00, 01, 10, 11}。控制暫存器 C 根據輸入向量決定單位輸出 Y 的值。

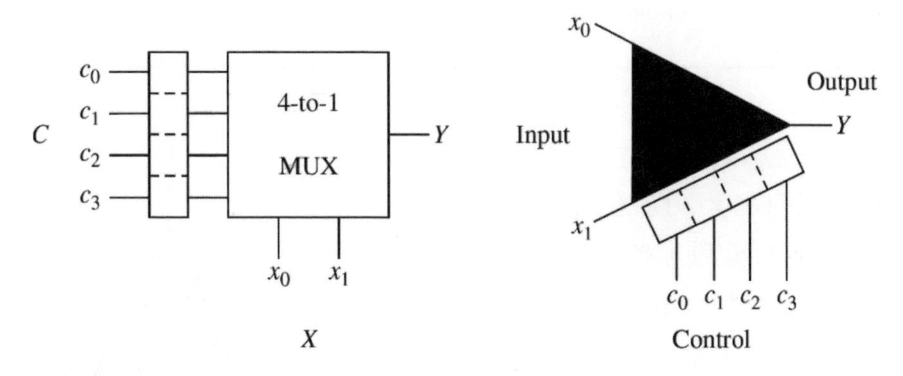

圖 6.1 (a) 神經元單元由 4 選 1 多工器和 4- 位元控制暫存器組成，
(b) 具有 4- 位元控制暫存器的 2- 輸入 DPLM 的符號。

因此，透過載入 4- 位元控制代碼，可以為兩個輸入變數選擇 16 個（即 2^4）可能的布林函數之一。表 6.1 列出這些布林函數和相關的控制代碼（即真值表）。具有所有 16 個可能的布林函數的 2- 輸入 DPLM 稱為通用模組。如果沒有完全利用 16 種可能的功能，則可以減少控制暫存器的大小。

▼ 表 6.1 16 個可能的布林函數的真值表

Function	Control code	Input (x_0x_1) 00	01	10	11
FALSE	0000	0	0	0	0
AND	0001	0	0	0	1
LFT	0010	0	0	1	0
LFTX	0011	0	0	1	1
RIT	0100	0	1	0	0
RITX	0101	0	1	0	1
XOR	0110	0	1	1	0
OR	0111	0	1	1	1
NOR	1000	1	0	0	0
XNOR	1001	1	0	0	1
NRITX	1010	1	0	1	0
NRIT	1011	1	0	1	1
NLFTX	1100	1	1	0	0
NLFT	1101	1	1	0	1
NAND	1110	1	1	1	0
TRUE	1111	1	1	I	1

其中 2- 輸入模組是最簡單的原始單元。圖 6.2 說明了由六個 2- 輸入模組組成的通用 3- 輸入 DPLM。透過載入到六個 2- 輸入模組的相應控制碼來選擇所需的功能。例如，載入到所有六個模組的 AND 程式碼充當三個輸入的 AND 函數；這稱為「匯聚」(CONVERGE)。類似地，透過載入 OR 程式碼，它執行輸入的 OR 功能，稱為「發散」(DIVERGE)。原始區塊的累積組合可用於為各種應用實現更複雜的架構。

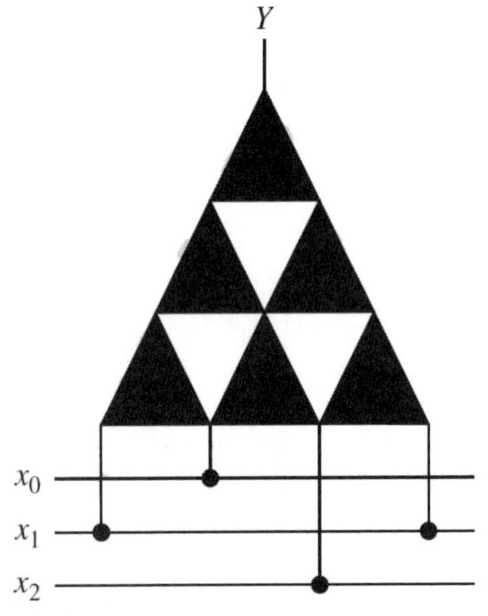

圖 6.2 由六個 2- 輸入 DPLM 組成的 3- 輸入原始單元。

圖 6.2 中的 3- 輸入 DPLM 結構可以簡化為圖 6.3 的結構。在鄰域運算中，金字塔結構只需要三個 2- 輸入模組。也就是說，上層模組將接收下層模組的輸入。新架構可以在每個層級載入不同的控制程式碼，從而執行更多功能，而不是向所有模組載入相同的控制程式碼。

圖 6.3 由三個 2- 輸入 DPLM 組成的 3- 輸入原始單元。

6.2.2 金字塔神經網路結構

為了說明金字塔模型的過程，我們使用了一個以 3- 輸入 DPLM 建構的簡單範例。圖 6.4 顯示網路結構。在網路中，第 $(k+1)$ 層中的每個節點 (C_{k+1}) 接收來自第 k 層中的 3 個鄰域（節點 L_k、C_k 和 R_k）的輸入，並且同一層中的所有節點都被分配相同的功能。因此，每一層僅需要一個控制暫存器。一些功能如表 6.2 所示。

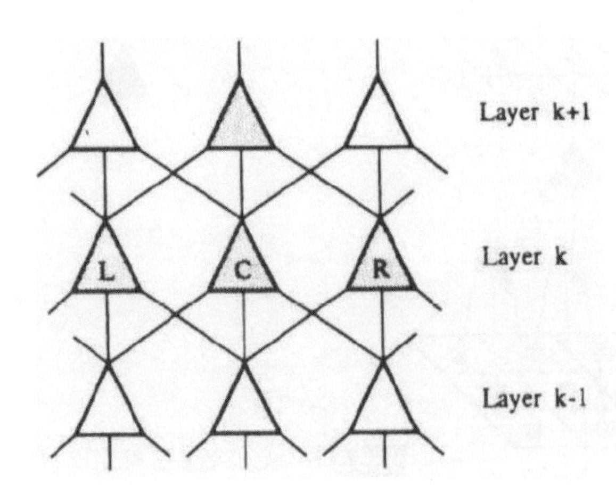

圖 6.4 由 3- 輸入 DPLM 組成的二維金字塔神經網路的結構。

▼ 表 6.2 輸入 DPLM 執行的布林函數

Function names	Equations	Control	
		Upper	Lower
CONVERGE	$C_{k+1} \leftarrow L_k C_k R_k$	AND	AND
DIVERGE	$C_{k+1} \leftarrow L_k + C_k + R_k$	OR	OR
NONE	$C_{k+1} \leftarrow \overline{L}_k \overline{C}_k \overline{R}_k$	AND	NOR
CENTER-ON	$C_{k+1} \leftarrow C_k$	RITX	LFTX
		LFTX	RITX
RIGHT-ON	$C_{k+1} \leftarrow R_k$	RITX	RITX
LEFT-ON	$C_{k+1} \leftarrow L_k$	LFTX	LFTX

必須注意的是，CONVERGE 和 DIVERGE 運算實際上分別是 AND 和 OR 布林函數。它們相當於形態學上的侵蝕（erosion）和膨脹（dilation）。RIGHT-ON 操作用於偵測右鄰域，LEFT-ON 操作用於偵測左鄰域。類似地，CENTER-ON 操作偵測中心像素。

6.2.3 邏輯模組的二進位形態運算

為了實現形態學運算，使用金字塔模型建構了一種新的神經架構。圖 6.5 所示的四個 3- 輸入 DPLM 之間的連接形成了一個 9- 輸入三維金字塔模組。第 k 層和第 $k+1$ 層稱為常規層，第 $k+½$ 層稱為中間層。

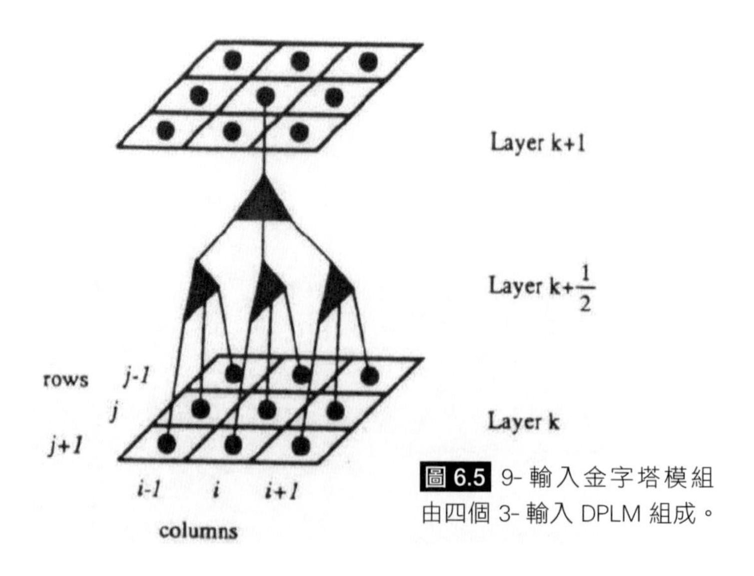

圖 6.5 9- 輸入金字塔模組由四個 3- 輸入 DPLM 組成。

在 9- 輸入模組的結構中，中間層 $k + ½$ 中的每個神經元 $U_{k+\frac{1}{2}}(i, j)$ 接收其前一層 k 的列主鄰域的三個輸入 $(U_k(i, j-1), U_k(i, j), U_k(i, j+1))$。然後，神經元 $U_{k+1}(i, j)$ 收集前面的中間層 $k + ½$ 中的三個行主鄰域 $(U_{k+\frac{1}{2}}(i-1, j), U_{k+\frac{1}{2}}(i, j), U_{k+\frac{1}{2}}(i+1, j))$ 的三個輸出。換句話說，該模組將從每一列中提取一維局部特徵，然後將三個相鄰的 3×1 特徵組合成 3×3 的二維局部特徵。網路整體結構如圖 6.6 所示。神經網路的層數沒有限制；意即可以根據需要連接任意數量的層，然後為特定應用程式的節點分配不同的布林函數。

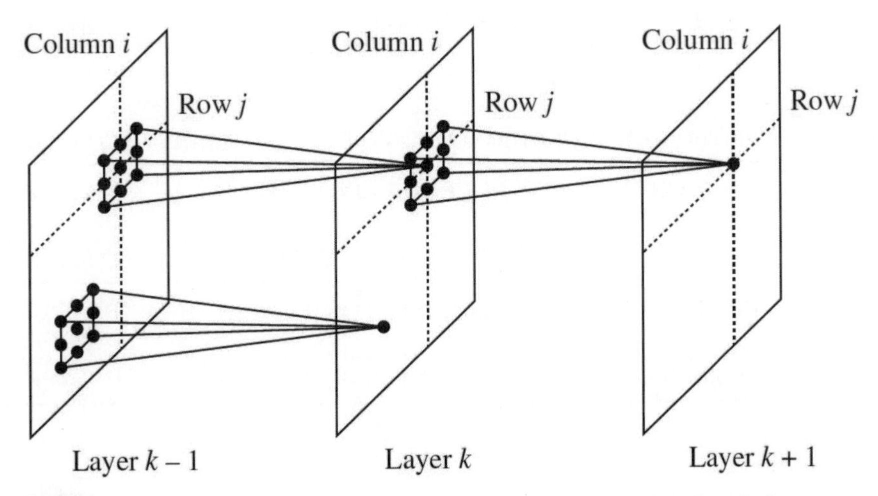

圖 6.6 神經網路的整體結構由 3 × 3 輸入 DPLM 組成，用於影像形態處理。

由於在某一時刻僅對整個原始影像套用一次操作，因此不需要在相同主維度上將不同的控制程式碼載入到 DPLM。對於任何中間層中的每一列，僅連接兩個控制暫存器（一個用於上層，另一個用於下層），與任何常規層（層 k）中的每行相同。即對一列或一行應用某種函數。表 6.3 顯示此神經網路為提取局部特徵而執行形態學操作的一些範例。

▼ 表 6.3 使用金字塔網路的形態運算

Structuring elements	Morphological operations	Intermediate layers	Regular layers
111	DILATION	DIVERGE	DIVERGE
111			
111	EROSION	CONVERGE	CONVERGE
000	DILATION	CENTER-ON	DIVERGE
111			
000	EROSION	CENTER-ON	CONVERGE
010	DILATION	NONE, CONVERGE, NONE	DIVERGE
010			
010	EROSION	NONE, CONVERGE, NONE	CONVERGE
010	DILATION	CENTER-ON, CONVERGE, CENTER-ON	DIVERGE
111			
010	EROSION	CENTER-ON, CONVERGE, CENTER-ON	CONVERGE
100	DILATION	LEFT-ON, CENTER-ON, RIGHT-ON	DIVERGE
010			
001	EROSION	LEFT-ON, CENTER-ON, RIGHT-ON	CONVERGE
001	DILATION	RIGHT-ON, CENTER-ON, LEFT-ON	DIVERGE
010			
100	EROSION	RIGHT-ON, CENTER-ON, LEFT-ON	CONVERGE

從表中可以看出，對於所有膨脹運算，模組的上層應載入 DIVERGE 操作，而對於所有侵蝕運算，應採用 CONVERGE 操作。較低層載入了針對不同結構元素的不同操作。假設對具有 3 × 3 結構元素的二值影像施加侵蝕：

1	1	1
1	1	1
1	1	1

在第 k 層並將結果傳遞到第 $k + 1$ 層。可以簡單地將 CONVERGE 載入到中間層 $k + ½$ 和常規層 $k + 1$ 中的所有 3- 輸入 DPLM。如果列中的三個鄰域都是 1，則第 $k + ½$ 層中的神經元將輸出 1。若行中相鄰的三個中間神經元全為 1，則第 $k + 1$ 層的神經元將輸出 1；即九個 3 × 3 相鄰像素都是 1。類似地，對於相同結構元素的擴張，DIVERGE 可以載入到所有神經元。

如果結構元素變更為：

0	0	0
1	1	1
0	0	0

侵蝕運算需要將 CENTER-ON 應用於第 $k + 1/2$ 層中的神經元，並將 CONVERGE 應用於第 $k + 1$ 層中的神經元，而擴張運算則需要將 CENTER-ON 應用於第 $k + ½$ 層中的神經元，並將 DIVERGE 應用於第 $k + 1$ 層中的神經元。使用不同結構元素的另一個範例：

1	0	0
0	1	0
0	0	1

LEFT-ON 可以載入到第 $k + ½$ 層中每個金字塔模組的第一列，CENTER-ON 載入到第二列，RIGHT-ON 載入到第三列。同時，在第 $k + 1$ 層中載入 CONVERGE。因此，在第 $k + 1$ 層中提取任何出現的 135° 線段。類似地，DIVERGE 也應用於第 $k + 1$ 層，將第 k 層中出現的任何「1」擴展到長度為 3 的對角線段。

透過擴展 DPLM 及其連接可以建立更複雜的神經網路。透過分配布林函數的各種組合，神經網路可以表現出完全不同的行為。因此，DPLM 網路可以被視為數位感知器，可以支援離散形式的分散式平行問題解決。他們提供一個新的概念框架以及開發人工神經網路的技術。

6.2.4 多層感知器作為處理模組

多層感知器（Multi-Layer Perceptron, MLP）是前饋網路，在輸入層和輸出層之間具有一層或多層（稱為隱藏層）神經細胞（稱為隱藏神經元）。MLP 的學習過程是透過從廣義 Delta 規則導出的誤差反向傳播學習演算法來進行。在輸入模式跨越的超空間中形成任意複雜的決策區域需要不超過三層的神經元。透過使用 S 形非線性和決策規則來選擇最大輸出，決策區域通常由平滑曲線而不是線段界定。如果提供足夠的訓練數據，就可以訓練 MLP 來成功區分輸入模式。

大多數影像處理操作，例如平滑、增強、邊緣偵測、雜訊去除和形態學操作，都需要檢查相鄰像素的值。膨脹和侵蝕這兩種基本形態學操作，通常按順序組合起來，用於影像過濾和特徵提取。鄰域的大小可能會隨應用程式的不同而變化。通常使用八鄰域和中心像素。鄰域處理可以透過查找表，關聯輸入和輸出值之間的關係來實現。輸入輸出關聯可以透過具有 9 個輸入神經元（假設使用 8 個鄰域區域）和 1 個輸出神經元，以及中間有一層或多層隱藏神經元的神經網路模型來實現。透過迭代地提供輸入向量，計算查找表的輸出，並與所需輸出進行比較，誤差將用於調整連接的權重。因此，MLP 可以逐漸地、自適應地學習輸入輸出關聯。如果訓練 MLP 與一組權重收斂，則可以使用它對任何影像執行相同的變換。

圖 6.7 顯示設計為通用影像處理模組的 MLP 模組。使用的隱藏層越多，它在輸入向量跨越的域空間中形成的判別區域就越複雜。MLP 連接的複雜性和 MLP 的收斂時間之間存在權衡。由於涉及通用 MLP 模組，因此期望適應 MLP 的訓練時間相當短，連接權重容量大。

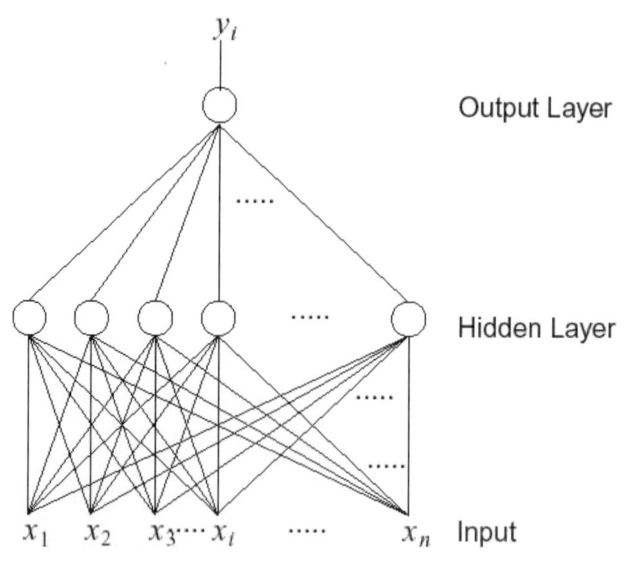

(a) 多層感知器僅包含一個隱藏層。

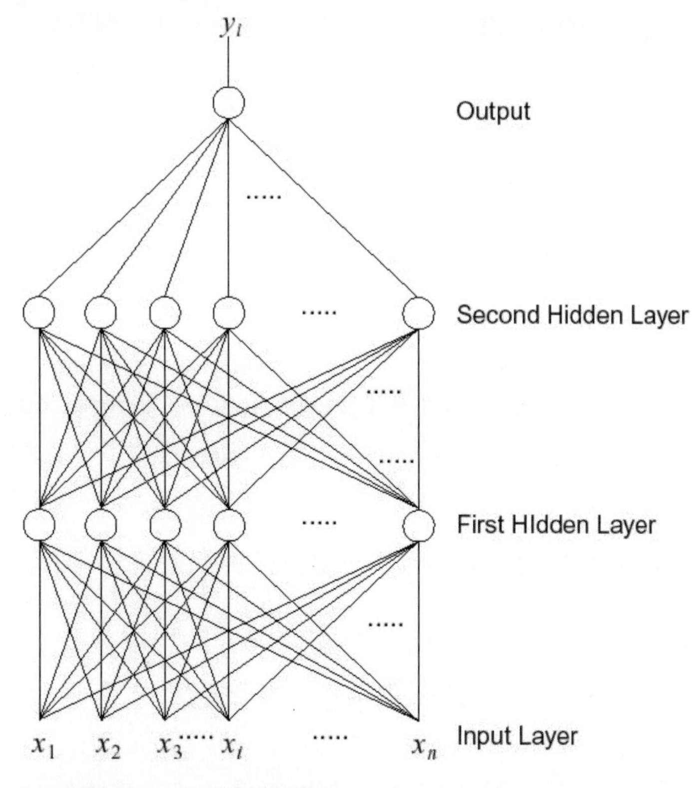

(b) 三層感知器包括兩個隱藏層。

圖 6.7 用於通用影像處理的多層感知器模組。

這個 Sigmoidal 邏輯非線性函數可以表示為

$$f(\alpha) = \frac{1}{1+e^{-(\alpha-\theta)}} \tag{6.7}$$

用作神經元的輸出函數，其中 θ 是偏差（或閾值）。令 $x_i^{(n)}$ 表示第 n 層神經元 i 的輸出。另外，讓 w_{ij} 表示從較低層的神經元 i 到緊鄰較高層的神經元 j 的連接權重。激活值的計算方式為

$$x_j^{(n+1)} = f\left(\sum_i w_{ij} x_i^{(n)} - \theta_j\right) \tag{6.8}$$

此演算法的主要部分，是根據公式（6.8）的實際輸出與訓練模式中，提供的期望輸出之間的差異來調整連接權重。權重調整公式為

$$w_{ij}(t+1) = w_{ij}(t) + \eta \delta_j x_i^{(n)} \tag{6.9}$$

其中 η 是增益項（或稱為學習率），δ_j 是神經元 j 的誤差項，x_i 是神經元 i 的輸出或 $n = 1$ 時的輸入。誤差項 δ_j 是

$$\delta_j = \begin{cases} x_j^{(n+1)}(1-x_j^{(n+1)})(d_j - x_j^{(n+1)}) & \text{if neuron } j \text{ is in the output layer} \\ x_j^{(n+1)}(1-x_j^{(n+1)})\sum_k \delta_k w_{jk} & \text{if neuron } j \text{ is in a hidden layer} \end{cases} \tag{6.10}$$

其中 k 是相對於神經元 j 所在層中的所有神經元而言的。

訓練模式可以透過指定低階影像操作的局部視窗中的所有變化來產生。例如，在 3 × 3 的鄰近區域中，存在多達 $2^9 = 512$ 不同的訓練模式，其中包含 9 個二進位值的向量和一個所需的輸出。例如，圖 6.8 所示的結構元素的形態侵蝕將對圖 6.9 中 16 個輸入模式的中心像素響應輸出 1，對其他輸入模式響應輸出 0。

0	1	0
1	1	1
0	1	0

圖 6.8 形態結構元素。

0	1	0
1	1	1
0	1	0

1	1	0
1	1	1
0	1	0

0	1	0
1	1	1
1	1	0

0	1	0
1	1	1
0	1	1

0	1	1
1	1	1
0	1	0

1	1	0
1	1	1
1	1	0

0	1	0
1	1	1
1	1	1

0	1	1
1	1	1
0	1	1

1	1	1
1	1	1
0	1	0

1	1	0
1	1	1
0	1	1

0	1	1
1	1	1
1	1	0

1	1	0
1	1	1
1	1	1

0	1	1
1	1	1
1	1	1

1	1	1
1	1	1
0	1	1

1	1	1
1	1	1
1	1	0

1	1	1
1	1	1
1	1	1

圖 6.9 具有所需輸出 1 並受到圖 6.8 中的結構元素侵蝕的模式。

圖 6.10 顯示由用於低階影像操作的 MLP 模組組成的整體架構。輸入影像中的每個像素都有一個 MLP 模組對應。每個 MLP 模組都會對像素及其 $m \times m$ 相鄰像素套用經過訓練的操作，其中 m 表示鄰域的視窗大小。視窗大小可以根據所需的訓練操作進行變更。

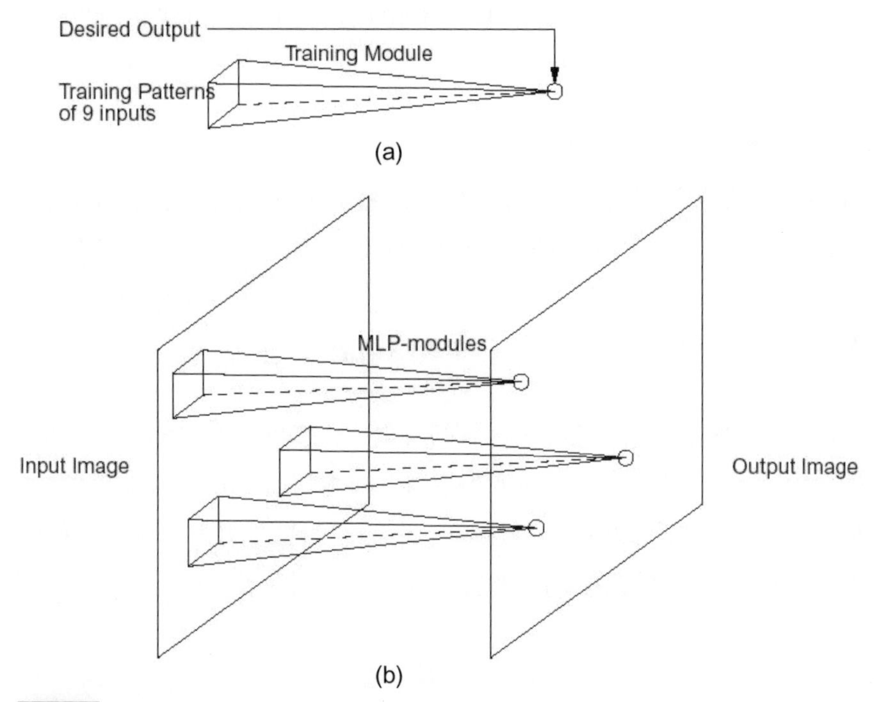

圖 6.10 具有用於低階影像操作的 MLP 模組的整體系統架構。(a) 金字塔用於訓練任務和儲存訓練後的權重。(b) 每個金字塔代表一個 MLP 模組並接收來自其 $m \times m$ 相鄰像素的 m^2 輸入。

由於相同的操作同時應用於輸入影像中所有像素的所有模組，因此所有 MLP 模組的連接權重集被認為是相同的。也就是說，同一階段中的所有 MLP 模組可以共享同一組經過訓練的連接權重。這將顯著減少 MLP 模組中連接權重所需的本地記憶體數量。在圖 6.10 (a) 中，金字塔稱為訓練模組，用於訓練任務並為連接權重提供共享記憶體。因此，輸入和輸出影像之間的各個 MLP 模組，不需要本機記憶體來保存連接權重。訓練階段首先出現在訓練模組中。訓練模組中的權重向量收斂後，連接權重被所有 MLP 模組凍結、共享和檢索，以確定應用操作後每個像素的激活值。

透過引入誤差反向傳播學習演算法，MLP 模組能夠適應預期的操作。它也比那些僅用於膨脹和侵蝕操作的設計更靈活。在不同影像操作的實驗中，某些操作（例如膨脹、侵蝕和去雜訊）的訓練集具有少量期望輸出為 1 或 0 的模式。並且僅當所有九個輸入均為 1 時，圖 6.11 中所示的結構元素的侵蝕才期望輸出 1。

1	1	1
1	1	1
1	1	1

圖 6.11 全為 1 的結構元素。

透過檢查訓練模式，某些輸入的值甚至不會影響輸出。在不考慮中心像素的某個值的情況下，可以減少訓練模式集。透過將輸出神經元直接與中央輸入神經元連接，可以實現相同的效果，並且當中心像素等於 0 或 1 時，繞過 MLP 模組操作。例如，對值為 0 的中心像素應用侵蝕將永遠不會輸出 1。此外，對值為 1 的中心像素應用擴張將始終輸出 1。

旁路連接旨在在中心像素和相對於操作定義的未改變的輸入之間執行異或（exclusive OR）。如果異或得到輸出 1，則 MLP 的操作被停用。下頁的圖 6.12 說明了旁路連接並表達了它如何影響 MLP 模組的操作。旁路控制是啟用 / 停用模組中的神經元，由下式決定

$$E = x_c \ \mathbf{XOR} \ U \tag{6.11}$$

其中 E 表示對神經元的啟用 / 停用控制，是中心像素的值，U 是預期輸入。例如，$U = 1$ 表示膨脹，$U = 0$ 表示侵蝕。圖 6.12 中帶箭頭的虛線顯示對神經元的啟用 / 停用控制，而虛線表示將中心像素的值直接傳遞到輸出的旁路連接。輸出定義為

$$\text{Output} = y \cdot E + x_c \cdot \overline{E} \tag{6.12}$$

其中 y 是 MLP 模組的輸出。

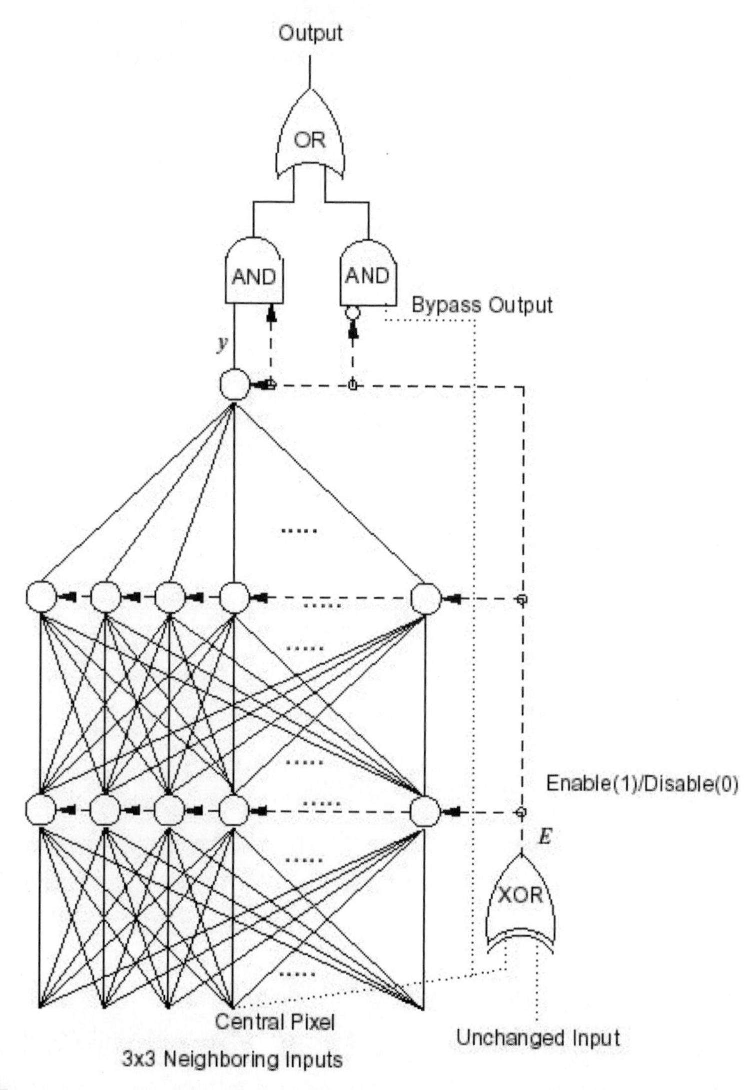

圖 6.12 MLP 模組具有旁路控制，可啟用或停用模組中神經元的啟動。帶箭頭的虛線顯示對神經元的啟用或停用控制，而虛線表示將中心像素的值傳遞到輸出的旁路連接。

所提出的架構可以用來作為組織多層級或循環網路的基礎。一個可以疊加多個級，如下頁的圖 6.13 所示。透過使用一組不同的模式訓練階段，可以提供一系列影像操作並將其應用於輸入影像。最後一級的輸出可以連接到第一級的輸入以形成循環架構，使得可以將順序相同的操作應用於影像多次迭代。

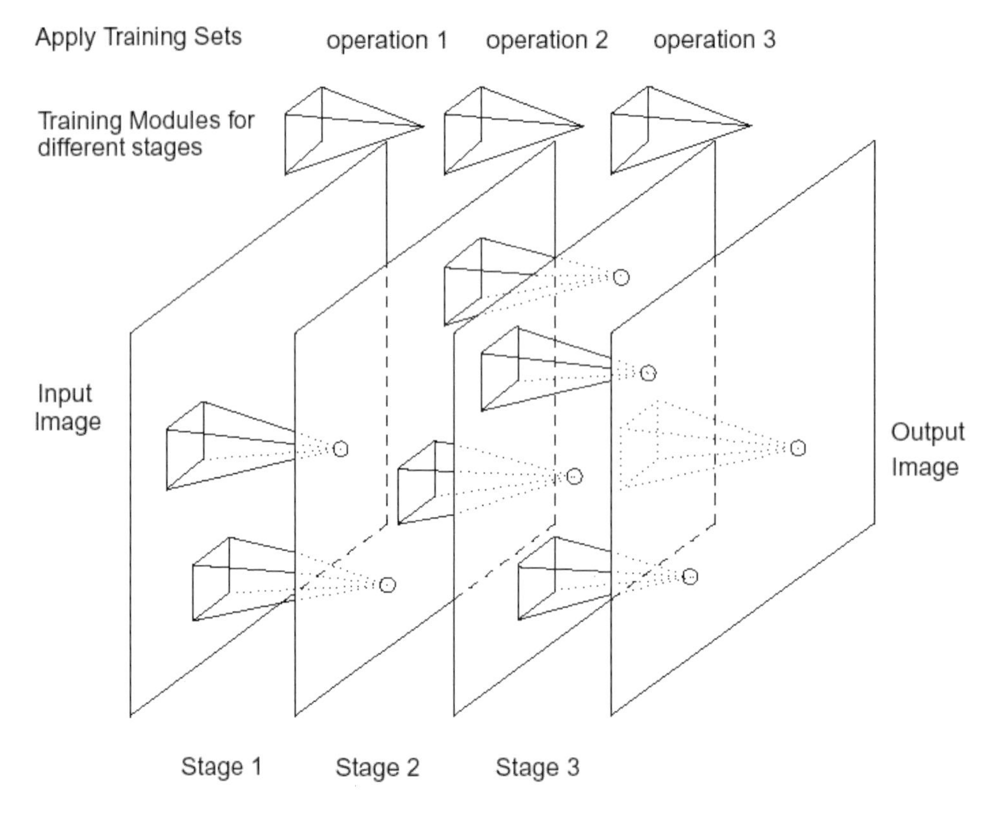

圖 6.13 用於多種影像操作的基於堆疊 MLP 的架構。為了簡化附圖，僅顯示一些 MLP 模組。圖中頂部分離的金字塔是不同階段的訓練模組。架構上可能堆疊更多階段。

分層神經網路是以層的形式組織的神經元網路。第一層是輸入層。中間有一層或多層隱藏層。最後一層是輸出層。分層神經網路的架構如下頁的圖 6.14 所示。隱藏神經元的功能是介入外部輸入和網路輸出之間。輸出向量$\overrightarrow{\mathbf{Y}}(\overrightarrow{\mathbf{x}})$是

$$\overrightarrow{\mathbf{Y}}(\overrightarrow{\mathbf{x}}) = \sum_{i=1}^{l} f_i(\overrightarrow{\mathbf{x}}) w_{ik} = \overrightarrow{\mathbf{F}} \cdot W \tag{6.13}$$

其中 $\overrightarrow{\mathbf{F}}$ 是樣本 $\overrightarrow{\mathbf{x}}$ 對應的隱藏層輸出向量，W 是維度為 $l \times k$ 的權重矩陣，l 是隱藏神經元的數量，k 是輸出節點的數量。在這種結構中，所有神經元一起協作產生單一輸出向量。換句話說，輸出不僅取決於每個神經元，還取決於所有神經元。

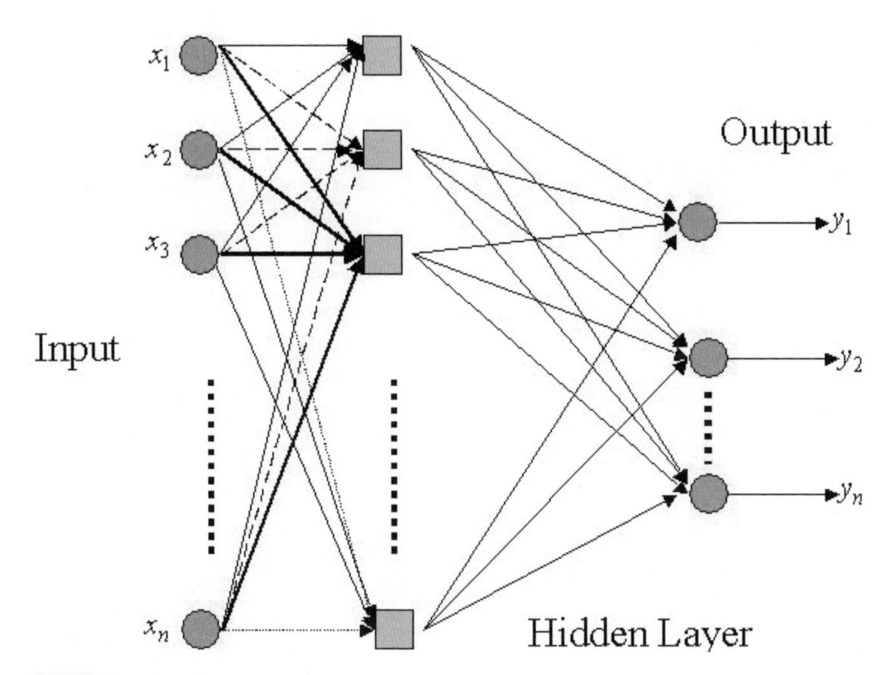

圖 6.14 分層神經網路的架構。

M E M O

CHAPTER

7

影像分析

7.1 模式識別(Pattern Recognition)

什麼是模式識別?英語詞典將 " 模式 " 定義為範例或模型,可以被複製的東西。模式也是模型的模仿。模式描述了物理和抽象世界中各種類型的物體,是任何可區分的數據(類比或數位)、事件和 / 或概念的相互關係,例如臉的形狀、一張桌子、音樂作品中的音符順序、一首詩或一部交響樂的主題,或粒子在照相底片上留下的軌跡。

我們可以從任何方向、任何角度、任何顏色、遠距離識別出一張椅子或一張桌子。此外,即使模式被嚴重扭曲、模糊、不完整或受到雜訊的嚴重影響,仍然能夠感知到它們。例如,如果一個字母 "A" 被扭曲,它可能是 "A" 或 "H",也可能是一個新的字母。但是,如果該字母出現在單字 "AOT" 中,那麼它最有可能是 "H";如果它出現在 "CAT" 中,那麼它最有可能是 "A"。因此,在模式識別中,語義是至關重要的。

模式識別過程

模式識別過程可以被視為雙重任務,即基於人類知識(學習)制定決策規則,並使用這些規則對未知模式進行決策(分類)。模式識別問題分為兩部分:

(1) **人類和生物對模式的辨識機制**:這部分涉及生理學、心理學、生物學等學科,研究人類和其他生物體如何識別模式。

(2) **自動識別設備的理論和技術開發**:這部分涉及設計能夠自動執行識別任務的設備理論和技術。

模式識別的應用可分為以下幾類:

(1) **人機通訊**:包括自動語音識別、說話者識別、文字辨識系統、草書識別、語音理解和影像理解。

(2) **生物醫學應用**：包括心電圖（ECG）、腦電圖（EEG）、肌電圖（EMG）分析，細胞學、組織學和其他立體量測學應用、X 光分析和診斷。

(3) **物理應用**：包括高能物理、氣泡室和其他形式的軌跡分析。

(4) **犯罪與刑事偵查**：包括指紋、手寫文字、語音和照片。

(5) **自然資源研究與估算**：包括農業、水文學、林業、地質、環境、雲層模式和城市品質。

(6) **體視學應用**：包括金屬加工、礦物加工和生物學。

(7) **軍事應用**：包括核爆炸檢測、導彈導引和檢測、雷達和聲納訊號檢測、目標識別、海軍潛艇偵查和偵察。

(8) **工業應用**：包括電腦輔助設計和製造、產品測試和組裝中的電腦圖形模擬、工廠中的自動檢驗和品質控制、無損檢測和殘障人士資訊系統。

(9) **機器人和人工智慧**：包括智慧感測器技術和自然語言處理。

模式識別技術包括無監督聚類演算法（Unsupervised Clustering Algorithm）、支援向量機（Support Vector Machine）、神經網路（Neural Network）、自適應共振理論（Adaptive Resonance Theory）網路、模糊集合（Fuzzy Set）和影像分析（Image Analysis）。圖 7.1 列出模式識別系統中所需要的操作階段。

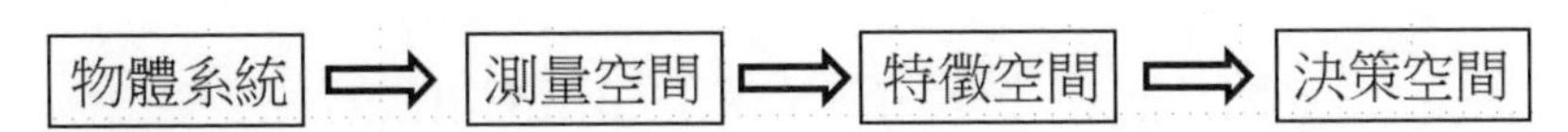

圖 7.1 辨識系統的操作階段。

7.1.1 無監督聚類演算法（Unsupervised Clustering Algorithm, UCA）

無監督聚類演算法是基於兩遍模式聚類演算法。在第一遍中，產生簇（cluster）的平均向量。在第二遍中，每個像素被分配給代表單一類型的簇，以產生分類圖。下面先介紹使用的符號：

- B：使用的頻段總數。此數字定義了光譜空間中的維數。例如，如果使用三個頻寬，則建立三維光譜空間。
- $C_{\max}$：最大簇數。
- $r(P, k)$：像素 P 的灰度值（gray-scale value）向量與目前簇 k 的平均值向量之間的距離。可以表示為

$$r(P,k)=\left(\sum_{i=1}^{B}(MEAN_i(k)-P_i)^2\right)^{1/2} \tag{7.1}$$

其中 $1\le k\le C_{\max}$，$MEAN_i$ 代表第 i 波段中簇 k 的平均值，P_i 代表像素 P 在第 i 波段的灰度值。

- R：譜空間中的常數半徑，用於決定是否需要新簇的平均值向量。如果 r 大於 R，則建立一個新簇。
- $d(k_1,k_2)$：兩個不同簇的平均向量 k_1 和 k_2 之間的距離。可以表示為

$$d(k_1,k_2)=\left(\sum_{i=1}^{B}(MEAN_i(k_1)-MEAN_i(k_2)\ ^2\right)^{1/2} \tag{7.2}$$

其中 $1\le k_1,k_2\le C_{\max}$ 和 $k_1\ne k_2$

- D：光譜空間中的常數半徑，用於確定兩個不同的簇是否應該合併。如果 d 小於或等於 D，則合併兩個簇。

- N：表示在簇合併之前要評估的像素總數的常數。
- $n(k)$：在簇 k 中累積的像素總數。

7.1.1.1　第一遍：建立聚類平均向量

首先，將第一個像素的灰度值向量作為第一個簇的初始平均值向量。然後輸入第二個像素的灰度值向量來計算其與第一簇的平均向量的距離 r。如果 r 大於 R，則建立一個新簇，其平均值向量等於灰度值向量。如果 r 小於或等於 R，則使用下列方法調整簇的平均向量

$$MEAN_i(k)_{new} = \frac{MEAN_i(k)_{old} \times n(k) + P_i}{n(k)+1} \tag{7.3}$$

如果使用公式（7.3），則 $n(k)$ 和評估中的像素總數 n_{total} 增加 1。當有新輸入時，會重複此過程。如果 n_{total} 大於 N 或 k 等於 $C_{\max}$，則終止正在重複的過程。然後啟動簇合併過程以刪除不必要的簇。公式（7.2）將用於計算兩個平均向量之間的距離。所選的決策半徑取決於啟動簇合併過程的條件。如果啟動過程是由於 n_{total} 大於 N，則選擇 D 作為決策半徑；否則，R 為決策半徑。如果 d 小於或等於決策半徑，則合併兩個簇。新簇的平均向量調整為

$$MEAN_i(k) = \frac{MEAN_i(k_1) \times n(k_1) + MEAN_i(k_2) \times n(k_2)}{n(k_1)+n(k_2)} \tag{7.4}$$

其中 $1 \le k, k_1, k_2 \le C_{\max}$ 和 $k_1 \ne k_2$。新簇中的像素總數 $n(k)$ 是 $n(k_1)$ 和 $n(k_2)$ 的總和。簇合併過程完成後，若上述條件 n_{total} 大於 N，則置 n_{total} 零；否則，n_{total} 保持不變。重複評估各個像素和累積簇的過程，直到 n_{total} 大於 N 或 k 等於 $C_{\max}$。

最後，在評估所有單一像素後，建立許多簇。在第二遍中，這些簇的平均值向量將用作特徵向量來確定每個像素的屬性。

7.1.1.2 第二遍：像素分類

第二遍是將每個像素分類到第一遍所建立的這些簇裡面。當評估每個像素時，使用公式（7.1）來計算該像素的灰度值向量與每個簇的平均向量的距離。我們選擇距離最小的簇；意即，該簇的類型被分派這個像素。透過使用最小距離均值方法，將確保把相似光譜特徵的像素合併在一起。

7.1.2 貝氏分類器（Bayes Classifier）

當考慮模式分類問題，其中樣本 x 屬於兩個類別 ω_1,ω_2 之一。假設先驗（priori）機率 $P\left(\omega_1\right),P\left(\omega_2\right)$ 已知。密度函數 $P(\omega_i \mid x)$ 由下式獲得：

$$P(\omega_i \mid x)=\frac{p(x \mid \omega_i)P(\omega_i)}{p(x)} \tag{7.5}$$

根據貝氏（Bayes）定理，分類錯誤的機率可以透過以下規則最小化:

$$\begin{cases}\text{If } P(\omega_1 \mid x)>P(\omega_2 \mid x), & x \text{ is classified to } \omega_1 \\ \text{If } P(\omega_1 \mid x)<P(\omega_2 \mid x), & x \text{ is classified to } \omega_2\end{cases} \tag{7.6}$$

如果模式 x 實際上屬於 ω_1，但被錯誤分類為 ω_2，則會導致損失，表示為 q_{12}；反之，則表示為 q_{21}。計算總損失為

$$\varepsilon=P(\omega_1)q_{21}p(x \mid \omega_1)+P(\omega_2)q_{12}p(x \mid \omega_2) \tag{7.7}$$

貝氏分類器的目的在使總體損失最小化。接下來，我們將把二元類問題詳細說明為多元類，並擴展貝氏定理，以組合多元分類器的結果。其中樣本屬於 m 個類別之一，表示為 $\omega_1,\omega_2,...,\omega_m$。根據貝氏定理，給定樣本的 R 分類器的所有決策 $j_1,j_2,...,j_R$，我們的組合決策規則為：

$$i=\arg\max_i P(\omega_i \mid j_1 j_2 \cdots j_R) \tag{7.8}$$

其中 P 代表後驗（posteriori）機率，i 代表共同的決策。為了估計後驗機率 $P(\omega_i \mid j_1 j_2 \ldots j_R)$，我們透過使用 R 分類器，測試總共 N 個樣本來建立混淆矩陣：

$$\underbrace{A[1...m][1...m]...[1...m]}_{R+1} \tag{7.9}$$

令 $A[i, j_1, ..., j_R]$ 表示由 R 分類器做出決策 $(j_1, j_2, ..., j_R)$ 的第 i 類的樣本數。後驗機率可以計算為：

$$P(i|j_1 \ldots j_R) = \frac{A[i, j_1, ..., j_R]}{\sum_{t=1}^{m} A[t, j_1, ..., j_R]} \tag{7.10}$$

請注意：所有 m 個類別的後驗機率總和等於 1。

$$\sum_{i=1}^{m} P(i|j_1, ..., j_R) = 1 \tag{7.11}$$

透過使用公式 (7.8)，我們可以計算組合最小誤差 $P_{\text{comb\_min\_err}}$ 為：

$$P_{\text{comb\_min\_err}} = 1 - \frac{\sum_{j_1} \sum_{j_2} \ldots \sum_{j_R} \max_i A[i, j_1, ..., j_R]}{N} \tag{7.12}$$

對於單一分類器 s，其最小誤差 $P_{\text{min\_err}}(s)$ 可以計算為：

$$P_{\text{min\_err}}(s) = 1 - \frac{\sum_{j_s} \left(\sum_{j_1} .. \sum_{j_R} A[j_s, j_1, ..., j_R] \right)}{N} \tag{7.13}$$

我們可以證明以下公式對於任何分類器 s 都成立：

$$P_{\text{comb\_min\_err}} \le P_{\text{min\_err}}(s) \tag{7.14}$$

因此，多個分類器的組合最小誤差不會大於任何單一分類器的最小誤差。下面我們說明貝氏組合方法的性質。假如我們有兩個分類器和三個類別，混淆矩陣（confusion matrix）$A[1\cdots3][1\cdots3][1\cdots3]$ 如下所示。請注意，該元素 $A[i,j,k]$ 表示類別 i 中要由第一分類器分配給類別 j 和第二分類器分配給類別 k 的樣本數量。樣本總數 $N = 400$。

$$\begin{bmatrix} 90 & 2 & 5 \\ 1 & 5 & 5 \\ 5 & 1 & 5 \end{bmatrix}, \quad \begin{bmatrix} 2 & 15 & 5 \\ 5 & 90 & 5 \\ 5 & 5 & 3 \end{bmatrix}, \quad \begin{bmatrix} 1 & 5 & 10 \\ 5 & 10 & 5 \\ 10 & 5 & 95 \end{bmatrix}$$

$A[1, 1\ldots3, 1\ldots3]$, $A[2, 1\ldots3, 1\ldots3]$, $A[3, 1\ldots3, 1\ldots3]$

如果兩個分類器的決策為 $j_1 = j_2 = 1$，則後驗機率可以計算為

$$P(\omega_1 \mid j_1 j_2) = \frac{90}{90+2+1} = 0.9677$$

$$P(\omega_2 \mid j_1 j_2) = \frac{2}{90+2+1} = 0.0215$$

$$P(\omega_3 \mid j_1 j_2) = \frac{1}{90+2+1} = 0.0108$$

根據這些結果，我們根據公式 (7.8）做出最終決定為第一類。兩個分類器的組合最小誤差為

$$P_{\text{comb\_min\_err}} = 1 - \frac{\sum_{j_1} \sum_{j_2} \max_i A[i, j_1, j_2]}{N} = 1 - 0.8125 = 0.1875$$

第一、二分類器的最小誤差分別為

$$P_{\min\_err}(1) = 1 - \frac{\sum_{j_1}\sum_{j_2} A[j_1, j_1, j_2]}{N} = 1 - 0.7675 = 0.2325$$

$$P_{\min\_err}(2) = 1 - \frac{\sum_{j_2}\sum_{j_1} A[j_2, j_1, j_2]}{N} = 1 - 0.79 = 0.21$$

因此，我們得到 $P_{comb\_min\_err} \le P_{\min\_err}(1)$ 和 $P_{comb\_min\_err} \le P_{\min\_err}(2)$。

7.2 人臉影像處理與分析（Face Image Processing and Analysis）

人臉辨識（Face Recognition）的研究始於 20 世紀 60 年代，由 Woody Bledsoe、Helen Chan Wolf 和 Charles Bisson 首創，旨在創造利用比對分析人臉特徵進行身份鑑別的電腦。人臉辨識系統整合了人工智慧、機器辨識、機器學習、模型理論、專家系統和影像處理等多種技術。如今這項科技已經取得了重大進步，大部分智慧型手機都可以使用人臉或指紋辨識技術來驗證身份。例如，Apple 的 FaceID 透過計算用戶臉部特徵與先前儲存的臉部資料的相似性，憑藉數十億張影像和多個神經網路，安全有效地驗證私人資料。此外，生物特徵辨識（Biometrics Identification）已被許多行業用來保護個人資料，並發展成為未來主要的身份驗證技術。

發展歷程

(1) **1960 年代**：人臉辨識的第一步是手動標記臉部特徵，如眼睛、嘴巴、鼻子等，計算不同臉部特徵之間的距離，並使用這些距離來確認或否認該人的身份。當時技術非常有限，但這是促進人臉辨識發展的重要一步。

(2) **1970 年代**：人臉辨識技術有了更多改進，準確性也提升了很多。戈德斯坦、哈蒙（Goldstein, Harmon）和萊斯克（Lesk）在臉部標誌中添加了其他主觀標記，例如嘴唇的厚度或頭髮顏色。他們總共添加了 21 個特定的主觀特徵來提高準確性。在這個階段，許多步驟仍然需要手動計算。

(3) **1980 年代**：人臉辨識開始被視為一種可行的生物辨識技術，採取了整合線性代數的計算方法，只需要少於一百個特徵因素即可準確編碼辨識臉部。這縮小了計算範圍，專注於微調人臉辨識的準確性，而不是擴大特徵提取。

(4) **1990 年代初**：兩位工程師 Matthew Turk 和 Alex Pentland 取得了重大突破，能夠偵測影像中的人臉，這是人臉辨識首次達成自動化的發展。

目前，人臉辨識軟體已經達到接近 100% 的準確率。然而，新的挑戰依然存在。隨著年齡增長、化妝、燈光變化、照相角度等因素，臉部特徵會發生變化。我們需要設計新的演算法，只需很少的訓練數據，就可以隨時進行調整和添加更多數據，使其更加有效和準確。這是因為每張添加的影像用來適應不同性質的照明和比例變化。

自適應人臉辨識將無監督學習（unsupervised learning）與影像處理相結合，構建了一個適合現實生活使用的完全自動化且準確的系統。無需大量標註數據，該系統能夠自我調整以應對各種環境和狀況的變化，從而提高辨識準確性和穩定性。人臉辨識依照以下步驟來偵測和辨識人臉：

(1) **人臉偵測**：首先，相機用於定位和偵測臉部。這可以是單獨拍照，也可以是從人群中提取臉部影像。

(2) **臉部分析**：在這一步中，進行分析以讀取二維影像的幾何形狀，獲取關鍵的臉部特徵，例如眼睛、眼窩、下巴、鼻子、顴骨等的位置。

(3) **影像轉換**：將影像轉換成數位數據，稱為**臉部印記**（faceprint）。

(4) **比對**：最後，將臉部印記與事先儲存的臉部數據（例如 iPhone 上的 FaceID 使用者）進行比對，或與資料庫中的數百萬張影像進行比對，例如聯邦調查局在辨識罪犯時。

人臉辨識基於深度學習，使用神經網路將影像相互比對，計算相似度，以判斷兩個影像是否為同一個人。所有相似性分數通常設有一個閾值（threshold），如果分數高於這個閾值，則表示兩個影像很可能屬於同一個人。我們可以對系統進行微調，使其更準確地適應照明和角度的變化。

最常見的人臉辨識系統使用 OpenCV 方法。OpenCV 使用 Python 程式，將臉部偵測問題分解成多個階段，也稱為級聯（cascade）。在每個階段，OpenCV 函數會確定該區塊是否透過臉部測試。如果透過 OpenCV 將進行更詳細的測試，測試會隨著函數的持續通過而變得越來越詳細。

為了完全偵測和識別人臉，該功能通常會運行 30 ~ 50 個級聯，並且所有測試都必須通過。級聯分類器能夠將影像分解為多個矩形，以偵測一張影像中不同大小的物件，這是非常重要的過程。一旦矩形透過所有測試，演算法將輸出成功檢測到的臉部，以進行準確性計算。

自動提取頭部、臉部邊界和臉部特徵在多個領域都發揮重要的作用，包括存取控制、犯罪識別、安全和監控系統、人機介面和基於模型的視訊編碼等。為了正確偵測人臉並定位臉部特徵，研究人員提出了多種方法，這些方法可以分為兩類：基於灰度模板匹配（Template Matching）的方法和基於臉部特徵之間幾何關係計算的方法。

臉部表情在人類互動和交流中發揮著重要作用，因為它包含有關情感分析的關鍵資訊。其應用包括人機介面、人類情感分析以及醫療保健和治療。在人機環境中，自動辨識不同臉部表情的任務是一項意義重大且具挑戰性的任務。目前已經開發了多種系統來執行臉部表情辨識。這些系統具有一些共同的特徵。首先，它們使用成人臉部表情資料庫對臉部表情進行分類。其次，大多數系統都會執行兩個階段：特徵提取和表情分類。

在特徵提取方面，常用的方法包括賈伯（Gabor）濾波器、主成分分析（Principal Component Analysis, PCA）和獨立成分分析（Independent Component Analysis, ICA）。

在表情分類方面，使用的方法包括線性判別分析（Linear Discriminant Analysis, LDA）、支援向量機（Support Vector Machine, SVM）、兩層感知器（Two-Layer Perceptron）和隱藏式馬可夫模型（Hidden Markov Model, HMM）。

7.2.1 人臉及臉部特徵提取

圖 7.2 顯示整體設計方案的輪廓。首先，透過二維高斯膚色模型將彩色影像分割為皮膚和非皮膚區域。其次，應用數學形態學技術去除雜訊，並使用區域填充技術填充空洞。第三，使用形狀、大小和主成分分析（PCA）資訊來驗證人臉候選者。第四，使用橢圓模型來定位眼睛和嘴巴的感興趣區域（Area of Interest, AOI）。第五，應用自動閾值和數學形態學來去掉非臉部特徵像素。第六，將眼睛和嘴巴的 AOI 進行 SVM 分類。最後根據知識規則對眼睛和嘴巴進行驗證。

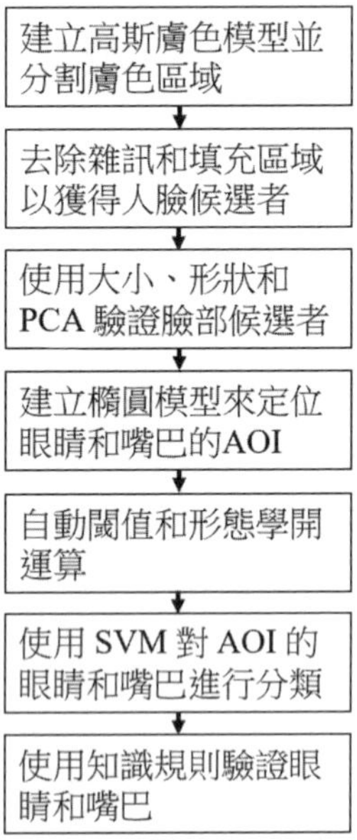

建立高斯膚色模型並分割膚色區域
↓
去除雜訊和填充區域以獲得人臉候選者
↓
使用大小、形狀和 PCA 驗證臉部候選者
↓
建立橢圓模型來定位眼睛和嘴巴的AOI
↓
自動閾值和形態學開運算
↓
使用 SVM 對 AOI 的眼睛和嘴巴進行分類
↓
使用知識規則驗證眼睛和嘴巴

圖 7.2 總體設計方案摘要。

7.2.1.1 人臉擷取

採用 YC_bC_r 色彩空間進行快速膚色分割，因為它在感知上具有均勻性。輸入彩色影像轉換為亮度部分 Y 和兩個色度部分 C_b 和 C_r，其中 C_b 表示藍色分量與參考值之間的差，C_r 表示紅色分量與參考值之間的差。Y、C_b 和 C_r 可以從 [0, 1] 範圍內的 RGB 值獲得：

$$\begin{cases} Y = 16 + 65.481R + 128.553G + 24.966B \\ C_b = 128 - 39.797R - 74.203G + 112B \\ C_r = 128 + 112R - 93.786G - 18.214B \end{cases} \tag{7.15}$$

中央極限理論（Central Limit Theory）在機率論中非常重要。它指出，在各種條件下，d 個獨立隨機變數總和的分佈接近特定的極限形式，稱為常態分佈或高斯分佈。常態分佈與熵（entropy）之間有密切的關係。分佈的熵 $p(x)$ 由下面公式表示：

$$H(p(x)) = -\int p(x) \ln p(x)\, dx \tag{7.16}$$

熵衡量從分佈中隨機選擇的點值的基本不確定性。可以證明，在給定平均值和變異數的所有分佈中，常態分佈具有最大熵。d 維的一般多元常態密度表示為

$$p(\mathbf{x}) = \frac{1}{(2\pi)^{d/2} |\mathbf{\Sigma}|^{1/2}} \exp[-\frac{1}{2}(\mathbf{x}-\boldsymbol{\mu})^t \Sigma^{-1} (\mathbf{x}-\boldsymbol{\mu})] \tag{7.17}$$

其中 x 是 d 分量列向量，μ 是 d 分量平均值向量，Σ 是 $d \times d$ 協方差矩陣，$|\Sigma|$ 和 Σ^{-1} 分別是其行列式和逆矩陣。例如，對於二維常態密度，形式為

$$p(x_1, x_2) = \frac{1}{2\pi\sigma_1\sigma_2\sqrt{1-\rho^2}} exp\{-\frac{1}{2(1-\rho^2)} [(\frac{x_1-\mu_1}{\sigma_1})^2 - 2\rho(\frac{x_1-\mu_1}{\sigma_1})(\frac{x_2-\mu_2}{\sigma_2}) + (\frac{x_2-\mu_2}{\sigma_2})^2]\} \tag{7.18}$$

其中，x_1 , x_2 是二維空間中的隨機變量，μ_1 , μ_2 是平均值，σ_1 , σ_2 是標準導數，ρ 是相關係數。

為了建立皮膚模型，我們從網路上隨機下載了 80 張彩色人臉影像。選擇大小為 20 × 20 的臉部皮膚塊在 C_b 和 C_r 色彩空間中建立二維高斯

膚色模型。圖 7.3 顯示總體 C_b 和 C_r 分量的直方圖。使用最大概似估計法計算參數：

$$\boldsymbol{\mu} = \begin{bmatrix} \overline{C_b} \\ \overline{C_r} \end{bmatrix} = \begin{bmatrix} 116.88 \\ 158.71 \end{bmatrix},\ \boldsymbol{\Sigma} = \begin{bmatrix} 74.19 & -43.73 \\ -43.73 & 82.76 \end{bmatrix},\ \rho = -0.5581$$

其中 μ 是平均值向量，Σ 是協方差矩陣，ρ 是相關係數。將這些值代入公式（7.18），我們得到二維常態密度函數。

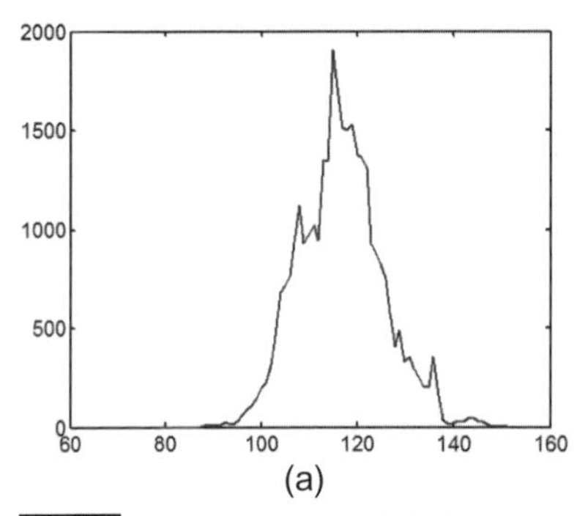

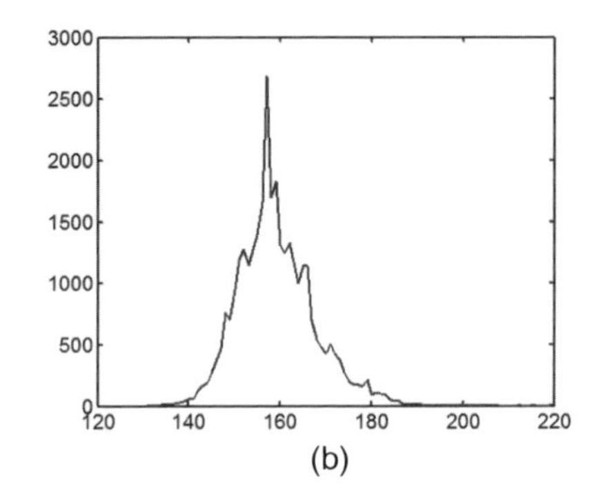

圖 7.3 (a) C_b 和 (b) C_r 的直方圖。

對於每個輸入像素，我們計算機率值其屬於膚色的可能性，以標準化為 [1, 100] 範圍內。在圖 7.4 中，(a) 顯示輸入彩色影像，(b) 顯示皮膚概似影像。下一步是將概似影像分割為皮膚和非皮膚區域。Otsu 演算法用於自動閾值選擇。選擇閾值是為了最大化的辨別率 σ_B^2 / σ_w^2，其中 σ_B^2 是類間方差，σ_w^2 是類內方差。圖 7.4(c) 顯示分割後的皮膚影像。

由於分割後的皮膚影像含有雜訊和空洞，因此我們需要進行影像清理。數學形態學為影像處理和分析提供了有效的工具。基於集合論的數學形態學，可以透過設計不同的結構元素，來探索物體的形狀。基本形態算子包括膨脹、侵蝕、開運算和閉運算。我們透過 5 × 5 的盤狀結構元素，應用形態學開運算來從影像中刪除小物體，同時保留較大物體的形狀和大小。最初的侵蝕會去除小細節，但也會使影像變暗。隨後的膨脹增加了影像的亮度，而不會重新引入因侵蝕而去除的細節。然後使用區域填充演算法來填充洞。結果如圖 7.4(d) 所示。

圖 7.4 (a) 輸入影像，(b) 皮膚概似影像，(c) 分割後的皮膚影像，(d) 形態學開運算和區域填充後的影像，(e) PCA 分類後的結果。

由於臉部區域由一大組像素組成，因此小尺寸的連通分量被移除。根據實驗結果，採用 100 像素的閾值。此外，也計算包圍該組件的最小矩形的寬長比。如果該比率在 [0.6, 2.2] 範圍內，則該組件被視為臉部候選區域。有時，臉部候選區域與其他皮膚區域相連；例如，在圖 7.5 中，女人的臉與手相連。

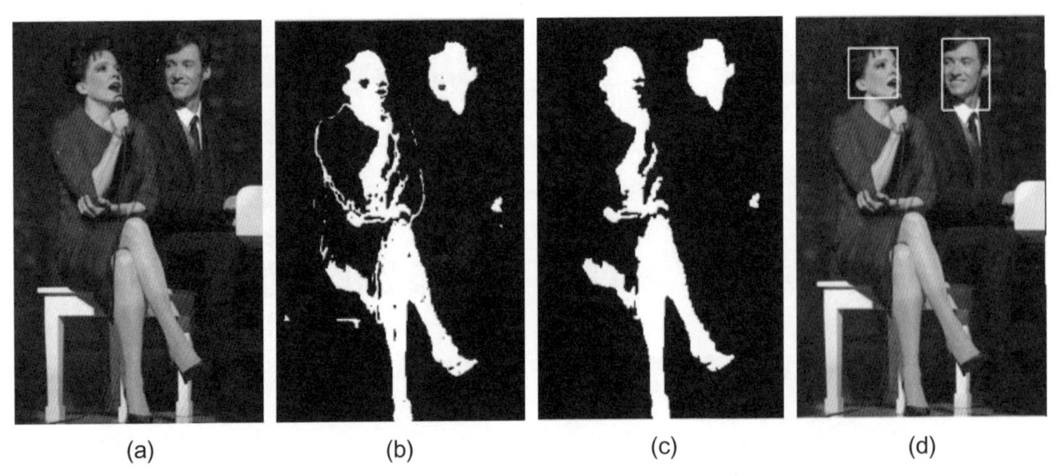

圖 7.5 (a) 輸入影像，(b) 皮膚概似影像，(c) 形態學開運算和區域填充後的影像，(d) PCA 分類後的結果。

為了正確提取臉部區域，使用多個不同大小的方形視窗。第一方形視窗的尺寸被選擇為最大寬度和最大高度中的較小數。最大寬度定義為水平方向上連接像素的最大數量。最大高度定義為垂直方向上連接像素的最大數量。視窗大小的間隔設定為 10%；即下一個視窗的大小會減少到前一個視窗的 90%。搜尋過程繼續進行，直到尺寸達到最小寬度和最小高度中的較小數。此外，計算每個臉部候選者的皮膚成分的面積與矩形面積的比率。如果該比率小於閾值，則去除候選臉部。請注意，55% 的比例是根據實驗所使用的。

顏色分量 C_b 和 Cr 在用於皮膚分類的二維高斯皮膚模型中僅使用一次。之後，僅處理灰度影像。特徵臉用於表示臉部特徵，因為臉部影像在臉部空間的投影中不會發生根本變化，而非臉部影像的投影則顯得截然不同。

訓練時，共有 450 張尺寸為 32 × 32 的臉孔，代表 50 個人的 9 個姿勢（+60°, +40°, +25°, +15°, 0°, -15°, -25°, -40°, -60°）。圖 7.6 顯示具有 9 個姿勢的臉部影像範例。令 450 個人臉向量中的每一個向量為 $\mathbf{x}_i$ (i = 1, 2, ⋯, 450)，維度為 1024 × 1。

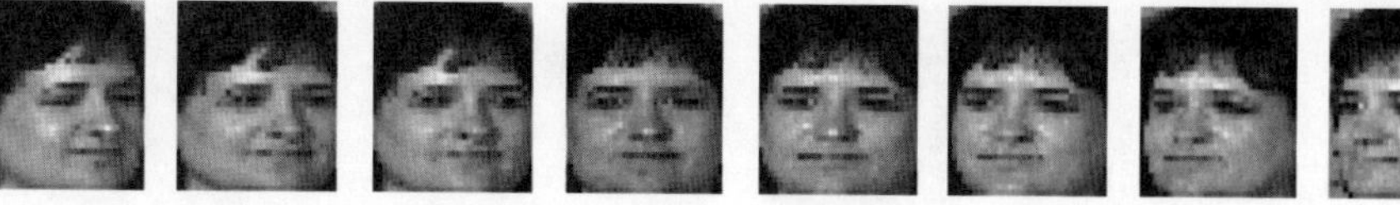

圖 7.6 具有九個姿勢的臉部影像的範例。

計算平均值和標準差，並將每個向量正歸化為平均值 0 和變異數 1：

$$\frac{\boldsymbol{x}_i - mean(\boldsymbol{x}_i)}{std(\boldsymbol{x}_i)} \tag{7.19}$$

其中 $mean(\mathbf{x}_i)$ 表示向量 $\mathbf{x}_i$ 所有分量的平均值，$std(\mathbf{x}_i)$ 表示向量 $\mathbf{x}_i$ 所有分量的標準差。

所有正歸化向量的平均值計算如下

$$\overline{\boldsymbol{x}} = \frac{1}{450}\sum_{i=1}^{450}\boldsymbol{x}_i \tag{7.20}$$

所有正歸化向量的協方差矩陣計算為

$$\boldsymbol{Y} = \sum_{i=1}^{450}(\boldsymbol{x}_i - \overline{\boldsymbol{x}})(\boldsymbol{x}_i - \overline{\boldsymbol{x}})^T \tag{7.21}$$

其中 "T" 表示矩陣的轉置。然後，計算 Y 的特徵向量和特徵值。

建構一個大小為 1024 × 20 的矩陣 **U**，其中包含前 20 個最重要的特徵向量。這些特徵向量代表最像人臉的影像。一些特徵臉如圖 7.7 所示。每個面作為維度為 20 × 1 的向量，計算如下：

$$face\{i\} = \boldsymbol{U}^T\left(\boldsymbol{x}_i - \overline{\boldsymbol{x}}\right) \tag{7.22}$$

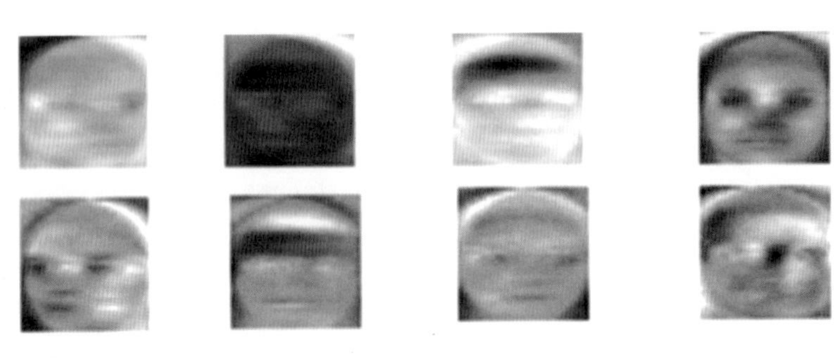

圖 7.7 特徵臉的例子。

為了測試人臉候選影像，其 PCA 表示由公式（7.22）獲得。對於不同尺寸的人臉候選，將其標準化為 32×32。如果最小距離大於閾值（即根據實驗使用 90），則移除影像。因此，可以消除一些誤差。圖 7.4(e) 和圖 7.5(d) 顯示 PCA 分類後的人臉偵測結果。

7.2.1.2 人臉特徵提取

擷取人臉影像後，進行眼睛、嘴巴等臉部特徵的偵測。為了快速定位臉部特徵並消除誤報，開發了適合臉部的橢圓模型。令 w 表示從人臉偵測演算法擷取的人臉影像的寬度。使用 w 為短軸，h = 1.55w 為長軸，在臉部影像中插入一個橢圓。使用水平線位於距橢圓頂部 $\frac{2}{10}h$ 和 $\frac{9}{20}h$ 之間的眼睛矩形，如圖 7.8 所示。類似地，使用水平線位於 $\frac{11}{20}h$ 和 $\frac{15}{20}h$ 之間的嘴巴矩形。透過連接雙眼和嘴巴，形成一個三角形來包圍鼻子。請注意，與眼睛和嘴巴相比，鼻子在臉部辨識中的作用不太重要。

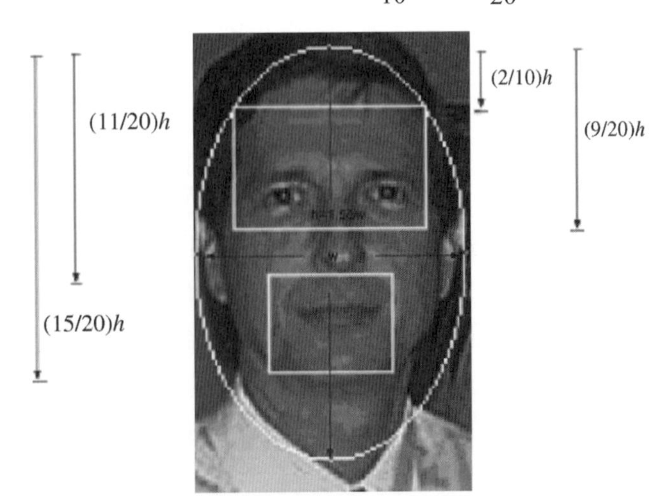

圖 7.8 臉部特徵的橢圓形和矩形。

在提取臉部特徵的矩形後，我們應用自動閾值處理和形態學開運算，來去除非臉部特徵像素。觀察到臉部特徵比非臉部特徵更暗。因此，去除非臉部特徵像素以加速後續的 SVM 驗證並減少錯誤的存在。圖 7.9 顯示產生的臉部特徵像素。

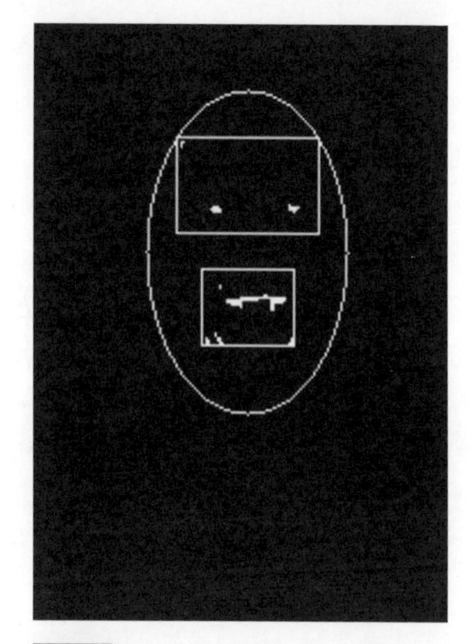

圖 7.9 由此產生的臉部特徵像素。

FERET 人臉資料庫用於在 SVM 中訓練眼睛和嘴巴。它包含從 －90°（左輪廓）到 90°（右輪廓）的不同姿勢變化。實驗中選擇 -25° 到 25° 的人臉影像作為訓練集。圖 7.10 顯示訓練集中不同姿勢變化的一些影像。

圖 7.10 不同姿勢變化的訓練集。

SVM 透過應用各種核函數，作為可能的逼近函數集、最佳化對偶二次規劃問題，以及應用結構風險最小化，作為歸納原理來執行模式分類。根據輸入模式使用不同類型的 SVM 分類器。線性最大間隔分類器用於線性可分離數據，線性軟間隔分類器用於重疊類，非線性分類器用於重疊，且可透過非線性超平面分離的類別。採用線性不可分離 SVM 作為臉部特徵分類的分類工具，因為它可以產生最好的結果。

假設有一組訓練數據 $\mathbf{x}_1, \mathbf{x}_2, \ldots, \mathbf{x}_k.$，每個 $\mathbf{x}_i$ 屬於兩個類別 $y_i \in \{-1, 1\}$ 之一。目標是以最小的誤差將訓練資料分為兩類。為了實現這一點，使用非負鬆弛變數 ξ_i , $i = 1, 2, ..., 4000$。因此，可以使用下列公式建構兩類輸入數據，其中 $\mathbf{w}$ 表示向量，b 表示標量。

$$\begin{cases} \mathbf{w} \cdot \mathbf{x_i} + b \geq 1 - \xi_i & \text{if } y_i = 1 \\ \mathbf{w} \cdot \mathbf{x_i} + b \leq -1 + \xi_i & \text{if } y_i = -1 \end{cases} \tag{7.23}$$

$$y_i(\mathbf{w} \cdot \mathbf{x}_i + b) \geq 1 - \xi_i \qquad i = 1, 2, ..., 4000 \tag{7.24}$$

要獲得線性不可分情況下的軟間隔超平面需要解決以下最小化問題：

$$\text{Minimize:} \quad \frac{1}{2}\mathbf{w} \cdot \mathbf{w} + C\left(\sum_{i=1}^{4000} \xi_i\right),$$

$$\text{Subject to:} \quad y_i(\mathbf{w} \cdot \mathbf{x}_i + b) \geq 1 - \xi_i, \qquad i = 1, 2, \ldots, 4000$$

$$\xi_i \geq 0, \qquad i = 1, 2, \ldots, 4000$$

透過求解對偶問題，得到軟間隔超平面：

$$\mathbf{w}_0 = \sum_{i=1}^{4000} \alpha_i y_i \mathbf{x_i} \tag{7.25}$$

$$\mathrm{b}_0 = y_i - \mathrm{w}_0 \cdot \mathrm{x_i} \tag{7.26}$$

這些支持向量可以分為兩類。第一類具有 $\alpha_i < \mathrm{C}$ 且 $\xi_i = 0$ 的屬性，位於最佳分離超平面的距離 $\frac{1}{\|\mathbf{w}\|}$。第二類的屬性為 $\alpha_i = \mathrm{C}$。如果 $0 < \xi_i \leq 1$，則支援向量以小於 $\frac{1}{\|\mathbf{w}\|}$ 最佳分離超平面的距離正確分類，如果 $\xi_i > 1$，則錯誤分類。

在眼睛分類的 SVM 訓練中，從 FERET 資料庫中選擇 800 張眼睛影像和 10000 張非眼睛影像。這些影像的尺寸為 19 × 39，高寬比約為 1:2。為了確定最適合眼睛分類的訓練樣本數量，測試了五種情況：3000、4000、6000、8000 和 10000 個樣本。透過實驗，使用 4000 個樣本獲得了 99.85% 的最佳眼睛分類率。

訓練和測試影像的大小為 19×39，相當於分類中的 741 維。PCA 用於降維。為了確定特徵值的數量，測試了特徵值為 20、30、40、50、60、70 和 80 的七種情況。從實驗結果來看，60 個特徵值是計算時間和準確率之間的最佳權衡。

此外，利用 60 個特徵值對 4000 個樣本測試了 2、3、4 等不同次數的多項式核函數，其準確率分別為 98.42%、98.48% 和 98.51%。從結果來看，線性 SVM（次數為 2）的表現幾乎與非線性 SVM 相同。因此，選擇線性 SVM 來節省計算時間。

對於嘴巴部分的分類 SVM 訓練，從 FERET 資料庫中選擇了 400 張嘴部影像和 10000 張非嘴部影像。這些影像的尺寸為 31 × 62，高寬比約為 1:2。測試了五種情況，分別為 3000、4000、6000、8000 和 10000 個樣本。透過實驗，用 4000 個樣本得到了 96.50% 的最佳嘴部分類率。

PCA 也用於降低嘴部分類的維度。測試了 20、30、40、50、60、70 和 80 特徵值的七種情況。從結果來看，使用 70 個特徵值可以減少計算時間，並維持 95.50% 的分類率。此外，也測試了不同次數的多項式核函數。結論是線性 SVM 分類器的準確率最好。

對於嘴部分類，由於人臉影像中臉部特徵的尺寸變化，選擇四種不同的尺寸。設臉部矩形的寬度為 w。使用臉部特徵矩形的四個寬度 $\frac{1}{3}w$、$\frac{1}{4}w$、$\frac{1}{5}w$ 和 $\frac{1}{6}w$。高度約為其寬度的一半。為了允許公差，包括矩形向上 2 像素和向下 2 像素的垂直移位。此外，也應用以下六項規則去除誤報：

(1) 從每隻眼睛和嘴巴使用的四種尺寸中，選擇出現次數最多的一種。例如，如果 $\frac{1}{3}w$ 中的兩個、$\frac{1}{5}w$ 中的一個和 $\frac{1}{6}w$ 中的一個被偵測為眼睛，則選擇 $\frac{1}{3}w$ 作為眼睛大小。

(2) 雙眼的灰度相近。平均強度是根據一組眼睛樣本計算得出的。如果候選眼睛的強度在平均強度的 ±30% 範圍內，則被認為是真正的眼睛。

(3) 雙眼距離在頭寬一定範圍內。它應該在臉部矩形寬度的 30% 到 80% 範圍內。

(4) 雙眼連線接近水平（即線斜度在 ±15° 範圍內）。

(5) 嘴巴垂直位於雙眼之間。

(6) 連接雙眼和嘴巴的三條線形成一個近似的等腰三角形。

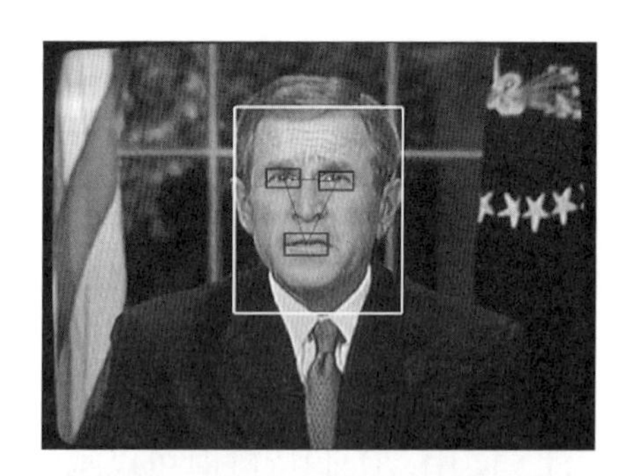

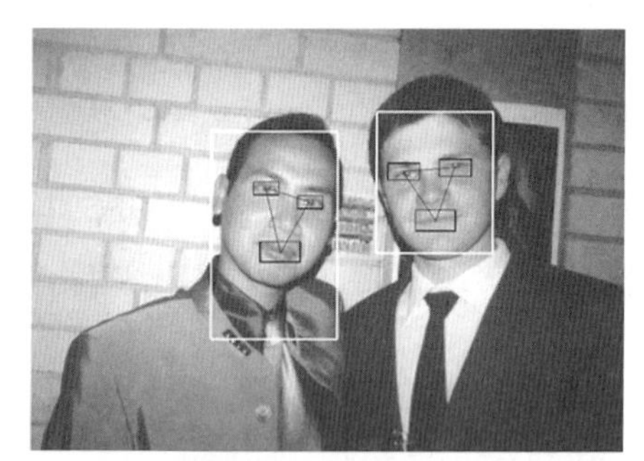

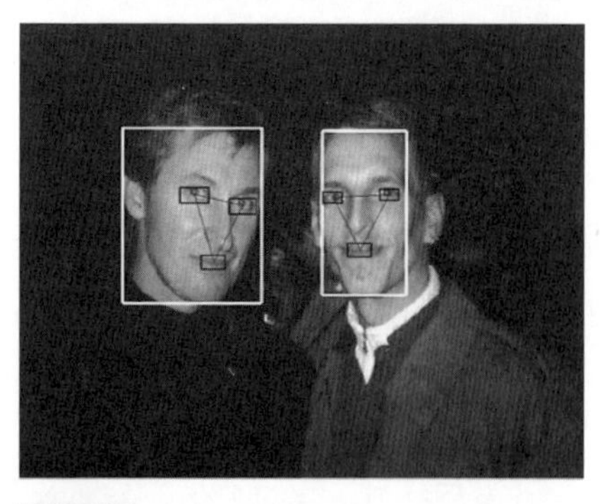

圖 7.11 臉部特徵提取的一些結果。

7.2.2 頭臉邊界及臉部特徵的擷取

為了正確偵測人臉並定位臉部特徵，研究人員提出了多種方法，可分為兩類。一種是基於灰度模板匹配，另一種是基於臉部特徵之間的幾何關係計算。

7.2.2.1 方法論

在本節中，介紹了所提出的方法來處理正面人臉影像，以提取頭部邊界、臉部邊界和臉部特徵，包括眼睛、眉毛、鼻孔和嘴巴。頭部邊界是頭部的外部輪廓，包括肩部。臉部邊界是不包括頭髮、肩膀和頸部的臉部輪廓。矩形框用於定位臉部特徵。

7.2.2.1.1 平滑和閾值

雙閾值法的流程圖如圖 7.12 所示。第一步是用 3×3 中值濾波器來降低雜訊。之後，應用邊緣算子。邊緣檢測技術經過測試，結果如圖 7.13 所示。邊緣輸出看起來太薄，且頂面邊界太弱而無法在後面的閾值處理過程中偵測到。

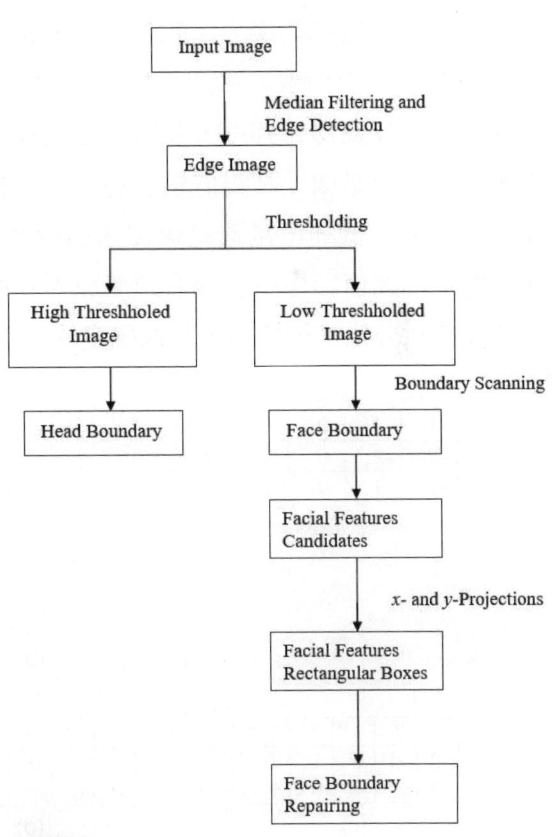

圖 7.12 雙閾值法方案圖。

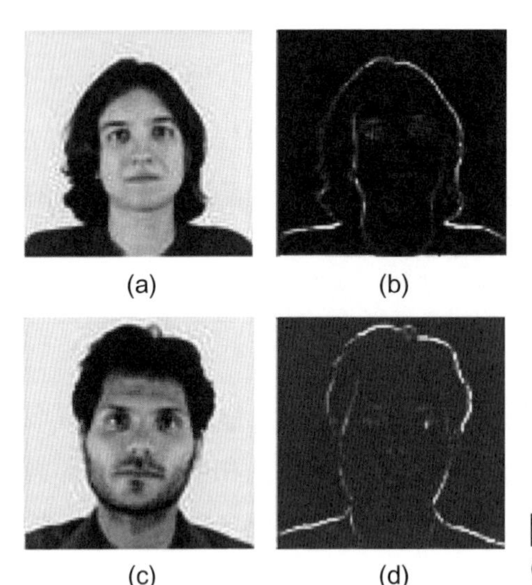

圖 7.13 (a) 和 (c) 是原始影像，(b) 和 (d) 是邊緣偵測影像。

為了獲得較厚的邊界，我們使用四種遮罩：水平（尺寸 3×5）、垂直（5×3）、45° 對角線（3×5）和 135° 對角線（3×5），來偵測影像邊緣並選擇最大值作為邊緣強度。如圖 7.14 所示。執行閾值處理將灰度邊緣影像轉換為二值影像。高閾值是透過選擇佔整個像素的 5% 的所有高強度像素來確定的。低閾值是透過選擇佔整個像素的 25% 的所有高強度像素來確定的。高閾值影像用於獲取頭部邊界，低閾值影像用於產生臉部邊界。這些閾值百分比是根據經驗數據確定的，以便獲得最佳結果。

-1	-1	0	1	1
-2	-2	0	2	2
-1	-1	0	1	1

(a)

-1	-2	-1
-1	-2	-1
0	0	0
1	2	1
1	2	1

(b)

1	0	1	2	2
-2	-1	0	1	2
-2	-2	-1	0	1

(c)

-2	-2	-1	0	1
-2	-1	0	1	2
-1	0	1	2	2

(d)

圖 7.14 邊緣偵測遮罩：(a) 水平遮罩，(b) 垂直遮罩，(c) 135° - 對角線遮罩，(d) 45° - 對角線遮罩。

7.2.2.1.2 追蹤頭面邊界

為了追蹤頭部邊界，將高閾值影像分為左半部和右半部。當從上到下掃描邊緣影像時，出現的第一層輪廓為頭部邊界，出現的第二層輪廓為臉部邊界。為了追蹤頭部邊界，起始點位於左半部第一層上的第一個白色像素。從起點開始，描繪頭部的左右輪廓。由於第一層的外邊框從實際邊界向外偏移了幾個像素（例如 p），所以左半邊的邊緣向右和右半邊的邊緣向左分別調整了 p 個像素。

由於一些人臉輪廓在高閾值影像中消失，因此使用低閾值影像來追蹤臉部邊界。頭部邊界被移除，並使用形態開運算來消除不必要的雜訊。之後，從四個方向（從右到左、從左到右、從上到下、從下到上）掃描影像以產生臉部邊界。

7.2.2.1.3 定位臉部特徵

為了識別臉部特徵，首先提取其候選者。透過將上一節獲得的臉部邊界疊加在二值邊緣影像上，並將二值邊緣影像中位於臉部邊界之上或之外的所有白色像素轉換為黑色來提取候選者。之後，應用 x 和 y 投影來定位臉部特徵。在候選影像中，x 投影用於獲取臉部特徵的水平位置，y 投影用於獲取其垂直位置。透過組合水平和垂直位置，獲得四個矩形框：兩個用於眼睛，一個用於鼻孔，一個用於嘴巴。

7.2.2.1.4 臉部邊界修復

有時，下巴邊緣對比度太低，無法透過邊緣偵測完全偵測到。修復臉部邊界下巴線有兩種方法。在第一種方法中，下巴的中心點（即可用下巴邊緣像素的平均點）被用作灰度影像中的初始點來追蹤下巴線。下面描述了追蹤下巴線的演算法。

(1) **從下巴中心點向右：**

設下巴中心點的灰度為 $f(x, y)$。選擇 $\{f(x+1, y+1), f(x+1, y), f(x+1, y-1)\}$ 中的最大值作為下一個連接點，重複該過程，直到它到達臉部邊界的右側部分。圖 7.15（a）顯示候選臉部特徵的影像，（b）顯示未修復的臉部邊界，（c）顯示修復後的臉部邊界。

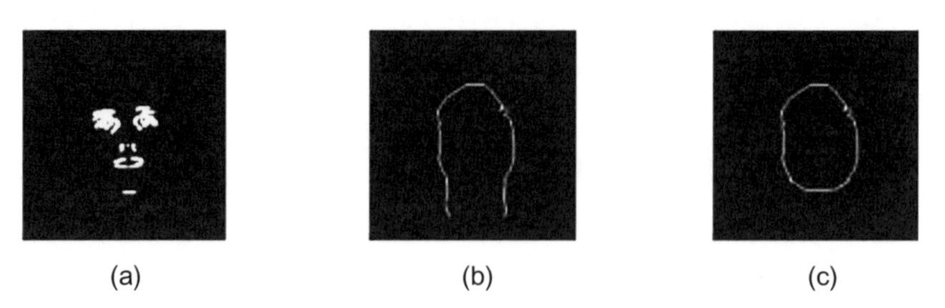

圖 7.15 (a) 候選臉部特徵的影像，(b) 未修復的臉部邊界，(c) 顯示修復後的臉部邊界。

(2) **從下巴中心點向左：**

選擇 $\{f(x-1, y+1), f(x-1, y), f(x-1, y+1)\}$ 的最大值作為下一個連接點，重複此過程直到到達面邊界的左側部分。

在第二種方法中，採用橢圓模型，長軸與短軸之比為 1.5。圖 7.16 (a) 和 (c) 說明了因臉部陰影而失去的下巴線條。利用左右臉邊界的下端點，選取兩個端點的水平距離作為橢圓模型中的短軸來修復下巴線條。圖 7.16 (b) 和 (d) 顯示修復後的結果。

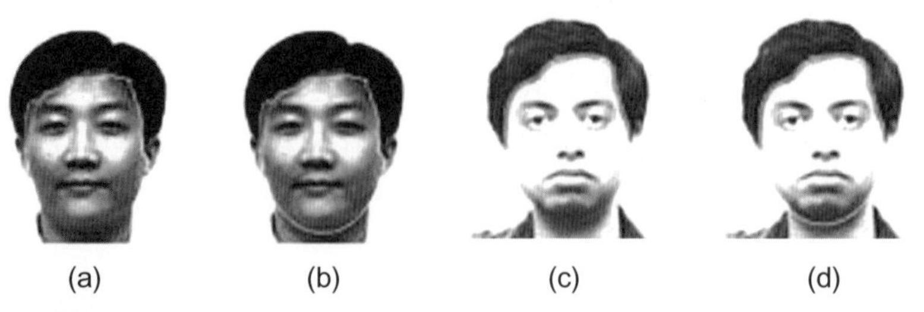

圖 7.16 修復範例：(a)、(c) 為修復前的影像，(b)、(d) 為修復後的影像。

7.2.2.2 基於幾何人臉模型尋找人臉特徵

7.2.2.2.1 幾何面模型

有時，候選臉部特徵過於聚集，x 和 y 投影無法正常運作。在這種情況下，應用幾何人臉模型來定位人臉特徵。該模型利用了眼睛、鼻孔和嘴巴之間的配置。假設在大多數人臉中，眼睛和鼻子之間以及眼睛和嘴巴之間的垂直距離，與兩個眼睛中心之間的水平距離成正比。參考圖 7.17，設雙眼中心之間的距離為 D。以下描述幾何人臉模型和相關距離：

- 雙眼到嘴中心的垂直距離為 D。
- 雙眼距鼻孔中心的垂直距離為 $0.6D$。
- 口寬為 D。
- 鼻部寬度為 $0.8D$。
- 眼睛與眉毛的垂直距離為 $0.4D$。

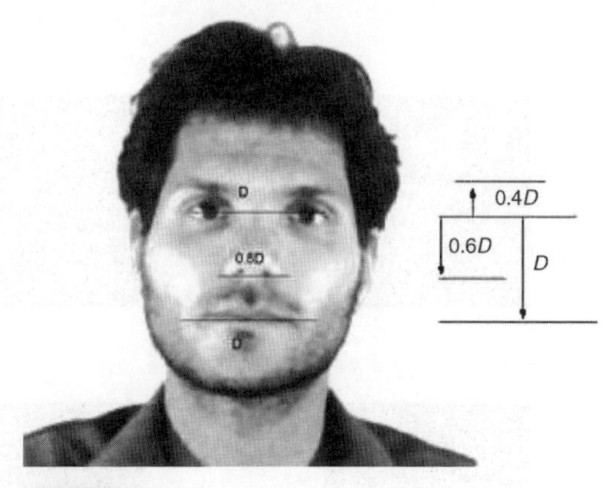

圖 7.17 幾何人臉模型。

利用幾何人臉模型定位臉部特徵的流程如圖 7.18 所示。

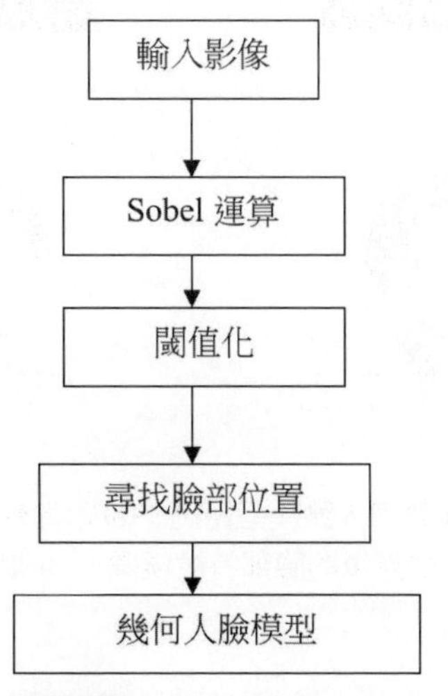

圖 7.18 尋找臉部特徵的過程。

圖 7.19 顯示使用幾何面模型的三個範例，(a) 是原始影像，(b) 是生成的候選臉部特徵。由於候選臉部特徵是聚集的，因此無法應用 x 和 y 投影。（c）是經過 Sobel 運算和閾值處理後的候選臉部特徵，（d）顯示應用幾何臉部模型後的結果。

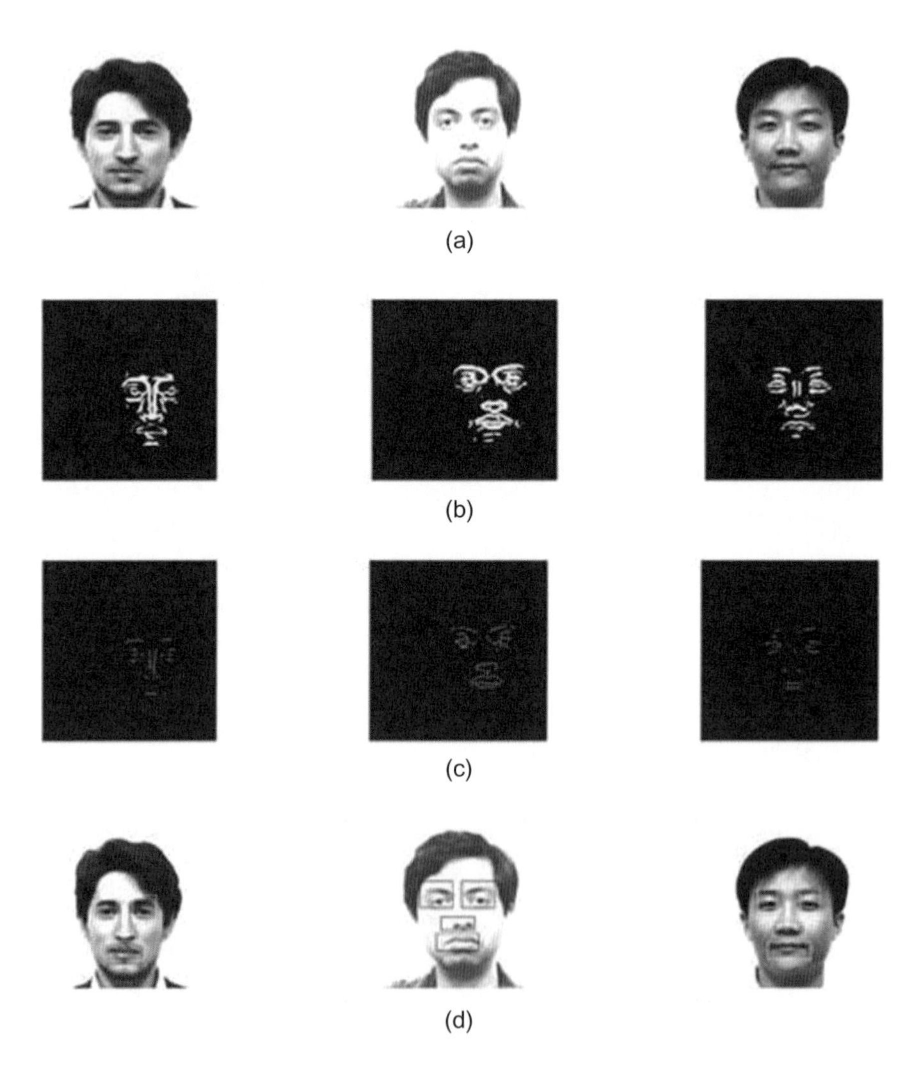

圖 7.19 幾何人臉模型範例：(a) 原始影像，(b) 閾值處理後的臉部特徵候選，(c) Sobel 運算後的臉部特徵候選，(d) 提取臉部特徵。

7.2.2.2.2 基於 Gabor 濾波器的幾何人臉模型

對於光照和陰影等特別困難的情況，可以使用 Gabor 濾波器定位雙眼，然後應用橢圓模型來提取臉部邊界。定位雙眼的三個步驟說明如下：

(1) 對原始影像應用 Gabor 濾波器

(2) 對濾波後的影像應用高斯加權

(3) 定位影像中的峰值並找到眼睛的位置

定位雙眼後，利用幾何人臉模型擷取其他臉部特徵。設雙眼之間的距離為 D。橢圓的中心位於雙眼中點下方 $0.4D$。長軸的長度以三維形式表示，短軸的長度以二維形式表示。

7.2.3 辨識臉部動作單元

臉部表情在人類互動和交流中發揮著重要作用，因為它包含有關情緒分析的關鍵訊息。其應用包括人機介面、人類情感分析以及醫療保健和治療。在人機環境中自動辨識不同臉部表情的任務意義重大且具挑戰性。

7.2.3.1 臉部動作編碼系統與表情資料庫

臉部動作編碼系統（Facial Action Coding System, FACS），用於透過動作單元來表現臉部表情。該系統是為了解釋臉部表情的微妙變化而開發的人類觀察系統。總共有 44 個行動單元（action unit, AU）。其中，與臉部肌肉收縮有關的有 30 個，其中上臉部 12 個，下臉部 18 個。例如，動作單元 1 與描繪眉毛內角抬起的額肌和內側部相關，而動作單元 27 與描繪張開嘴的翼狀肌和二腹肌相關。其餘的 AU 歸因於雜項操作。例如，動作單元 21 描繪頸部收緊的狀態。

動作單元可以單獨存在，也可以組合存在，具有加性或非加性效果。加法組合意味著該組合不會改變所組成的 AU 的外觀。例如 AU 12 +

AU 25 表示張開嘴微笑。非相加組合意味著所組成的 AU 外觀被修改。它代表了識別任務的難度和複雜性。例如 AU 12 + AU 15 表示 AU 12 的唇角因 AU 15 的向下移動而改變。

實驗中使用的臉部表情影像資料庫是 Cohn-Kanade AU 編碼臉部表情影像資料庫。該資料庫是臉部表情比較研究的一個具有代表性、全面性和穩健性的測試平台。它包含 210 名年齡從 18 歲到 50 歲的成人受試者的影像序列。就種族分類而言，81% 為歐美人，13% 為非裔美國人，6% 為其他族群。光照條件和環境都比較均勻。影像序列還包括從小到輕微的平面內和平面外頭部運動。8 位元灰度影像的影像解析度為 640 × 480 像素，24 位元彩色影像的影像解析度為 640 × 490 像素。

7.2.3.2 所提出的系統

我們所提出的系統包括用於照明正歸化的直方圖均衡、用於特徵提取和表示的獨立成分分析（Independent Component Analysis, ICA）以及用於分類測量的支援向量機（Support Vector Machines, SVM）。

獨立成分分析是一種統計和計算技術，用於尋找具有代表性且有利於分離不同群組影像、聲音、電信通道或訊號的隱藏因素。ICA 最初設計用於處理「雞尾酒會問題」（Cocktail-Party Problem），描述人在嘈雜的環境中能夠專注於特定聲音或談話，忽略其他背景雜訊的能力。這一現象涉及心理學、聽覺學和神經科學等多個學科的研究。即使在喧鬧的場合，人們依然能聽到自己的名字或感興趣的話題，因為這些資訊在認知上具有特殊的吸引力和重要性。ICA 是一種通用統計和無監督技術，其中觀察到的隨機向量被線性變換為彼此依賴性最小的分量。ICA 的概念是主成分分析（PCA）的擴展，它只能將獨立性強加到二階，從而定義正交的方向。

支援向量機是一種學習系統，它使用最佳超平面將輸入模式向量集分為兩類。如果向量集無誤差地分離且最近向量與超平面之間的距離最大，則稱該向量集被超平面最佳地分離。SVM 透過三個步驟產生模式分類器：

(1) **應用各種核函數**（例如線性、多項式和徑向基函數（Radial Basis Function, RBF））作為可能的逼近函數集。

(2) **最佳化對偶二次規劃問題**（dual quadratic programming problem）

(3) 使用結構風險最小化作為歸納原理，而不是最大化誤差或其平方的絕對值的經典統計演算法。

根據輸入模式的類型使用不同類型的 SVM 分類器。線性最大間隔分類器用於線性可分離類，線性軟間隔分類器用於線性不可分離類，非線性分類器用於重疊類。

自動臉部表情處理與分析系統包括臉部偵測、臉部特徵擷取與表示、臉部表情辨識。上一節的頭臉邊界擷取演算法，用於自動偵測靜態影像中的人臉區域。臉部成分提取和表示的目的，是從臉部表情變化中提取最具代表性的資訊，來表示原始檢測到的臉部。優點是降低了前一階段偵測到的人臉維數，並加快了下一階段的計算速度。

臉部表情辨識旨在準確、快速地辨識不同的臉部表情。待辨識的臉部表情可以分為兩類。第一類是特定情緒的表達，如高興、生氣、驚訝等；第二種是臉部動作。本節關注的是臉部動作單元的辨識。

所提出的系統如圖 7.20 所示。第一步是將偵測到的人臉分為上下兩部分。然後應用直方圖均衡化來標準化照明效果。採用 ICA 來提取和表示臉部表情的細微變化，採用線性 SVM 來識別單一動作單元及其組合。

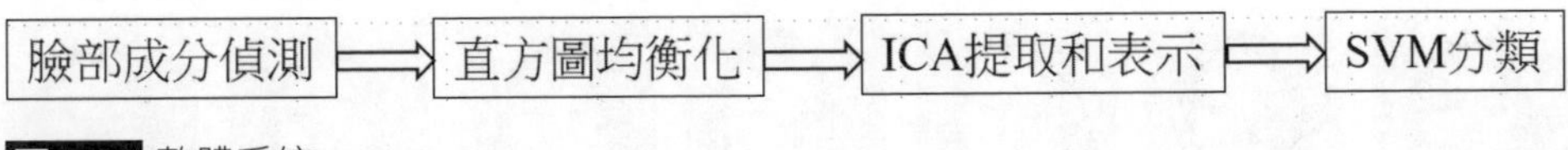

圖 7.20 整體系統。

7.2.4 JAFFE 資料庫中的臉部表情識別

臉部表情在人類互動和交流中有重要的作用，因為它包含有關情緒的關鍵和必要資訊。在人機環境中自動辨識不同臉部表情的任務意義重大且具挑戰性。已經開發了多種系統來執行臉部表情辨識。這些系統具有一些共同的特徵。首先，成人臉部表情資料庫被用來對臉部表情進行分類。使用 JAFFE 資料庫辨識七種主要的表情：快樂、中性、憤怒、厭惡、恐懼、悲傷和驚訝。其次，大多數系統都會執行兩個階段：特徵提取和表情分類。對於特徵提取，使用 Gabor 濾波器 、PCA 和 ICA。對於表達分類，使用線性判別分析（Linear Discriminant Analysis, LDA）、SVM、兩層感知器和隱藏式馬可夫模型（Hidden Markov Model, HMM）。

7.2.4.1 JAFFE 資料庫

實驗中使用的影像資料庫是日本女性臉部表情（Japanese Female Facial Expression, JAFFE）資料庫。資料庫包含十名日本女性。有七種不同的臉部表情，如快樂、中性、憤怒、厭惡、恐懼、悲傷和驚訝。每個女性的每個表情都有兩到四個例子。此資料庫中共有 213 張灰度臉部表情影像。每張影像的大小為 256 × 256。圖 7.21 顯示來自 JAFFE 資料庫的兩位表情提供者，包含七種不同的臉部表情。

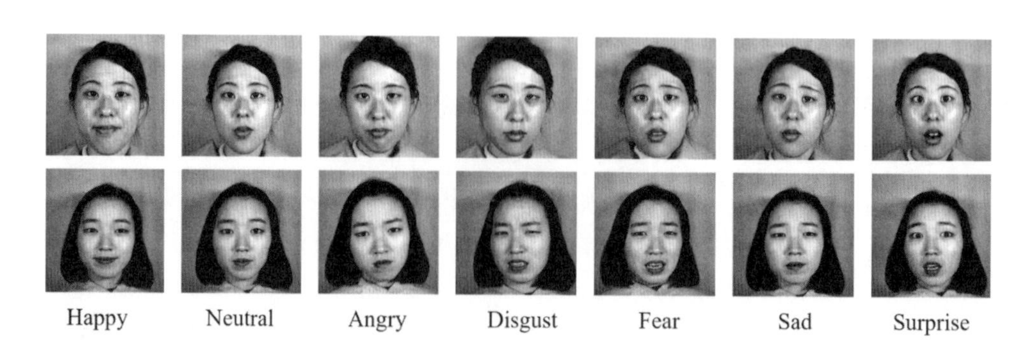

圖 7.21 兩位表情提供者的樣本包含七種不同的臉部表情。

7.2.4.2 所提出的方法

此方法分為三個階段：預處理、特徵提取和表情分類，如圖 7.22 所示。

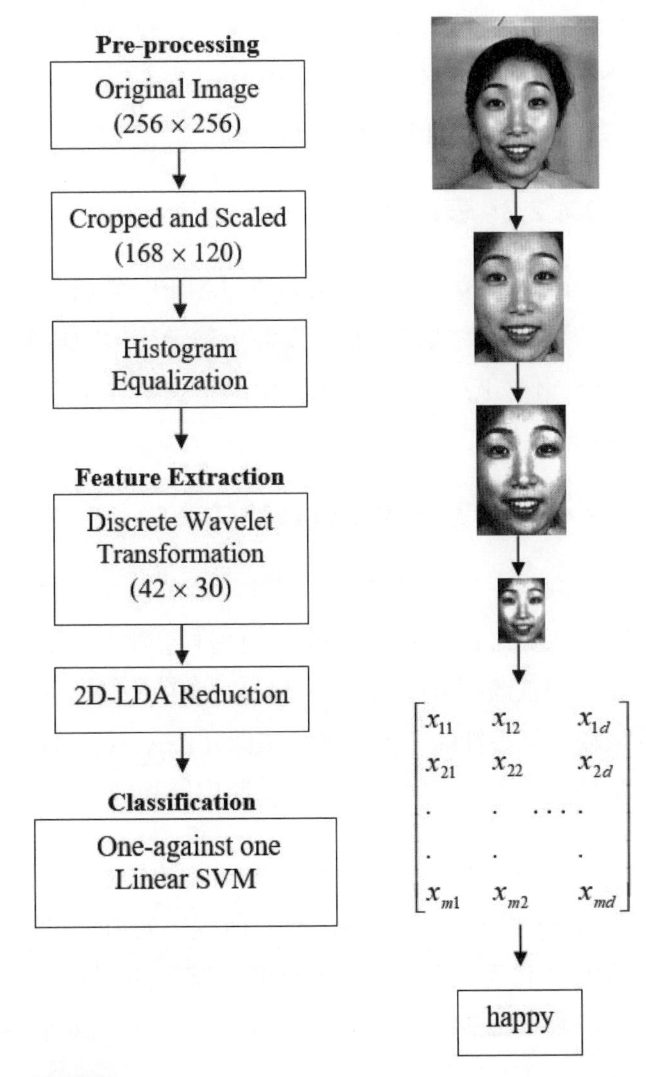

圖 7.22 實驗過程。

7.2.4.2.1 預處理

為了進行比較，將尺寸為 256 × 256 的原始影像裁剪為 168 × 120，以去除背景影響。由於 JAFFE 資料庫中影像的光照條件各不相同，我們應用直方圖均衡化來消除光照影響。

7.2.4.2.2 特徵提取

運用離散小波轉換（DWT）對裁切後的影像進行處理兩次，並使用產生的 LL 分量。然後使用 2D-LDA 從每張影像中提取重要特徵。其他特徵表示，例如 PCA、LDA、ICA 和 2D-PCA 用於比較。

7.2.4.2.3 表達式分類

線性支援向量機用於識別 JAFFE 資料庫中的七種臉部表情。為了處理多類問題，建構了基於樹的一對一支援向量機。還測試了 SVM 的不同內核，例如線性、多項式和雷達基底函數（Radar Basis Function），以與線性 SVM 進行性能比較。

7.2.4.3 實驗結果與性能比較

應用交叉驗證策略，根據不同的臉部表情將資料庫隨機分成 10 個片段。每次，10 個分段中的 9 個進行訓練，其餘分段進行測試。相同的訓練和測試過程重複 30 次。最後，對所有 30 個識別率進行平均作為所提出系統的最終性能。對於留一策略（leave-one-out strategy），每次只測試每個類別中的一張影像，其餘影像用於訓練。

實驗結果顯示所提出的系統能夠成功滿足識別不同臉部表情的準確性和效率標準。就準確性而言，所提出的方法可以優於基於相同資料庫的其他現有系統。使用留一策略的系統辨識率為 95.71%，使用交叉驗證策略的辨識率為 94.13%。為了提高效率，處理大小為 256 × 256 的輸入影像僅需 0.0357 秒。

測試 SVM 不同內核（例如多項式和徑向基底函數）的效果。實驗中，線性 SVM 最適合 JAFFE 資料庫。這是因為 2D-LDA 提取的特徵向量在每一類中都聚集在一起，並且可以透過線性 SVM 來分離。結果如表 7.1 所示，我們觀察到 2D-LDA 作為特徵提取方法，優於 PCA、LDA 和 2D-PCA。也比較了不同特徵提取方法和不同分類器的性能。

表 7.2 和 7.3 列出了使用 PCA、LDA、2D-PCA、ICA 和 2D-LDA 與 SVM 和 RBFN 的比較。據觀察，SVM 是最好的分類器，然而，RBFN 並不可靠，因為識別率不令人滿意。表 7.4 和 7.5 顯示臉部表情交叉驗證和留一策略下，正確和錯誤數字的混淆矩陣。所有實驗均在 Matlab 7 環境下進行，XP 和 Pentium IV，2.80 GHz。所提出的方法的速度很快。處理一張測試影像僅需約 0.0357 秒。

▼ 表 7.1　使用不同核心的 SVM 的效能比較

Kernel Functions	Recognition Rates	
	Cross Validation	Leave-One-Out
Linear	94.13%	95.71%
Polynomial with degree 2	91.43%	92.38%
Polynomial with degree 3	92.86%	94.29%
Polynomial with degree 4	92.22%	93.33%
Radial basis function	85.71%	87.14%

▼ 表 7.2　PCA、LDA、2D-PCA、ICA 和 2D-LDA 的比較

Feature Extraction Methods	Recognition Rates		Testing Speed per Image (second)
	Cross Validation	Leave-One-Out	
LDA + SVM	91.27%	91.90%	0.0367
2D-PCA + SVM	92.06%	93.33%	0.0357
ICA + SVM	93.35%	93.81%	0.0359
PCA + SVM	93.43%	94.84%	0.0353
2D-LDA + SVM	94.13%	95.71%	0.0357

▼ 表 7.3　PCA、LDA、2D-PCA、ICA 和 2D-LDA 的比較

Feature Extraction Methods	Recognition Rates		Testing Speed per Image (second)
	Cross Validation	Leave-One-Out	
LDA + RBFN	26.67%	27.71%	0.0351
2D-PCA + RBFN	25.24%	26.67%	0.0349
ICA + RBFN	27.14%	27.43%	0.0347
PCA + RBFN	36.67%	37.21%	0.0346
2D-LDA + RBFN	37.14%	37.71%	0.0347

▼ 表 7.4 使用交叉驗證策略的混淆矩陣

	Angry	Disgust	Fear	Happy	Neural	Sad	Surprise	Total
Angry	30							30
Disgust	1	28						29
Fear		2	27		1		2	32
Happy				30	1			31
Neural					30			30
Sad			3	1		27		31
Surprise				2			28	30
Total								213

▼ 表 7.5 使用留一策略的混淆矩陣

	Angry	Disgust	Fear	Happy	Neural	Sad	Surprise	Total
Angry	30							30
Disgust	1	28						29
Fear		1	29			1	1	32
Happy				29		1	1	31
Neural					30			30
Sad			2	1		28		31
Surprise							30	30
Total								213

7.3 文件影像處理和分類 (Document Image Processing and Classification)

在每個辦公室，都迫切需要對每天收到的大量文件進行自動編碼，以便進一步的電腦處理。在這樣的文件處理系統中，文本內容的數據以各種字元大小和字體、圖形和圖片的形式呈現。這些多樣的數據需要透過影像處理和電腦視覺技術進行解釋，並使用基於規則的技術來進行分析和處理。

因此，文件處理系統是自動化和整合文件感知的各種流程和表示的最先進技術。它整合了電腦圖形、影像處理、電腦視覺和模式識別等多種技術，旨在將任何資訊轉換為等效的符號表示，可以視為從影像形式到可處理形式的逆向處理。這一過程包括多個步驟，從數位化到分割，再到進一步的特徵提取和處理。

文件處理系統的主要技術

(1) **光學字元識別（OCR）**：

a. **功能**：將印刷文本或手寫文本從紙質文件中轉換為可編輯的數位文本。

b. **應用**：處理各種字元大小和字體，識別並提取文本內容。

(2) **影像處理**：

a. **功能**：處理和分析文件中的影像和圖形，提取有用的資訊。

b. **應用**：去除雜訊、提高對比度、影像分割等，以便識別圖形和圖片中的內容。

(3) **電腦視覺**：

a. **功能**：識別和解釋文件中的圖片和複雜圖形。

b. **應用**：對文件中的圖片進行分類、標記，甚至進行內容識別（如臉部識別、物體識別）。

(4) **基於規則的技術**：

a. **功能**：使用預定義的規則來分析和處理文本內容和圖形數據。

b. **應用**：根據文本格式、特定模式或關鍵字分類和處理文件內容。

文件處理的工作流程

(1) **數位化**：

a. 使用掃描器將紙質文件轉換為數位影像。

b. 透過影像處理技術對數位影像進行預處理，如降噪、二值化等。

(2) **文本識別**：

a. 使用 OCR 技術識別影像中的文本內容，將其轉換為可編輯的數位文本。

b. 根據字元大小和字體的多樣性調整 OCR 設置，以提高識別準確性。

(3) **圖形和圖片識別**：

a. 使用電腦視覺技術對影像中的圖形和圖片進行識別和分類。

b. 提取圖形和圖片中的有用資訊，並將其與文本內容進行整合。

(4) **基於規則的分析**：

a. 根據預定義的規則對識別出的文本和圖形資料進行分類和處理。

b. 自動編碼文件內容，為進一步的電腦處理做好準備。

(5) **儲存和檢索**：

a. 將處理過的資料儲存在資料庫中，便於檢索和查詢。

b. 使用索引和關鍵字標記系統提高文件檢索效率。

我們提出的檔案處理系統整體組織如圖 7.23 所示。辦公室文件被數位化，並透過掃描器閾值化為二進位影像。為了對包含文字、圖形和圖片的混合模式文件中的資訊進行編碼，第一步是將文件影像分割成單獨的區塊，即文字區塊、圖形區塊和圖片區塊。文字塊被進一步分成孤立的字元，這些字元透過字元識別子系統傳遞。圖形塊進一步分為文字描述和圖形圖元，例如直線和曲線。該文字描述可以按照與文字區塊相同的公式處理。圖形進一步被編碼成參數表示或符號詞，或透過圖片壓縮器。例如，邏輯與閘電路圖被轉換為名稱 "AND"。與半色調圖片區分開來的標誌圖片被辨識並轉換成其像徵性文字。由白到黑像素的高過渡密度組成的圖片塊可以使用現有的壓縮技術進行壓縮以實現高效儲存。

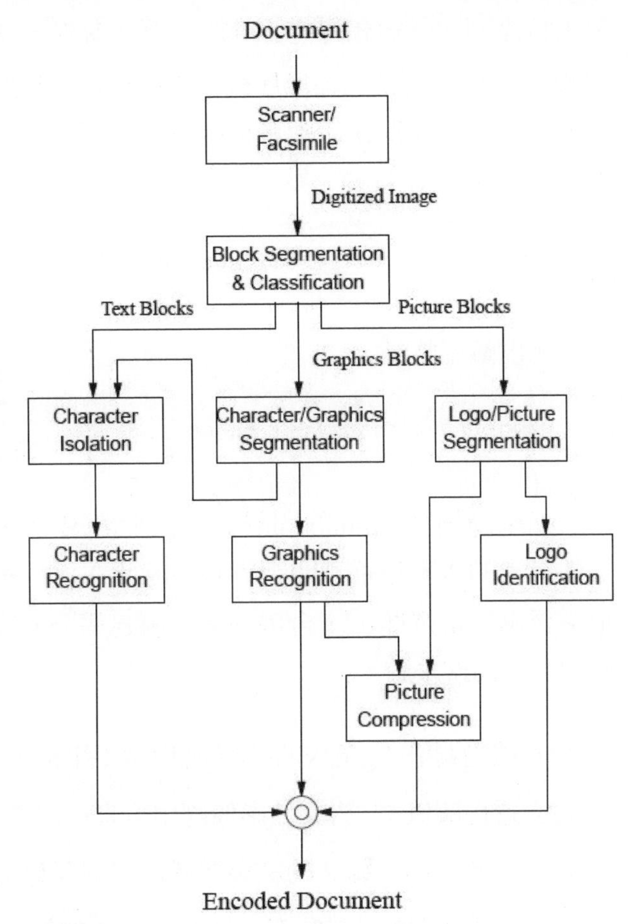

圖 7.23 擬議文件處理系統的總體組織。

7.3.1 圖片塊分割與分類

文件處理旨在將任何資訊轉換為等效的符號表示，可以視為從影像形式到可處理形式的逆處理。透過掃描器或傳真機將文件數位化和 / 或閾值化為二進位影像。文件影像需要先分割成單獨的文字、圖形或圖片塊。辦公室文件透過掃描器或傳真機被數位化並閾值化為黑白（或二進位）影像，其中白色像素表示為 0，黑色像素表示為 1。遊程平滑演算法（Run-Length Smoothing Algorithm, RLSA）可以應用於逐行或逐列掃描中的二進位序列。一組相鄰的 0 或 1 稱為遊程。演算法使用以下規則將二進位輸入序列 f 轉換為輸出序列 g：如果遊程長度為 0，則 f 中的 0 變為 g 中的 1；即，相鄰 0 的數量小於或等於預先定義的閾值 C。例如，如果選擇閾值 $C = 5$ 並且輸入為

```
f: 00110000000100111000110000000100
```

那麼輸出將是

```
g: 11110000000111111111111000000111
```

如果兩個 1 之間的間隔不足，平滑規則會將它們合併在一起。由於文件元素的水平和垂直間距不同，因此在逐行和逐列處理時使用不同的 C 值。透過適當選擇 C，合併的運行將建構公共資料類的各個區塊。RLSA 包括以下四個步驟：

(1) 透過閾值 C_h 對文件影像應用水平平滑。

(2) 透過閾值 C_v 對文件影像應用垂直平滑。

(3) 步驟 1 和步驟 2 的結果透過邏輯與運算進行組合。

(4) 使用相對較小的閾值 C_a 對步驟 3 的輸出進行附加水平平滑。

原始 RLSA 需要掃描影像四次。然而，可以透過以下公式實現將掃描影像從四次減少到兩次。步驟 1 和 2 的順序可以互換。也就是說，如果先進行垂直平滑，則可以利用代數理論 $A \cap B = A - \overline{B}$ 將水平平滑與步驟 3 合併在一起，其中 A 和 B 是集合。因此，新的三步驟演算法是

(1) 依照閾值 C_v 對原始文件影像進行垂直平滑。

(2) 若原始影像水平方向 0 的遊程長度大於 C_h，則將步驟 1 的輸出中的對應像素設為 0；否則，它們保持不變。

(3) 透過相對較小的閾值 C_a 對步驟 2 的輸出應用額外的水平平滑。

因為 $C_a < C_h$，觀察到如果原始影像的水平連續 0 的數量在 C_h 和 C_a 之間，則檢查步驟 1 的輸出中的相應像素是否被細分為更小的段，然後將段之間的間距與 C_a 比較，以確定要分配 0 還是 1。因此，改進的兩步驟演算法為

(1) 透過閾值 C_v 對原始文件影像進行垂直平滑。

(2) 若原始影像水平方向上 0 的遊程長度 (以 RL 表示) 大於 C_h，則將步驟 1 的輸出中的對應像素設為 0。如果 $RL \le C_a$，則將步驟 1 的輸出中的對應像素設為 1。如果 $C_a < RL \le C_h$ 且步驟 1 的輸出中水平連續 0 的遊程長度小於或等於 C_a，則將步驟 1 的輸出中的對應像素設為 1。

我們介紹區塊分類演算法，用於將區塊分類為文字、水平和垂直線、圖形或圖片類別之一。使用由區塊高度平均值與區塊平均黑色像素遊程長度，組成的二維平面，將文件區塊分類為文字、非文字、水平線或垂直線。應用基於高度、長寬比、密度、週長和週長對比寬度比特徵的基於規則的分類。使用黑白對遊程矩陣和黑 - 白 - 黑組合遊程矩陣得出三個特徵：（1）短遊程強調，（2）長期遊程強調，（3）超長重點做好報紙分類工作。

設定影像的左上角為座標原點。每個區塊都採用以下措施。

- 最小 x 和 y 座標以及區塊的寬度和高度 $(x_{\min}, y_{\min}, \Delta x, \Delta y)$。
- 對應於原始影像區塊的黑色像素的數量 (N)。
- 與原始影像區塊相對應的白到黑像素的水平過渡數量 (TH)。
- 與原始影像 (TV) 區塊相對應的白到黑像素的垂直轉換數量。
- 與原始影像區塊相對應的任何黑色像素存在的列數 (δx)。

區塊分類採用以下特徵。

- 每個塊的高度，$H = \Delta y$。
- 寬高比（或長寬比），$R = \Delta x / \Delta y$。

- 塊中黑色像素的密度，$D = N / \Delta x \Delta y$。
- 每單位寬度 $TH_x = \dfrac{TH}{\delta x}$ 的白到黑像素的水平過渡。
- 每單位寬度 $TV_x = \dfrac{TV}{\delta x}$ 的白到黑像素的垂直過渡。
- 每單位高度 $TH_y = \dfrac{TH}{\Delta y}$ 的白到黑像素的水平過渡。

由於文件通常包含最常見的大小和字體的字元，因此所有塊高度的平均值近似最常見的塊高度。寬高比可用於偵測水平線 TH_x 或垂直線 TV_x。並用於文本和非文本區分。據觀察，兩者都與字元的字體和大小無關。讓 $TH_x^{\max}$ 和 $TH_x^{\min}$ 表示文本歧視的最大值和最小值，讓 $TV_x^{\max}$ 和 $TV_x^{\min}$ 表示非文本歧視。設 H_m 為最受歡迎區塊的平均高度。基於規則的區塊分割描述如下：

- 規則 1：如果 $c_1 H_m < H < c_2 H_m$，則該區塊屬於文字。
- 規則 2：如果 $H < c_1 H_m$ 和 $c_{h1} < TH_x < c_{h2}$，則該區塊屬於文字。
- 規則 3：如果 $TH_x < c_{h3}$、$R > c_R$ 和 $c_3 < TV_x < c_4$，則區塊是一條水平線。
- 規則 4：如果 $TH_x > 1/c_{h3}$、$R < 1/c_R$ 和 $c_3 < TH_y < c_4$，則區塊為一條垂直線。
- 規則 5：如果 $H > c_2 H_m$、$c_{h1} < TH_x < c_{h2}$ 和 $c_{v1} < TH_x < c_{v2}$，則區塊屬於文字。
- 規則 6：如果 $D < c_5$，則該區塊屬於圖形。
- 規則 7：否則，該區塊屬於圖片。

規則 1 用於提取大部分文字行。規則 2 用於捕捉較小尺寸的文字行，例如註腳或備註。規則 3 和 4 分別決定水平線和垂直線。規則 5 提取較大尺寸的文本，例如標題和標題。其餘區塊被分類為非文字。規則 6 用來利用塊密度將圖形與圖片分開，使得圖形的密度低於圖片。

CHAPTER

8

浮水印（Watermarking）

隨著電子商務網站和應用程式數量的快速增長，智慧財產權保護成為在網路上展示照片、書籍、手稿和原創藝術品數位形式的內容所有者的一個極其重要問題。此外，隨著可用運算能力的不斷提高，保護影片檔案免受攻擊的需求也在不斷增加。影像浮水印的應用廣泛，涵蓋電子出版、廣告、商品訂購和配送、圖片畫廊、數位圖書館、線上報刊雜誌、數位影片和音訊、個人通訊等領域。

浮水印並不是一個新的現象。近一千年來，紙上的浮水印經常被用來明確表明特定的出版商並防止貨幣偽造。浮水印是在生產過程中印在紙上的設計，用於版權識別。這些設計可以是圖案、標誌或影像。在現代，由於大部分數據和資訊都以數位形式儲存和傳輸，證明真實性變得越來越重要。因此，數位浮水印是一種將任意資訊編碼到影像中的過程，使影像觀察者無法察覺到附加的有效負載。

影像浮水印已被提出作為識別文件或影像來源、創建者、所有者、分發者或授權消費者的合適工具。它也可用於偵測非法分發或修改的文件或影像。另一種技術是密碼學中的加密，它是一種將資訊模糊化的過程，使其對沒有特定金鑰或知識的觀察者無法讀取資訊。此技術有時稱為資料擾亂。當浮水印與加密相輔相成時，可以用於多種用途，包括版權保護、廣播監控和數據驗證。

在數位世界中，浮水印是嵌入數位媒體中的一種位元模式，可以用來識別創建者或授權使用者。與印刷的可見印章浮水印不同，數位浮水印被設計為對觀眾不可見。嵌入影像中的位元分散在整個影像中，以避免被識別或修改。因此，數位浮水印必須具有強韌性，能夠在檢測、壓縮及其他操作中存活。

圖 8.1 描述了一個通用的數位浮水印系統。浮水印訊息 W 嵌入到媒體訊息中，該媒體訊息被定義為宿主影像 H。嵌入過程產生的影像稱為浮

水印影像 H^*。在嵌入過程中，有時會涉及到一個秘密鑰匙 K，例如隨機數生成器，以生成更安全的浮水印。浮水印影像 H^* 隨後透過通訊頻道傳輸。接收者可以在之後檢測或提取浮水印。

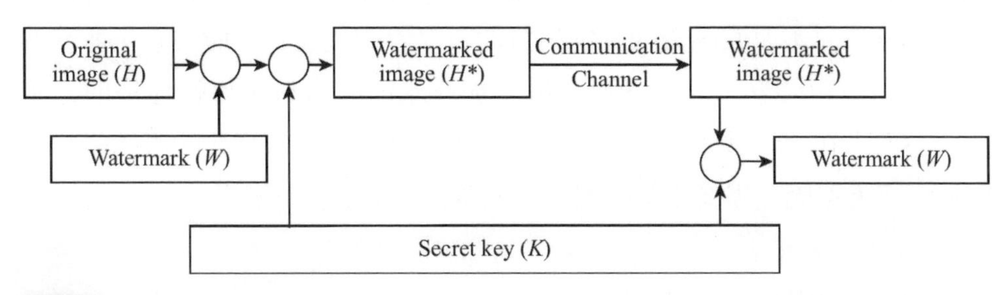

圖 8.1 通用數位浮水印系統。

8.1 浮水印分類

我們可以根據數位浮水印的特點將數位浮水印技術分為五類：

(1) **盲（Blind）與非盲（Non-blind）：**盲浮水印不需要原始影像即可檢測浮水印，而非盲浮水印則需要原始影像。

(2) **可感知（Perceptible）與不可感知（Imperceptible）：**可感知浮水印在影像中是可見的，而不可感知浮水印則是不可見的。

(3) **私有（Private）與公有（Public）：**私有浮水印需要特殊的密鑰來嵌入和檢測，而公有浮水印則不需要。

(4) **強韌（Robust）與易碎（Fragile）：**強韌浮水印能夠抵抗各種操作和攻擊，而易碎浮水印則會在影像受到修改時被破壞。

(5) **空間域（Spatial Domain）與頻率域（Frequency Domain）：**空間域浮水印直接嵌入影像像素中，而頻率域浮水印則嵌入在影像的頻率變換係數中。

8.1.1 盲與非盲（Blind vs. Non-blind）

如果浮水印技術不需要存取原始未加浮水印的資料（例如影像、視訊、音訊等）來恢復浮水印，則該技術稱為盲浮水印技術。反之，如果在提取浮水印時需要原始數據，則稱為非盲浮水印技術。一般來說，非盲方案比盲方案更強韌，因為透過了解未加浮水印的資料可以輕鬆提取浮水印。然而，在大多數應用中，浮水印偵測器無法取得未修改的原始訊號。因此，盲方案因不需要原始數據，在大多數應用中更為實用。

8.1.2 可感知與不可感知（Perceptible vs. Imperceptible）

如果嵌入的浮水印是可見的，例如插入在影像角落的標誌，則稱這種浮水印為可感知浮水印。一個良好的可感知浮水印必須難以被未經授權的人去除，並且能夠抵抗偽造。由於將圖案或標誌嵌入到宿主影像中相對容易，因此我們必須確保這些可感知浮水印確實是由作者嵌入的。相較之下，不可感知浮水印則透過複雜的演算法嵌入到宿主影像中，對觀察者來說是不可見的，但可以被電腦提取。

8.1.3 私有與公有（Private vs. Public）

如果只有授權使用者才能偵測到浮水印，則稱這種浮水印為私有浮水印。換句話說，私有浮水印技術的目的是使未經授權的使用者無法提取浮水印，例如使用私有的偽隨機金鑰進行加密。私鑰指示浮水印在宿主影像中的位置，從而允許在知道這個秘密位置的情況下插入和刪除浮水印。

相反，允許任何人讀取浮水印的技術稱為公有浮水印。公有浮水印嵌入在每個人都知道的位置，因此浮水印檢測軟體可以透過掃描整個影像輕鬆提取浮水印。一般來說，私有浮水印技術比公有浮水印技術更強韌，一旦嵌入的程式碼被公開，攻擊者就可以輕鬆刪除或破壞訊息。

此外，還有非對稱浮水印（或公有浮水印），其特點是任何用戶都可以讀取浮水印但無法將其刪除。我們稱之為非對稱加密系統。在這種情況下，檢測過程（特別是檢測金鑰）是任何人都完全知道的，因此只需要公鑰進行驗證，私鑰用於嵌入浮水印。

8.1.4 強韌與易碎（Robust vs. Fragile）

浮水印的強韌性說明隱藏的浮水印能夠承受合法的日常使用或影像處理操作（例如有意或無意的攻擊）。有意攻擊旨在破壞浮水印，而無意攻擊則沒有明確意圖改變浮水印。根據嵌入目的，浮水印可以分為三種類型：強韌浮水印、易碎浮水印和半易碎浮水印。

強韌浮水印旨在防止對浮水印影像的有意（惡意）和無意（非惡意）修改。惡意的有意修改包括未經授權刪除或更改嵌入的浮水印，以及未經授權嵌入任何其他資訊。無意的修改包括影像處理操作，例如縮放、裁剪、過濾和壓縮。強韌浮水印通常用於版權保護，以聲明合法所有權。

相反地，出於驗證目的，易碎浮水印用於偵測任何未經授權的修改。易碎浮水印技術著重於完整性驗證，即使是對浮水印影像的最輕微修改都會改變或破壞浮水印。

不同於強韌浮水印和易碎浮水印，半易碎浮水印旨在檢測任何未經授權的修改，同時允許一些影像處理操作。半易碎浮水印用於選擇性驗證，檢測非法失真，同時忽略合法失真。換句話說，半易碎浮水印技術可以區分普通影像處理和小的內容保留雜訊，例如有損壓縮、位元錯誤或脈波雜訊，與惡意內容修改。

8.1.5 空間域與頻率域（Spatial Domain vs. Frequency Domain）

有兩種嵌入浮水印的影像域：空間域和頻率域。在空間域，我們可以透過改變宿主影像中某些像素的灰階來簡單地將浮水印插入宿主影像中。這種方法具有低複雜度和易於實現的優點，但插入的資訊可能會被電腦分析輕易偵測到或容易受到攻擊。

在頻率域，我們可以將浮水印嵌入變換影像的係數中。這些變換包括離散餘弦轉換（Discrete Cosine Transform）、離散傅立葉轉換（Discrete Fourier Transform）和離散小波轉換（Discrete Wavelet Transform）。然而，如果在頻率域中嵌入過多數據，影像品質將會顯著下降。空間域浮水印技術通常對壓縮和雜訊添加等攻擊的抵抗力較差，但計算複雜度較低，且通常能夠承受裁剪攻擊，而這通常是頻率域浮水印技術難以做到的。另一種技術是結合空間域浮水印和頻率域浮水印，以提高強韌性並降低複雜性。

8.2 空間域浮水印方法

空間域浮水印是直接在影像的空間域中修改像素值。一般來說，空間域浮水印方案很簡單，提取浮水印時不需要原始影像。它們在強韌性、容量和不可感知性之間提供了更好的平衡。然而，它們的缺點是對影像處理操作不具備強韌性，因為嵌入的浮水印不會分佈在整個影像中，操作很容易破壞浮水印。

浮水印的目的是在不可感知性、安全性和抗攻擊強韌性的前提下，在內容層級嵌入秘密訊息。大多數浮水印嵌入演算法可以分類為程式碼元素替換或附加嵌入。

8.2.1 空間域替換浮水印

空間域中的替代浮水印是最簡單的浮水印演算法。基本上，嵌入位置，例如所有像素的特定位元，是在浮水印嵌入之前預先定義的。一旦接收者獲得了帶有浮水印的影像，他 / 她就知道提取浮水印的確切位置。在浮水印嵌入過程中，浮水印首先被轉換為位元流。然後，將位元流的每個位元嵌入到宿主影像的選定位置的特定位元中。圖 8.2 顯示空間域中替換浮水印的範例，其中執行了 3 個 LSB 替換，即分別將 1、0 和 1 嵌入到 50、50 和 48 中。

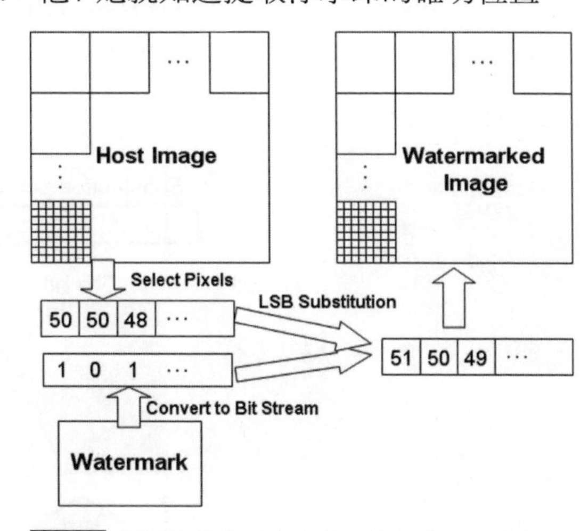

圖 8.2 空間域替代浮水印的浮水印嵌入過程。

在浮水印提取過程中，浮水印影像的具體像素位置是已知的。接著，每個像素值被轉換為其二進位格式。最後，從嵌入浮水印的位元中提取浮水印。圖 8.3 顯示出空間域替代浮水印的浮水印提取過程的範例。

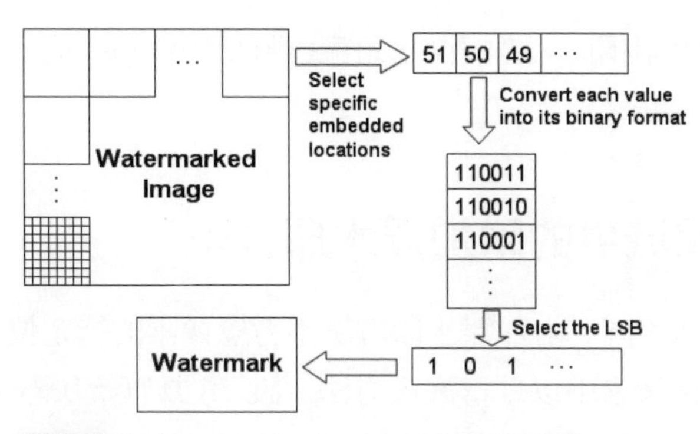

圖 8.3 空間域替代浮水印的浮水印提取過程。

一般來說，空間域替代浮水印的容量比其他浮水印方法大。其最大浮水印容量為宿主影像大小的 8 倍。但出於不可感知的目的，合理的浮水印容量為宿主影像大小的 3 倍。如果浮水印被嵌入到至少 3 個有效位元中，人類就無法區分原始影像和加浮水印的影像。圖 8.4 顯示將浮水印嵌入到不同位元的範例。顯然，如果將浮水印嵌入到第 7 位和第 5 位，人眼可以區分浮水印影像。然而，如果將浮水印嵌入到第 3 位，則很難判斷影像中是否隱藏有浮水印。

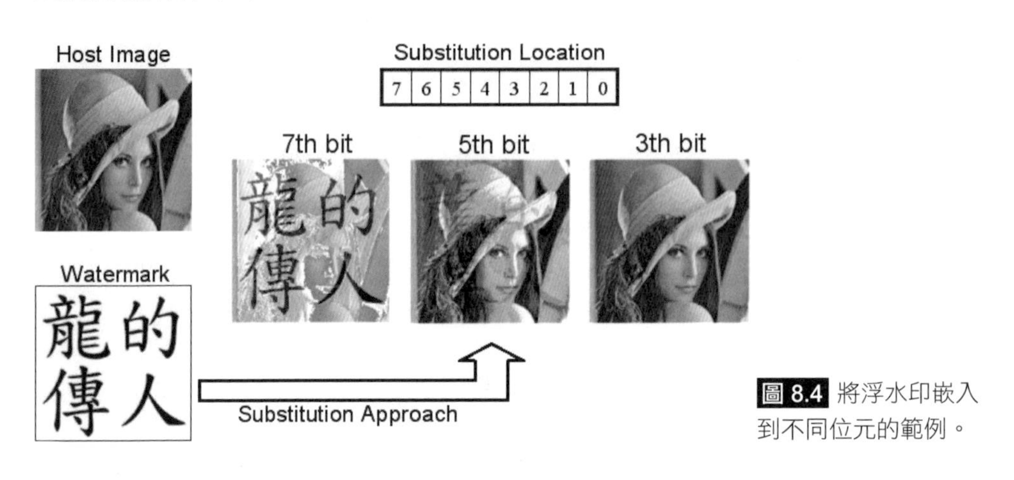

圖 8.4 將浮水印嵌入到不同位元的範例。

替代浮水印實作起來很簡單，然而，嵌入浮水印對於拼貼或有損壓縮攻擊並不強韌。因此，已提出一些改進的空間域浮水印演算法以增強其強韌性。

與強韌浮水印相比，脆弱浮水印可以將易碎浮水印嵌入到影像中以檢測影像是否已被更改。

8.2.2 空間域中的附加浮水印

與替換方法不同，附加浮水印方法不考慮像素的特定位元。相反，它將一定量添加到像素中以執行嵌入方法。設 H 為原始灰階主影像，W 為二值浮水印影像。設 $\{h(i,j)\}$ 和 $\{w(i,j)\}$ 表示它們各自的像素。我們可以將 W 嵌入 H 中成為浮水印影像 H^*：

$$h^*(i,j) = h(i,j) + a(i,j) \cdot w(i,j) \tag{8.1}$$

其中 $\{a(i,j)\}$ 表示縮放因子。基本上，$a(i, j)$ 越大，浮水印演算法的穩健性越高。圖 8.5 顯示空間域中附加浮水印的範例，其中如果嵌入浮水印為 1，則 $a(i, j) = 100$；否則，$a(i, j) = 0$。因此，在浮水印嵌入之後，使用浮水印 1、0 和 1，將原始值分別從 50、50 和 48 改變為 150、50 和 148。

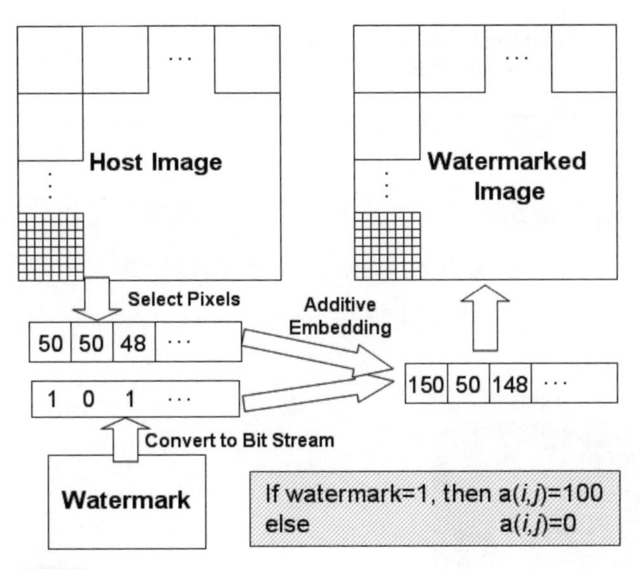

圖 8.5 空間域附加浮水印的浮水印嵌入過程。

很明顯地，如果有一個很大的 $a(i, j)$，加浮水印的影像就會失真，如圖 8.4 所示。那就很難實現高度的不可察覺性。附加浮水印需要考慮的兩個關鍵問題：一是不可察覺性，二是需要原始影像來辨識嵌入的訊息。

為了增強不可感知性，不在單一像素嵌入大值；相反地，在像素塊中。圖 8.6 顯示基於區塊的附加浮水印的範例。首先，選擇一個 3×3 的區塊，透過增加 99 來嵌入浮水印。其次，數額除以 9。

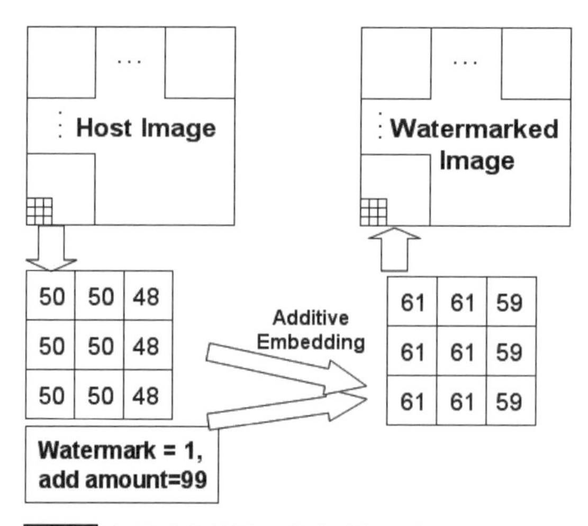

圖 8.6 空間域中基於區塊的附加浮水印的範例。

第二個問題是提取嵌入浮水印時需要原始影像。當接收者獲得帶有浮水印的影像時，由於事先不知道用於嵌入的區塊位置，所以很難確定嵌入訊息。因此，通常需要參考（或原始）影像來提取浮水印，如圖 8.7 所示。

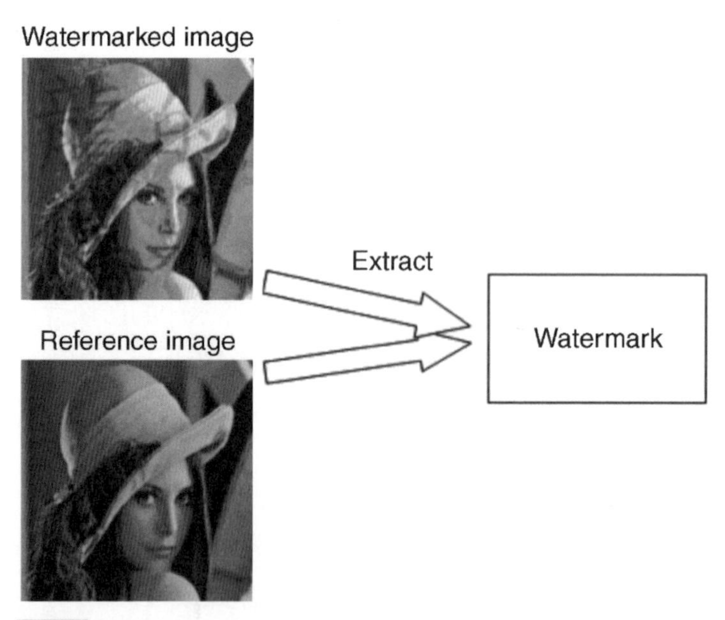

圖 8.7 在附加浮水印中需要參考影像來提取浮水印。

8.3 頻率域浮水印方法

在頻率域（或光譜）浮水印中，我們可以透過離散傅立葉轉換（DFT）、離散餘弦轉換（DCT）或離散小波轉換（DWT），將浮水印插入變換後影像的頻率係數中。由於頻率變換通常會去除相關像素的空間關係，因此大部分能量集中在低頻成分上。當我們將浮水印嵌入到低頻或中頻時，這些變化會在整個影像中分佈，使其在影像處理操作中受到的影響較小。因此，與空間域浮水印方法相比，頻率域浮水印技術相對更強韌。

在本節中，我們將描述頻率域中的替代和乘法浮水印方法。然後我們將介紹基於向量量化的浮水印方案。最後，我們將提出頻率域方法中的捨入誤差問題。

8.3.1 頻率域替換浮水印

頻率域的替代浮水印方案基本上與空間域相似，差別在於浮水印嵌入的是變換後影像的頻率係數中。圖 8.8 顯示將 4 位元浮水印嵌入影像頻率域的範例。圖 8.8(a) 是 8×8 灰階的宿主影像，(b) 是經過 DCT 轉換後的影像。圖 8.8(c) 是一個二進位浮水印，其中「0」和「1」是嵌入值，「-」表示其位置沒有變化。我們透過使用 LSB 替換將 (c) 嵌入到 (b) 中來獲得圖 8.8(d)。圖 8.9 顯示 LSB 替換方法的詳細資訊。

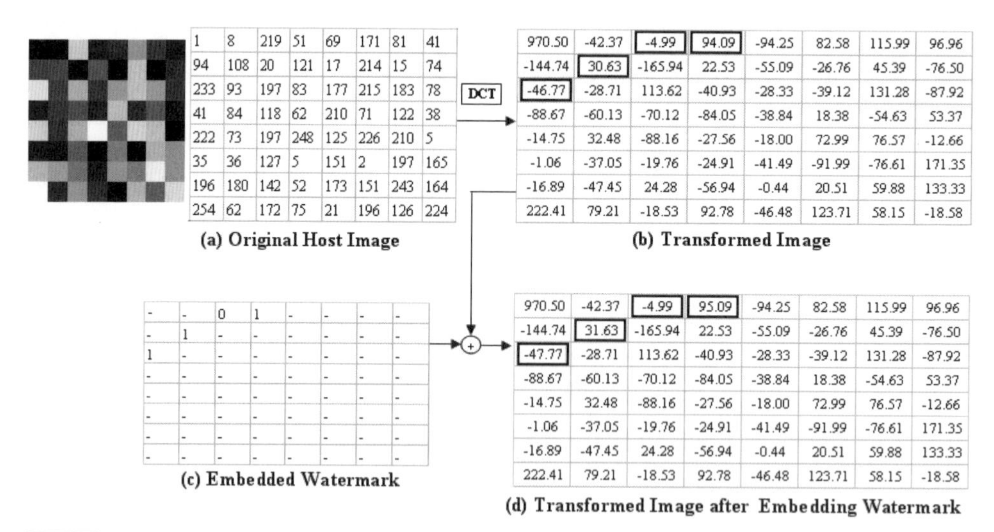

圖 8.8 在影像頻率域中嵌入 4 位元浮水印的範例。

LSB (Least Significant Bit) Substitution

W	Original Coeff.	Integer Part	Binary Format	Watermarked	
				Binary	Coeff.
1	-46.77	46	00101110	00101111	-47.77
1	30.63	30	00011110	00011111	31.63
0	-4.99	4	00000100	00000100	-4.99
1	94.09	94	01011110	01011111	94.09

圖 8.9 將浮水印嵌入圖 8.8 中變換後影像的係數中。

8.3.2 頻率域中的乘法浮水印

頻率域嵌入是將浮水印插入變換後影像中預先指定的頻率範圍內。浮水印通常嵌入在影像的感知顯著部分（即顯著頻率分量）中，以提高其抗攻擊的強韌性。浮水印根據特定頻率分量的大小進行縮放，並由隨機的高斯分佈序列組成。這種嵌入方法稱為乘法浮水印。令 H 為主影像的 DCT 係數，W 為隨機向量。設 $\{h(m,n)\}$ 和 $\{w(i)\}$ 表示它們各自的像素。我們可以將 W 嵌入 H 中成為浮水印影像 H^*：

$$h^*(m,n) = h(m,n)(1+\alpha(i)\cdot w(i)) \tag{8.2}$$

請注意，較大的值 $\{\alpha(i)\}$ 會在帶有浮水印的影像上產生較高的失真。通常將其設為 0.1，以在不可察覺性和穩健性之間提供良好的權衡。使用原始係數的對數的另一個嵌入公式是

$$h^*(m,n) = h(m,n) \cdot e^{\alpha(i) \cdot w(i)} \tag{8.3}$$

例如，假設浮水印是由 1000 個偽隨機實陣列成的高斯序列。我們選擇 DCT 域中的 1000 個最大係數。我們將浮水印嵌入 Lena 影像中，得到如圖 8.10 所示的浮水印影像。可以使用逆嵌入公式提取浮水印：

$$w'(i) = \frac{h^*(m,n) - h(m,n)}{\alpha(i) \cdot h(m,n)} \tag{8.4}$$

圖 8.10 帶有浮水印的影像。

為了比較提取的浮水印序列 $\mathbf{w}'$ 和原始浮水印 $\mathbf{w}$，我們可以使用相似性度量：

$$sim(\mathbf{w}', \mathbf{w}) = \frac{\mathbf{w}' \cdot \mathbf{w}}{|\mathbf{w}'|} \tag{8.5}$$

公式中的點積 $\mathbf{w}' \cdot \mathbf{w}$ 將根據獨立且常態分佈的變數的線性組合的分佈進行分佈

$$N(0, \mathbf{w}' \cdot \mathbf{w}) \tag{8.6}$$

因此，$sim(\mathbf{w}', \mathbf{w})$ 是根據 $N(0,1)$ 分佈的。然後我們可以應用常態分佈的標準顯著性檢定。圖 8.11 顯示浮水印偵測器對 500 個隨機產生的浮水印反應，其中只有一個與浮水印相符。由正確浮水印引起的積極反應比對不正確浮水印的反應強得多。如果 $\mathbf{w}'$ 是獨立從 $\mathbf{w}$ 創建的話，那 $sim(\mathbf{w}', \mathbf{w}) > 6$ 是幾乎不可能的。這表明嵌入技術的假陽性和假陰性回應率非常低。透過使用公式（8.5）到圖 8.10 上，我們得到相似性度量為 29.8520。

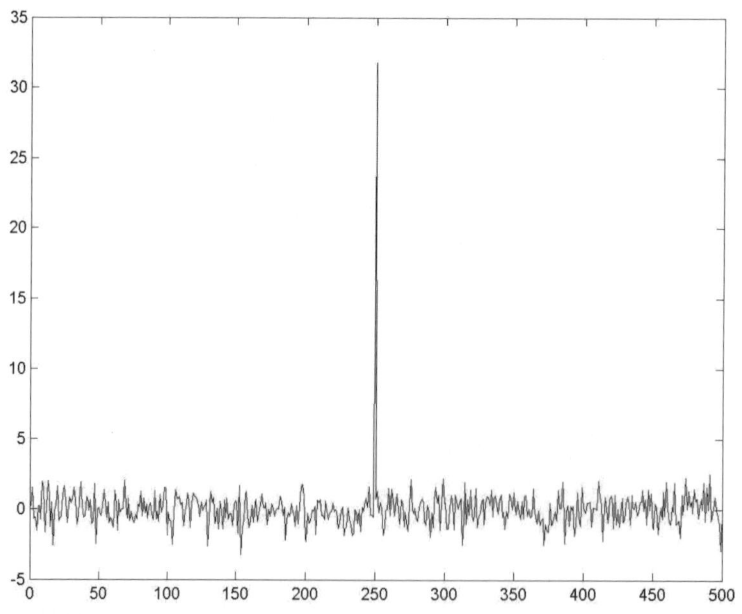

圖 8.11 500 個隨機產生的浮水印的反應，其中只有一個與原始浮水印完全匹配。

8.3.3 基於向量量化的浮水印

向量量化（Vector Quantization）是一種基於有損區塊壓縮技術，其中量化的是向量而不是標量。影像被分割成二維區塊，每個輸入區塊被映射到一個有限的向量集合中，這些向量形成一個編碼本，並在編碼器和解碼器之間共用。基於某些成本函數與輸入區塊最匹配的向量索引被傳送到解碼器。雖然傳統的向量量化是固定維度的方案，但更靈活的可變維度向量量化技術已經被開發出來。

碼字的碼本用於儲存所有向量。給定一個輸入向量，在搜尋過程中使用歐幾里得距離來測量兩個向量之間的距離：

$$k = \arg\min_j \sqrt{\sum_i (\mathbf{v}(i) - \mathbf{s}_j(i)^{\ 2}}, \quad \text{where } j = 0,1,\ldots,N-1 \tag{8.7}$$

選擇最接近的歐幾里得距離碼字 $\mathbf{s}_k$ 並將其發送到接收器。使用相同的碼本，分解過程可以透過查表輕鬆提取向量 $\mathbf{v}$。

8.4 易碎浮水印方法

由於電腦影像處理的普及，許多軟體工具可以供使用者修改影像。因此，接收方判斷接收到的影像是否被攻擊者篡改成為關鍵問題。易碎浮水印提供了一種解決方案來確保接收到的影像是否可信。這種情況如圖 8.12 所示。

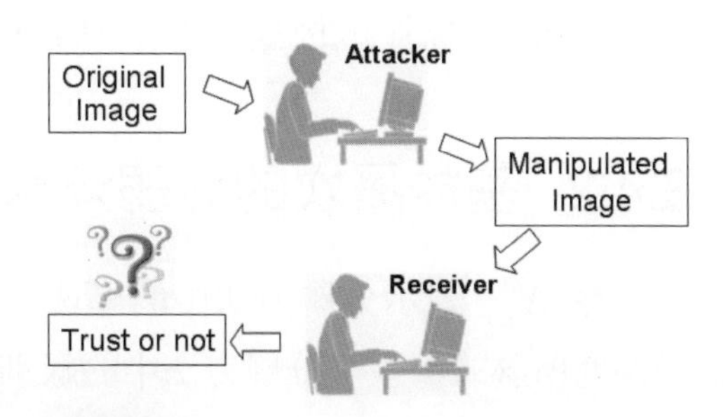

圖 8.12 接收方有判斷接收到的影像是否被竄改的問題。

8.4.1 基於塊的脆弱浮水印

設 D 為浮水印影像的大型資料庫，C 為由 D 產生的 n 項碼本。以下介紹 VQ 攻擊的演算法，其流程圖如圖 8.13 所示。

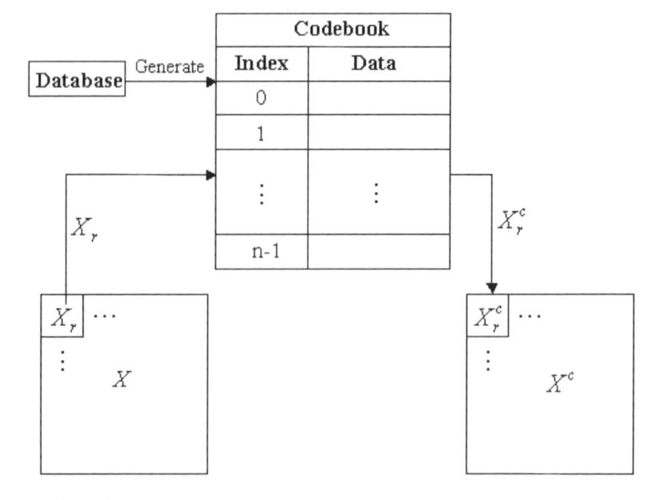

圖 8.13 VQ 假冒攻擊。

VQ 仿冒攻擊演算法：

1. 從 D 產生碼本 C。
2. 將原始影像 X 劃分為子影像 X_r。
3. 對於每個子影像 X_r，我們透過從碼本中選擇與 X_r 的距離（差值）最小的資料來獲得 X_r^c。最後，我們獲得了與原始無浮水印影像具有相同視覺外觀的偽造拼貼影像 X^c。

8.4.2 基於層次的脆弱浮水印

令 $X_{i,j}^l$ 表示分層方法中的區塊，其中 (i, j) 表示區塊的空間位置，l 是區塊所屬的層級。分層方法中的級別總數以 L 表示。那是，對於 $l = L\text{-}1$ 至 2

$$\begin{bmatrix} X_{2i,\ 2j}^{l+1} & X_{2i,\ 2j+1}^{l+1} \\ X_{2i+1,\ 2j}^{l+1} & X_{2i+1,\ 2j+1}^{l+1} \end{bmatrix} = X_{i,j}^l$$

對於每個區塊 $X_{i,j}^{l}$，經過 MD5、XOR 和 RSA 處理後，我們得到其對應的準備插入資料（Ready-to-Insert Data, RID）$S_{i,j}^{l}$。然後，我們基於最低層級的區塊 $X_{i,j}^{L}$ 構造一個有效負載區塊 $P_{i,j}^{L}$。對於每個有效負載區塊，它包含 RID 和屬於 $X_{i,j}^{L}$ 的更高層級區塊的資料。

圖 8.14 說明了分層方法的範例。(a) 表示原始影像 X 及其三級分層結果。注意，$X_{0,0}^{1}$ 是僅由一個區塊 X 組成的層次結構的頂層。(b) 顯示每個區塊 $X_{i,j}^{l}$ 對應的 RID。在處理區塊 $X_{3,3}^{3}$ 時，我們考慮以下三個 RID：$S_{3,3}^{3}$、$S_{1,1}^{2}$ 和 $S_{0,0}^{1}$。產生有效負載區塊 $P_{3,3}^{3}$ 後，我們將其嵌入到原始影像 X 上 $X_{3,3}^{3}$ 的 LSB 中。

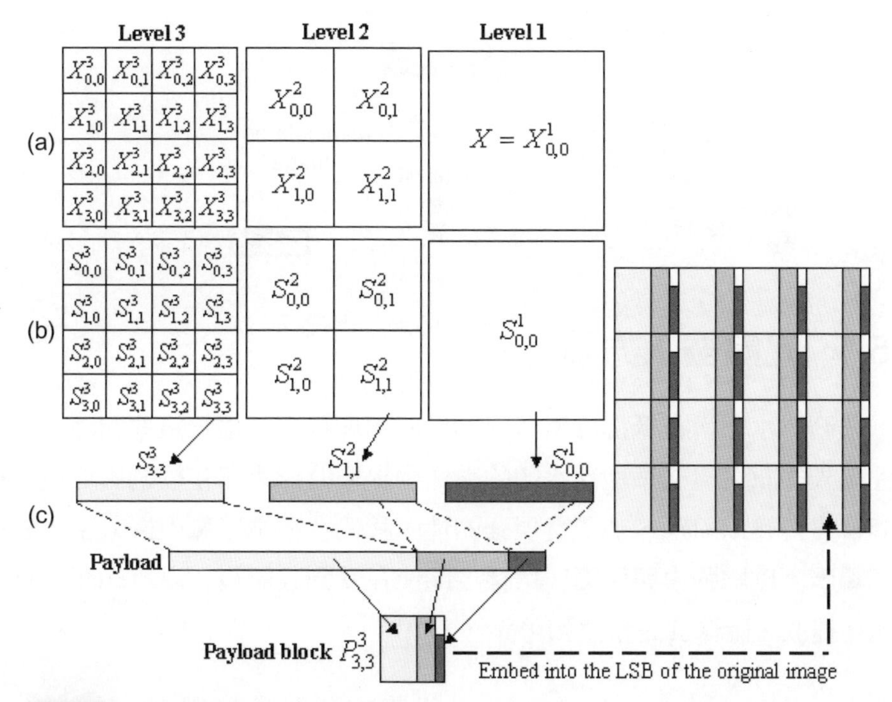

圖 8.14 具有三個層級的分層方法範例。

8.5 強韌浮水印方法

隨著電腦技術的發展，人們能夠透過網路輕鬆複製和分發數位多媒體。然而，這些便利也伴隨著資料盜版的風險。提供版權保護安全性的一種解決方案是強韌浮水印技術，這種技術確保嵌入的訊息能夠在某些攻擊（例如 JPEG 壓縮、高斯雜訊和低通濾波器）下存活。圖 8.15 說明了強韌浮水印的目的。

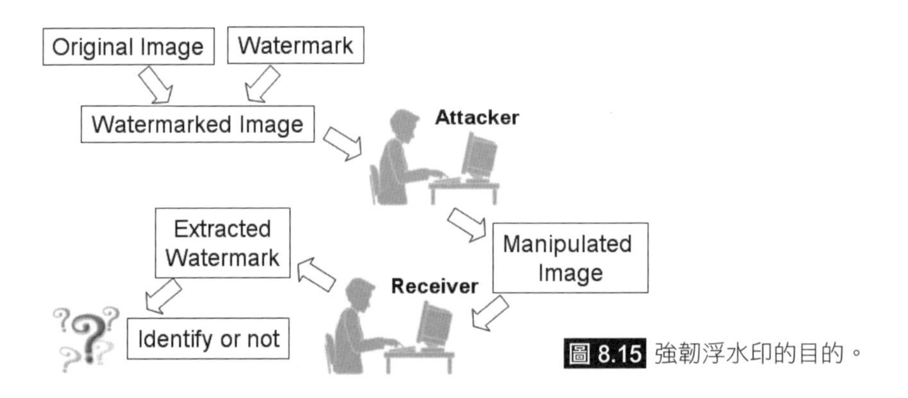

圖 8.15 強韌浮水印的目的。

8.5.1 冗餘嵌入方法

強韌浮水印旨在抵抗攻擊者對影像的處理程序，儘管這些程序可能會扭曲嵌入的訊息。從添加浮水印的影像中提取的浮水印在經過影像處理後可能會變得難以識別。為了實現強韌性，我們在宿主影像中嵌入了冗餘浮水印編碼，以增強複製保護。這樣，即使在受到攻擊後，浮水印訊息仍能被成功提取，確保其完整性和可靠性。

8.5.2 擴頻方法

我們可以使用一種基於擴頻的強韌浮水印演算法，其中嵌入的訊息分佈在整個影像上。首先將影像轉換到頻率域。然後，將浮水印嵌入到變換影像的重要係數中。請注意，重要係數是轉換影像的絕對值較大的位置，如圖 8.16 所示。（a）顯示原始影像，（b）是經過 DCT 變換後的影像。設閾值為 70。粗體矩形被稱為顯著係數（significant coefficients），因為它們的絕對值大於 70。

215	201	177	145	111	79	55	41
201	177	145	111	79	55	41	215
177	145	111	79	55	41	215	201
145	111	79	55	41	215	201	177
111	79	55	41	215	201	177	145
79	55	41	215	201	177	145	111
55	41	215	201	177	145	111	79
41	215	201	177	145	111	79	55

(a)

1024.0	0.0	0.0	0.0	0.0	0.0	0.0	0.0
0.0	110.8	244.0	-10.0	35.3	-2.6	10.5	-0.5
0.0	244.0	-116.7	-138.2	0.0	-27.5	0.0	-6.4
0.0	-10.0	-138.2	99.0	72.2	0.2	13.3	0.3
0.0	35.3	0.0	72.2	-94.0	-48.2	0.0	-7.0
0.0	-2.6	-27.5	0.2	-48.2	92.3	29.9	0.4
0.0	10.5	0.0	13.3	0.0	29.9	-91.3	-15.7
0.0	-0.5	-6.4	0.3	-7.0	0.4	-15.7	91.9

(b)

圖 8.16 顯著係數的範例。

8.6 組合域數位浮水印（Combinational Domain Digital Watermarking）

數位浮水印在當今最先進的資訊隱藏和安全技術中發揮著至關重要的作用。它允許在多媒體數據中嵌入不可感知的浮水印，以識別所有權、追蹤授權使用者並偵測惡意攻擊。先前的研究表明，將浮水印嵌入到最低有效位元或低頻分量中是可靠且強韌的。因此，我們可以將數位浮水印技術分為兩個嵌入域：空間域和頻率域。

在空間域浮水印中，可以透過改變宿主影像中某些像素的灰階來簡單地將浮水印插入宿主影像中。這種方法簡單且易於實現，但往往對攻擊不具備強韌性。在頻率域中，我們可以將浮水印插入變換影像的係數中，例如使用離散傅立葉轉換（DFT）、離散餘弦轉換（DCT）和離散小波轉換（DWT）。這種方法通常被認為對攻擊具有強韌性。然而，在頻率域中無法嵌入大容量的浮水印，因為嵌入浮水印後影像品質會顯著下降。

為了提供高容量浮水印並最大限度地減少影像失真，我們提出了應用組合空間域和頻率域的技術。其想法是將浮水印影像分為兩部分，分別用於空間域和頻率域插入，根據使用者的偏好和資料重要性來決定。這種分裂策略可以設計得更複雜，以至於難以組合。此外，為了增強強韌性，採用了浮水印的隨機排列，以抵禦影像處理操作（例如影像裁切）的攻擊。

8.6.1 組合浮水印概述

為了將更多資料插入宿主影像，最簡單的方法是將它們嵌入到宿主影像的空間域中。然而，缺點是插入的數據可能會被一些簡單的提取技巧檢測到。如何在保持視覺效果不被察覺的情況下插入更多訊號呢？我們提出了一種新的策略，透過將浮水印影像分成兩部分來將高容量浮水印嵌入宿主影像中：一部分嵌入到宿主影像的空間域中，另一部分嵌入到頻率域中。

令 H 為大小 N×N 的原始灰度宿主影像，W 為大小 M×M 的二值浮水印影像。令 W^1 和 W^2 表示從 W 分離出的兩個浮水印，並令 H^S 表示在空間域中由 H 和 W^1 組合而成的影像。H^{DCT} 是 H^S 經由 DCT（離散餘弦變換）轉換到頻率域的影像，H^F 是在頻率域中由 H^{DCT} 及 W^2 組合而成的影像。令 $\oplus$ 表示將浮水印的位元替換為宿主影像的最低有效位元（LSB）的操作。以下是組合影像浮水印的演算法，其流程圖如圖 8.17 所示。

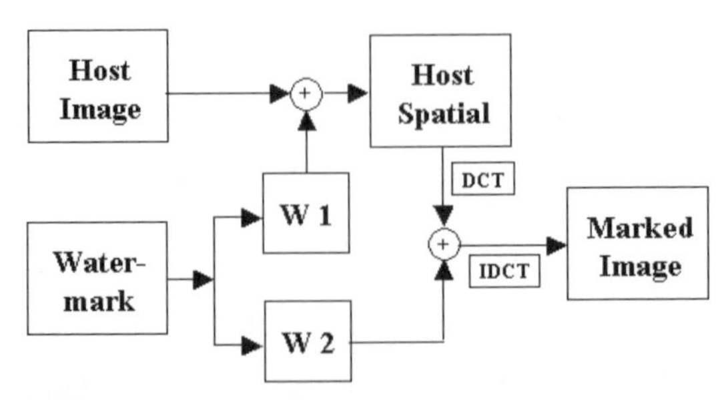

圖 8.17 空間域和頻率域組合浮水印的流程圖。

演算法：

1. 將浮水印分成兩部分：

   $W = \{\ w(i,j)\ ,\ 0 \le i,j < M\ \},$　其中 $w(i,j) \in \{0,1\}$

   $W^1 = \{\ w^1(i,j)\ ,\ 0 \le i,j < M_1\ \},$ 其中 $w^1(i,j) \in \{0,1\}$

   $W^2 = \{\ w^2(i,j)\ ,\ 0 \le i,j < M_2\ \},$ 其中 $w^2(i,j) \in \{0,1\}$

2. 將 W^1 代入 H 的空間域，得到 H^S

   $H^S = \{\ h^S(i,j) = h(i,j) \oplus w^1(i,j),\ 0 \le i,j < N\ \},$ 其中
   $h(i,j)$ and $h^S(i,j) \in \{0,1,2,...,2^L - 1\}$，L 是像素灰階中使用的位數。

3. 透過 DCT 變換 H^S 得到 H^{DCT}。

4. 將 W^2 代入 H^{DCT} 的係數可得 H^F

   $H^F = \{\ h^F(i,j) = h^{DCT}(i,j) \oplus w^2(i,j),\ 0 \le i,j < N\ \},$ 其中
   $h^F(i,j) \in \{0,1,2,...,2^L - 1\}$

5. 透過逆 DCT 變換嵌入的主機影像。

將浮水印影像分割為兩部分的標準，分別插入到空間域和頻率域，取決於使用者的要求和應用。原則上，最重要的資訊通常出現在影像的中心。因此，一種簡單的分割方式是選擇浮水印影像中的中心區域嵌入頻率域中。根據使用者的喜好，我們可以裁剪最私密的資料以嵌入頻率域。

8.6.2 空間域浮水印

將浮水印嵌入到宿主影像的空間域中有很多方法，例如，替換一些像素的最低有效位元（LSB）、更改配對像素以及透過紋理塊進行編碼。最直接的方法是 LSB 替換。在數據傳輸中具有足夠高的通道容量的情況下，可以多次嵌入較小的物件。因此，即使大多數浮水印因惡意攻擊而丟失或損壞，單個倖存的浮水印仍被視為成功。

儘管其簡單性，LSB 替換存在一個主要缺點。任何雜訊添加或有損壓縮都可能破壞浮水印。一個更簡單的攻擊方法是簡單地將每個像素的 LSB 位設置為一。此外，LSB 嵌入可以被攻擊者在不引起顯著變化的情況下修改。一種改進的方法是應用偽隨機數生成器，根據設計的密鑰確定用於嵌入的像素。

如圖 8.18 所示，浮水印可以透過修改宿主影像中一些像素的位元來實現。令 H^* 為浮水印影像。以下是演算法的介紹。

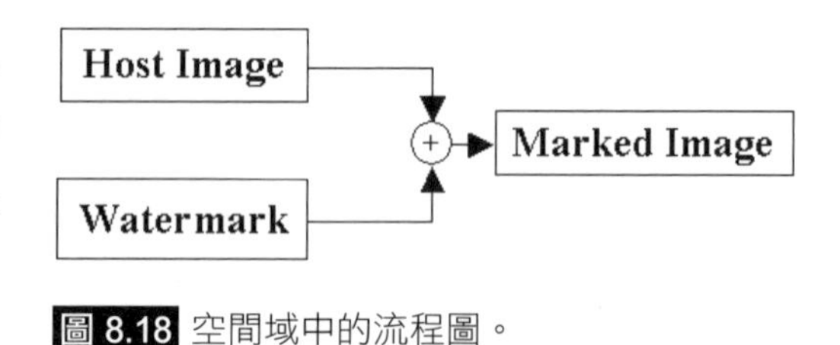

圖 8.18 空間域中的流程圖。

演算法 :

1. 從主影像中取得像素。

$$H = \{\ h(i,j)\ ,\ 0 \le i,j < N\ \},\ h(i,j) \in \{0,1,2,...,2^L - 1\}$$

2. 從浮水印中取得像素。

$$W = \{\ w(i,j)\ ,\ 0 \le i,j < M\ \}$$

3. 將浮水印的像素替換為主機影像的 LSB 像素。

$$H^* = \{\ h^*(i,j) = h(i,j) \oplus w(i,j)\ ,\ 0 \le i,j < N\ \},\ h^*(i,j) \in \{0,1,2,...,2^L - 1\}$$

8.6.3 頻率域浮水印

在頻率域中應用浮水印可以透過首先應用變換來實現。類似於空間域浮水印，可以從原圖中修改特定頻率的值。由於高頻成分通常會在壓縮或縮放時丟失，因此浮水印嵌入到低頻成分中，或者自適應地嵌入到包含影像關鍵資訊的頻率成分中。由於應用於頻率域的浮水印在逆變換後將完全分散在空間影像的各個地方，這種方法不像空間域方法那樣容易被裁剪破壞。通常，我們可以將浮水印嵌入到變換影像的係數中，如圖 8.19 和 8.20 所示。重要的考量是在哪些位置嵌入浮水印最合適，以避免在頻率域中引起失真。

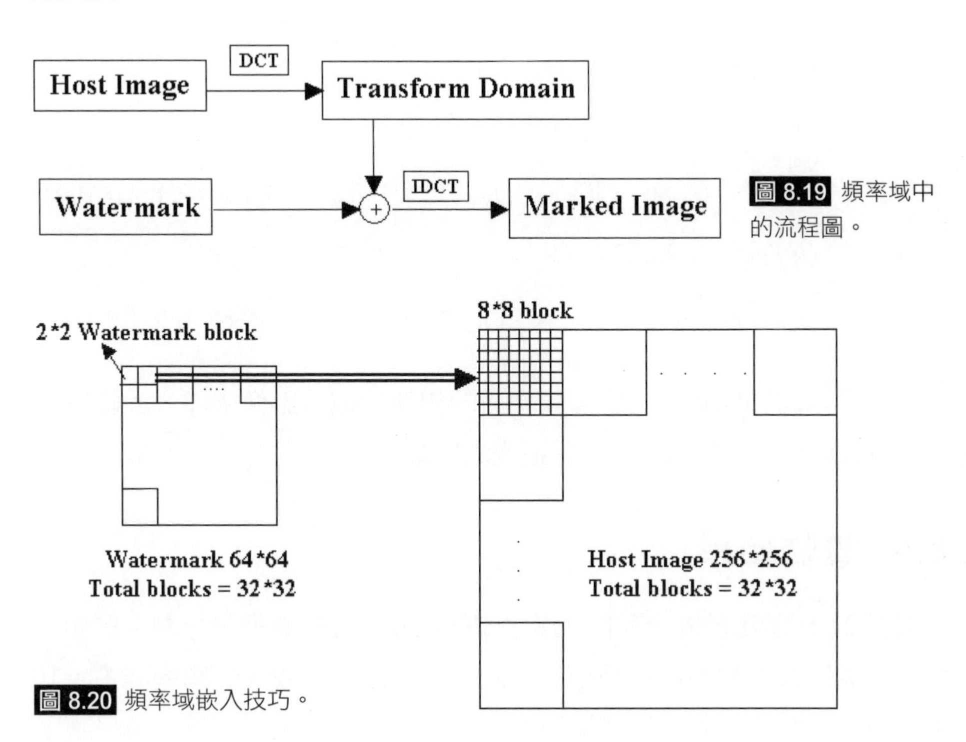

圖 8.19 頻率域中的流程圖。

圖 8.20 頻率域嵌入技巧。

令 H^m 和 W^n 分別為 H 和 W 的細分影像，H^{m_DCT} 為 H^m 經 DCT 轉換的影像，H^{m_F} 為 H^{m_DCT} 和 W^n 在頻率域中組合的影像。該演算法描述如下。

演算法：

1. 影像分割為一組 8×8 區塊。

   $H = \{\ h(i,j)\ ,\ 0 \le i,j < N\ \}$

   $H^m = \{\ h^m(i,j)\ ,\ 0 \le i,j < 8\ \}$, 其中 $h^m(i,j) \in \{0,1,2,...,2^L - 1\}$ 且 m 是 8×8 區塊的總數。

2. 將浮水印影像分割為一組 2 × 2 區塊。

$W = \{\ w(i,j)\ ,\ 0 \le i,j < M\ \}$

$W^n = \{\ w^n(i,j)\ ,\ 0 \le i,j < 2\ \}$, 其中 $w^n(i,j) \in \{0,1\}$ 且 n 是 2 × 2 區塊的總數。

3. 透過 DCT 將 H^m 轉換為 H^{m_DCT}。

4. 將 W^m 嵌入到 H^{m_DCT} 的係數中。

$H^{m\_F} = \{\ h^{m\_F}(i,j)\ = h^{m\_DCT}(i,j) \oplus w^m(i,j)\ ,\ 0 \le i,j < 8\ \}$, 其中 $h^{m\_DCT}(i,j) \in \{0,1,2,...,2^L - 1\}$

5. 透過逆離散餘弦轉換（Inverse DCT）轉換嵌入主影像 H^{m_F}。

嵌入浮水印影像到宿主影像頻率域的標準是宿主影像中 8×8 區塊的總數必須大於浮水印影像中 2×2 區塊的總數。

8.6.4 實驗結果

圖 8.21 顯示出於安全目的，浮水印的某些部分需要進行分割。例如，人們無法從影像中看到作者是誰。因此，部分浮水印嵌入到頻率域中，其餘部分嵌入到空間域中。透過這種方式，我們不僅增大了容量，還保護了相關的敏感資訊。

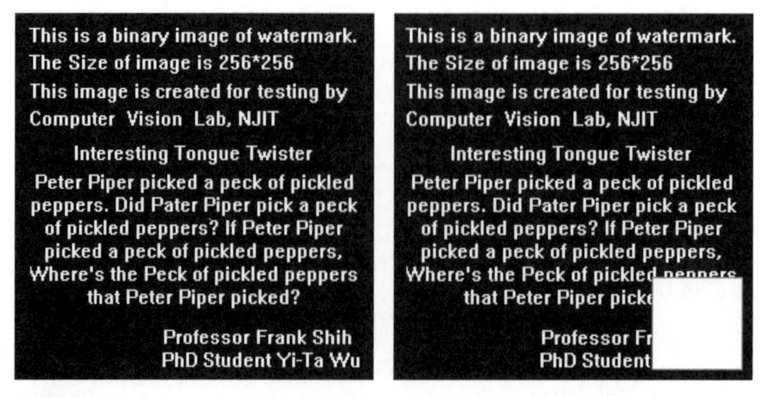

圖 8.21 從原始 256 × 256 影像的右下角切出一個 64 × 64 的方形區域。

圖 8.22 顯示大小為 256×256 的原始 Lena 影像。圖 8.23 展示了傳統浮水印技術將 64×64 的浮水印嵌入到宿主影像的頻率域中的過程。在圖 8.23 中，(a) 是原始的 64×64 浮水印影像，(b) 是將 (a) 嵌入到圖 8.22 的頻率域中的浮水印 Lena 影像。圖 8.23(c) 是從 (b) 中提取出的浮水印影像。

圖 8.22 Lena 影像。

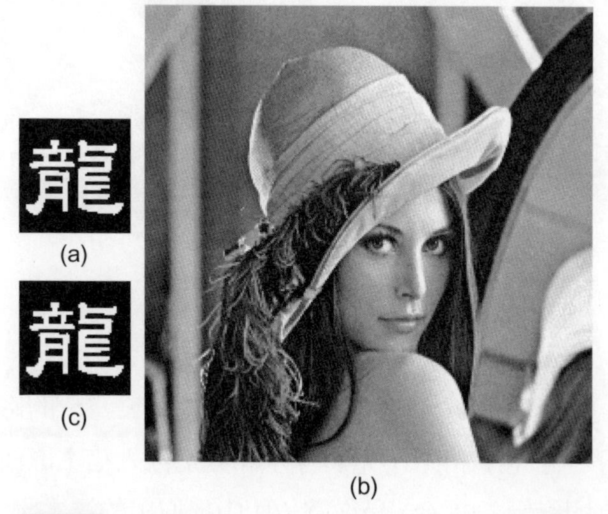

圖 8.23 傳統技術將 64×64 浮水印嵌入到 Lena 影像中。

圖 8.24 示範了將一個 128×128 大小的浮水印嵌入到宿主影像中的過程。(a) 是原始的 128×128 浮水印影像，(b) 和 (c) 是從原始浮水印影像分割出的兩個影像。我們透過將 (b) 嵌入到 Lena 影像的空間域中得到圖 (e)，並透過將 (c) 嵌入到圖 (e) 中的浮水印 Lena 影像的頻率域中得到圖 (f)。圖 (d) 是從圖 (f) 中提取出的浮水印影像。

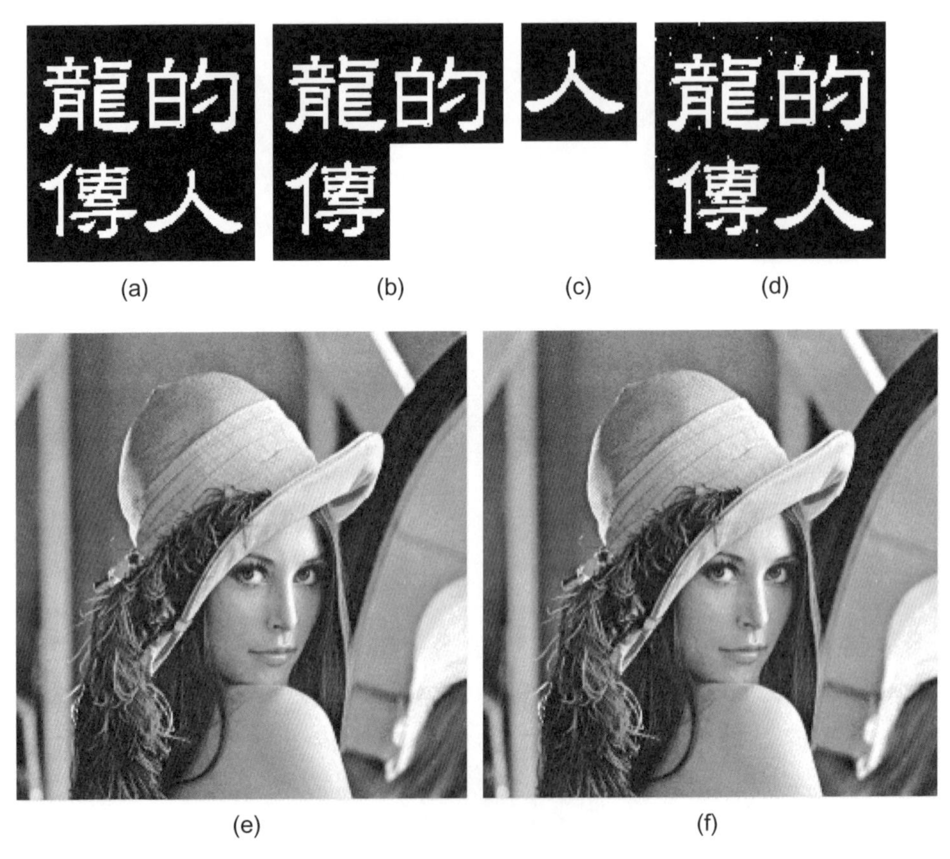

圖 8.24 將 128×128 浮水印嵌入到 Lena 影像中的結果。

圖 8.25(a) 顯示一個更大的浮水印，一個 256×256 的影像，這個影像被分成兩部分。圖 (c) 和 (d) 是將浮水印分別嵌入宿主影像的空間域和頻率域後的浮水印影像。圖 (b) 是從圖 (d) 中提取出的浮水印。

This is a binary image of watermark.
The Size of image is 256*256
This image is created for testing by
Computer Vision Lab, NJIT
Interesting Tongue Twister
Peter Piper picked a peck of pickled peppers. Did Pater Piper pick a peck of pickled peppers? If Peter Piper picked a peck of pickled peppers, Where's the Peck of pickled peppers that Peter Piper picked?
Professor Frank Shih
PhD Student Yi-Ta Wu

(a)

This is a binary image of watermark.
The Size of image is 256*256
This image is created for testing by
Computer Vision Lab, NJIT
Interesting Tongue Twister
Peter Piper picked a peck of pickled peppers. Did Pater Piper pick a peck of pickled peppers? If Peter Piper picked a peck of pickled peppers, Where's the Peck of pickled peppers that Peter Piper picked?
Professor Frank Shih
PhD Student Yi-Ta Wu

(b)

(c)　　(d)

圖 8.25 將 256×256 浮水印嵌入到 Lena 影像中的結果。

我們可以用誤差測量，例如正歸化相關性（Normalized Correlation, NC）和峰值信噪比（Peak Signal-to-Noise Ratio, PSNR）來計算浮水印後的影像失真。兩幅影像之間的相關性經常用於特徵檢測。正歸化相關性可用於在目標影像上定位與註冊影像庫中的指定參考圖案最匹配的圖案。令 $h(i,j)$ 表示原始影像並 $h^*(i,j)$ 表示修改後的影像。正歸化相關性定義為

$$NC = \frac{\sum_{i=1}^{N}\sum_{j=1}^{N} h(i,j)h^*(i,j)}{\sum_{i=1}^{N}\sum_{j=1}^{N} [h(i,j)]^2} \tag{8.8}$$

PSNR 常用於工程領域來測量訊號的最大功率與干擾雜訊功率之間的比率。由於訊號具有很大的動態範圍，我們使用對數分貝尺度來限制其變化。PSNR 可以衡量影像壓縮中的重建品質。然而，這只是一個粗略的品質衡量標準。在比較兩個影片文件時，我們可以計算平均 PSNR。峰值信噪比定義為：

$$PSNR = 10\log_{10}\left(\frac{\sum_{i=1}^{N}\sum_{j=1}^{N}[h^*(i,j)]^2}{\sum_{i=1}^{N}\sum_{j=1}^{N}[h(i,j)-h^*(i,j)]^2}\right) \tag{8.9}$$

表 8.1 展示了將不同大小的浮水印嵌入宿主影像的結果。在第一步中，PSNR 指標表示比較原始 Lena 影像和嵌入浮水印後的 Lena 影像在空間域中的差異。在第二步中，PSNR 指標表示比較兩個影像在頻率域中的差異。NC（正歸化相關係數）指標表示比較原始浮水印和提取出的浮水印。

▼ **表 8.1 不同大小浮水印嵌入 256 × 256 Lena 影像的比較**

	64 × 64	128 × 128	256 × 256
PSNR in First Step	None	56.58	51.14
PSNR in Second Step	64.57	55.93	50.98
NC	1	0.9813	0.9644

CHAPTER

9

隱寫術（Steganography）

數位隱寫術旨在將數位資訊隱藏到隱蔽通道中，從而隱藏訊息並防止其被偵測到。隱寫分析系統用於偵測影像是否包含隱藏訊息。透過分析隱寫影像（即包含隱藏訊息的影像）和封面影像（即不包含隱藏訊息的影像）之間的各種特徵，隱寫分析系統能夠偵測出隱寫影像。隱寫術和密碼術都是用於資料隱藏的技術。密碼術是將訊息加密為模糊形式以防止其他人理解，而隱寫術則是將訊息隱藏起來以使其不被發現。

如圖 9.1 所示的是一個著名的隱寫模型，其中 Alice 和 Bob 計劃一起從監獄中逃脫。他們之間的所有通訊都受到典獄長 Wendy 的監控。因此，他們必須將訊息隱藏在看起來無害的媒體（掩護物）中，才能獲得隱寫物。隱寫物會透過公共通道發送。Wendy 可以自由檢查 Alice 和 Bob 之間的所有訊息，有兩種選擇：被動或主動。被動方式是檢查訊息以確定其是否包含隱藏訊息，然後採取適當的行動。主動方式則總是改變訊息，即使 Wendy 可能察覺不到隱藏訊息的任何痕跡。主動方式的範例包括使用影像處理操作，如有損壓縮、品質因數改變、格式轉換、調色板修改和低通濾波。

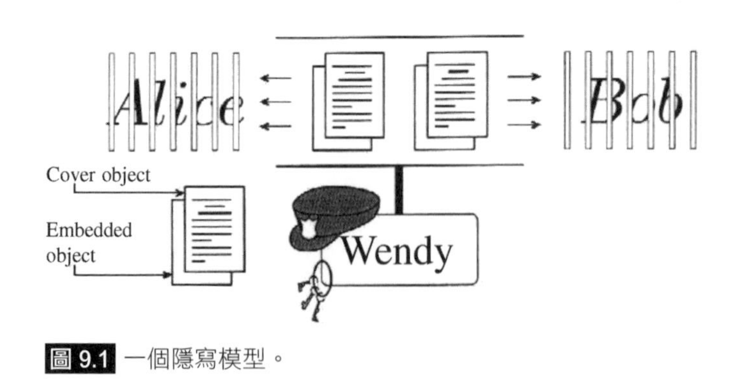

圖 9.1 一個隱寫模型。

對於隱寫系統，基本要求是隱寫物件在感知上應該是不可區分的，以至於不會引起懷疑。換句話說，隱藏訊息僅對覆蓋對象進行了輕微的修改。大多數被動的分析方法透過分析隱寫影像的統計特徵來區分它們。隱寫分析是發現隱藏訊息存在的技術。一般來說，隱寫分析系統可分為兩類：空間域隱寫分析系統（spatial-domain steganalytic system）和頻率域隱寫分析系統（frequency-domain steganalytic system）。空間域隱寫分析系統透過分析空間域統計特徵來檢查無損壓縮影像。

"隱寫術"一詞源自兩個希臘文 "steganos"，意思是"覆蓋"，和 "graphein"，意思是"書寫"。它旨在以某種方式將訊息隱藏在媒介中，使除了預期的接收者外，沒有人知道該訊息的存在。當我們還是孩子的時候，可能在國小自然課做過一個實驗，會用檸檬汁寫下一條看不見的訊息，然後讓人們透過將其放在燈泡加熱上來找出秘密訊息。因此，我們可能在童年時期就已經使用過隱寫術技術。

隱寫術的歷史可以追溯到公元前 440 年左右，當時希臘歷史學家希羅多德在他的著作中描述了兩件事：一是用蠟來隱藏秘密訊息，另一個是在奴隸的頭上書寫，然後再由之後長出的頭髮掩蓋。在中國古代，軍事將領和外交官將秘密訊息隱藏在薄薄的絲綢或紙張上。關於元朝漢人成功推翻蒙古人的一個著名故事也使用了隱寫術。中秋節期間，漢族人將一則訊息（作為隱藏訊息）嵌入月餅（作為遮蔽物）中，並將這些月餅分送給他們的成員，以傳遞計畫起義的訊息。

如今，隨著現代電腦技術的出現，大量的隱寫演算法採用了這些古老的隱寫技術來改革最先進的資訊隱藏、浮水印和隱寫術文獻。現代的隱寫技術擁有更強大的工具。許多軟體工具允許發送者在數位化訊息中嵌入訊息，通常是音訊、影片或靜態影像檔案，然後發送給接收者。隱寫術不僅引起了軍事和政府組織的極大興趣，許多商業公司也表現出了濃厚的興趣，以保護其資訊免遭盜版。如今，隱寫術通常用於安全地傳輸訊息，並將商標安全地嵌入影像和音樂檔案中以確保版權。

9.1 隱寫術的類型

隱寫術可分為三種：技術隱寫術、語言隱寫術和數位隱寫術。技術隱寫術採用科學方法來隱藏秘密訊息，而語言隱寫術則使用自然語言書寫。隨著電腦的出現而發展的數位隱寫術則採用電腦檔案或數位多媒體資料。在本節中，我們將分別描述每種類型。

9.1.1 技術隱寫術（Technical Steganography）

技術隱寫術運用科學方法來隱藏秘密訊息，例如使用隱形墨水、微粒和剃光的頭髮。隱形墨水是在紙上書寫秘密訊息的最簡單方法，可以在紙上寫下秘密資訊，待其乾燥後，書寫的訊息就會消失，使紙張看起來和原來的空白紙一樣。我們可以使用有機化合物，例如牛奶、尿液、醋或果汁。當我們施加熱量或紫外線時，乾燥的訊息將變黑並顯現出來。1641年，約翰·威爾金斯（John Wilkins）主教使用洋蔥汁、明礬和氨鹽發明了隱形墨水。現代隱形墨水在紫外線下會發出螢光，被用來作為偵測偽造的工具。

隨著攝影技術的進步，縮微膠卷被創造出來，作為在一小片媒介上記錄大量資訊的工具。在第二次世界大戰中，德國人使用「微點」來傳達秘密訊息，這一技術被稱為「間諜傑作」。秘密訊息首先被拍照，然後縮小到印刷句點的大小，接著貼到無害的宿主文件上，例如報紙或雜誌。微點以許多小點的形式印刷，由於它們的尺寸很小，所以人們不會注意到它。然而，透過傳送大量的微點，人們可以隱藏秘密訊息、圖畫甚至影像。

另一種技術是使用印表機列印大量的黃色小點，這些點在正常白光照射下幾乎看不到。小黃點的圖案可以構成秘密訊息，當我們將其置於不同顏色的光線下，例如藍光下，黃點的圖案就會變得可見。

使用剃頭進行隱寫術始於米利都（Miletus）統治者希斯提亞埃烏斯（Histaeus），他計劃向他的朋友阿里斯塔格拉斯（Aristagoras）傳遞一條訊息，敦促他反抗波斯人（Persians）。希斯提亞埃烏斯剃掉了他最信任的信使奴隸的頭髮，然後在信使的頭上紋上訊息或符號。當頭髮長回來後，信使跑向阿里斯塔格拉斯傳遞隱藏的訊息。當他到達時，他的頭將再次被剃光，以顯示秘密訊息。

後來在希羅多德（Herodotus）的歷史中，斯巴達人（Spartans）收到了狄馬拉圖斯（Demaratus）的秘密訊息，稱波斯軍隊的薛西斯（Xerxes）正準備入侵希臘。狄馬拉圖斯是一位流亡波斯的希臘人。出於對被發現的恐懼，他將秘密訊息牢牢隱藏起來，方法是刮掉一塊書寫板上的蠟，將訊息刻在木頭上，然後用蠟再覆蓋，使其看起來正常。這些書寫板被送到了斯巴達人手中，當斯巴達人收到訊息後，立即趕赴救援希臘。

9.1.2 語言隱寫術（Linguistic Steganography）

語言隱寫術利用書寫自然語言來隱藏訊息。它可以分為符號（semagram）和開放代碼（open code）兩種類別。符號隱寫術使用視覺符號或標誌來隱藏秘密訊息。這種方法的現代版本使用電腦來隱藏秘密訊息，使其更加不易察覺。例如，我們可以改變特定字母的字體大小或將其位置稍微調高或調低以隱藏訊息。我們也可以在文字的特定位置新增額外的空格或調整行距。

如上所述的符號隱寫術有時不夠安全。當間諜想要安排會議或向他們的網路傳遞訊息時，就會使用另一種秘密方法。這包括隱藏日常事務中的訊息，例如報紙、日期、服裝或對話中。有時，會議時間可能隱藏在閱讀材料中。

9.1.3 數位隱寫術（Digital Steganography）

電腦科技讓隱寫術更加容易隱藏訊息，同時也更難發現這些訊息。數位隱寫術是一門在數位媒體（例如數位影像、音訊檔案或視訊檔案）中隱藏秘密訊息的科學。數位隱寫術有許多不同的方法，包括最低有效位元替換、訊息分散、掩蔽和濾波以及影像處理技術等。

由於影像檔案通常非常大，因此可以將秘密訊息或影像隱藏在影像檔案中。當掃描圖片時，會進行採樣過程以將圖片量化為一組離散的實數。這些採樣點是等距像素陣列的灰階。像素被量化為一組離散的灰階值，這些值也被視為等間隔的。採樣和量化的結果產生數位影像。例如，如果我們使用 8 位元量化（即 256 個灰階）和 500 行平方採樣，將產生一個包含 250,000 個 8 位元數字的陣列。這意味著數位影像需要 200 萬位元。

我們也可以將秘密訊息隱藏在硬碟上的隱藏分割區中。雖然這個隱藏分割區是不可見的，但可以透過磁碟配置和其他工具查找。另一種形式是使用網路協議。利用秘密協議，包括傳輸控制段中的序列號字段和網際協議資料包中的標識字段，我們可以建立隱藏的通訊通道。

現代數位隱寫軟體採用複雜的演算法來隱藏秘密訊息。由於網路上提供大量免費的數位隱寫工具，這些工具可用於將任何數位檔案隱藏在另一個數位檔案中，這在當今構成了特別重大的威脅。由於存取方便、使用簡單，犯罪分子傾向於將其活動隱藏在網路空間中。據報導，甚至連 Al Qaeda 恐怖分子也使用數位隱寫工具來傳遞訊息。2001 年 9 月 11 日紐約世貿中心遭受毀滅性襲擊，有跡象表明 Al Qaeda 恐怖分子在策劃襲擊期間使用了隱寫術來隱藏他們的信件。因此，數位隱寫術對執法部門和產業界提出了巨大的挑戰，因為偵測和提取隱藏資訊是非常困難的。

9.2 隱寫術的應用

9.2.1 隱蔽通訊

隱寫術的基本應用涉及秘密通訊。現代電腦和網路技術允許個人、團體和公司託管可能包含針對特定對象的秘密資訊的網頁。任何人都可以下載該網頁；然而，隱藏的訊息是看不見的，因此不會引起任何注意。秘密資訊的提取需要特定軟體和正確的密鑰。對秘密訊息進行加密將進一步增強其安全性。這種情況類似於我們經常將一些重要的文件或貴重的物品隱藏在一個非常安全的保險箱中，並且將保險箱藏在一個很難被發現的秘密地方。

所有數位資料檔案都可用於隱寫術，但包含較高冗餘的檔案更合適。冗餘被定義為物件提供必要準確表示所需的位元數。如果我們刪除多餘的位元，該物件看起來會是一樣的。數位影像和音訊大多包含大量冗餘位元，因此，它們常常被當作掩護對象。

9.2.2 一次性密碼本通訊

一次性密碼本起源於密碼學，提供了一個隨機的私密金鑰，只能用於加密訊息一次，然後使用一次性匹配的密碼本和金鑰對其進行解密。它是使用與發送的最長訊息相同長度的數字或字元字串產生的。隨機數產生器用於隨機產生值字串，這些值被儲存在密碼本或裝置上供某人使用。然後，這些密碼本被傳送給發送者和接收者。通常，會交付一組密鑰，每個密鑰只能使用一次，例如，一個月中的每一天使用一個密鑰，並且該密鑰將在每天結束時過期。

使用由隨機產生的金鑰加密的訊息具有的優點是，理論上沒有任何方法可以透過分析一系列訊息來破解密碼。所有加密本質上都是不同的，沒有任何關聯。這種加密被稱為隱藏訊息的 100% 雜訊源。只有發送者和接收者能夠消除雜訊。需要注意的是，出於安全考量，一次性密碼本只能使用一次。如果被重複使用，有人可能會透過比較多個訊息提取密鑰來解密訊息。

一次性密碼本技術在第二次世界大戰和冷戰期間的秘密通訊中得到了廣泛應用。在現今的網路通訊中，也被用於公鑰加密技術。一次性密碼本是唯一一種可以在數學上證明不可破解的加密方法。此技術可用於隱藏圖片，方法是將圖片分割成兩個隨機點陣圖層，當它們疊加時，影像就會顯現出來。我們還可以產生兩個看似無害的影像，將它們放在一起以揭示秘密訊息。

加密的資料或影像被視為一組隨機數字，很明顯，沒有哪個典獄長會允許囚犯交換加密的隨機訊息。因此，儘管一次性密碼本加密在統計上是安全的，但在某些情況下想實際使用可能並不實際。

強大的隱寫系統必須對各種攻擊（即隱寫分析）極為安全，且不得降低封面影像的視覺品質。我們可以結合多種策略來確保安全性和不可感知性。為了提高安全性，我們可以使用混沌機制（Chaos Mechanism, CM）、跳頻（Frequency Hopping, FH）結構和偽隨機數產生器（Pseudorandom Number Generator, PNG）。對於不可察覺性，我們可以使用階層樹集合分割演算法（Set Partitioning in Hierarchical Trees, SPIHT）編碼、離散小波變換（Discrete Wavelet Transform, DWT）和奇偶校驗嵌入（Parity Check Embedding, PCE）。

隱寫技術的基準測試是一項複雜的任務，需要檢查一組相互依賴的性能指標。基準測試工具應能夠與不同的性能方面進行互動，例如視覺品質和強韌性。基準測試系統的輸入影像應包含大小和頻率內容不同的影像，因為這些因素會影響系統效能。

我們還應該評估嵌入和檢測模組的執行時間。可以透過每個宿主影像的所有密鑰和訊息的集合來評估兩個模組的平均、最大和最小執行時間。我們應該透過主觀品質評估和與人類觀察者感知影像品質密切相關的定量方式來測量隱寫影像的感知品質。我們還應該評估每個宿主影像像素可以嵌入的最大資訊位元數。

由於隱寫術預期對宿主影像處理具有強韌性，因此判斷隱寫術應用於失真影像上的性能測試構成了基準測試系統的重要組成部分。基準測試系統中可用的攻擊集應包括一般使用者或聰明的盜版者可能用來使嵌入訊息不可檢測的所有操作。這些操作還應包括正常影像使用、傳輸、儲存等過程中發生的訊號處理操作和失真。

9.3 隱寫術的方法

利用隱寫術，可以將隱藏的資訊以文件、文字或其他影像的形式嵌入到數位影像中。數位浮水印技術則是將資訊（浮水印）嵌入到影像中，以用於識別和驗證影像的所有者和授權使用者。隱寫術和數位浮水印是相關的學科。雖然隱寫術和數位浮水印中使用的許多概念和技術相似，但兩者的目的不同。浮水印的存在通常是影像使用者所知的。浮水印可能是可見的也可能是不可見的，但通常不會改變影像的外觀。隱寫術和數位浮水印都用於在影像中嵌入不易被檢測或更改的資訊。然而，浮水印主要用於防止未經授權的影像用戶侵犯版權，而隱寫術則用於傳遞隱藏資訊。

在數位浮水印的情況下，隱藏的資訊被嵌入，以便影像可以數位化傳輸，同時防止版權侵權和非法分發。而在隱寫術的情況下，其目的是嵌入隱藏的資訊，以便在不被發現的情況下傳遞資訊。

隱寫分析是用來確定影像中是否使用隱寫術嵌入了不可檢測資訊的技術和科學。隱寫分析師使用隱寫分析來檢測、提取、禁用或修改資訊，防止資訊到達接收者。已經開發出許多技術、演算法和軟體，來嵌入隱藏的資訊到影像中（隱寫術）以及檢測影像中是否嵌入了隱藏的資訊（隱寫分析）。

9.3.1 影像表示

目前在網際網路上常見的影像文件是數位隱寫術的一種非常好的媒介。這些影像文件可以透過電子郵件、網站發布和其他數位手段輕鬆且頻繁地共享。它們的文件大小較大，可以在不被用戶注意到的情況下嵌入資訊。隱寫術技術利用了影像的特性，透過操控影像中的位元來嵌入資訊。

電腦影像以像素值陣列的形式表示。像素是影像中的基本單位。每個像素的數值儲存在 3 個位元組（24 位元）中，表示一種顏色。這三個位元組中的每一個定義了每種主要顏色的光強度：紅色、綠色和藍色（RGB），其值範圍從 0 到 255（8 位元可以儲存的值範圍是 0 到 255）。例如，紅色值為 255，藍色和綠色為 0 將顯示紅色。若紅色值接近 255，藍色和綠色為零的其他值也會顯示出紅色的不同色調，對人眼來說可能看起來是相同的顏色。

影像文件的大尺寸可歸因於像素的表示方式。例如，一個 24 位元影像（每像素 3 個位元組）寬 600 像素，高 600 像素，將包含 600×600×24 位元（8,640,000 位元）。其中一些像素的值可以調整以對應於字母，而不會對影像的外觀產生明顯影響。

大影像文件通常會壓縮以加快傳輸速度。壓縮有兩種，無損壓縮和有損壓縮。無損壓縮在壓縮時保留影像中的所有資訊，通常用於 GIF 文件等。有損壓縮，使用於 JPEG 文件，可能會導致一些資訊的丟失。隱寫術軟體根據影像的壓縮演算法採用不同的技術來處理影像。

在選擇隱寫術影像時，需考慮影像及其色彩調色板。大面積單色的影像更可能顯示出因嵌入資訊而產生的變化。而灰度影像和具有微妙色彩變化的影像中嵌入的訊息則不太容易被注意到。

9.3.2 空間域與頻率域

影像隱寫術方法分為兩類：空間域和頻率域。空間域技術將秘密資訊直接嵌入影像像素的強度值中。在頻率域中，影像首先透過變換進行處理，然後將資訊嵌入影像中。空間域的方法被認為是最簡單的，但也更容易受到隱寫分析攻擊，穩定性較差。空間域有時也稱為影像域，而頻率域則稱為變換域。

9.3.2.1 常見方法

影像隱寫術有兩種常見方法：最低有效位元替換（LSB）和算法與變換。LSB 替換相對簡單，但不如使用變換算法的隱寫術方法穩定。

9.3.2.1.1 最低有效位元替換（LSB）

最低有效位元（LSB）替換涉及將資訊嵌入載體影像的若干位元組的最低有效位元中。透過覆寫任何像素的最低有效位元，資訊被嵌入表示 RGB 顏色值的位元組的最低有效位元中。修改分散位元組的最低有效位元所產生的變化非常細微，不易被人眼察覺。覆寫任何其他位元，特別是最高有效位元，將導致影像明顯的變化和失真。LSB 替換在 24 位元影像中比在 8 位元影像中更有效。LSB 替換在使用無損壓縮的影像中更有效，如 bmp 和 gif 文件。LSB 替換屬於空間域。以下是將字母 "A" 嵌入 24 位元影像的結果，其中影像的三個像素（9 個位元組）包含以下二進制值：

```
(00100111 11101001 11001000)
(00100111 11001000 11101001)
(11001000 00100111 11101001)
```

字母 "A" 的二進制值是 10000011。將字母 "A" 的二進制值插入這三個像素的結果是：

```
(00100111 11101000 11001000)
(00100110 11001000 11101000)
(11001000 00100111 11101001)
```

字母 "A" 嵌入了每個位元組的最低有效位元中，但只有 9 個位元組中的 3 個位元被修改，其他位元保持不變。LSB 替換也用於浮水印。然而，與其他隱寫術方法相比，LSB 替換更容易被隱寫分析工具檢測到或使其無法使用。

LSB 算法有許多變種，其中一些變種較難被檢測到。LSB 算法可以輕鬆應用於灰度（灰階）影像。灰度影像中的每個像素由 8 位元組成。最左邊的位元是最高有效位元，最右邊的位元是最低有效位元。

對於 24 位元影像，該算法可以在每個像素中嵌入更多資訊。24 位元影像利用 3 個位元組，即 24 位元來儲存每個像素的值。每個像素的前 8 位元代表紅色，第二個 8 位元代表綠色，最後的 8 位元代表藍色。

LSB 插入算法應用於最低有效位元的變化對人眼來說是察覺不到的。即使對每個像素的第二和第三最低有效位元進行更改，人眼也無法察覺。為了嵌入更大的訊息，有時會將資訊隱藏在每個像素的第二和第三位元中。一般而言，LSB 算法比其他嵌入技術具有更高的容量。這意味著每張圖片可以嵌入更多的資訊。缺點是使用 LSB 插入嵌入的訊息很容易被壓縮、過濾或裁剪圖片的操作破壞。

基於 LSB 算法的隱寫技術在複雜性和穩健性上各不相同。上述簡單的算法是將隱藏訊息的位元依次插入到封面圖片中。因此，這種訊息很容易被檢測和提取。一些 LSB 插入算法的變體根據隱寫密鑰隨機地將位元插入封面圖片。例如，一種 LSB 插入的變體使用隨機像素操作技術將訊息插入到封面圖片中的隨機像素中。隨機像素操作技術利用隱寫密鑰，隱寫密鑰為隨機數生成器提供了一個種子值。使用這個種子值，影像中的隨機像素被選中以嵌入訊息。隨後，隱寫密鑰被用來透過使用相同的種子數生成數據插入的隨機像素來提取訊息。儘管將訊息插入隨機像素使得隱藏訊息的檢測和提取不太可能，但隱藏的訊息仍然可能被壓縮和其他圖片操作如過濾或裁剪所破壞。一些現有的隱寫工具會修改影像顏色的調色板，以降低訊息檢測和提取的可能性。本章後面將介紹一些使用這些技術的工具，如 S-Tools 和 EZStego。

9.3.2.1.2 變換算法

利用變換算法的隱寫技術更加複雜但也更加穩健。這些技術位於頻率（變換）域中。一些方法利用離散傅立葉轉換（DFT）、離散餘弦變換（DCT）、離散小波變換（DWT）和基因演算法。頻率域中的隱寫方法對影像應用 DFT 或 DCT 等變換，再將資訊嵌入從變換中獲得的係數位元中。

離散傅立葉轉換（DFT）基於傅立葉級數，用於表示連續時間週期訊號。傅立葉級數是 DFT 的基礎，它指出任何週期函數都可以表示為不同頻率的正弦或餘弦的總和，並乘以不同的係數。DFT 將影像分解為其正弦和餘弦函數。使用逆 DFT，可以將經過 DFT 變換的影像轉換回其空間域等效影像。使用 DFT 的隱寫方法透過修改生成的 DFT 係數的位元來嵌入資訊。由於計算影像的 DFT 處理密集，使用快速傅立葉轉換（FFT）來獲取結果。用於影像處理的語言如 MATLAB 提供了可以用來獲取影像 DFT 的函數。

離散餘弦變換（DCT）用於壓縮 JPEG 影像文件。使用隱寫技術可以在壓縮過程中將資訊隱藏在 JPEG 影像中。使用 DCT，JPEG 影像的 8×8 像素塊被轉換為 64 個 DCT 係數。DCT 係數使用一個 64 元素的量化表進行量化。量化的 DCT 係數的最低有效位元用於嵌入隱藏資訊。可以使用逆 DCT 將影像轉換回其空間域等效影像。在 JPEG 影像壓縮過程中，DCT 用於將影像的 8×8 塊轉換為 64 個 DCT 係數。在隱寫算法中使用 DCT 係數時，使用量化表 $Q(u, v)$ 根據公式對係數進行量化。

$$F^{Q}(u,v) = F(u, v) / Q(\mathrm{u}, v)$$

隱藏訊息的位元可以嵌入量化 DCT 係數的最低有效位元中。使用這些公式進行計算需要大量資源。富含影像處理工具的語言如 MATLAB 被用來推導變換。特別是，MATLAB 具有離散餘弦變換（DCT）和逆離散餘弦變換（IDCT）函數，可用於影像處理。一些算法將隱藏訊息的位元依次嵌入到量化的 DCT 係數中。一種這樣的算法用於 JPeg-JSteg 工具。其他隱寫算法，例如 F5 算法，使用稱為矩陣編碼的過程來減少 DCT 係數的值，將訊息嵌入到隱寫影像中。這種使用 DCT 的方法導致了更穩健的算法，隱藏訊息不太可能被檢測和 / 或提取。

離散小波變換（DWT）用於 JPEG 2000 壓縮算法。小波是一個在 z 軸上方和下方積分為零的函數。使用 DWT，可以將影像分解為小波係數。Haar DWT 是最簡單的小波變換。在對影像進行 DWT 後，秘密資訊可以儲存在選定的小波係數中。小波在影像處理中相對較新。它們比 DFT 和 DCT 需要更少的資源，並且導致的影像失真更少。小波用於影像處理中的降噪、邊緣檢測和壓縮。

9.3.2.2 基因演算法 (Genetic Algorithm, GA)

基於基因演算法的隱寫系統也屬於頻率域。基因演算法透過人工偽造統計特徵來生成隱寫影像，以打破隱寫分析系統。基因演算法起源於自然遺傳學，包含關鍵概念：選擇、交叉、變異和適應度函數。應用於隱寫術時，GA 算法用於修正在處理經過 DCT 變換的影像時出現的四捨五入錯誤。應用 DCT 後，嵌入秘密資訊，然後應用 IDCT 將影像轉換回空間域，GA 算法用於將實數轉換為整數。

9.3.3 隱寫分析

隱寫分析是用來檢測透過隱寫術嵌入影像中的秘密資訊的過程。大多數隱寫術技術在某種程度上改變了封面影像的特徵和統計數據。對影像進行統計分析可以檢測影像是否經過隱寫術修改。對應於隱寫技術，隱寫分析系統分為兩大類：空間域隱寫分析系統（SDSS）和頻率域隱寫分析系統（FDSS）。SDSS 用於分析空間域影像統計中的特徵，而 FDSS 用於分析頻率域影像統計中的特徵。

在不知道使用了哪種隱寫技術或是否使用了隱寫密鑰的情況下，檢測隱藏資訊可能非常複雜。但是，大多數隱寫術技術和工具以獨特的方式改變影像，這些變化成為其「簽名」，有助於檢測被修改的影像。

有兩種主要方法可以檢測經過隱寫術修改的影像：第一種是視覺分析。視覺分析透過目視或使用計算機比較原始影像和隱寫影像以檢測隱藏資訊。一些較簡單的影像域隱寫工具不考慮載體影像的內容而將資訊嵌入位元中。資訊可能被插入使影像外觀變化更容易被視覺檢查檢測到的位元中。然而，這種方法通常不可行，因為原始影像不可用。另一種方法是透過統計分析。這種方法尋找影像結構或統計測量中的異常。其他隱寫分析方法分析被認為是常規的影像統計測量。統計上的異常表明影像可能被隱寫術修改過。除了檢測隱寫術的使用外，一種更積極的隱寫分析方法包括提取和破壞嵌入的隱藏資訊。嵌入的訊息比使用變換嵌入的訊息更容易被破壞。

隱寫分析技術根據對載體影像、隱寫影像、訊息和嵌入隱藏訊息的算法的了解程度而大不相同。例如，如果懷疑一張影像攜帶隱藏訊息，可以透過視覺檢查不規則性，然後透過分析均值、方差和卡方檢驗進行統計分析。然而，許多當前使用的隱寫分析技術依賴於檢測用於創建隱寫影像的隱寫工具的簽名。這正是 Steg-Detect 軟體使用的情況。它只能用於 JPEG 影像，並檢測用已知工具嵌入的訊息。例如，當使用 Steg-Detect 分析用於本篇文章的 JSteg-JPeg 實驗影像時，未檢測到嵌入的隱藏訊息。

9.3.4 隱寫軟體

目前已開發了一些軟體系統，用於將隱寫訊息嵌入影像中。這些系統利用了一些已解釋的隱寫技術。許多可用的系統是免費軟體，可以輕鬆下載，包括 JSteg、JPHide、S-Tools 等。這些系統有其強項和弱點，在本節中，我們將探討 S-Tools、EzStego 和 JSteg-Jpeg。

S-Tools 用於在 BMP、GIF 和 WAV 文件中隱藏秘密資訊。嵌入在封面對象中的訊息使用幾種不同的加密算法進行加密。此工具使用 LSB 替換無損文件格式。它還使用偽隨機數進行 LSB 替換，使提取訊息更加困難。S-Tools 可用於嵌入和提取隱寫影像中的隱藏資訊。

EzStego 透過調製最低有效位元在 GIF 文件中嵌入秘密資訊。

EzStego 比較它想要隱藏的位元與每個像素的 LSB 值，僅在需要時更改該位元。它作為 Java 應用程序程式在網路上免費提供。

JSteg-Jpeg 使用 DCT 變換將隱寫訊息嵌入多種影像格式中，並將隱寫影像保存為 JPEG 影像文件。其嵌入演算法依次替換影像 DCT 係數的最低有效位元。

9.3.4.1 S-Tools

S-Tools 作為免費軟體提供，可以從網際網路上的隱寫術網站輕鬆下載。S-Tools 軟體由 Andrew Brown 開發。作為本篇文章的實驗，使用 S-Tools 版本 4 將訊息嵌入 lena_256.bmp。S-Tools 易於使用。它包含一個簡單的圖形用戶界面，封面影像和要嵌入的文件可以從 Windows 資源管理器視窗拖入 S-Tools 工作區。封面影像可以是 wav、gif 或 bmp 文件。要嵌入的訊息可以存儲在另一個文件中，如 txt 文件。隱藏訊息在嵌入隱寫影像之前會被加密。使用的加密算法從下拉列表中選擇。嵌入資訊需要密碼。提取隱藏訊息也需要該密碼。

在這次實驗中，不同大小的文本文件被嵌入到 Lena 中。一個文件，hide.txt，非常小，包含短語 "Happy Birthday"。另一個文件，starspangled.txt，包含了《星條旗永不落》(Star Spangled Banner) 的歌詞。在嵌入文本之前，Lena 的大小為 66,614 位元組。不管儲存在影像中的文本量有多大，Lena 的大小都沒有改變。在 S-Tools 工作區顯示一條狀態訊息，顯示可以在 Lena 中隱藏的最大位元組數（見圖 9.2）。

提取隱藏的文本文件也非常簡單，但需要知道創建隱寫影像時使用的密碼和加密演算法。在將包含 "Happy Birthday" 文本的小文本文件嵌入 Lena 中後，Lena 的外觀似乎變亮了。在嵌入包含《星條旗永不落》歌詞的文本文件後，Lena 影像的前後差異並不明顯（見圖 9.3）。如果沒有將封面影像和隱寫影像並排放置，人眼不會察覺到 Lena 影像在任何情況下被修改過。

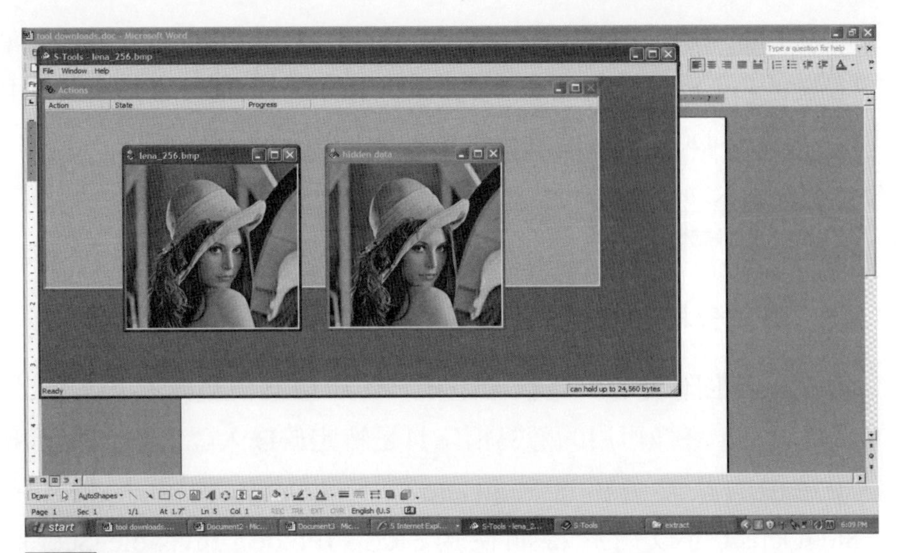

圖 9.2 S-Tools 工作區。

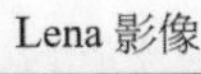

在 Lena 加密的星條旗

圖 9.3 Lena 使用 S-Tool 之前和之後。

9.3.4.2 Jpeg-JSteg

JPeg-JSteg 也作為免費軟體提供，可以從網際網路上的隱寫術網站輕鬆下載。Jpeg-JSteg（JSteg）軟體由 Derek Upham 開發。JSteg 在 DOS 提示符下使用命令 cjpeg 和 djpeg 運行。雖然 JSteg 輸出隱寫影像為 jpeg 文件，但它不讀取 Jpeg 文件格式。封面影像使用 DOS 命令 djpeg 轉換為 Targa 影像文件（.tga 文件副檔名）。轉換為 Targa 影像格式的封面影像和隱藏的文本文件作為輸入，使用 DOS 命令 cjpeg 輸入 JSteg，產生隱寫影像。

Jpeg-JSteg 使用的算法依次用要嵌入的隱藏訊息的位替換隱寫影像的 DCT 係數的最低有效位元。JPeg-JSteg 使用的算法在 JPEG 壓縮過程中，在 DCT 變換和 DCT 係數的量化之後以及 Huffman 編碼步驟之前，將隱寫秘密數據插入到封面影像中。該算法還在隱寫影像中嵌入了一個長度字段，用於提取隱藏訊息。

9.3.4.3 隱寫分析軟體

許多公司也開發了一些軟體系統，用於檢測使用隱寫術嵌入影像中的隱寫訊息。許多可用的隱寫術工具是特定於嵌入隱寫訊息所使用的軟體。這樣的軟體例子有 StegDetect。StegDetect 由 Niels Provos 開發。StegDetect 可以用於檢測使用 Steg、JPhide、Invisible Secrets、Outguess、F5 等工具修改過的 JPEG 影像。StegDetect 針對的工具都使用了在應用 DCT 變換後修改位元的某種變體。StegDetect 利用隱寫術軟體嵌入訊息的技術知識來進行檢測。StegDetect 可以作為免費軟體以 DOS 形式從網際網路下載。

9.4 結論

隱寫術和隱寫分析是相對較新的學科，在當今的數位社會中有許多相關應用。隱寫分析在計算機取證中的使用可能在不久的將來會增加。學術界對隱寫術和隱寫分析技術進行了大量研究。許多隱寫術工具為免費軟體可以在網路上取得。目前尚不確定隱寫術是否被廣泛用於非法活動。

有大量的演算法在網際網路上被編寫和發布，供人下載。這使得隱寫術的使用變得更加容易，任何選擇濫用這項技術進行非法活動的人都可以輕易獲得。需要有一個受控的隱寫術和隱寫分析軟體庫，供隱寫術的學生用於持續研究。總結來說，隱寫術和隱寫分析是一個不斷增長的學科。隨著數位社會的發展，對隱寫分析技術、演算法和軟體的需求將繼續增加。

CHAPTER

10

自然語言處理（Natural Language Processing, NLP）

自然語言處理旨在使電腦理解人類語言，使用語言學以及統計、機器學習和深度學習的各種模型，使電腦能夠分析和處理文字和語音數據，並瞭解說話者的含義、意圖和情感。自然語言處理用於許多日常工具，例如文字翻譯、語音識別、文字摘要和聊天機器人。現今，各行各業每天收到來自多種通訊管道（例如電子郵件、簡訊、社交媒體動態、視訊、音訊等）的大量語音和文字資料。他們使用自然語言處理的軟體自動處理這些數據，分析訊息中的內容和意圖，並對人類溝通交流做出即時地回應。

自然語言處理可以處理多種不同的語言，可以作**機器翻譯**，例如 Google 翻譯，將一種語言自動翻譯成另一種語言。可以用作**文字分析來瞭解**句子的分詞、詞性標注和句法等。可以用作**語音識別**，例如 Siri 和 Google Assistant 來識別並處理不同語言的語音輸入。可以用作**語言生成**，例如自動將冗長的文章產生摘要和對話。甚至可以用來作**情感分析**，分析不同語言文本中的情感是屬於哪一種（積極、消極或中立）。自然語言處理結合了計算語言學、機器學習和深度學習模型來處理人類語言。

(1) **計算語言學（Computational Linguistics）**：計算語言學是利用電腦和軟體工具來理解和建構人類語言模型的科學，是融合了電腦科學中的演算法和數據處理技術，與語言學中的語法、語義和語用理論的跨學科領域。研究人員使用計算語言學方法，來創建幫助機器理解人類會話語言的框架，並生成人類語言。語言翻譯器、文字語音合成器和語音辨識軟體等工具都基於計算語言學。計算語言學使用基於知識和統計的方法來建立模型，解釋和預測語言現象。這些模型包括語言規則、機率模型、神經網路和其他機器學習技術。

(2) **機器學習（Machine Learning）**：機器學習是一種利用樣本資料訓練電腦以提高其效率的技術。人類語言有多種特徵，如諷刺、隱喻、句子結構的變化，以及人類需要多年才能學習的傳統外語法和用法。程式設計師使用機器學習方法，來教導自然語言處理的應用程式，從一開始就識別並準確地理解這些特徵。

(3) **深度學習（Deep Learning）**：深度學習是機器學習的一個特定領域，它教導電腦像人類一樣學習和思考。透過由資料處理節點組成的神經網路，其結構類似於人腦。透過深度學習，電腦可以對輸入資料中的複雜模式進行識別、分類和關聯。

10.1 自然語言處理的實施步驟

自然語言處理通常首先從雲端資料倉儲、調查、電子郵件或內部業務流程應用程式等來源收集和準備非結構化文字或語音資料。自然語言處理的軟體使用分詞、詞幹、詞形還原和停用詞刪除等預處理技術來為各種應用準備資料。常用的技術包含：標記化將句子分解為單字或片語的單獨單元，詞幹提取和詞形還原將單字簡化為詞根形式，停用詞刪除可確保刪除不會為句子添加重要含義的單字。

研究人員使用預處理的資料和機器學習來訓練自然語言處理模型，以根據提供的文字資訊執行特定的應用程式。訓練自然語言處理的演算法需要向軟體提供大量資料樣本，以提高演算法的準確性。然後，機器學習專家部署該模型或將其整合到現有的生產環境中。自然語言處理模型接收輸入並預測模型設計的特定用途的輸出。可以在即時數據上運行自然語言處理的應用程式並獲得所需的輸出。下面是一些常見的自然語言處理方法：

(1) **監督式自然語言處理**：

有監督的自然語言處理方法使用一組標記或已知的輸入和輸出來訓練軟體。該程式首先處理大量已知數據，並學習如何從任何未知輸入產生正確的輸出。例如，公司訓練自然語言處理的工具，根據特定標籤對文件進行分類。

(2) **無監督自然語言處理：**

無監督自然語言處理使用統計語言模型，來預測輸入無標記輸入時出現的模式。例如，簡訊中的自動完成功能，透過監視使用者的回應，來建議對句子有意義的相關單字。

(3) **自然語言理解（Natural Language Understanding, NLU）：**

自然語言理解是自然語言處理的子集，專注於分析句子背後的意義。自然語言理解包括應用演算法和模型，從文字或語音中提取意義，使機器能夠理解用自然語言發出的命令、問題或請求。自然語言理解採用多種技術來解釋和理解人類語言：

a. **語法分析**：語法分析或解析涉及分析句子的語法結構。這個過程可以辨識語篇、句子成分和詞語之間的關係，從而理解文本的結構。

b. **語義分析**：語義分析著重於理解詞語和句子背後的含義。這包括解釋上下文、識別實體（如名稱、日期、地點）以及確定文本背後的情感或意圖。

c. **語境理解**：無障礙語言使用語境理解，根據上下文掌握文本的意思。包括理解成語表達、俚語以及對話的整體主題。

d. **實體識別**：實體識別包括對文本中的關鍵要素進行識別和分類，例如人名、組織名稱、日期和地點。這有助於理解文本中的具體細節。

(4) **自然語言生成（Natural Language Generation, NLG）：**

自然語言生成專注於像人類一樣，根據特定關鍵字或主題產生會話文字。例如，具有自然語言生成功能的智慧聊天機器人，可以與客戶支援人員類似的方式與客戶交談。這些聊天機器人能夠理解客戶的需求並提供即時且準確的回應。也可自動生成新聞報導、產品描述、電子郵件回覆等。更可根據數據生成報告或摘要，如財務報告、醫療記錄分析等。

10.2 計算論證（Computational Argumentation）

計算論證涉及自然語言論證和論證的計算分析，通常以經驗數據驅動的方式進行。它提高人工智慧系統的可解釋性和可解釋性的研究領域。計算論證出現在 20 世紀 90 年代初，現已發展成為一個蓬勃發展的研究領域，擁有理論和應用研究、出版物和系統實現。計算論證中的主要內容包括以下幾個方面：

(1) **從文本中挖掘論證及關係**：挖掘論證就是分析語義，以支持或反駁某一命題的句子或片段，並找到支持論點的事實或數據。挖掘論點彼此的關係，並加以標註，幫助理解論證結構。

(2) **評估論證及其屬性**：評估論點和證據的品質、相關性和有效性，並判斷論證是否合乎邏輯、證據是否充足。基於論證的結構和內容，來衡量論證的說服力和影響力。

(3) **生成論證及論證性文本**：基於主題，自動生成支持或反對的論點和證據。根據論證邏輯內容，自動生成包含論證結構的完整文本。使用自然語言生成技術，生成流暢且連貫的論證性文章。

計算論證的技術可以應用到多個領域，例如從法律文檔中挖掘和分析法律論點，生成法律論證。輔助學生和研究人員撰寫論文，提供論證結構和證據支持。分析社交媒體上的論證性討論，評估觀點的影響力和說服力。

發展理想的論證來滿足各方面的要求是一件極困難的事，有時甚至看來幾乎不可能。但不要絕望！以下是每個論證都應該具備的基本內容，無論寫作的類型或學科如何。

(1) 主要訴求

每個論點應該以主要訴求或主張為核心。然後，該主張可能被分解為較小的支持主張，每個支持主張都在爭論主要主張的不同部分。

(2) 證據

雖然主要主張對於展開論點至關重要，但僅僅提出有效的論點還不夠。還需要用支持觀點的證據來印證這個主張。通常，證據會引導出中心主張。但是必須證明這些證據最適合支持主張，因此使用相關、有效且明確支持的證據非常重要。證據可以有多種不同的形式，包括數字或經驗數據、定性觀察、人類學訪談、理論分析以及源自主要參考材料、學術期刊或個人經驗的先前研究。

(3) 證實

當我們有一個主張以及支持的證據，這還不足以形成強而有力的論點。因為我們需要將證據與主張聯繫起來。證實一個主張就是使其可靠或可信，如果支持某一論點的證據薄弱且不令人信服，則該證據可被描述為不具實質性。例如在學術寫作，每一個主張或論點都需要證據來支持。這可以透過引用證據來實現，通常是研究結果或權威著作來源。

(4) 反駁論點

無論論證是多麼地有效，或主張是多麼地合理，它總是有一些限制。除了掩飾這些對立點或不確定性，並假裝它們不存在之外，一個強有力的論點會直接面對潛在的反對者。透過承認論點中的弱點，實際上可以透過解決和回應其他觀點來加強你的主張。在學術寫作和論證中，除了提出和支持自己的論點外，反駁對立觀點同樣重要。這樣可以展示你對問題的全面理解並加強你的論證。

有許多不同的模型可以用來建構論點。有些使用托爾明論證模型（Toulmin model），該模型重視由證據支持並由保證支撐的明確主張。有些人則喜歡經典方法（classical approach），要求提出某種立場來反駁相反的觀點，並提供證據來證實主張。還有一些人可能更喜歡使用羅傑模型（Rogerian model），該模型促進爭論雙方更中立和妥協的觀點。除非個人有某種偏好，否則使用針對該論點最有意義的模型。事實上，許多專家在準備論點時會混合使用不同的模型，並結合每種模型的部分內容。

10.3 大型語言模型（Large Language Model, LLM）

大型語言模型是一種人工智慧的程式，它使用深度學習來分析和理解自然語言和其他類型的內容。LLM 接受大量資料的訓練，例如來自網際網路的數百萬 Gigabyte（GB）的文本，並使用轉換器（Transformer）模型來執行各種自然語言處理的任務。大型語言模型經過大量資料的訓練，驅動多個實用例子和應用程式，以解決大量任務所需的基礎功能。這與為了每個範例單獨建構，和訓練特定領域模型的想法，形成鮮明對比，這種想法在許多標準下是令人望而卻步的，會抑制協同作用，甚至可能導致性能較差。

大型語言模型代表了自然語言處理和人工智慧領域的重大突破，公眾可以透過 Open AI 的 ChatGPT-3 和 GPT-4 等介面輕鬆存取，這些介面已獲得 Microsoft 的支援。其他範例包括 Meta 的 Llama 模型以及來自 Transformer (BERT/RoBERTa) 和 PaLM 模型的 Google 雙向編碼器。

大型語言模型需要數十億個參數，這些參數使他們能夠掌握語言中的複雜模式，並執行各種與語言相關的任務。它正在徹底改變各個領域的應用，從聊天機器人和虛擬助理到內容生成、研究協助和語言翻譯。隨著大型語言模型的不斷發展和改進，這將重塑我們與技術互動和獲取資訊的方式，使它們成為現代數位世界的關鍵部分。

轉換器模型是大型語言模型中最常見的架構，主要由編碼器（encoder）和解碼器（decoder）組成。轉換器模型透過將輸入數據進行標記化（tokenizing），然後同時執行數學運算來發現標記之間的關係。這使得計算機能夠識別出人類在面對同樣查詢時會看到的模式。相比於傳統模型，如長短期記憶模型（Long Short-Term Memory, LSTM），自注意力機制（Self-Attention Mechanism）使轉換器模型能夠更快地學習。這是因為它能夠在計算時同時考慮整個輸入序列的所有部分，而不需要逐步處理。自注意力機制允許模型考慮序列的不同部分或整個句子的上下文，以生成預測。透過計算輸入序列中每個標記與其他標記之間的關聯性，然後使用這些分數來加權求和得到每個標記的表示。

編碼器由多層堆疊的自注意力機制和前饋神經網路組成，每層都進行標準化和殘差連接。它負責將輸入序列轉換為一組隱含表示（hidden representation）。解碼器的結構與編碼器相似，但在每一層中除了自注意力機制外，還包含一個對編碼器輸出進行注意力的機制。它根據編碼器生成的隱含表示來生成輸出序列。

最為人知的應用是支撐聊天機器人技術，如 OpenAI 的 ChatGPT 或 Google 的 Gemini。在基本層面上，大型語言模型的運作原理是接收輸入或提示，計算最可能出現的下一個詞語，然後生成輸出或完成內容。雖然大型語言模型的運作方式比這個描述更為複雜，但學習預測下一個詞語的過程，即預訓練，是理解其運作的良好起點。

電腦拼字（Computer Word Scramble）是一種文字遊戲，用電腦將英文單詞的字母順序打亂，然後要人思考將這些字母重新排列組合，以拼出正確的單詞。這種遊戲可以幫助提高詞彙和拼寫能力，也是一種有趣的娛樂方式。以下是一些電腦拼字的範例：

1. cmoupert → computer
2. smeuo → mouse
3. ftasrweo → software

在文本資料的清理和預處理過程中，電腦拼字技術可以用於識別和糾正拼寫錯誤，確保資料的品質。在文本生成和自動校正應用中，電腦拼字技術可以用於提高生成文本的品質和可讀性。例如自動生成的新聞文章、產品描述或電子郵件正文中，確保每個詞彙拼寫正確。在聊天機器人和對話系統中，電腦拼字技術可以用於理解和處理用戶輸入的拼寫錯誤，提升系統的理解能力。在搜索引擎和資訊檢索系統中，電腦拼字技術可以用於糾正用戶的錯誤輸入，提升搜索結果的準確性。在語言學習和教育應用中，電腦拼字技術可以幫助學生提高拼寫能力，提供即時的反饋和糾正。

「填空」遊戲（Fill in the blanks）是一種文字遊戲或教育活動，需要玩家在給定的句子或片段中，填入缺失的單詞或字母，用適當的內容填空，以完成有意義的正確句子。這種遊戲可以用於語言學習、詞彙擴展和語法練習，也作為一種有趣的娛樂活動。以下是「填空」遊戲的範例：

The cat ___ on the mat.

解答：這個句子 "The cat is on the mat." 具有最高的機率。

The cat			on the mat.
	is	0.761391	
	was	0.233083	
	sat	0.0024973	
	jumped	0.00204038	
	flies	0.000655277	
	sits	0.000254632	
	sleeps	0.0000739808	
	yellow	0.00000339135	
	saturn	0.00000103889	
	avocado	0.000000511927	
	uyqbweib	0.00000000000000000000987006	

填空遊戲可以用來訓練語言模型，使其更好地理解語境和生成文本。這通常涉及到遮蔽一些詞語，讓模型去預測這些被遮蔽的詞語。填空遊戲可以用於訓練和測試聊天機器人和對話系統的上下文理解和回應生成能力。在自動摘要和資訊抽取任務中，填空遊戲可以幫助模型提取和生成關鍵資訊。填空遊戲還可以用於資料增強，創造更多的訓練數據。

10.4 聊天生成預訓練轉換器（Chat Generative Pre-trained Transformer, ChatGPT）

ChatGPT 是由人工智慧研究公司 OpenAI 開發的人工智慧聊天機器人，基於 GPT（生成預訓練轉換器）架構的大型語言模型，可以處理自然人類語言並產生回應。這個模型使用了深度學習技術來生成類似人類的文本，並且可以用於多種自然語言處理的任務，包括回答問題、撰寫文章和翻譯語言等。ChatGPT 的主要特點包括：

(1) **基於 Transformer 架構**：ChatGPT 使用了 Transformer 架構，這是一種在處理序列數據（如文本）時非常有效的深度學習模型。Transformer 的自注意力機制允許模型在生成每個詞時考慮整個上下文，從而生成更連貫和一致的文本。

(2) **預訓練和微調**：模型首先在大規模的文本數據上進行預訓練，以學習語言的基本結構和模式。這包括從網頁、書籍、文章等來源收集的數據。在預訓練之後，模型在特定的數據集上進行微調，以提高其在特定任務上的性能。

(3) **自然語言理解和生成**：ChatGPT 具備強大的自然語言理解和生成能力，能夠生成連貫的文本回答，模擬人類對話，並處理多輪對話的上下文。

ChatGPT 使用自然語言處理技術來回應使用者產生的提示。簡而言之：您向 ChatGPT 詢問問題或提供提示，它會使用自然語言回應。我是 ChatGPT，由 OpenAI 開發的一個人工智慧語言模型。我可以回答問題、提供資訊、進行對話並協助完成各種任務。

OpenAI 於 2022 年 11 月 30 日發佈了 ChatGPT 的早期展示模型，隨著用戶分享其功能範例，該聊天機器人迅速在社交媒體上爆紅。故事和樣本包括從旅行計劃到寫寓言，到編寫電腦程式的一切。短短五天內，該聊天機器人吸引了超過一百萬的用戶。OpenAI 由 Sam Altman、Greg Brockman、Elon Musk、Ilya Sutskever、Wojciech Zaremba 和 John Schulman 於 2015 年 12 月創立。創始團隊結合了他們在技術創業、機器學習和軟體工程方面的多元化專業知識，創建了一個專注於以造福人類的方式來推廣人工智慧的組織。

GPT-1 模型於 2018 年 6 月推出，是 GPT 系列的第一次迭代，由 1.17 億個參數組成。這為我們今天所知的 ChatGPT 奠定了基礎架構。GPT-1 展示了無監督學習在語言理解任務中的威力，使用書籍作為訓練資料來預測句子中的下一個單字。

GPT-2 模型於 2019 年 2 月發布，代表了重大升級，擁有 15 億個參數。它展示了文本生成能力的顯著改進，並產生了連貫的多段落文本。但由於其潛在的濫用，GPT-2 最初並未向公眾發布。在 OpenAI 分階段推出以研究和降低潛在風險後，該模型最終於 2019 年 11 月推出。

GPT-3 是 2020 年 6 月的一次巨大飛躍。其先進的文本生成功能在各種應用中廣泛使用，從起草電子郵件和撰寫文章到創作詩歌，甚至生成程式碼。它也展示了回答事實問題和語言之間翻譯的能力。GPT-3 的推出標誌著世界開始認可這項突破性技術的關鍵時刻。

GPT-4 延續了這種指數級改進的趨勢，是目前最新的版本。其功能增加如下：改進模型使遵循使用者的意圖、減少產生攻擊性或危害性的文句、提高事實準確性、可以根據使用者請求來改變執行的能力和網路連線來提供即時搜尋網路的能力。

從第一代 GTP-1 於 2018 年，到 2022 年推出市面的第四代 ChatGPT，在短短數月就有上億的活躍用戶，這是驚人的結果。每個里程碑都讓我們更接近未來，人工智慧將無縫融入我們的日常生活，提高我們的生產力、創造力和溝通能力。下個階段的 GPT-5 什麼時候到來？OpenAI 表示 ChatGPT-5 將是一種最先進的語言模型，讓你感覺像是在與人而不是機器進行交流。GPT-5 標誌著該公司下一代生成式預訓練 Transformer 語言模型。OpenAI 聲稱它代表了自然語言處理能力的重大進步。憑藉其更接近人類的理解和生成文本的能力，GPT-5 可以改變我們與機器溝通的方式，並使許多與語言相關的工作自動化。ChatGPT-5 憑藉推理能力和多模式能力，將徹底改變我們與人工智慧互動的方式。

其實 ChatGPT 並不總是值得信賴。ChatGPT 使用從網際網路上提取的大量人類編寫的文本資料集進行訓練。因此，回應可以反映編寫訓練資料集中使用文字的人的偏見。ChatGPT4o 用於訓練的數據是在 2023 年 10 月之前收集的。因此，它能提供的資訊和回答基於這個日期之前的資料。根據常見問題解答，ChatGPT「對 2024 年後的世界和事件的了解有限，也可能偶爾產生有害的指令或有偏見的內容」。ChatGPT 胡編亂造！為了彌補知識差距（例如，缺乏可從中提取資訊的訓練資料），ChatGPT 將盡其所能（通常是編造的）回應，而不是說「錯誤」或「無法計算」。

ChatGPT 並非完全可靠的，例如用臺語問它「你佇叨落」，它起初給出錯誤的解答，回答字面上的意思「你在說什麼？」，但真正意思是「你在什麼地方」，給它輸入正確的解答，它馬上就學習起來，下次再問它相同問題，它的回答就正確無誤。

10.5 大型語言模型的應用：自動影像字幕（Image Captioning）生成

基於大型語言模型的影像字幕生成可自動執行標記流程，確保影像準確性描述且易於搜尋。這提高了管理大量視覺內容的效率。影像字幕模型已經從傳統方法發展到複雜的多模態語言模型，融合了視覺和語言理解的能力。影像字幕是一項具有挑戰性的任務，涉及為影像生成具描述性且上下文相關的文字描述。早期的影像字幕模型通常僅依賴電腦視覺技術，但它們很難捕捉影像中存在的微妙語義和關係。將自然語言處理整合到影像字幕中標誌著類型轉變，促使更強大和上下文感知模型的開發。

多模態語言模型的架構通常由兩個主要組件組成：視覺模組和語言模組。視覺模組包括：

(1) **預先訓練的卷積神經網路 (CNN)**：視覺模組通常包含預先訓練的 CNN，例如 ResNet 或 VGG，以從輸入影像中提取高級特徵。這些特徵可擷取有關影像內的物件、形狀和空間關係的資訊。

(2) **微調層**：擷取的視覺特徵然後透過微調層，使通用特徵適應影像字幕的特定任務。這讓模型能夠專注於相關細節並丟棄不相關資訊。

語言模組包括：

(1) **基於 Transformer 的架構**：語言模組的靈感來自於 Transformer 架構，類似於 GPT 等最先進的語言模型中使用的架構。它包含多層自注意力機制，允許模型從文字輸入中捕獲遠端依賴關係和上下文資訊。

(2) **聯合嵌入空間**：視覺特徵和文字嵌入被投影到共享的多模態空間中，模型可以在其中學習視覺和文字表示之間的對齊。這種聯合嵌入空間促進了視覺和語言訊息的融合。

多模態語言模型的工作機制涉及視覺和文字訊息的無縫集成，以產生連貫且上下文相關的字幕。以下步驟概述了這個過程：

(1) **輸入處理**：輸入影像被輸入預先訓練的 CNN，提取視覺特徵。使用語言模組對輸入標題進行標記和嵌入。

(2) **特徵融合**：視覺特徵和文字嵌入被投影到聯合多模態空間。該模型學習對齊這些表示，捕捉視覺和文字元素之間的語義關係。

(3) **字幕生成**：融合表示用於透過自動迴歸解碼產生標題，考慮情境資訊和學習到的關聯。產生的標題經過迭代最佳化，確保連貫性和相關性。

(4) **訓練和微調**：該模型在大規模資料集上進行了預訓練，從兩種模式中學習通用特徵。對特定任務的資料集進行微調，以使模型適應影像字幕的細微差別。

10.5.1 引言

目前，自動生成影像描述的過程，即影像字幕，在人工智慧研究領域和更廣泛的計算領域中越來越受到關注。為了有效地使用自然語言產生影像字幕，需要識別物件、屬性和動作，並理解物件之間的交互和關係以及上下文。因此，這一任務橫跨計算機視覺和自然語言處理，是許多視覺語言應用的基礎。

基於轉換器的影像字幕方法作為處理模型，由於其理解序列數據中長期關係的能力，變得越來越受歡迎。為了充分利用轉換器架構在字幕生成中的潛力，從影像中提取包括物件和上下文特徵在內的重要特徵至關重要。基於區域的轉換器方法依賴於物件檢測網路提取的物件區域特徵。而網格基礎的方法使用網格級局部特徵，但缺乏物件資訊。此外，同時使用區域和網格基礎特徵在注意過程中往往會產生語義雜訊。最近，大型語言和視覺 - 語言模型在細粒度影像字幕中變得流行。然而，數據、計算和資源限制使得利用這些模型具有挑戰性。在現有文獻中設計一種簡單且更可解釋的方法以利用影像的固有屬性來獲取更多上下文資訊進行影像字幕，這仍然是一些未解決的挑戰。

10.5.2 提出的方法

在本節中，我們介紹了一種簡單且有效的影像字幕方法，透過利用上下文特徵來豐富生成的字幕，使其包含更多的上下文資訊。我們提出的影像字幕方法遵循編碼器解碼器模式，引入目標上下文注意機制。圖 10.1 展示了我們的方法整體架構。

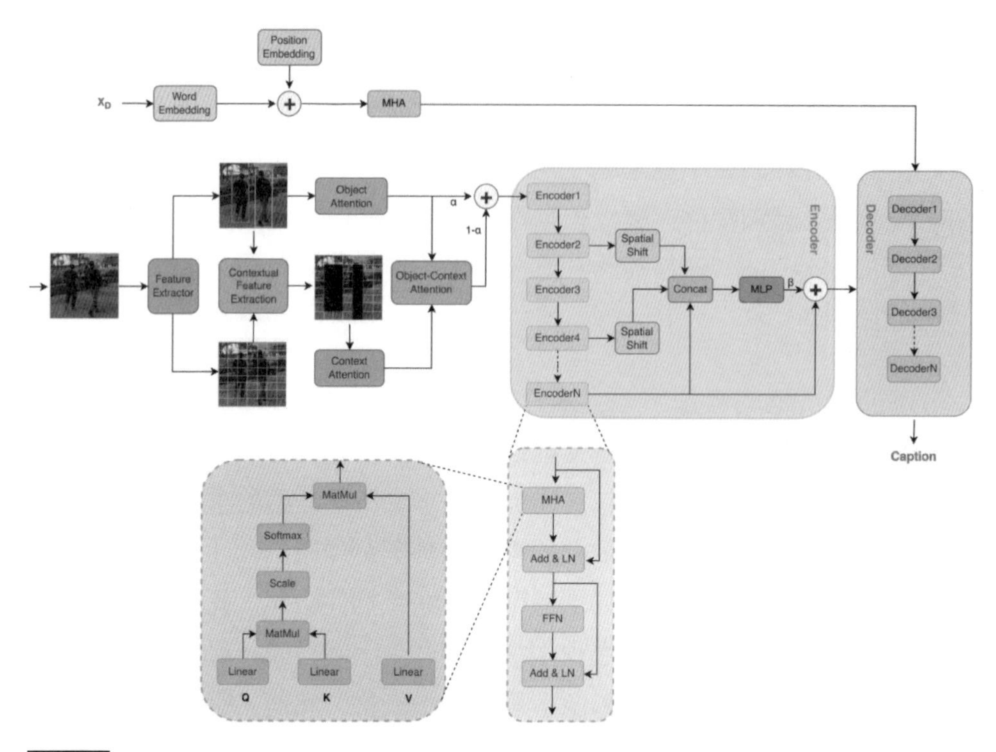

圖 10.1 提出架構的概覽。給定一張影像，特徵提取器提供目標區域特徵和局部網格特徵。目標上下文注意力機制捕捉目標特徵與由上下文特徵提取模塊提取的上下文特徵之間的交互和關係。結果特徵與目標特徵結合後作為編碼器的輸入。解碼器將來自編碼器的文本特徵和影像特徵作為輸入，並為給定的影像生成字幕。

給定一張輸入影像，使用 Faster R-CNN 提取具有邊界框的目標區域特徵和局部網格特徵。與區域特徵的邊界框高度重疊的網格將被丟棄。目標注意力機制（Object Attention, OA）模塊將區域特徵作為輸入，捕捉區域特徵在對象級別上的交互和關係。同樣，從與區域特徵的邊界框不重疊的網格中獲得上下文特徵的注意分數由上下文注意力機制（Context Attention, CA）模塊獲得。然後，目標上下文注意力機制（Object-Context Attention, OCA）模塊發現目標特徵和上下文特徵之間的交互和關係。來自 OA 模塊和 OCA 模塊的輸出分別以參數 α 和 $(1-\alpha)$ 加權，然後在發送到編碼器之前進行組合。編碼層由多頭注意力機制（Multi-Head Attention, MHA）和前饋神經網路（Feed Forward Network,

FFN）組成，再跟加法和層正歸化。來自每第二個編碼層的特徵被連接並透過多層感知器（Multi-Layer Perceptron, MLP）。結果輸出以參數 β 加權，然後與來自最後一個編碼層的特徵組合後發送到解碼器。同時，經過詞嵌入、位置嵌入和多頭注意力機制（Multi-Head Attention, MHA）處理的部分生成的字幕被發送到解碼器。基於轉換器的解碼器生成給定影像的字幕。

10.5.2.1 上下文特徵提取

Faster R-CNN 提供目標區域特徵和局部網格特徵。我們利用目標檢測的邊界框坐標和網格的坐標，識別與邊界框重疊的網格並將其移除，以確保剩餘的網格僅用於上下文。我們利用對齊圖來確定某個網格是否與區域特徵的邊界框重疊。這樣，就能獲得如圖 10.2(e) 所示的上下文特徵。

(a) Image

(b) Captions

(c) Region features

(d) Grid features

(e) Contextual features

圖 10.2 我們的 ContExCap 與基於區域的基線模型（上）的比較以及不同類型視覺特徵的示意圖（下）。我們的 ContExCap 除了利用區域特徵（c）外，還利用上下文特徵（e），從而能生成包含更多上下文的字幕，相較基線模型更為優秀。

10.5.2.2 注意力模塊

目標注意力機制（OA）模塊將目標區域特徵作為輸入，應用多頭注意力機制（MHA）來發現區域特徵之間的交互和關係。在 MHA 中，區域特徵被設置為查詢（Q）、鍵（K）和值（V）。因此，OA 模塊傳回具有顯著交互和關係的目標區域特徵。同樣，在上下文注意力機制（CA）模塊中，使用多頭注意力機制，其中上下文特徵被用作查詢、鍵和值。CA 模塊提供上下文特徵之間的交互和關係。由於區域特徵包含目標資訊，而上下文特徵包含上下文資訊，因此找到區域特徵與上下文特徵之間的交互和關係至關重要，這有助於生成更具上下文意義和連貫性的字幕。為了實現這一點，我們採用目標上下文注意力機制（OCA），這是一種多頭注意力機制，其中上下文特徵用作查詢，目標區域特徵用作鍵和值。

10.5.2.3 最終特徵編碼 (Final Feature Encoding, FFE)

我們使用多個編碼層，每個編碼層由多頭注意力機制（MHA）和前饋神經網路（FFN）組成。由於連續兩個編碼層之間的特徵可能相差不大，我們取每隔一個編碼層的特徵，包括最後一層，並將它們連接起來。在連接之前，我們進行空間移位操作，使特徵能夠與鄰近特徵進行交互。連接或融合非常重要，因為它包含了高級和低級特徵。在特徵融合之後，我們使用多層感知器（MLP）來將連接的特徵映射到所需的維度。這裡，Z 是區域特徵及其目標區域特徵與上下文特徵之間關係的加權總和，如公式（9.1）所述。

$$Z = \alpha * Y_{RR} + (1 - \alpha) * Y_{RG} \tag{9.1}$$

其中 $\alpha \in [0,1]$ 控制目標區域特徵和上下文特徵的權重。我們設置 $\alpha = 0.6$，這是最佳值。Y_{RR} 和 Y_{RG} 分別是目標注意力和目標上下文注意力的輸出。SS 代表空間移位操作，而 MLP 是多層感知器。對於每個通道維度，SS 在每個空間維度上分別進行前向和後向移位，如圖 10.3 所示。

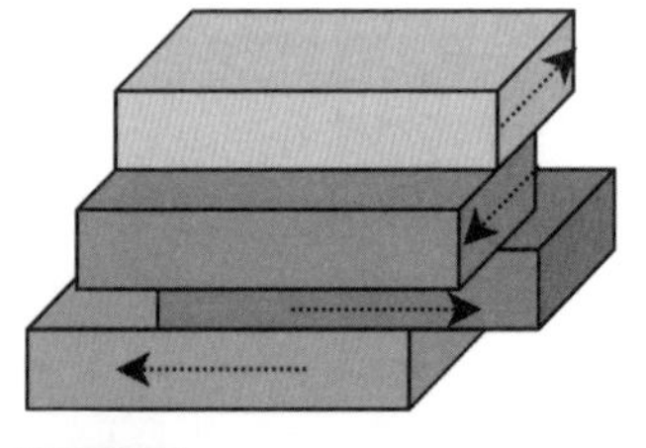

圖 10.3 空間移位操作。

10.5.2.4 字幕生成

我們接收兩種類型的輸入：來自編碼器的影像特徵和文本特徵。文本特徵是透過對部分生成的文本 XD 使用多頭注意力機制（MHA）獲得的。在將 XD 發送到 MHA 之前，將其與詞嵌入和位置嵌入結合。文本特徵被設置為 MHA 解碼器的查詢（Q），影像特徵被設置為鍵（K）和值（V）。這個解碼器具有與基礎轉換器相似的架構，轉換器是深度學習中的一個基礎模型，引入注意力機制，從而在包括機器翻譯和文本生成在內的各種任務中取得了顯著的進展。它包含 MHA 和前饋神經網路（FFN），後面接加法和層正歸化。然後，有一個全連接層（FC）和 Softmax 函數來生成字幕。在 MHA 中，我們進行查詢（Q）和鍵（K）之間的矩陣乘法，然後進行縮放和 Softmax 操作以獲得機率分佈。機率分數用於與值（V）進行矩陣乘法。

10.5.3 實驗結果

10.5.3.1 架構

為了提取視覺特徵，我們使用預訓練的 Faster R-CNN。視覺特徵包括區域特徵和使用 ResNeXt-101 的網格特徵。區域特徵是區域的局部影像特徵集合，如邊界框。Faster R-CNN 採用延遲的 stride-1 C5 主幹和 1×1 RoIPool，並使用由兩個全連接層組成的檢測頭在 Visual Genome 數據集上訓練 Faster R-CNN。為了提取網格特徵，它消除了延遲，並使用典型的 C5 層。網格大小為 7×7，特徵維度為 2048。在我們的實現中，我們將模型配置為維度 dmodel 為 512，8 個注意力頭。Beam search 設置為 5，編碼器和解碼器均由 5 層組成。在交叉熵（CE）訓練階段，批次大小設置為 50，而在使用 CIDEr 優化的自我批評序列訓練（SCST）階段，批次大小增加到 100。我們在這兩個階段都使用 Adam 優化器來訓練我們的模型。

10.5.3.2 數據集

我們使用廣泛應用的基準數據集 MS COCO 來實驗性地驗證和評估我們方法在影像字幕生成中的有效性。MS COCO 數據集包含超過 120,000 張影像，每張影像都附有由人工標註的五個句子。為了確保與現有方法的公平比較，我們參考 Karpathy 分割方法，其中 5000 張影像用於驗證，另外 5000 張用於測試，其餘的用於訓練。

10.5.3.3 評估指標

我們遵循標準的評估協議，包含傳統和近期的指標，以評估方法的性能。具體而言，除了 BLEU@N、METEOR、ROUGE-L、CIDEr 和 SPICE 外，我們還引入最新的影像字幕評估指標，包括 BERTScore、CLIP-S、RefCLIP-S、PACS 和 RefPAC-S。BERTScore 利用上下文嵌入來計算標記相似性，因此與人類判斷的相關性更高。CLIP-S 是一種無參考指標，使用 CLIP 模型以類似於人類判斷的方式評估影像和字幕的相容性，無需依賴參考資料。RefCLIP-S 是 CLIP-S 的參考增強版本，考慮了影像 - 字幕和候選 - 參考的相容性。PACS 是一種基於對比的無參考影像字幕評估指標，利用策劃的影像字幕對和額外合成的正樣本。RefPAC-S 是 PACS 的變體，也考慮了一組參考字幕。相比於傳統的影像字幕評估指標，近期的評估指標對挑戰性範例更加穩健。

10.5.3.4 性能比較

為了比較我們的 ContExCap 的定量效果，我們精心設計了一個基線模型，僅對區域特徵進行目標注意力機制，而不包含上下文特徵。表 10.1 顯示了我們的 ContExCap 在傳統和最新評估指標方面均提供了比基線模型更好的評估分數。

▼ 表 10.1　ContExCap 與基線模型在傳統和最新評估指標下的性能比較。B-1、B-4、M、R、C 和 S 分別是 BLEU-1、BLEU-4、METEOR、ROUGE、CIDEr、SPICE 的簡稱。粗體值表示在比較方法中取得的最佳結果。

Method	Traditional metrics						State-of-the-art metrics				
	B-1	B-4	M	R	C	S	BERT-S	CLIP-S	RefCLIP-S	PAC-S	RefPAC-S
Baseline	78.5	36.6	27.7	57.0	124.5	21.1	**91.6**	74.6	80.8	79.8	84.8
ContExCap	**80.3**	**38.1**	**28.6**	**58.0**	**128.1**	**21.8**	91.3	**75.0**	**81.1**	**80.1**	**85.0**

10.5.3.5　消融研究（Ablation Study）

我們進行了多次消融研究，以提供每個組件對我們提出的架構整體性能影響的定量證據。表 10.2 顯示，上下文注意力機制（CA）和目標上下文注意力機制（OCA）均對我們的 ContExCap 的整體性能有所貢獻。我們還透過進行多次 α 值實驗來調查控制對象級區域特徵和上下文特徵權重的參數 α 的最佳值。表 10.3 顯示，0.6 是最佳值，因為它在不同 α 值中給出了最好的分數。此外，我們還進行了不使用空間移位操作和在融合過程中不跳過任何編碼層的實驗。這些實驗的性能結果如表 10.4 所示，確認了空間移位操作的有效性以及我們在融合過程中使用每隔一個編碼層的選擇。

▼ 表 10.2　不同組件，包括目標注意力機制（OA）、上下文注意力機制（CA）和目標上下文注意力機制（OCA）的性能比較

OA	CA	OCA	B-1	B-4	M	R	C
✓	×	×	78.5	36.6	27.7	56.9	124.5
✓	✓	×	78.9	35.8	27.8	56.6	125.5
✓	✓	✓	**80.3**	**38.1**	**28.6**	**58.0**	**128.1**

▼ 表 10.3　不同參數 α 值的性能比較

parameter α	B-1	B-4	M	R	C
0.4	78.9	35.8	27.5	56.6	121.1
0.5	79.9	37.3	28.2	57.4	126.1
0.6	**80.3**	**38.1**	**28.6**	**58.0**	**128.1**
0.7	79.5	36.7	28.0	57.1	124.2

▼ 表 10.4 有或無空間移位(SS)和在融合中跳過編碼層(FS)的性能比較

Method	B-1	B-4	M	R	C
ContExCap w/o SS	78.6	36.0	27.9	56.9	127.4
ContExCap w/o FS	78.9	35.9	27.7	56.9	126.2
ContExCap	**80.3**	**38.1**	**28.6**	**58.0**	**128.1**

10.5.3.6 質性分析

為了展示我們方法的有效性，我們在圖 10.4 中展示了我們的方法與基線模型的多個質性結果。我們的方法生成的字幕包含更多的上下文資訊，並且對目標的資訊也更準確。具體而言，在圖 10.4(a-e) 中，我們的 ContExCap 提供了更多關於背景的資訊。在圖 (b) 中，我們可以觀察到基線模型錯誤地提到三隻長頸鹿，而我們的 ContExCap 準確地提供了兩隻長頸鹿的資訊。此外，在圖 (f) 中，基線模型將一名孩子錯誤地分類為一名婦女，而我們的 ContExCap 正確地識別了孩子。再者，基線模型未能檢測到圖 (g) 中的貓，而我們的方法將其包含在生成的字幕中。所有這些質性結果都表明，我們的 ContExCap 方法能夠提供更多的上下文資訊，包括對影像中目標的更準確資訊。

GT1 : A couple of traffic lights sitting under a cloudy sky.
GT2 : two sets of street lights attached to a pole
Baseline : a group of traffic lights hanging from a pole
ContExCap : a group of traffic lights with a blue sky

(a)

GT1 : Two giraffe standing next to each other in a forest.
GT2 : Two giraffes in a wild, lightly wooded field.
Baseline : three giraffes standing next to each other in a field
ContExCap : two giraffes are standing in a field with trees

(b)

GT1 : A woman is riding her skate board down the sidewalk.
GT2 : lady in front of a store standing on a pink skateboard
Baseline : a woman riding a skateboard down a street
ContExCap : a woman riding a skateboard in front of a store

(c)

GT1 : A number of motorbikes parked on an alley
GT2 : A row of motorcycles parked in front of a building.
Baseline : a row of motorcycles parked on a city street
ContExCap : a row of motorcycles parked in front of a building

(d)

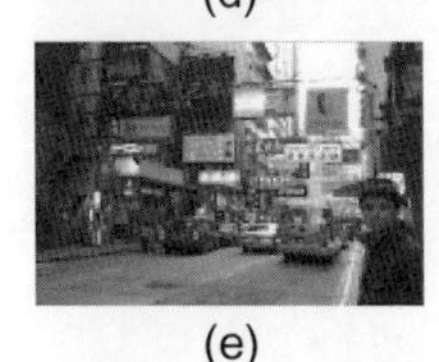

GT1 : A young man is standing away from the traffic.
GT2 : The man is standing beside a busy street.
Baseline : a man is standing on a busy city street
ContExCap : a man standing on a busy city street with cars

(e)

GT1 : A man sitting at a table holding a baby.
GT2 : A man holding a child and a cell phone at a coffee shop.
Baseline : a man and a woman looking at a cell phone
ContExCap : a man and a child sitting at a table with a cell phone

(f)

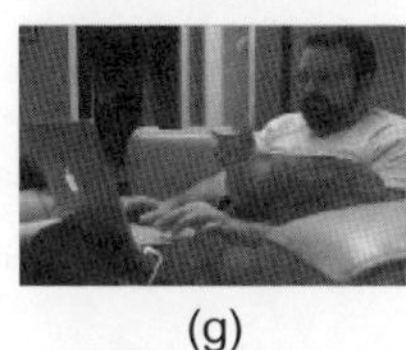

GT1 : A man using his laptop computer while a cat sits on his lap.
GT2 : A man sitting in a chair with a cat and a laptop.
Baseline : a man sitting on a couch using a laptop computer
ContExCap : a man sitting on a couch with a cat and a laptop

(g)

圖 10.4 區域基線模型與我們的 ContExCap 生成的影像字幕質性結果範例，以及地面真實字幕。我們的方法能生成包含更多上下文的字幕。

10.5.3.7 討論與限制

我們注意到，目標資訊是從目標級區域特徵獲得的，而上下文資訊是從未與區域特徵的邊界框重疊的網格中提取的上下文特徵處理得來的。在大多數情況下，我們的方法能夠生成包含更多上下文資訊和關於目標的更準確資訊的字幕。然而，在某些情況下，特別是當顯著目標高度支配影像的背景或幾乎覆蓋整個影像時，ContExCap 傾向於提供不完整的字幕，如下頁的圖 10.5 所示。因此，當遇到影像中目標 - 上下文比例失衡時，會觀察到一些限制。儘管有這一限制，我們的 ContExCap 在大多數情況下能夠生成包含更多上下文資訊的字幕，這表明我們方法的有效性。此外，我們提出的方法能夠提供關於目標的更準確資訊。

GT1 : A large pile of a variety of donuts seen from above
GT2 : Overhead shot of a pyramid of assorted cake donuts.
Baseline : a pile of glazed donuts in a box
ContExCap : a box of a variety of donuts in a

(a)

GT1 : A parking meter for bikes on the curb side.
GT2 : A parking meter indicating a preference given to bicycles.
Baseline : a parking meter with graffiti on the side of it
ContExCap : a parking meter with graffiti on the side of a

(b)

圖 10.5 ContExCap 的限制。我們的方法在生成目標上下文比例失衡或顯著目標支配背景的影像的完整字幕時遇到困難。

10.6 結論

在這項工作中，我們提出了一種有效的影像字幕方法，旨在利用影像的固有特性，在生成的字幕中包含更多的上下文資訊，同時保持模型簡單且更易解釋。為了專門涵蓋更多詳細的上下文並專注於它，我們從未與區域特徵的邊界框重疊的網格中提取上下文特徵。在編碼過程中加入上下文特徵，有助於在生成的字幕中包含更多的上下文資訊。此外，目標上下文注意力機制進一步增強了模型捕捉目標與上下文之間交互的能力。同時，編碼層特徵的空間移位和融合使特徵能夠與鄰近特徵交互以建模其關係。我們的廣泛實驗證實了我們的方法在生成包含更多上下文資訊的字幕方面的有效性。然而，在特定目標上下文比例失衡的場景中，也存在一些限制。對於我們的未來研究，我們旨在克服這些限制，進一步改進我們的影像字幕方法。

CHAPTER

11

自動化與機器人（Automation and Robotics）

自動化和人工智慧結合可以提高效率和生產力。自動化可以減少人力需求，特別是針對可預測或例行的工作。人工智慧利用機器模擬人類智慧，使其能夠學習、推理和獨立行動。Siri 和 Alexa 這些像個人助理一樣對話並發出聲音的例子就是人工智慧的好例子。本質上，自動化是設置機器來執行命令，而人工智慧是設定機器來模仿人類並自主思考。

人工智慧作為一種進步的動力，從根本上改變了我們在各個領域中對科技的感知和互動方式。人工智慧的這種變革力量超越了常規應用，深入到自動化和機器人領域，對全球企業產生了重大影響。我們將探討人工智慧在自動化和機器人領域的複雜而多方面的影響，剖析其創新進展，揭示其廣泛好處，解決不可避免的挑戰，並最終分析其對各行業的整體影響。

11.1 人工智慧在自動化和機器人領域的優勢

人工智慧注入自動化和機器人領域帶來了一系列顯著的好處，從而重塑了不同企業的運營場景。其中最重要的優勢是效率、精準度和一致性的顯著提高。配備先進演算法的 AI 驅動機器人展示了以驚人精準度執行複雜任務的無與倫比能力。這種精確度透過確保超越傳統方法的品質和可靠性水準，將生產過程中的錯誤降至最低。結果是 AI 驅動系統持續提供準確可靠的結果，從而顯著改變了整體效率。

此外，AI 在自動化和機器人領域的應用引入預測性維護的概念。AI 演算法使機器人能夠分析即時數據，識別可能表明潛在問題的模式和異常。這種主動的維護方法透過允許在關鍵故障發生前及時進行干預，顯著減少了停機時間。結果，機器人系統的壽命延長，確保了更長時間內的持續運營效率。透過 AI 驅動的自動化實現的增強效率和成本效益，是提高企業競爭力的關鍵因素。透過最佳化生產過程、將錯誤最小化以及減少停機時間，AI 培育了一個精簡且資源高效的運營環境。這不僅帶來了顯著的成本節約，還使採用 AI 驅動自動化的企業具有競爭優勢。可靠地提供高品質的產品，再加上資源的最佳利用，使這些企業能夠更有效地應對市場需求和波動。

總而言之，AI 與自動化和機器人的結合不僅僅是技術的進步。它成為變革性變革的催化劑，提高了企業的整體生產力、可靠性和競爭力。這些好處跨越了從製造到物流的各個領域，讓我們得以窺見一個由 AI 演算法引導的智慧機器，為更精簡、高效和可行的運營場景做出貢獻的未來。隨著企業繼續利用 AI 在自動化和機器人領域的潛力，這些好處的實現不僅促進了進步，也為更靈活和多變的工業生態系統奠定了基礎。

11.1.1　挑戰與考量

儘管人工智慧在自動化和機器人領域具有光明的前景，但其整合並非沒有挑戰和倫理考量。其中首要的擔憂是工作替代的恐懼。隨著 AI 驅動的自動化變得越來越普遍，人們越來越擔心某些傳統由人類執行的任務可能會被機器取代，這可能導致勞動力重組和失業。應對這些擔憂需要採取主動措施，對勞動力進行再培訓和技能提升，確保在 AI 驅動技術發展中平穩過渡到新的角色和行業。

在 AI 時代的自動化和機器人領域，倫理考量也佔據重要地位。機器獨立決策的前景引發了複雜的倫理問題。賦予 AI 的機器具有即時做出決策的潛力，而這些決策的倫理意涵，尤其是在關鍵情境下，需要謹慎審查。為了保持倫理準則，並確保這些技術的公平和公正部署，必須解決 AI 演算法中的責任、透明度和偏見問題。

在追求效率提升和廣泛採用 AI 的倫理後果之間達成微妙平衡至關重要。這需要建立健全的監管系統，以指導 AI 在這些領域中的負責發展和部署。這些系統應包括倫理準則、透明度指南和問責制機制，以減輕 AI

驅動自動化可能帶來的負面影響。此外，持續的公開討論和參與至關重要，以確保 AI 的益處能公平分配，並考量社會關切。與政府、行業、學術界和公眾等不同部門的利益相關者合作，有助於更全面地理解 AI 在自動化和機器人領域相關的挑戰和倫理考量。協作努力需要建立倫理準則、監管規範和最佳實踐，以塑造這些技術發展的責任。

11.1.2 對各行業的廣泛影響

人工智慧在自動化和機器人領域的影響超越了個別部門的界限，對整個行業產生了變革性的影響。這一現象在製造業中最為明顯，傳統流程正在經歷重大改進。由於 AI 驅動的機器人整合，製造過程變得越來越靈活和具有反應性。由複雜演算法引導的智慧機器能夠即時適應生產需求的變化，最佳化生產力和適應性。這種動態靈活性不僅提高了效率，還促進了新興技術與製造工作流程的無縫整合。

AI 的影響同樣體現在供應鏈管理中，靈活性是成功的關鍵決定因素。AI 融入物流和供應鏈過程，使靈活性達到更高水準。AI 演算法分析大量數據集以預測需求，最佳化庫存水位並提升整體供應鏈效率。結果，供應鏈變得更加靈活、具有反應性，並能夠應對全球化市場的複雜性。

商品和服務的交付也在智慧 AI 和機器人技術的互動推動下，經歷著變革。自動駕駛車輛、無人機和 AI 驅動的物流系統正在重新定義產品如何到達消費者手中。從最後一公里的交付到複雜的分配網路，AI 在精簡過程、縮短交付時間和提高整體客戶滿意度方面發揮著重要作用。

AI 與機器人的結合催生了所謂的第四次工業革命，即工業 4.0。這一轉型代表了全球工業格局中的一種新世界觀，由數位技術、AI 和機器人的智慧整合驅動。工業 4.0 的特點是互聯的系統，它們能夠無縫交流和協作，創建一個能夠自主決策的智慧機器網路。這種網路促進了一種更全面和有效的工業過程方法，從而推動創新、靈活性和可持續性。

11.2 機器人學（Robotics）

機器人學（Robotics）是涉及機器人（Robot）設計、構造和操作的科學領域，而機器人是一種可以用電腦程式操作執行任務的機器。" 機器人（robot）" 一詞最早由捷克劇作家卡雷爾・恰佩克（Karel Capek），在他 1920 年的戲劇《羅梭的萬能工人（Rossum's Universal Robots）》中提出，"robota" 是捷克語中的 " 工人 "。自那時以來，這個詞被廣泛應用於各種機械裝置，如遠端操作器、水下車輛、自動駕駛汽車、無人機等。幾乎任何在電腦控制下，具有一定自主性操作的設備，都被稱為機器人。

11.2.1 機器人的技術進展

人工智慧與機器人的交叉，無疑開創了自動化領域的新紀元。這種變革性的合作體現為智慧機器的崛起，這些機器具有自主學習、適應和執行複雜任務的能力。這一世界觀轉變的核心是作為機器人框架認知骨幹的機器學習演算法。這些演算法使機器人能夠解析大量數據集，觀察複雜模式，並在即時中動態最佳化流程。這種動態交互的核心在於機器人的進化超越了預定任務。與僅限於程式指令的傳統機器人不同，人工智慧的整合使機器人展現出罕見的適應性和靈活性。這種變革能力擴大了它們在不同操作環境中的用途，使它們成為能夠處理一系列複雜任務的靈活資源。

這一技術合作的顯著標誌之一明顯體現在物流和倉庫管理領域。由人工智慧和機器人技術驅動的自動駕駛車輛精確地穿梭於倉庫中，最佳化貨物的移動，減少人工干預的需求。這些智慧車輛能夠適應環境變化，即時做出決策以提高運營效率。此外，協作機器人（co-bots）的出現，代表了人機協作的進化。在這種情況下，配備人工智慧的機器人與人類夥伴一起工作，補充他們的技能和能力。協作機器人被設計為能夠安全地與人類互動，營造出一個和諧的環境，每個人都能發揮其獨特的優勢。這種協作不僅提高了整體效率，還重新定義了人類工作的本質，強調人類創造力與機器人精確性的和諧整合。

人工智慧與機器人的變革潛力遠遠超出了倉庫和製造車間。從醫療保健到農業，各行業都在見證智慧機器的整合，這些機器能夠適應、學習並對其運營環境做出重大貢獻。隨著這種技術結合的發展，人工智慧驅動的機器人持續構想新的自動化可能性的潛力不斷擴展，承諾著一個未來，智慧機器將不斷擴展人類的能力，並帶來卓越的效率和創新水準。

11.2.2 機器人的類型

一般機器人可以分為五種類型：工業機器人（Industrial Robot）、服務機器人（Service Robot）、醫療機器人（Medical Robot）、自動駕駛車輛（Autonomous Vehicle）和移動機器人（Mobile Robot）。

(1) **工業機器人**

工業機器人主要用於製造業中的自動化生產線，執行焊接、噴漆、裝配、物料搬運等任務。它源於兩項技術的結合：遠端操作器和數控銑床。遠端操作器是在第二次世界大戰期間，為了處理放射性材料而開發的。電腦數值控制（Computer Numerical Control, CNC）技術則因某些物品的高精準度加工需求而開發，如高性能飛機的部件。

第一代工業機器人結合遠端操作器的機械連桿與數控機器的自主性和可程式性。最早應用機器人手臂來做某種形式的物料轉移，如注塑成型或沖壓中，機器人負責卸料並轉移或堆疊成品。使用者用電腦程式來執行一系列動作，如移動到位置 A，閉合夾具，移動到位置 B 等。這型的機器人不具備外部感應能力。

(2) 服務機器人

服務機器人是個人使用或專業使用的機器人，可為人類或設備執行有用的任務，使用於製造業以外的領域。從常見的機器人吸塵器和割草機，到未來的機器人咖啡師和零售助理，服務型機器人的應用範圍正在迅速擴大。這些機器人的設計目的是透過接手平凡和重複性的工作，協助並提昇我們的生活品質。

服務機器人包含機械元件，例如由馬達和致動器驅動的手。它們還可內建感測器、攝影機和導航系統，以偵測障礙物並自動導航。許多機器人使用充電電池，而其他機器人則在不使用時插入標準電源插座。機器人可以站立在固定位置，例如洗碗機器人手臂，也可以在輪子上或固定的軌道上自由移動。機器人使用專門的軟體和人工智慧進行程式撰寫，使其能夠理解指令並獨立於人類進行操作。

(3) 醫療機器人

醫療機器人是用於健康科學的機器人。可以分為三大類：(a) 醫療裝置，包括手術機器人裝置、診斷和給藥裝置；(b) 輔助機器人，包括可穿戴機器人和復健裝置；(c) 模仿人體的機器人，包括義肢、人工器官和身體部位模擬器。醫療機器人非常靈活，可以用電腦寫程式執行多種任務。它們用途更廣，成本效益更高。此外，它們可以消除人體疲勞，並提高醫師的精確度和能力。

醫療機器人的自主程度隨著「與病患的距離」而增加。舉例來說，手術機器人與病患的距離很近，但卻沒有自主權，完全由外科醫師操控其行為。相反的，衛教機器人（Sanitation Robot）與病患的距離較遠，可以根據環境來決定自己的行為。現今的醫療機器人在照護領域都有不同用途，所有的設計是為了幫助醫師更有效率，能準確快速安全地完成工作。這類型的機器人在手術和其他醫學領域的應用持續快速發展，手術室和診所中的機器人已經成為常態。

(4) 自動駕駛車輛

自動駕駛車輛是能夠感應環境並在無人參與的情況下，自動運作的汽車。任何時候都不需要人類控制車輛。自動駕駛汽車可以到達傳統汽車可以到達的任何地方，並且可以做有經驗的人類駕駛員所做的一切事情。自動駕駛車輛依賴感應器、致動器、複雜演算法、機器學習系統以及強大的處理器來執行軟體。

自駕車在車子的四面八方安裝各種感應器，建立並更新周圍環境的地圖。雷達感應器監控附近車輛的位置。攝影機可偵測交通號誌、讀取道路標誌、追蹤其他車輛以及尋找行人。光偵測與測距感應器將光脈衝反射到汽車周圍，以測量距離、偵測道路邊緣和辨識車道標線。停車時，車輪上的超音波感應器可偵測路緣和其他車輛。

此外，精密的電腦程式軟體會處理所有這些感應器的輸入，來規劃路徑，並傳送指令給汽車的執行器，以控制加速、煞車和轉向。硬體程式規則、避障演算法、預測建模和物件識別等功能，用來協助軟體遵循交通規則，並在馬路上呈現多種障礙物中安全的導航。

(5) 自主移動機器人

自主移動機器人是一種由電腦程式軟體控制的機器，能使用感應器和其他技術識別周遭環境，並在環境中移動。它結合人工智慧和實體機器人元件，例如輪子、軌道和腳。自主移動機器人在不同的商業領域越來越受歡迎，被用來協助工作流程，甚至完成對人類工人來說不可能或危險的任務。

自主移動機器人的基本功能包括移動和探索、運輸有效載荷或生產貨物，以及使用機載系統（如機械手臂）完成複雜的任務。移動機器人在工業上的應用相當普遍，尤其是在倉庫和配送中心。它也被用在核電廠，因為核電廠的高輻射等因素使得人類無法親自檢查和監控。然而，現階段的移動機器人技術，在高輻射下會影響其電子電路，目前仍在研究專門處理這些危險情況的自主移動機器人。

製造商正努力為自主移動機器人尋找更多工業環境以外的應用。目前的技術融合了硬體、軟體和先進的機器學習，迅速發展各種解決方案。未來移動機器人會對農業和建築業這兩個正飽受勞工短缺之苦的市場，產生重大影響。因為這兩個行業都需要大量骯髒、無聊、危險的工作，而移動機器人正好可以發揮它的用處。

機器人學在過去二十年間取得了巨大進步，這得益於電腦速度、容量和感測技術的快速發展以及控制和電腦視覺理論的進步。除了上述主題外，機器人學還陸續包括新奇的領域，如腿式機器人、飛行和游泳機器人、抓取、人工智慧、計算機架構、程式設計語言和電腦輔助設計。事實上，機電一體化這個新學科已經出現，定義為機械、電子、計算機科學和控制的協同整合，涵蓋了機器人學的許多領域，如汽車控制系統等。

11.2.3 機器人的數學建模

我們先分析機器人的數學模型。借助這些數學模型，我們將開發計劃和控制機器人運動以執行指定任務的方法。

11.2.3.1 機器人操作臂的符號表示

機器人操作臂由關節連接的連桿組成，形成一個運動鏈。關節通常是旋轉關節或直線關節。旋轉關節類似於鉸鏈，允許兩個連桿之間的相對旋轉。直線關節允許兩個連桿之間的線性相對運動。我們用 R 表示旋轉關節，用 P 表示直線關節。例如，一個具有三個旋轉關節的三連桿臂將被稱為 RRR 臂。每個關節代表兩個連桿之間的相互連接。如果關節是連接連桿 i 和連桿 $i+1$，我們用 z_i 表示旋轉關節的旋轉軸或直線關節的平移軸。關節變量用 θ 表示旋轉關節，用 d 表示直線關節，代表相鄰連桿之間的相對位移。

11.2.3.2 配置空間

操作臂的配置是對操作臂上每個點位置的完整規範。所有配置的集合稱為配置空間。在操作臂的情況下，如果我們知道關節變量的值（即旋轉關節的關節角或直線關節的關節位移），那麼可以直接推斷出操作臂上任何點的位置，因為操作臂的各個連桿被假設為剛性的，操作臂的基座被假設為固定的。因此，我們將用一組關節變量的值來表示一個配置。我們用向量 q 表示這組值，當關節變量取值為 $q_1, q_2, ...q_n$ 時，機器人處於配置 q，其中對於旋轉關節，$q_i = \theta_i$，對於直線關節，$q_i = d_i$。

如果一個物體的配置可以由 n 個參數最小化地指定，則稱其具有 n 個自由度（Degree of Freedom, DOF）。因此，自由度的數量等於配置空間的維度。對於機器人操作臂，自由度的數量由關節數量決定。三維空間中的剛性物體有六個自由度：三個用於定位，三個用於定向。因此，一個操作臂通常應至少具有六個獨立的自由度。少於六個自由度的手臂無法以任意方向到達其工作空間中的每個點。某些應用如繞過或繞到障礙物後面可能需要超過六個自由度。具有超過六個自由度的操作臂被稱為運動學冗餘的操作臂。

11.2.3.3 狀態空間

配置提供了操作臂幾何的瞬時描述，但沒有說明其動態回應。相反地，操作臂的狀態是一組變量，這些變量與操作臂的動態描述和未來輸入一起，足以確定操作臂的未來時間反應。狀態空間是所有可能狀態的集合。在操作臂的情況下，其動力學是牛頓力學，可以透過廣義的 $F = ma$ 公式來指定。因此，操作臂的狀態可以透過給出關節變量 q 和關節速度 $\dot{q}$ 的值來指定（加速度與關節速度的導數相關）。如果系統有 n 個自由度，則狀態空間的維度為 $2n$。

11.2.3.4 工作空間

操作臂的工作空間是操作臂執行所有可能運動時末端執行器所掃過的總體積。工作空間受操作臂幾何形狀以及關節機械約束的限制。例如，旋轉關節的運動可能限制在小於 360 度。工作空間通常分為可達工作空間和靈巧工作空間。可達工作空間是操作臂可達到的所有點的集合，而靈巧工作空間由操作臂能以任意末端執行器方向達到的那些點組成。顯然，靈巧工作空間是可達工作空間的子集。本章稍後將展示幾種機器人的工作空間。

11.2.4 作為機械設備的機器人

在開發數學模型時，我們不一定會考慮機器人操作臂的某些物理方面，包括機械方面（例如，關節實際是如何構造的）、精準度和重複性，以及末端執行器上附加的工具。本節我們將簡要描述其中一些方面。

11.2.4.1 機器人操作臂的分類

機器人操作臂可以根據幾個標準進行分類，例如它們的動力來源，即關節的驅動方式；它們的幾何形狀或運動結構；它們的控制方法；以及它們的預定應用領域。這種分類主要有助於確定哪種機器人適合某項任務。例如，液壓機器人不適合食品處理或無塵室應用，而 SCARA 機器人不適合汽車噴漆。下面我們將詳細說明這一點。

大多數機器人由電力、液壓或氣動驅動。液壓致動器在回應速度和扭矩生產能力方面無與倫比。因此，液壓機器人主要用於舉重載荷。液壓機器人的缺點是它們往往會漏液壓油，需要更多的外圍設備（如泵，這些設備需要更多的維護），而且它們雜訊較大。由直流或交流電機驅動的機器人越來越受歡迎，因為它們更便宜、更清潔且雜訊更小。氣動機器人價格低廉且簡單，但不能精確控制。因此，氣動機器人的應用範圍和受歡迎程度有限。

機器人操作臂的幾何形狀和運動結構也會影響其應用。常見的幾何形狀包括直角坐標型、圓柱坐標型、極坐標型和關節型（如 SCARA 和人型機器人）。每種類型的機器人結構都適合不同的任務。例如，SCARA 機器人通常用於需要高精準度和高速的裝配線，而人型機器人則適合需要靈活運動和多自由度的任務。

機器人的控制方法也會根據其應用領域和需求而有所不同。常見的控制方法包括開環控制、閉環控制和自適應控制。開環控制適合於簡單的任務，而閉環控制則適合需要高精準度的任務。自適應控制能夠根據環境變化調整機器人的操作，適合於需要高靈活性的應用。

11.2.4.2 機器人的應用領域

機器人的應用領域非常廣泛，包括製造業、醫療、服務業、物流、農業等。不同應用領域對機器人的要求不同，因此需要選擇適合的機器人類型。例如，在製造業中，通常使用關節型機器人來進行焊接、噴漆、裝配等任務，而在醫療領域，則使用精密的機器人來進行手術或康復治療。

透過了解機器人的動力來源、幾何形狀和運動結構、控制方法以及應用領域，我們可以選擇適合特定任務的機器人，提高生產效率和品質。

11.2.4.3 控制方法

根據控制方法，機器人可分為伺服和非伺服機器人。最早的機器人是非伺服機器人，這些機器人本質上是開環（Open Loop Control）設備，其運動僅限於預定的機械停止點，主要用於物料轉移。事實上，根據上述定義，固定停止點的機器人幾乎不能算作機器人。伺服機器人使用閉環電腦控制來確定其運動，因此能成為真正多功能、可重新程式化的設備。

伺服控制的機器人進一步根據控制器用來引導末端執行器的方法進行分類。這類機器人中最簡單的是點到點機器人。點到點機器人可以學習一組離散的點，但在這些點之間沒有對末端執行器路徑的控制。這種機器人通常使用教導手柄教導一系列點，然後將這些點儲存並重播。點到點機器人的應用範圍有限。與之相反，連續路徑機器人可以控制末端執行器的整個路徑。例如，機器人的末端執行器可以被教導在兩點之間沿直線移動，甚至沿著焊縫等輪廓移動。此外，還可以控制末端執行器的速度和加速度。這些是最先進的機器人，需要最複雜的電腦控制器和軟體開發。

11.2.5　機器人系統

機器人操作臂應被視為不僅僅是一系列機械連桿。機械臂只是整體機器人系統的一個組成部分，該系統包括機械臂、外部電源、末端執行器、外部和內部感測器、電腦接口和控制電腦。甚至程式設計軟體也應被視為整體系統的一個組成部分，因為機器人的程式設計和控制方式對其性能和隨後的應用範圍有重大影響。

模仿人類行為的機器被稱為機器人。機器人研究經歷了三代進展。第一代機器人由程式管理。這種類型的機器人可以由創造者程式，然後將程式儲存在機器人中，機器人隨後按照程式的指示執行任務。在首次執行任務之前，技術人員會給機器人指示，機器人將逐步完成整個過程。每個在地面上標記的動作都是指示的代表。

第二代機器人是可適應的。這種類型的機器人配備了適當的感應設備，如視覺、聽覺和觸覺感測器，使其能夠獲取關於其周圍環境和所操縱物體的基本數據。電腦處理機器人以管理操作任務。

第三代機器人是智慧機器人。智慧機器人結合了類人智力和高度敏感的感測器。它比普通人具有更強的感應能力。這種機器人能夠控制自己的行為，評估所收集的資訊，對環境變化做出反應，並執行複雜任務。

11.3 結論

總之，人工智慧在機械化和機器人領域的整合代表了技術進步的一個突破性時刻。智慧機器的變革潛力正在透過提供前所未有的生產力水準並為人機協作開創新可能性，有效地重塑整個行業。這種整合帶來的好處，如提高效率、精確度和適應性，強調了人工智慧對自動化和機器人領域的顯著影響。

然而，這一變革之旅並非沒有挑戰。工作替代、倫理考量和這些技術的負責任部署需要謹慎考慮。在追求效率提升的潛力和廣泛採用人工智慧的倫理後果之間取得微妙平衡，對於確保這些進步積極促進企業和社會的整體發展至關重要。隨著我們探索人工智慧、自動化和機器人的未來，一種敏銳且倫理的方式是必要的。優先考慮公平性、透明度和問責制將是塑造未來的關鍵，這樣人工智慧與自動化的結盟將重新定義我們的工作、生產和創新方式。

這些技術的持續發展不僅將革新行業，還有助於構建更可持續、更包容且有倫理基礎的技術環境。在這個技術進步的動態時代，人工智慧在自動化和機器人領域的整合不僅是未來的前瞻，更是對智慧機器在重塑我們的工業和社會結構方面所持變革力量的響亮宣言。

隨著技術的不斷進步，機器人的應用範圍將進一步擴大。特別是在服務和醫療領域，隨著人口老齡化，對機器人助理和醫療機器人的需求將大幅增長。此外，自動駕駛車輛、無人機等新興機器人技術也將在未來發揮重要作用。透過不斷的技術創新和應用拓展，機器人技術將在更多領域實現突破，為社會和經濟發展做出更大貢獻。

CHAPTER

12

智慧城市

「智慧城市」一詞創造於 2000 年代初期，當時 IBM 和 Cisco 等主要科技公司致力於利用連接性提高城市生產力、效率和永續性。自此之後，世界各地的城市都運用資料科學來實現未來智慧城市的某些功能。

人工智慧對智慧城市的影響已提升效率、便利性與生活品質。然而，由於物聯網 (Internet of Things, IoT) 技術的廣泛使用，這種整合帶來了新的挑戰，特別是在資料安全和隱私方面。隨著全球都市化程度日益提高，城市開始轉向採用創新和專業的技術來應對社會、經濟、環境及其他挑戰。人工智慧已逐漸被認定為一種轉型工具，具有徹底改變城市發展的潛力。

人工智慧具備學習、預測及自主運作的潛力，為智慧城市的發展與管理提供了大量機會。其應用涵蓋多個領域，從預測性維護、增強的市民服務到改善的永續發展計畫。然而，儘管人工智慧日益普及，目前仍缺乏在智慧城市中的應用範圍以及潛在影響的全面瞭解。身為一種技術工具，人工智慧可為整合智慧城市的關鍵層面，如生活、人、經濟、行動、環境與政府等，做出重大貢獻。人工智慧與其他先進技術在發展最佳政策以解決智慧城市演進過程中的複雜問題方面，已展現出極大的前景，這些問題包括智慧運輸系統、網路安全、節能智慧電網與智慧醫療系統等。

然而，人工智慧在智慧城市中的應用也存在風險。讓人工智慧驅動城市變革的力量，同時也帶來了一連串的挑戰。確保人工智慧應用的道德性、維護資料隱私，以及降低人工智慧誤用的風險，都是這個新興領域中最令人關注的問題。同樣重要的是，若管理不慎，邁向人工智慧驅動城市的轉變可能會加劇社會不平等，並造成市民之間的數位隔閡。

智慧城市是指科技與資料收集有助於改善生活品質以及城市營運永續性與效率的都市區域。地方政府使用的智慧城市技術包括資訊與通訊技術（Information and Communication Technology, ICT）以及物聯網

（Internet of Things, IoT）。在城市營運中，ICT、IoT 及其他智慧型技術扮演越來越重要的角色，包括交通、能源及基礎建設。當一個城市更新其系統和結構以納入這些技術時，它就會變得更智慧。然而，究竟哪些城市應該被視為智慧型城市，或應該被讚譽為「最智慧」的城市，則是一個值得爭論的問題。

12.1 定義與目標

智慧城市的定義為「投資於人力與社會資本、傳統與現代通訊基礎設施，透過參與式治理，以明智的方式管理自然資源，促進經濟永續發展與高品質生活」的城市。廣義的物聯網所涵蓋的各種物件，如車輛、病患或智慧型裝置上所安裝的感測器，可成為未來智慧型城市的重要組成部分，因為這些感測器可提供監控系統狀態資訊，而這些資訊是智慧型城市管理的基石。這些感測器透過高速網路彼此溝通。預計將有數十億台裝置連接至這些網路，並產生大量資料。管理系統必須追蹤這些裝置及其產生的資料，以獲得洞察力、偵測有意義的事件和狀況，並作出正確的回應。

智慧城市的概念因城市和國家而異，取決於居民的發展水準和改革的意願、資源和期望。譬如智慧城市在日本的定義，與歐洲等地有所不同。即使在日本內，智慧城市也沒有統一的定義。智慧城市的願景包含了基礎建設與社區服務的期望。為了滿足市民的需求，都市規劃者的理想目標是發展整個都市生態系統，也就是全面發展四大支柱——制度、實體、社會與經濟基礎建設。這可能是項長遠目標，城市可逐步建設，並增加「智慧」層次。

智慧城市的目標是促進城市發展，提供核心基礎建設，讓市民享有優質生活、清潔且永續的環境，並應用「智慧」解決方案。重點在於發展永續性且具包容性，建立可複製的模式。智慧城市的核心基礎設施要素包括：充足的供水、有保障的供電、包括固體廢棄物管理在內的環境衛生、高效的城市流動性和公共交通、可負擔得起的住房、強大的網路連接性和數位化、電腦自動化管理、持久性的環境、公民的安全和保障，以及健康和教育。

智慧城市的任務是透過促進地區發展和利用科學技術，帶來智慧的成果，以推動經濟成長和改善居民的生活品質。以區域為基礎的發展將改造現有區域，使其規劃更美好，從而提高整個城市的生活能力。新區域將在城市周圍開發，以容納不斷擴張的城市人口。智慧解決方案的應用將使城市能夠利用技術和資訊，改善基礎設施和服務。全面改善生活品質、創造就業機會，並提高所有居民的收入，從而實現包容性的智慧城市。

12.2 主要組成

智慧城市的主要組成部分包括：

(1) **智慧基礎設施**

智慧城市依賴於先進的基礎設施，如智慧電網（smart grid）、智慧水網（smart water network）、智慧交通系統和智慧建築。這些基礎設施透過感測器和連接設備收集數據，實現自動化和即時監控。

(2) **資料收集與分析**

智慧城市利用大量的數據來監測和管理城市運營。這些數據來自各種來源，如感測器、攝影鏡頭和互聯設備。透過分析這些數據，城市管理者可以做出更明智的決策，提高運營效率。

(3) 智慧交通系統

智慧城市的交通系統使用即時數據來最佳化交通流量，減少擁塞，提升公共交通效率。這包括智慧交通號誌控制、自駕車和共享交通工具等。

(4) 環境監測與管理

智慧城市透過環境感測器監測空氣品質、水質、雜訊水準等環境指標。這些數據有助於城市管理者及時採取措施，保護環境和提高居民的生活品質。

(5) 智慧能源管理

智慧城市的能源管理系統可以最佳化能源使用，降低能耗，促進可再生能源的利用。這包括智慧電網、智慧照明和能源管理系統等。

(6) 公共安全

智慧城市利用技術來提高公共安全，包括智慧監控系統、應急回應系統和警務系統。這些系統可以快速檢測並應對突發事件，保障市民的安全。

(7) 互聯互通

智慧城市的關鍵在於互聯互通，所有系統和設備透過網際網路和其他通訊網路相連，實現資訊的快速傳輸和共享。

(8) 居民參與

智慧城市鼓勵居民參與城市管理和決策過程。透過智慧應用和平台，市民可以報告問題、提供意見並參與公共討論。

智慧城市的發展目標是創建更宜居、更高效和更可持續的城市環境，從而提升居民的生活品質和城市的競爭力。

12.3 研究範圍

智慧城市的研究範圍廣泛，涵蓋多個學科與應用領域。以下是一些主要的研究範圍：

(1) **智慧基礎設施**：研究如何用先進的電力管理系統提高電網（grid）效率，促進可再生能源的整合。開發和應用智慧技術進行水資源管理和水質監測。研究交通管理系統、智慧交通訊號控制、自動駕駛技術和交通數據分析。

(2) **資料收集與分析**：收集和分析城市各個方面的數據，提供決策支持。研究如何透過連接各種設備和感測器來收集即時數據，並進行處理和分析。

(3) **環境監測與管理**：研究利用感測器和數據分析技術監測和改善空氣品質。開發水質監測技術，以確保水源的安全和清潔。研究如何監測和控制城市污染。

(4) **智慧能源管理**：研究如何提高能源使用效率，減少能耗。促進太陽能、風電等可再生能源的應用和整合。

(5) **公共安全**：開發先進的監控技術和演算法，以提高公共安全。研究如何利用技術提高應急回應的速度和效率。

(6) **智慧建築**：研究智慧控制系統，最佳化建築能源使用，提升居住舒適度。開發和應用智慧家居技術，增強家庭生活的便利和安全性。

(7) **互聯互通**：研究城市內部及城市間的高效通訊技術和網路架構。開發數據共享和協作平台，以促進部門間的資訊交流和合作。

(8) **居民參與**：研究如何透過數位平台增強市民的參與度，收集意見和建議。探索如何利用技術促進市民參與和透明度。

(9) **經濟和社會影響**：研究智慧城市對地方經濟發展的影響，包括創新、創業和就業機會。確保智慧城市技術和服務的公平可用性，減少數位鴻溝。

(10) **政策與治理**：研究適應智慧城市發展的政策和法規。探索如何利用數位技術提升政府治理能力和透明度。

智慧城市的研究範圍廣泛而深入，涵蓋技術開發、應用實踐和政策制定等多個方面，目的是創建一個更高效、可持續和宜居的城市環境。數位化、全球化和人口結構變化的融合正在重新定義城市的面貌，以及人們購物、工作、旅遊和生活的方式。與城市未來息息相關的企業正在快速開發創新解決方案，以滿足城市生活和數位商務的新現實。政府官員希望藉由讓城市更聰明，不只是使用科技，而是所有的行為都更聰明，進而提升競爭力與成長，同時大幅改善社會、商業與環境。但若沒有明確的未來路徑，城市將面臨落後的風險。不同城市的發展路徑會有所不同，這取決於城市面臨的問題。城市領導者面臨的主要挑戰，在於如何將利益相關者所關心的問題，融入適當階段的路線圖，以達到最佳成果。

智慧城市依靠資料運作。然而，即使是基本的數據任務，如收集、提取、整合和分析數據，也很少有起步城市在做。與起步城市相比，過渡城市在使用數據方面要先進得多。絕大多數的領導者擅長於收集、提取、整合、分析和提供混合資料。超過三分之二的領導者也精通更複雜的資料運用，例如讓利害關係人能夠取得資料，並將其價值貨幣化。由於從行動力到公共安全等許多智慧型解決方案都依賴於資料，因此城市必須將資料管理視為卓越領域。

大多數智慧城市技術都運行在感測器和其他連線設備上，這些設備透過無線和寬頻網路連結在一起。成為智慧型城市是一段旅程，而非終點，這需要持續的數位轉型，才能跟上企業與消費者不斷演進的作法。很少有起步階段的城市具備支援有效智慧城市轉型的 IT 基礎架構。它們缺乏寬頻系統、數位轉型流程、共用架構、可擴充系統，以及其他提升智慧城市成熟度曲線所需的要素。

奠定智慧城市成功的基礎

治理、經濟、基礎建設、人才和資金這五大支柱為打造成功的智慧城市奠定了基礎。如果沒有正確的願景、計畫和資源，智慧城市計畫將無法充分發揮其潛力。

智慧治理

智慧治理是建立成功智慧城市的基石。第一步是為城市創造一個科技化的願景，並制定具凝聚力的實施計畫，以可管理、具成本效益的方式達成成果。若要成功，城市領導者必須考慮當地市民與企業的期望，以確保一致性與認同。設定鼓勵創新與採用智慧型技術的政策架構，對於推動績效至關重要。不幸的是，我們的研究顯示，利害關係人認為他們的城市領導人往往不夠重視智慧治理，尤其是在智慧城市之旅的起點，也就是最需要智慧治理的時候。

智慧經濟

要為智慧城市的成長奠定穩固的基礎，就必須有一套有力的經濟發展計畫，以吸引商業與投資、促進產業發展、推廣電子商務，並建立新的地方與全球貿易連結。當城市踏上智慧城市之路時，必須確保已建立經濟基礎，讓城市在今日的第四次工業革命中取得成功。由於數位技術、產業領域、全球連結以及客戶行為都處於快速變化的狀態，城市必須取代建立在單一產業或技能組合上的舊經濟模式，因為這些模式已經不再適用。

智慧型基礎建設

智慧基礎建設是近三分之二受訪城市的優先考量項目，這些城市將電力、電信、供水、排污、建築和道路視為智慧城市發展的重要基石。隨著城市邁向智慧城市成熟曲線，它們更傾向於使用智慧方案來解決基礎設施不足與過時的問題。

舉例來說，約三分之二的領導者表示，這是他們透過智慧計畫解決的主要挑戰，而初學者則只有 16%。智慧型技術的關鍵在於擴大數位連線性，但不同城市的擴大數位連線性的路徑可能有所不同。早期採用者需要以新技術取代舊系統，而數位革命的後來者則有時能夠躍進至行動解決方案。除了升級數位能力之外，新手也經常面臨確保城市符合乾淨水源與街道等基本需求的挑戰，這些都是留住市民的關鍵。而隨著城市的進步，企業也在尋求與全球市場連接所需的基礎設施現代化，包括機場、航運港口與貿易網路。

智慧型人才

人才是智慧城市的命脈，然而許多城市在培育數位時代所需的勞工與技能方面做得不夠。雖然吸引與留住人才並無單一公式，但最成功的城市已建立都會中心，培育學術夥伴關係、發展充滿活力的科技產業、鼓勵創業，並創造吸引人才的當地文化樞紐。科技人才的湧入讓整個經濟受益。

智慧型資金

根據聯合國的統計，全球 54% 的人口居住在城市，到 2050 年，這個比例將上升至三分之二。為滿足不斷增長的人口需求，智慧城市解決方案所需的資金將成為未來大多數城市面臨的挑戰。成熟城市將負責更新其傳統基礎設施，而新興城市則需要從一開始就建立更智慧的系統。為了融資這些智慧型技術與服務，城市將需要在融資技巧、資金來源、預算方式與商業模式上更具創新性。不幸的是，智慧型資金是城市在開始智慧型城市之旅時最容易忽略的支柱之一。但是如果沒有適當的資金，智慧城市計畫就無法成功。

智慧型行動

對智慧城市而言，未來的交通方式是多模式運輸系統。我們的研究顯示，智慧城市正在開發更多元的智慧交通選擇，以滿足不同世代居民的需求，其中包括：

(1) 共享搭乘雖然目前屬於私人領域，但共享搭乘技術未來可適用於大眾運輸，或與電動車結合。

(2) 共享自行車與共享汽車可減少擁有汽車的需求；自行車共用可加快旅行速度、減少壅塞與污染，並促進公眾健康。

(3) 智慧型運輸系統：這些系統可加速運輸時間、減少等候時間，並透過提醒乘客公車與火車到站，以及協助運輸系統管理車隊部署，來緩解壅塞與污染問題。

(4) 即時運輸應用程式：這些應用程式可提醒乘客公共運輸的到達時間，從而減少等候時間並提昇使用者滿意度。

(5) 智慧型交通號誌：透過分析即時交通流量，可為駕駛人節省時間與燃料，並減少交通壅塞與污染。

(6) 智慧型停車場：提供駕駛人可用停車位的即時位置，可減少尋找停車位所花費的時間，進而減少污染與壅塞。

城市正在探索一系列智慧型技術來打擊犯罪，包括：

(1) 用於即時臉部辨識、車牌掃描、群眾資源應用程式的大數據與人工智慧，以及預測犯罪發生地點與時間的預測性治安工具。

(2) 無人機用於搜救任務、檢視人質情況、監控火災和車禍，甚至追蹤逃犯。

(3) 聲波感應器可在槍響時警示警察單位 - 目前美國有超過 90 個城市正在使用。

(4) 警用攝影機可讓警員與民眾在互動過程中保持問責性，並可拍攝證據或記錄問話內容。

(5) 智慧型街道照明可偵測槍聲，並顯示是否有行人或車輛接近。

使用智慧型犯罪科技的城市中，市民普遍對犯罪處理方式感到滿意，認為犯罪情況較不嚴重。我們要求城市政府描述其使用智慧犯罪科技的成熟度，例如預測警力、槍聲偵測、警員佩戴的攝影機，以及車牌掃描。雖然在上海、東京、莫斯科等治安工具較成熟的城市，市民傾向認為犯罪率較低，但芝加哥的情況並非如此。超過半數的芝加哥市民認為犯罪是當今城市面臨的三大問題之一。然而，芝加哥的市民普遍滿意該市對犯罪問題的處理。

智慧型公共衛生

雖然公共衛生通常被認為是國家或私營部門的議題，但城市政府也有責任推廣並確保健康的生活環境。根據世界衛生組織 (WHO)，城市應創造有利於健康的環境、實現高品質的生活、提供基本的衛生與衛生需求，並提供優良的醫療服務。

為了改善市民的健康，智慧城市正與醫療保健及學術界合作，推廣使用最新科技，例如可穿戴式感應器可監測個人的體能活動與健康、遠端醫療可讓醫生遠端治療病患，以及路燈感應器可追蹤空氣品質與污染情況。

智慧型付款

數位支付系統可消除對現金的需求，讓利害關係人從智慧城市解決方案中獲得最大價值。邁向智慧型付款的潛在效益，將視城市在其他支柱的成熟度，以及企業、消費者與政府使用數位付款的程度而有所不同。

智慧型支付可讓消費者減少攜帶現金進行日常交易的需求，例如縮短前往自動提款機和銀行、支付帳單、平衡支票簿、搭乘大眾運輸工具以及支付過路費的時間。

智慧支付的更廣泛使用將幫助企業降低經營成本。使用和接受現金（和支票）對企業和商家來說是昂貴的。當企業處理現金和紙張支票時，他們會因員工偷竊、不準確的現金處理、支票詐騙以及將這些損失減至最低所需的昂貴程序而蒙受損失。

使用智慧型付款可為政府帶來顯著的效益。現金助長了非正式經濟的發展，而非正式經濟是無稅和無法追蹤的。這會以稅收損失的形式為政府帶來成本。政府使用電子支付有助於提高透明度，使政府能夠加強財務控制，最大限度地減少詐欺行為，並增加收入。對於運輸機構和道路收費當局來說，現金的處理也會產生巨大的成本。

智慧城市的目標是運用資料與科技來推動效率、公平性與永續性，因此智慧城市將持續尋求改善，並為市民尋找更好的新解決方案。

CHAPTER

13

使用人工智慧的健康醫療（Healthcare）

人工智慧技術的發展，使我們能夠以更高層次的智慧自動化取代體力勞動。人工智慧能夠從經驗中學習，並根據新的輸入進行調整，從而執行各種人類能夠完成的任務，包括醫療保健。這將傳統醫療系統轉變為自動化系統。基於人工智慧的醫療照護系統發展迅速，尤其是在早期偵測與診斷應用方面。這些進步使人工智慧能夠以較低的成本，提供快速、簡單且可靠的醫療服務。

人工智慧技術的突破，包括大數據、深度學習演算法及機器人，已大幅提升了醫療管理效率。醫療照護領域採用了大量醫療數據與分析來強化診斷流程，直接進行有效的醫療服務管理。每年，醫院所記錄的醫療數據數量和種類以指數級速度增加。這些數據來自多種檢驗儀器和病歷診斷，除了用於醫療照護外，還可用於提升病患接受的照護品質。

透過密切監控病患的行為模式並每日記錄，醫師能夠做出可靠的預測。因此，人工智慧可以在診斷、醫療保健、治療觀點及策略方面提供建議，以緩解健康狀況的惡化，並支持前瞻性措施，防止病人病情惡化，改善病人在診斷和疾病不同階段的治療結果，以及藥物處方和使用的結果。

走在科技前沿的醫院，目前正研究使用人工智慧技術，以提高臨床準確性並降低運營成本。人工智慧能提供多種治療方案的詳盡資訊，使醫務人員和病患能夠對治療計畫做出明智的決定。

13.1 健康醫療的架構

13.1.1 醫療保健

在醫療保健方面，運用人工智慧技術可以達到多種目的，涵蓋診所、病患以及整個醫療行業。診所可以利用人工智慧來協助各種決策、收集最新資訊及分享資料。此外，機器學習可以為醫療從業人員和研究人員提供工具，從大量資料中提取重要資訊，有助於提升決策能力。如果僅僅依靠人類的努力來進行發現，這些知識將無法獲得。如何使用機器學習來強化和自動化醫療保健的決策過程，一直是廣泛研究的課題。

許多電腦應用程式利用人工智慧來安排診所預約和監控病患。人工智慧廣泛應用於病患診斷、治療、諮詢和健康監控等領域。許多人的身體狀況相對良好，但仍需要全天候的觀察。這些病患可能是健康的，或者處於無法自我照顧的狀態，也可能是因為健康問題或年齡較大而需要持續照顧的長者。若依靠傳統的病患監控策略，這種健康監控會佔用大量時間、人力和財力，且可能十分辛苦。為了確保病患的安全和幸福，使用遠端監測是最有效的方法。

科技管理健康與疾病的目的是為了治療或診斷疾病，這正是遠端病患監控的核心，也是醫療照護的重要領域。使用遠端病患監控不僅對病患有益，對醫院也有好處。遠端醫療網路的重要性與日俱增，尤其在 2020 年間 COVID-19 流行的情況下尤為明顯。人工智慧可以透過頻繁的疫情警告和減輕從業人員的負擔，將醫院負荷、資源消耗、醫院佔用率以及不必要的醫療介入所浪費的時間和精力降至最低。為達成這一目標，必須釋放從業人員的時間，使他們能專注於更重要的工作。

此外，病人（尤其是年長病人）也能從遠端病患監控中獲得許多好處。首先，可以避免浪費時間、精力和資源，減少不必要的醫院之行。其次，當病人需要立即醫療照護時，遠端監控可以提供潛在的求救訊號，對病人的保護和福祉起到重要作用。在病人健康狀況不佳且無法自行求助時，這種方法尤為有效。在整合多種生物醫學資訊復原裝置和機器學習的健康監測系統的開發和測試上，已經取得了重大的進展。

診斷是成功治療的首要步驟。儘管如此，對於許多疾病而言，尤其是在早期階段，診斷是相當困難的。然而，早期檢測仍能改變各種疾病的治療方式，因為它可以為病人、醫生甚至醫院節省大量的時間和資源。人工智慧在早期診斷方面的潛力一直是大量研究的重點。某些疾病（如癌症）的早期檢測可以顯著影響治療和恢復的過程。癌症的早期檢測可以提高可治療病例的比例，從而提高患者的存活率和治療效果。當癌症還未擴散時及早發現，將更有助於治療。

13.1.2 醫療照護的優點與缺點

在對比醫療照護產業的正面與負面時，人工智慧為人們提供了許多優點，包括簡化決策、健康監控（尤其是監控年長病患）、早期診斷及流程簡化。然而，醫療資料的不一致、複雜且不標準化，是一大困擾。這些資料往往數量龐大且存在多種形式。人工智慧在評估這類大數據方面非常成功，能為醫師提供中肯且重要的建議，最終讓病患在照護、診斷及治療選擇上受益。與診斷和治療相關的決策通常需要大量的時間和精力。人工智慧是這些問題的實用解決方法，因為它可以在人類很少或完全不參與的情況下產生自主推論，使其成為理想的工具。

慢性疾病對於醫療流程在人力和成本上都是沉重的負擔。慢性病患者需要持續的治療，並定期與醫療服務者聯絡。許多就診是完全無用的，造成時間和資源的浪費。因此，制定出一套結合健康輔導與人工智慧的策略，協助病患更有效率地管理慢性疾病，減少非必要的就診次數，顯得尤為重要。這個系統由能夠收集生物辨識資料的感應器、建立健康問題洞察力的人工智慧模型，以及能夠以圖形和文字格式顯示相關資料的視覺分析工具組成。組織使用人工智慧應用程式和資訊科技工具，以降低成本、偵測詐欺、改善績效並提供工作流程協助。

人工智慧演算法的處理需要大量資料。由於醫療資料涉及隱私問題，因此收集這些資料比較困難，尤其是與病患有關的資料。為了使人工智慧運作良好，必須先對資料進行預處理。在使用文字資料之前，需進行廣泛的自然語言處理。醫療資料處理中最困難的問題之一，是有時需要使用相同的演算法來整合幾種形式的資料，這也是演算法種類繁多的原因之一。

醫療用途的資料可從多種來源和形式收集，包括醫療影像、三維視訊序列、靜態照片和量化資料。醫療照護資料的分析面臨許多挑戰，其中之一是如何準確地收集可信且有效的資料。

目前，人工智慧在醫療保健領域的應用主要集中在改善診斷流程上。電腦化診斷得出的不正確結論，可能會造成極為負面的後果。有時醫院收集的資料品質不夠高，有時甚至是錯誤的。醫療保健領域目前廣泛使用人工智慧、物聯網和各種設備。然而，並非所有設備都是自動化的，最終的決策仍由醫生做出。醫療人員與人工智慧系統之間的互動，可能會導致不同的診斷和治療結果。因此，確保醫療資料的準確性和可靠性，並在人工智慧應用中保持人類的監督，是至關重要的。

13.1.3　人工智慧的倫理問題

在過去幾年中，有關人工智慧在醫療保健研究中的倫理問題的討論越來越多。許多不同的倫理概念已被認定為人工智慧系統設計與開發的潛在危機。然而，當今許多人工智慧驅動的研究並未充分考慮相關的倫理、監管和實際因素。這是因為目前還沒有一個單一的框架來全面控制人工智慧的應用。

儘管人工智慧倫理框架已經經過多次修改，以反映其倫理問題的複雜性，但這些框架在制定政策來支持人工智慧的倫理使用方面，仍然缺乏明確的指導原則。即使人工智慧倫理模型已經多次更新以應對這些挑戰，這一情況依然存在。

存取、篡改、散佈和使用病患資料都會引起對病患隱私權的關注。雲端運算和人工智慧這兩項技術正逐漸應用於醫療領域的許多應用程式中，負責資料收集、處理、儲存、監控和協作。儘管這些系統提供了許多好處，但也面臨許多障礙，包括道德問題、安全問題、對使用者隱私的影響以及網路安全問題。

在大多數情況下，醫療照護機構和政府單位會提供收集和散播資料的道德規範。即使是為了研究目的，也必須取得政府核准機關的許可，才能收集和利用資料。不平等、失業、人性、對事業的奉獻、監管方法、行為偏差、人口偏差、連結偏差等，都是在醫療照護及其他產業背景下，與人工智慧相關的倫理問題。

目前，有關限制負面副作用、安全探索和穩健性的研究正在進行，以減少人工智慧在醫療領域應用所引起的倫理問題。政府官員對於這些自動化程序對病患權益的影響提出了擔憂，這些憂慮導致了許多關於技術收集、處理和利用，以及資料品質和收集與分析方法的法規建立。

醫療照護專業人員尚未完全意識到新興人工智慧技術在提供實際照護時可能造成的潛在倫理問題。為了讓未來的醫療專業人員做好使用人工智慧技術的準備和指導，目前關於人工智慧倫理訓練的類型仍不明確。

隱私與監控、偏見與歧視，以及挑戰人類判斷功能的哲學議題，是人工智慧為社會帶來的主要倫理問題。我們熟知有關隱私權保護的討論，以及在實務中消除演算法決策偏見的重要性。為了確定應該制定哪些法規，以及大型科技和社群媒體在我們生活中應該扮演的角色，組織必須仔細考慮他們所做決策的道德影響。

13.1.4 社會永續性與人工智慧

近年來，無論是學術界還是實務界，對於人工智慧應用於永續發展的興趣日益增加。在使用人工智慧時，應慎重考慮其對整體社會的影響，尤其是對人類與地球健康的影響。在醫療照護機構中負責任地使用人工智慧，需要在利益相關者的需求之間取得平衡，盡可能減少道德問題，並產生持久的效益。

如果醫療保健機構有意或無意地開發人工智慧演算法，威脅到人權和福祉，那麼企業的聲譽和信譽可能會嚴重受損。舉例來說，不道德地使用人工智慧，例如以智慧科技取代現有的醫療服務，已被呼籲為需要解決的問題。醫療機構的經濟和社會永續性應該被放在優先位置，人工智慧應該被用來建立支持這一目標的解決方案。

具體而言，醫療機構需要建立考慮到社會不良行為的倫理治理政策，在人工智慧系統設計的早期階段以及投入使用後解決倫理問題，並將人工智慧倫理納入社會責任策略中。

13.1.5 人工智慧在醫院管理中的應用

近年來，人工智慧輔助技術已廣泛應用於醫療院所，以提高醫療資源的使用效率和醫療品質。知識密集的醫療照護產業因人工智慧技術的發展而充滿創新前景，包括機器學習、自然語言處理和智慧型機器人等技術。人工智慧在治療人類疾病和公共衛生方面的革命性潛力，已引起各學科研究人員、臨床醫師、技術和程式開發人員以及消費者的興趣。人工智慧可以顯著推進個人化、預測性、預防性和參與性的醫療服務。因此，電子醫療可以被定義為人工智慧與醫療保健的融合。

從病人監控、醫療診斷、處方治療到後續追蹤，電子健康已經改變了醫療保健行業的傳統文化。醫療照護人員的標準很高，調查必須正確進行。儘管從大量可用資料中準確擷取資料相當費力，但科技在克服這些障礙方面扮演重要角色。人工智慧電子醫療系統在病人資料管理、先進快速的診斷、疾病調查、建議治療以及改善結果方面，都優於傳統系統。因此，減少醫療錯誤可提升整體醫療照護系統的效率。

毫無疑問，醫療保健行業因人工智慧技術的使用而改變。由於人工智慧改善了病人的治療效果，它徹底改變了治療方法。複雜的程序可以有效地自動化，加快決策速度並提高準確性。快速資料擷取、時間需求最佳化、快速解決方案、避免冗餘，以及在處理大量資料時提升速度，這些都是人工智慧所提供的便利。

人工智慧可協助電子健康記錄處理語音請求，並執行病患併發症分析及以指定格式測量文件。這樣的方法使得擷取病人明確資訊的整體程序變得相對便利。此外，它還有能力將語音轉換為可立即完成的任務。

13.1.6 人工智慧和機器學習在疾病診斷中的應用

人工智慧技術，從機器學習到深度學習，在許多與健康相關的領域中扮演著重要角色，例如開發新的醫療保健系統、管理病人資料，以及疾病的治療。各種疾病的診斷也可以使用人工智慧方法進行，以實現最有效的診斷，並創造前所未有的機會。

在醫療保健中使用電腦化推理，將有機會改善病人和臨床團隊的成果，並降低支出。健康是生命中最重要的部分，" 早期診斷可拯救生命 " 是眾所皆知的真理。透過疾病診斷，醫生可以找出精確的病症，因為疾病診斷是根據預先存在的分類來判斷某件事情的過程。一般而言，此程序井然有序且以病患為中心。

當一個人出現某些健康問題跡象時，他會到診所或醫院就診。就診時，醫生會先收集病患的病史，必要時進行身體檢查。根據收集、融合和分析的結果，醫生會做出疾病診斷，並建議適當的治療方案。患者必須到醫院接受觀察，並在治療期間採取矯正措施，儘管已達到預期的結果。如有必要，所有這些特定資訊都會用於其他病人。

如今，人工智慧幾乎改變了我們日常生活的每個領域，包括醫療保健。人工智慧技術在疾病診斷中的應用，透過收集、融合和詮釋所有可用資訊，可以更準確和高效地進行疾病診斷，並提供適當的治療方案。

研究人員已經嘗試使用人工智慧進行早期疾病診斷，並取得了一定的成功。同時，醫療相關數據也在不斷增加。當這些演算法或程式執行時，它們能協助決策，甚至能從未觀察到的資料中預測確切的疾病相關資訊。

乳癌、肝癌、子宮頸癌、腎臟相關問題、肝炎、皮膚病、白內障、心臟病和胰臟疾病等，只是需要診斷的其中幾種病症。

電腦學習理論、人工神經網路、統計學、隨機建模、基因演算法和模式識別等多個學科的思想都被納入機器學習中。因此，從學習過程的操作類型來看，機器學習包含了廣泛的技術類別，例如最近鄰或基於範例的學習、判別分析和貝氏分類器。

從病患資料中學習會面臨多項挑戰，因為這些資料集往往是不完整的（參數值遺失）、不準確的（資料有系統性或偶然性誤差）、稀少的（非代表性的病患記錄未開放），以及不準確的（參數選擇不足）。

機器學習在診斷疾病、整理和分類健康資訊以及加速健康中心決策方面的能力，將賦予一般醫師更多的權力。醫療照護系統記錄了每位病患的大量資訊，人類在整理這些資訊時，既費力又具挑戰性。管理人員可借助機器學習技術建立決策支援模型和資料詮釋，為醫療人員提供基本的資料分析方法和更精確的疾病診斷方法。

有些人可能會認為，在人工智慧支援或增強診斷、治療和 / 或手術流程的情況下，醫生很快就會被淘汰。然而，要探討人工智慧在醫療照護領域的應用前景與問題，首先必須評估人工智慧所能扮演的角色。根據許多實際的人工智慧應用案例，人工智慧顯然有著龐大且多樣化的應用範圍，從最簡單的操作流程改善到最複雜的緊急病患治療，不一而足。

13.1.7　人工智慧在遠端病患監控中的應用

隨著新技術改造許多工業領域，世界正在快速變革。在眾多科學工具中，對醫療照護領域影響最甚大的就是人工智慧。遠端病患監控是電子醫療的一個重要領域，目前已大幅擴展。人工智慧驅動的遠端病患監控是一種非常有效的技術，可用於管理常見病到慢性病。

為了讓遠端病患監控發揮作用，必須透過連結裝置收集資料並傳送給醫療照護專業人員。因此，大多數的醫療照護機構都已實施遠端病患監控，將傳統的治療方法朝這個方向轉移。病患已表現出信任，即使是高風險的病患，其問題、診斷、健康改善和其他病患資料也可以輕易追蹤。根據用來取得必要病患資料的裝置類型，遠端病患監控程序可能會有所不同。大多數情況下，使用無線感應器收集資料，然後將資料傳輸至雲端和其他伺服器，以進行遠端病患監控。

人工智慧演算法用於分析並提供臨床決策，隨後將結果傳達給醫療照護人員。在困難的診斷中，病人和醫師可以親自互動、透過通知溝通或接受專家意見。近來有各種程式提供良好的使用者介面，可檢視可用處方、追蹤病患健康資訊、顯示治療、醫師或醫院建議，以及傳送通知。毫無疑問，在未來幾年中，人工智慧在疾病診斷和治療中的應用將被廣泛接受和認可。

無論是結構化的還是非結構化的資料，人工智慧方法都有廣泛的適應能力，這是其主要優勢之一。由於這一特性，識別疾病的範圍顯著擴大。當疾病被快速診斷出來時，治療可以更快開始，且成本更低。與醫療保健相關的資料數量正以驚人的速度擴大。

以人工智慧為基礎的系統可協助理解大量醫療資料的特徵，這些資料對於臨床程序而言是不可或缺的輔助工具。這些演算法還具備自我修正的能力，能在回饋的基礎上提升其準確性與效率。基於人工智慧的方法能幫助臨床醫師，從期刊、教科書和臨床實踐等各種資源中獲取最新的醫學知識，最終達到更有效的病患照護。

人工智慧工具能夠預測人類基因組，並制定適合的治療方案，讓病患得到完全個人化的照護。在開發各種功能的過程中，這些工具以解決問題的能力、學習和推理的形式與人類智力相聯繫，最終提高醫療專家的效率和能力。以規則為基礎的結構、以案例為基礎的演繹、模糊模型、計算神經網路、細胞自動機、基於遺傳學的演算法、群集認知能力、多機器人系統、混合系統和強化學習等，都是可以利用的各種方法的一些例子。

核酸檢測具有高度的特異性和靈敏度，在分子診斷領域中扮演著重要角色，特別是在傳染病、腫瘤性疾病、癌症生物標誌物、基因突變和基因分型的診斷方面，同時也有助於食品安全控制和環境監測。與免疫檢測和微生物培養等技術相比，核酸檢測具有高靈敏度、高準確性和操作時間短的優勢。核酸檢測能快速診斷出特定病症，進而進行早期治療干預。

COVID-19 爆發後，這種病毒繼續造成災難性影響和廣泛的傳播潛力。核酸檢測在疫情診斷和控制中發揮了關鍵作用。這場流行病的擴散讓各國的醫療診斷能力面臨考驗，對核酸檢測技術的需求達到前所未有的高度。在疫情爆發期間，對核酸檢測的需求極高，但供應卻無法滿足需求。實際上，「混合測試」技術被廣泛應用於加速診斷，在這種方法中，各種樣本在測試前會合併為一個樣本，發現異常後再進行詳細檢測。

13.2 醫學影像中的大型視覺模型

近年來，深度學習在醫學影像領域取得了顯著進展，徹底改變了醫學影像的分析和解釋方式。各種深度學習模型，如卷積神經網路（CNN）和視覺轉換器（Vision Transformer），在醫學影像重建、分割和分類等廣泛任務中取得了顯著成功。這些模型已被部署來協助放射科醫生和臨床醫生完成如識別異常、定位腫瘤和量化疾病進展等任務。

最近，大型視覺模型的出現，如著名的 Segment Anything Model（SAM），可能進一步推動醫學影像領域的進步，最終改善患者的結果並提高醫療實踐的效率。本節將深入探討在醫學領域部署和適應大型視覺模型的路線圖，探索當前和潛在的應用，並討論其整合和利用過程中的挑戰和陷阱。

13.2.1 路線圖

大規模數據集

大規模、高品質和多樣化的醫學影像數據集在醫學領域部署和適應大型視覺模型中起著至關重要的作用。收集和整理這些數據集需要研究人員、醫療專業人員和機構之間的合作。這些數據集需要涵蓋廣泛的病理、模式和患者群體，以捕捉完整的醫學條件範圍並確保模型的泛化性。此外，必須制定數據隱私和安全措施以保護患者資訊並遵守倫理標準。

聯邦學習（Federated Learning）是一種解決隱私和數據安全問題的有前途方法。透過聯邦學習，可以在保護數據隱私的同時，使用大量分佈式醫學影像數據來訓練大型視覺模型。在數據由於法律、倫理或後勤原因無法輕易共享或集中時，這種方法特別有用。聯邦學習還提供了一種協調來自不同機構的多樣化數據集的方法，捕捉醫學影像中的變異性和異質性。這可以提高大型視覺模型的泛化能力及其在多個醫療環境中的表現，增強模型的穩健性和適應性。確保數據公平和安全使用的方法對於建立可持續和可靠的醫學影像數據使用生態系統也至關重要。

模型適應

將大型視覺模型適應醫學領域涉及微調或遷移學習技術。預訓練於大規模通用影像數據集（如 ImageNet）的模型可能是有價值的起點。然而，為了有效利用其學到的表徵，這些模型需要進一步在醫學影像數據上進行訓練。微調需要仔細的最佳化和正規化策略，以適應特定的醫學影像任務，同時防止過度擬合並保持其泛化能力。最近，向大型視覺模型添加適配器已成為模型定制和遷移學習的靈活高效方法。適配器允許在不修改整個模型架構的情況下集成特定任務的資訊，使得模型開發更快速且成本更低。

多模態影像

醫學影像通常涉及多種模式，如超聲波、MRI、CT 和 PET 等，每種模式提供獨特的資訊。適應大型視覺模型應考慮這些多種模式資訊的組合和融合，以提取互補特徵並提高診斷準確性。探索融合技術，如後期融合、早期融合或跨模態注意力機制，可能是有效利用多模態數據並提高適應模型性能的關鍵。

解釋性

大型模型通常運作如複雜的黑箱，這使得理解其預測背後的推理過程變得具有挑戰性。為了建立信任並促進臨床決策，應努力開發解釋這些模型決策過程的技術。解釋性方法如注意力圖、顯著圖和 Grad-CAM 已被探索，用於提供對影像中哪些區域對模型決策貢獻最大的見解，幫助理解和驗證模型的輸出。然而，大型視覺模型的解釋性尚未被完全探索，這需要社區進一步的努力。

少樣本和零樣本學習

少樣本和零樣本學習在醫學影像領域具有重要潛力，因為獲取大量註釋數據集可能耗時、昂貴，甚至不可行。大型語言模型（如 GPT-3 及其後繼者）展示了令人印象深刻的零樣本學習能力，即它們能夠在沒有特定訓練的情況下生成有意義的回應或執行任務。將這一概念轉移到醫學影像領域，大型視覺模型可能展示出零樣本學習能力，使其能夠識別和分析無標註訓練數據的新醫學條件或影像模式。這種能力可以使它們適應以前未見的疾病、成像技術，甚至跨模態任務。例如，一個在多種醫學影像數據上訓練的大型視覺模型可能基於從類似案例中學到的類比和知識推斷並解釋新型影像或識別稀有條件，即使標註數據有限。

可擴展性

訓練和部署大型視覺模型需要大量的計算資源，包括高性能計算基礎設施和高效的平行處理能力。然而，即時應用可能需要最佳化以滿足臨床環境的時間限制。例如，緊急情況或外科手術過程中需要快速決策的即時影像分析。大型視覺模型的可擴展性對於確保其在這些時間敏感場景中的實際應用和效率至關重要。為了解決可擴展性挑戰，硬體加速的進步（如專門的圖形處理單元（GPU）或張量處理單元（TPU））可以顯著提升大型視覺模型的計算效率。平行處理技術、分佈式計算、模型壓縮和模型蒸餾方法也可以透過最佳化內存利用率和減少計算開銷來增強可擴展性。

13.2.2 當前和潛在應用

分段任意模型（Segment Anything Model, SAM）

大型視覺模型在各種醫學影像應用中展示了顯著的潛力，提高了診斷準確性、治療規劃和疾病監測。一個顯著的大型視覺模型是 SAM 模型，該模型在 SA-1B 數據集上訓練，擁有超過 11 億個遮罩和 1100 萬張影像。SAM 支持各種分割任務中的提示分割，展示了令人印象深刻且強大的零樣本泛化能力。最近，SAM 在醫學影像領域引起了廣泛關注，一些研究探索了 SAM 在醫學影像分割任務中的能力。

人工智慧生成內容（AI-GC）

穩定擴散（SD）和生成對抗網路（GAN）技術旨在根據人類輸入（例如指示和範例）生成數位內容。此外，DALL·E 2 模型引入一項突破性能力，能夠根據文本描述生成合成影像。在醫學領域，SD 和 DALL·E 2 模型具有巨大潛力來解決常見的挑戰。例如，醫學影像通常受到雜訊、偽影和低對比度的影響，這會顯著影響診斷準確性。SD 模型可以有效去除雜訊和偽影，同時提高醫學掃描的整體影像品質，從而促進解剖結構和病理的更清晰可視化，幫助醫療專業人員進行準確診斷和治療規劃。DALL · E 2 可以用於生成合成醫學影像，用於培訓目的，允許醫療專業人員模擬稀有或挑戰性的臨床情景並提高其診斷技能。此外，這些合成影像可以用於擴充有限的數據集，為在醫學影像領域訓練大型視覺模型提供寶貴資源。

GPT-4

GPT-4 模型在醫學影像應用中也具有巨大潛力。GPT-4 建立在其前任的語言理解能力之上，可以適應解讀臨床筆記、放射報告和其他與醫學影像相關的文本數據。這種文本理解和影像分析的整合能夠實現上下文感知診斷、個性化治療建議和高效檢索相關醫學文獻。透過利用醫療保健中大量的文本資訊，GPT-4 有潛力提升臨床決策和改善患者的治療效果。

13.2.3　挑戰與陷阱

雖然大型視覺模型在醫學領域的適應和應用展示了巨大的前景，但也存在幾個需要有效解決的挑戰和陷阱。

高品質註釋的可用性

訓練大型視覺模型需要大規模、精確註釋的數據集。然而，由於數據稀缺、隱私問題和成像模式的變異，醫學影像數據集的規模和品質通常有限。標註數據的稀缺會阻礙大型視覺模型的性能和泛化性。為了克服這一挑戰，可以採用主動學習、資料增強和遷移學習等方法。研究人員、醫療機構和監管機構之間的合作也是促進涵蓋各種醫學條件和患者人口統計標準化註釋數據集共享和創建的關鍵。

高精準度標準

在醫學影像領域部署大型視覺模型的一個關鍵挑戰是相比一般影像應用更高的精準度標準要求。雖然在一般電腦視覺任務中某一水平的精準度可能是可以接受的，但在醫學影像應用中，由於診斷和治療決策是基於這些模型提供的結果做出的，因此對於精準度、可靠性和精確度的要求更高。醫學影像中的分類不準確或分割錯誤可能導致誤診、不正確的治療計劃、延遲的干預或錯過關鍵發現，從而可能危害患者的安全和福祉。

長尾問題

大型視覺模型面臨的另一個顯著挑戰是疾病和狀況的長尾分佈。長尾現象指的是標註數據的不均衡分佈，少數常見疾病或狀況有大量的訓練樣本，而絕大多數稀有或不太常見的狀況只有有限的標註數據可用。這一長尾挑戰給大型視覺模型帶來了困難，因為它們可能難以準確分類和診斷稀有或不常見的醫學狀況，因為在訓練過程中缺乏足夠的曝光。這些狀況缺乏足夠的標註範例會導致對更常見疾病的性能偏倚，導致在現實臨床環境中的精準度和靈敏度不理想。

倫理問題

在醫療保健中使用大型視覺模型的倫理影響必須被仔細考慮。數據隱私、患者同意和模型中的潛在偏見等問題需要引起關注。大型視覺模型在訓練中大量依賴數據集，這引發了對患者資訊隱私和安全性的擔憂，以及醫療保健系統對後門攻擊等網路安全威脅的脆弱性。嚴格的數據治理政策、匿名化技術和遵守 HIPAA 等監管框架對於保護患者隱私至關重要。此外，訓練數據中的偏見可能會無意中傳播到大型視覺模型的預測中，導致醫療結果的不平等。解決和減少這些偏見對於確保這些模型在不同患者群體中的公平和公正部署至關重要。

總之，雖然利用大型視覺模型進行醫學影像具有巨大潛力，但解決上述挑戰對於實現大型視覺模型的全部優勢並確保其安全、有效和倫理地整合到臨床實踐中非常重要，從而改善醫療結果和提高患者護理品質。

13.3 在醫學影像分析中的應用

13.3.1 腦影像

在使用人工智慧進行腦部研究中，許多研究已經在阿茲海默症（Alzheimer's disease, AD）分類、腦區解剖分割和腫瘤檢測領域取得了進展。例如，使用高斯限制玻爾茲曼機（Gaussian Restricted Boltzmann Machine, GRBM）在 MRI 和 PET 影像的體積塊中找到特徵表達，成功進行了 AD、輕度認知障礙（Mild Cognitive Impairment, MCI）和健康對照（Healthy Control, HC）的分類。

在 AD 分類中，三維卷積神經網路（3D CNN）優於其他演算法分類器，能夠自動分割人腦的磁共振（Magnetic Resonance, MR）影像。使用深度 CNN 對紋狀體進行分割，並將結果與 FreeSurfer 進行比較。在腦區域，手動分割耗時且存在個體差異，而自動分割在執行複雜結構時有顯著困難。為此，開發了名為 " 體素殘差網路 "（VoxResNet）的 25 層深層網路，成功進行了自動分割。使用三維全卷積神經網路（FCN）展示從 MR 影像到 CT 影像的端到端非線性映射，並在真實的骨盆 CT/MRI 數據集中進行了驗證。透過使用兩個體積 CNN 改善輸入和輸出性能，並在老年癡呆症神經影像學計畫（Alzheimer's Disease Neuroimaging Initiative, ADNI）數據庫的 MRI 和 PET 影像中觀察到優秀的性能。

13.3.2 胸部影像

透過引入多實例學習（Multiple-Instance Learning, MIL）框架，構建了去卷積神經網路來生成可疑區域的熱圖。據報導，透過將基於分割的標籤傳播方法應用於一個間質性肺病數據集，發現了間質模式，並使用 CNN 對肺紋理模式進行分類。報導了一種使用深度學習方法分類正面和側面胸部 X 光影像並自動化元數據註釋的方法。提出了一種在體積電腦斷層掃描（CT）中使用三維 CNN 進行自動肺結節檢測以減少假陽性的新方法。3D CNN 能夠輸入更多空間資訊並透過層次結構提取更多代表性特徵，並使用三維樣本進行訓練。

13.3.3 乳腺影像

由於大多數乳腺 X 光片是二維的且數據量大，人工智慧可以成功地使用深度學習進行分析。乳腺癌的發現包括腫瘤病灶的檢測和分類、微鈣化的檢測和分類以及風險評估工作，這些工作可以有效地使用 CNN 或 RBM 方法進行分析。使用 CNN 進行特徵提取及乳腺密度測量，並使用修改的區域提出 CNN（R-CNN）進行定位。在一個數據集中，使用 U-net 進行乳腺和纖維腺體組織（Fibro-Glandular Tissue, FGT）分割，並觀察到準確的乳腺密度計算結果。報導稱，透過實現乳腺 X 光影像作為風險預測模塊 MLP（多層感知器）分類器的風險評分，開發了一種短期風險評估模型，實現了 71.4% 的預測準確性。

13.3.4 心臟影像

心臟人工智慧研究領域包括左心室分割、切片分類、影像品質評估、自動鈣化評分和冠狀動脈中心線追蹤以及超解析度。二維和三維 CNN 技術主要用於分類，而深度學習技術如 U-net 分割演算法則用於分割。使用新穎的超解析度成像（SR）方法重建二維影像堆棧中的高解析度三維體積。影像品質優於 SR 方法，因為 CNN 模型計算效率高，但 SR-CNN 在影像分割和運動追蹤方面具有優勢。使用多流 CNN，報導稱在考慮感興趣區域作為超過 130HU 的冠狀動脈鈣化候選者時，深度學習可以高精準度地識別低劑量胸部 CT。在門控心臟 CT 血管造影（CCTA）中，使用三維 CNN 和多流二維 CNN 檢測冠狀動脈鈣化。

13.3.5 肌肉骨骼影像

肌肉骨骼影像透過深度學習演算法進行骨骼、關節及相關軟組織異常的分割和識別。例如，開發了三維 CNN 架構來自動執行三維磁共振（MR）脊柱影像中的椎體（VBs）監督分割，並達到 93.4% 的 Dice 相似係數。包括脊柱位置識別和多影像命名的自動脊柱識別需要大量的影像數據，並且由於脊柱形狀和姿勢的多樣性而難以識別。透過使用稱為轉換深度卷積網路（TDCN）的深度學習架構，自動校正脊柱姿勢以處理影像。CNN 迴歸在實現基於強度的二維 / 三維校準技術方面具有計算時間長和捕獲範圍小的限制。報導稱，即使在大幅擴大的捕獲範圍內，也可以實現高度準確的即時二維 / 三維校準。目前已開發的幾種深度學習方法，用於自動評估使用 X 光影像的骨骼年齡，並顯示約 0.8 年的平均差異來驗證其性能。

13.4 結論

人工智慧在醫療照護領域的應用具有顯著潛力，因為它可以減少新藥發現過程中的時間損耗，從而降低臨床試驗的成本。人工智慧解決方案能夠在處理複雜的程序中最大限度地與病人互動，這些程序可能受到病人併發症狀及其他環境和情境條件的影響。透過最佳化與病人的互動，人工智慧可以改善臨床護理、醫療診斷和治療選擇等醫療保健方面的體驗。

人工智慧還可以透過智慧連接關鍵數據點，在組織層面最佳化醫療數據管理，從而支援精確診斷、快速治療和預防措施，提高醫療效果。然而，人工智慧在診斷錯誤方面缺乏測試，因此存在數據完整性的問題，這是人工智慧在醫療產業中的實際障礙之一。同時，醫療數據的保密性、隱私性和複雜性在數據收集和分析過程中也必須符合道德限制，這進一步增加了挑戰。醫療產業對於數據洩漏和網路攻擊的持續威脅感到憂慮，這也是一個重要問題。

資料分析是演算法的主要用途之一。目前可存取的資料數量非常龐大，這些資料有可能提供各種醫療和保健實務的相關資訊。由於計算方法、機器學習和人工智慧技術的普及，存在許多利用這些技術的機會。舉例來說，人工智慧可以將資料轉換為具體且可行的洞察力，從而改善決策、提供高品質的病患護理、應對即時緊急情況，並在臨床前線拯救更多生命。此外，人工智慧還能更高效地利用資金來開發系統和設施，並節省組織層面的開支。

人工智慧方法是分析資料和擷取醫學洞察力的重要工具，這些方法也可能對醫學研究人員的日常工作有所幫助。在發展人工智慧應用程式時，必須確保病患能取得該技術的所有相關資訊，這也是未來研究人員應多加探討的課題。目前，使用人工智慧技術的醫療公司在會計、財務和領導力等領域所產生的成本和實現的利潤缺乏實證研究。因此，該領域的研究可以進一步提高我們對該議題的理解，以及能夠使用人工智慧技術的醫療機構數量。

總結來說，需要進一步的跨學科研究，以探索人工智慧與數據品質管理之間的聯繫，以及人工智慧與醫療道德問題之間的聯繫。這些研究將有助於推動人工智慧技術在醫療領域的可持續發展，並確保其應用既有效又符合道德標準。

CHAPTER

14

數學形態學的深度學習框架

數學形態學（Mathematical Morphology）是一組與影像中物體特徵相關的非線性運算集合。在本文中，我們提出了一種用於深度學習框架的形態層，稱為形態神經元（MorphNet），以執行基本的數學形態運算，例如膨脹（dilation）和侵蝕（erosion）。為了傳遞損失函數值（loss function），我們用微分函數和平滑多變量函數來模擬這些運算元，從而使神經網路最佳化。我們透過在深度框架中計算近似函數的導數（derivative），對形態運算進行分析。實驗結果證明，MorphNet 輸出的結構元素值（structuring element）與正確的結構元素值相同，這證實了我們所提出的形態神經元框架的高效性和準確性。

14.1 引言

近年來，電腦視覺的進步主要受到深度學習，尤其是卷積神經網路（Convolutional Neural Network, CNN）的推動。隨著電腦硬體的發展，卷積神經網路越來越受歡迎，儘管這項技術早在 30 多年前就已問世，但近年來才開始流行。電腦硬體的快速發展使得深度學習框架變得越來越深（多層）。最初的 LeNet 由 5 層組成，包括 2 個卷積層（Convolutional Layer）和 3 個全連接層（Fully Connected Layer）。在 2012 年，8 層的 AlexNet 在 ImageNet 上取得了 16.4% 的前五名錯誤率。隨後，19 層的 VGG 和殘差網路（Residual Network）分別在 ImageNet 上達到了 7.5% 和 3.57% 的前五名錯誤率。卷積神經網路不僅在辨識任務中取得了成功，而且在物體偵測和語義分割等影像處理任務中也表現出色。R-CNN、Fast R-CNN、Faster R-CNN 和 Mask R-CNN 利用深度學習為物體偵測問題提供了快速訓練和彈性化的解決方案。FCN 則將不含池化層（Pooling Layer）和全連接層的卷積神經網路用於解決語義分割任務。

數學形態學已被廣泛應用於自動視覺檢驗和探測、物體識別和影像分析等多個領域。它能有效地提取與拓撲（topology）和幾何特徵相關的訊息，如形狀、大小、連接性（connectivity）和彼此的距離。深度學習中的卷積層在自動特徵提取過程中發揮了重要作用。然而，卷積是滑動視窗內的加權求和，因此它只能捕捉線性特徵，從而失去了與影像內容相關的非線性訊息，如物體位置、相關區域、形狀和大小等。

在數學形態學中，膨脹和侵蝕是兩個基本操作。膨脹是選擇每個滑動窗口中的最大像素，而侵蝕是選擇每個滑動窗口中的最小像素。令膨脹為 $\varphi(x)$，侵蝕為 $\psi(x)$。形態學開運算定義為 $\varphi(\psi(x))$，而形態學閉運算定義為 $\psi(\varphi(x))$。這些運算用於提取區域形狀的表示，例如邊緣（edge）、骨架（skeleton）和凸包（convex hull）。在工業應用中，數學形態學已被用於物體分割、牙齒分割（teeth segmentation）、紋理分析（texture analysis）和缺陷檢測（defect inspection）。然而，在需要一系列形態學操作和結構元素的情況下，確定合適的形態學操作流程是困難的。

14.2 用於數學形態學的卷積自動編碼器

本節我們將說明如何學習從輸入影像到形態學運算的影像的方法。

14.2.1 卷積自動編碼器

自動編碼器（Autoencoder）是一種用於資料壓縮和降維的網路。它可以學習影像的代碼，並透過表示向量重建原始影像，從而實現資料壓縮。卷積自動編碼器透過卷積層和池化層提取影像的代碼，並透過反卷積層重建影像。利用卷積層學習表示法可以保留原始影像的內部特徵，並將訊息儲存在向量中，從而實現資料壓縮。圖 14.1 展示了一個包含兩個卷積層（Convolutional Layer）和兩個反卷積層（Deconvolutional Layer）的卷積自動編碼器。

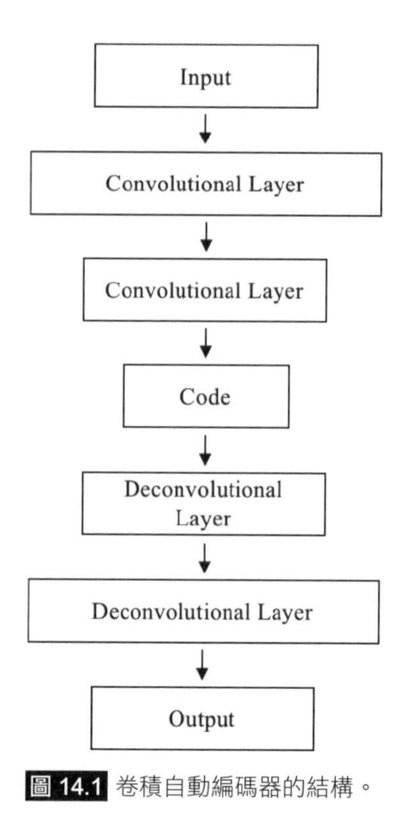

圖 14.1 卷積自動編碼器的結構。

14.2.2 我們的模型

受到 U-Net 的啟發，我們構建了一個帶有跳躍連接的自動編碼器網路，來學習形態操作影像。跳躍連接（skip connection）是一種跳過某些層並直接連接鏡像層（mirror layer）的方法。下頁的圖 14.2 展示了用於學習形態學運算的建議網路。原始的卷積自動編碼器只能學習原始影像的線性表示，因此我們在鏡像層之間加入了跳躍連接，以保留原始影像的結構特徵。此外，卷積可能會失去低層的一些特徵，而跳躍連接可以將低層特徵與高層特徵結合，尤其對結構性的訊息更重要。鏡像層之間的跳躍連接能使網路保留了整體的通用特徵和局部特殊特徵。

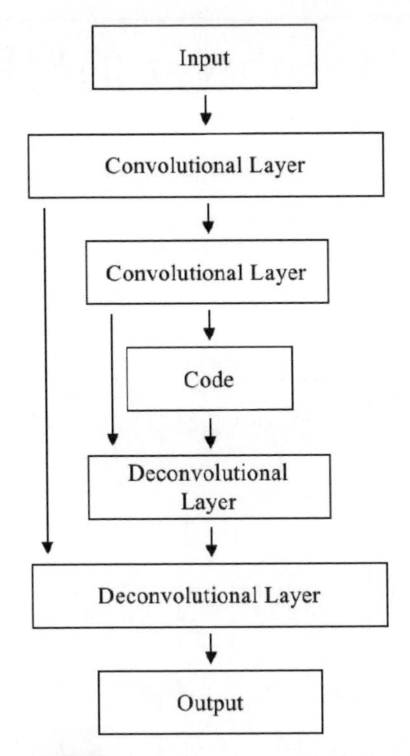

圖 14.2 具有跳躍連接的卷積自動編碼器網路。

我們在所有卷積層和反卷積層中都採用了大小為 3×3 的濾波器。第一和第二卷積層各有 32 個特徵圖，隨後的反卷積層保持 32 個通道。在每個權重層（weight layer）之後都加了一個批次正規化層（batch normalization layer），以幫助特徵圖保持相同的權重比例。此網路將特徵和權重保持在相似的範圍內，以避免異常值。此模型將原始影像映射到目標影像上，而目標影像則是膨脹或侵蝕後的結果，因此目標影像和輸出影像之間的距離最小。映射的正確性將決定這個卷積網路能否模擬形態學操作。透過這種方法，我們可以將卷積網路的輸出與膨脹和侵蝕的影像匹配。畢竟，它是透過卷積網路來學習膨脹和侵蝕目標的。

14.3 提出 MorphNet 的架構

在本節中，我們提出了由形態層組成的 MorphNet 來模擬膨脹和侵蝕。

14.3.1 前置工作

在深度學習框架中，膨脹和侵蝕可以用反調和平均值來表示。對於灰度影像 $f(x)$ 和濾波器 $\omega(x)$，PConv 層執行以下操作：

$$PConv(f;\omega,P)=\frac{(f^{P+1}*\omega)(x)}{(f^{P}*\omega)(x)}=\frac{\int_{y\in W(x)} f^{P+1}(y)\omega(x-y)dy}{\int_{y\in W(x)} f^{P}(y)\omega(x-y)dy} \quad (14.1)$$

其中，"*" 表示卷積操作，P 是一個標量，f^p 是一個影像，$w(y)$ 是以點 y 為中心的濾波器 ω 的支撐窗口。如果 $P<0$，則為偽侵蝕；如果 $P>0$，則為偽膨脹；如果 $P=0$，則為線性卷積。由於 P 不能為無窮大，此方程式只能表示偽侵蝕和偽膨脹。

14.3.2 膨脹和侵蝕的近似

膨脹和侵蝕分別是最大值和最小值函數。由於每個滑動視窗中的最大值函數和最小值函數都是不可微分的，因此不能直接放入深度神經網路中，所以我們採用軟最大值（soft maximum）來交替最大值函數。

$$F(x_1,x_2,\ldots,x_n)=\ln k\left(e^{x_1}+e^{x_2}+\ldots+e^{x_n}\right)/k \quad (14.2)$$

其中，k 是一個正的常數。軟最大值近似於硬最大值，但會把邊角去掉。下頁的圖 14.3 顯示硬最大值和軟最大值的圖形，其中軟最大值可以逼近硬最大值。軟最大值函數在整個座標中是平滑的，但沒有突然的方向變化。此外，軟最大值函數是可微分的，因此適用於最佳化演算法。圖 14.3(b) 和 (c) 顯示，當 k 增加時，軟最大值趨近於硬最大值。

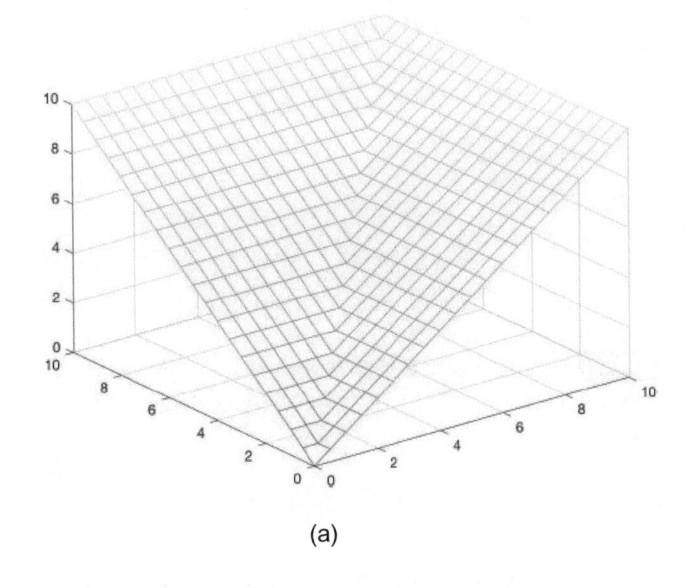

(a)

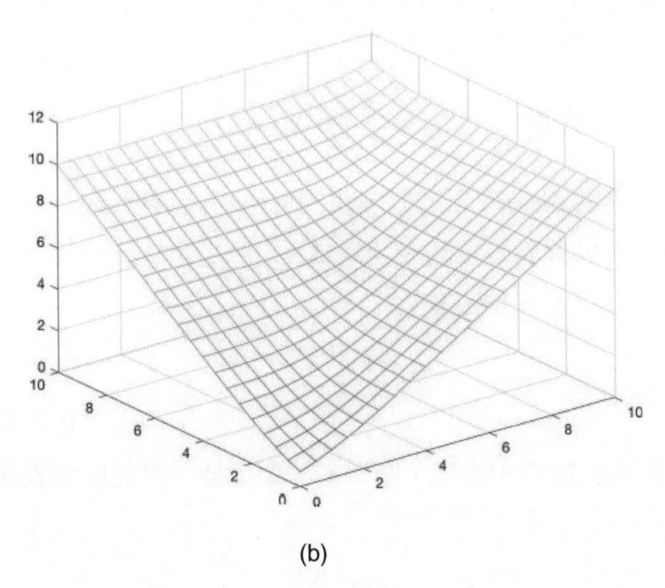

(b)

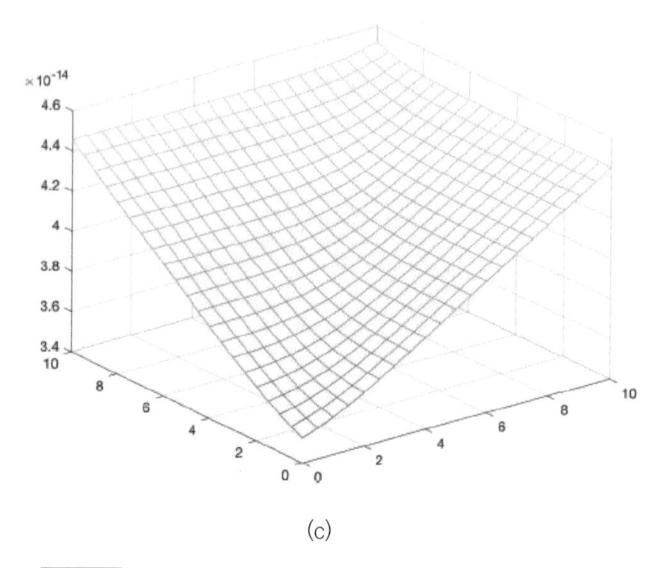

(c)

圖 14.3 (a) 硬最大值函數的圖示，(b) 當 $k=1$ 時的軟最大值函數圖示，(c) 當 $k=10^{15}$ 時的軟最大值函數圖示。

類似於軟最大值，軟最小值可以表示為：

$$F\left(x_1,x_2,\ldots,x_n\right)=-\ln k\left(e^{-x_1}+e^{-x_2}+\ldots+e^{-x_n}\right)/k \tag{14.3}$$

14.3.3 形態學層

透過對膨脹和侵蝕的微分近似，我們可以構建形態學層。我們在膨脹層中引入權重 ω，因此膨脹層的表達式為：

$$Dil=\ln\left(\sum_{i=1}^{n}e^{\omega_i x_i}\right) \tag{14.4}$$

其中，x_i 是滑動窗口中的第 i 個像素。類似地，侵蝕層的表達式為：

$$Ero=-\ln\left(\sum_{i=1}^{n}e^{-\omega_i x_i}\right) \tag{14.5}$$

其中，x_i 是滑動窗口中的第 i 個像素。權重（weight）是數學形態學中的結構元素（structuring element），作用如同卷積中的濾波器。通常，我們使用大小為 3×3 和 5×5 的結構元素。這一層的梯度（gradient）是透過連鎖律（chain rule）的反向傳播法（back-propagation）來計算的。目標函數表示為 $J(\omega;\hat{y},y)$，其中 ω 是權重，$\hat{y}$ 是網路的輸出，y 是網路的目標。以下是第 l 層的梯度：

$$\frac{\partial J\left(\omega;\hat{y},y\right)}{\partial \omega_i^{(l)}}=\frac{\partial J\left(\omega;\hat{y},y\right)}{\partial z^{(l)}}\frac{\partial z^{(l)}}{\partial \omega_i}=\frac{\partial J\left(\omega;\hat{y},y\right)}{\partial z^{(l)}}\frac{e^{\omega_i x_i}x_i}{\sum_{i=1}^{n}e^{w_i x_i}} \tag{14.6}$$

與傳統方法相比，我們的方法能夠更準確地模擬膨脹和侵蝕。公式 (14.1) 中，P 不能取無窮大，因此只能表示偽膨脹和偽侵蝕。在我們提出的方法中，我們透過更直接和高效的方式來近似最大和最小函數，以實現膨脹和侵蝕。

14.3.4 模型結構

為了從經過形態學處理的目標影像中學習結構元素，我們建構了不同的形態層模型。圖 14.4 展示了單層 MorphNet 的結構。我們透過反向傳播來最小化輸出與目標形態操作影像之間的距離。輸入（Input）是原始影像，目標影像是經過膨脹或侵蝕運算過的影像。經過近似形態學運算後的影像當作輸出影像。我們的目的是最小化輸出影像與目標影像之間的距離，並互相比較，從而來學習結構元素。

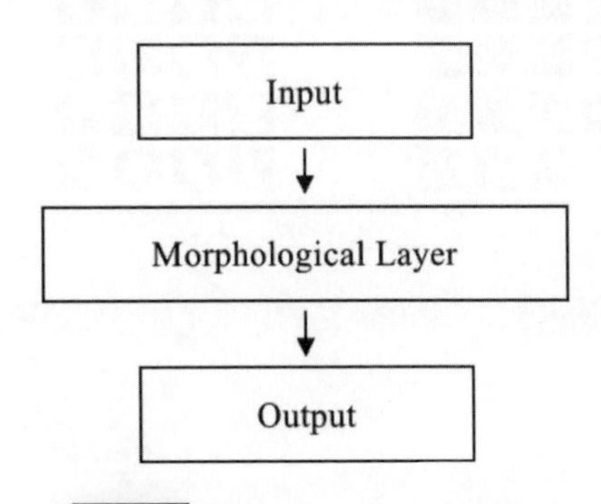

圖 14.4 單層 MorphNet 的結構。

14.4 實驗結果

我們使用 Nvidia Titan X 來訓練 MNIST 資料集 。使用 Keras 建立卷積網路，並將輸出影像與目標影像之差的平方根最小化。

令 $\hat{y}_i$ 表示預測影像，y_i 表示目標影像，其中 $i = 1,2...,n$。預測影像和目標影像之間的平方損失函數為：$loss = \frac{1}{n}\sum_{i=1}^{n}\left(\hat{y}_i - y_i\right)^2$。用隨機梯度下降法（stochastic gradient descent）作為學習演算法。由 MNIST 資料集中隨機抽取 5000 張影像，來組成訓練集。目標影像是透過對訓練集來進行膨脹操作得到的。

如圖 14.5 所示，卷積網路可以在經過 10 個訓練週期（epoch）後從原始影像中學習到目標影像。卷積網路成功地學習了目標影像的特徵。經過 10 個訓練週期後，卷積網路放大了影像中數字的邊緣（edge）。然而，它無法學習侵蝕操作，並且整個訓練過程需要數個小時。最重要的是，雖然它能將輸出影像與目標影像相匹配，但對於形態學運算中的結構元素仍然未知。

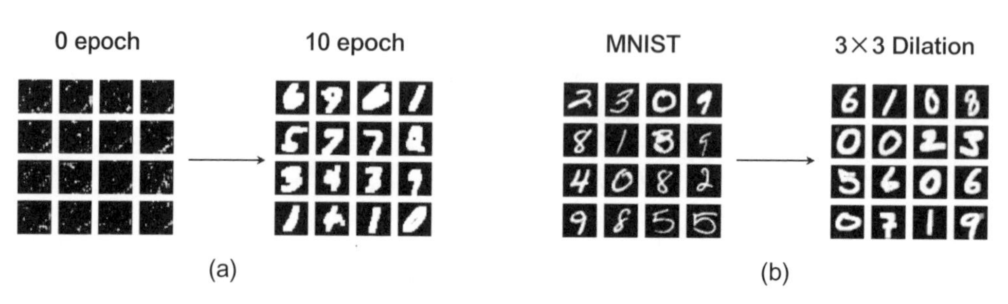

圖 14.5（a）卷積網路的結果；（b）原始影像和目標影像。

14.4.1 透過 MorphNet 學習膨脹與侵蝕

14.4.1.1 形態層的正確性

我們透過使用結構元素進行近似形態操作，來驗證形態層的正確性。圖 14.6 是生成的影像與來自 MNIST 的膨脹或侵蝕影像的對比。第一列是原始影像，第二列是目標影像，第三列是經過膨脹或侵蝕層後的結果。從第 2 列和第 3 列可以看出，形態層對原始影像的影響幾乎相同，而膨脹則會放大數字，侵蝕則會縮小數字。從肉眼來看，網路的輸出影像與目標影像幾乎完全一致。

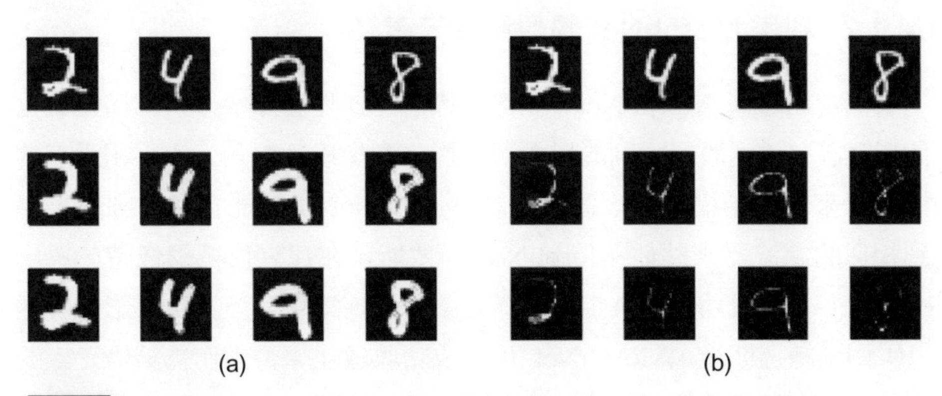

圖 14.6（a）膨脹層，（b）侵蝕層。第一列為原始影像，第二列為目標影像，第三列為網路輸出。

我們在 MNIST 資料集上測試了 MorphNet。由於 MNIST 的內容是阿拉伯數字，我們的目標是比較目標影像的字意和 MorphNet 的預測結果。採用餘弦距離（cosine distance）來測量目標影像和輸出影像之間的相似度，以驗證形態層的正確性。

給定兩張影像 S 和 K，它們的相似度計算公式如下：

$$s = \frac{\sum_{i,j=1}^{n}\left(S_{ij} * K_{ij}\right)^2}{\sum_{i,j=1}^{n} S_{ij}^{2} * \sum_{i,j=1}^{n} K_{ij}^{2}} \tag{14.7}$$

其中，S_{ij} 是影像 S 在第 i 行、第 j 列的像素，K_{ij} 是影像 K 在第 i 行、第 j 列的像素。相似度 s 越大，兩張影像越相似。當 $s=1$ 時，表示兩張影像 100% 相同。表 14.1 列出了所選網路輸出與目標影像的平均相似度。我們從 MNIST 資料集中選取 100 張影像來計算相似度。結果形態層模擬膨脹的相似度達到 100%，模擬侵蝕的相似度達到 99%。

▼ 表 14.1 所選網路輸出與目標影像的平均相似度

	Dilation Layer	Erosion Layer
Average Similarity	100%	99%

14.4.1.2 利用 MorphNet 學習結構元素

我們透過建構 MorphNet，並從目標形態操作影像中學習結構元素來評估形態層。透過設定不同的目標形態操作影像以及對角、水平和垂直的結構元素來學習結構元素。透過測試 MorphNet 是否能在多次訓練後學習到相似的濾波器來評估 MorphNet 的效能。在建立目標影像時，單層 MorphNet 可以成功學習選定的結構元素。訓練集包含 5000 張影像。經過 10 個訓練週期後，MorphNet 可以成功收斂並學習到作為結構元素的正確權重。整個權重透過梯度（gradient）更新，用 Adadelta 作為學習演算法。圖 14.7 展示了單層膨脹 MorphNet 學習到的結構元素。可以看出，學習到的結構元素幾乎與原始結構元素相同。

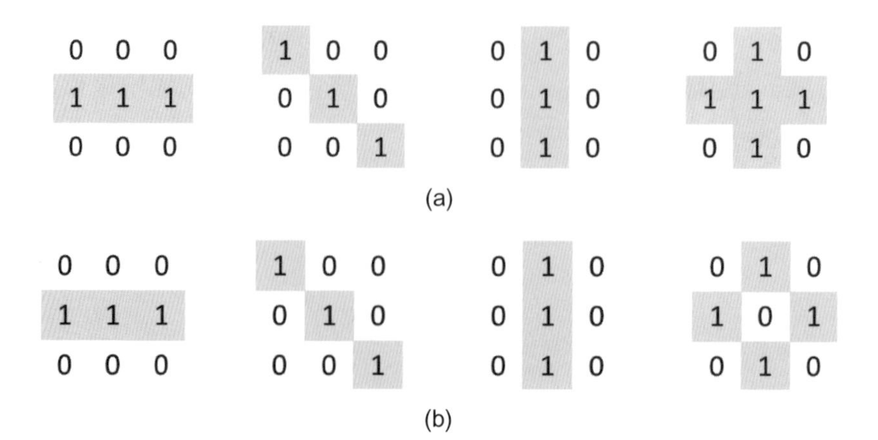

0 0 0 0 1
0 0 0 1 0
0 0 1 0 0
0 1 0 0 0
1 0 0 0 0

1 1 1 1 1

1 0 0 0 1
0 1 0 1 0
0 0 1 0 0
0 1 0 1 0
1 0 0 0 1

(c)

0 0 0 0 1
0 0 0 1 0
0 0 1 0 0
0 1 0 0 0
1 0 0 0 0

1 0 1 1 1

1 0 0 0 1
0 0 0 1 0
1 0 1 0 0
0 1 0 0 0
1 1 0 0 1

(d)

圖 14.7 原始結構元素與膨脹層 MorphNet 學習到的結構元素比較。(a) 建立目標影像時，將 3×3 結構元素應用於輸入影像，包括水平、對角線、垂直和菱形結構元素；(b) 透過膨脹層 MorphNet 學習到的相應結構元素；(c) 在建立目標影像時，將原始 5×5 結構元素應用於輸入影像，包括 45 度、水平線和交叉結構元素；(d) 透過膨脹層 MorphNet 學習到的相應結構元素。

圖 14.8 (a) 和 (b) 展示了單層 MorphNet 對目標影像進行精確預測的範例。此外，MorphNet 只需要幾分鐘就能完成訓練，而卷積映射則需要幾個小時才能得到結果。因此，採用形態層來模擬膨脹和侵蝕是非常簡單的。此外，卷積網路無法學習數學形態序列和對應的結構元素。

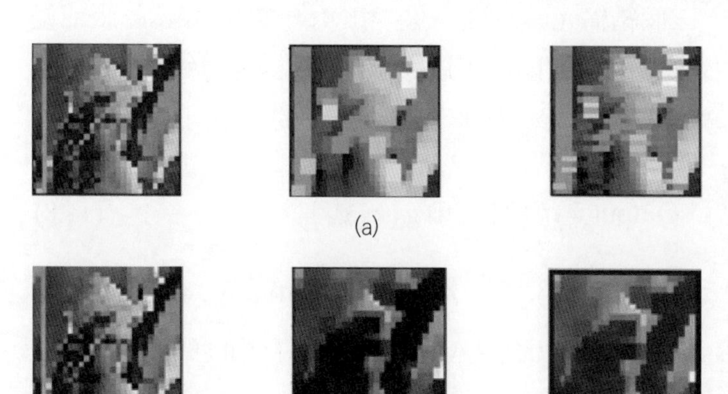

圖 14.8 (a) 原始 Lena 影像、膨脹操作後的 Lena 影像和 MorphNet 的預測結果，(b) 原始 Lena 影像、侵蝕操作後的 Lena 影像和 MorphNet 的預測結果。

14.5 多層形態網路

在工業應用中，系列形態學操作通常比單一形態學操作表現更佳。本節提出了多層 MorphNet 來學習輸出影像的方法。

14.5.1 學習多種形態學操作的目標

用傳統方法來學習多個形態學運算的目標影像較為困難，這是因為有多種形態學運算序列及其對應不同的結構元素。借助形態層，我們可以透過多層 MorphNet 輕鬆學習多種形態操作的目標。例如，我們將 MNIST 資料集中的灰階影像作為目標影像，對其進行三次膨脹操作，並建立如圖 14.9 所示的三層 MorphNet 來學習目標影像。

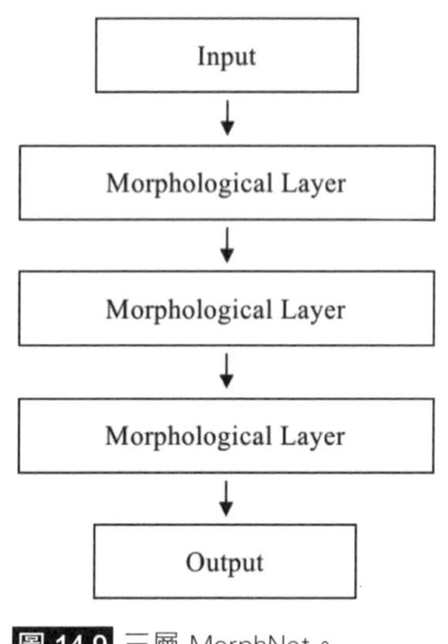

圖 14.9 三層 MorphNet。

令輸入影像為 f，三個結構元素為 g_1、g_2 和 g_3。令 $\oplus$ 表示膨脹或侵蝕操作，則經過三次操作後的目標影像可以表示為 $\left(\left(f \oplus g_1\right) \oplus g_2\right) \oplus g_3$。形態學層的權重可以視為結構元素，因此 MorphNet 的輸出可以表示為：

$$\text{Output} = f \oplus \left(g_1 \oplus g_2 \oplus g_3\right) \tag{14.8}$$

根據性質：$\left(\left(f \oplus g_1\right) \oplus g_2\right) \oplus g_3 = f \oplus \left(g_1 \oplus g_2 \oplus g_3\right)$，如果輸出等於 $\left(\left(f \oplus g_1\right) \oplus g_2\right) \oplus g_3$，我們可以驗證 MorphNet 具有相同的性質。

14.5.2 學習多種形態操作的結果

根據提出的模型，我們在 MNIST 資料集上應用了多層 MorphNet。訓練集由 MNIST 資料集中隨機選取的 5,000 張影像組成。所有影像均為 28×28 大小的灰階影像。圖 14.10 顯示目標影像和網路輸出的對比。目標影像是透過 3×3 大小的對角線結構元素進行三次膨脹操作得到的。我們使用公式 (14.7) 計算了目標影像和網路預測的相似度，以評估多層 MorphNet 的效能。結果多層膨脹 MorphNet 的平均相似度為 100%。

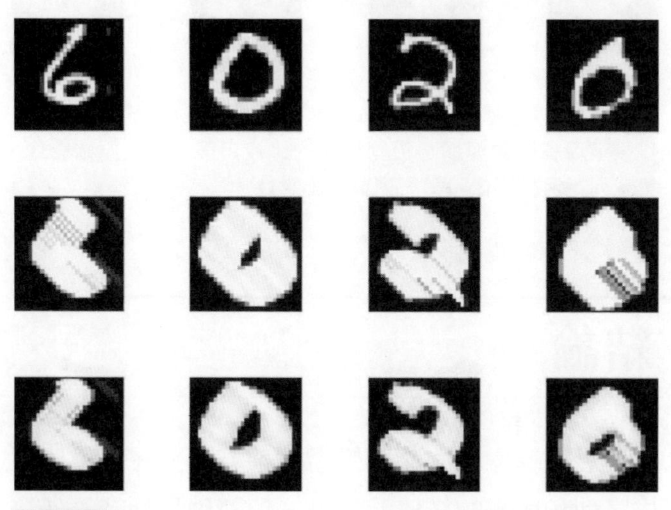

圖 14.10 比較目標影像和網路預測影像，當目標影像是透過對角線結構元素（大小為 3×3）進行三次膨脹操作生成的。第一列顯示原始影像，第二列顯示目標影像，第三列顯示輸出影像。

下頁的圖 14.11 顯示目標影像和網路輸出影像的比較，其中目標影像是透過使用三個不同結構元素進行三次膨脹操作生成的。這三個結構元素分別為對角線、垂直和水平，大小均為 3×3。我們計算了目標影像與多層 MorphNet 預測影像之間的平均相似度，結果達到 100%。三層 MorphNet 的成功證明了多層 MorphNet 能夠正確學習多個由結構元素組成的形態學操作。

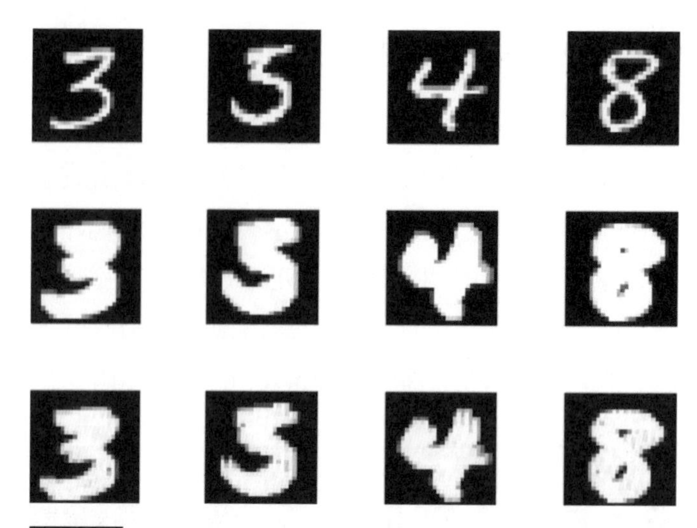

圖 14.11 以三種不同的結構元素對目標影像進行三次膨脹操作後，目標影像與網路預測結果的比較。第一列為原始影像，第二列為目標影像，第三列為輸出影像。

14.6 結論

我們介紹了形態學操作的深度學習框架方法。在工業應用中，確定適當的形態操作序列和所需的結構元素是一項繁瑣且耗時的任務。我們開發了形態層，使形態操作在深度學習網路中可以反向傳播。利用單一形態層 MorphNet，我們可以輕鬆確定結構元素和形態操作。多層 MorphNet 可以成功學習多種形態操作和結構元素。我們在深度學習網路中添加了非線性 MorphNet，用於非線性特徵提取。它可以取代卷積神經網路中卷積層的作用，彌補線性特徵提取器的不足。

CHAPTER

15

深度形態神經網路

數學形態學旨在從數位影像中提取的幾何和拓撲結構等物件特徵。在給定一組目標影像和原始影像的情況下，確定合適的形態運算和結構元素既繁瑣又耗時。在本文中，我們提出了深度形態學神經網路，其中包括一個用於正確學習結構元素的非線性特徵提取層和一個用於自動選擇適當形態操作的自適應層。我們展示了物體辨識的應用，包括手寫數字、幾何圖形、交通標誌和腦腫瘤。實驗結果表明，與傳統的卷積神經網路模型相比，我們開發的模型具有更高的計算效率和準確性。

15.1 引言

數學形態學是生物學的一個分支，研究動物和植物的形態和結構。它分析物體的形狀和形態。在電腦視覺中，它被用作提取影像成分的工具，這些影像成分有助於表示和描述物體的形狀。從數學意義上來講，它的分析是以集合論、拓樸學、格代數（lattice algebra）、函數等為基礎的。有兩種基本操作，稱為膨脹和侵蝕，透過應用結構元素作為滑動視窗來識別數位影像上的特徵，從而分別放大和縮小物體。它可用於影像分析，提取形狀、區域、邊緣、骨架和凸包（convex hull）等特徵。因此，它有助於缺陷提取、邊緣檢測和影像分割等任務。

隨著電腦硬體的發展，運算能力不斷提高，深度學習已成為電腦視覺領域中的有效工具。基於卷積神經網路，人們提出了許多深度學習結構。例如，LeNet 被提出並用於文件識別。如今，深度卷積神經網路結構可以實現許多電腦視覺應用，尤其是物體辨識。

在利用數學形態學進行影像處理時，當給定一個所需的目標，確定適當的形態操作和結構元素是相當耗時和繁瑣的。研究人員從神經網路和深度學習的角度出發，提出了形態層的概念。與計算影像上每個卷積核（kernel）中的線性加權求和的卷積層不同，我們在形態神經網路

（Morphological Neural Network, MNN）中提出了膨脹層和侵蝕層，以逼近局部最大值和最小值，從而提供非線性特徵提取器。與經常使用的在卷積核中訓練權重的卷積神經網路不同，我們提出的形態神經網路自動學習結構元素中的權重。此外，形態層可以自動選擇膨脹或侵蝕進行操作。

在本文中，我們透過學習非平坦結構元素和形態操作來實現精確的膨脹和侵蝕結果，從而大幅改善了近似結果的缺點。考慮到形態學在分析影像形狀及特徵方面的優勢，本文介紹了殘差（residual）形態神經網路及其應用，以驗證所提圖層的實用性。在幾個與形狀特徵相關的資料集上，將形態神經網路的殘差結構與相同結構的卷積神經網路進行比較。實驗結果證實所提出的形態神經網路在這些任務中的優越性。

15.2 深層形態神經網路

15.2.1 相關研究

形態膨脹和侵蝕使用反調和平均進行近似。對於灰度影像 $f(x)$ 和核 $\omega(x)$，核心是定義一個 PConv 層如下：

$$PConv\left(f;\omega,P\right)\left(x\right)=\frac{\left(f^{P+1}*\omega\right)\left(x\right)}{\left(f^{P}*\omega\right)\left(x\right)}=\left(f*_{P}\omega\right)\left(x\right) \tag{15.1}$$

其中 "*" 表示卷積，P 是控制操作選擇的標量。注意，當 $P<0$ 時是偽侵蝕，$P>0$ 時是偽膨脹，$P=0$ 時是標準卷積。由於在執行真實的膨脹或侵蝕時需要一個無法實現的無限大 P，因此該方程式在實際應用中可能會高度不準確。我們可以用軟最大值（soft maximum）和軟最小值（soft minimum）來計算膨脹和侵蝕。儘管膨脹和侵蝕在理論上是近似的，但它們無法準確地學習結構元素。透過對輸入影像和所需形態影像的樣本進行訓練，單層形態神經網路總是會失去結構元素上的一些元素。圖 15.1 顯示單層形態神經網路的架構。圖 15.2 顯示一些學習到的結構元素，從中我們可以觀察到一些由於四捨五入造成的誤差。

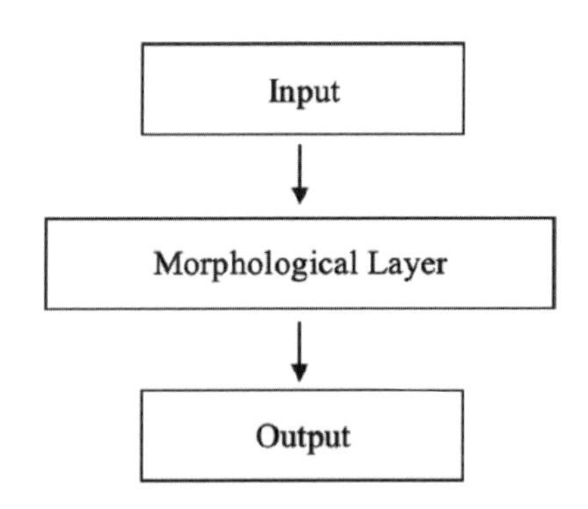

圖 15.1 單層形態神經網路的架構。

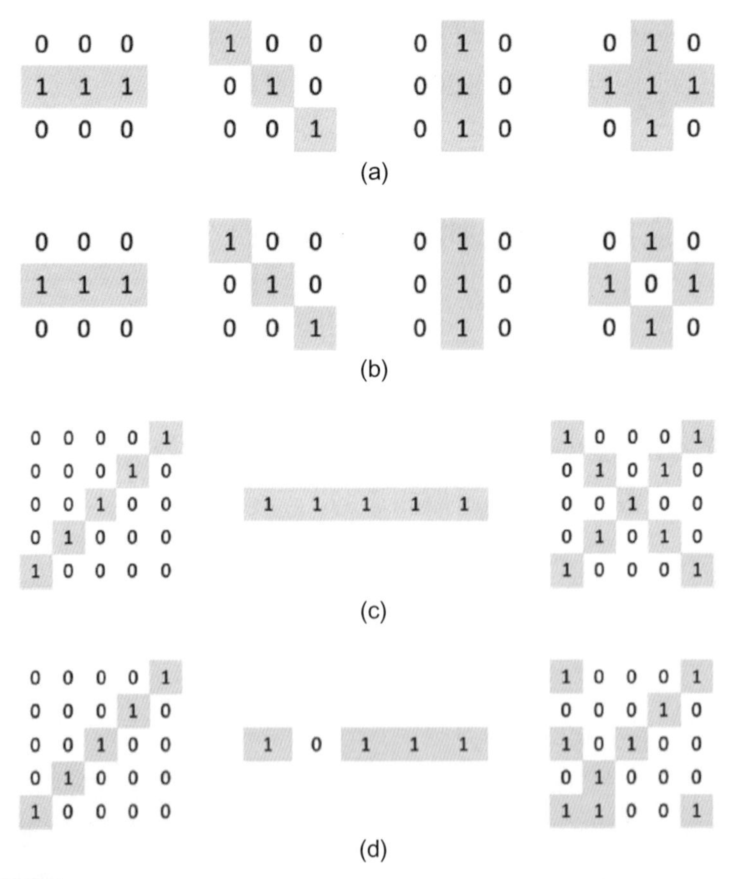

圖 15.2 (a) 當創建目標影像時，應用於輸入影像的水平、對角線、垂直和菱形 3×3 結構元素，(b) 單層膨脹網路（MNN）學習到的對應結構元素，(c) 當創建目標影像時，應用於輸入影像的原始 45°、交叉 5×5 結構元素和水平線 1×5 結構元素，(d) 單層膨脹網路（MNN）學習到的對應結構元素。

15.2.2 提出的方法層

為了避免上述的四捨五入誤差，我們提出在差分膨脹和侵蝕中分別加入偏值項（bias term），這樣可以避免浮點數的四捨五入。在計算過程中，最大值和最小值在滑動窗口內計算，神經網路則旨在最小化預測影像和目標影像之間的差異。本文中使用的符號和術語列於表 15.1。

▼ 表 15.1 本文所使用的符號和術語

ω	形態層的權重
x	形態層的輸入影像
b	偏差矩陣
$n = a \times b$	SE 中權重的總數，a 是 SE 的寬度，b 是 SE 的高度
W_i	SE W 的第 i 個元素
X_i	原始影像 X 中的遮蔽視窗的第 i 個元素
$\hat{y}$	網路的輸出
y	網路的目標

定義 15.1：輸出影像中第 j 個像素的可微二元膨脹 $Y \in \mathbb{R}^n$ 定義為

$$Y_j = ln\left(\sum_{i=1}^{n} e^{W_i X_i}\right) \tag{15.2}$$

其中 W 是在輸入影像 X 上滑動的二值結構元素，預設步長為 1。我們將其表示為 $W \oplus X$，其中 $W \in \mathbb{R}^n$ 且 $X \in \mathbb{R}^n$。

定義 15.2：輸出影像 $Y \in \mathbb{R}^n$ 中第 j 個像素的可微二值侵蝕定義為

$$Y_j = -ln\left(\sum_{i=1}^{n} e^{-W_i X_i}\right) \tag{15.3}$$

其中 W 是在輸入影像 X 上滑動的二值結構元素，預設步長為 1。我們將其表示為 $W \ominus X$，其中 $W \in \mathbb{R}^n$ 且 $X \in \mathbb{R}^n$。

當學習二值膨脹時，

$$ln\left(\sum_{i=1}^{n} e^{W_i X_i}\right) \geq max\left(W_i X_1, W_2 X_2, \ldots, W_n X_n\right) \tag{15.4}$$

這表明

$$ln\left(\sum_{i=1}^{n} e^{W_i X_i}\right) \geq X_i \tag{15.5}$$

因此，我們有

$$\sum_{i=1}^{n} e^{W_i X_i} \geq e^{X_i} \tag{15.6}$$

顯然，上面的等式是無效的。為了解決這個問題，加入了一個鬆弛變數 ζ：

$$\sum_{i=1}^{n} e^{W_i X_i} \zeta \geq e^{X_i} \tag{15.7}$$

請注意，上述公式在 $\zeta \geq \frac{e^{X_i}}{\sum_{i=1}^{n} e^{W_i X_i}}$ 時有效。類似地，可以應用一個鬆弛變量來驗證可微分的二值侵蝕。

我們建議應用偏值項來修正由軟最大和軟最小函數引起的四捨五入誤差。與傳統方法中每個濾波器應用一個偏值數不同，我們將偏值定義為與輸入影像相同大小的矩陣，以修正每個點的誤差。在二值膨脹層中，二值膨脹層的第 s 個特徵圖 z 是：

$$z^s = \omega \oplus x + b \tag{15.8}$$

其中 $\omega \in \mathbb{R}^n$，$x \in \mathbb{R}^n$ 和 $b \in \mathbb{R}^n$。二元侵蝕層中的第 s 個特徵圖 z 為

$$z^s = \omega \ominus x + b \tag{15.9}$$

在公式 (15.7) 中加入 b 後，我們得到

$$\left(\sum_{i=1}^{n} e^{W_i X_i}\right) \cdot e^{b} \geq e^{X_i} \tag{15.10}$$

請注意，上述方程式在 $b \geq ln \frac{e^{X_i}}{\sum_{i=1}^{n} e^{W_i X_i}}$ 時有效。因此，若在訓練後 $b \geq ln \frac{e^{X_i}}{\sum_{i=1}^{n} e^{W_i X_i}}$，則膨脹層是正確的。我們可以類似地推導出侵蝕層的正確性條件。

定義 15.3：輸出影像 $Y \in \mathbb{R}^n$ 中第 j 個像素的可微灰度膨脹定義為

$$Y_j = ln\left(\sum_{i=1}^{n} e^{W_i + X_i}\right) \tag{15.11}$$

其中 W 是在輸入影像 X 上滑動的非平坦結構元素，預設步長為 1。我們將其表示為 $W \oplus_g X$，其中 $W \in \mathbb{R}^n$，且 $X \in \mathbb{R}^n$。

定義 4：輸出影像 $Y \in \mathbb{R}^n$ 中第 j 個像素的可微灰度侵蝕定義為

$$Y_j = -ln\left(\sum_{i=1}^{n} e^{-(W_i - X_i)}\right) \tag{15.12}$$

其中 W 是在輸入影像 X 上滑動的非平坦結構元素，預設步長為 1。我們將其表示為 $W \ominus_g X$，其中 $W \in \mathbb{R}^n$，且 $X \in \mathbb{R}^n$。

當學習使用非平坦 SE 的膨脹時，應有

$$ln\left(\sum_{i=1}^{n} e^{W_i + X_i}\right) \geq max\left(W_i + X_1, \ldots, W_n + X_n\right) \tag{15.13}$$

我們可以得到

$$\sum_{i=1}^{n} e^{W_i+X_i} \geq e^{W_i+X_i} \tag{15.14}$$

很明顯，上述方程是有效的。與二值膨脹層類似，我們應用偏值向量來修正由軟最大和軟最小函數引起的四捨五入誤差。灰度膨脹層的第 s 個特徵圖 z^s 是：

$$z^s = \omega \oplus_g x + b \tag{15.15}$$

其中 $\omega \in \mathbb{R}^n$，$x \in \mathbb{R}^n$ 和 $b \in \mathbb{R}^n$。

在灰度侵蝕層中，第 s 個特徵圖 z^s 是

$$z^s = \omega \ominus_g x + b \tag{15.16}$$

其中 $\omega \in \mathbb{R}^n$，$x \in \mathbb{R}^n$ 和 $b \in \mathbb{R}^n$。

所提出的形態層的梯度是透過反向傳播，依照鏈式法則計算的。將目標函數表示為 $J(\omega, b; y, \hat{y})$，網路中第 l 層相對於權重 ω 的梯度 $\delta^{(l)}$ 為

$$\delta^{(l)} = \frac{\partial J(\omega, b; y, \hat{y})}{\partial \omega^{(l)}} \tag{15.17}$$

假設學習率為 η，第 t 次迭代中第 l 層的權重 ω 更新為

$$\omega_{t+1}^{(l)} = \omega_t^{(l)} - \eta \delta^{(l)} \tag{15.18}$$

偏值 b 更新為

$$b_{t+1}^{(l)} = b_t^{(l)} - \eta \frac{\partial J(\omega, b; y, \hat{y})}{\partial b_t^{(l)}} \tag{15.19}$$

15.2.3 深層 MNN 與堆疊的形態層

透過堆疊形態層來構建多層 MNN，可以學習具有多個形態操作的目標影像。假設多層 MNN 的第 l 層是膨脹層，第 s 個特徵圖 $z_s^{(l)} \in \mathbb{R}^n$ 為

$$z_s^{(l)} = \omega \oplus z^{(l-1)} + b \tag{15.20}$$

其中 $\omega \in \mathbb{R}^n$，且 $z^{(l-1)} \in \mathbb{R}^n$ 是第 (l-1) 層的輸出。如果多層 MNN 的第 l 層是侵蝕層，則當前層輸出的第 s 個特徵圖 $z \in \mathbb{R}^n$ 將變為：

$$z_s^{(l)} = \omega \ominus z^{(l-1)} + b \tag{15.21}$$

其中 $\omega \in \mathbb{R}^n$。

圖 15.3 展示了多層深度形態神經網路的結構。輸入為原始影像，輸出為網路經過多層形態處理後的預測結果。目標影像由一系列形態操作創建。在收斂時，深度形態神經網路可以學習到最小化輸入影像和目標影像之間距離的結構元素。

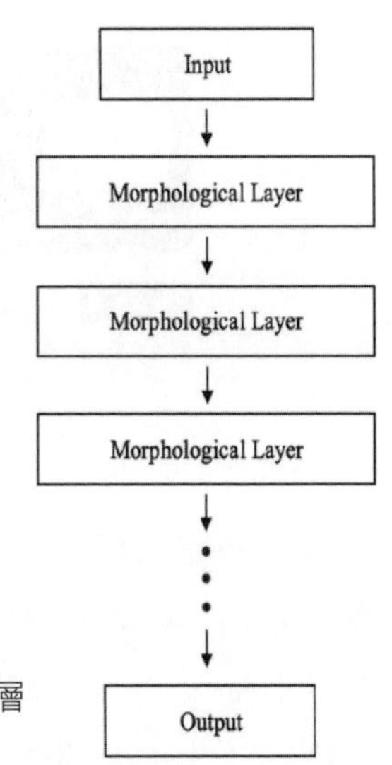

圖 15.3 多層深層形態神經網路。

多層 DMNN 的梯度是透過鏈式法則的反向傳播計算的。設目標函數為 $J(\omega, b; y, \hat{y})$。第 l 層相對於權重 ω 的梯度 $\delta^{(l)}$ 可以表示為 $J(\omega, b; y, \hat{y})$。

$$\delta^{(l)} = \frac{\partial_J(\omega, b; y, \hat{y})}{\partial \omega^{(l)}} = \frac{\partial_J(\omega, b; y, \hat{y})}{\partial z^{(l)}} \frac{\partial}{\partial \omega} \sigma\left(z^{(l)}\right) \tag{15.22}$$

其中 $\sigma(\cdot)$ 是激勵函數。假設學習率為 η ，第 t 次迭代中第 l 層的權重 ω 更新為：

$$\omega_{t+1}^{(l)} = \omega_t^{(l)} - \eta\delta^{(l)} \tag{15.23}$$

15.2.4 殘差 MNN

數學形態學旨在處理形狀和結構的應用。在模式識別中，數學形態學用於預處理和特徵提取。在此殘差形態神經網路中，我們的目的是在原始影像上套用圓形結構元素進行開運算，使形狀的邊角變圓，並從原始影像中刪減圓角影像。形態殘差代表著物體形狀的邊角，可用作形狀分類。圖 15.4 顯示形態學殘差模型的一個範例。

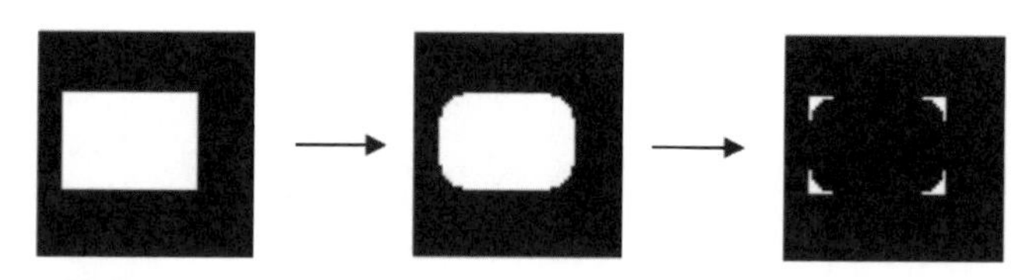

圖 15.4 形態殘差模型。在原始影像上用圓形結構元素做開運算，然後將結果影像與原始影像相減，就能得到形態殘差影像。

圖 15.5 顯示這種用於形狀分類的殘差形態神經網路架構。神經網路的輸入是成批的影像，先是一個侵蝕層，然後是一個膨脹層，也就是對輸入影像進行開運算。在減法層之後，神經網路完成預處理過程，並將殘差輸送到分類器。分類器包含兩層全連接層，對殘差中每個像素進行投票。

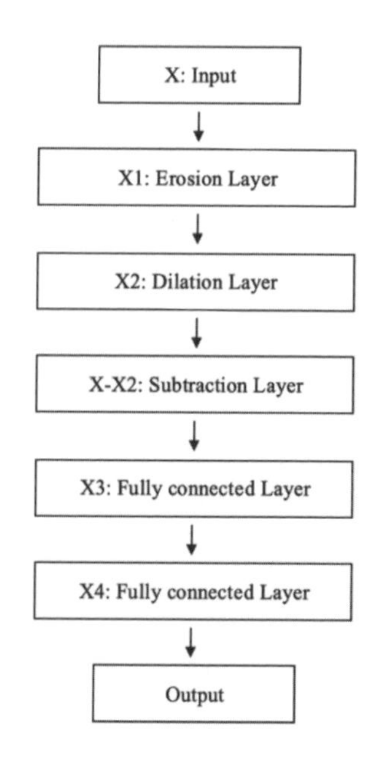

圖 15.5 殘差形態神經網路的架構。

殘差 MNN 的配置如表 15.2 所示。每層的通道數 m 應相同。

▼ 表 15.2　殘差形態神經網路的配置

	Input
1	Erosion 3×3×m
2	Dilation 3×3×m
3	Subtraction m
4	FC-1024
5	FC-512
6	Soft-max

殘差 MNN 可以透過反向傳播進行訓練。膨脹層、侵蝕層和全連接層的權重透過公式 (15.22) 和 (15.23) 進行更新。在減法層中，權重不會被更新，即殘差 MNN 只是將梯度從第四層傳遞到第二層。假設第四層的梯度為 $\delta^{(4)}$，則減法層的梯度為 $\delta^{(3)} = \delta^{(4)}$。

15.3 自適應形態層

在形態神經網路中，確定適當的形態操作是一項關鍵任務。在各種形態操作中（如膨脹、侵蝕、開運算和閉運算）中，所提出的網路層旨在確定包括膨脹和侵蝕在內的原始操作。顯然，可微分二進制膨脹和可微分二進制侵蝕的區別在於權重前的符號。因此，我們可以應用符號函數（sign function）來選擇最大值和最小值。為了使符號可訓練，我們在形態神經網路內核（kernel）中引入一個額外的權重。我們將這種有額外權重的形態層稱為自適應形態層（adaptive morphological layer）。數學上，膨脹層和侵蝕層輸出 $z \in \mathbb{R}^n$ 中的第 j 個像素可以表示為：

$$z_j = sign(a) \cdot ln\left(\sum_{i=1}^{n} e^{sign(a) \cdot \omega_i x_i}\right) + b \tag{15.24}$$

其中 a 是除了 ω_i 和 b 之外的另一個可訓練變量。如果 $sign(a)$ 為 +1，則當前層的操作是膨脹；如果 $sign(a)$ 為 -1，則當前層的操作是侵蝕。由於符號函數不是連續函數且不可微，因此不能在神經網路中使用。因此，我們在區間 [-1,1] 採用平滑符號函數。軟符號函數和雙曲正切函數分別如下所示：

$$f(x)=\frac{x}{1+|x|} \tag{15.25}$$

$$g(x)=\frac{e^{x}-e^{-x}}{e^{x}+e^{-x}} \tag{15.26}$$

我們用雙曲正切函數和軟符號函數替代公式 (15.24) 中的符號函數，以保持梯度流。然後，自適應形態層輸出 $z\in\mathbb{R}^n$ 中的第 j 個像素可以透過兩種方式計算：

$$z_j=\frac{a}{1+|a|}\cdot ln\left(\sum_{i=1}^{n}e^{\frac{a}{1+|a|}\bullet\omega_i x_i}\right)+b \tag{15.27}$$

或者

$$z_j=\frac{e^{a}-e^{-a}}{e^{a}+e^{-a}}\cdot ln\left(\sum_{i=1}^{n}e^{\frac{e^{a}-e^{-a}}{e^{a}+e^{-a}}\bullet\omega_i x_i}\right)+b \tag{15.28}$$

其中 a 是可訓練變量，且 $a\in$R。

圖 15.6 比較了軟符號函數和雙曲正切函數。雙曲正切函數比軟符號函數更早達到 -1 和 +1，因為當雙曲正切函數達到 -1 時，軟符號函數的值約為 -0.5。同樣地，當雙曲正切函數接近 +1 時，軟符號函數的值約為 0.5。因此，軟符號函數的梯度總是小於雙曲正切函數。總之，雙曲正切函數在理論上優於軟符號函數。

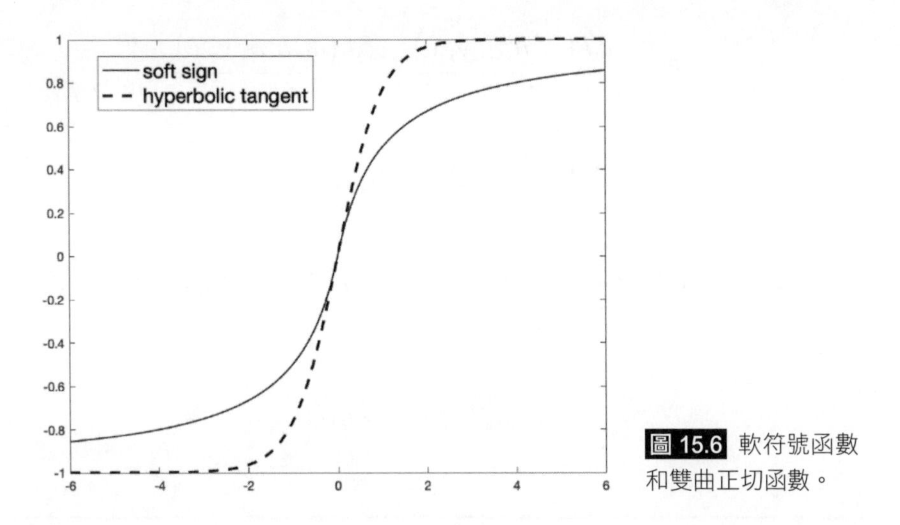

圖 15.6 軟符號函數和雙曲正切函數。

為了測試性能，我們建立了具有自適應形態層的單層形態神經網路。輸入為原始影像，目標影像為膨脹或侵蝕影像。所提出的自適應形態層成功地學習了目標以及膨脹和侵蝕之間的選擇。圖 15.7 顯示單一自適應形態層形態神經網路，檢測形態學操作的流程圖。形態神經網路最小化目標影像和輸出影像之間的距離。收斂後，若平滑符號函數（smooth sign function）為 +1，則目標影像為膨脹影像；若平滑符號函數為 -1，則目標影像為侵蝕影像。

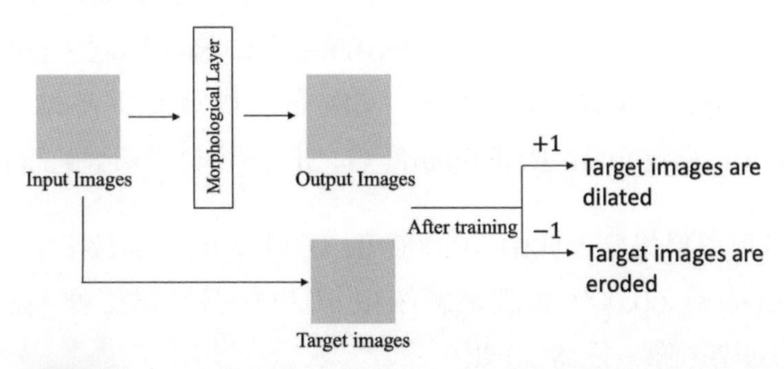

圖 15.7 單一自適應形態層形態神經網路檢測形態運算的流程圖。

在自適應層中，梯度透過鏈式法則的反向傳播進行更新。權重透過梯度下降法進行優化更新。設此類神經網路的目標函數為 $J\left(\omega, b; y, \hat{y}\right)$。第 l 層相對於權重 a 的梯度 $\delta^{(l)}$ 為：

$$\delta^{(l)}=\frac{\partial J\left(\omega,b,a;y,\hat{y}\right)}{\partial a^{(l)}}=\frac{\partial J\left(\omega,b,a;y,\hat{y}\right)}{\partial z^{(l)}}\frac{\partial z^{(l)}}{a^{(l)}}$$
$$=\frac{\partial J\left(\omega,b,a;y,\hat{y}\right)}{\partial z^{(l)}}\varphi'\left(a\right) \tag{15.29}$$

其中 $\varphi(\cdot)$ 是軟符號函數或雙曲正切函數。假設學習率為 η，第 t 次迭代中第 l 層的權重 a 更新為：

$$a_{t+1}^{(l)}=a_{t}^{(l)}-\eta\delta^{(l)} \tag{15.30}$$

15.4 實驗結果

在本節中，我們將展示我們提出的深度形態神經網路的實證研究，以證明我們提出的形態層的正確性，並展示其在影像分類任務中的表現。

15.4.1 資料集

我們在 4 個 NVIDIA Titan X GPU 系統上進行實驗。以下展示在四個資料集上的實驗結果，包括 MNIST、自創幾何形狀（self-created geometric shapes, SCGS）資料集、德國交通標誌識別基準（German Traffic Sign Recognition Benchmark, GTSRB）資料集和腦腫瘤資料集。

MNIST 資料集是一個由 70,000 個 0 到 9 的手寫數字實例組成的資料庫。其中有 60,000 張訓練影像和 10,000 張測試影像。它們都是 28×28 的灰階影像，分為 10 類。

SCGS 資料集包含 120,000 張，大小為 64×64 的灰階影像，分為 5 類：橢圓、直線、矩形、三角形和五邊形。這些影像是透過在黑色背景上隨機繪製白色物體來創建的，其中物體的大小、位置和方向都是隨機初始化的。每個類別有 20,000 張影像用於訓練和 5,000 張影像用於測試。

GTSRB 引入單一影像、多類別的分類問題，共有 42 個類別。每張影像包含一個交通標誌，每個真實世界的交通標誌只出現一次。我們將所有影像的大小調整為 31×35，並選擇 31,367 張影像用於訓練，7,842 張影像用於測試。所有影像均轉換為灰階影像。

核磁共振腦腫瘤（MRI Brain Tumor）資料集包含 3,064 張灰階對比增強影像，這些影像來自 233 名患有三種腦瘤的患者：腦膜瘤（meningioma）708 個樣本、膠質瘤（glioma）1,426 個樣本，和腦下垂體瘤（pituitary tumor）930 個樣本。我們將所有影像的大小調整為 64×64 進行分類，其中 2,910 張影像用於訓練，154 張影像用於測試。圖 15.8 顯示四個資料集中的一些範例。

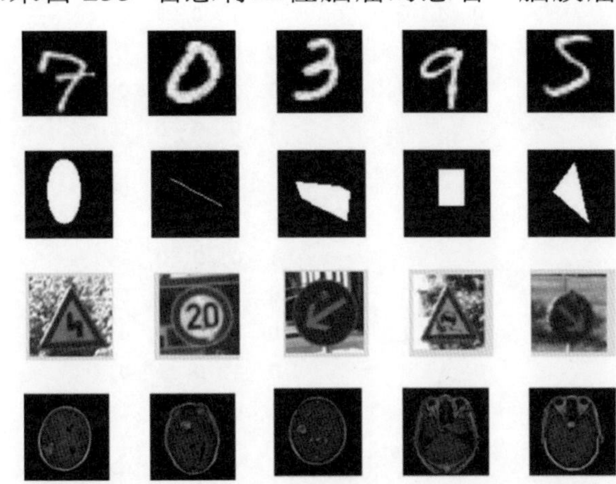

圖 15.8 實驗中四個資料集的範例。第一橫列是 MNIST 資料集的影像，第二橫列是 SCGS 資料集的影像，第三橫列是 GTSRB 資料集的影像，第四橫列是腦腫瘤資料集的影像。

15.4.2 學習 SE 和形態目標

我們從 MNIST 資料集中隨機選取 10,000 張影像，建構如圖 15.1 所示的單層形態神經網路，以學習單一二元結構元素。我們採用均方誤差（mean squared error, MSE）來測量目標影像與預測影像之間的距離，以盡量減少異常值的數量。目標影像是透過對原始輸入影像進行膨脹或侵蝕操作而創建的。我們選擇了批次大小（batch size）為 64、學習率 η =7.50 的小批次 (mini-batch) SGD。

在學習二元結構元素時，我們採用 3×3 菱形結構元素、5×5 交叉結構元素和 1×5 水平線結構元素三個實例。重複進行 100 次實驗，每次隨機選擇 10,000 張訓練影像。單層形態神經網路學習 3×3 菱形結構元素和 1×5 水平線 SE 的準確率為 100%，學習 5×5 交叉 SE 的準確率為 91%。此外，如果我們增加到 100 個訓練週期，學習 5×5 交叉結構元素的準確率將提高到 97%。圖 15.9 顯示三個範例，其中學習到的結構元素與原始結構元素完全相同。

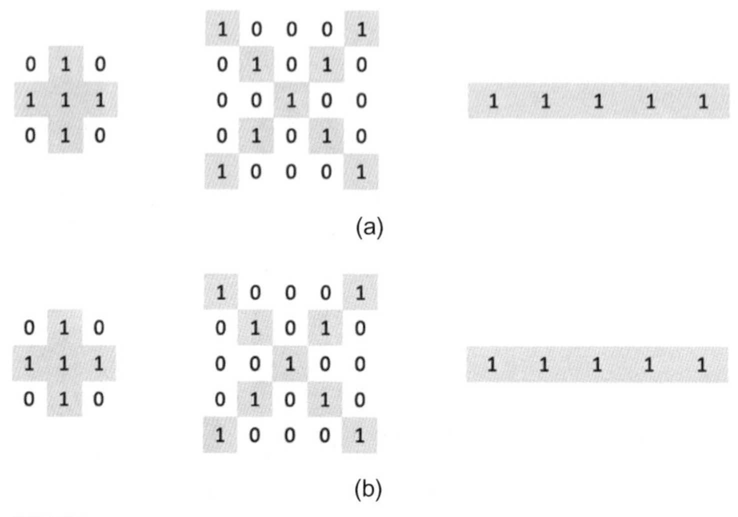

圖 15.9 (a) 菱形 3×3 結構元素、交叉 5×5 結構元素和 1×5 結構元素，(b) 改進後單膨脹層形態神經網路學習到的結構元素。

灰度形態實驗中的所有設置與二值 SE 的情況相同，不同之處在於目標是透過應用非平坦 SE 創建的，學習膨脹影像的學習率為 $\eta=1.0$，學習侵蝕影像的學習率為 $\eta=0.5$。

我們採用計程車距離來測量訓練後學習到的非平坦 SE 和應用的非平坦 SE 之間的距離。設兩個矩陣為 $\boldsymbol{A}=\left(a_{ij}\right)$ 和 $\boldsymbol{B}=\left(b_{ij}\right)$，$A$ 和 B 之間的計程車距離計算如下：

$$d_1\left(\boldsymbol{A},\boldsymbol{B}\right)=\sum_{i=1}^{n}\sum_{j=1}^{n}\left|a_{ij}\quad b_{ij}\right| \tag{15.31}$$

在學習灰度膨脹和侵蝕時，MNN 在 20 個週期內收斂。為了學習形態學 SE，在同一數據集上進行了 100 次實驗，以獲得 3×3 SE 和學習到的 SE 之間的距離。學習膨脹時的平均距離為 0.0706，學習侵蝕時的平均距離為 0.0875。在學習形態學目標時，膨脹的均方誤差 (MSE) 約為 3.43×10^{-5}，侵蝕的 MSE 約為 7.59×10^{-5}。

圖 15.10 展示了一些學習非平坦 SE 的例子。可以觀察到原始的非平坦 SE 和學習到的 SE 非常接近。圖 15.11 顯示目標影像和網路的預測結果。

(a)

0.2060	0.3234	0.6542
0.3551	0.5692	0.3950
0.6405	0.5834	0.5104

0.2086	0.3211	0.6521
0.3540	0.8055	0.4135
0.6261	0.5747	0.5097

(b)

0.8329	0.4865	0.9737
0.0440	0.8055	0.1752
0.6563	0.5816	0.0463

0.8361	0.4876	0.8951
0.0559	0.5054	0.1763
0.6585	0.5836	0.0573

圖 15.10 (a) 上方的框顯示原始的結構元素，下方的框顯示透過單層膨脹層 MNN 學習到的結構元素。(b) 上方的框顯示原始的結構元素，下方的框顯示透過單層侵蝕層 MNN 學習到的結構元素。學習到的 SE 與真實 SE 之間的 MSE 在膨脹時為 3.43×10^{-5}，在侵蝕時為 7.59×10^{-5}。

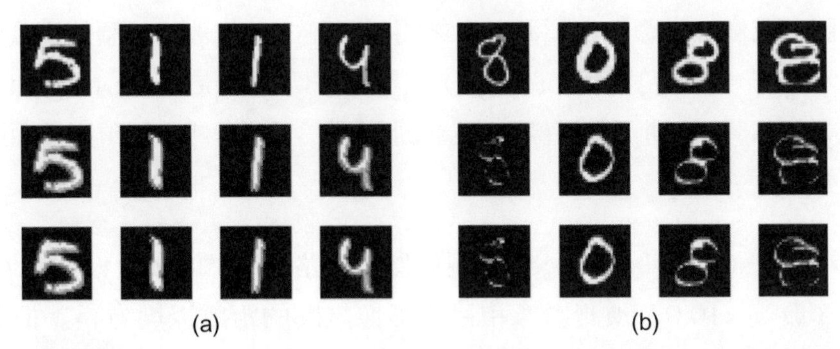

圖 15.11 使用 MNN 學習灰度 (a) 膨脹和 (b) 侵蝕操作的結果。第一橫列顯示原始影像，第二橫列顯示目標影像，第三橫列顯示訓練 20 個週期後的網路輸出。

在數學形態學中，開運算（opening）和閉運算（closing）也很重要，開運算是先侵蝕後膨脹，反之，閉運算是先膨脹後侵蝕。因此，我們建立了一個雙層形態神經網路來學習開運算或閉運算。相應的目標是開運算或閉運算的影像，而形態神經網路包括兩層先膨脹後侵蝕或先侵蝕後膨脹。選擇批次大小為 64、學習率為 $\eta = 10.0$ 的小批次 SGD。經過 10 個訓練週期，損失收斂到 0 左右。學習閉運算目標的 MSE 為 3.71×10^{-2}，學習開運算目標的 MSE 為 2.90×10^{-2}。圖 15.12 顯示一些範例。

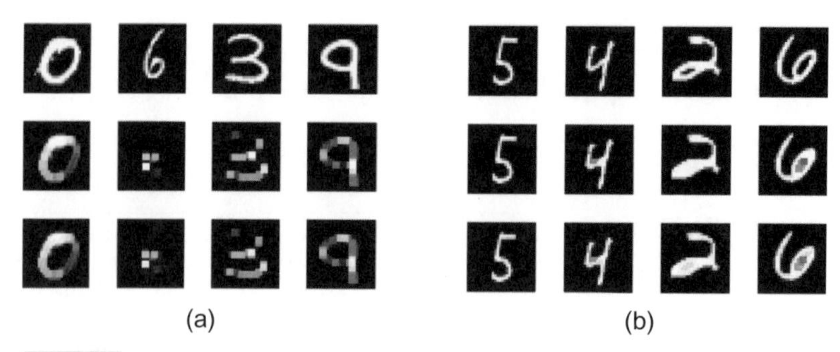

圖 15.12 DMNN 學習 (a) 開運算和 (b) 閉運算的結果。第一橫列為原始影像，第二橫列為目標影像，第三橫列為網路訓練 20 個訓練週期後的輸出結果。

15.4.3 學習形態操作

我們從 MNIST 資料集中隨機選擇 10,000 張影像，透過自適應形態層來學習形態運算。形態神經網路由單一自適應形態層組成，該層最小化在膨脹（或侵蝕）影像與預測影像之間的距離。在收斂時，額外權重用符號表示操作。若軟符號（soft sign）或雙曲正切（hyperbolic tangent）函數取整數為 +1，則預測目標影像為膨脹影像；若為 -1，則預測目標影像為侵蝕影像。

小批次（mini-batch）SGD 用於優化網路。選擇的批次大小為 64，學習率為 η =10.0。預測影像和目標影像之間的距離以均方誤差損失來衡量。經過 20 個訓練週期後，單一自適應形態神經網路收斂。如果平滑符號函數的值大於 0.5，我們將其取整數為 1；如果平滑符號函數的值小於 -0.5，我們將其四捨五入為 -1。平滑符號函數的取值範圍為 [-1,1]。實驗重複進行 100 次，每次從 MNIST 中隨機選取 10,000 張影像。表 15.3 顯示兩個平滑符號函數的膨脹和侵蝕檢測精準度。

▼ 表 15.3 兩種平滑符號函數的檢測精準度

	Dilation	Erosion
Soft sign	100%	100%
Hyperbolic tangent	100%	100%

15.4.4 影像分類

我們採用亞當優化器（Adam optimizer）以小批次策略優化深度形態神經網路，批次大小為 64，學習率 η=0.0001。所有資料集的殘差形態神經網路均在 100 個訓練週期內收斂。殘差形態神經網路在 MNIST 資料集上的測試準確率為 98.93%，在自創幾何形狀資料集上的測試準確率為 98.89%，在 GTSRB 資料集上的測試準確率為 95.35%，在核磁共振腦腫瘤數據集上的測試準確率為 95.43%。在對 GTSRB 進行訓練時，我們在第二個全連接層之後添加了一個隨機失活層（dropout layer），以防止過度擬合（overfitting），測試準確率提高到 96.49%。表 15.4 顯示在四個資料集上訓練時殘差 MNN 的配置，其中 a 表示每層應用的濾波器數量。

▼ 表 15.4　四個資料集上的殘差 MNN 結構

	MNIST	SCGS	GTSRB	Brain tumor
Erosion layer	$3\times3\times a$	$3\times3\times a$	$3\times3\times a$	$3\times3\times a$
Dilation layer	$3\times3\times a$	$3\times3\times a$	$3\times3\times a$	$3\times3\times a$
Subtraction layer	$28\times28\times a$	$64\times64\times a$	$31\times35\times a$	$64\times64\times a$
Fully-connected layer	120	1024	1024	512
Fully-connected layer	84	512	512	N/A
Output	10	5	43	3

為了將殘差形態神經網路與其他方法進行定量比較，我們增加了一個卷積層以提取更多特徵，並將 LeNet 中濾波器的大小從 5×5 減小到 3×3，並將其命名為修正 LeNet（Modified LeNet, MLeNet)。表 15.5 顯示 MLeNet 的配置。

▼ 表 15.5　MLeNet 的配置

	Input
1	Convolutional layer 3×3×16
2	Max pooling 2×2
3	Convolutional layer 3×3×32
4	Max pooling 2×2
5	Convolutional layer 3×3×64
6	Max pooling 2×2
7	Fully-connected 2048 ×1
8	Fully-connected 1024 ×1
9	Softmax

表 15.6 顯示殘差 MNN 與一些 CNN 在 a=1 時的比較。儘管殘差 MNN 在測試準確率上不如某些 CNN，但其參數數量要少得多。特別是在特徵提取層，殘差 MNN 總共只有 20 個參數，而 CNN 至少有數千個參數。我們還在表 15.7 中展示了殘差 MNN 和 CNN 在特徵提取層中參數數量的比較。從表 15.6 和表 15.7 可以得出結論，殘差 MNN 在特徵提取層中使用了更少的參數，而不會顯著降低模型的準確性。殘差 MNN 在計算效率和測試準確性之間具有很好的平衡。

▼ 表 15.6　殘差 MNN 與卷積神經網路的比較

Classifier	Dataset	Testing accuracy	Number of parameters
MCDNN	MNIST	99.77%	2,682,470
Residual MNN	MNIST	98.93%	104,181
MLeNet	SCGS	99.50%	10,493,795
Residual MNN	SCGS	98.89%	4,721,175
MLeNet	GTSRB (Grayscale)	97.94%	4,202,339
Residual MNN	GTSRB (Grayscale)	96.49%	1,594,903
MLeNet	Brain tumor	96.10%	10,493,795
Residual MNN	Brain tumor	95.43%	4,721,175

▼ 表 15.7　殘差 MNN 與 CNN 在特徵提取層中參數數量的比較

Model	Number of parameters in feature extraction layers
Residual MNN	20
MLeNet	2,912
MCDNN	739,900

消融研究

形狀特徵提取研究：為了進一步展示所提出的形態層的優勢，我們構建了一個與殘差 MNN 配置相同的 CNN，並比較它們在形狀相關分類上的性能。表 15.8 顯示該 CNN 的配置，該 CNN 被命名為殘差 CNN，其中 b 表示每層的濾波器數量。

▼ 表 15.8　殘差 CNN 的配置

	Input
1	Convolutional layer $3\times3\times b$
2	Convolutional layer $3\times3\times b$
3	Subtraction layer $3\times3\times b$
4	Fully-connected $2048\times b$
5	Fully-connected $1024\times b$
6	Softmax

表 15.9 顯示殘差 CNN 與殘差 MNN 在四個數據集上的分類比較。在處理腦腫瘤數據集時，我們移除了表 15.8 中顯示的第四層，以保持殘差 CNN 的配置與表 15.4 中第五列的殘差 MNN 相同。

▼ 表 15.9　殘差 MNN 和殘差 CNN 的比較

	Residual MNN $(a=1)$	Residual CNN $(b=1)$	Residual MNN $(a=16)$	Residual CNN $(b=16)$
MNIST	98.93%	97.14%	97.78%	98.18%
SCGS	98.89%	98.25%	98.90%	98.91%
GTSRB	96.49%	90.60%	97.48%	93.39%
Brain tumor	95.43%	96.10%	96.75%	94.15%

在表 15.9 中，當 a=1 和 b=1 時，殘差 MNN 在所有這些數據集上的測試準確率都優於殘差 CNN。當 a=16 和 b=16 時，殘差 MNN 在 GTSRB 數據集上的測試準確率更高。在腦腫瘤數據集中，當 a=16 時殘差 MNN 表現更好，但當 a=1 時稍微差一點。當每層具有多個濾波器時，形態層在 MRI 腦腫瘤數據集上的表現更好。因此，如果兩個神經網路具有相同的結構，形態層通常優於卷積層。特別是在與形狀特徵密切相關的 GTSRB 數據集上，形態層顯著提高了測試準確率，這表明所提出的 MNN 在形狀特徵提取方面具有優勢。

因此，具有相同參數數量的情況下，殘差 MNN 在 MNIST 數據集上略遜一籌，但在與形狀特徵相關的 GTSRB 和腦腫瘤數據集上表現最佳。總結來說，當殘差 MNN 的參數數量與殘差 CNN 相同時，形態層在提取形狀特徵方面比卷積層更有效。

對所提出的 MNN 效率的研究。為了進一步展示所提出的殘差 MNN 的效率，我們比較了殘差 MNN 和 LeNet 的推理時間。在實驗中，我們正常訓練模型，並在一台 Titan X GPU 上比較殘差 MNN 和 LeNet 的推理時間，以進行公平比較。在 SCGS 數據集中，殘差 MNN 的推理時間為 11.58 秒，而 LeNet 需要 20.13 秒。我們可以看到，在模型推理過程中，殘差 MNN 比 LeNet 快 2 倍。此外，我們觀察到，殘差 MNN 完成一次訓練週期平均需要 59 秒，而 LeNet 平均需要 119 秒。因此，我們可以很容易地看到，與 CNN 相比，殘差 MNN 不僅在訓練方面效率高，而且在模型推理方面也非常高效。

總結來說，當 MNN 具有與 CNN 相同的參數數量和相同的結構時，MNN 在選定的數據集上，MNN 具有更高的準確性。此外，當 MNN 具有與 CNN 相似的準確性時，它顯著節省了參數。所提出的殘差 MNN 在模型準確性和模型複雜性之間提供了一個平衡。

15.5 結論

本文所提出的深度形態學神經網路，可以學習數學形態學中的運算和對應的結構元素。所提出的形態層作為一種有效的非線性特徵提取器，其優異的性能在理論和實驗上都得到了證實。我們還提出了一種用於形狀分類任務中，特徵提取的殘差形態神經網路架構，以驗證我們的形態學神經網路的實用性，它在模型準確性和計算複雜性之間實現了良好的權衡，顯示其優越性。

CHAPTER

16

基於深度神經網路的全自動影像浮水印系統

數位影像浮水印（Digital image watermarking）是指將某些訊息隱藏到影像中的技術。近年來，將深度神經網路結合影像浮水印技術已引起廣泛關注。然而，在應用深度神經網路的浮水印方案中，穩健性（robustness）問題仍然是一項挑戰。本文提出了一種使用深度卷積神經網路的強韌影像浮水印系統，其中的浮水印自動嵌入（automated embedding）和提取規則是透過學習和一般化來實現的。這種穩健性是在無法預知潛在的攻擊和失真情況下實現的。實驗結果證實，與幾種現有的技術相比，我們所提出的系統具有更高的容量和穩健性。此外，我們還討論了在攝影機捕捉的影像上，提取浮水印的挑戰性應用，以驗證所提系統的實用性。

16.1 引言

數位影像浮水印是指將某些訊息隱藏到封面影像（cover image）中的過程。傳輸影像被稱為標記影像（marked-image）或隱寫影像（stego-image），它傳達了隱藏的訊息（即浮水印），同時在視覺上與封面影像幾乎無異。因此，影像浮水印技術可用於各種應用，包括身分驗證、版權保護和隱蔽通訊。浮水印資料可以根據不同的目標進行加密，例如增加可感知的隨機性以提高安全性，降低雜訊的影響以確保浮水印在受到不同攻擊後還可以保持完整性。在隱寫浮水印方案中，保真度（fidelity）、容量和穩健性被視為關鍵因素。保真度是測量封面影像和標記影像之間的相似性，容量是測量可嵌入浮水印的最大數量，穩健性則測量在標記影像受到不同攻擊後浮水印提取的效果。這三個因素彼此有密切關係；例如，容量越大，意味著對封面影像的修改越多，從而降低了保真度，而穩健性高則會增加浮水印嵌入重複性，從而降低了容量。

傳統的影像浮水印方法是透過替換或數學運算將浮水印置於最低有效位元（Least Significant Bit, LSB）上。雖然複雜的替換可以實現隱蔽性，但基於置入最低有效位元的方法很容易被統計分析揭露。先進的浮水印方法旨在從不同角度進行改進。近年來，將深度神經網路與影像浮水印技術結合受到越來越多的關注。與傳統方法不同的是，我們利用深度卷積神經網路引入強韌的盲影像浮水印（blind image watermarking）方案，從而使浮水印嵌入和提取的規則一般化。所提模型的優勢可歸納為三個方面。首先，所提出的系統在無法預知可能遭到攻擊和失真的情況下實現了穩健性。其次，與其他強韌影像浮水印系統相比，在新的網路結構和減少損耗值的計算方法下，我們的系統提高了浮水印處理的能力。最後，實驗結果證實，我們的系統對不同攻擊具有更高的容忍範圍。

16.2 我們的系統

16.2.1 介紹

圖 16.1 顯示一個通用的影像浮水印系統。浮水印 w 被插入到覆蓋影像 c 中以生成標記影像 m，該影像將透過通信通道傳輸。接收者從接收到的標記影像 m^* 中提取浮水印數據 w^*，如果存在一些失真或攻擊，m^* 可能是 m 的修改版本。一個穩健的影像浮水印系統旨在保障浮水印的完整性，即最小化 w 和 w^* 之間的差異。

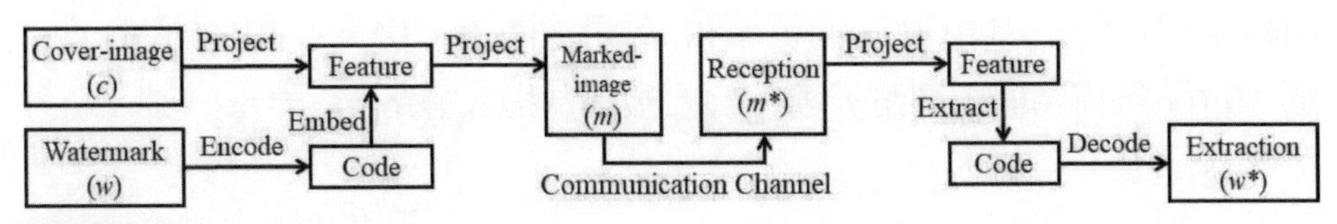

圖 16.1 通用影像浮水印系統。

傳統策略將影像浮水印任務制定為從覆蓋影像中保留某些部分以嵌入浮水印。如下面公式所示，w 透過在 c 的某個域中佔據一些比例來嵌入。

$$m = \alpha D\left(c\right) + \beta w \tag{16.1}$$

其中 α 和 β 是控制浮水印強度的權重，$D(c)$ 表示覆蓋影像的影像域。可以應用不同的最佳化方案來控制嵌入，並根據用戶的目的從 m^* 中提取 w^*。如同在密碼系統中使用的某些密鑰，也可以在生成、嵌入或提取浮水印時使用，以實現各種應用和額外的保護。

相比之下，我們將影像浮水印視為影像融合任務。給定浮水印和覆蓋影像的兩個輸入空間，$W = R^{D_1}$ 和 $C = R^{D_2}$。首先，透過函數 $\mu : W \to W_f$ 將輸入浮水印空間映射到其潛在空間之一（特徵空間 $W_f = R^{d_1}$），然後透過映射函數 $\sigma : \left\{W_f, C\right\} \to M$ 將浮水印嵌入，該函數融合了浮水印的特徵空間和輸入覆蓋影像空間以生成中間潛在空間 $M = R^{d_2}$。M 是具有兩個主要約束的標記影像空間。M 的視覺外觀必須類似於 C，而 M 的特徵必須與 W_f 的特徵相關。因此，M 具有標記影像的所需屬性。另一方面，浮水印提取由兩個映射函數完成，$\varphi : M \to W_f$ 從 M 重建特徵空間 W_f，並由 $\gamma : W_f \to W$ 從 W_f 重建浮水印數據。

16.2.2 整體架構

我們應用參數為 θ_1、θ_2、θ_3 和 θ_4 的深度神經網路 μ_{θ_1}、σ_{θ_2}、φ_{θ_3} 和 γ_{θ_4} 來學習映射函數 μ、σ、φ 和 γ。所提出的影像浮水印系統的架構如圖 16.2 所示，其中 w_i、w_f^i、c_i 和 m_i 是空間 W、W_f、C 和 M 的例子。μ_{θ_1} 和 σ_{θ_2} 被稱為嵌入網路，φ_{θ_3} 和 γ_{θ_4} 被稱為提取網路。

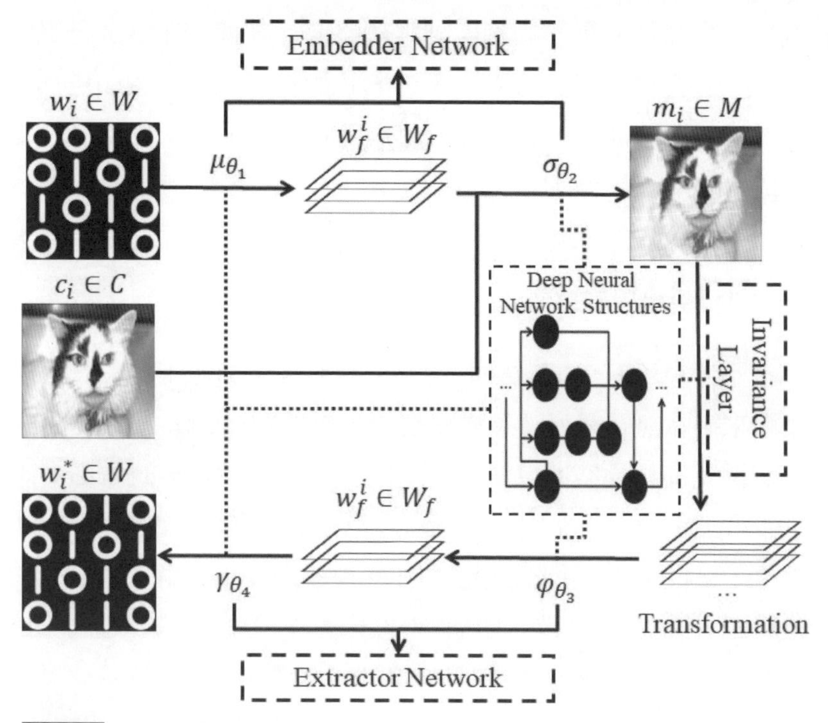

圖 16.2 所提出系統的架構。

透過接受兩個輸入，嵌入網路將輸入空間 W 和 C 轉換為中間空間 M。與其將一些不顯眼的視覺成分作為浮水印分配，σ_{θ_2} 學習用 C 替換 W_f 的視覺外觀，同時保持 W_f 的特徵。因此，融合後的空間 M 包含來自 W 和 C 的訊息。相反，提取網路接受 M 的轉換並學習分離和重建 W_f 和 W。所提出系統的整體結構與無監督深度自編碼器相容，其中輸入空間可以轉換為包含最具代表性的特徵的潛在空間。原始輸入可以從潛在空間中恢復。類似地，所提出的系統將兩個輸入空間轉換為所需的潛在空間，並從潛在空間中重建其中一個輸入。自編碼器的恢復能力，透過深度神經網路提取適當特徵，確保了輸入的精確重建，從而保障了所提出結構的可行性。由於重建僅從潛在空間進行，因此實現了盲特性；透過對學習的潛在空間施加約束，確保了保真度。在自編碼器中，潛在空間通常透過瓶頸進行學習以進行維度壓縮，而所提出的系統則學習過完備表示，以實現準確的浮水印重建和穩健性。

整個系統作為一個單一的深度神經網路進行訓練。在這個呈現中，空間 C 的樣本被認為是 $128\times128\times3$ 的彩色影像。假設浮水印是二進制數據，可以是 1024 位訊息的原始數據或編碼數據（重新調整為 32×32）。因此，所提出的系統具有 1kb 的固定容量。

16.2.3 不變層

為了在不考慮所有可能攻擊的情況下容忍標記影像上的失真，開發了一個不變層來排除無關訊息。不變層引入一個函數 $\tau: M \rightarrow T$，將空間 M 映射到一個過完備轉換空間 T。該層中的神經元以稀疏方式激活，不僅允許 M 中的可能損失以提高穩健性，還能增強計算效率。如圖 16.3 所示，它透過全連接層將 M 的一個三通道實例 m_i 轉換為 T 的一個 N 通道（$N\geq 3$）實例 t_i，其中 N 是冗餘參數。增加 N 意味著 T 中的冗餘度越高，這意味著對 M 中錯誤的容忍度越高，從而增強了穩健性。

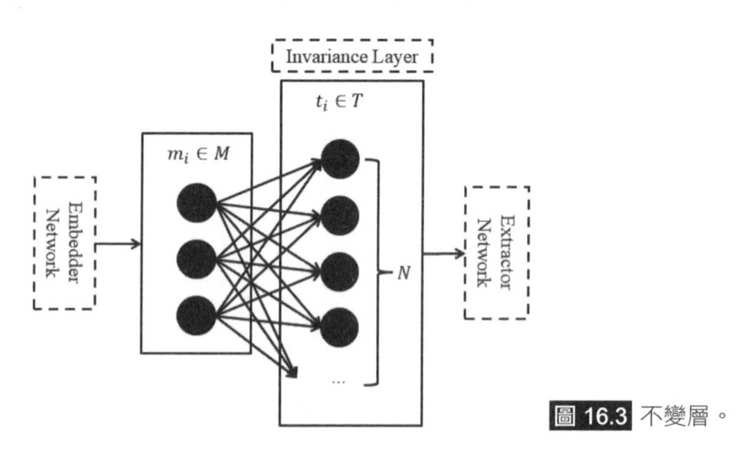

圖 16.3 不變層。

不變層採用正則化項來實現稀疏激活，這是透過該層輸出相對於訓練輸入的雅可比（Jacobian）矩陣的 Frobenius 範數獲得的。數學上，正則化項 P 表示為：

$$P=\sum_{i,j}\left(\frac{\partial h_j\left(X\right)}{\partial X_i}\right)^2 \tag{16.2}$$

其中 X_i 表示第 i 個輸入，h_j 表示第 j 個隱藏單元的輸出。與神經網路中常見的梯度計算類似，雅可比矩陣可以表示為：

$$\frac{\partial h_j(X)}{\partial X_i} = \frac{\partial A\left(\omega_{ji} X_i\right)}{\partial \omega_{ji} X_i} \omega_{ji} \tag{16.3}$$

其中 A 是激勵函數，ω_{ji} 是 h_j 和 X_i 之間的權重。雙曲正切函數（tanh）被用作不變層的激勵函數，以獲得強梯度並避免偏差。當 A 被指定為雙曲正切函數時，P 可以計算為：

$$P = \sum_j \left(1 - h_j^2\right)^2 \sum_i \left(\omega_{ji}^T\right)^2 \tag{16.4}$$

單獨最小化項 P 實際上會使該層中的權重對所有輸入 X 都不可變。然而，將其作為總損失計算中的正則化項，使該層能夠只保留有用的訊息，同時排除所有其他雜訊和無關的訊息，以實現穩健性。

與收縮自編碼器不同，在不變層中，每個通道中的 m_i 被視為單一輸入，以提高計算效率。例如，將 m_i 中的一個像素視為一個輸入意味著對於 128×128×3 的標記影像，有 49,152 個輸入。將冗餘參數 N 設置為其最小值 3 將意味著在全連接不變層中有 147,456 個單元，這至少需要 7,247,757,312 個參數。這在當前大多數圖形計算單元中是不實際的，並且顯著降低了效率。相反，將一個通道視為一個輸入單元僅考慮 RGB 標記影像的 3 個輸入單元，這使得計算更快，並且可以使用更大的 N 以提高穩健性。

16.2.4 嵌入器和提取器網路結構

從空間 W 中取樣本 w_i，μ_{θ_1} 具有參數 θ_1，學習從 W 到其特徵空間 從 W_f 的映射，γ_{θ_4} 學習從 W_f 到 W 的反向映射，使用樣本 w_f^i。如圖 16.4 所示，μ_{θ_1} 和 γ_{θ_4} 的結構是對稱的。在 μ_{θ_1} 中，32×32×1 的二進制浮水印樣

本透過兩個卷積塊依次增加為 32×32×24 和 32×32×48。結果重新調整為 128×128×3，即特徵空間樣本 w_f^i。反之，γ_{θ_4} 將 128×128×3 的 w_f^i 重新調整為 32×32×48，並依次減少為 32×32×1 的二進制浮水印。

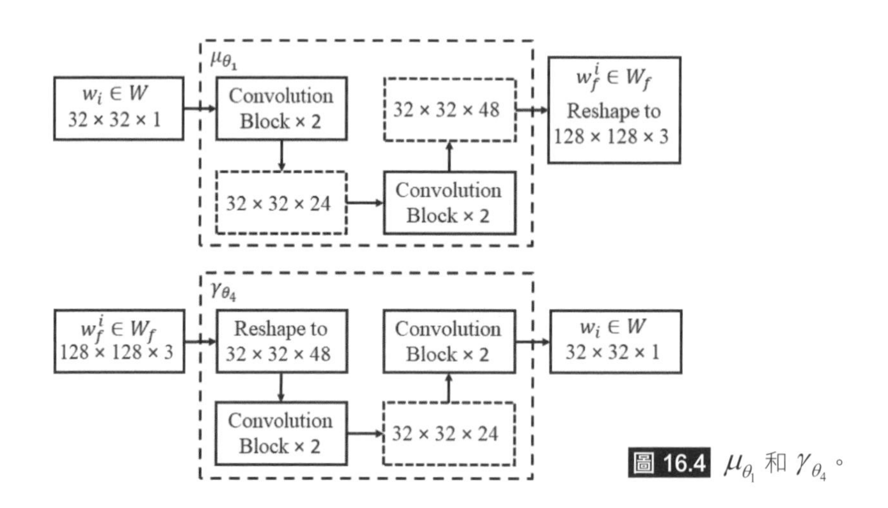

圖 16.4 μ_{θ_1} 和 γ_{θ_4}。

顯然，空間 W 被增加了 48 倍，然後恢復。增量的目的可以概括為兩方面。首先，它產生的 w_f^i 與覆蓋影像樣本 c_i 具有相同的大小，以便在 σ_{θ_2} 中進行拼接步驟。其次，潛在空間 w_f^i 的增量引入一些冗餘、分解和可感知的隨機性到 w_i，這不僅有助於穩健性，還提供了額外的安全性。圖 16.5 顯示一些 32×32 的二進制浮水印樣本及其相應的來自 W_f 的 128×128×3 樣本。

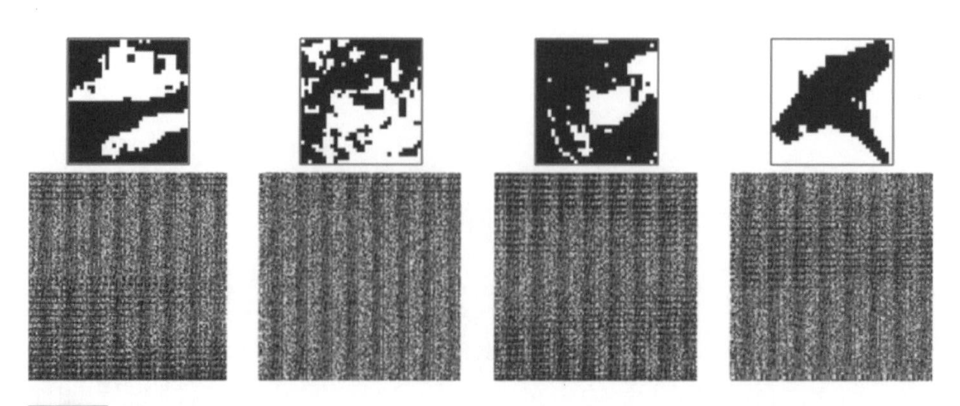

圖 16.5 空間 W 和 W_f 的樣本。第一列：來自 W 的樣本；第二列：其對應的來自 W_f 的樣本。

為了將二進制浮水印中的模式分割到不同的通道中，所提出的系統採用了 Inception 殘差塊作為卷積塊。它由一個 1×1、3×3 和 5×5 的卷積以及一個殘差連接組成，將特徵和輸入本身相加，以便在特徵提取中包含各種感知域。在所提出的結構中，每個卷積具有 32 個濾波器，並且 5×5 的卷積被兩個 3×3 的卷積取代以提高效率。這些 32 通道的特徵沿著通道維度連接起來，形成 96 通道特徵，並應用 1×1 卷積將 96 通道特徵轉換回原始輸入通道，以便在殘差連接中相加。圖 16.6 展示了一個卷積塊 f，其中 F_1、F_2 和 F_3 分別表示卷積塊輸入的高度、寬度和通道。

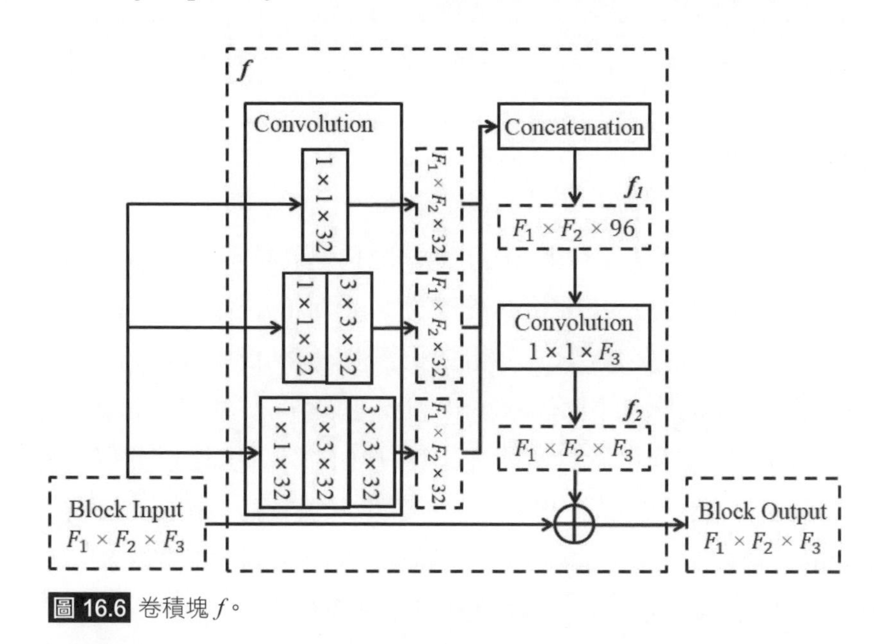

圖 16.6 卷積塊 f。

透過從空間 W_f 中提取樣本 w_f^i 與從空間 C 中提取樣本 c_i，具有參數 θ_2 的 σ_{θ_2} 學習融合這兩個空間以獲得標記影像空間 M。相反，φ_{θ_3} 學習從 M 的轉換空間 T 中檢測並提取 W_f。如圖 16.7 所示，卷積塊 f 首先用於提取 w_f^i 特徵，這些特徵與覆蓋影像樣本 c_i 在通道維度上連接。另一個卷積塊將 128×128×6 的連接進行融合，生成空間 M。為了實現保真度，M 包含 W_f 的特徵，同時參考 C 的視覺內容。另一方面，φ_{θ_3} 接受由不變層生成的 128×128×N 轉換樣本 t_i，並透過兩個卷積塊將其映射回 w_f^i。

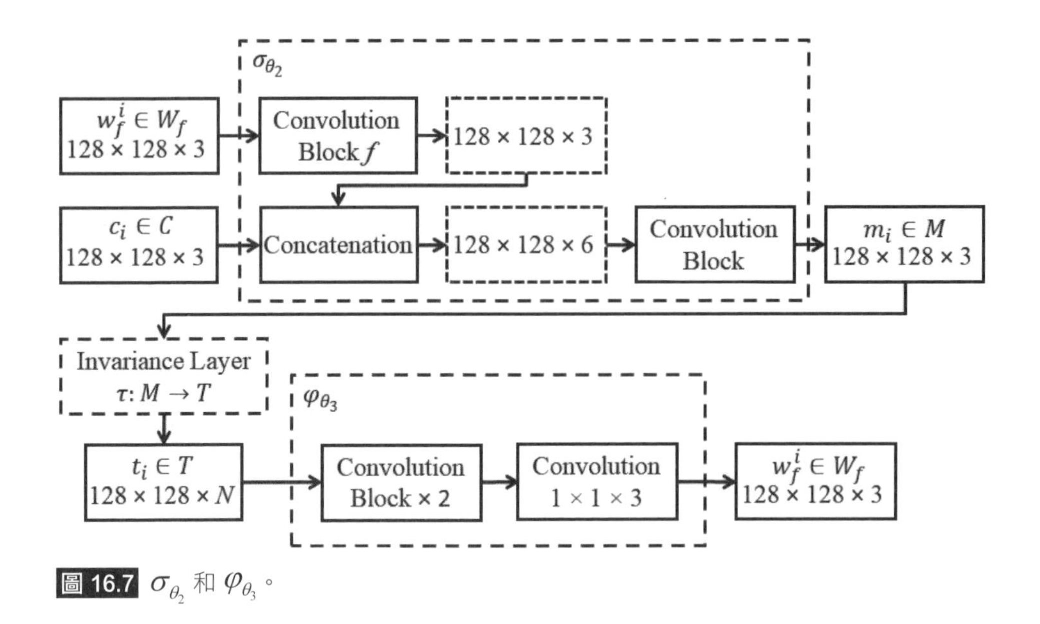

圖 16.7 σ_{θ_2} 和 φ_{θ_3}。

所提出的結構不使用空間 W_f，而是將透過卷積塊 f 獲得的 W_f 特徵空間融合到空間 C 中，主要目的是控制空間 M 的外觀。在視覺上，中間潛在空間 M 應主要依賴於 C 的組成部分，因此結構中直接利用了輸入樣本 c_i。相反，w_f^i 的訊息不應顯示在 m_i 上，因此 m_i 的特徵設計為與 w_f^i 的特徵相關聯。這種間接融合使所提出系統中的保真度得以實現。總結來說，空間 M 從 C 中借用視覺內容並保留 W_f 的特徵。圖 16.8 顯示 C、M 和 W_f 的各種樣本。在空間域中，人眼幾乎無法分辨標記影像和覆蓋影像之間的區別，而 φ_{θ_3} 中的卷積塊能夠找到並提取 w_f^i。

16.2.5 系統目標

所提出的系統旨在使用參數為 θ_1、θ_2、θ_3、θ_4 和 θ_5 的神經網路 μ_{θ_1}、σ_{θ_2}、φ_{θ_3}、γ_{θ_4} 和 τ_{θ_5} 來學習映射函數 μ、σ、φ、γ 和 τ，給定數據樣本包括 $w_i \in W$ 和 $c_i \in C$。所提出的系統作為一個單一的深度神經網路進行訓練，具有一些約束。與自編碼器類似，該系統將空間 W 映射到自身。因此，W 的真實值是 W 本身，必須最小化輸入 w_i 和系統輸出 w_i^* 之間的

距離。與自編碼器不同的是，所提出系統中的中間潛在空間 M 是一個看起來與輸入空間 C 相似的影像，但包含從 W 提取的特徵。為此，系統最小化中間潛在空間 m_i 的生成樣本與輸入空間 c_i 的樣本之間的距離，同時最大化 W_f 特徵空間樣本與 m_i 特徵空間樣本之間的相關性。將要學習的參數表示為 $\vartheta=\left[\theta_1,\theta_2,\theta_3,\theta_4,\theta_5\right]$，則所提出系統的經驗風險 $L(\vartheta)$ 可以表達為：

$$L\left(\vartheta\right)=\frac{1}{B}\sum_{i=1}^{B}\left[||w_i^*-w_i||_1+||m_i-c_i||_1+\psi\left(m_i,w_f^i\right)\right] \quad (16.5)$$

其中 B 是訓練樣本的數量，ψ 是計算相關性的函數，如下所示。

$$\psi\left(m_i,w_f^i\right)=\frac{1}{2}(||g(f_1(w_f^i)),\ g(f_1(m_i))||_1+||g(f_2(w_f^i)),\ g(f_2(m_i))||_1) \quad (16.6)$$

其中 g 表示所有可能內積的格拉姆（Gram）矩陣。除了 w_f^i，σ_{θ_2} 中的卷積塊 f 還從 m_i 中提取特徵，並透過最小化 Gram 矩陣之間的距離來最大化這些特徵之間的相關性。為了突出整體性能而不是少數異常值，選擇平均絕對誤差來計算距離。

結合透過公式 (16.4) 計算的正則化項 P，所提出模型的結構風險可以表示為 $L(\vartheta)+\lambda P$，其中 λ 是控制正則化項強度的權重。系統的目標是學習參數 ϑ^*，以最小化結構風險。

$$\vartheta^*=\text{argmin}_{\vartheta}L\left(\vartheta\right)+\lambda P \quad (16.7)$$

在訓練期間反向傳播的梯度流中，所有結構組件在其權重更新中應用了 $\left\|w_i^*-w_i\right\|_1$ 項，而只有嵌入網路（μ_{θ_1} 和 σ_{θ_2}）將 $\left\|m_i-c_i\right\|_1$ 和 $\psi\left(m_i,w_f^i\right)$ 項應用於其權重更新。

16.3 實驗與分析

16.3.1 訓練和測試

本文提出了一種基於深度神經網路的強韌影像浮水印系統，浮水印負載固定為 1,024 位元。所提的系統使用 ImageNet（重新縮放為 128×128）作為封面影像，並使用二進位版本的 CIFAR（32×32）作為浮水印進行訓練。這兩個資料集都包含數百萬張以上的影像，為系統引入一個大範圍。ADADELTA 優化器在梯度更新中應用了滑動窗口，為了能夠在經過多次的訓練週期後仍能持續學習。

測試使用 10,000 張微軟 COCO 資料集影像作為封面影像，10,000 張二進位 CIFAR 測試分割影像作為浮水印。這些測試封面影像和測試浮水印均未用於訓練。這表明，所提出的系統能夠泛化浮水印規則，而不會過度擬合訓練樣本。峰值訊噪比（peak signal-to-noise ratio, PSNR）和位元錯誤率（bit-error-rate, BER）分別用於定量評估標記影像的保真度和浮水印擷取的品質。

位元錯誤率是透過計算二值化浮水印提取的錯誤位元百分比來計算的。在測試中，位元錯誤率非常接近零，表示原始浮水印和提取的浮水印完全相同。測試的峰值訊噪比為 39.72 dB，這表示標記影像的保真度很高，因此肉眼無法察覺隱藏的訊息。圖 16.8 展示不同影像內容和顏色的浮水印嵌入範例，也展示了標記影像和封面影像之間每個 RGB 通道的絕對差異的殘餘誤差，從中我們可以觀察到浮水印分散在標記影像上。即使封面影像洩露，浮水印仍能為標記影像提供額外的安全性。從標記影像中減去的浮水印也不會洩漏浮水印訊息。在 0 到 255 之間的像素值範圍內，我們計算出每個 RGB 通道的殘餘誤差平均值，測試結果的平均值分別為 2.57、2.10 和 1.63。同樣，殘餘誤差的最大值分別為 14.11、24.79 和

17.08。這些數字表明，提取過程中存在一些相對明顯的修改，但平均而言，插入浮水印並不會對通道造成很大的變化。

圖 16.8 幾個範例。第 1 行：嵌入和提取的浮水印，第 2 行：封面影像，第 3 行：標記影像，第 4、5 和 6 行：標記影像和封面影像之間 R、G 和 B 通道各自的殘餘誤差。

16.3.2 合成影像

我們在一些極端情況下使用合成影像對所提出的系統進行進一步估算。特別是對訓練過程中未包含的合成情況進行了分析，這裡展示的是空白影像和隨機雜訊影像的結果。

圖 16.9 展示將真實浮水印嵌入黑色、白色、紅色、綠色、藍色空白封面影像的結果，其中殘餘誤差放大了 10 倍。雖然空白封面影像沒有包含在訓練中，但所提出的系統在這些情況下仍然提供了可接受的結果。與其他顏色的影像相比，殘餘誤差展示更多的綠色，而空白的綠色標記影像

則比其他顏色展示更明顯的雜訊，這意味著所提出的系統對綠色的修改稍多一些。

圖 16.10 展示將隨機二元影像嵌入自然封面影像以及將真實浮水印嵌入隨機彩色斑點封面影像的結果。使用隨機二元影像作為浮水印顯示出良好的效果。雖然提取的大致形狀是可識別的，但在將浮水印嵌入隨機雜訊時，提取會出現明顯的失真。在實際應用中，將浮水印隱藏到隨機雜訊中表明標記媒體的外觀是雜訊且無意義的，因此可以使用將浮水印映射到隨機圖案的加密方法。

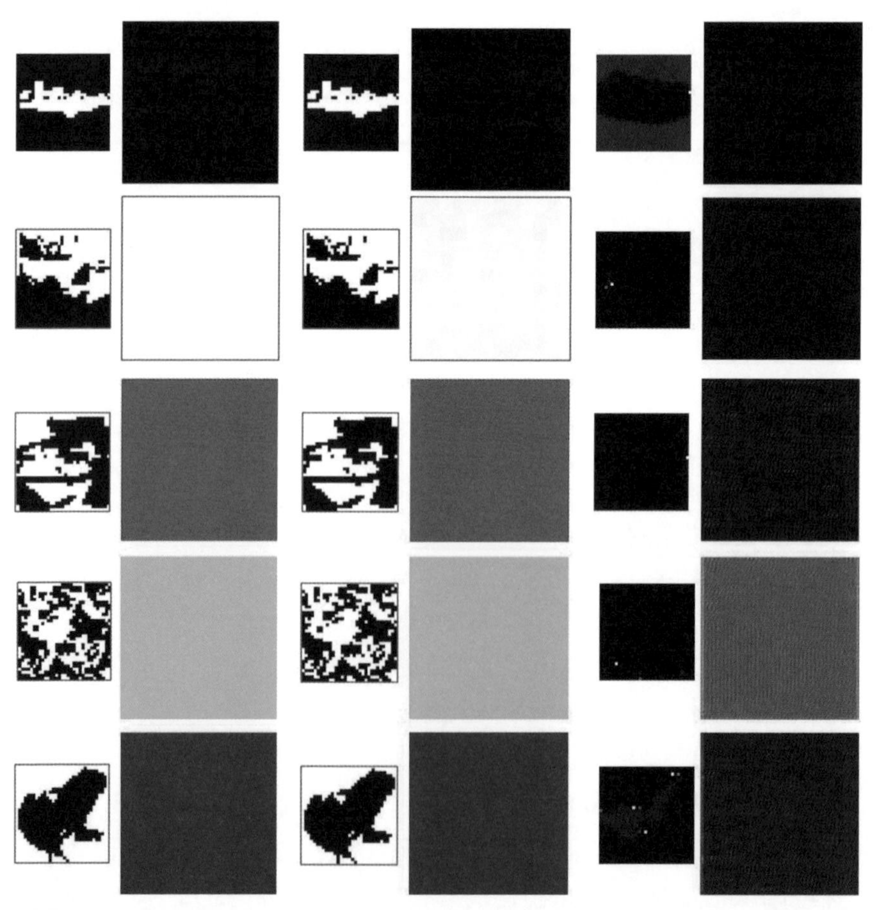

圖 16.9 將浮水印嵌入空白封面。第 1 行：浮水印，第 2 行：空白封面影像，第 3 行：提取的浮水印，第 4 行：標記影像，第 5 行和第 6 行：殘餘誤差。

圖 16.10 涉及雜訊影像的嵌入。第 1 行：浮水印，第 2 行：封面影像，第 3 行：提取的浮水印，第 4 行：標記影像，第 5 行和第 6 行：殘餘誤差。

16.3.3 穩健性

透過分析對攻擊的容忍範圍，評估了我們的系統對於標記影像上不同失真的穩健性。圖 16.11 展示了標記影像和失真影像之間以及原始浮水印和從失真標記影像中提取的浮水印之間的視覺比較。

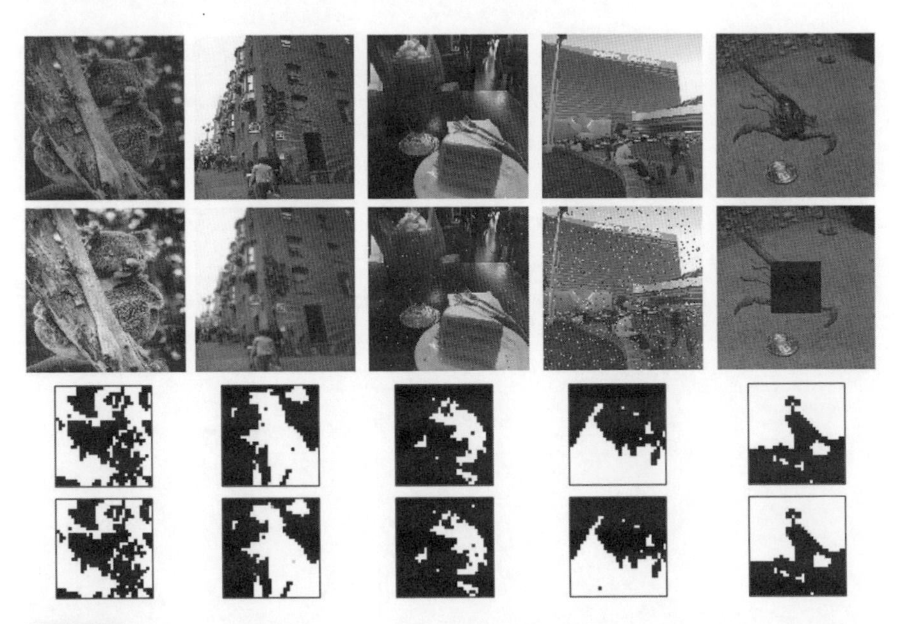

圖 16.11 第 1 列：標記影像；第 2 列：失真的標記影像，由左至右依序為直方圖均衡化（histogram equalization）、高斯模糊（Gaussian blur）、隨機雜訊（random noise）、椒鹽雜訊（salt-and-pepper noise）與裁切（cropping）；第 3 列：原始浮水印；第 4 列：從失真的標記影像中提取的浮水印。

在定量方面，掃描過的失真參數控制了攻擊強度並應用於測試資料集，記錄了平均位元錯誤率。由於平移、旋轉和縮放等幾何失真已被校正，因此重點放在我們的系統對影像處理攻擊的反應。圖 16.12 展示了一些常見但具有挑戰性的情況下所產生的結果。在平均值為 0 且變異數為 85% 的高斯模糊、裁剪掉 65% 的標記影像、平均值為 0 且變異數為 20% 的高斯加性雜訊、品質因子為 10 的 JPEG 壓縮、20% 的隨機雜訊和 30 % 的椒鹽雜訊等失真情況下，我們的系統提取的浮水印誤差分別為 11%、8.1%、31%、8.2%、42% 和 5.1%。所提出的系統對這些挑戰顯示出較高的容忍度，尤其是對裁剪、椒鹽雜訊、JPEG 壓縮，以及透過影像通道隨機波動像素值的雜訊（如高斯雜訊和隨機雜訊）顯示出較高的位元錯誤率。然而，如圖 16.13 所示，20% 的高斯雜訊或 20% 的隨機雜訊幾乎破壞標記影像的全部內容。面對這些攻擊時，我們的系統在合理的失真參數下仍能表現出可接受的效能。例如，10% 高斯雜訊的位元錯誤率為 16%。

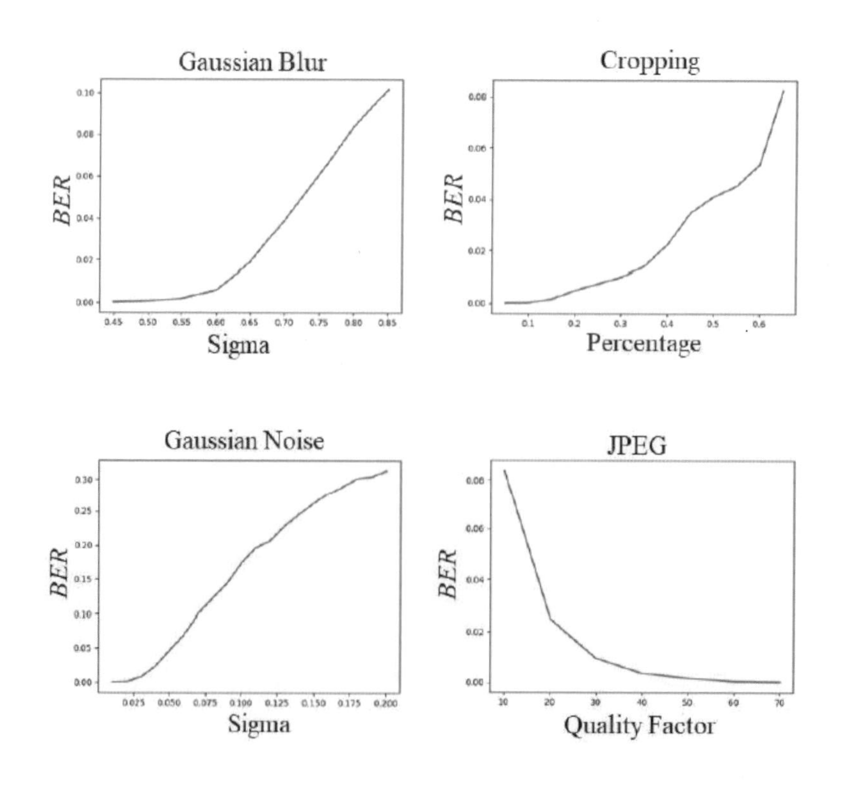

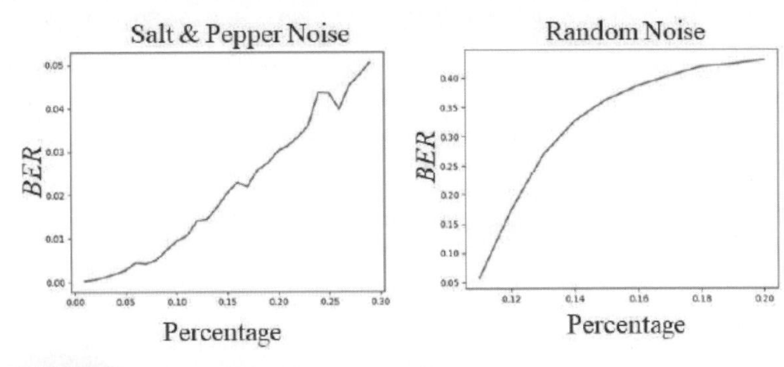

圖 16.12 失真參數與位元錯誤率的關係。

圖 16.13 左圖：原始標記影像。中圖：變異數為 20% 的高斯加性雜訊。右圖：20% 隨機修正雜訊。

16.3.4 實際應用

我們介紹的核心應用之一就是從相機捕捉的影像中提取浮水印。解決這個問題具有許多潛在的應用，例如連接虛擬世界和現實世界，作為物聯網的底層介面。在相機重新拍攝的影像上偵測和提取浮水印仍然是一項挑戰。其困難主要在於綜合雜訊的結合，包括：幾何失真、光學傾斜、品質下降、壓縮和鏡頭失真等。研究人員和工程師一直在嘗試從各種角度解決這個問題。例如從手機相機拍攝影像後印在白紙上，然後提取浮水印的方法。然而，由於需要有封面影像的存在，該方法的應用受到了限制。

我們將所提出的盲系統應用於這項問題。不同於使用列印的方式，我們使用手機相機拍攝顯示在筆記型電腦螢幕上的標記影像。相機、解析度、亮度、更新率和影格率等因素都會導致影像失真，這對系統的穩健性提出了挑戰。這種情況與廣泛使用的 QR 碼（Quick Response Code, QR code）類似，使用者透過掃描被引導至線上資源。在我們的系統中，與傳統 QR code 不同的是，終端使用者只需掃描內容影像即可獲取更多訊息，而程式碼或浮水印則完全隱形。如圖 16.14 所示，提供者透過我們的應用程式，該應用程式包含訓練有素的編碼器和嵌入器網路的標記應用程式，分發含有封面影像和浮水印訊息的標記影像。使用者安裝包含訓練有素的解碼器和提取器網路的掃描應用程式，並掃描螢幕上顯示的影像以獲取隱藏訊息。

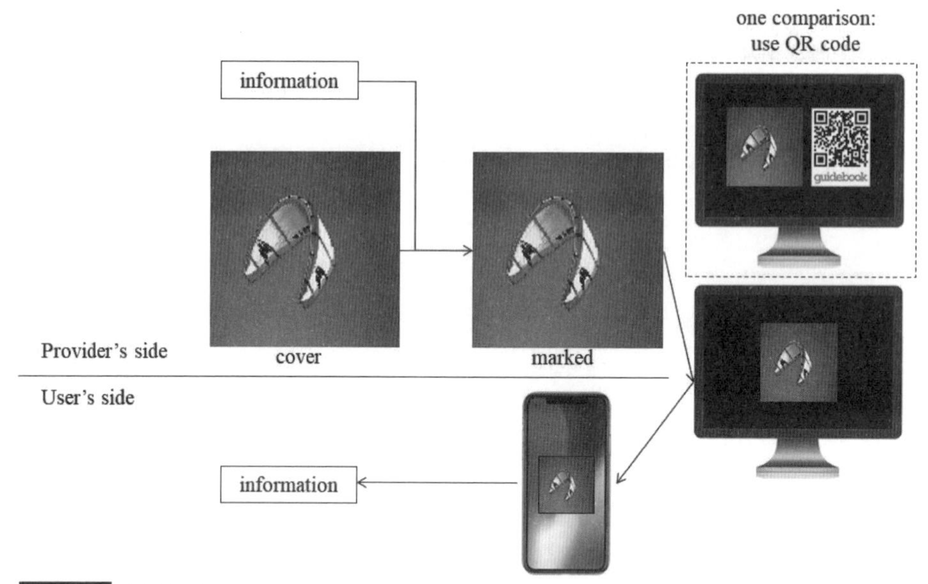

圖 16.14 應用過程。

在實際應用中，錯誤更正碼（Error Correction Coding, ECC）可用於進一步保護浮水印。例如，經典的里德 - 所羅門（Reed Solomon, RS）編碼可修正萃取過程中高達 30% 的錯誤。在本文中，我們展示了原始結果，以便進行視覺比較和簡化。為了在實際情況下測試系統，我們開發了一個原型，並使用了一個 32×32 的二進位浮水印（見圖 16.15），以顯示其清晰的結構。五名志願者被要求用手機相機拍攝幾張在 2,560 × 1,440 的螢幕上顯示為 425px×425px 的標記影像。我們告訴這些志願者兩條規則。首先，如使用者介面所示，整個影像置於感興趣區域（region of interest, ROI）內，並且越大越好。作為展示目的的原型，這項規則有利於我們進行分割，即在感興趣區域內最大的輪廓即為標記影像，這樣我們就可以專注於所提系統的測試，而不是一些複雜的分割演算法。此外，將影像放置在感興趣區域中的大部分位置有助於我們捕捉所需的細節和特徵進行提取。其次，相機應盡可能保持穩定。雖然我們的系統可以容忍一些模糊效果，但它並不是為了提取高速運動中的浮水印而設計的。

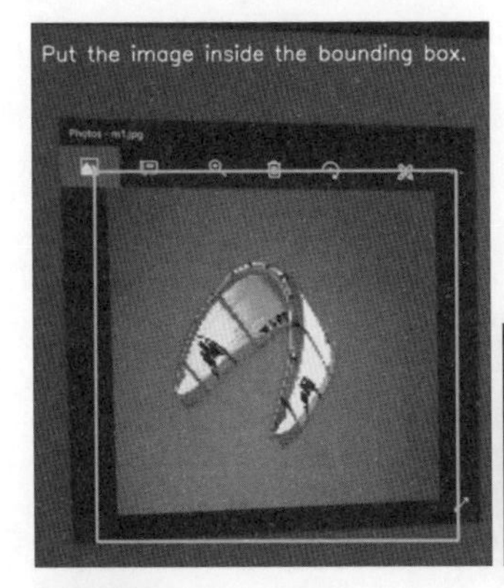

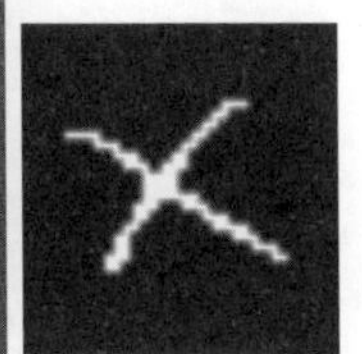

圖 16.15 左：原型的外觀，右：二進位浮水印樣本。

該原型僅分析感興趣區域，而手持拍攝的照片很難與螢幕完全平行。因此，存在一些幾何、仿射（affine）和透視（perspective）失真。由於我們的系統不包括對這些攻擊的穩健性，因此採用了影像配準技術。如圖 16.16 所示，為簡化原型，使用感興趣區域內最大輪廓的四個角落作為參考點。將輪廓內容對應到鳥瞰（bird view）平面上，然後從校正的影像中提取浮水印。

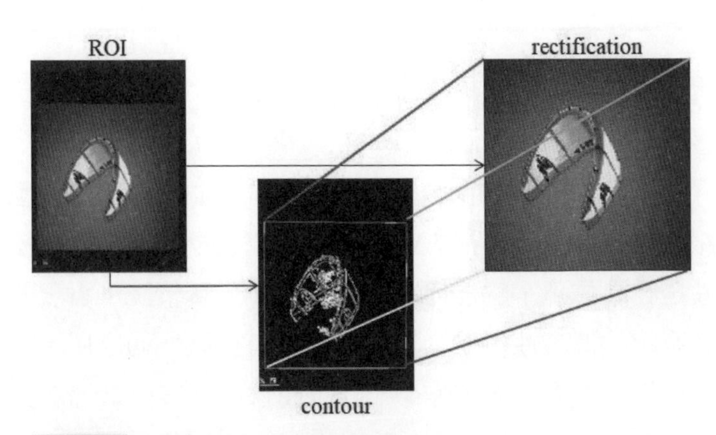

圖 16.16 感興趣區域內的標記影像校正。

圖 16.17 展示了一些提取結果及其對應的感興趣區域。從左到右的位元錯誤率分別為 3.71%、4.98%、1.07%、4.30% 和 8.45%。我們發現，拍攝距離越近，誤差越小。相機與螢幕越平行，誤差越小。在此測試中，誤差極限約為 30°。此外，閃光燈也會帶來更多誤差，因為它可能會使某些影像區域曝光過度或曝光不足。在這種情況下，我們關閉閃光燈，因為螢幕本身是背光的。從使用者測試中，我們總共獲得了 20 張影像，平均位元錯誤率為 5.13%。這是未使用錯誤更正碼處理的原始結果，且是可以接受的，因為里德 - 所羅門碼理論上可以糾正 30% 的誤差。此外，由於掃描應用程式只需將提取器和解碼器網路中預先訓練好的權重應用於標記影像的校正，因此能在一秒鐘內提取出浮水印。

圖 16.17 一些提取結果和感興趣區域。

總結來說，實驗結果證實，利用影像校準技術，所提出的系統能在經過校正的標記影像上提取浮水印。因此，該系統可用於解決在相機拍攝的影像上，提取浮水印這一具有挑戰性的問題。

16.4 結論

本文介紹了一種強韌的盲影像浮水印系統，並提出了一種應用深度卷積神經網路的新結構，透過損失函數的約束學習浮水印嵌入和提取規則。這種穩健性是在事先不了解任何可能的攻擊和失真情況下實現的。綜合評估證實了該系統的優越性，並介紹了一個具有挑戰性的應用，以驗證所提出系統的實用性。在未來的工作中，可以將機率密度函數等統計特徵合併到深度神經網路中，這樣嵌入和提取就可以考慮影像的分佈，從而獲得更高的穩健性。

CHAPTER

17

根據公司基本資料訓練的梯度提升樹進行行業分類

我們研究在多大程度上可以利用梯度提升樹（Gradient Boosted Tree）分類法，從歷史季度公司基本面資料中，有系統地重建股權證券的全球行業分類標準（Global Industry Classification Standard, GICS）的行業分類。研究模型的複雜性和性能之間的權衡，並描述特徵的相對重要性。概述了潛在的擴展方向，包括改進特徵工程（Feature Engineering）、驗證內部一致性和整合其他資料以進一步提高分類的準確性。

17.1 簡介

通常主要的股票市場由數千支股票組成；然而，在定量建模應用中，人們很少將公司視為獨立的實體。相反的，公司的不同屬性，如歷史股票價格和從美國證券交易委員會收集的基本面數據，被用來將表現出共通性的公司歸為一類。典型的例子包括建構許多股票共同收益的風險因素，識別特定股票組的基本變數以預測即將破產的公司，以及考量績效的非定量方面，如執行長過度自信與公司業績之間的關係。

股票市場板塊化（sectorization）方法與此類似，其主要目標是將公司表示為分級分類的成員。一種在金融服務業和學術文獻中廣泛使用的全球行業分類標準（GICS），該標準將公司分為最粗略的 11 個行業，然後進一步分為 24 個行業類別，最後再分為兩個子類。其中，標準普爾（Standard and Poors）提供了一份白皮書，描述美國股票市場 GICS 行業分類背後的主要理念，其中包括根據公司的主要業務活動對公司進行初步分類。這在很大程度上取決於公司的收入、收益和市場認知；然而，最終的分類決定還包含一個定性的成分，基於分析師對公司應歸入哪一類的看法。我們試圖了解，透過完全系統化的方法，可以在多大程度上從與這些公司相關的基本面資料中，系統地重建這種分類機制。具體來說，我們提出多重分類問題，其中公司的 GICS 行業分類是一個目標變量，而從公開的季度申報文件中提取的幾百個由基本變量組成的特徵則是預測變量。

許多學者已經利用無監督聚類（unsupervised clustering）技術開發了股票行業分類的方法。通常這些研究根據歷史價格資料定義公司之間的相似性度量，然後應用聚類方法來對相似公司進行分組。僅憑成分證券的日終價格數據，就基本重建美國股票市場的行業分類。也有使用考慮公司的基本特徵來評估分類系統的方法，最終結論是 GICS 優於標準行業分類（Standard Industrial Classification, SIC）。相關的應用是透過建立類似公司群體的模型，開發了破產預測技術。此外，還有大量文獻旨在根據公司歷史基本面資料預測未來價格回報。

我們的主要動機是了解 GICS 分類方法，大多可以從完全依賴季度公司基本面資料建構的預測因子的多分類技術。我們考慮另一種監督學習方法，將每家公司的 GICS 行業作為標記目標值。這項研究的具體動機包括：

(1) 了解 GICS 行業分類在多大程度上可以從公司基本面資料中系統地確定。

(2) 確定被錯誤歸類的股票是否不自然地被歸類為某個 GICS 類別，從而受限於在特定行業內交易的投資組合經理人，提供重新歸類邊緣證券的理由。

(3) 確定從公司基本面資料中得出的哪些特徵與 GICS 分類最相關，這些特徵反過來又可能成為後續預測模型的有用輸入。

(4) 評估 GICS 現行分類系統的內部一致性，以驗證標準普爾關於該系統主要由基本股票資料決定的說法，並在對新公司進行分類時為分析師提供額外的工具。

17.2 資料集和特徵描述

首先，我們將介紹資料集的取得、合併和特徵工程的流程。我們利用三種不同的資料來源作為後續多分類模型的輸入。首先，我們考慮從 1987 年 1 月到 2018 年 3 月透過華頓研究資料服務存取的 Compustat North American - Daily Fundamentals Quarterly 資料集中的所有數值欄位。這些資訊通常由公司的會計部門按季度提供，來源於美國證券交易委員會 10-Q 文件。

接下來，我們將公司的 CUSIP 值與其相關的彭博代碼（Bloomberg symbol）進行匹配，進而利用彭博社符號下載其 GICS 行業分類。這樣就有 4571 家獨特的公司，被歸類在 11 個相互排斥的 GICS 行業。每家公司有 579 個原始欄位。我們從這些變數中提取一個子集，然後建立特徵，作為後續多分類方法的輸入。

我們首先對此資料集進行空值過濾（null filter），刪除至少 90% 值為空值的變數，並進一步縮小該資料集，只考慮數值欄位。經過上述篩選後，資料集還剩下 110 列。接下來，我們要指出的是，我們的資料集由前面描述的每個數值欄位和特徵的時間序列組成，這些時間序列的長度因每個公司的報告時間的開始而異。對於每個至少包含六個季度資料的時間序列，我們都會計算原始資料和季度間相對變化的平均值和標準差。此外，我們還儲存了每個欄位在 2018 年 3 月的數值。這些數據構成了每家公司的 750 個預測變數矩陣。如果我們無法計算某個預測變數矩陣的給定值，則在預測變數矩陣中將其值保留為空。

17.3 梯度提升樹（Gradient Boosted Tree）多分類法

多類別分類或簡稱為多分類，是將多個資料點輸入，並分配到兩個或多個類別中的過程，其中每個點都標有與這些類別之一相對應的值。有許多技術可以用來建構輸入和分類之間的映射。在 GICS 分類的背景下，我們首先考慮了決策樹（decision tree）、單純貝氏（naive Bayes）和近鄰分類（nearest neighbor classifier）等非集合技術。然後，我們擴展到支援向量（support vector）、二次判別分析和基於神經網路的分類器。最後，我們研究了集合技術，包括隨機森林（random forest）、帶有決策樹弱學習者的 AdaBoost 以及梯度提升決策樹。我們發現梯度提升決策樹的整體表現最強，現在我們來討論這些模型背後的關鍵概念。

梯度提升樹（GBT）之於決策樹，如同殘差分析之於多元線性迴歸。特別是，考慮輸入變數和目標變數之間非線性關係的一種技術是，首先進行線性迴歸，然後檢查相關殘差是否表現出確定性模式。如果存在這種模式，則可以透過對殘差進行後續迴歸，將其整合到原始模型中，這種程序可以迭代進行，直到殘差模式不再存在。

與此類似，梯度提升技術應用於決策樹時，首先要建立一棵具有固定葉節點數的決策樹，然後分析分類誤差最大的地方，並在下一次技術迭代中透過在第一棵樹的殘差上擬合第二棵樹來減少這些誤差。這個過程會反覆進行，直到達到固定數量的樹，其結果構成最終的集成模型。增加新樹的過程稱為 " 提升 "（boosting），而 " 梯度 "（gradient）一詞則源自於梯度下降法（gradient descent method）用於損失函數最小化。這個過程大致相當於沿著模型目標函數的梯度方向迭代，使模型誤差最小化。總之，梯度提升樹有三個模型參數需要調整：每棵樹的葉節點數、集成中樹的總數、學習率。

迭代擬合殘差的性質使得 GBT 模型容易出現過度擬合。如果無法建立適當的訓練和測試框架，則該模型極有可能過度擬合訓練集中的殘差誤差結構；這將導致一個低偏差但高方差（high variance）的模型，該模型在保留測試資料集上表現不佳。考慮到這一點，我們將下面考慮的每個模型的可用資料分為 20% 的測試保留部分（僅用於最終效能評估）和 80% 的訓練資料集。此外，經過廣泛的交叉驗證研究，我們發現將學習率設為 1/20 時，平均收斂速度最快，整體模型也最準確。

GBT 模型最初由一棵決策樹初始化。在本文的範例中，建立決策樹的方法是選擇一個特徵，然後對該特徵的值進行閾值化（thresholding）處理，進而確定樹中的二元分割，並分支到下一層。這個過程不斷重複，直到達到固定數量的葉節點數。每層的閾值和特徵節點都是透過最大化分裂的資訊增益標準來確定的。資訊增益會不斷最大化，直到滿足達到固定數量的葉節點數停止標準。接下來，提升包括建構一個由單一樹模型組成的集成。主要目的是最小化總誤分類誤差。這裡的損失函數是二元的，如果資料點被誤分類，損失函數就會計數。如果分類正確，損失函數的值為零。在梯度提升法中，可以用二次函數逼近目標函數來實現這種最小化。

17.4 數值研究和 GBT 分類性能

我們現在進行數值研究，旨在評估 GBT 模型從基本面資料中，對公司的 GICS 行業進行分類的能力。首先，我們研究 GBT 模型的行業分類準確性與樹和葉節點總數的函數關係，即對定義 GBT 模型的兩個中心參數進行超參數最佳化。此外，我們也考慮在分類準確率最高的模型實例中，模型對數損失函數的值如何隨著模型訓練過程中迭代次數的增加而減少。

我們首先考慮 GBT 在葉節點總數和訓練過程中迭代次數的取值範圍內的準確性。在考慮增加葉節點數量時，模型的複雜性會增加，雖然有可能可以減少訓練集上的誤差，但我們發現，當擴展到超過 5 個葉節點樹後會出現過度擬合，並且模型在測試集上的效能下降與演算法的迭代次數無關。表 17.1 列出了具體的分類準確率結果，其中我們考慮了 2 到 16 個葉節點和 25 到 200 次迭代的 GBT。

▼ 表 17.1　不同殘差擬合迭代次數（Itr）和最大葉節點數（Nodes）的 GBT 模型在 1991 年 1 月 1 日至 2018 年 1 月 1 日基本資料上訓練的平均 GICS 行業分類準確率。

Itr/Nodes	2	3	4	5	8	10	12	16
25	47.4	53.3	54.9	56.2	57.0	57.6	56.5	57.1
50	51.5	56.3	58.0	59.5	59.6	58.8	58.1	59.0
75	54.2	59.4	59.7	60.3	59.9	60.8	58.3	60.3
100	56.0	60.5	60.3	61.5	60.6	60.5	59.7	60.6
125	58.2	60.8	61.0	62.1	62.1	61.5	60.6	60.9
150	58.3	61.7	61.4	62.8	61.8	61.8	60.8	60.9
175	58.6	61.8	62.2	62.8	62.1	61.8	60.8	60.9
200	59.0	62.1	62.1	63.1	62.1	61.8	60.8	60.9

我們注意到，在擴展研究中，無論葉節點的數量是多少，超過 200 次迭代後，準確率都不會有實質的提高。在五個葉節點、兩百次迭代的 GBT 中，測試集的準確率最高。接下來，我們研究模型損失函數誤差如何隨著殘差擬合迭代的次數的變化而減少，如圖 17.1 所示。

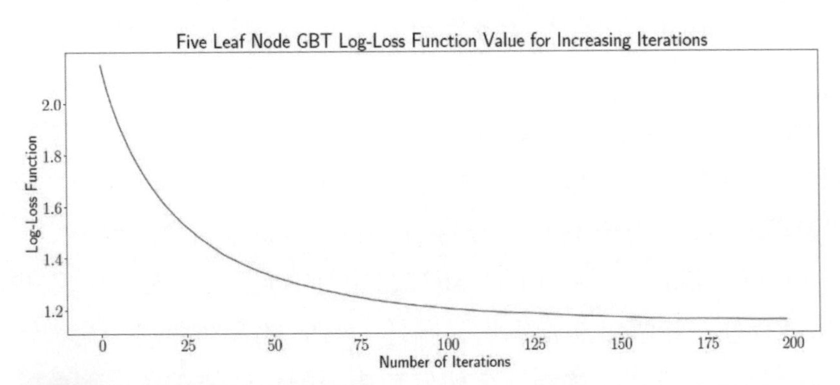

圖 17.1 五個葉節點 GBT 的對數損失（log-loss）函數圖，在 200 次迭代中，準確率高達 63.1%。

請注意，在最初的 50 次迭代中，對數損失誤差急劇下降，當迭代次數接近 200 時，對數損失誤差趨於 1.2 左右。當葉節點數量不同於 5 個時，這種行為也與我們觀察到的結果一致。接下來，我們來看圖 17.2 中具有 5 個葉節點和 200 次迭代分類器的混淆矩陣（Confusion Matrix）。混淆矩陣描述了公司被歸類到圖形列上標記行業分類的公司比例，這些公司的真實 GICS 行業值位於每張圖形的行中。

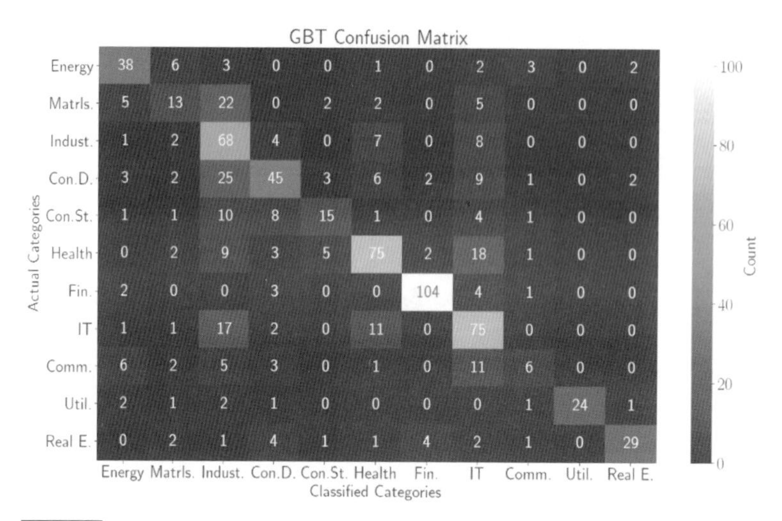

圖 17.2 五個最大葉節點和兩百次迭代的 GBT 模型的混淆矩陣。數值對應於行標籤標識的真實 GICS 行業被歸類到每個行業的公司所佔的百分比。

在測試集中的 780 家公司中，有 162 家被歸類為工業公司，138 家為資訊科技公司，112 家為金融公司，105 家為醫療保健公司，73 家為非必需消費品公司，59 家為能源公司，34 家為房地產公司，32 家為材料公司，26 家為必需消費品公司，24 家為公用事業公司，15 家為通訊服務公司。在超過 100 家公司被歸類的行業中，分類器的表現良好，平均準確率為 74%。它在材料、必需消費品和通訊行業中表現不佳。特別是，39% 實際屬於材料行業的公司被歸類為工業公司，這表示這些行業之間可能存在一定程度的模糊性。同樣，41% 的通訊服務公司被歸類為資訊科技公司。我們注意到，這種分類錯誤很可能是由於所考慮的通訊公司樣本量較小。

接下來，我們考慮不同特徵對 GBT 模型貢獻的相對重要性。具體來說，我們列舉了用於分割此集成模型的所有節點變數，並在表 17.2 中報告了它們的相關百分比。請注意，應收帳款庫存比是模型中最突出的特徵。其次，銷售成本與庫存比、研究費用以及流動負債與總負債比出現的頻率約為主要特徵的一半。最後，我們比較了除 GBT 之外的其他幾種多分類模型，並比較了它們的總體準確率、均衡準確率和對數損失函數。均衡準確率是指每個類別的平均召回率，用於標準化非均衡資料集的準確率概念。此外，請注意 GBT 和隨機森林模型的準確度相當。此外，ExtraTrees 分類器的準確度表現也與之類似。這些結果表明，基於樹的模型最適合 GICS 行業分類問題。對於梯度提升樹模型，我們計算了單一類別層級的附加指標，以及代表整個分類器的類別平均指標。

▼ 表 17.2　特徵重要性，即列舉具有 5 個葉節點以及 200 次迭代的 GBT 模型中用於分割每棵樹的所有變數並確定每個變數的出現頻率；此處數值以百分比表示。

Feature	Importance	Feature	Importance
rs_f_mn	1	cftd_f_mn	0.302
csq_f_mn	0.559	cdtd_f_chg.std	0.297
xrdq_mn	0.516	invtq_mn	0.289
cdtd_f_mn	0.492	cshfdq_chg.mn	0.285
xrdq_std	0.378	recchq_std	0.285
aa_f_mn	0.368	sw_f_mn	0.283
cta_f_mn	0.338	ibmiiq_mn	0.281
dviq_mn	0.335	cstkq_mn	0.279
capsq_std	0.332	wta_f_mn	0.276
invchq_std	0.326		

表 17.3 比較 GICS 行業多分類器 7 個模型在整體準確度、平衡準確度和模型對數損失函數值方面的表現。表 17.4 總結 11 個 GICS 行業類別的精確度、召回率和 F1 評分。

▼ 表 17.3　各 GICS 行業分類的不同模型比較

Model	Accuracy	Balanced Accuracy	LogLoss
GBT	0.631	0.579	1.158
Random Forest	0.621	0.559	1.182
ExtraTrees Classifier	0.607	0.532	1.231
Smooth Ridit Transform SGD	0.604	0.545	1.285
Standardize SGD	0.502	0.428	1.562
Decision Tree	0.442	0.364	1.846
Neural Net. Classifer (256 hidden units)	0.486	0.441	1.954

▼ 表 17.4　各 GICS 行業分類的精確度與召回率

GICS Sector Code	10	15	20	25	30	35	40	45	50	55	60
Precision	0.64	0.41	0.42	0.62	0.58	0.71	0.93	0.54	0.4	0.1	0.85
Recall	0.68	0.27	0.76	0.46	0.37	0.65	0.91	0.7	0.18	0.75	0.64
F1 Score	0.67	0.32	0.54	0.52	0.45	0.68	0.92	0.61	0.24	0.86	0.73

17.5 結論

綜上所述，我們建立了一個資料集，將 Compustat 提供的公司基本資料與 GICS 行業和行業組資訊結合。然後，我們展示了使用梯度提升樹多分類器可以很大程度上重構 GICS 行業分類。最後，我們總結了混淆矩陣，並展示了此情況下的最突出特徵。還有許多擴展和進一步的研究需要考慮。首先，GBT 能夠捕捉 GICS 行業和行業組分類系統的細微結構。我們想考慮進一步特徵工程，超越目前已經考慮的財務比率和匯總統計，旨在透過更強大的預測因子進一步降低模型複雜性。此外，我們想研究修剪步驟，以降低構成 GBT 模型的樹的複雜性。此外，我們也有興趣探索由簡單的 GBT 與其他不同多分類器（如支援向量和二次判別分析）組成的集成模型，以進一步探索總體分類器的準確度 / 複雜度權衡。另外，將 GICS 與其他行業分類系統（如 SIC、IDB、TRBC、Factset 的 RBICS、Morningstar 的 MGECS 和 Bloomberg 的 BICS）進行比較，以評估每種方法的內部一致性，這也將很有意義。最後，區分公司所在行業的最重要的特徵可能對於後續的預測模型也很有用，我們將考慮這些模型來預測未來的證券報酬率和波動率。

CHAPTER

18

光學相干斷層掃描視網膜影像的深度學習分類

本文介紹了一種應用於光學相干斷層掃描（Optical Coherence Tomography, OCT）視網膜影像的新型深度學習分類技術。我們提出了基於 Vgg16 預訓練網路模型的深度神經網路。OCT 視網膜影像資料集由四個類別組成，包括三種最常見的視網膜疾病和一種正常視網膜掃描。由於訓練資料的規模不夠大，我們採用了遷移學習技術。由於卷積神經網路對少量資料變化非常敏感，因此我們使用資料增強來分析視網膜影像的分類結果。輸入的灰階 OCT 掃描影像透過色彩映射轉換為 RGB 影像。我們評估了不同類型的分類器，並在訓練網路架構時使用了不同的參數。實驗結果表明，所有類別的綜合測試準確率可達 99.48%。

18.1 簡介

影像分類旨在將影像中的所有像素歸類到預先定義的類別之一。它是定位、偵測和分割等電腦視覺任務的基礎。雖然分類對人類來說似乎很自然，但對自動化系統來說卻非常具有挑戰性。這項任務可以使用機器學習演算法來完成，其中包括監督學習和非監督學習方法。監督學習是根據訓練資料集學習將輸入映射到輸出的函數。神經網路就是一個例子，它是一種受生物啟發的程式設計，使電腦能夠從觀察資料中學習。無監督學習是從由不包含標籤回應的輸入資料組成的資料集中進行推斷的學習。聚類分析就是一個例子，它會將一組物件分組，使同組物件之間的相似度高於不同組物件之間的相似度。

深度學習是一種用於神經網路中特徵學習的技術。近年來，深度學習模型已被用於非線性訊息處理中的特徵提取和轉換，以及模式分析和分類。卷積神經網路（Convolutional Neural Network, CNN）是深度學習框架之一，可用於影像辨識、分類和偵測任務。

多層神經網路由不同的卷積層和全連接層組成，可以在不依賴特定任務規則的情況下學習如何進行分類。CNN 可以透過分析標記為狗或非狗的訓練影像，學會辨識包含狗的影像，而無需事先了解狗的不同特徵（如臉部結構、眼睛大小、顏色等）的情況下實現這種分類。然而，CNN 的主要問題在於需要大量的資料（即可能有少數類別的資料不足以訓練 CNN）和處理能力，而這並不是每個人都具備的。此外，由 CNN 建立的影像分類器只能將給定的影像分類到它所訓練的類別中。如果要將該分類器應用於其他類別，我們必須從頭開始重新訓練，這可能需要數小時或數天的時間。為了克服這個問題，我們採用了遷移學習（Transfer Learning）技術，也就是使用別人在類似任務中預先訓練好的模型，而不是從頭開始建立一個模型。我們取代前幾層，並根據我們的需求調整模型，例如：Vgg16、AlexNet、GoogleNet 和 Inception-V3。

光學相干斷層掃描（Optical Coherence Tomography, OCT）是一種成像技術，利用相干光從光學散射介質中捕捉微米解析度的二維和三維影像。它是一種非侵入性成像檢測，利用光波拍攝視網膜的橫截面影像。眼科醫生透過對影像進行評估，可以看到視網膜的每一層。它可以幫助眼科醫生繪製和測量視網膜的厚度。這些測量結果可以為青光眼和視網膜疾病的治療提供指導。視網膜疾病包括老年性黃斑部病變（age-related macular degeneration, AMD）和糖尿病眼疾。結合 OCT 掃描、影像處理和分割技術擷取的有用資訊可提供不同視網膜層和相關疾病的詳細概述。視網膜疾病分析對 OCT 的需求日益增長，因此有必要研究一種全自動方法。

在本文中，我們開發了一種深度學習分類器，用於將光學相干斷層掃描（OCT）視網膜影像分類為四個給定的類別（NORMAL、CNV、DME 和 DRUSE）。資料增強用於幫助神經網路以不同的方式學習及觀察影像。遷移學習技術需要最少的資料量來訓練影像分類模型。

18.2 OCT 視網膜疾病訓練數據

我們將建立一個影像分類器，針對以下三種最常見的視網膜疾病進行訓練。

一、**脈絡膜新生血管**（Choroidal neovascularization, CNV）：它是指脈絡膜上的新血管經由布魯克氏膜（bruch membrane）的破損處生長到視網膜色素上皮（sub-retinal pigment epithelium, sub-RPE）或視網膜下間隙。如圖 18.1 所示，CNV 是視力下降的重要原因。

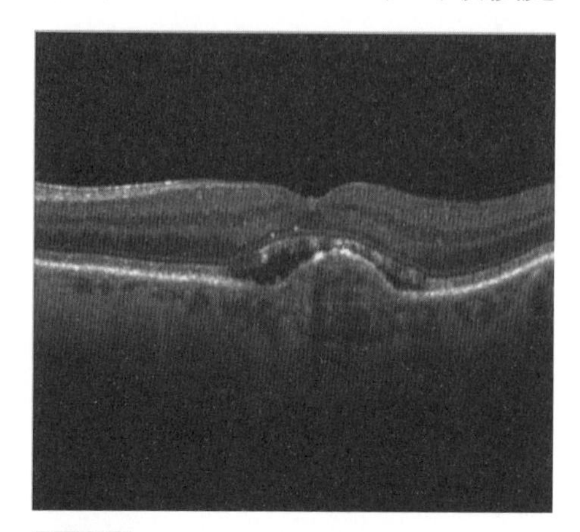

圖 18.1 CNV 的 OCT 掃描圖。

二、**糖尿病黃斑部水腫**（diabetic macular edema, DME）：黃斑部是視網膜的一部分，控制我們最精細的視覺能力，由於血管滲漏，黃斑部積液，如圖 18.2 所示。罹患 DME，首先必須患有糖尿病視網膜病變，視網膜血管受損，導致視力受損。

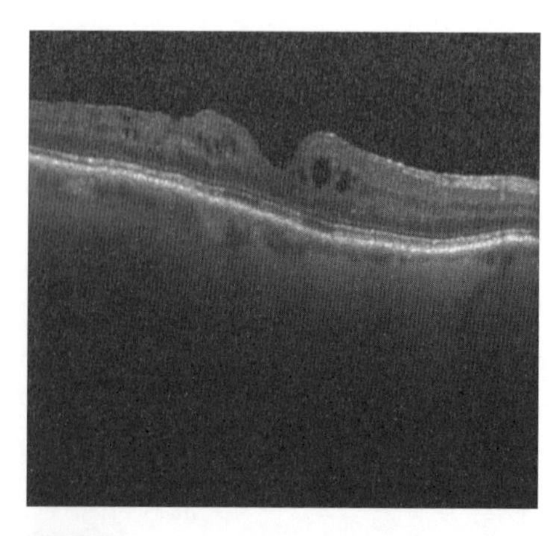

圖 18.2 DME 的 OCT 掃描圖。

三、**黃斑部**（Macula）：如圖 18.3 所示，是視網膜下的黃色沉積物。黃斑絨毛由脂質（一種脂肪蛋白質）組成，可能會增加老年黃斑部病變（Age-related macular degeneration, AMD）風險。

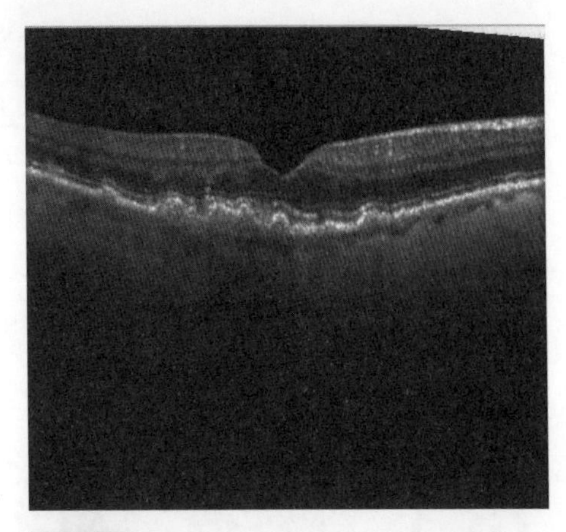

圖 18.3 眼底色素沉澱的 OCT 掃描影像。

除了上述三種視網膜疾病，圖 18.4 顯示正常視網膜的 OCT 影像。從圖 18.1-18.4 中，我們可以觀察到這四個類別之間存在細微差別。因此，讓影像分類器能夠對這些疾病進行分類是一項具有挑戰性的任務。

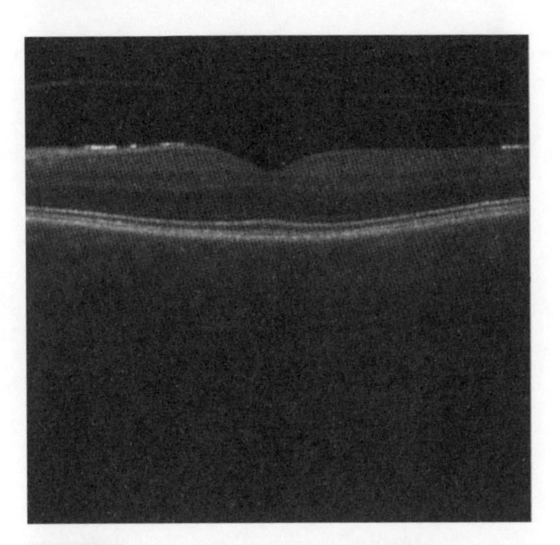

圖 18.4 正常視網膜的 OCT 掃描圖。

資料集包含光譜域光學相干斷層掃描（SD-OCT）影像和德國海德堡工程公司的 Spectralis OCT，選自 2013 年 7 月 1 日至 2017 年 3 月 1 日期間加州大學聖地牙哥分校 Shiley 眼科研究所、加州視網膜研究基金會、醫學中心眼科協會、上海市第一人民醫院和北京同仁眼科中心的成年患者回顧性隊列。資料集分為訓練資料夾和測試資料夾，並包含每個影像類別（NORMAL、CNV、DME 和 DRUSEN）的子資料夾。資料集中共有 84,452 張 512×496 像素的 OCT 影像（JPEG），如表 18.1 所示。

▼ 表 18.1　資料集包含 84,452 張標有四個類別的 OCT 視網膜影像

Class	Training Images	Test Images
CNV	37,205	242
DME	11,348	242
DRUSEN	8,616	242
NORMAL	26,315	242

18.3 資料擴增和灰階至 RGB 映射

18.3.1 資料擴增

資料擴增有助於防止網路過度擬合和記憶訓練影像的準確細節。透過應用旋轉、改變光照條件、裁剪和平移等操作，我們將獲得更多的數據點，從而解決過度擬合的問題。本文我們使用以下兩種技術。

一. **隨機反射（Random reflection）**：在這種技術中，我們隨機選擇影像，並對所選影像進行水平反射。當函數 RandReflection 傳回真值（1）時，每個影像以 50% 的機率水平反射。當 RandReflection 為假值（0）時，不會反射任何影像。

二. **隨機平移（Random translation）**：對輸入影像進行一定範圍的水平或垂直平移。平移距離以像素為單位。影像會從其原始位置向 X 軸和 Y 軸的某個隨機值移動，該值的範圍為 -30 至 30 像素。圖 18.5 顯示隨機平移的結果。

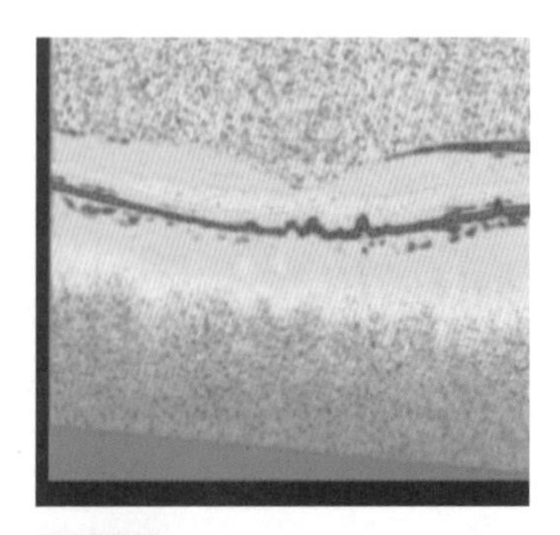

圖 18.5 X 軸和 Y 軸上的隨機平移。

18.3.2 灰階映射

資料集中的影像都是灰階影像（單通道）。為了使用預先訓練好的網路訓練影像分類模型，我們將它們轉換成三通道影像，即 RGB 影像。圖 18.6 顯示的是具有預先定義色彩映射的標準 OCT 掃描影像。

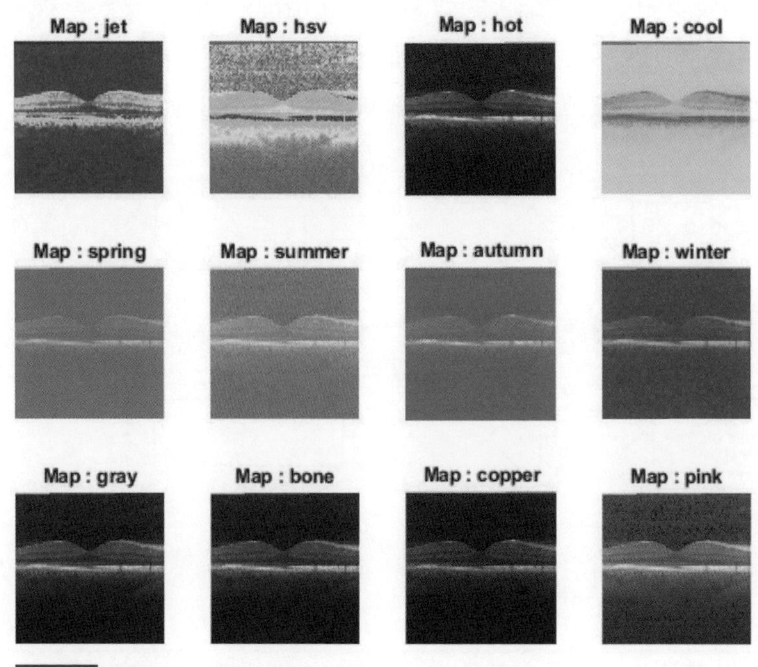

圖 18.6 具有預先定義色圖的正常 OCT 掃描影像。

18.4 網路結構

層由神經元堆疊組成，層的集合分為三個主要部分：輸入層、隱藏層和輸出層。卷積層是 CNN 的第一個構件，用於產生特徵圖。池化層用於卷積層之後，用來縮小影像的尺寸。這一層減少了參數數量，從而降低了計算量。最常見的池化技術是最大池化，即在影像的 N×N 大小部分採用 N×N 的濾波器並進行最大運算。全連接層將前一個卷積層和池化層學習到的特徵結合起來，並將其輸入到下一個全連接層。最後一個全連接層結合所有學習到的特徵來分類影像。因此，最後一層的神經元數量與分類中的類別數量相同。

批次正歸化層對神經網路中傳播的活化和梯度進行正歸化處理，以加快網路訓練並降低對網路初始化的敏感度。Softmax 激勵函數將全連接層的輸出正歸化為正數或總和為 1 的機率。最後的分類層使用機率將輸入分配到互斥類別之一，並計算損失。CNN 模型的所有層流程圖如圖 18.7 所示。

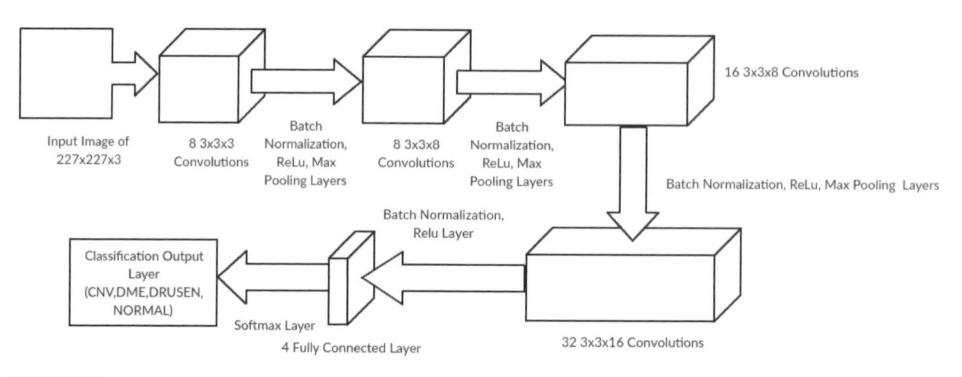

圖 18.7 CNN 模型流程圖。

18.5 遷移學習技術

遷移學習可以重複利用在解決問題時所獲得的知識，並將其應用於不同但相關的問題中。它能讓深度神經網路用更少的資料更快完成訓練，而遷移學習的這種特性對實際問題非常有益，因為有時我們並沒有足夠的資料標籤來訓練一個複雜的模型。因此，我們應用已經在大型資料集上訓練過的模型，然後對預測模型的一些參數進行微調。本文基於 Vgg16 開發了一種 OCT 視網膜影像分類器，Vgg16 是第二種最小密度的預訓練神經網路。我們用 1,000 個不同的類別對其進行了訓練，並打算為四個類別建立一個影像分類器。Vgg16 模型的建議架構流程圖如圖 18.8 所示。

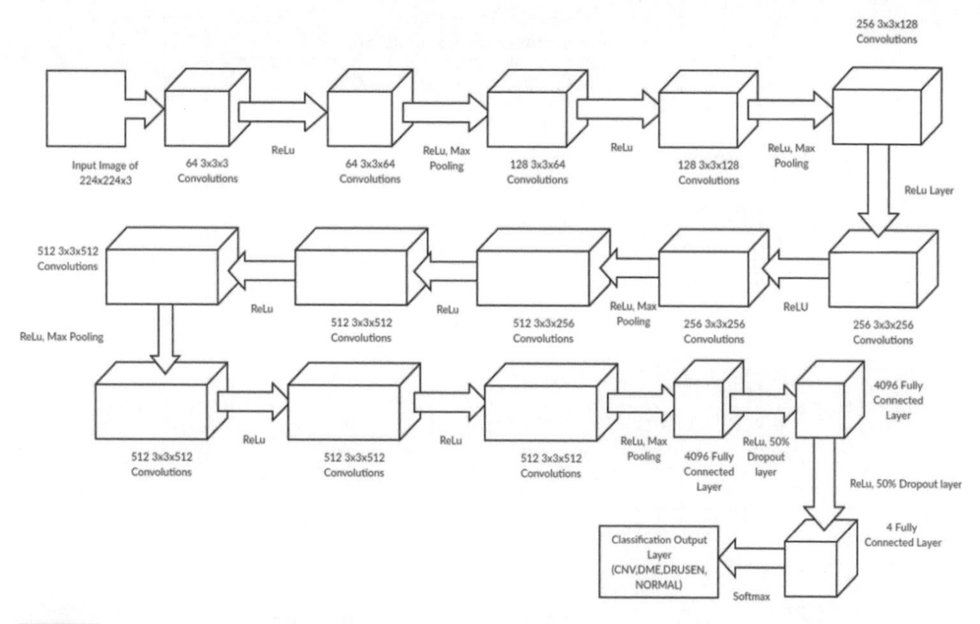

圖 18.8 Vgg16 模型的流程圖。

我們使用帶動量的隨機梯度下降法（Stochastic Gradient Descent with Momentum, SGDM）來最佳化神經網路。學習率設定為 0.0001，這個值夠小，可以減緩轉移層的學習速度。但是，全連接層的學習速度卻有所提升。這種組合導致較新層的學習速度加快，而其他層的學習速度則減慢。由於我們不想改變預訓練神經網路的權重，因此使用較低的數值，將訓練週期（epoch）的次數設為 6。

18.6 實驗結果

圖 18.9 顯示微調後的 Vgg16 模型的訓練精確度與迭代次數的關係。圖 18.10 顯示微調 Vgg16 模型的訓練損失與迭代次數的關係。圖 18.11 顯示微調 Vgg16 模型的驗證精確度與迭代次數的關係圖。圖 18.12 顯示微調 Vgg16 模型的驗證損失與迭代次數的關係圖。

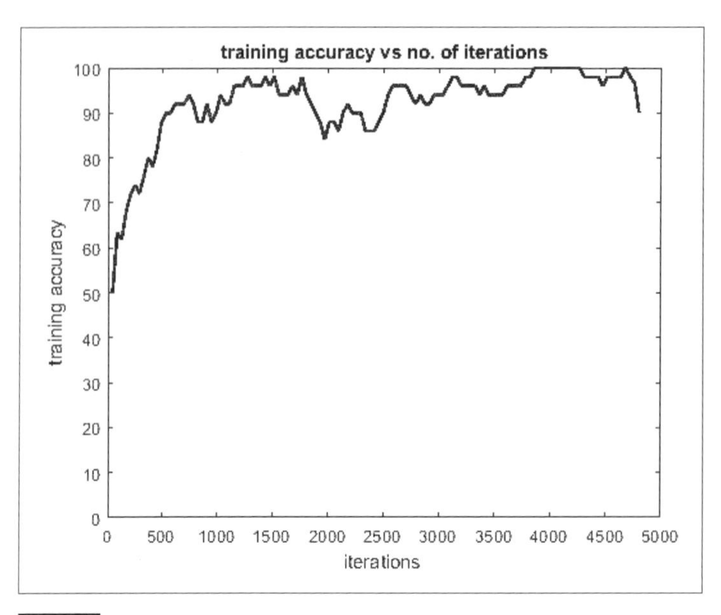

圖 18.9 微調模型的訓練精確度與迭代次數的關係。

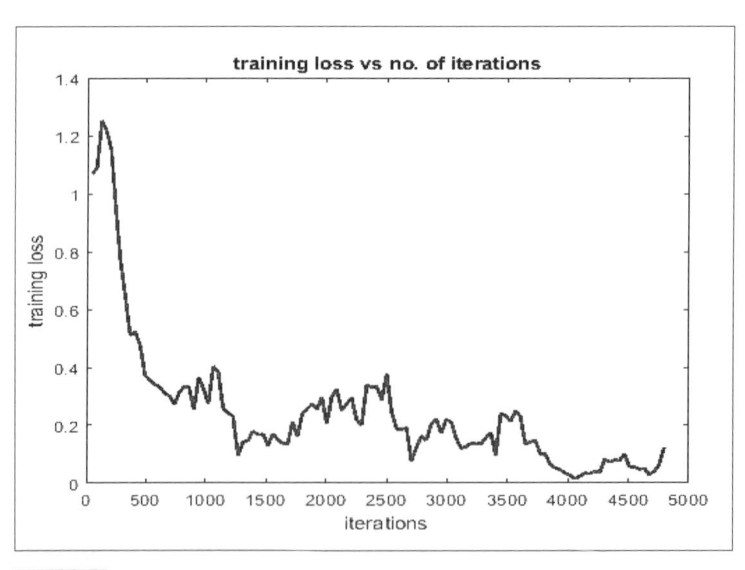

圖 18.10 訓練損失與微調模型的迭代次數。

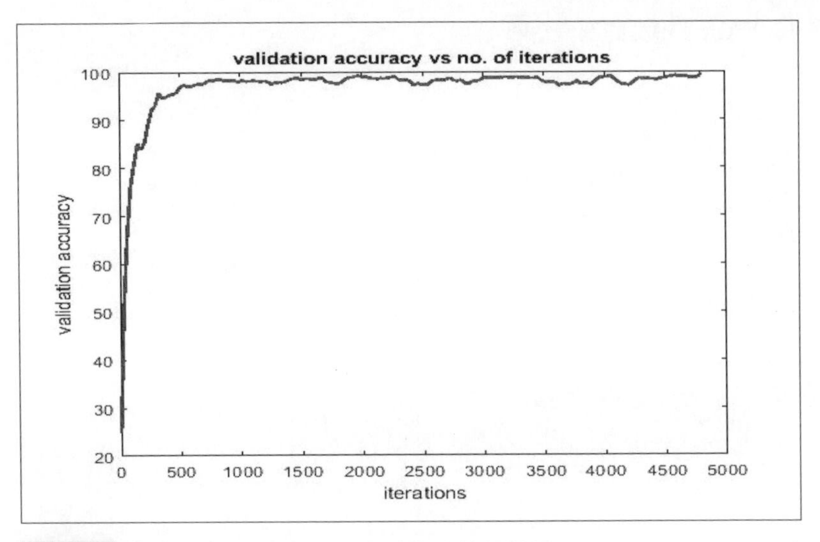

圖 18.11 微調模型的測試準確度與迭代次數關係圖。

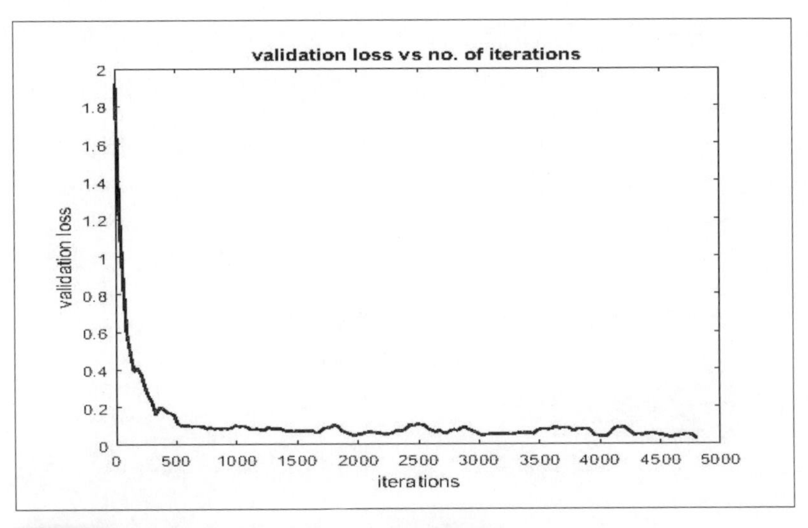

圖 18.12 微調模型的驗證損失與迭代次數關係圖。

表 18.2 顯示 CNN 模型的混淆矩陣，其中底部深色橫列為精確度，深色垂直為召回率。與模型中的其他類別相比，此模型能更準確地學習 DRUSEN 類別的特徵（最高真陽性率為 99.1%）。此模型在學習 CNV 特徵時面臨困難（最高錯誤率為 8.4% 的假陽性率）。

▼ 表 18.2　CNN 模型的混淆矩陣

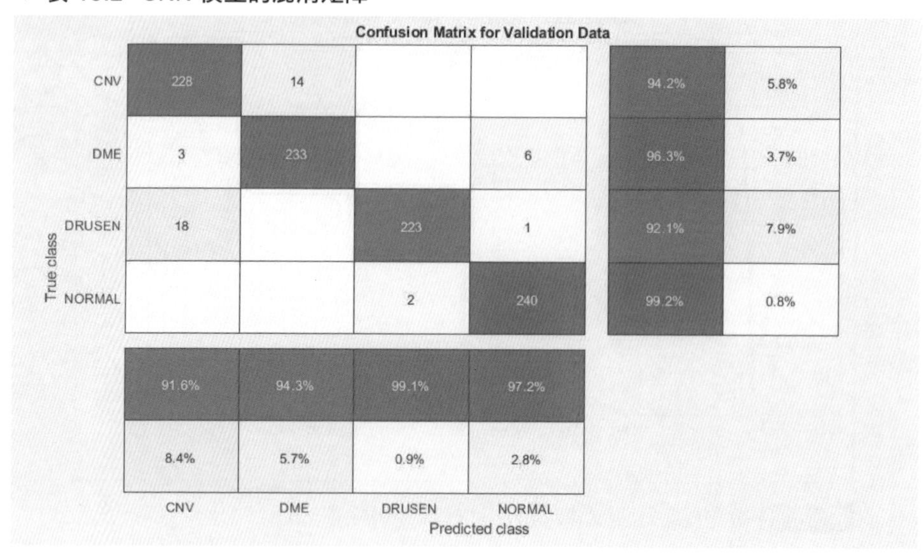

Confusion Matrix for Validation Data

True class \ Predicted class	CNV	DME	DRUSEN	NORMAL		
CNV	228	14			94.2%	5.8%
DME	3	233		6	96.3%	3.7%
DRUSEN	18		223	1	92.1%	7.9%
NORMAL			2	240	99.2%	0.8%
	91.6%	94.3%	99.1%	97.2%		
	8.4%	5.7%	0.9%	2.8%		

表 18.3 顯示具有資料增強功能的 CNN 模型的混淆矩陣，其中底部深色橫列為精確度，深色垂直為召回率。與模型中的其他類別相比，此模型能更準確地學習 DRUSEN 類別的特徵（最高真陽性率為 98.9%）。此模型在學習 CNV 特徵時面臨困難（最高錯誤率為 21.4% 的假陽性率）。

▼ 表 18.3　帶有資料增強功能的 CNN 模型的混淆矩陣

Confusion Matrix for Validation Data

True class \ Predicted class	CNV	DME	DRUSEN	NORMAL		
CNV	235	7			97.1%	2.9%
DME	13	222	1	6	91.7%	8.3%
DRUSEN	51	2	185	4	76.4%	23.6%
NORMAL		13	1	228	94.2%	5.8%
	78.6%	91.0%	98.9%	95.8%		
	21.4%	9.0%	1.1%	4.2%		

表 18.4 顯示 CNN 模型在 RGB 影像顏色映射下的混淆矩陣，其中底部的深色橫列為精確度，深色垂直為召回率。與模型中的其他類別相比，此模型能更準確地學習 DME 類別的特徵（最高真陽性率為 95.1%）。此模型在學習 CNV 特徵時面臨困難（最高錯誤率為 48.4% 的假陽性率）。

▼ 表 18.4　CNN 模型與顏色映射 RGB 影像的混淆矩陣

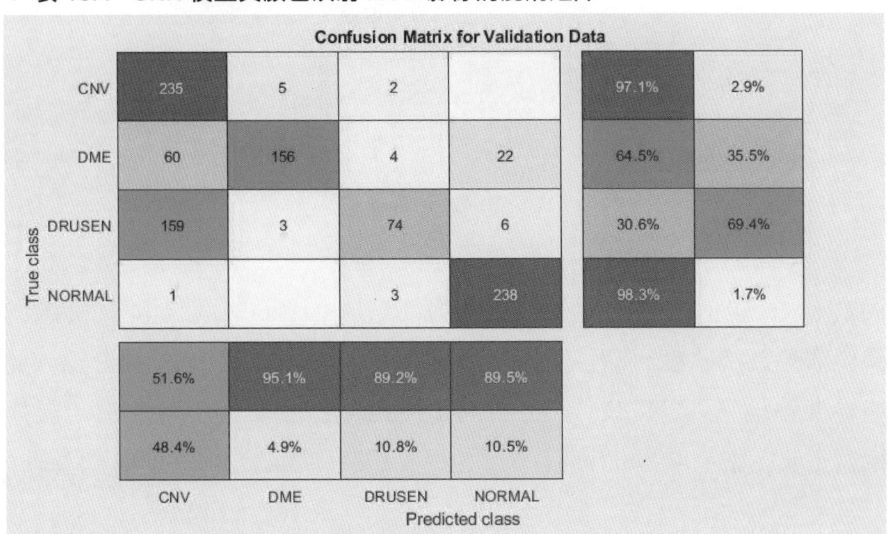

Confusion Matrix for Validation Data

True class \ Predicted class	CNV	DME	DRUSEN	NORMAL		
CNV	235	5	2		97.1%	2.9%
DME	60	156	4	22	64.5%	35.5%
DRUSEN	159	3	74	6	30.6%	69.4%
NORMAL	1		3	238	98.3%	1.7%
	51.6%	95.1%	89.2%	89.5%		
	48.4%	4.9%	10.8%	10.5%		

表 18.5 顯示使用 RGB 影像顏色映射和資料增強的 CNN 模型的混淆矩陣，其中底部的深色橫列為精確度，深色垂直為召回率。與模型中的其他類別相比，此模型能更準確地學習 DME 類別的特徵（最高真陽性率為 94.2%）。此模型在學習 CNV 特徵時面臨困難（最高錯誤率為 47.7% 的假陽性率）。

▼ 表 18.5 使用 RGB 映射影像和資料增強的 CNN 模型的混淆矩陣

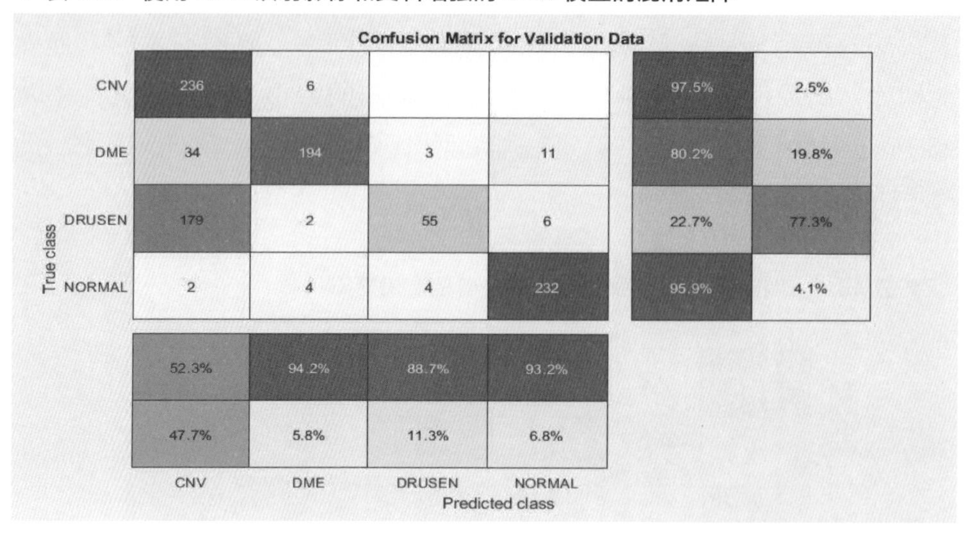

Confusion Matrix for Validation Data

True class \ Predicted class	CNV	DME	DRUSEN	NORMAL		
CNV	236	6			97.5%	2.5%
DME	34	194	3	11	80.2%	19.8%
DRUSEN	179	2	55	6	22.7%	77.3%
NORMAL	2	4	4	232	95.9%	4.1%
	52.3%	94.2%	88.7%	93.2%		
	47.7%	5.8%	11.3%	6.8%		

表 18.6 顯示微調模型與顏色映射 RGB 影像的混淆矩陣，其中底部的深色橫列為精確度，深色垂直為召回率。測試集中有 968 張影像。此模型能更準確地學習 NORMAL 類別（最高真陽性率為 100.0%）。該模型在學習 DRUSEN 特徵時面臨困難（最高錯誤率為 1.2% 的假陽性率）。

▼ 表 18.6 微調模型與色彩映射 RGB 影像的混淆矩陣

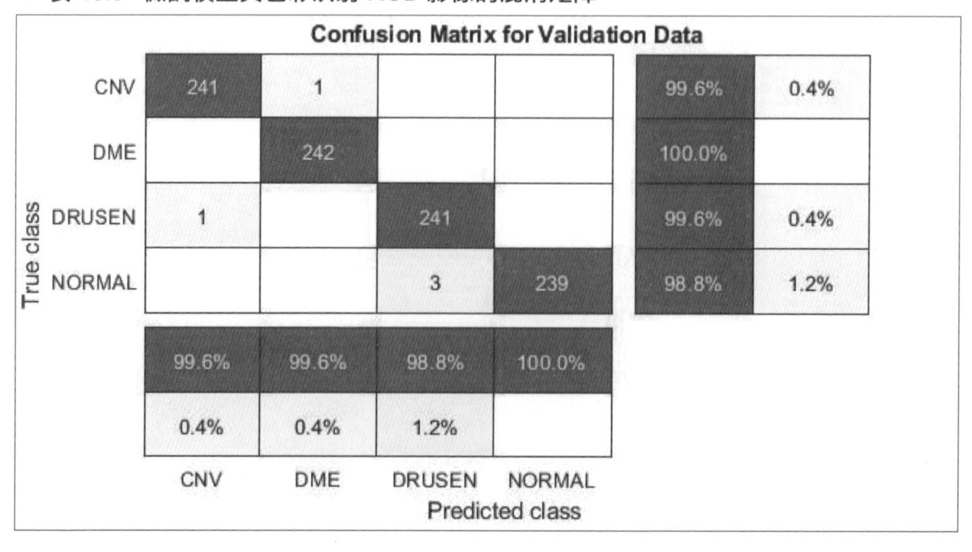

Confusion Matrix for Validation Data

True class \ Predicted class	CNV	DME	DRUSEN	NORMAL		
CNV	241	1			99.6%	0.4%
DME		242			100.0%	
DRUSEN	1		241		99.6%	0.4%
NORMAL			3	239	98.8%	1.2%
	99.6%	99.6%	98.8%	100.0%		
	0.4%	0.4%	1.2%			

表 18.7 顯示使用 RGB 影像顏色映射和資料增強技術的微調模型的混淆矩陣，其中底部的深色橫列為精確度，深色垂直為召回率。此模型可以更準確地學習 NORMAL 類別（最高真陽性率為 100%）。此模型在學習 CNV 特徵時面臨困難（最高錯誤率為 6.6% 的假陽性率）。

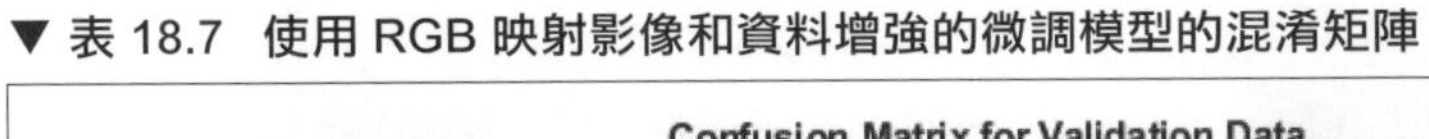

▼ 表 18.7　使用 RGB 映射影像和資料增強的微調模型的混淆矩陣

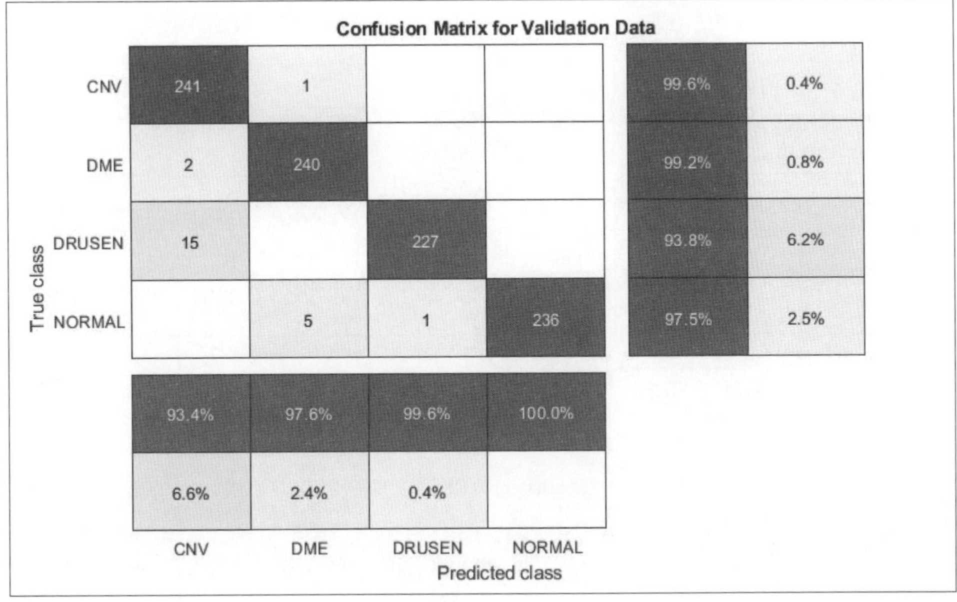

表 18.8 顯示十六種不同模型之間的比較。實驗結果表明，遷移學習是一種最佳化方法，是節省時間並提高效能的捷徑。

▼ 表 18.8　共 16 種不同模型之間的比較

Model Name	Test accuracy	Training accuracy	Total training images	Image size	Learning rate	Number of epochs	Testing set
CNN	95.45	97.34	83,484	227×227×1	0.01	6	968
CNN with data augmentation	89.88	91.62	83,484	227×227×1	0.01	6	968
CNN with HSV mapped images	72.62	81.87	83,484	227×227×3	0.01	6	968

▼接下頁

Model Name	Test accuracy	Training accuracy	Total training images	Image size	Learning rate	Number of epochs	Testing set
CNN with HSV and data augmentation	74.07	79.43	83,484	227×227×3	0.01	6	968
AlexNet with HSV mapped images	98.14	94.04	8,000	227×227×3	0.0001	6	968
AlexNet with HSV mapped images	98.76	94.07	83,484	227×227×3	0.0001	6	968
AlexNet with HSV mapped images and data augmentation	90.81	93.51	8,000	227×227×3	0.0001	6	968
Vgg16 with HSV mapped images	99.48	97.71	8,000	227×227×3	0.0001	6	968
Vgg16 with HSV mapped images	98.76	96.66	83,484	227×227×3	0.0001	6	968
Vgg16 with HSV mapped images and data augmentation	97.52	93.43	8,000	227×227×3	0.0001	6	968
inceptionv3 with HSV mapped images	97.42	98.96	8,000	299X299X3	0.0001	6	968
inception v3 with HSV mapped images	97.31	93.41	83,484	299X299X3	0.0001	6	968
GoogleNet with HSV mapped images	97.83	96.71	8,000	224X224X4	0.0001	6	968
GoogleNet with HSV mapped images	96.59	93.42	83,484	224X224X4	0.0001	6	968
ResNet18 with HSV mapped images	99.17	96.04	8,000	224X224X3	0.0001	6	968
ResNet18 with HSV mapped images	98.24	93.51	83,484	224X224X3	0.0001	6	968

表 18.8 顯示，微調模型雖然使用的數據較少，但表現優於 CNN。使用 HSV 顏色映射將灰階轉換為 RGB 色彩空間有助於神經網路學習更多關於給定影像的特徵。我們在四個類別上的平均準確率為 99.48%。我們在 DME 和 NORMAL 類別上的準確率分別達到了 99.6% 和 100%。

上述實驗表示，在所有模型中，vgg16 模型產生了最佳結果。我們使用 HSV 顏色映射將單通道灰階影像轉換為三通道 RGB 影像。為了擴大實驗範圍，我們在使用 8000 張影像（每個類別 2000 張）和 968 張影像進行測試的 vgg16 模型上應用了其他幾種顏色映射。表 18.9 顯示在 vgg16 模型上訓練的每種顏色映射的測試和訓練準確率，其中 HSV 和灰色映射的測試準確率最高。

▼ 表 18.9　在 vgg16 模型上訓練的每種顏色映射的測試和訓練精確度

Color map	Testing Accuracy	Training Accuracy
Jet	98.97	98.25
HSV	99.48	97.71
Hot	98.76	97.32
Cool	99.38	96.81
Spring	98.24	95.16
Summer	99.38	97.82
Autumn	99.17	97.25
Winter	98.66	98.06
Gray	99.48	98.86
Bone	99.38	98.70
Copper	99.07	98.10
Pink	98.04	96.34

在圖 18.13 中，沒有任何模型在測試準確率圖中顯示下降趨勢，這表示沒有一個模型出現過度擬合的情況。結合圖 18.13 和表 18.8 的結果，我們得出結論：使用少量訓練資料對深度神經網路架構的預訓練模型進行遷移學習，可以有效防止過度擬合。

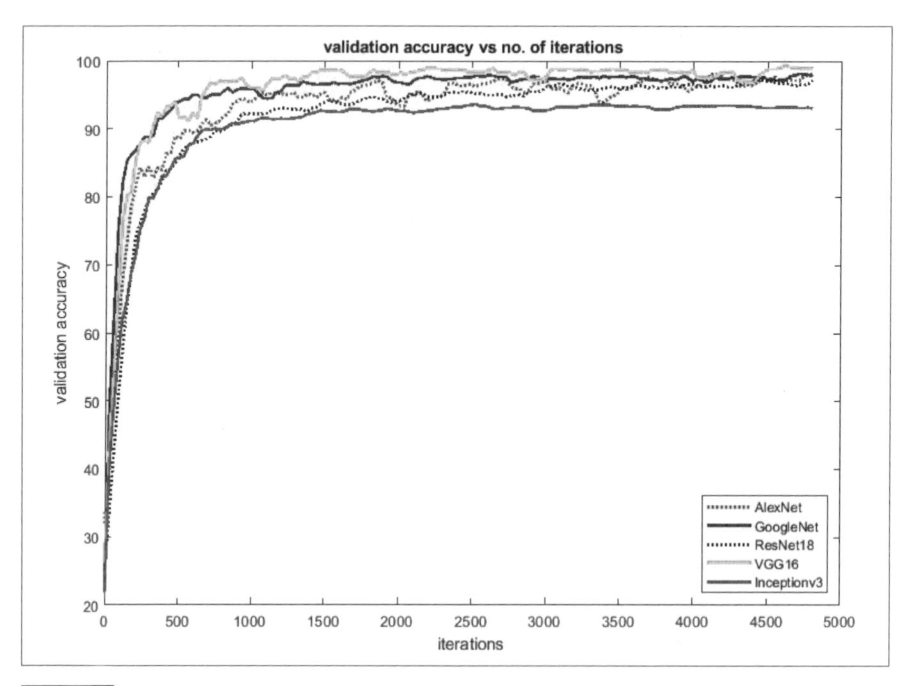

圖 18.13 五個預訓練模型的驗證準確度與迭代次數的關係圖。

18.7 結論

本文採用了兩種方法對 OCT 視網膜影像進行影像分類。第一種方法是從頭開始建立影像分類器，第二種方法是從預訓練模型中進行遷移學習，包括 Vgg16、AlexNet、ResNet18、GoogleNet 和 InceptionV3。我們也應用了資料增強技術來增加資料點的數量，透過應用影像旋轉、改變光照條件、裁剪和平移來獲得更多資料點，從而解決過度擬合問題。我們使用 HSV 色彩圖將灰階視網膜影像映射到 RGB 色彩空間。預訓練模型最初能產生更好的性能。每種方法都有一個混淆矩陣，讓人們了解不同方法對分類結果的影響。如果資料豐富，最好使用自己的參數來建立模型；反之，則使用預訓練模型作為起點是更好的選擇。

CHAPTER

19

透過深度學習對生態數據進行分類

生態學家一直致力於研究各種計算模型，以對生態物種進行精確分類。在本章中，我們計劃利用多種深度學習模型的優勢，包括 LeNet、AlexNet、VGG 模型、殘差神經網路和 Inception 模型，對蜜蜂翅膀和蝴蝶等生態資料集進行分類。由於這些資料集中的樣本數量相對較少且各類樣本數量不平衡，我們採用了資料增強和遷移學習技術來解決這些問題。此外，我們還開發了一種改進的 Inception 殘差模型，以增強特徵提取並提高分類準確率。實驗結果顯示，所提出的 Inception 殘差模型在解決梯度消失問題方面表現出色，達到了 92% 的高準確率，優於現有的深度學習模型。

19.1 簡介

深度學習已廣泛應用於影像處理、電腦視覺和模式識別等領域。作為機器學習的一個分支，深度學習基於大量數據來訓練模型。與傳統機器學習方法不同，深度學習模型能夠從大量數據樣本中自動學習特徵，無需依賴領域專家的特徵提取。

深度學習可以分為監督學習和無監督學習，這兩種方法適用於不同類型數據的各種任務。例如，卷積神經網路（Convolutional Neural Network, CNN）可用於影像分類，而循環（遞歸）神經網路（Recurrent Neural Network, RNN）則適用於語言處理。在電腦視覺領域，CNN 是識別和分類各種目標的有效框架。

卷積神經網路模型最初由 LeCun 在 1995 年提出，稱為 LeNet。由於當時運算能力有限且數學證明不夠完善，LeNet 難以被大多數研究人員接受。然而，隨著近年來運算能力和速度的提升，CNN 模型在物體分類、物體偵測和自然語言處理等多個領域中，展現出比傳統機器學習方法更優越的性能。

2012 年，AlexNet 的開發顯著推動了 CNN 模型的進步。AlexNet 的結構比 LeNet 更為複雜，包含數百萬個參數，由五個卷積層組成，並包括最大池化層（Max-Pooling Layer）、隨機失活層（Dropout Layer）和三個全連接層（Fully-connected Layers）。在 2012 年的 ImageNet 競賽中，AlexNet 以 15.4% 的測試錯誤率奪冠，顯示其卓越的性能和深度學習的巨大潛力。

2014 年，牛津大學視覺幾何小組提出了 VGG 網路，該網路引入更多的卷積層，進一步提高了模型的表現。2015 年，微軟亞洲研究院提出了 ResNet，並在當年的 ImageNet 競賽中以 3.6% 的測試錯誤率取得了優異成績。ResNet 使用殘差塊來避免反向傳播中的梯度消失問題。不過，訓練 ResNet 需要大量的計算資源，通常需要兩到三週的時間才能在 8 顆 GPU 的機器上完成訓練。

Google 公司提出了擁有 22 層的 GoogLeNet，在 2015 年 ImageNet 競賽中取得了 6.7% 的錯誤率，成績優異。其 Inception 模型在特徵提取時使用了不同大小的卷積核，並使用 1×1 卷積來重建特徵圖。後來，又開發了更進階的版本，包括 Inception v2、Inception v3 和 Inception v4。Inception v2 引入批次正規化（Batch Normalization），為每一層的輸出產生固定的分佈，從而提高了訓練的穩定性和速度。Inception v3 和 Inception v4 採用了分解卷積（Factorizing Convolution）來減少卷積塊的參數量，進一步提升了模型的性能和效率。Inception 殘差塊則透過在激勵函數之間添加殘差連接，有效地解決了梯度消失問題。

深度學習在生態學中的應用

在生態學中，一項重要任務是從蜜蜂翅膀影像中識別蜜蜂物種。傳統的機器學習方法，如隨機森林、人工神經網路、支援向量機和基因演算法，已被應用於生態影像資料的分類。研究人員採用了支援向量機、人工神經網路、奈夫貝氏（Naive Bayes）、K- 近鄰（K-Nearest Neighbor）

和邏輯迴歸分類器來對蜜蜂翅膀進行分類。然而，深度學習在生態學中的應用還尚未被廣泛探索。隨著深度學習技術的發展，生態學家對利用深度學習神經網路構建更高效的物種分類系統表現出越來越濃厚的興趣。

在自然界中，存在各式各樣的物種，每個物種通常包含不同種類的亞種。在訓練 CNN 模型進行生態資料分類時，出現了兩個主要問題：一是影像資料集有限，二是不同類別之間的樣本數不平衡。因此，現有的 CNN 模型在生態資料集上的測試準確率較低。本文採用了三種方法來提高生態資料集的測試準確率。

第一種方法是**資料增強法**（Data Augmentation），透過變換操作來擴大資料集，增加訓練樣本的多樣性和數量。

第二種方法是**遷移學習**（Transfer Learning），將預訓練 CNN 模型的參數應用於分類任務中。遷移學習使用過度概化的知識，並將這些知識遷移到生態資料集的學習中。與隨機初始化模型相比，預訓練模型的收斂速度更快，表現更好。

第三種方法是將資料增強與遷移學習結合，進一步提高生態資料集的測試準確率。透過結合這兩種方法，我們可以最大限度地利用現有資料，提高模型的泛化能力和準確率。

19.2 深度學習框架

深度學習需要大量數據來訓練和評估模型的表現。圖 19.1 顯示 LeNet-5 的結構，該模型最初用於手寫數字的分類。LeNet-5 由多個具有不同功能的層組成。與其他機器學習模型一樣，LeNet-5 需要一種特徵表示方法，將一個（如灰階影像）或三個（如 RGB 影像）二維矩陣壓縮為特徵表示。

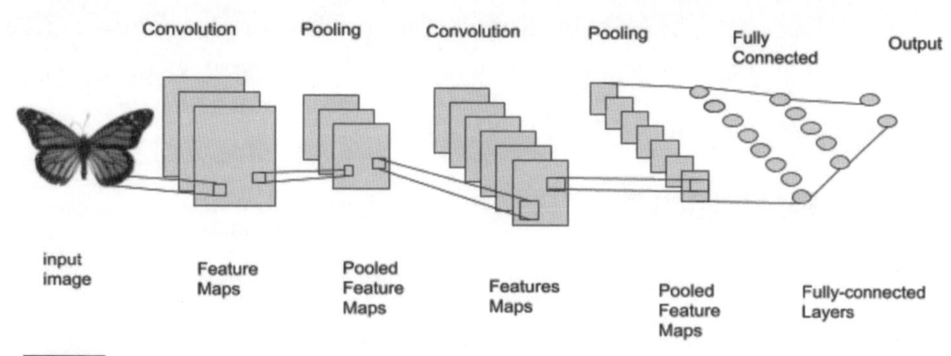

圖 19.1 LeNet-5 的架構。

在 LeCun 的設計中，LeNet-5 包含一個輸入層、一個用於提取特徵的卷積層和一個用於減少不必要資料的池化層。經過卷積層和池化層的多次連接後，特徵表示會被送入全連接人工神經網路進行分類。

在**卷積層**中，輸入可以是一張或多張具有一個或三個通道的影像。不同的濾波器用於多次卷積，產生多個輸出影像，這些輸出影像稱為特徵圖。卷積層透過不同的濾波器提取影像中的局部特徵，從而學習到完整的特徵。

池化層（Pooling Layer）的設計目的是對影像資料進行降採樣，以縮小特徵圖的尺寸。這樣可以減少計算量，提高模型的運行效率，並在一定程度上防止過擬合。有兩種典型的池化方法：平均池化和最大池化。平均池化計算小範圍內的平均值，而最大池化提取小範圍內的最大值。

從卷積層和池化層獲取足夠的資訊後，全連接層（Fully-Connected Layer）將輸出映射到線性可分離空間。全連接層將矩陣展平為向量，並將高維度特徵映射到更低維度的特徵空間，從而進行分類。最後，使用 SoftMax 函數進行迴歸，將輸出轉換為機率分佈，用於對資料進行分類。因此，最後一個全連接層的輸出就是預測的標籤。

總結來說，池化層在降低特徵圖維度和計算複雜度的同時保留了重要的特徵，全連接層則將這些特徵進行分類映射，最終使用 SoftMax 函數進行分類預測，從而完成影像的分類任務。

深度卷積神經網路的演進

AlexNet 是第一個使用 ReLU 作為激勵函數的深度卷積神經網路，它共有五個卷積層。在特徵提取方面，AlexNet 使用大卷積核來提取特徵。在 ILSVRC 2010 中，AlexNet 獲得了 37.5% 的 Top-1 錯誤率和 17.0% 的 Top-5 錯誤率。

VGG 神經網路由牛津大學視覺幾何小組開發，在 2014 年 ILSVRC（ImageNet 大規模視覺辨識競賽）中，VGG-16 的錯誤率為 8.8%，VGG-19 的錯誤率為 9.0%。在 VGG 模型中，使用了 3×3 的堆疊卷積核。需要注意的是，兩個 3×3 的卷積核等於一個 5×5 的有效卷積區域，三個 3×3 的卷積核等於一個 7×7 的有效區域，以此類推。使用堆疊卷積的目的是減少學習過程中的參數數量。

VGG-16 包含兩個 5×5 的卷積層和三個 7×7 的卷積層，而 VGG-19 則包含兩個 5×5 的卷積層和三個 9×9 的卷積層。隨著卷積層數量的增加，模型的表現有所提升，但同時也可能面臨梯度消失問題。梯度消失問題發生在反向傳播過程中，當多個小導數在同一個激勵函數後相乘時，會導致小梯度，從而使參數無法有效更新，影響模型的訓練效果。

為了解決梯度消失問題，殘差神經網路（ResNet）引入一種稱為殘差塊（Residual Block）的新型卷積塊。透過在輸入與激勵函數之間添加捷徑連接（shortcut connection），殘差塊可以學習殘差映射，從而使輸出保持較高的整體導數。這種結構有效地緩解了梯度消失問題，允許網路深度顯著增加。

利用殘差連接，ResNet 的層數最多可以達到 152 層。這種深度網路在 2015 年的 ILSVRC 比賽中獲勝，展示了其強大的特徵提取能力和穩定的訓練性能。殘差神經網路的成功顯示在深度學習中有效解決梯度消失問題的重要性，並為後續的深度網路結構設計提供了有力的參考。

GoogLeNet 引入 Inception 區塊，它使用不同大小的卷積核來提取多尺度特徵。在 Inception 區塊中，同時使用 1×1 卷積、3×3 卷積、5×5 卷積和 3×3 最大池化（Max-pooling）。這些不同大小的卷積核能夠進行特徵提取，從而獲得更豐富的特徵表示。

在這些卷積操作中，1×1 卷積配合 ReLU 激勵函數起了降維的作用，能夠減少計算量並重建特徵圖。這種結構使得 Inception 區塊能夠有效地整合來自不同卷積核的特徵，從而提高模型的表現和效率。圖 19.2 顯示 GoogLeNet 中的 Inception 區塊結構，其中各種卷積和池化操作平行進行，最終將其輸出特徵圖進行拼接，形成豐富的特徵表示。

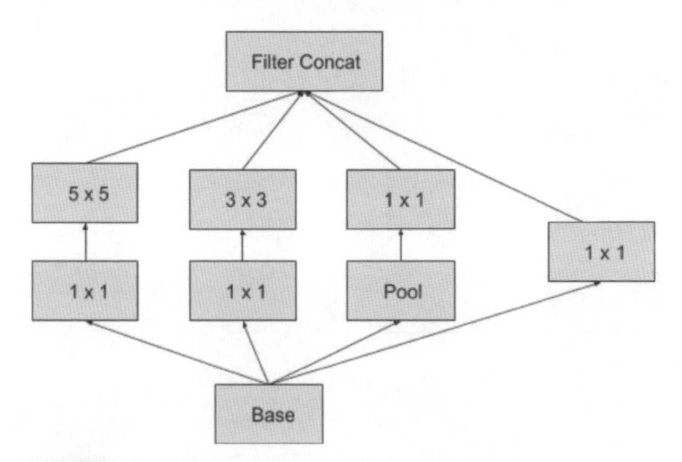

圖 19.2 縮減維度的 Inception 模型。

GoogLeNet（Inception v1）是 Inception 模型的首個版本，並在 2014 年的 ILSVRC（ImageNet 大規模視覺辨識競賽）中奪冠。隨後，Inception 模型進一步演進，推出了 Inception v2、Inception v3 和 Inception v4。

Inception v2 引入批次正歸化（Batch Normalization）技術，對各層的輸出數值分佈進行正歸化處理，保持分佈的穩定性，從而提升了模型的訓練穩定性和速度。

Inception v3 採用了分解卷積（Factorizing Convolution）技術以減少參數量。具體來說，這包括兩種因式卷積技術：一是用較小的卷積核取代較大的卷積核，例如用兩個 3×3 卷積核取代一個 5×5 卷積核；二是用非對稱卷積取代對稱卷積，例如用一個 3×1 卷積核和一個 1×3 卷積核取代一個 3×3 卷積核。這些技術顯著減少了參數量，提升了計算效率。

圖 19.3 顯示一種小卷積的分解方法，其中一個 5×5 的卷積區域被兩個 3×3 的卷積區域取代。這種分解方法不僅降低了計算成本，還保持了模型的特徵提取能力。

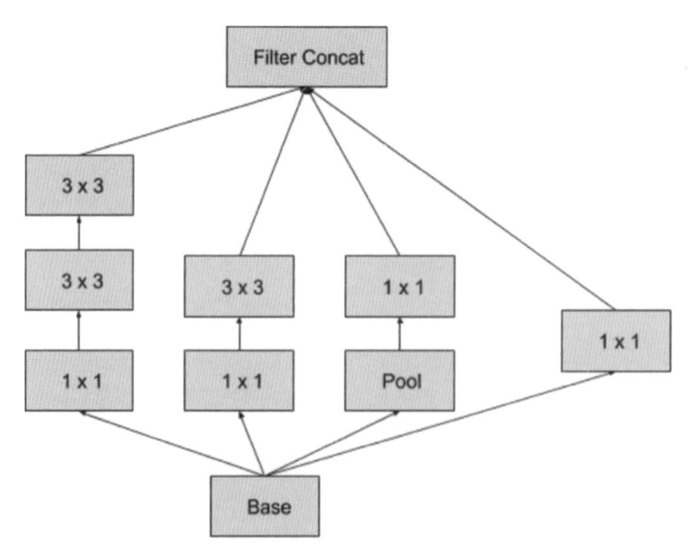

圖 19.3 分解成較小的卷積。

Inception v4 在此基礎上進一步改進了這些技術，並提升了模型的性能和效率，成為深度學習領域的重要突破之一。可以使用一個 n×1 的非對稱卷積接著一個 1×n 的非對稱卷積來替代一個 n×n 的卷積核。這種方法在減少計算操作次數，同時保持網路的高效性。透過將大卷積核分解為一系列較小的非對稱卷積，新版的 Inception 模型在維持特徵提取能力的同時，顯著降低了計算成本和參數數量。例如，一個 3×3 的卷積核可以被一個 3×1 的卷積核和一個 1×3 的卷積核替代，這樣不僅減少了計算複雜度，還能有效提升網路的訓練和推理速度。

採用非對稱卷積後，新版的 Inception 模型結構如圖 19.4 所示。這些改進使得 Inception 模型在各種計算資源受限的應用場景中，依然能夠保持高效的運行性能和優異的特徵提取能力，進一步推動了深度學習技術在實際應用中的普及和發展。

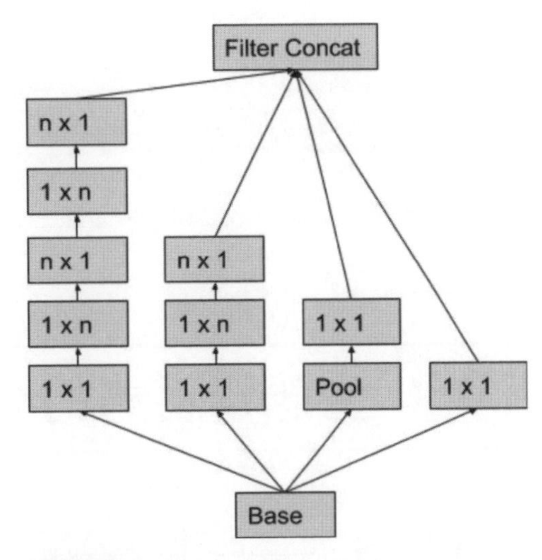

圖 19.4 非對稱卷積的因式分解。

在 Inception v4 中，引入 Inception-ResNet-v1 和 Inception-ResNet-v2，並在兩個激勵函數之間添加了捷徑連接。這些捷徑連接能有效緩解梯度消失問題，從而提升模型的訓練效果和性能。Inception-ResNet-v1 和 Inception-ResNet-v2 包含三種 Inception 殘差塊，其結構如圖 19.5 所示。這些殘差塊將 Inception 模型與殘差網路結構相結合，透過在不同卷積層之間添加捷徑連接，使深層網路能夠更有效地進行特徵提取和學習。這些改進進一步提升了模型的效率和性能，使得 Inception-ResNet 模型在各種應用場景中能夠保持優異的表現，成為深度學習領域的重要突破之一。

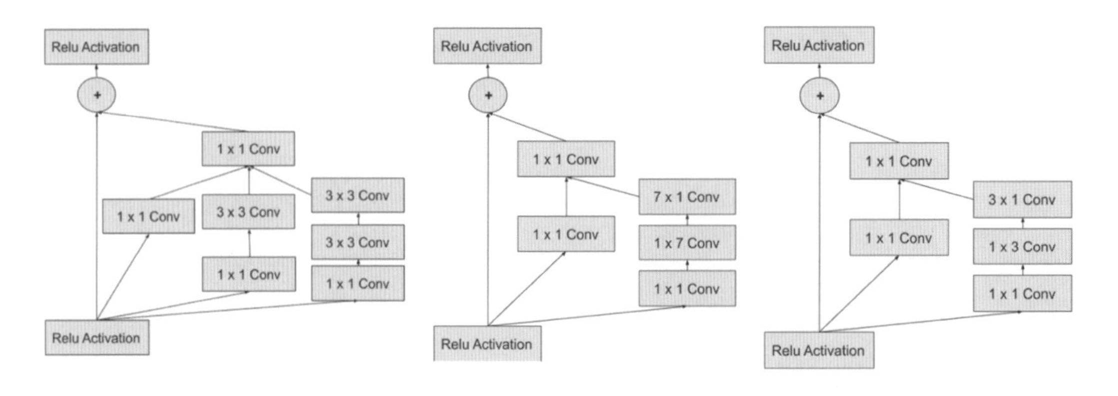

圖 19.5 Inception-residual v2 中的 Inception-residual 模型。

19.3 生態資料集的分類

19.3.1 生態資料集

本文使用了兩個生態資料集，分別是蜂翼和蝴蝶資料集。蜂翼資料集相對較小且不平衡，包含 19 種蜜蜂翅膀類型，共 755 個樣本，其中 566 張影像用於訓練，189 張影像用於測試。在這 19 個類別中，有 8 個主要類別，分別是：agapostemon、augochlora、augochloropsis、augochlorella、ceratina、dialictus、halictus 和 osmia。

Ceratina 類別包含三個亞綱，分別是 ceratina calcarata、ceratina dupla 和 ceratina metallica。Dialictus 類別包含四個亞綱，分別是 dialictus bruneri、dialictus illinoensis、dialictus imitatus 和 dialictus rohweri。Halictus 類別包含兩個亞綱，分別是 halictus confusus 和 halictus ligatus。Osmia 類別包含五個亞綱，分別是 osmia atriventis、osmia bucephala、osmia cornifrons、osmia georgica 和 osmia lignaria。這些亞綱之間的樣本非常相似，因此很難用人類肉眼區分。圖 19.6（a）顯示蜜蜂翅膀資料集中的一些樣本，（b）顯示所有類別中的樣本分佈。

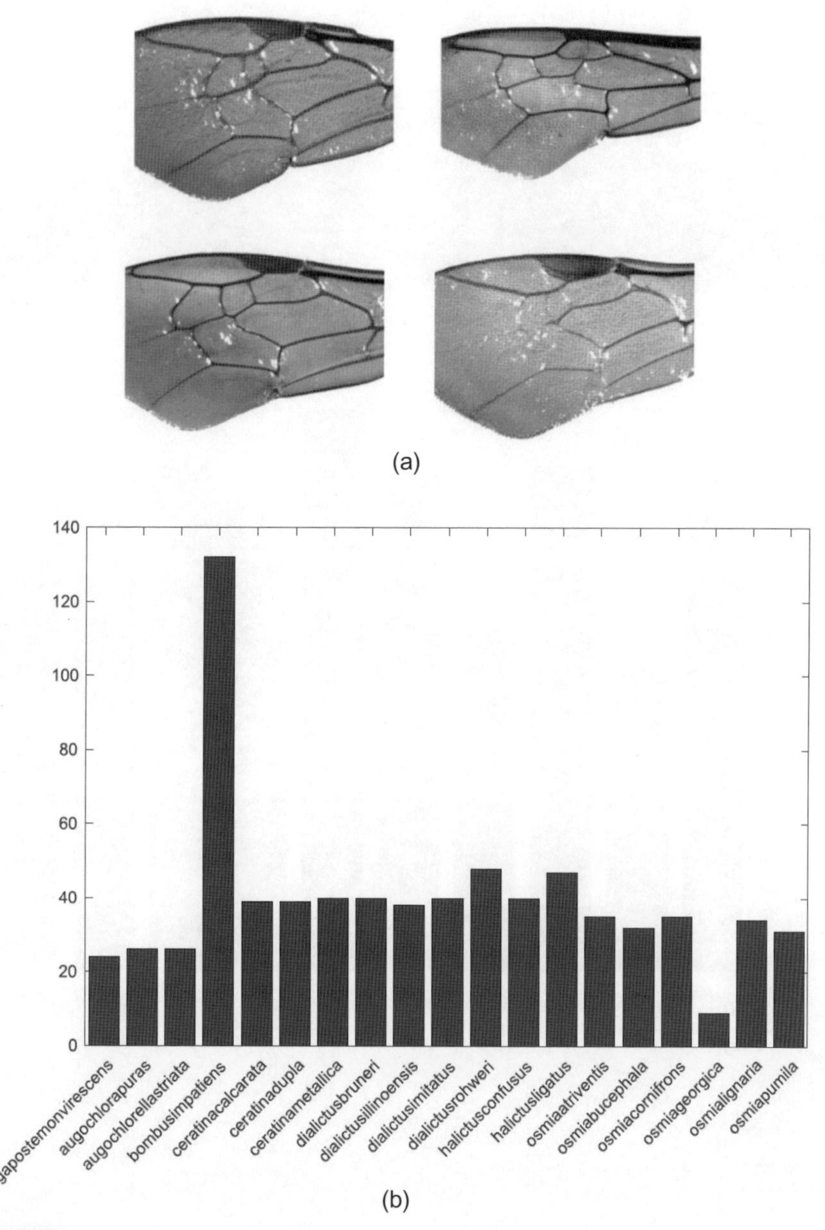

圖 19.6（a）蜜蜂翅膀資料集中的樣本，（b）所有類別中的樣本分佈。

蝴蝶資料集是一個相對平衡的小型資料集，包含 10 類 RGB 蝴蝶物種，每類包含 55 到 100 張圖片不等。資料集共包含 832 張影像，其中 627 張用於訓練，205 張用於測試。圖 19.7（a）顯示蝴蝶資料集中的一些影像，（b）顯示所有類別中的樣本分佈。

(a)

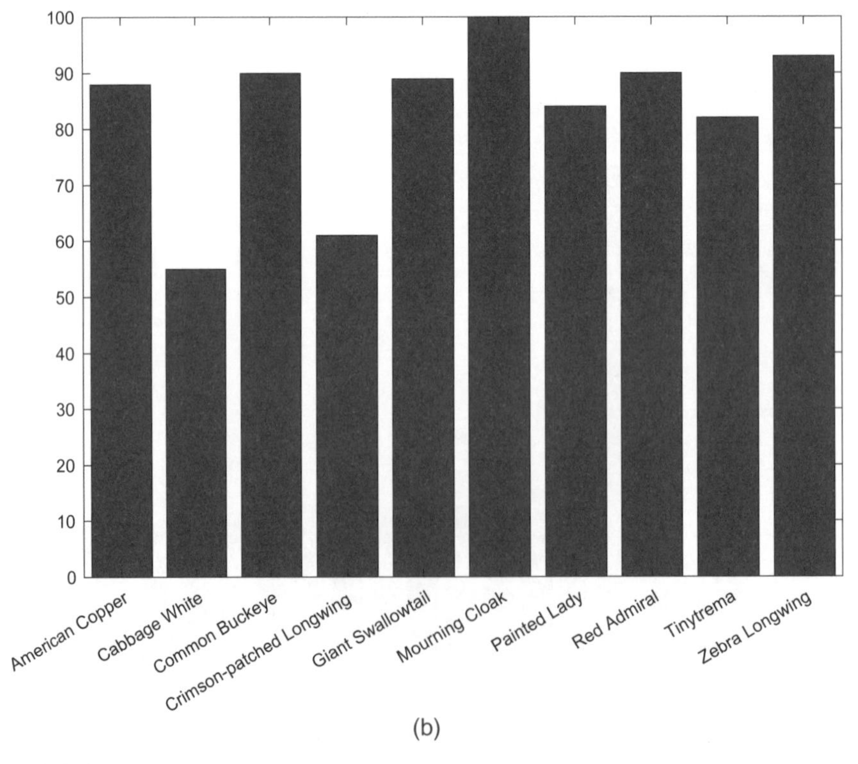

(b)

圖 19.7 (a) 蝴蝶資料集中的樣本，(b) 所有類別中的樣本分佈。

19.3.2 原始資料集的分類

深度學習模型主要針對大型資料集（如 ImageNet）而設計。考慮到生態資料集相對較小，我們使用了七種卷積神經網路模型對生態資料集進行測試和評估，包括 LeNet-5、AlexNet、VGG-16、VGG-19、ResNet-50、InceptionV3 和 Inception-ResNetV2。這些模型在不同的特徵提取和分類任務中表現出色。透過比較它們在生態資料集上的表現，我們可以了解不同模型的優勢和不足，從而選擇最適合的模型來進行生態物種分類。表 19.1 顯示這些模型在蜜蜂翅膀和蝴蝶資料集上的測試準確率。

▼ 表 19.1　蜜蜂翅膀和蝴蝶資料集的測試準確率

	Bee Wing	Butterfly
LeNet-5	87.78%	70.24%
AlexNet	86.04%	79.85%
VGG16	17.74%	12.17%
VGG19	17.72%	12.28%
ResNet50	86.54%	75.36%
Inception v3	87.16%	78.84%
InceptionResNetV2	87.72%	79.98%

除了 VGG-16 和 VGG-19 之外，LeNet-5、AlexNet、ResNet50、Inception v3 和 Inception-ResNetV2 都獲得了相似的測試準確率，大約為 87%。LeNet-5 作為一個兩層卷積神經網路，能夠有效地提取蜜蜂翅膀資料集中的特徵，達到 87% 的測試準確率。雖然 AlexNet 使用了五層卷積層，但其測試準確率稍低，僅為 86%，這顯示出可能存在梯度消失問題，這可能是由於網路結構較深，導致訓練過程中梯度傳播困難。

VGG-16 和 VGG-19 模型在訓練過程中出現了收斂問題，這可能是由於資料樣本量較小造成的。與 VGG 模型相比，ResNet50 包含更多的堆疊卷積層，並使用殘差連接來避免梯度消失問題。Inception v3 使用具有不同卷積核大小的 Inception 區塊來豐富特徵圖。這些區塊能夠在不同的感受野（Receptive field）提取特徵，從而提高模型的特徵表示能力。

Inception-ResNet 結合了 Inception 區塊和殘差連接的優點。在這些模型中，Inception 區塊能夠捕捉多尺度特徵，而殘差連接則解決了深層網路中的梯度消失問題。這使得 Inception-ResNet 模型能夠在保持高效特徵提取的同時，提供更穩定的訓練過程和更好的分類效果。

蜜蜂翅膀資料集的測試準確率分析如下：

(1) **整體測試準確率**：圖 19.8(a) 顯示每個類別的測試準確率。整體準確率相對較高，但在某些亞綱之間準確率相對較低。

(2) **亞綱測試準確率**：從圖 19.8(b) 可以看出，亞綱之間的測試準確率存在顯著差異：

  a. 在 Ceratina 類別中，Ceratinadupla 亞綱的測試準確率為 70%，比整體準確率低 17%。

  b. 在 Halictus 類別中，Halictusconfusus 亞綱的測試準確率為 60%，比整體準確率低 27%。

  c. 在 Osmia 類別中，Osmiageorgica 亞綱的分類測試準確率為零，因為所有樣本被錯誤地歸類為 Osmia 類別中的其他亞綱。

(3) **混淆矩陣分析**：圖 19.8(c) 顯示混淆矩陣的熱圖，從中可以看出不同亞綱之間的分類錯誤情況。混淆矩陣提供了每個亞綱的實際標籤和預測標籤之間的對比，幫助我們識別哪些亞綱容易被誤分類。

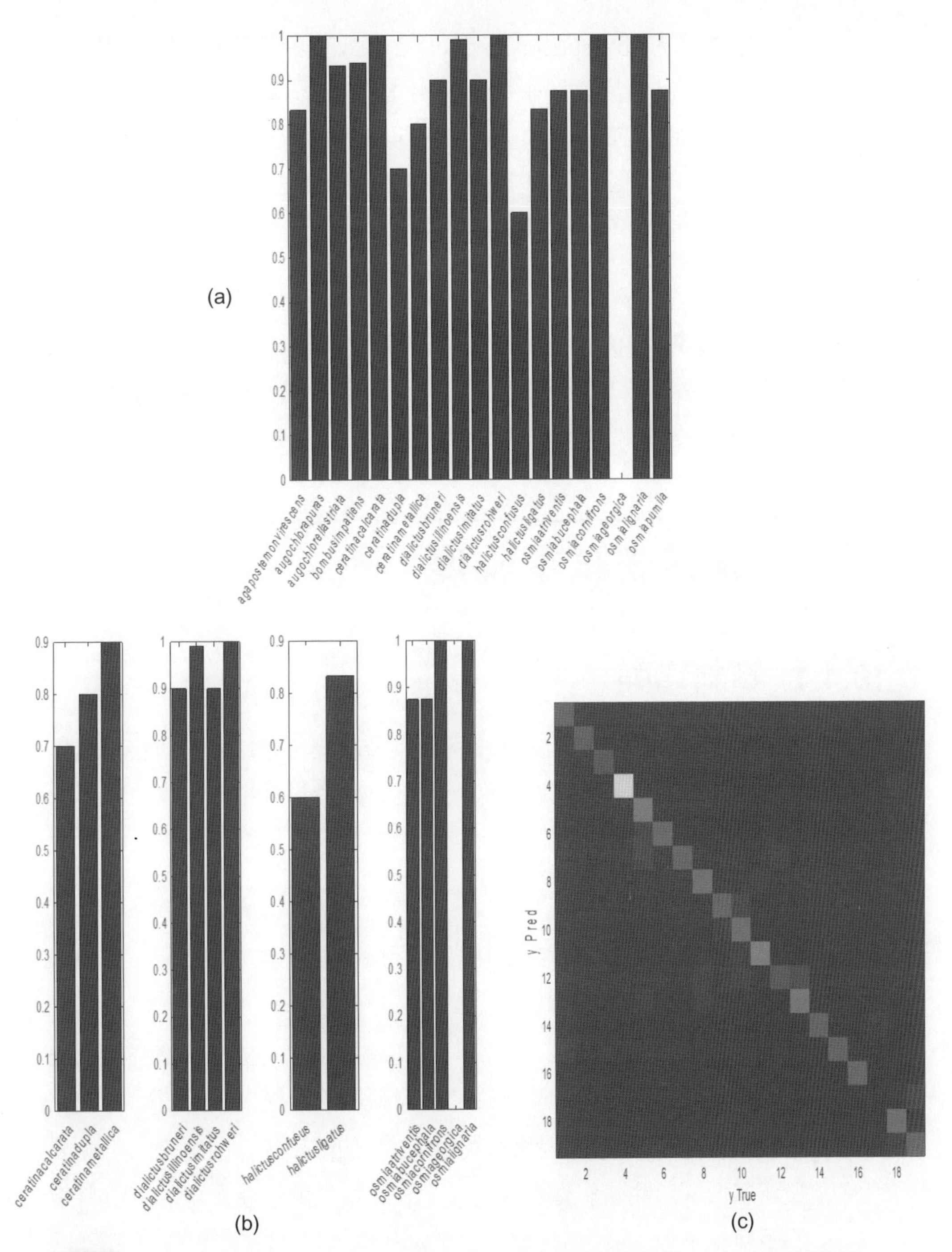

圖 19.8 （a）蜜蜂翅膀資料集的測試準確率；（b）蜜蜂翅膀亞綱分類；（c）混淆矩陣熱圖。請注意，標籤從 1 到 19，分別代表從 Agapostemonvirescens 到 Osmiapumila。

使用 AlexNet 和 Inception-ResNetV2 模型對蝴蝶資料集進行測試，兩者均獲得了 79% 的測試準確率。使用 LeNet 模型，由於卷積層數不足，測試準確率較低，僅為 70%。VGG16 和 VGG19 模型在蝴蝶資料集上也面臨類似的收斂問題。使用 ResNet50 得到的測試準確率為 75%，顯示殘差連接使模型能夠更深入地提取特徵。

值得注意的是，Inception-ResNetV2 模型獲得的測試準確率高於 InceptionV3，這表明 Inception 殘差塊在特徵提取方面具有很大的潛力。為了提高深度學習模型在小型資料集上的應用準確度，我們建議在生態資料集的分類中採用資料增強和遷移學習技術。

19.4 提高測試準確度

19.4.1 資料增強

相比於通常用於訓練 CNN 模型的大型資料集，蜜蜂翅膀資料集規模相對較小。資料增強是一種透過影像變換從原始資料集中人工生成新影像的方法。它可以提高模型的穩健性，防止過擬合。資料增強過程包括三個步驟：

(1) **應用影像處理函數**：依次應用各種影像處理函數，如旋轉、翻轉、縮放和剪切等。

(2) **控制操作應用的可能性**：對每個操作設置預定的機率，這些機率控制了每個操作的應用頻率，從而在資料增強過程中引入隨機性。

(3) **生成新影像**：最後，根據操作次數和每個操作的參數範圍，生成大量新影像。這些新影像在保持原始資料特徵的同時，增加了資料集的多樣性。

透視變形（Perspective Skewing）是一種透過從不同角度觀察物體來變換影像的方法。這種技術允許使用者定義影像傾斜的方向，從而模擬不同觀察角度下的影像效果。透視變形在資料增強過程中非常有用，因為它能生成更多樣化的訓練資料，進一步提高模型的穩健性和泛化能力。

具體來說，透視變形可以按照以下步驟進行：

(1) **選擇傾斜方向**：使用者可定義影像在水平或垂直方向上的傾斜角度。

(2) **應用透視變形**：根據選定的方向和角度，對影像進行透視變形操作，生成新的影像。

圖 19.9 顯示應用透視變形後生成的影像。這些變形影像展示了同一物體在不同觀察角度下的樣貌，從而增加了資料集的多樣性。

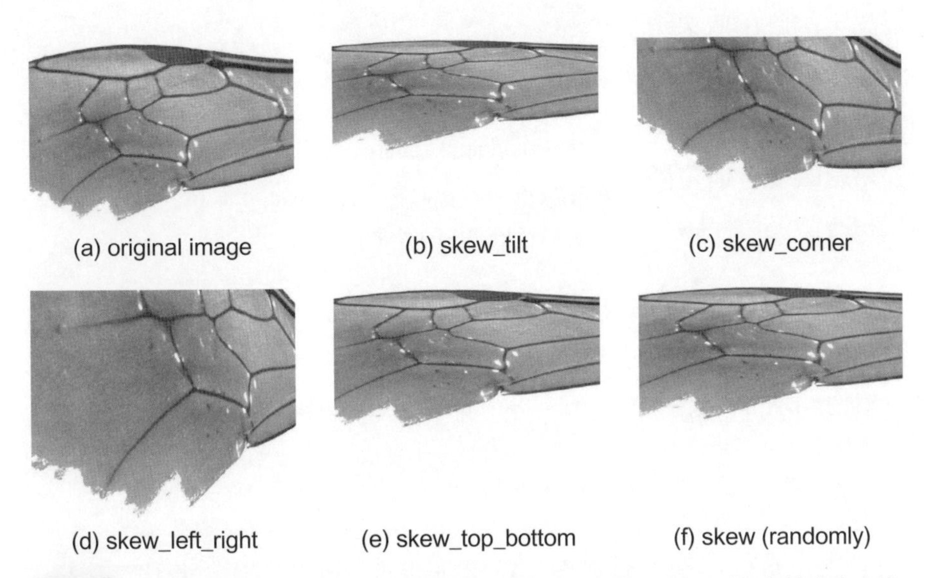

圖 19.9 對蜜蜂翅膀資料集進行的透視變形。(a) 原始影像，(b) ~ (f) 依特定方向進行透視扭曲後的影像。

彈性扭曲（Elastic Distortion）是一種資料增強技術，允許對原始影像進行隨機變形，同時保持影像的長寬比。這種技術能模擬自然界中影像的隨機變化，從而提高模型的穩健性和泛化能力。

彈性扭曲技術的具體實現步驟如下：

(1) **生成隨機變形網格**：首先生成一個隨機的變形網格，用於對原始影像進行扭曲。

(2) **應用變形**：將這個變形網格應用於原始影像，生成新的變形影像。這一過程保持影像的長寬比，但會對影像的局部區域進行隨機的彈性變形。

(3) **邊界處理**：對變形後影像的邊界進行處理，使其平滑過渡，避免明顯的邊界效應。

圖 19.10 顯示彈性扭曲技術在蜜蜂翅膀資料集上的應用效果。從圖中可以觀察到，經過彈性扭曲後，影像的邊界略有改變，但整體形狀和特徵仍然保留。

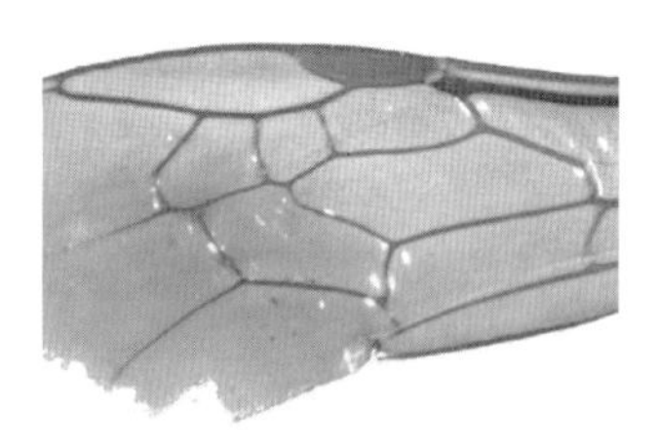
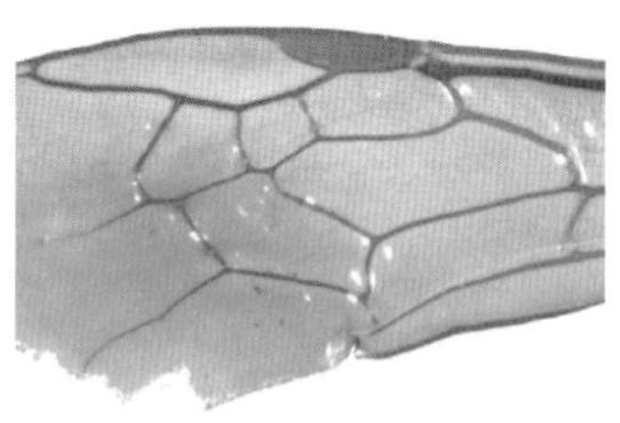

圖 19.10 蜜蜂翅膀資料集的彈性扭曲。（a）原始影像；（b）彈性扭曲後的影像。

旋轉操作旨在多種角度上旋轉影像，如 90°、180° 或 270°，以及以隨機角度旋轉，並對原始影像進行放大或縮小。這種資料增強技術有助於提高模型的穩健性和泛化能力，使其能更好地適應不同的影像變換。

具體來說，旋轉操作的實現步驟如下：

(1) **固定角度旋轉**：將影像旋轉至固定角度，如 90°、180° 或 270°。這些基本的旋轉角度有助於增強模型對常見旋轉變換的適應性。

(2) **隨機角度旋轉**：以隨機角度對影像進行旋轉，這些角度可以在一定範圍內隨機選擇，從而模擬不同觀察角度下的影像。

(3) **放大或縮小**：在旋轉的同時對影像進行放大或縮小，以模擬不同距離下觀察到的影像效果。

圖 19.11 顯示蜜蜂翅膀資料集在應用旋轉操作後的效果。從圖中可以看到，影像在不同角度和比例下的變換，使得資料集更加多樣化。

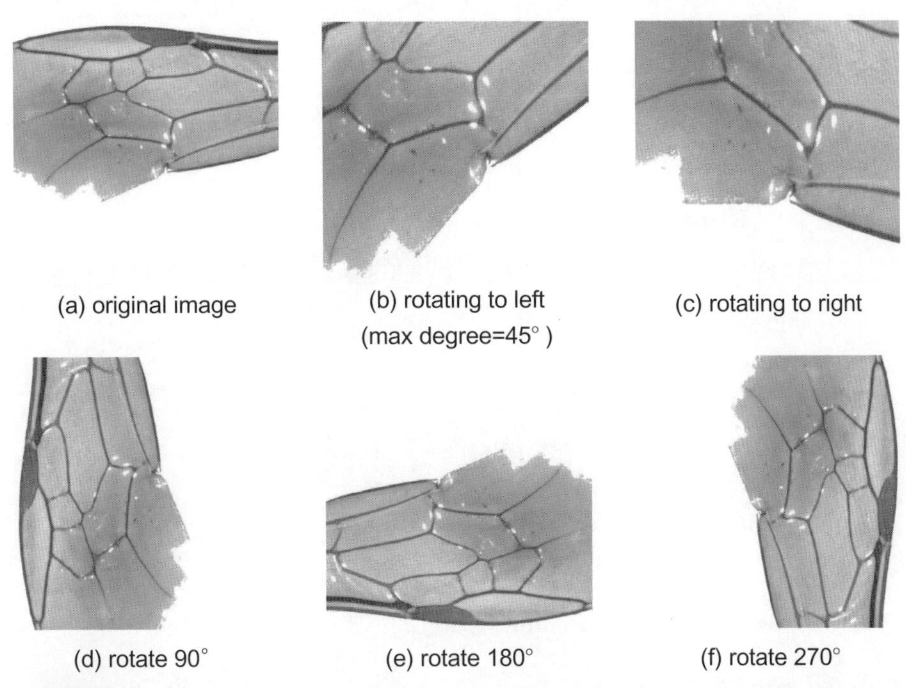

圖 19.11 蜜蜂翅膀資料集的旋轉情況。(a) 原始影像，(b) 和 (c) 以兩個隨機角度（從 -45° 到 45°）旋轉並放大的影像，(d) ~ (e) 分別旋轉 90°、180° 或 270° 的影像。

剪切是一種資料增強技術，指影像沿著某一側進行傾斜，使其從左向右或從右向左傾斜，模擬不同角度下的觀察效果。圖 19.12 顯示蜜蜂翅膀資料集經過剪切操作的效果。除了剪切操作，資料增強還包括影像大小調整、影像裁剪和鏡像等技術，這些技術進一步豐富了資料集的多樣性，提高了模型的訓練效果和泛化能力。

以下是各種資料增強技術的簡要說明：

(1) **剪切（Shearing）**：影像沿其中一側傾斜，模擬不同角度下的觀察效果。這種操作可以使影像從左向右或從右向左傾斜。圖 19.12 顯示蜜蜂翅膀資料集經過剪切操作的效果。

(2) **影像大小調整（Resizing）**：改變影像的大小以適應模型的輸入要求。這種操作可以保持影像的長寬比或進行非等比例縮放。透過大小調整，可以確保所有影像具有統一的尺寸，便於模型處理。

(3) **影像裁剪（Cropping）**：從原始影像中選取一部分進行裁剪，這種操作可以隨機選取不同的裁剪區域。影像裁剪有助於增強模型對部分觀察區域的適應性，提高分類準確率。

(4) **鏡像（Flipping）**：對影像進行水平或垂直翻轉，模擬不同方向下的觀察效果。鏡像操作增加了影像的多樣性，使模型能夠適應不同方向的輸入。

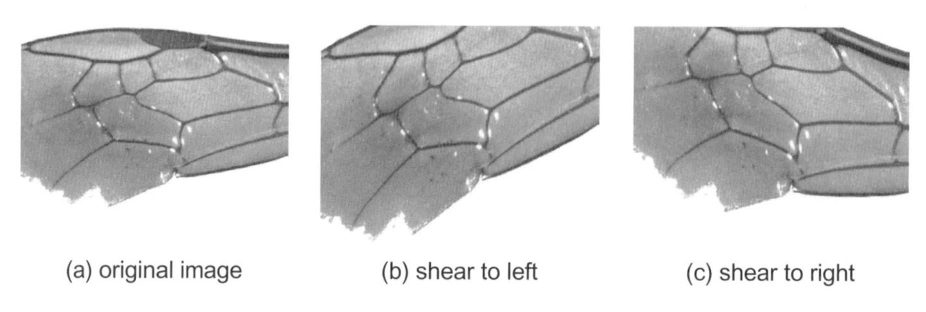

圖 19.12 蜜蜂翅膀資料集的剪切效果。(a) 原始影像，(b) ~ (c) 依隨機方向（角度從 -45° 到 45°）剪切後的影像。

19.4.2 遷移學習

遷移學習（或稱歸納學習）是指從一項任務中獲取知識，並將其應用於另一項任務。當現實中難以獲取大量資料集時，遷移學習變得尤為重要。本文使用六個預訓練的 CNN 模型對生態資料進行遷移學習。

在卷積神經網路中，我們可以學習一些通用特徵，如邊緣偵測器或顏色斑點偵測器，並將其應用於其他任務。需要注意的是，卷積神經網路中的後幾層逐漸代表了原始資料集中所包含的類別細節。遷移學習通常分為三個步驟：

(1) **移除全連接層**：首先，移除預訓練卷積神經網路的全連接層。這樣可以保留預訓練模型中學習到的低層次特徵，如邊緣和顏色模式，這些特徵對多種影像識別任務都是通用的。

(2) **添加新的全連接層**：接著，在預訓練模型的基礎上添加新的全連接層，專門針對生態資料進行訓練。這些新的全連接層將針對生態資料集中的特定類別進行學習和分類。

(3) **微調高層部分**：最後，微調網路的高層部分。透過微調，我們可以進一步調整模型，使其更好地適應生態資料集的特定特徵。微調通常只涉及網路的高層部分，以保留低層次特徵提取器的通用性。

19.4.3 新設計的卷積塊

在 Inception 模型中，透過使用不同大小的卷積核來進行特徵提取。我們受此啟發，重新設計了 Inception 塊和 Inception 殘差塊，使用了四種不同大小的卷積核：1×1、3×3、5×5 和 7×7。同時，我們以 7×7 卷積核取代了最大池化層，以包含較大的卷積核來偵測更寬廣的區域。這些卷積核的輸出被串聯在一起，然後傳遞給 1×1 卷積層。

這種設計有助於在特徵圖中結合更多訊息，使 CNN 模型更靈敏地辨別不同類別之間的差異。具體步驟如下：

(1) **使用不同大小的卷積核**：

a. **1×1 卷積核**：用於降維和非線性變換，保留輸入的所有訊息。

b. **3×3 卷積核**：用於捕捉較小區域的局部特徵。

c. **5×5 卷積核**：用於捕捉更大區域的特徵。

d. **7×7 卷積核**：用於捕捉更寬廣的區域特徵，取代傳統的最大池化層。

(2) **串聯輸出**：各種卷積核的輸出被串聯在一起，形成豐富的特徵圖，這些特徵圖包含了來自不同感受野的訊息。

(3) **1×1 卷積層**：將串聯的輸出傳遞給 1×1 卷積層，用於進一步的降維和特徵整合。

透過這種設計，Inception 塊和 Inception 殘差塊能夠更有效地捕捉和融合多尺度的特徵訊息，提高模型的特徵提取能力和分類準確率。

我們在蜜蜂翅膀資料集中使用不同數量的卷積塊和子採樣層，以比較重新設計的 Inception 塊和 Inception 殘差塊的性能。圖 19.13(a) 顯示重新設計的 Inception 塊，圖 (b) 顯示重新設計的 Inception 殘差塊，圖 (c) 則顯示這些重新設計的 Inception 塊和 Inception 殘差塊的模型性能比較。

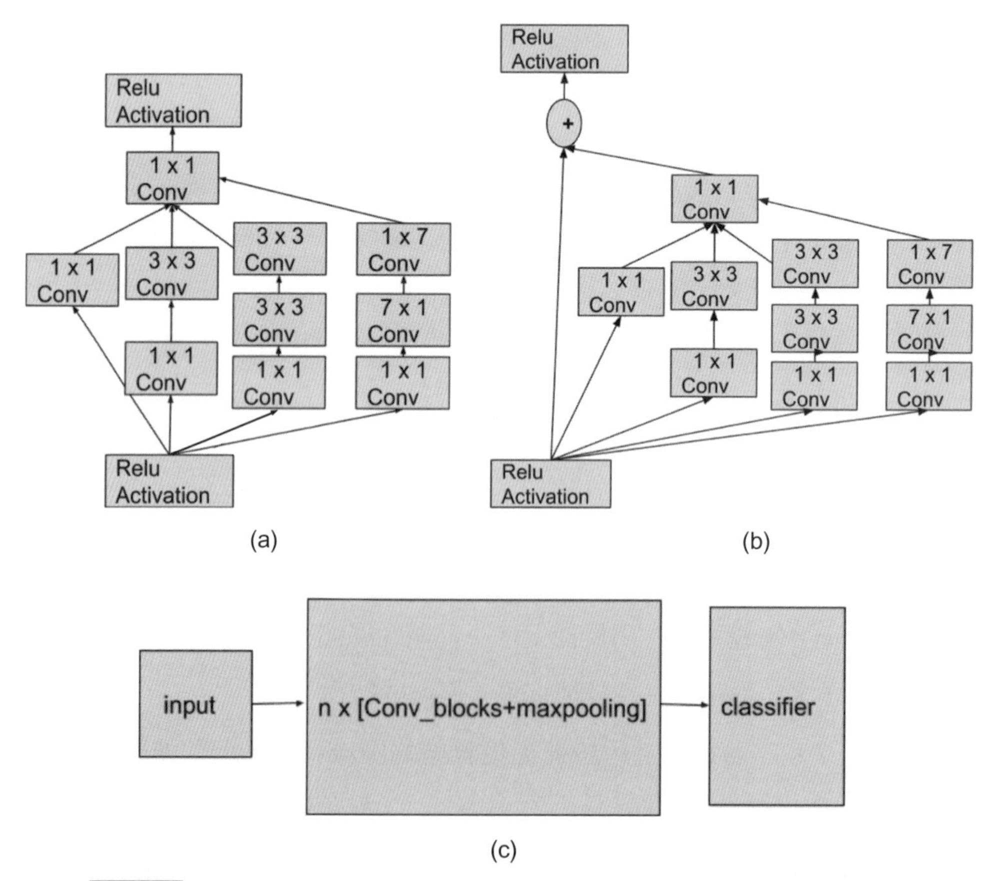

圖 19.13 (a) 新設計的 Inception 塊，(b) 新設計的 Inception 殘差塊，(c) 不同的 n×Conv_blocks 分類模型。

19.5 實驗結果

透過資料增強，每個類別在訓練資料集中擴展到包含 500 個影像樣本。然而，原始測試資料集中的影像數量保持不變。在實驗中，我們使用了一台配備 4-way Nvidia Titan GPU 的 Linux 工作站。以下是詳細的實驗結果：

訓練時間

- **隨機初始化卷積神經網路**：
  - LeNet-5 模型：訓練時間約為 10 分鐘。
  - Inception ResNet V2 模型：訓練時間約為 25 分鐘。
- **預訓練深度 CNN 模型**：
  - VGG-16 模型：訓練時間約為 10 分鐘。
  - Inception ResNet V2 模型：訓練時間約為 20 分鐘。

測試時間

- 測試 CNN 模型的平均時間在 5 秒到 20 秒之間，具體時間取決於模型的複雜度和規模。
- 資料增強有效提升了資料集的多樣性，從而提高了模型的泛化能力。
- 隨機初始化模型和預訓練模型的訓練時間相對較短，能夠在合理的時間範圍內完成訓練。
- 測試時間較短，使得模型能夠快速進行預測，適用於即時應用。

19.5.1 透過資料增強和遷移學習進行改進

表 19.2 顯示對蜜蜂翅膀資料集進行分類的測試準確率。原始資料集的測試準確率約為 87%。透過應用資料增強，每個模型的測試準確率都有所提高。使用 LeNet-5、AlexNet 和 Inception 模型的測試準確率接近

90%。值得注意的是，VGG-16 和 VGG-19 模型在對原始蜜蜂翅膀資料集進行分類時出現的收斂問題，透過使用資料增強得到了解決。然而，應用資料增強後，各模型的測試準確率僅略有提高，這表明對蜜蜂翅膀資料集進行影像變換很難產生顯著多樣化的特徵。

▼ 表 19.2 蜜蜂翅膀資料集的測試準確率

Bee Wing	Original dataset	Data Augment	Transfer Learning	Transfer & Aug
LeNet-5	87.78%	89.97%	–	–
AlexNet	86.04%	89.8%	90.37%	91.28%
VGG16	17.74%	88.7%	92.58%	93.41%
VGG19	17.72%	87.34%	91.67%	93.19%
ResNet50	86.54%	89.34%	92.5%	93.12%
Inception V3	87.16%	91.46%	92.28%	93.95%
InceptionResNetV2	87.72%	90.91%	92.97%	94.40%

與從隨機初始化開始訓練模型相比，微調預訓練模型是一種相對省時的方法。透過預訓練模型中的高度泛化知識，蜜蜂翅膀資料集中每個模型的測試準確率可提高到 92%。此外，透過將資料增強和遷移學習相結合，預訓練模型的測試準確率達到了 96%，遠高於預訓練模型。

與從隨機初始化開始訓練模型相比，微調預訓練模型是一種相對省時的方法。透過利用預訓練模型中的高度泛化知識，蜜蜂翅膀資料集中每個模型的測試準確率可提高到 92%。此外，透過將資料增強和遷移學習相結合，預訓練模型的測試準確率達到了 96%，遠高於僅使用預訓練模型。

表 19.3 顯示蝴蝶資料集的測試準確率，並且強調了資料增強和遷移學習在提升模型性能方面的重要性。以下是詳細的結果分析：

蝴蝶資料集測試準確率

- LeNet-5：測試準確率為 70.24%
- AlexNet：測試準確率為 79.85%

- ResNet50、Inception V3 和 InceptionResNetV2（使用資料增強後）：測試準確率為 87% 至 89%
- VGG 16 和 VGG 19：透過資料增強解決了收斂問題，測試準確率有所提高
- **遷移學習**：測試準確率提高到 93%
- **資料增強＋遷移學習（ResNet50 模型）**：測試準確率達到 96.88%

▼ 表 19.3　蝴蝶資料集的測試準確率

Butterfly	Original dataset	Data Augment	Transfer Learning	Transfer & Aug
LeNet-5	70.24%	71.41%	–	–
AlexNet	79.85%	80.83%	89.28%	92.75%
VGG16	12.17%	79.91%	90.65%	95.04%
VGG19	12.28%	80.33%	90.73%	94.66%
ResNet50	75.36%	87.21%	92.60%	96.88%
Inception V3	78.84%	88.32%	93.10%	96.10%
InceptionResNetV2	79.98%	88.94%	93.67%	96.07%

19.5.2　利用 Inception 和 Inception 殘差塊進行改進

為了提高蜜蜂翅膀資料集的測試準確率，我們使用了不同數量的 Inception 區塊和 Inception 殘差塊來建立 CNN 模型。這些模型透過結合多尺度特徵提取和殘差連接，旨在提升特徵表示能力和分類性能。表 19.4 顯示使用不同模型結構對原始蜜蜂翅膀資料集進行分類的測試準確率。

▼ 表 19.4　原始蜜蜂翅膀資料集的測試準確率

Original Dataset	Inception Block	Inception residual Block
2 × Blocks	90.04%	92.89%
3 × Blocks	90.04%	92.05%
4 × Blocks	89.24%	92.09%
5 × Blocks	88.75%	92.90%

透過使用兩個 Inception 區塊，測試準確率達到了 90%。與 LeNet-5 的 87% 測試準確率相比，Inception 區塊使用四個不同大小的卷積核，能夠捕捉更多細節，從而提高分類準確率。然而，隨著添加更多的 Inception 區塊，性能出現下降，這是由於梯度消失問題造成的。在使用 Inception 殘差塊時，測試準確率達到了 92%。透過殘差連接，可以添加更多的卷積塊，從而避免梯度消失問題，並保持較高的性能。

19.6 結論

本文介紹了卷積神經網路模型在分類生態資料方面的發展。蜜蜂翅膀影像資料集對於人眼來說非常難以識別，因此卷積神經網路模型因其自動特徵提取和總結的能力而被應用。本文在原生態資料集上訓練了七個隨機初始化的卷積神經網路模型。然而，由於資料集有限，測試準確度有待提高。由於資料樣本數量較少，VGG 模型存在收斂問題。

為了改善結果，我們使用了資料增強和遷移學習技術。透過應用增強資料集和預訓練模型，CNN 模型的效能得到了顯著改善，VGG 模型的收斂問題也得到了有效解決。實驗結果表明，結合遷移學習和資料增強，生態資料集的分類可以達到最佳效能。

此外，利用重新設計的 Inception 塊和 Inception 殘差塊進一步提高了蜜蜂翅膀資料集的分類性能。透過在重新設計的 Inception 殘差區塊中應用殘差連接，模型能夠克服梯度消失問題，並保持比僅使用 Inception 區塊的模型更好的性能。這些結果證明，透過結合先進的模型設計和資料增強技術，可以顯著提升 CNN 模型在小型生態資料集上的分類能力。

CHAPTER

20

人工智慧在醫學影像進行肺炎分割和分類的聯合學習

胸部 X 光影像因其高雜訊特性而難以分析。最近，對於自動識別醫學影像中的肺炎的研究受到了廣泛關注。本文提出了一種新穎的聯合任務架構，能夠同時進行肺炎的分類與分割。本文開發了兩個模組，包括影像預處理模組和注意力模組，以提高分割和分類的準確性。在北美放射學會的大量資料集上進行的實驗結果證實，該方法優於其他現有方法。分類測試的準確度從 0.89 提高到 0.95，分割模型的平均準確度從 0.58 提高到 0.78。最後，本文利用兩種弱監督學習方法：類別顯著圖（Class-Saliency Map）和梯度類別活化映射（Grad-CAM），來突顯對分類模型有重要影響的相應像素或區域，從而使精細分割能夠集中在具有高度信度的正確區域。

20.1 簡介

在過去幾年中，肺炎已成為美國的十大死因之一。在早期階段檢測出肺炎有助於挽救患者的生命。因此，醫生們迫切希望借助現代電腦系統來檢測肺炎。一個有效的肺炎自動辨識系統能夠幫助醫生發現可能的肺炎影像並準確定位目標區域。肺炎影像分析系統有兩個主要要求。首先，系統應能從健康樣本中識別出潛在的肺炎樣本。其次，系統應能準確地突出和分割目標區域。

近年來，深度學習引起了越來越多的關注。深度學習是一種基於大數據的表徵學習方法。在電腦視覺領域，卷積神經網路（CNN）是一個被廣泛使用的模型，由 Yann LeCun 於 1995 年首次提出。然而，由於當時計算能力的限制和數學理論的不完善，深度學習最初很難被研究者接受。隨著計算能力的不斷提高，不同結構的卷積神經網路被開發出來並應用於影像分類。例如，在 AlexNet、VGG 模型和殘差模型中，卷積層使用了固定大小的卷積核。GoogleNet 由 4 個不同的特徵圖組成，被稱為 Inception 模型。DenseNet 則提出使用通道連接，以加強特徵傳遞。ChestXNet 採用了 121 層的端對端密集卷積結構來檢測胸部 X 光影像中的 14 種疾病。隨著應用的結構越來越複雜，深度學習模型的參數也大幅增加，使得這些模型在解決各種電腦視覺問題方面展現出了強大的能力。

多目標偵測和語義分割是卷積神經網路的重要應用。語義分割的重點在於將每個像素歸入到一個給定的類別，而目標偵測的重點則是將前景與背景分離。全卷積網路（FCN）是專為語義分割而設計的。它在特徵提取後使用一次反卷積操作進行上採樣，產生像素標籤圖以用於預測。反卷積網路（Deconvolution Network）使用 VGG16 層作為影像表示的自動編碼器，並透過逐步反卷積和上採樣層改進了 FCN。SegNet 採用了編碼器和解碼器結構，對醫學影像進行強韌的語義像素標記。

研究人員希望了解模型做出預測的原因，以提高模型的可信度。解釋深度學習模型的行為有助於增強其可解釋性和信任度。本研究的主要目的是找到在測試影像中影響模型預測的關鍵區域。本文首先提出了一個基線模型，能夠同時學習影像分割和分類。本文採用了顯著圖（Saliency Map）和梯度類別活化映射（Grad-CAM）兩種演算法來解釋影像分類模型。其次，應用影像預處理模組和注意力模組來改進基線模型。

實驗結果表示，這些模組可以分別提高聯合任務學習模型的表現。然而，當這些模組結合在一起時，無引導的形態神經網路（MNN）層會改變梯度，導致顯著圖和 Grad-CAM 聚焦在不相關的區域。為了解決這個問題，我們引入注意力模組（Attention Module），並在通道注意力模組（Channel-Wise Attention Module）和空間注意力模組（Spatial Attention Module）中對形態層之間的特徵圖進行精細化處理。形態塊注意力模組（Morphological Block Attention Module, MBAM）成功地幫助模型以更高的置信度聚焦於相關區域。

20.2 新的模型設計

20.2.1 基線模型

本節將介紹用於分割和分類的聯合任務學習模型（Joint-task Model）。該模型執行二元分類，將肺炎樣本與健康樣本區分開來。分類器基於 VGG16，包含三個部分：輸入層、特徵提取層和全連接層。使用二元交叉熵的損失函數定義為：

$$BCE\_Loss = -\frac{1}{N}\sum_{i=1}^{N} y_i loglog\left(p\left(y_i\right)\right) + (1 - y_i) loglog\left(1 - p\left(y_i\right)\right) \tag{20.1}$$

其中 y_i 是標籤（肺炎像素為 1，健康像素為 0），$p(y_i)$ 是像素屬於肺炎的預測概率，對於所有 N 個像素。在分割任務中，模型需要輸出逐像素的標籤圖，其中目標區域標記為 1，而其他區域標記為 0。分割模型是一種編碼器 - 解碼器結構。編碼器將輸入影像 x 轉換為潛在空間表示 h，即 $h=f(x)$。解碼器從潛在空間表示 h 重建輸入為標籤圖 r，即：

$$r = g\left(h\right) \tag{20.2}$$

自編碼器可以描述為：

$$r = g\left(f\left(x\right)\right) \tag{20.3}$$

透過將輸入影像編碼為潛在表示，然後將其解碼回標籤圖，每個像素在重建過程中被分配一個標籤。標記為 1 的像素表示屬於不透明區域，而正常區域標記為 0。

分割模型是一種類似 U-net 的結構。我們的分割模型中的損失函數使用均方誤差（MSE），可以描述為真實標籤圖與解碼標籤圖之間的平方距離之和。設 y_i 表示第 i 個像素的真實標籤，Y_i 表示模型對第 i 個像素的預測。均方誤差損失計算如下：

$$MSE = \frac{1}{N}\sum_{i=1}^{N}\left(y_i - Y_i\right)^2 \tag{20.4}$$

聯合任務學習模型結合了分類和分割模型，並共享特徵提取層。所提出的聯合任務學習模型如圖 20.1 所示。輸入影像首先透過卷積層進行特徵提取。其次，特徵圖被送入密集層進行分類，並輸出類型：肺炎或健康。同時，特徵圖被送入解碼器進行分割。最後，在分割模型中，第一步中的特徵圖與分割模型中的特徵圖拼接並輸出分割圖。

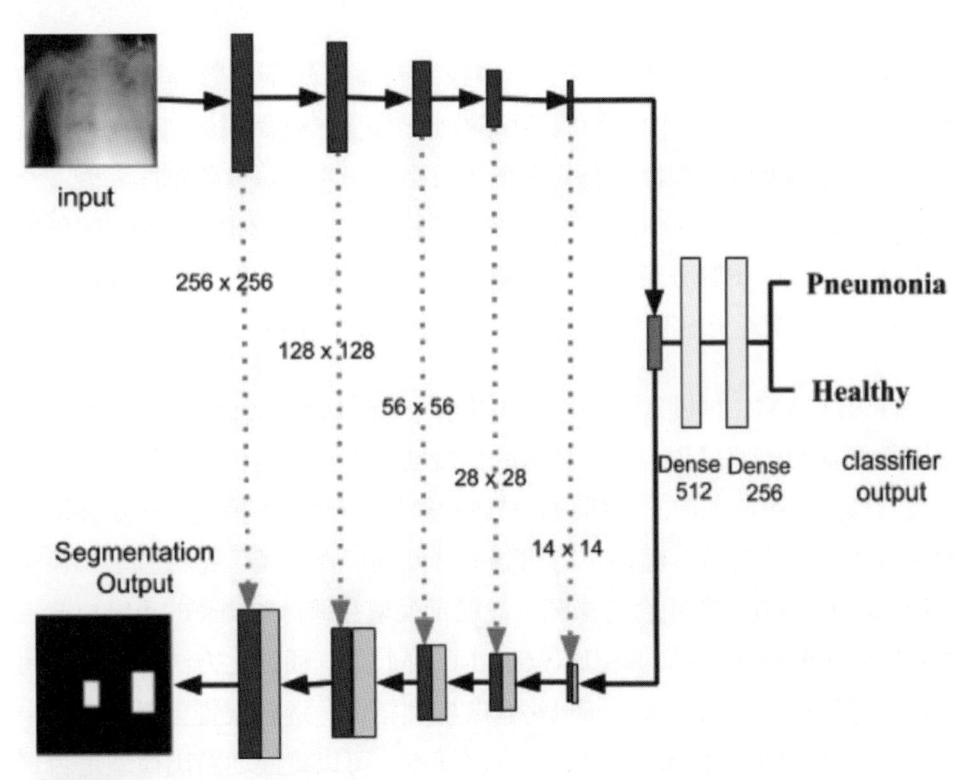

圖 20.1 建議的聯合任務學習模型。

20.2.2 類別顯著圖和梯度類別活化映射（Grad-CAM）

當聯合任務學習模型的訓練完成後，我們使用類別顯著圖（Saliency Map）和梯度類別活化映射（Grad-CAM）來解釋分類器的行為，並視覺化影響較大的區域。類別得分越高，表示該區域對模型決策的影響越大。類別顯著圖從給定的測試影像 I 中計算類別分數 $S_c(I)$，如下所示：

$$S_c(I) = w_c^T I + b_c \tag{20.5}$$

其中影像 I 的標籤為 c。類別分數的導數 w 計算如下：

$$w = \frac{\partial S_c}{\partial I} \tag{20.6}$$

透過在反向傳播中計算 w，可以找到對確定類別分數影響較大的像素。因此，類別顯著圖由分類模型和類別 c 確定。透過視覺化相應的顯著圖，我們能夠理解分類模型為何會做出特定的決定。儘管類別顯著圖並不是分割工具，尤其是在肺部 CT 影像中，但它仍能突出相應的像素，幫助我們理解哪些區域對分類結果有關鍵作用。這種視覺化技術能夠提供有價值的解釋，使醫生和研究人員更信任和理解模型的預測。

Grad-CAM（梯度加權類別活化映射，Gradient-weighted CAM）根據影像標籤和模型最後一個卷積層的梯度進行弱監督定位。對於給定的影像及其標籤，影像被前向傳播到卷積神經網路（CNN）模型中，並獲得相應標籤的置信度得分。隨後，對訊號進行反向傳播，產生特徵圖。最後，使用 ReLU 啟動函數組合特徵圖，以顯示模型在進行預測時的重點位置。與類別活化映射（CAM）相比，Grad-CAM 是一種泛化方法，可以應用於任何卷積神經網路模型，而無需修改模型結構。透過視覺化不同模型中使用類別顯著圖和 Grad-CAM 的測試樣本，可以直觀地看出模型是否聚焦在正確的區域。這種視覺化技術能夠幫助我們理解模型的決策過程，並確保模型在做出預測時關注的是正確的影像區域。

Grad-CAM 的具體步驟如下：

(1) 影像被前向傳播到 CNN 模型中，獲得相應標籤的置信度得分。
(2) 對訊號進行反向傳播，計算最後一個卷積層的梯度。
(3) 利用這些梯度權重，對特徵圖進行加權求和，生成加權特徵圖。
(4) 使用 ReLU 啟動函數對加權特徵圖進行處理，獲得顯示模型關注區域的熱力圖。

透過這些步驟，Grad-CAM 提供了一種有效的工具，幫助我們理解和解釋深度學習模型的內部工作原理。

20.3 影像預處理和視覺注意力模組

本節將介紹影像預處理和視覺注意力模組，它們可以幫助基線模型分類器聚焦於肺部區域。

20.3.1 影像預處理模塊與形態學層

數學形態學是一種廣泛使用的形狀表示和影像預處理方法。兩個基本的形態學操作是膨脹和侵蝕。設輸入影像為 I，結構元素為 s。膨脹表示為 $I \oplus s$，它透過結構元素擴展影像。侵蝕表示為 $I \ominus s$，它透過結構元素收縮影像。

開運算通常用於輪廓平滑，特別是打破組件之間的細連接並擴大小孔或縫隙。它被定義為先侵蝕後膨脹，如下所示：

$$I \circ s = \left(I \ominus s\right) \oplus s \tag{20.7}$$

與開運算不同，閉運算可用於連接狹窄區域和填充小孔或縫隙。它被定義為先膨脹後侵蝕，如下所示：

$$I \bullet s = \left(I \oplus s\right) \ominus s \tag{20.8}$$

圖 20.2 顯示來自 Kaggle 肺炎數據集的兩個樣本影像，這些影像使用 6×6 全為 1 的結構元素進行了膨脹和侵蝕處理。圖 20.3 顯示兩個樣本影像，這些影像用 6×6 全為 1 的結構元素進行閉運算和開運算處理。

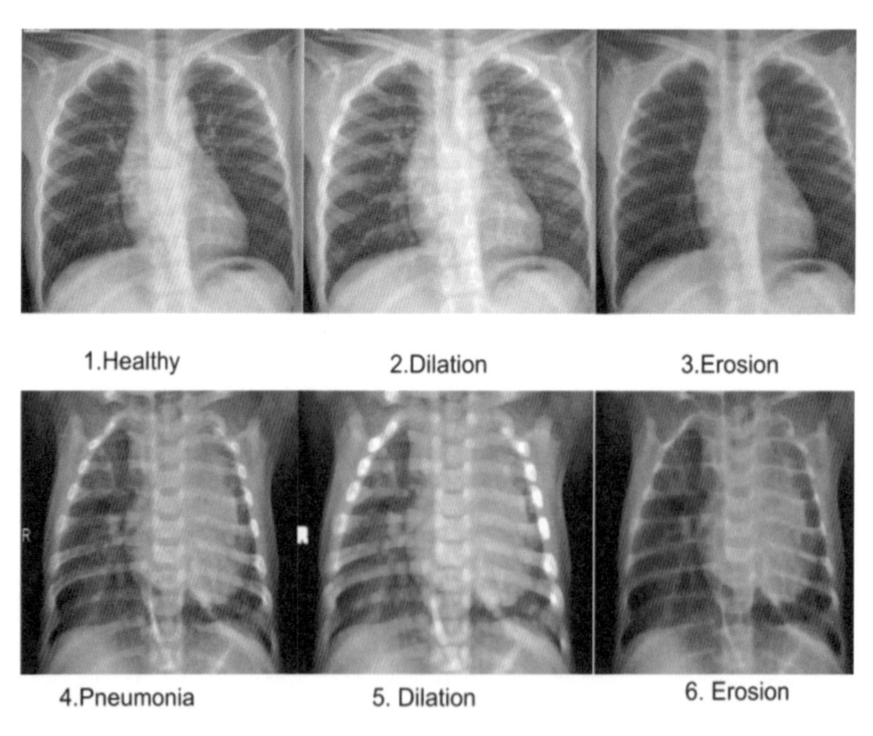

圖 20.2 形態學操作後的樣本影像。第一行顯示輸入影像；第二行顯示膨脹；第三行顯示侵蝕。

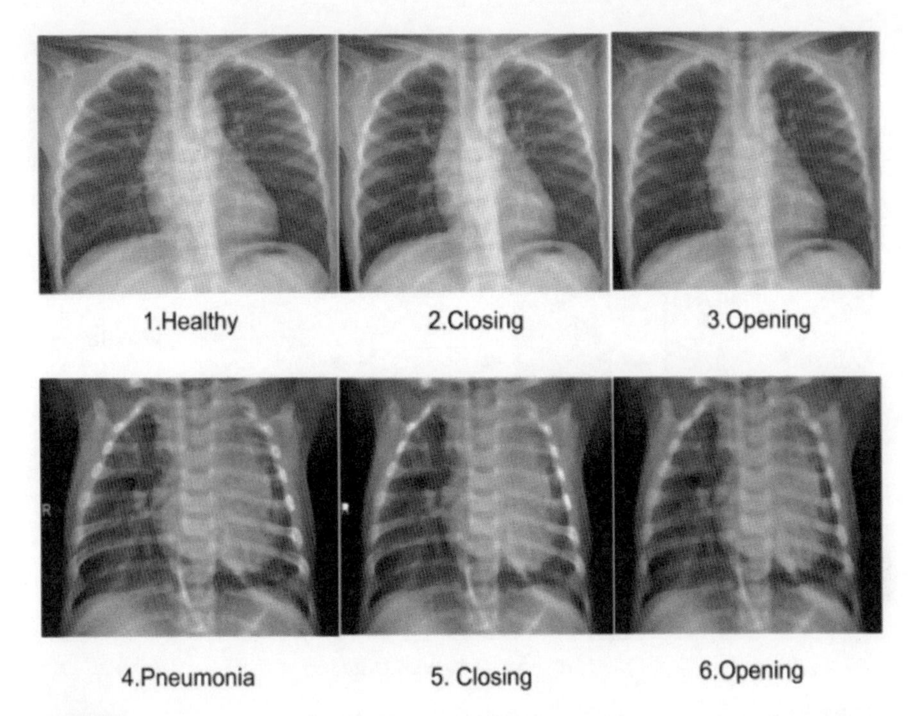

圖 20.3 形態學操作後的樣本影像。第一行顯示輸入影像；第二行顯示閉運算；第三行顯示開運算。

我們之前關於形態學神經網路被用作預處理，並使用特徵提取層進行分類。膨脹可以擴大一些小區域，同時放大一些雜訊區域。侵蝕可以透過消除一些雜訊區域來清理背景，但同時也會濾除一些像素。開運算和閉運算可以平滑輪廓，其中閉運算傾向於填補一些孔洞，而開運算則傾向於使它們變大。圖 20.4 顯示使用形態學層的四個基本形態學操作。

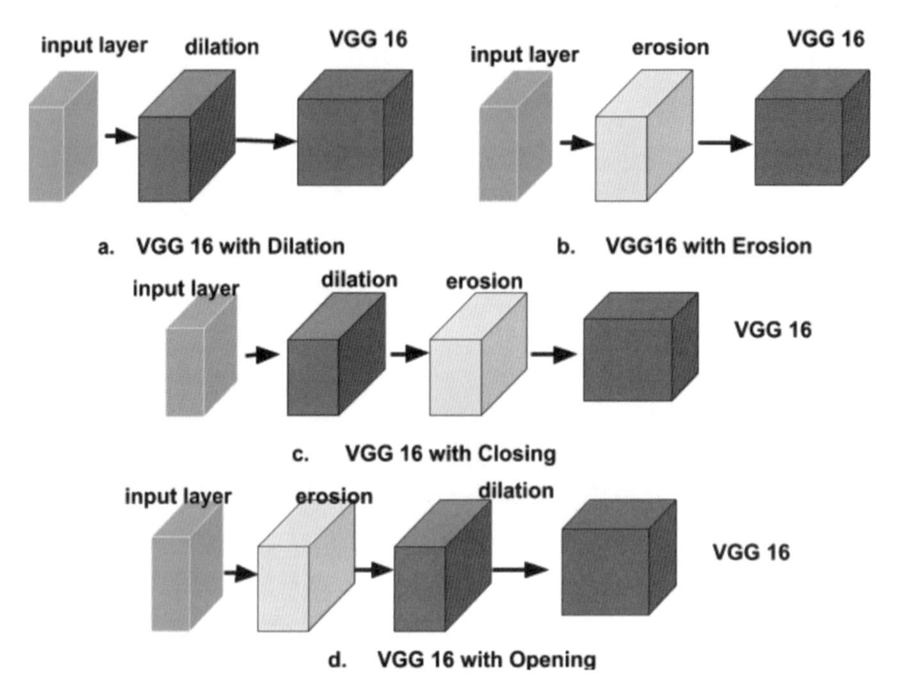

圖 20.4 具有基本形態學操作的形態學影像預處理模塊。

20.3.2 視覺注意模組

如圖 20.5 所示，卷積塊注意力模組（Convolutional Block Attention Module, CBAM）和形態塊注意力模組（Morphological Block Attention Module, MBAM）這兩個注意力模組被分別應用於提高聯合任務學習模型的表現。CBAM 結合了空間和通道注意力機制，能夠自適應地增強重要特徵，同時抑制不相關特徵。這使得模型能夠更專注於有意義的區域，提高分割和分類的精準度。

MBAM 被用來完善形態層之間的特徵圖。這一模組能夠在形態處理過程中精確定位目標區域，透過強化重要特徵並抑制不相關特徵，進一步提升模型在分割和分類任務中的性能。

具體來說，影像預處理和注意力模組的流程如下：

1. **影像預處理**：對輸入影像進行標準化、裁剪和其他預處理操作，以提高影像品質並減少雜訊。
2. **CBAM 應用**：將 CBAM 應用於特徵提取過程中，透過空間和通道注意力機制增強重要特徵。
3. **MBAM 應用**：在形態層之間插入 MBAM，對特徵圖進行精細化處理，準確定位目標區域。

透過這些步驟，影像預處理和視覺注意力模組可以顯著提升聯合任務學習模型的性能，使其能夠更準確地分割和分類肺部區域，從而有效地檢測肺炎。

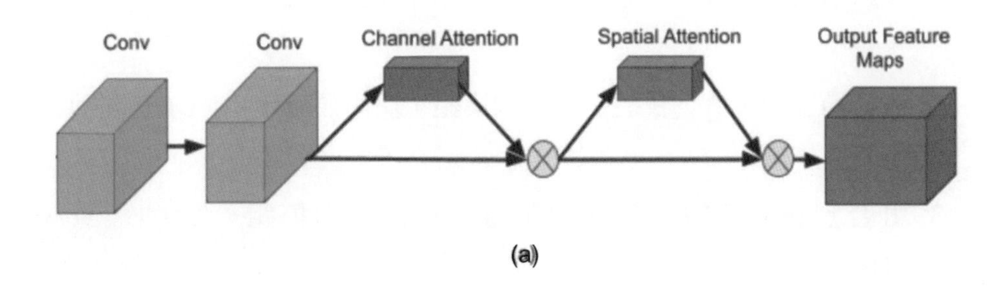

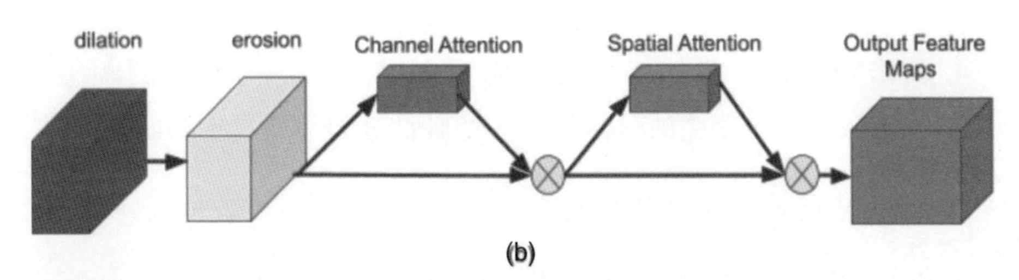

圖 20.5 視覺注意力模組 (a) 卷積塊注意力模組，(b) 形態塊注意力模組。

20.4 實驗結果

我們利用所提出的聯合任務學習模型對不同模組進行了組合實驗。在分割過程中，我們使用了類似 U-Net 的結構來重建遮罩。考慮到基準真相是由邊界框而不是像素標籤圖給出的，進行像素分割可能會將非陰影區域編碼到邊界框內，從而進一步影響模型的預測。邊界框可以指示包含肺部陰影區的大致位置，但無法標註每個像素。分割模型可能無法準確辨識目標區域。

為了評估聯合任務學習模型的表現，我們展示了分割模型和弱監督分割結果。具體來說，我們進行以下步驟：

1. **基線模型**：首先，我們訓練了一個基線模型，該模型僅進行分類，不包括分割模組。
2. **分割模型**：接著，我們引入分割模組，使用類似 U-Net 的結構進行像素級分割。
3. **組合實驗**：我們將不同的預處理和注意力模組（如 CBAM 和 MBAM）與基線模型和分割模型結合，進行組合實驗，以評估其對模型性能的影響。
4. **弱監督分割**：最後，我們應用了弱監督方法，如類別顯著圖和 Grad-CAM，來生成分割結果，並評估其與基準真相的匹配程度。

透過這些實驗，我們觀察到：

- 單獨使用分類模型時，無法精確定位肺部陰影區域。
- 引入分割模組後，模型的定位精準度有所提高，但仍存在邊界框內的非陰影區域干擾問題。
- 結合預處理和注意力模組後，模型的整體表現顯著提升，特別是在精確定位和分割目標區域方面。

這些結果表示，聯合任務學習模型能夠透過整合分割和分類任務，並利用預處理和注意力模組，顯著提高對肺部陰影區域的檢測和分割性能，從而更準確地診斷肺炎。

我們使用的資料集來自 Kaggle 的北美放射學會（Radiological Society of North America, RSNA）肺炎檢測挑戰賽的資料集，其中包含 DICOM 格式的 CT 胸部影像。在圖 20.6 中，(a) 顯示的是不包含陰影區域的影像，(b) 顯示的是包含兩個陰影區域的影像。資料集總共包含 9555 個肺炎樣本和 8851 個正常（健康）樣本。我們隨機將資料分為三組：訓練數據、驗證數據和測試數據，分別包含 13804 張（75%）、920 張（5%）和 3862 張（20%）影像。

這些影像被用來訓練和評估我們的聯合任務學習模型。透過這樣的分配方式，我們能夠確保模型在不同數據集上的泛化能力，並在測試數據上評估其實際應用效果。使用這些資料，我們可以有效地訓練模型，讓其學習如何從胸部 CT 影像中準確識別和分割肺炎區域，從而提高臨床診斷的準確性和效率。

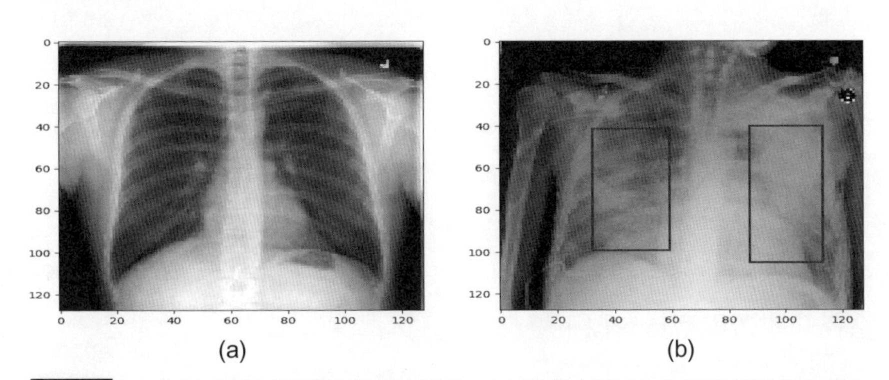

圖 20.6 RSNA 肺炎檢測挑戰賽的樣本影像。(a) 健康人體 (b) 含有肺部陰影的樣本。

20.4.1 基線聯合任務學習模型的表現

為了設計所提出的聯合任務學習模型，需要解決兩個主要問題。首先，分類模型和分割模型很難同時收斂。原因在於分類模型的收斂速度比分割模型快得多。在分割模型中，解碼器部分的參數與編碼器部分的參數相似，這導致分割模型中的參數數量遠多於分類模型。其次，由於計算能力有限，卷積層的參數設計應該足夠提取特徵，同時避免過載。為了達到這個平衡，我們選擇了經典且高效的模型結構：分類模型採用 VGG16 結構，而分割模型則採用 U-Net 結構。

聯合任務學習模型與不同的模型進行了比較。在分類方面，它與 ResNet-50 進行了比較；在分割方面，它與 SegNet、FCN 和 DeepLab V3 進行了比較。表 20.1 列出了這些模型的效能比較。

▼ 表 20.1　聯合任務模型（Joint-task Model）與其他模型的效能比較

Model	Classification Accuracy	Classifier Parameter	Segmentation MAP	Total Parameter
Joint-task Model	89.27%	9.1 Million	0.5945	25 Million
SegNet	/	/	0.5072	20.8 Million
FCN	/	/	0.4368	9.1 Million
ResNet-50	88.73%	25.6 Million	/	25.6 Million
Deep Lab V3	/	/	0.6012	2.5 Million

對於分類任務，VGG16 和 ResNet 的測試準確率相似。我們提出的聯合任務學習模型、FCN 和 SegNet 均使用 VGG16 作為特徵提取器。然而，在上採樣部分，我們的聯合任務學習模型使用了 U-Net 結構，它添加了先前特徵提取器的相應特徵圖。與 FCN 和 SegNet 相比，我們提出的聯合任務學習模型具有以下優勢：

1. **特徵圖結合**：我們的模型在特徵提取過程中直接結合了先前的特徵圖，這樣能夠保留更多的上下文訊息和細節，提高分割的準確性。
2. **U-Net 結構**：U-Net 的結構設計使得模型在進行像素級分割時能夠重建細節，特別適合於需要精細分割的醫學影像分析。

與語義分割模型 DeepLab V3 相比，我們的聯合任務學習模型能取得相似的表現，並且具有以下優點：

1. **多任務學習**：我們的模型能夠同時執行分割和分類任務，提供了一個綜合解決方案，這在實際應用中更為方便。
2. **特徵圖增強**：由於 U-Net 結構中引入跳躍連接，我們的模型能夠保留和利用早期層的特徵，這對於提高分割準確性非常重要。

雖然 DeepLab V3 的參數更少，性能有所提升，但它無法像我們的模型那樣同時執行分類任務。因此，在多目標任務中，我們的聯合任務學習模型展示了更大的潛力和實用性。

20.4.2　不同聯合任務學習模型的表現

基線模型分類器採用 VGG16 結構，並結合了不同的模組：形態層、CBAM 和 MBAM。表 20.2 顯示形態層作為預處理模組與 VGG16 分類器在 Kaggle 肺炎資料集上不同組合的分類準確度。以卷積神經網路分類器作為基線模型，準確率達 89.13%。據觀察，" 開運算 + 閉運算 + VGG16" 模型達到了相對較高的測試準確率。與侵蝕層 + 卷積神經網路模型相比，使用擴張層的預處理模組效能相對較弱。開運算和閉運算都是為輪廓平滑而設計的。影像預處理模組的較佳性能來自於兩個不同的平滑層，它們增加了更多的平滑度，使受感染樣本更容易被識別。

▼ 表 20.2　不同形態層 + VGG16 的分類準確度

Model	Classification Accuracy
VGG16	89.13%
Dilation + VGG16	88.38%
Erosion + VGG16	91.62%
Closing + VGG16	93.02%
Opening + VGG16	92.78%
Opening + Closing + VGG16	94.32%
Closing + Opening + VGG16	94.14%

圖 20.7 顯示我們提出的模型，其中 (a) VGG16 模型，(b) 形態層 + VGG16 結構，(c) CBAM + VGG16 結構，(d) 形態層 + CBAM + VGG16 結構，以及 (e) MBAM + CBAM + VGG16 結構。

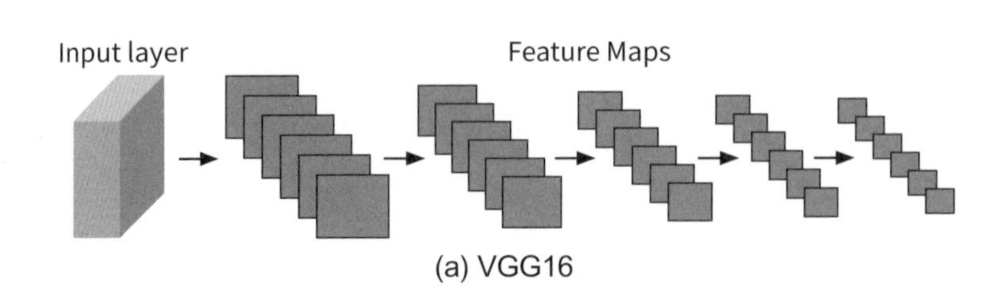

(a) VGG16

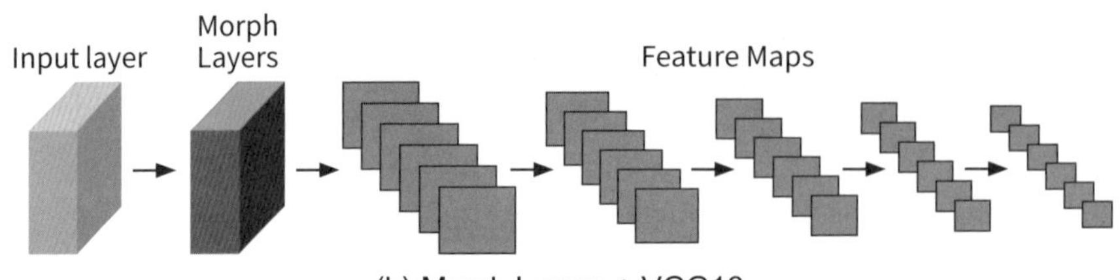

(b) Morph Layers + VGG16

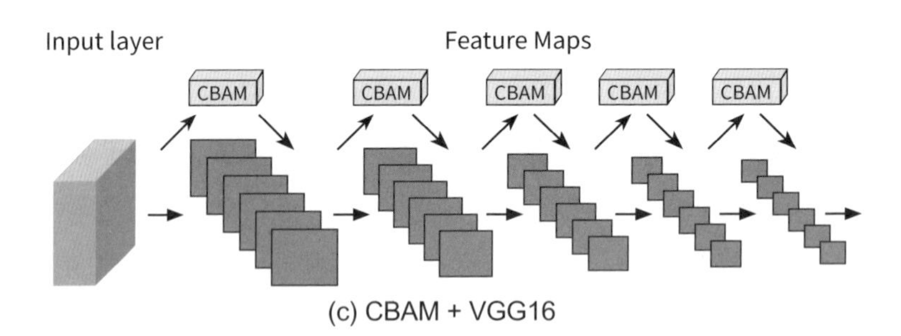

(c) CBAM + VGG16

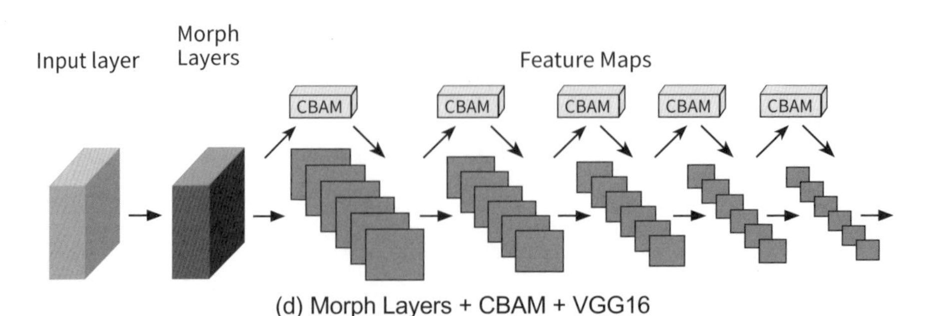

(d) Morph Layers + CBAM + VGG16

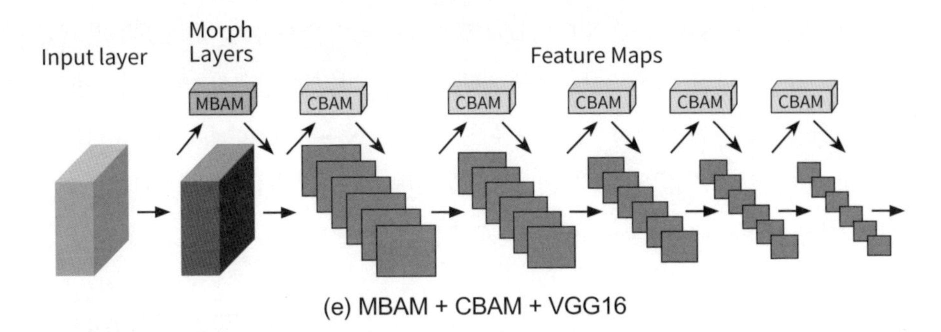

圖 20.7 提出的模型。

所提出的聯合任務學習模型的表現如表 20.3 所示。與基線模型相比，MNN + VGG16 模型在分類方面提高了 5.13%，在分割方面提高了 2.32%。這一改進是由於使用了形態層的影像預處理層。MNN 層使用軟最小值或軟最大值函數，分別近似於擴張或侵蝕，這在數學上對輸入影像進行了形態學濾波，從而豐富了特徵圖。

▼ 表 20.3　不同模組聯合任務學習模型的測試準確度

Model	Classification Accuracy	Segmentation MAP
VGG16	89.27%	58.45%
MNN+ VGG16	94.14%	60.73%
CBAM + VGG16	93.85%	71.78%
MNN+CBAM+VGG16	90.85%	63.85%
MBAM+CBAM+VGG16	95.73%	78.72%

CBAM+VGG16 模型利用 CBAM 機制來完善卷積層之間的特徵圖，使分類模型準確率提高了 4.58%，分割模型提高了 13.33%。這種改進的原因在於 CBAM 在空間域和通道域中引導模型。

MNN + CBAM + VGG16 模型結合了 MNN 和 CBAM。儘管分類準確率提高了 1.58%，分割 MAP 提高了 5.4%，但仍比 MNN + VGG16 和 CBAM + VGG16 差。原因是 MNN 層和 CBAM 改變了原始影像的梯度。

MBAM + CBAM + VGG16 模型完善了卷積層之間和形態層之間的特徵圖。實驗結果表示，與基線模型相比，該模型的分類準確率提高了 6.46%，分割準確率提高了 20.27%。在 MNN + CBAM + VGG16 中，由於形態層中的特徵圖組織不良，導致梯度發生了變化。而 MBAM 在訓練過程中能正確引導 MNN 層修正梯度問題。

20.4.3 透過類別顯著圖和 Grad-CAM 評估模型效能

我們對測試資料集中的四個隨機樣本應用了類別顯著圖和 Grad-CAM，以說明模型的效能。由於聯合任務學習模型的信賴區間在 89% 到 95% 之間，因此解釋分類器是否能偵測到正確的區域非常重要。類別顯著圖顯示分類器做出預測時相應的影響像素，而 Grad-CAM 顯示的是機率圖，表示分類器做出預測時，哪個區域具有較高的可能性。透過為分割模型的預測附加邊界框，我們最終可以確定模型是否可靠。圖 20.8 顯示不同模型在四個肺炎樣本上的表現：

1. **第一列**：紅色邊界框中的分割預測，基準真相顯示為藍色邊界框。（註：您可以連到 https://www.flag.com.tw/DL.asp?F4331 瀏覽「圖 20.8」的彩色圖檔）
2. **第二列**：類別顯著圖，顯示分類器做出預測時相應的影響像素。
3. **第三列**：Grad-CAM 注意力圖，顯示分類器做出預測時，哪個區域具有較高的可能性。

圖 20.8(a) 顯示，所有樣本均被歸類為肺炎。類別顯著圖顯示對肺部區域的分割效果較弱。Grad-CAM 圖顯示，基線模型在進行預測時更傾向於關注影像的角落或底部，而非肺部區域。目標區域的關注概率相對較低，因此基線模型的性能較差，因為分類器依據錯誤的關注區域進行預測。

圖 20.8(b) 顯示包含形態層的基線模型。類別顯著圖顯示可能有影響的像素。形態層改善了模型，使其能夠聚焦於正確的注意力區域，因此 Grad-CAM 可以聚焦於目標區域，而不是基線模型中的其他區域。

圖 20.8(c) 顯示包含卷積塊注意力模組（CBAM）的基線模型樣本。該模組成功地透過通道注意力和空間注意力模組改進了基線模型。與基線模型相比，CBAM 能夠引導模型正確地聚焦於目標區域。圖 (d) 顯示結合形態層和 CBAM 的基線模型樣本。由於形態層的引導效果不佳，影像預處理模組會誤導模型關注於其他區域。圖 (e) 顯示結合 MBAM 和 CBAM 的基線模型樣本。與圖 (d) 中的 Grad-CAM 圖相比，形態層在注意力模組的引導下得到了改善。因此，如圖 (a) 和圖 (d) 所示，模型能以更高的置信度聚焦於正確的目標並解決問題。

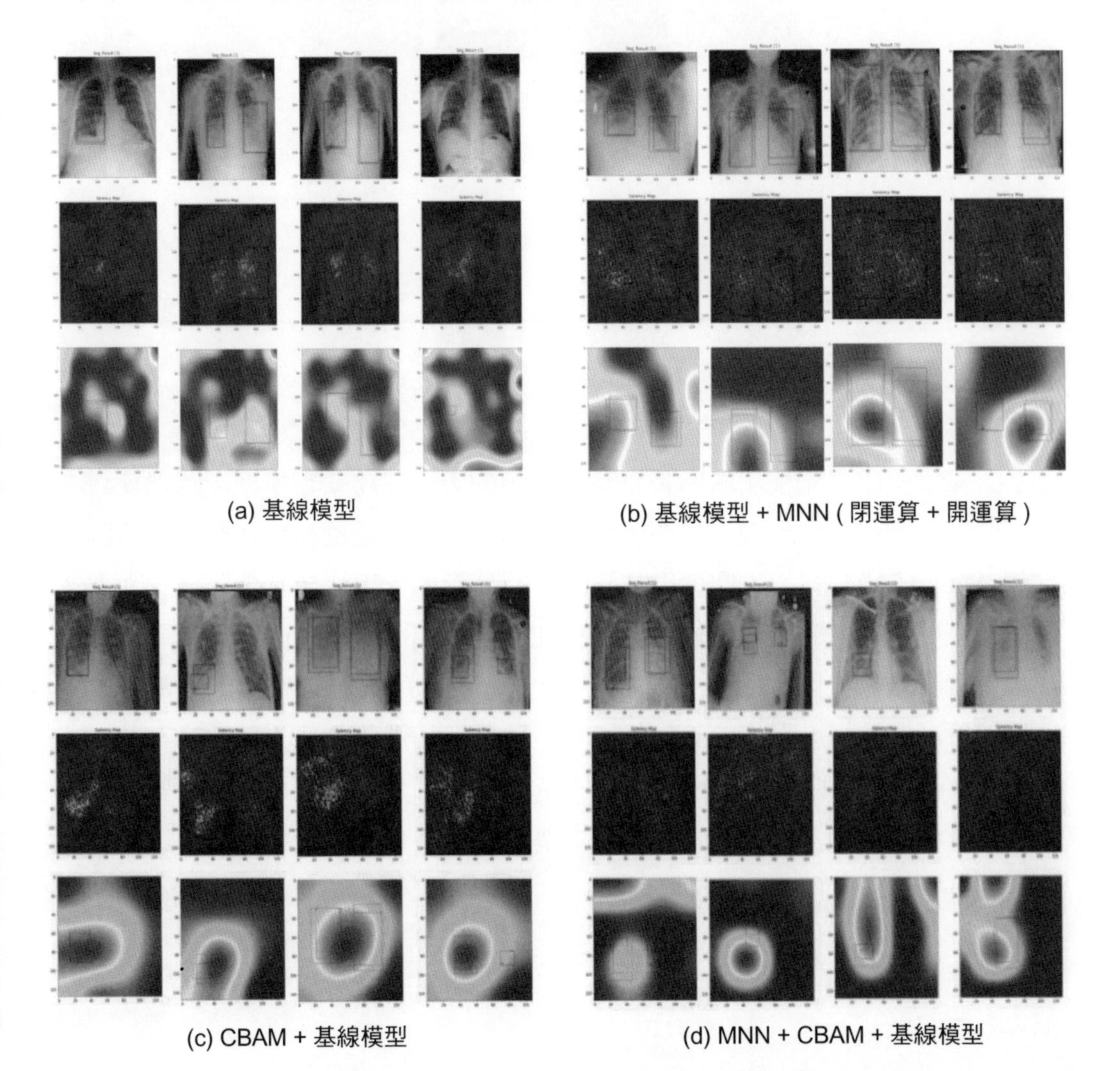

(a) 基線模型

(b) 基線模型 + MNN (閉運算 + 開運算)

(c) CBAM + 基線模型

(d) MNN + CBAM + 基線模型

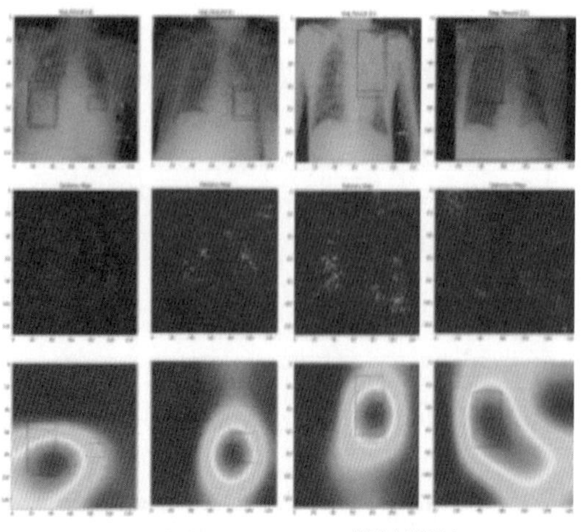

(e) MBAM+ CBAM + 基線模型

圖 20.8 不同模型的類別顯著圖和 Grad-CAM。

20.5 結論

本文提出了一種用於肺炎分割和分類的聯合任務學習模型。透過比較不同的分割和分類模型，證明了該模型的有效性。透過視覺化類別顯著圖和 Grad-CAM 圖，我們發現基線模型的分類器會專注於其他區域，而非目標區域。我們開發了影像預處理和注意力模組，以完善聯合任務學習模型。實驗結果表明，CBAM 或形態層可以幫助所提出的聯合任務學習模型以更高的置信度聚焦於正確的區域。此外，透過將 MBAM 和 CBAM 結合到基線模型中，所提出的聯合任務學習模型不僅達到了 95.73% 的最佳分類測試率和 0.7872 的最佳平均準確度，還有助於分類模型聚焦於正確的區域。

CHAPTER

21

創新的胸部 X 光影像分類技術：自適應形態神經網路的應用

由於胸部 X 光影像中存在大量雜訊，放射科醫師對其分類常常面臨挑戰。傳統基於卷積神經網路的模型參數繁多，需要多個高階 GPU 支援才能部署。本文中，我們首次開發了自適應形態神經網路（Adaptive Morphological Neural Network），用於對肺炎和 COVID-19 等胸部 X 光影像進行分類。我們提出了一種能自我學習形態膨脹和侵蝕的新結構，以確定自適應層的最合適深度。實驗結果顯示，該模型在胸部 X 光和 COVID-19 資料集上的分類率優於現有模型，並將計算參數大幅降低 97%。這一優勢使得該模型在網際網路和其他設備平台上的部署更具吸引力。

21.1 簡介

隨著電腦硬體速度的顯著提高，深度學習神經網路得到了快速發展。目前，許多電腦視覺領域的深度學習模型都基於卷積神經網路（Convolutional Neural Network, CNN）。CNN 模型最初由 LeCun 和 Yoshua 於 1995 年提出，並稱為 LeNet。自那時以來，各種基於 CNN 的結構被開發出來，用於影像分類和分割等電腦視覺任務。

早期的 CNN 模型如 AlexNet 和 VGG，在卷積層中使用固定的卷積核大小。後來，殘差神經網路（Residual Neural Network, RNN）被開發出來，該模型在固定卷積核大小的基礎上，加入了輸入層和輸出層之間的捷徑連接，使得 CNN 模型可以更加深入和精確。

2015 年，Google 首次提出了他們的模型 GoogleNet，這個模型由四個不同的特徵圖組成，稱為 Inception 模型。Inception 網路是 GoogleNet 的進階版本，該模型同時使用了不同的卷積核大小和殘差捷徑。為了進一步提升特徵提取效果，DenseNet 也被提出，這種模型利用通道連接進行特徵提取。

深度學習和電腦視覺的其他應用包括多目標偵測和語義分割。語義分割的目的是將每個像素歸類到一個特定類別，而目標偵測則著重於將前景與背景分開。全卷積網路（Fully Convolution Network, FCN）是專為語義分割設計的模型。它在特徵提取後使用一次反卷積操作並進行上採樣，以生成用於預測的像素標籤圖。反卷積網路（Deconvolution Network）利用 VGG16 層作為影像表示的自動編碼器，透過逐步反卷積和上採樣層改進 FCN。SegNet 採用了編碼器和解碼器結構，實現了對醫學影像的強韌語義像素標註。而 CheXNet 則使用 121 層端對端密集卷積結構來檢測胸部 X 光資料中的 14 種疾病。

隨著結構的複雜化，深度學習模型中的參數數量顯著增加。雖然 CNN 是電腦視覺領域的主流模型，但其主要問題在於需要多個高級 GPU 來處理大量參數。因此，本文提出了一種新型自適應形態學神經網路，用於特徵提取，以減少參數數量並提高分類率。最近的研究進展基於 CNN，進一步提升了這些模型的性能。

數學形態學已被證明在有效提取物體特徵（如形狀、區域、邊緣、骨架和凸包等）方面具有重要作用，從而改善物體的表示和描述。與卷積操作中使用的遮罩類似，數學形態學也需要一個結構元素來處理影像。其兩個基本操作是膨脹和侵蝕，其他操作則是這些基本操作的組合。膨脹傾向於放大物體，而侵蝕則傾向於縮小物體。數學形態學的另一個應用是影像預處理，如形態學濾波（Morphological Filtering）。

本文提出了一種用於胸部 X 光影像分類的自適應形態神經網路（Morphological Neural Network, MNN）模型。放射科醫師使用胸部 X 光影像診斷肺部疾病。然而，這些影像常具有較大的雜訊，難以分析疾病，如細菌性肺炎、病毒性肺炎或健康狀況。此外，我們還將模型應用於識別近期 COVID-19 大流行中的可能病例樣本。我們使用了不同的形態層，包括膨脹、侵蝕、開運算和閉運算，並將這些形態操作與卷積神經網路結合，從而改進特徵提取過程。

此外，我們開發了用於特徵提取的自適應形態層，該層可以在訓練過程中自動確定合適的形態操作和結構元素。這一創新設計使得 MNN 模型在胸部 X 光影像分類中表現出色，有效提升了分類準確性，並大幅降低了計算參數，使其在網際網路和其他設備平台上的部署更加可行。

21.2 形態學神經網路

深度學習是機器學習的重要組成部分，它需要大量資料來訓練模型，並在不同資料集上評估模型的表現。在電腦視覺領域，卷積神經網路（Convolutional Neural Network, CNN）已被廣泛應用於多個領域。LeNet-5 最初設計用於手寫數字分類，包含輸入層、特徵提取層和池化層（Pooling Layer），以減少不必要的資料。經過卷積層（Convolutional Layer）和池化層的二次連接後，特徵表示被送入全連接人工神經網路進行分類。

在卷積層中，輸入可以是一張或多張具有一個或三個通道的影像，如灰階或 RGB 影像。透過使用不同的濾波器進行多次卷積操作，產生多個稱為特徵圖的輸出影像。卷積層透過不同的濾波器提取局部特徵，使整個網路能夠學習輸入影像中的所有特徵。

卷積層使用不同的濾波器提取不同的局部特徵，使整個網路能夠學習輸入影像中的所有特徵。卷積層後跟激勵函數描述如下：

$$h^k = f(\sum_{l \in L} x^l \otimes w^k + b^k) \tag{21.1}$$

其中 h^k 是當前層第 k 個特徵圖的潛在表示，f 是激勵函數，x^l 是前一層特徵圖組 L 中的第 l 個特徵圖，或者在網路第一層的情況下是輸入影像的第 1 個通道，總共有 L 個通道。⊗ 表示二維卷積運算，w^k 和 b^k 分別表示當前層第 k 個特徵圖的權重（濾波器）和偏差。

一個稱為 ReLU（Rectified Linear Unit, 修正線性單元）的非線性函數作為激勵函數 f，其表達式為 $f(x) = \max(0, x)$。當 x 小於 0 時，該函數輸出 0，而對於任何正輸入，輸出為 x。ReLU 在神經網路模型中表現良好，因為它允許模型計算非線性和交互性，這使得 ReLU 成為一種常用的激勵函數。損失函數是帶有 SoftMax 函數的交叉熵，其表達式為：

$$p_i = \frac{e^{z_i}}{\sum_{k=1}^{K} e^{z_k}}, i = 1, 2, 3, \ldots, K \tag{21.2}$$

其中 z_i 是輸入張量的一個元素。透過 SoftMax 函數，我們可以將一個 N 維的實數向量轉換為 (0,1) 範圍內的實數向量。交叉熵損失函數是一種廣泛使用的替代平方誤差的方法。其表達式為：

$$H(y, p) = -\sum_i y_i log(p_i) \tag{21.3}$$

其中 y_i 是第 i 個輸入影像的標籤，p_i 是 SoftMax 函數輸出的第 i 個項。

池化層旨在對影像資料進行向下採樣，以提取有用資訊並縮小特徵圖的尺寸。通常有兩種不同的向下採樣方法：平均池化（Average Pooling）和最大池化（Max Pooling）。平均池化用於計算小範圍內特徵的平均值，而最大池化則提取小範圍內的最大值。

從卷積層和池化層獲取足夠資訊後，全連接層將輸出映射到線性可分離空間，並將矩陣展平為向量。然後使用 SoftMax 對資料進行分類，因此最後一個全連接層的輸出將是預測的標籤。

數學形態學（Mathematical Morphology）是一種廣泛應用於形狀表示和影像預處理的方法。形態學的兩個基本操作是膨脹（dilation）和侵蝕（erosion）。開運算（opening）通常用於平滑輪廓，特別是斷開部件之間的細小連接以及擴大小孔或縫隙。而閉運算（closing）則與開運算不同，用於連接狹窄區域和填補小孔或縫隙。

圖 21.1 顯示兩張胸部 X 光影像樣本，這兩張影像使用全為 1 的 6×6 結構元素進行膨脹和侵蝕處理。圖 21.2 顯示兩張樣本影像，使用全 1 的 6×6 結構元素進行閉運算和開運算處理。

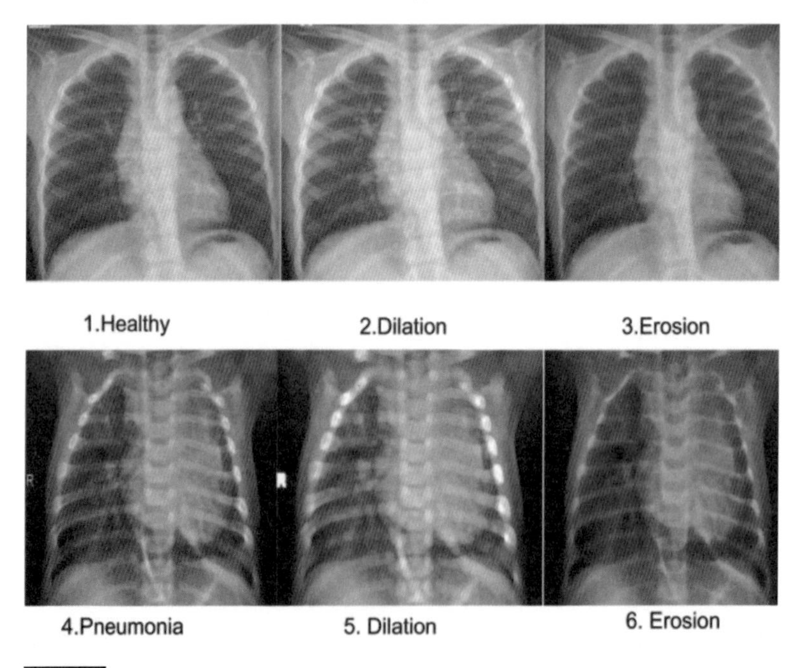

圖 21.1 經過形態學運算後的樣本影像。第 1 行顯示輸入影像；第 2 行顯示膨脹處理後的影像；第 3 行顯示侵蝕處理後的影像。

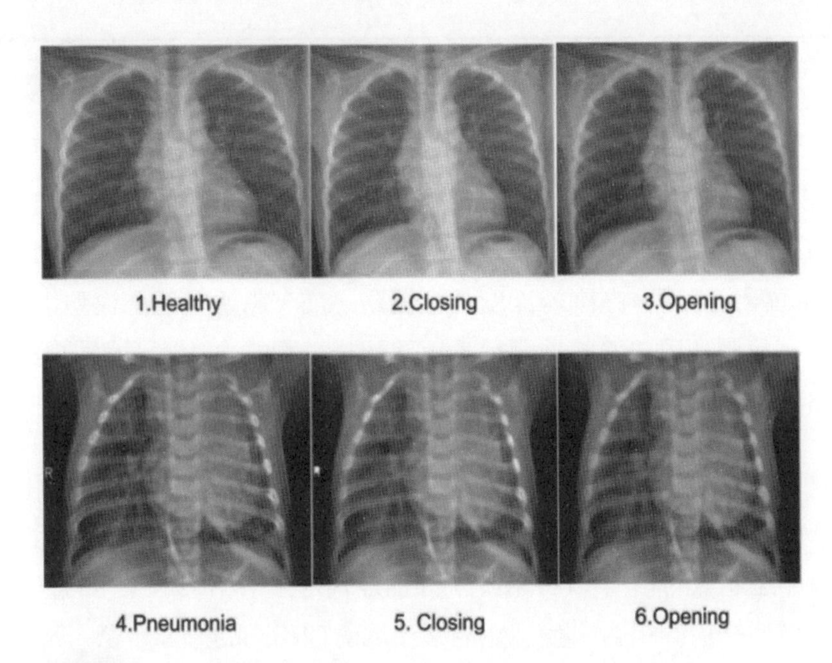

圖 21.2 經過形態學運算後的影像樣本。第 1 行顯示輸入影像；第 2 行顯示閉運算處理後的影像；第 3 行顯示開運算處理後的影像。

對於 X 光影像，膨脹操作可以擴大一些小區域，但同時也會放大一些雜訊區域。侵蝕操作可以透過消除一些雜訊區域來清理背景，但也會過濾掉一些像素。開運算和閉運算可以使輪廓變得平滑，其中閉運算往往會填補一些漏洞，而開運算則會擴大這些漏洞。其他形態學操作還包括頂帽變換（Top-Hat Transform）和底帽變換（Bottom-Hat Transform）。

形態學神經網路（Morphological Neural Network, MNN）是另一個深度學習架構。與 CNN 中的卷積層類似，形態層也是一種特徵提取工具。利用膨脹和侵蝕的微分近似，我們可以構建形態層。權重在數學形態學中相當於卷積中的濾波器，用作結構元素。與卷積類似，權重也可以有不同的形狀。為簡單起見，本文採用 3×3 和 5×5 的權重。這種層的梯度是透過鍊式法則的反向傳播計算出來的。透過這種近似方法，我們可以很容易地得到梯度。

21.3 自適應形態神經網路

在本節中，我們開發了不同的深度學習模型，用於胸部 X 光影像分類。我們結合了幾種數學形態學操作，如膨脹、侵蝕、閉運算、開運算、頂帽和底帽。然而，在訓練深度神經網路之前，需要在這些模型中指定操作類型。我們利用自適應層開發了用於肺炎分類的自適應形態神經網路，該網路不需要在每一層中指定形態學操作類型。

基本形態神經網路的結構如圖 21.3 所示，其中 (a) 顯示執行侵蝕操作的 MNN 模型結構，(b) 是執行膨脹操作的結構，(c) 和 (d) 分別是執行開運算和閉運算的結構，(e) 和 (f) 分別是執行頂帽和底帽操作的結構。透過這些模型結構的組合，我們能夠靈活地處理不同的影像特徵，從而提高分類的準確性和模型的適應性。

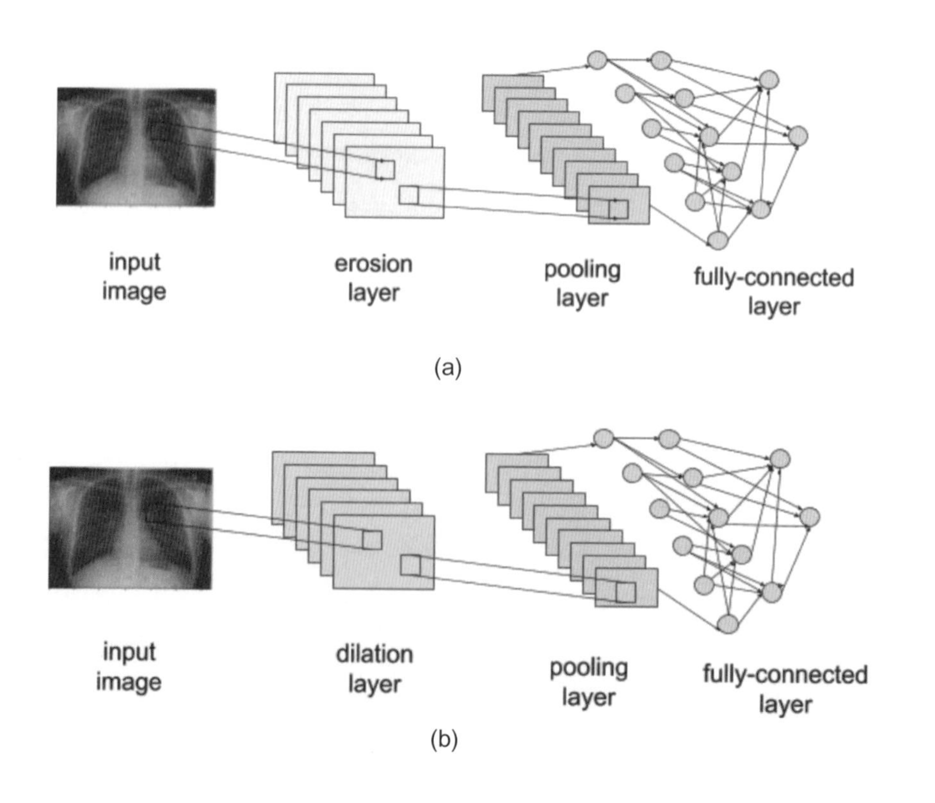

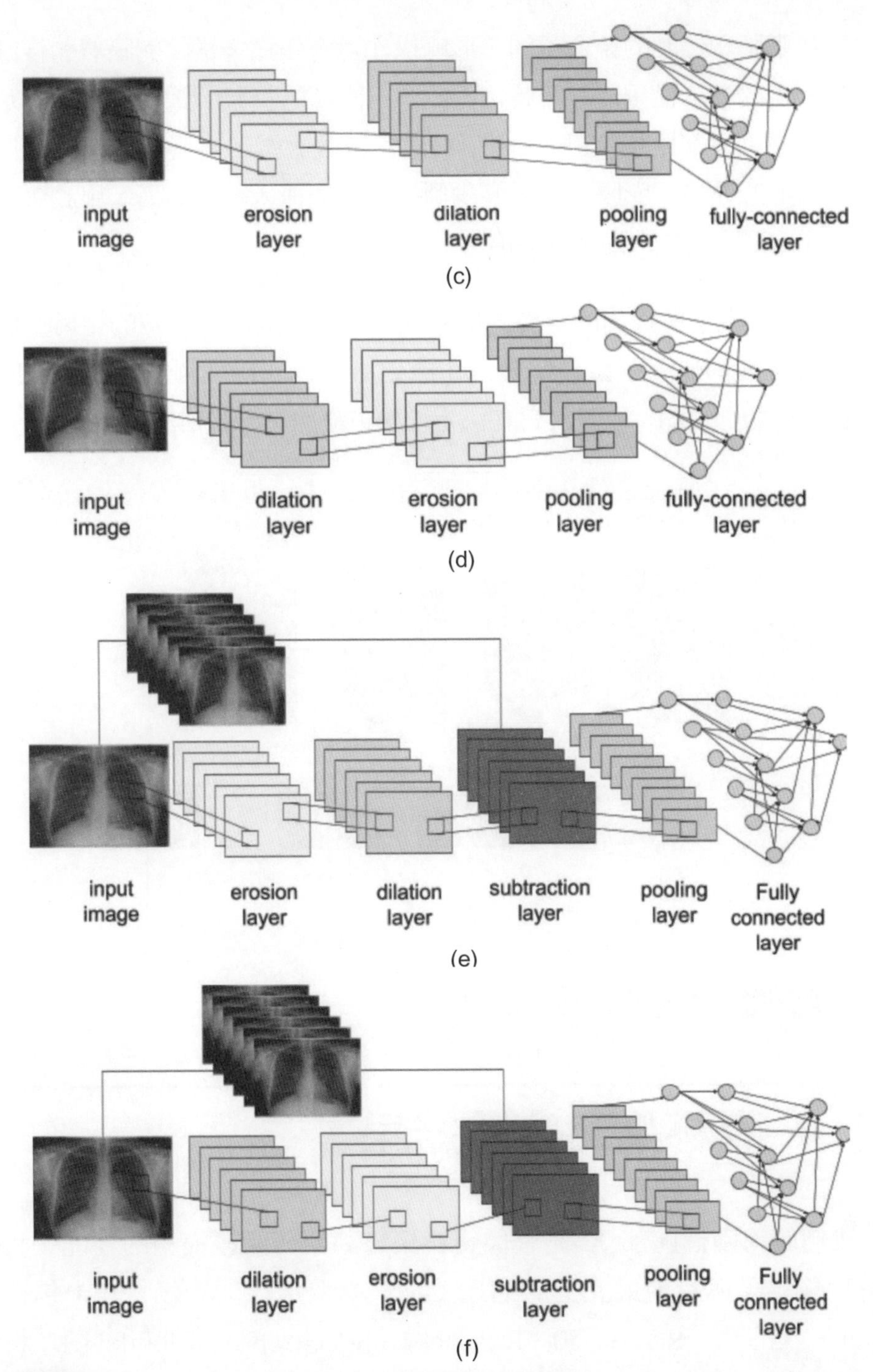

圖 21.3 用於各種數學形態學運算的形態學神經網路結構：(a) 肺炎胸部 X 光影像的侵蝕分類器，(b) 膨脹分類器，(c) 開運算分類器，(d) 閉運算分類器，(e) 頂帽分類器，(f) 底帽分類器。

由於膨脹和侵蝕的組合不同，形態操作也會多種多樣。膨脹層和侵蝕層的唯一差異在於權重前的符號。因此，可訓練的符號函數權重用於決定形態操作類型（膨脹或侵蝕）。利用提出的符號函數，自適應形態層可以自我學習形態類型：膨脹或侵蝕。我們提出了一種新穎的結構，用於決定肺炎分類中最合適的自適應層深度。

圖 21.4 顯示所提出的堆疊式自適應形態學深度學習模型的結構。每個池化層之前都加入了激勵函數。在池化層之後，特徵圖由全連接層處理，並輸出類別預測。該設計旨在決定堆疊自適應層的最佳深度。

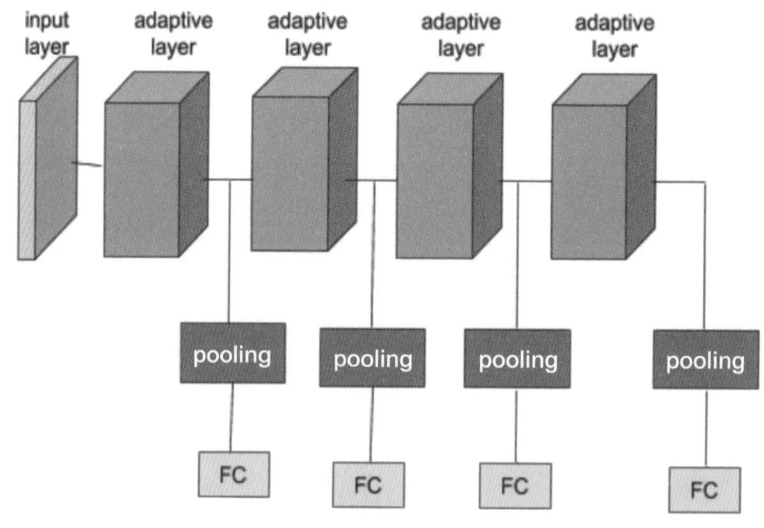

圖 21.4 堆疊自適應形態學深度學習模型。

21.4 資料集和實驗結果

我們使用兩個胸部 X 光影像資料集來評估所開發模型的性能。我們將實驗結果與目前最先進的七種 CNN 模型進行了比較，其中包括 LeNet、VGG16、ResNet-50、DenseNet、SqueezeNet、MobileNet 和 Inception v4。

21.4.1 資料集

我們使用兩個資料集來評估所開發模型的效能：胸部 X 光資料集和 COVID-19 資料集。胸部 X 光資料集來自 Kaggle 競賽，包含 5863 張 X 光影像，分為肺炎和正常兩個類別。我們將這些影像分成三個子集：4,398 張影像用於訓練，1,375 張影像用於測試，93 張影像用於驗證。為了平衡訓練樣本，我們在訓練過程中使用了資料增強技術。

COVID-19 資料集包含 219 個陽性病例和 1,341 個正常病例，其中 165 個陽性病例和 1,005 個正常病例用於訓練。測試資料集使用了 43 個陽性樣本和 43 個正常樣本。驗證資料集包含 11 個陽性樣本和 68 個正常樣本。為了平衡訓練過程中的樣本數，我們使用影像增強技術為每個類別增加了 10,000 張新影像。在實驗中，所有影像的尺寸均調整為 256×256。

21.4.2 實驗結果

表 21.1 和表 21.2 顯示基本形態學神經網路在兩個資料集中的實驗結果。侵蝕分類器和膨脹分類器只使用一層進行特徵提取。相較之下，侵蝕分類器在胸部 X 光資料集上的準確率為 95.27%，而膨脹分類器的測試準確率為 98.10%。這是因為侵蝕分類器傾向於縮小影像。開運算和閉運算的性能彼此相似，因為這兩種操作都傾向於消除雜訊。召回率（recall）、精確率（precision）、準確率（accuracy）和 F1 分數由以下公式計算：

$$Recall = \frac{True\ Positive}{True\ Positive + False\ Negative} = \frac{True\ Positive}{Total\ Active\ Positive} \tag{21.4}$$

$$Precision = \frac{True\ Positive}{True\ Positive + False\ Positive} = \frac{True\ Positive}{Total\ Predicted\ Positive} \tag{21.5}$$

$$Accuracy = \frac{True\,Positive + True\,Negative}{Total\,Testing\,samples} = \frac{Correct\,Prediction}{Total\,Testing\,samples} \tag{21.6}$$

$$F1 = \frac{2 * Precision * Recall}{Precision + Recall} \tag{21.7}$$

▼ 表 21.1 胸部 X 光資料集中基本形態神經網路的測試準確率

Chest X-Ray dataset	Recall	Precision	Accuracy	F1 Score	Total Parameter
Erosion	95.7%	96.06%	95.27%	0.9588	0.81 Million
Dilation	98.21%	98.47%	98.10%	0.9834	0.81 Million
Closing	98.85%	98.35%	98.41%	0.9860	0.82 Million
Opening	98.60%	98.09%	98.10%	0.9834	0.82 Million
Top-hat	98.22%	98.01%	97.89%	0.9811	0.83 Million
Bottom-hat	97.21%	96.60%	96.45%	0.9690	0.83 Million

▼ 表 21.2 基本形態神經網路在 COVID-19 資料集中的測試準確率

COVID-19 dataset	Recall	Precision	Accuracy	F1 Score	Total Parameter
Erosion	95.23%	93.02%	94.71%	0.9411	0.81 Million
Dilation	95.35%	95.35%	96.26%	0.9535	0.81 Million
Closing	95.45%	97.67%	96.57%	0.9655	0.82 Million
Opening	93.33%	97.67%	95.97%	0.9545	0.82 Million
Top-hat	93.18%	95.34%	95.15%	0.9430	0.83 Million
Bottom-hat	95.23%	93.02%	94.79%	0.9411	0.83 Million

表 21.3 顯示堆疊自適應形態學神經網路模型的測試準確率。我們觀察到，當堆疊自適應形態學神經網路至六層時性能最佳。當堆疊第七層自適應層時，會出現明顯的過度擬合現象。胸部 X 光資料集的最佳表現為 98.75%，COVID-19 資料集的最佳效能為 97.33%。

▼ 表 21.3　堆疊自適應形態學神經網路模型的測試準確率

Stacked Numbers	Chest X-Ray dataset	COVID-19 dataset	Total Parameter
1	75.13%	75.43%	0.81 Million
2	80.35%	84.66%	0.81 Million
3	89.41%	91.19%	0.82 Million
4	93.02%	94.97%	0.82 Million
5	97.39%	95.97%	0.83 Million
6	**98.75%**	**97.33%**	**0.84 Million**
7	96.10%	95.10%	0.85 Million
8	93.16%	92.15%	0.88 Million
9	90.33%	90.26%	0.9 Million

表 21.4 顯示我們提出的模型與七個現有 CNN 模型的比較，包括 LeNet、VGG16、ResNet-50、DenseNet、SqueezeNet、MobileNet 和 Inception v4。與 Inception v4 模型的最佳性能相比，所提出 MNN 模型的性能似乎略低。不過，所提模型的參數總數比 Inception v4 模型的參數少了 98.7%。即使與參數最少的 SqueezeNet CNN 模型相比，我們提出的模型也能達到更高的效能。

▼ 表 21.4　與 CNN 模型的比較

Model	Chest X-Ray dataset	COVID-19 dataset	Total Parameter
The proposed stacked adaptive MNN	98.75%	97.33%	0.84 Million
LeNet	85.92%	79.68%	1.4 Million
VGG16	95.77%	93.27%	9.1 Million
ResNet	98.69%	96.78%	25.6 Million
DenseNet	98.91%	97.44%	30.2 Million
SqueezeNet	90.53%	90.26%	0.49 Million
MobileNet	91.02%	92.21%	4.2 Million
Inception v4	99.04%	97.77%	65 Million

21.5 結論

本文針對胸部 X 光影像的分類任務開發了自適應形態學神經網路（Morphological Neural Network, MNN）。傳統的深度學習模型需要大量參數才能實現高分類率，而本文提出的模型成功地減少了 CNN 模型的參數數量。實驗結果表明，在胸部 X 光資料集中，MNN 模型能以更少的參數獲得更好的性能。這一優勢使得 MNN 模型在部署到網站或其他平台時比 CNN 模型更具競爭力。考慮到 MNN 模型在分類任務中的有效性，我們計劃未來將這種模型應用於其他電腦視覺任務，如影像分割和物體偵測。這將進一步驗證 MNN 模型的廣泛適用性和優越性。

CHAPTER

22

基於單類二進位遮罩的土地覆蓋影像分割

遙感技術是一種在不接觸目標物體或資料來源的情況下獲取資料的技術，並在過去幾十年中取得了顯著發展。近年來，遙感技術在土地覆蓋影像分割方面的應用引起了廣泛關注。借助衛星，科學家和研究人員能夠收集和儲存高解析度的影像數據，並對其進行進一步處理、分割和分類。然而，這些研究成果尚未綜合起來，無法為不同的土地覆蓋物分割過程提供一致的指導。在本文中，我們提出了一個新穎的模型，該模型利用較小的網路對單一類別進行分割，從而增強分割效果。這個組合網路在相同的資料上進行訓練，但使用遮罩和分類交叉熵（Cross Entropy）進行組合和訓練。實驗結果顯示，與現有的幾種最先進模型相比，所提出的方法在 DeepGlobe 資料集上產生了最高的平均邊界框重合度（Intersection over Union, IoU）。

22.1 簡介

遙感技術在過去幾十年中取得了顯著發展，它能在不接觸目標物體或資料來源的情況下獲取數據。近年來，遙感技術在土地覆蓋影像分割方面的應用引起了廣泛關注。影像分割是一個將影像根據區域和類別分割成多個片段的過程，其目的是理解和處理影像，以便進行進一步的分析。這一過程為未來的任務奠定了基礎，有助於消除影像資料中的異常值。如果不進行影像分割，大量的影像資料就需要手動裁剪或清理，這是一個非常耗時的過程。透過自動化的影像分割技術，可以大幅提高工作效率和數據處理的準確性。

在影像處理和視覺資料清理的眾多任務中，影像分割一直是最具挑戰性的任務之一。對資料集中成千上萬張影像進行標記和分割雖然困難，但這是許多電腦視覺應用中不可或缺的部分。影像分割是物體檢測和識別等高階任務的先決條件，為邊界框的生成奠定了基礎，並有助於其他演算法執行和去除影像中的雜訊。然而，低品質的分割結果可能會在後續的分類過程中引入異常值和問題，影響整體的精準度和可靠性。因此，高效且準確的影像分割技術對於提升影像處理和電腦視覺任務的效果至關重要。

影像分割的目的是將連貫的區域相互分離。閾值處理是一種常用的方法，根據像素強度或顏色從背景中提取前景。這種技術適用於文字和文件影像，以及其他具有明顯差異的影像。研究人員還會利用紋理和其他因素來更精確地分割區域。更複雜的影像分割技術可以基於顏色，或者使用更高級的區域（domains）來劃分區域。許多濾波器，例如 Gabor 濾波器，可用於對像素區域的紋理進行分組。聚類技術，如 K 平均法（K-means）或直方圖方法，也常被用來進行影像分割。這些技術的應用使得影像分割在各種領域中發揮了重要作用，提高了影像分析和處理的精準度和效率。

K- 平均演算法（K-means）將所有顏色區域聚集到 K 個群組中。該演算法透過選擇中心點來確定各區域的顏色表示。然而，更好的資料表示和分組方式是語義影像分割，即基於類別的區域分組。這在實際應用中特別有意義，尤其是在充滿雜訊的影像中，背景中的簡單添加或異常值會導致輸出類別和訓練資料的巨大變化。

語義影像分割可以對影像中的不同類別進行分類和分割，輸出遮罩中不同的值代表不同的區域。隨著卷積神經網路（Convolutional Neural Network, CNN）的出現，這種方法得到了廣泛應用。CNN 採用了 VGG 16 層網路的架構，並透過反卷積和去池化技術，有效地分割區域的像素遮罩。這種方法在許多產業和各類影像中均取得了顯著成功。

在醫學影像分割領域，U-Net 和 V-Net 的應用大幅提高了醫學影像分割的精確度，遠超過傳統的分割和分類方法。醫學影像和分割技術相輔相成，在許多領域中需要對影像進行分類和組織，但在醫學領域，這種需求尤為明顯，因為這些細節關係到病症和異常的識別。U-Net 和 V-Net 技術已被廣泛應用於各種醫學影像的分割，如大腦、角膜、皮膚病變和單一器官等。此外，這些技術在癌症和疾病檢測的影像分割和分析中也佔據主導地位。這些深度學習模型透過高度精確的影像分割，幫助醫療專業人員更有效地診斷和治療疾病。

在現實生活中，影像分割透過將影像分割成不同的類別來提取更多資訊，特別是在自駕車和安全領域，影像分割可以識別影像中的不同物體和生物。這些技術能夠讓自駕車更精確地感知周圍環境，從而做出更安全的決策。此外，影像分割還有助於安防系統識別和追蹤潛在威脅，提高安全性。

影像分割的另一個重要用途是地表覆蓋分割。在這方面，我們利用衛星影像分割地形，將其劃分為不同類型的陸地和水體。這在規劃和建築等應用中表現尤為突出，因為測量地形對這些領域至關重要。例如，在城市規劃中，了解土地利用情況有助於做出更合理的決策；在建築工程中，準確的地形分割能夠指導施工過程，避免潛在的地質風險。即使在日常生活中常用的 Google 地圖中，也會根據地形類型繪製地圖，這進一步彰顯了地形分割的重要性。透過這些應用，影像分割技術顯示出其在多個領域中的廣泛價值，提升了訊息處理和應用的精準度和效率。

土地覆蓋影像分割一直是最困難的分割類型之一，主要原因在於影像品質的差異、不同影像中的雜訊以及即使在同一類影像中也存在大量不同的特徵。這些因素使得分割工作變得更加具有挑戰性。首先，影像品質的差異可能來自於不同的衛星、天氣條件或季節變化，這些都會影響影像的清晰度和對比度。其次，影像中的雜訊，例如雲層、陰影和反光等，會干擾分割過程，降低結果的準確性。此外，同一類影像中可能存在大量不同的特徵，使得分割演算法難以精確區分不同的土地覆蓋類型。儘管不要求分割的類別具有極高的準確度或精確度，這些挑戰仍然使得土地覆蓋影像分割成為一項艱巨的任務。為了克服這些挑戰，研究人員不斷改進分割演算法，利用深度學習和多光譜數據等技術，來提高分割結果的穩定性和可靠性。

人工神經網路自 1990 年代誕生以來，經歷了漫長的發展歷程。隨著電腦硬體和技術的進步，我們能夠處理更多數據、提取更多特徵並創建更複雜的網路。在這方面，卷積神經網路是電腦視覺領域的一個里程碑。與傳統的神經網路不同，卷積神經網路能夠將影像中的空間差異關聯起來，並提取出更有意義的特徵。顧名思義，卷積神經網路使用卷積操作來提取特徵，這是一種用於傳統的影像處理技術。卷積操作透過應用一組濾波器在影像上滑動，來捕捉局部特徵，這些特徵包括邊緣、角點和紋理等。

CNN 通常由多個卷積層、池化層和全連接層組成。卷積層負責提取影像的局部特徵，池化層則進行特徵的降維和摘要，減少計算量和防止過擬合。全連接層則負責將提取的特徵進行分類或迴歸。卷積神經網路的引入使得電腦視覺任務，如影像分類、物體檢測和語義分割等，取得了顯著的進步。由於其在特徵提取和學習方面的優越性能，CNN 被廣泛應用於自動駕駛、醫學影像分析、安全監控和其他眾多領域。

最初，卷積是指一個訊號透過另一個訊號時如何被修改。在影像處理和電腦視覺中，卷積操作是基於濾波器從影像中提取特徵。根據這一原理，已經建立了許多神經網路模型。在處理影像尺寸較大的情況下，傳統的人工神經網路需要非常大的結構來容納數據，但有了卷積神經網路，這個問題得到了極大的緩解。由於每一層的資料量逐漸減少，CNN 只需儲存較少的權重，便能提取更多的特徵。這使得模型更高效，計算資源需求大幅降低。

影像處理領域的一些最新進展都歸功於這類網路。這些模型已廣泛應用於物件偵測和分類，如影像分割的支柱 VGG16 和 ResNet 系列。這些模型在多層卷積操作之後，能夠提取出更加豐富和有意義的特徵，從而大幅提高了影像識別的精準度和速度。VGG16 是一種深度卷積神經網路，具有 16 個加權層，其結構簡單但效果顯著，特別適合影像分類和特徵提取。ResNet 系列則透過引入殘差網路（Residual Networks），解決了深層網路中梯度消失和網路退化問題，使得更深層的網路結構成為可能。

全卷積網路（Fully Convolutional Network, FCN）是語義分割領域的一個重要里程碑。它利用卷積神經網路產生按像素分類的類別或分割遮罩。傳統的卷積神經網路通常根據物體的類別或偵測結果產生單一輸出，例如分類標籤或位置坐標。然而，在 FCN 中，我們可以將這些數據進行推斷，產生基於類別或偵測物件的遮罩，並代表影像的各個區域。

FCN 的核心思想是將卷積層替換掉全連接層，從而保持輸入影像的空間訊息。這意味著輸出層是一個與輸入影像相同大小的特徵圖，每個像素都被分配了一個類別標籤。這種方法使得網路可以生成像素級別的預測結果，從而實現精確的語義分割。

FCN 透過一系列的卷積和池化層逐步提取影像的高層次特徵，然後透過上採樣層（如反卷積層）將這些特徵還原到與輸入影像相同的空間解析度。這種架構允許網路在保持全局上下文訊息的同時，對每個像素進行分類。這一方法的優勢在於，它可以在不丟失空間訊息的情況下進行精細的影像分割，並能夠在各種影像分割任務中取得優異的效果。FCN 的出現為後續的語義分割模型（如 U-Net、SegNet 和 Deeplab）奠定了基礎，推動了影像分割技術的快速發展。

在本文中，我們提出了一個新穎的模型，利用較小的網路對單一類別進行分割，從而增強分割效果。組合網路在相同的資料上進行訓練，但使用分類交叉熵來組合以及訓練遮罩。

22.2 基於卷積反卷積的網路

隨著全卷積網路的出現，語義分割領域迎來了新的可能性。提取的特徵不僅可以用於影像分類，現在還可以用作影像分割任務的輸入。因此，人們建立了許多網路，以便充分利用這些提取的特徵。這些網路通常由兩個部分組成：主幹網路和分類器。主幹網路是一個通用的卷積神經網路，通常使用 VGG16 或 ResNet 模型，其作用是透過卷積、下採樣和最大池化層來提取特徵，從而提取空間特徵，用於識別和分類影像中的物體。然而，與傳統卷積神經網路不同的是，這些特徵會被前饋至解碼反卷積網路。

解碼反卷積網路的工作與主幹網路完全相反。它對資料進行上採樣和反卷積，以生成更高解析度的像素圖。具體來說，過程包括以下幾個步驟:

(1) **上採樣**：將特徵圖進行放大，以恢復影像的空間解析度。

(2) **反卷積**（轉置卷積）：應用轉置卷積層，將低解析度的特徵圖轉換為高解析度的特徵圖，這過程有助於恢復影像的細節。

(3) **拼接與融合**：在一些網路中，如 U-Net，會將上採樣後的特徵圖與對應層的特徵圖進行拼接，以便保留更多的上下文訊息。

最後，透過 Softmax 層對每個像素進行分類，產生包含分割結果的遮罩。這過程使得每個像素都被賦予了一個類別標籤，從而實現精確的語義分割。這種架構設計使得全卷積網路能夠高效地進行影像分割，在保持全局上下文訊息的同時，對每個像素進行精細的分類。這些技術在醫學影像分析、自動駕駛、安防監控等領域均有廣泛應用，極大地提升了影像處理的精準度和效率。

我們提出了一個不同的影像分割模型。該模型首先透過單一解碼器網路對各個類別進行分割，然後將這些輸出結果合併並進行處理，生成所需的輸出遮罩。圖 22.1 展示了模型的基本輪廓。在各個單一類別的卷積網路中，我們採用了 U-Net。U-Net 最初用於大腦影像分割，其使用非常穩健，在各類影像分割中都取得了優異的成績。U-Net 由兩部分組成：下採樣和上採樣。在下採樣階段，每次下採樣時，特徵圖都經過一個 2×2 的卷積，特徵通道數減半，然後透過整流線性單位函式（Rectified Linear Unit, ReLU）進行非線性變換。這個過程重複多次，逐步提取影像的高層次特徵。

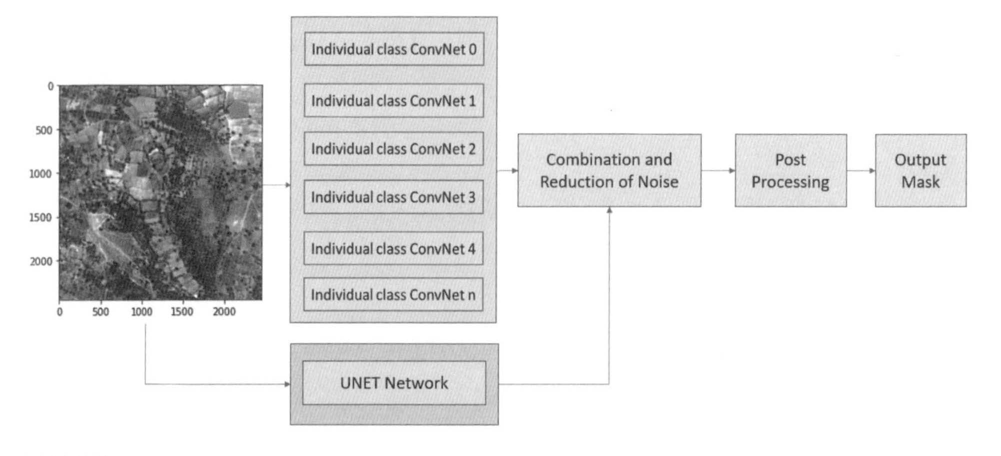

圖 22.1 我們所提模型的基本輪廓。

在上採樣階段，特徵圖透過上採樣操作恢復到原始影像的尺寸。在這個過程中，U-Net 使用轉置卷積或上採樣層，並將上採樣後的特徵圖與對應的下採樣階段的特徵圖進行拼接，以保留更多的上下文訊息。最終，透過一個 Softmax 層，對每個像素進行分類，生成影像分割遮罩。U-Net 是一種流行且有效的模型，最近在影像處理應用中被廣泛採用。其結構使得它能夠在保持高精準度的同時，進行高效的影像分割。我們的模型利用了 U-Net 的這些優點，透過單一解碼器網路對各個類別進行分割，進一步提升了影像分割的效果。

22.3 我們提出的進階模型

我們注意到，單一類別卷積網路的精確度遠高於將所有類別一起分割的模型。因此，我們利用這項特性，創建了一個模型，將各個類別分割的遮罩整合為一個整體，從而產生基於單一遮罩的最終遮罩。具體來說，我們為每個不同的類別創建一個單獨的卷積網路陣列。每個卷積網路專門負責一個類別的分割任務。這樣，每個類別的輸出都可以從專門為該類別設計的模型中獲得，從而提高分割精確度。

作為改進不同網路指標的方法，集成方法已經被驗證和測試。許多模型採用了多數投票或其他機制來結合多個模型。我們提出了一種新的模型，使用多個獨立神經網路來建構遮罩，並使用組合引擎將這些遮罩合併，生成最終的分割遮罩。圖 22.2 展示了所提出的進階模型。

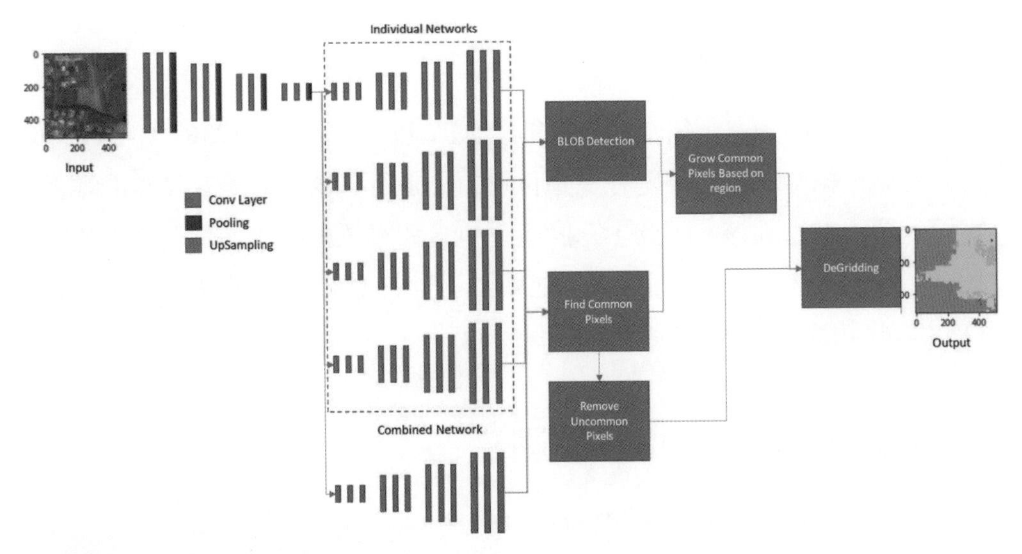

圖 22.2 我們所提的進階模型。

在我們的模型中，較大尺寸的土地覆蓋影像被分割成大小為 512×512 的子影像，然後同時透過多個獨立網路和組合網路進行處理。每個網路都會輸出一個遮罩，然後對遮罩進行處理，以進行斑點檢測。那些不重疊的區域會被移除。根據基礎遮罩中具有最大區域的類別排序，使用先前偵測到的斑點來擴展區域，以移除未分割的區域。最後，經過後處理產生輸出遮罩。

22.3.1 獨立網路（Individual Networks）

獨立網路是一組基於 U-Net 架構的網路，經過訓練後生成的遮罩為單類別遮罩，對應於訓練中的特定類別時為 1，否則為 0。這些網路的輸入與整個模型的輸入相同，輸出則是由 1 和 0 組成的單一類別遮罩。每個 U-Net 均採用了 MobileNetV2 架構。在訓練這些獨立網路時，我們將特定類別從地面實況影像中分離出來，為訓練資料集中的每個類別生成二進位地面實況遮罩。此外，我們移除了類別 0，因為如果所有網路的輸出都為 0，則表示該位置屬於類別 0。

22.3.2 組合網路

與獨立網路類似，組合網路也是以 MobileNetV2 為骨幹的 U-Net 架構。然而，組合網路並不是在二進位遮罩上進行訓練，而是在完整的地面實況遮罩上進行訓練。因此，它能產生包含資料集中所有類別的完整預測遮罩。我們選擇 U-Net 是因為經驗表示，與其他類似的模型如 SegNet 和 DeepLab 相比，U-Net 能夠產生更好的結果。

22.3.3 斑點（Blob）檢測

在影像處理中，斑點被定義為由具有相同顏色或強度的像素組成的區域。在我們的案例中，每個斑點都是由一組 8 向連接的像素構成，這意味著這些像素可以在水平、垂直或對角線方向上相互連接。我們根據各個網路輸出的二進位遮罩來偵測斑點。每個斑點都會被標記，並將斑點及其標記的映射傳遞給區域生長模塊。在組合網路的情況下，為每個類別準備一組單獨的灰階影像，以表示對應的類別。然後對其進行類似的斑點檢測，產生一組標記影像集。這組影像集將會傳送到下一個處理模塊。

22.3.4 去除不常見像素

將組合網路遮罩中與類別影像遮罩中對應像素不重疊的像素移除。我們為基礎影像中的每個類別建立一個灰階遮罩，並依序與獨立網路產生的類別影像遮罩進行比較。透過這種方法，我們可以從影像中分離出共同的像素，生成的影像只包含兩個遮罩中的共同區域。

22.3.5 區域生長

我們透過找出與某個類別一致的像素數量來確定類別像素的增長順序，並選擇影像中像素數量最多的類別。對於基礎影像中的每個像素，我們會選擇與單一遮罩和組合遮罩相對應的斑點，從而確定該像素可能的增長位置。選取的像素在基礎遮罩中的值為 0，且最初未被歸類為類別 0。如果該像素位於可能的增長位置之一，則將該空位填充為該類別的值。重複此過程對每個不同類別進行處理，最終生成增強的遮罩。

22.3.6 後處理

由於 U-Net 可能會產生網格偽影問題，因此我們透過取 8×8 區塊中分割像素的平均值來消除這些偽影。在整個影像中反覆進行，以產生實心像素區域。整個過程會產生 512×512 的輸出影像，將其與整個影像的其他裁剪部分結合，從而得到最終的輸出影像。

22.4 實驗結果

22.4.1 DeepGlobe 資料集

影像分割資料集的創建極其困難，因為每個分割區段的標記和分類都需要大量的人力。許多資料集需要多年時間來不斷更新，投入大量的工作時間。每個分割遮罩都需正確地分類語義成分，而這些遮罩必須手工完成。目前，有多種半自動工具可用來糾正錯誤分割的遮罩，只需使用者輸入即可。

DeepGlobe 資料集是一個高度詳細的衛星影像資料集，包括建築物、道路提取和地形分類的語義分割。它包含 803 張全球高解析度衛星影像，每張影像都有詳細地形類型的語義分割遮罩。資料集涵蓋了六種地形類型：城市土地、農業用地、牧場、森林土地、水域、荒地和未知地形。此資料集被用作遙感模型和分割任務的基準。圖 22.3 顯示 DeepGlobe 資料集中的兩張影像，其中（a）和（c）為原始影像，（b）和（d）為地面實況分割遮罩。為了進行測試評估，我們使用 DeepGlobe 資料集中 80% 的數據作為訓練集，剩餘的 20% 作為測試集進行效能比較。

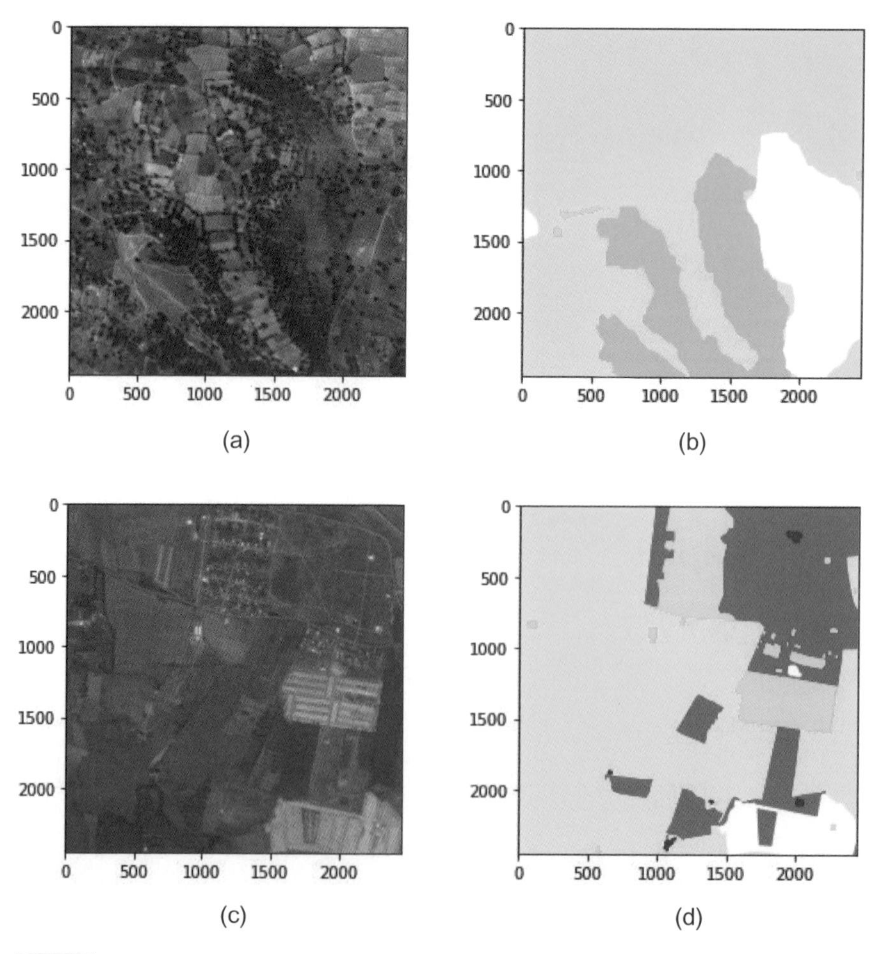

圖 22.3 DeepGlobe 資料集。(a) 和 (c) 為原始影像，(b) 和 (d) 為地面實況分割遮罩。

22.4.2 參數

我們使用交叉熵作為語義分割中的損失函數，其定義為

$$H\left(p,q\right)=-\sum y_{truth}\log y_{pred} \tag{22.1}$$

其中 y_{truth} 是每個像素的真實分類，y_{pred} 是預測分類。準確性是一個簡單的指標，定義為正確分類的像素數相對於測試資料集中所有影像的所有像素的平均像素總數。

平均邊界框重合度（Intersection over Union, IoU）是另一個衡量分段遮罩與地面實況品質的指標。它是用真實遮罩和預測遮罩的交叉點在各個類別中的平均值除以它們的聯集。IoU 定義為

$$IoU=\frac{True\,Positive}{True\,Positive+False\,Positive+False\,Negative} \tag{22.2}$$

22.4.3 結果

我們的實驗是在一台配備 RTX 2070 Mobile GPU（2304 個 CUDA 核心）、i7-9750H 處理器和 16GB 記憶體的機器上進行的。DeepGlobe 資料集中的影像被分成兩組：訓練資料集和測試資料集，其中測試資料集佔 20%。為了讓模型兼容 GPU 環境，我們將解析度為 2048×2048 的影像裁剪成 16 張 512×512 的子影像，然後將這些子影像饋送給所提出的模型。

單一模型容易出現過擬合問題，因此，我們必須在訓練資料集中引入雜訊。我們透過翻轉和添加高斯雜訊來隨機增強訓練資料。此外，我們將用於二元分類的 U-Net 模型增強為基於 MobileNetV2 的更小、更輕量模型。這樣，我們能夠在測試資料集中獲得與訓練資料集相似的結果。表 22.1 列出了增強分割的訓練結果，表 22.2 列出了測試結果。

▼ 表 22.1 增強分割的訓練結果

Class	1	2	3	4	5	6
Mean IoU	0.7975	0.7023	0.7505	0.6529	0.6477	0.6427
Accuracy	0.9293	0.8572	0.8768	0.8358	0.8527	0.7846

▼ 表 22.2 增強分割的測試結果

Class	1	2	3	4	5	6
Mean IoU	0.8603	0.6729	0.7820	0.5803	0.6698	0.6451
Accuracy	0.9523	0.8442	0.8897	0.7926	0.8602	0.7920

去除網格後的結果如表 22.3 所示，其中對基礎影像進行去除網格後與沒有處理的結果相比可以產生更好的結果。

▼ 表 22.3 模型的分割結果

Model	Mean IoU
Model	52.9%
Model ＋ Post Processing	53.0%
Model ＋ Base deGridding	53.3%

為了進行效能比較，我們對現有的最先進模型進行了評估：U-Net、SegNet 和 DeepLab。SegNet 使用卷積對原始影像進行處理。與其他方法不同的是，由於卷積網路需要原始影像中的全部特徵，因此需要調整影像大小以縮短處理時間。它由卷積 / 降尺度和反卷積 / 升尺度兩部分組成。在降尺度過程中，使用 2×2 最大池化對影像進行卷積。在升尺度時，使用 SoftMax 對每個像素進行分類。

MaskLab 建立在基於 5×5 和 64 個濾波器模型的 R-CNN 上，收集區域對數來分離影像的不同片段和類別。DeepLab 是基於類似的原理，使用基於 DCNN 的上採樣模型來提取密集特徵。DeepLab 使用 Atrous 卷積特徵來提取密集特徵，而不是反卷積，並且不增加參數。深度聚合模型（Deep Aggregation Model）以 DeepLab 網路為基礎，增加了額外的網路來製作模型。堆疊 U-Net 模型（Stacked U-Net Model）則是將一系列 U-Net 堆疊起來，以改善分割結果。此外還開發了其他網路，這些網路使用更大的裁剪尺寸，但需要更多的 CUDA 核心和更高的處理能力。

表 22.4 顯示提出的模型和其他模型的分割結果比較。從結果可以看出，與同類模型相比，我們提出的模型具有最高的平均 IoU 值。集成模型（Ensemble Model）由 SegNet、DeepLab、基於 Xception 和 U-Net 進行多數投票組成，並基於 MobileNetV2 作為參考。圖 22.4 顯示應用所提模型的分割結果。

▼ 表 22.4　不同模型的分割結果比較

Model	Mean IoU
The Proposed Model	**53.3%**
UNet	49.1%
SegNet	47.5%
DeepLab	39.6%
Ensemble	50.7%
Deep Aggregation Net	52.7%
Stacked UNet	50.6%

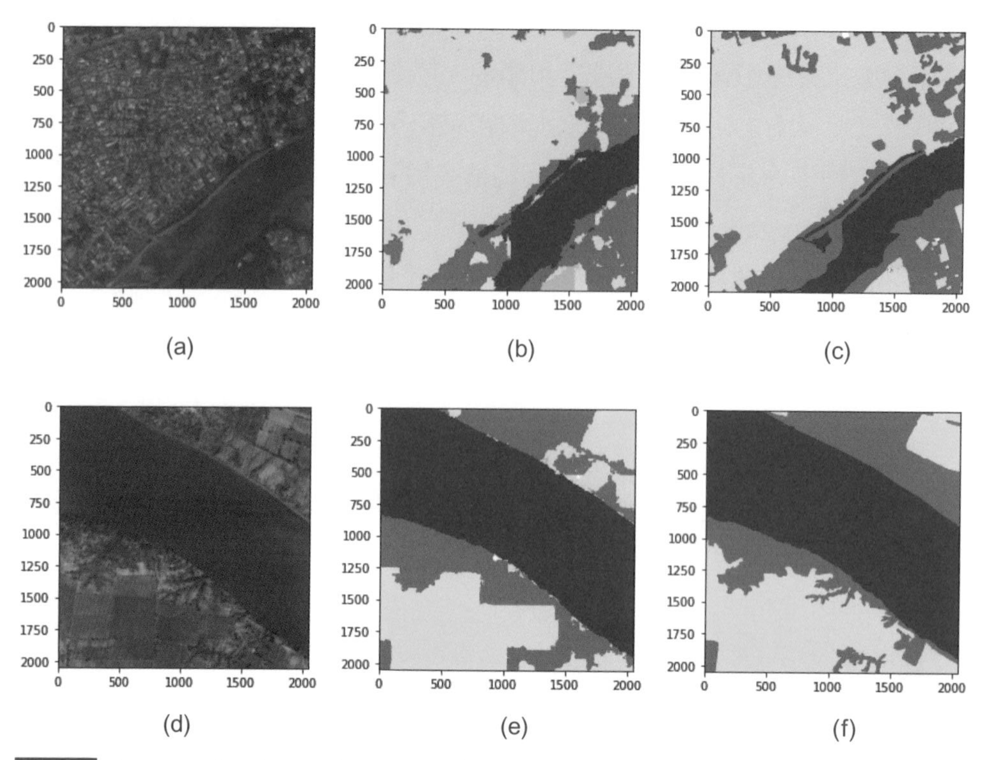

圖 22.4 應用提出模型的分割結果。(a) 和 (d) 為原始影像，(b) 和 (e) 為疊加在原始影像上的地面實況影像，(c) 和 (f) 為疊加在原始影像上的分割影像。

22.5 結論

在本文中，我們提出了一種新穎的方法，並對多類分割方法提供了一個獨特的視角。我們沒有將多個類別一起處理並透過單一神經網路進行解析，而是開發了一個由獨立的單一類別網路組成的系統來增強分割結果。實驗結果表示，與現有的幾種最先進模型相比，所提出的方法能產生更高的性能指標。這種新方法為建立和改進影像分割模型提供了新的途徑。我們未來的工作是將我們的方法應用於不同的資料集和其他電腦視覺任務，以進一步驗證其有效性和可擴展性。

CHAPTER

23

FPA-Net：用於土地覆蓋影像分割的頻率引導定位注意力網路

土地覆蓋物分割因其在基礎設施建設、林業、農業、城市規劃和氣候變遷研究等領域的廣泛應用而成為重要的研究課題。在本文中，我們提出了一種新的土地覆蓋物影像分割方法，稱為基於頻率引導位置的注意力網路（Frequency-guided Position-based Attention Network, FPA-Net）。我們的方法基於改進的 U-Net 編碼器 - 解碼器架構，融合了基於位置的注意力機制和頻率引導組件。基於位置的注意力區塊旨在捕捉不同特徵圖之間的空間依賴性，從而識別影像中相關模式之間的關係。而頻率引導組件則為高頻特徵提供額外支援。從時間和空間複雜性角度來看，我們的模型既簡單又高效。在 Deep Globe、GID-15 和 Land Cover AI 資料集上的實驗結果表示，與其他現有方法相比，所提出的 FPA-Net 在定量和定性評估方面均達到最佳性能。

23.1 簡介

地球的地表覆蓋是描述地球表面自然生態系統和人類活動的重要資訊來源，已被廣泛應用於景觀生態學、城市規劃、環境建模和災害管理等多個領域。遙感技術的目的是定期收集大面積的地表數據，從而促進有效的土地覆蓋分類。在遙感土地覆蓋分類中，具有相似光譜特徵的像素和物體被分類並歸類為森林、城市土地、水域、荒地、農田和牧場等類別。

為了解決計算複雜度和冗餘度較高的問題，同時在各項指標上保持良好性能，我們提出了一種基於 U-Net 編碼器 - 解碼器架構並加入頻率引導注意力機制的新分割方法。本文的主要概述如下：

(1) **新型分割方法**：我們提出了一種基於 U-Net 編碼器 - 解碼器架構的新型土地覆蓋影像分割方法。

(2) **位置注意力機制**：我們利用基於位置的注意力機制來捕捉特徵圖之間的空間依賴性。

(3) **頻率引導組件**：我們引入頻率引導組件，為高頻特徵提供額外支持，從而有效提高分割性能。

(4) **實驗結果**：實驗結果表示，與現有方法相比，我們的方法具有更好的性能，同時保持較低的計算複雜度。

這些創新點使我們的方法在土地覆蓋影像分割領域取得了顯著的進展，有望推動相關研究和應用的發展。

23.2 背景及相關工作

23.2.1 基於編碼器解碼器（Encoder Decoder-based）

基於編碼器和解碼器的方法因其捕捉在影像中複雜特徵的強大能力，成為近年來研究人員用於分割任務的熱門方法。許多研究人員一直在探索基於編碼器 - 解碼器的土地覆蓋分割方法，例如 U-Net 卷積神經網路（Convolutional Neural Network, CNN），與傳統機器學習方法相比，在自動土地覆蓋分類方面具有顯著優勢。多尺度卷積塊（Multi-Scale Convolutional Block, MSCB）能夠捕捉土地覆蓋影像的局部和全局特徵。U-Net、UNet++、MA-Net 及其他 U-Net 型方法的變體，如 Deep Unet、DensePPMUNet、DeepLab3 和 DeepLabv3+，在分割任務中表現出色。

U-Net 以及殘差網路和遷移學習的結合，能夠提供更佳的分割結果。基於 UNet++ 架構的特徵融合，以及在小樣本上進行取樣，以提取更好的語義特徵。針對偏極化合成孔徑雷達（polarimetric synthetic aperture radar, PolSAR）影像分割，提出了一個輕量級複值 DeepLabv3+（L-CV-DeepLabv3+）。為了有效地提取和聚合局部幾何特徵，一種名為 AGGM

的新型卷積運算子被提出，它結合了注意力機制和圖幾何矩卷積，同時只使用原始多光譜 LiDAR 點雲作為土地覆蓋分類的輸入。利用偽孿生網路（pseudo-Siamese network）來最小化 ResUnet 分支和 Gumble-Softmax 向量量化器分支的學習特徵之間的對比損失。FPNPSADLV3+ 網路被提出來捕捉遙感影像中細微的邊緣和小尺寸的物體資訊。CHeGCN 結合了圖形卷積網路（Graph Convolutional Network, GCN）與卷積神經網路（CNN），利用了土地覆蓋物之間的拓撲關係。

多尺度特徵聚合技術用於解決經典卷積神經網路泛化能力不足的問題。DKDFN 使用多頭編碼器和知識引導的多分支解碼器來指導分割過程。DPPNet 使用了深度金字塔池化（Depth-wise Pyramid Pooling, DPP）塊和具有多膨脹深度殘差連接的密集塊，以在分割圖中實現精確定位和獲取上下文資訊。除了常規的深度學習模型外，還使用了互動式分割模組來手動精細分割和細化物件。MKANet 結合了共享內核與平行和淺層架構，解決了在將影像傳送給深度神經網路之前對影像進行下取樣和裁剪的問題，可用於較大的影像片段。MSNet 使用三向平行特徵融合網路來識別組內和組間訊息，以獲得更好的分割效果。

23.2.2 基於轉換器（Transformer-based）

最近，基於 Transformer 的深度學習模型在分割和分類等電腦視覺任務中變得很流行。視覺 Transformer 與預先訓練的自監督模型結合被用來完成分割任務。RSSFormer 使用自適應轉換器融合來抑制背景雜訊並增強前景顯著性。多模態融合、注意力機制以及頻譜和空間表示學習（SSRL）被用來探索空間和通道依賴性。

UAVformer 使用複合 Transformer 網路，結合多層次特徵和自適應特徵融合模組，獲得了富有成效的特徵融合。Class-Guided Swin Transformer 被提出用於遙感影像分割，其中 Swin Transformer 用於編碼器，Class-Guided Transformer 用於解碼器。Gabor 濾波器與 Swin Transformer 一起使用來增強分割邊緣，以分割邊界中遮蔽和陰影部分。一般來說，這些基於 Transformer 的架構具有較高的運算複雜度。

23.2.3　基於 GAN

生成對抗網路（Generative Adversarial Network, GAN）廣泛應用於影像分割和分類。基於 GAN 的模型的幾種變體已用於土地覆蓋分割。最近，半監督 CycleGAN 和 EfficientNet 被用來克服大量資料集需求的問題。編碼器網路被納入 GAN 中，以減少對大量資料的需求。GAN-FuzzyNN 結合 GAN 和模糊神經網路來解決土地覆蓋變化檢測問題。基於 GAN 的半監督網路，借助基於池的主動學習採樣策略來選擇標記的樣本影像。然而，這些方法很難提供計算效率。

23.3　提出的土地覆蓋影像分割模型

在本節中，我們提出了一種新型土地覆蓋影像分割方法。該方法由殘差塊、下採樣、基於位置的注意力和上採樣組成。

(1) **殘差塊**：用於提取和強化影像的特徵訊息，增強模型的表達能力。

(2) **下採樣**：在影像的不同尺度上捕捉特徵，幫助模型理解影像的全局結構。

(3) **基於位置的注意力機制**：用於發現和強調特徵圖之間的空間關聯，從而捕捉影像中不同區域的相關性。

(4) **上採樣**：恢復影像解析度，將特徵重新映射回原始大小，生成精確的分割遮罩。

跳接結構將編碼器中的特徵直接傳送到解碼器，以幫助產生更合理的分割遮罩。這種方式能夠有效保留影像中的細節訊息，提升分割的精準度。為了進一步增強模型的性能，我們引入頻率引導組件。該組件對網路進行了擴展，使其能夠更好地處理高頻特徵，從而提高分割效果。這種新型架構透過結合多種技術，不僅能夠捕捉影像中的複雜特徵，還能有效應對高頻訊息的處理需求，從而在土地覆蓋影像分割任務中表現出色。

圖 23.1 顯示我們提出的基於頻率引導位置的注意力網路（FPA-Net）架構概覽。該架構分為編碼和解碼兩部分，針對土地覆蓋影像進行有效分割。

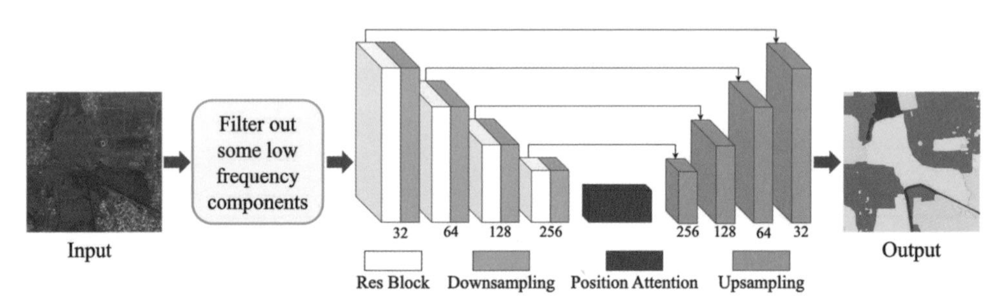

圖 23.1 我們提出的 FPA-Net 架構概覽。

編碼部分

在編碼部分，我們利用殘差塊捕捉影像中的高維特徵，這些特徵對分割任務至關重要。殘差塊中的跳接結構將這些高維特徵直接傳送到解碼器，幫助產生更準確的分割遮罩。此外，向下取樣（下採樣）減少了空間維度的大小，同時生成更多的特徵通道，以更好地表徵影像訊息。

解碼部分

在解碼部分，我們使用最近鄰插值來增加空間維度，使影像恢復到原始解析度。這一過程中，透過跳躍連接將編碼器中的特徵直接傳遞給解碼器，從而保留了重要的空間訊息，並減少了特徵通道的數量。

注意力機制

受 MA-Net 的啟發，我們在土地覆蓋分割中加入了基於位置的注意力機制。這一機制可以發現特徵圖之間的空間依賴性，從而更準確地識別影像中不同類別的區域。

頻率引導組件

為了進一步提升網路性能，我們引入頻率引導組件。這些組件擴展了網路，使其能夠更有效地處理高頻特徵，提高分割的準確性和可靠性。

23.3.1　殘差資源塊（Res Block）

圖 23.2 顯示殘差模組，它透過三個單元的 3x3 卷積，接著進行批量正規化和 ReLU 激勵函數來捕捉重要特徵。此外，我們還添加了 1x1 卷積，然後進行批量正規化和 ReLU 激勵函數，以控制通道數量。

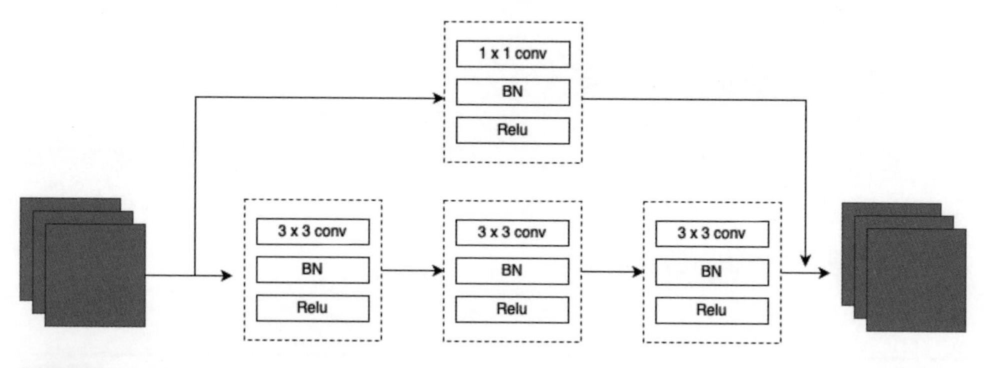

圖 23.2 殘差塊。

23.3.2　基於位置的注意力（Position-based Attention）

我們將 MA-Net 與自注意力機制結合，以搜尋特徵圖之間的空間依賴性。圖 23.3 顯示基於位置的注意力區塊，這對於土地覆蓋影像分割至關重要，因為相同的特徵可能存在於不同的空間區域。在注意力區塊中，我們採用了視覺轉換器（Vision Transformer）中的鍵 - 查詢 - 值（key-query-value）機制。由於有三個分支：頂部、中心和底部，我們將它們與注意力機制中的鍵、查詢和值相匹配。頂部分支的卷積結果與中心分支的卷積結果相乘，表示「鍵 × 查詢（key×query）」操作。然後與底部分支的結果相乘，表示「鍵 × 查詢 × 值（key×query×value）」操作，以此得到特徵的注意力分數。

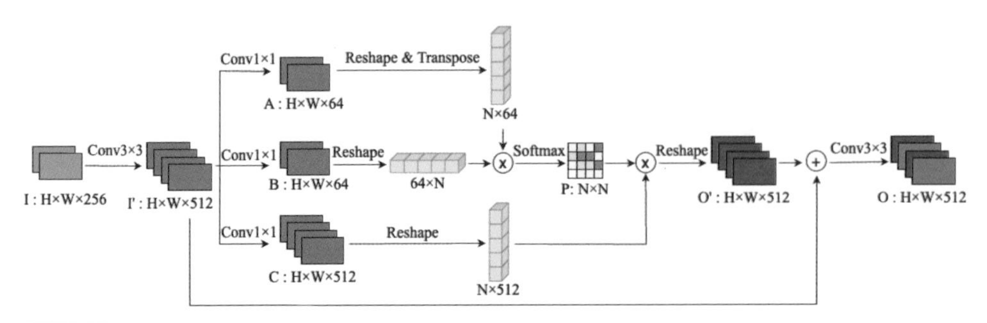

圖 23.3 基於位置的注意力區塊。

23.3.3 低頻成分過濾

我們用一個額外的組件來擴展我們的網路，該組件可將影像轉換為頻域並過濾掉一些低頻內容。然後，我們將過濾後的頻率影像轉換回空間域，並將其傳送到編碼器。

23.4 實驗結果與分析

23.4.1 資料集

為了評估我們提出的 FPA-Net 方法的有效性，我們在 DeepGlobe 資料集、高分影像資料集（GID-15）和土地覆蓋人工智慧資料集上進行了實驗。 DeepGlobe 資料集包含 1,949 張土地覆蓋影像和對應的遮罩，如圖 23.4 所示，這些遮罩顯示不同類別土地覆蓋的位置。

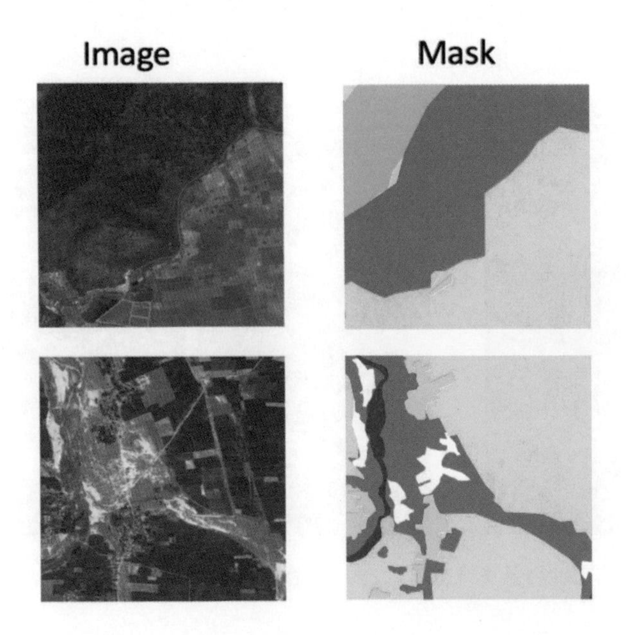

圖 23.4 來自 DeepGlobe 資料集的土地覆蓋影像樣本（左）和對應的遮罩（右）。

DeepGlobe 資料集包含七個類別：城市、農業、牧場、森林、水域、荒地和未知，以不同的顏色表示，如表 23.1 所示。

▼ 表 23.1　帶有 RGB 顏色代碼的 DeepGlobe 資料集類別

Index	Name	R	G	B	Color
0	urban land	0	255	255	
1	agriculture land	255	255	0	
2	range land	255	0	255	
3	forest land	0	255	0	
4	water	0	0	255	
5	barren land	255	255	255	
6	unknown	0	0	0	

高分影像資料集 (GID-15) 由 150 張高解析度影像組成。我們透過裁剪將資料集預處理為 3,000 張較小的影像。圖 23.5 顯示來自 GID-15 資料集的範例影像及其對應的地面實況遮罩。

圖 23.5 來自 GID-15 資料集的土地覆蓋影像樣本（左）和相應的遮罩（右）。

GID-15 資料集包含 16 類：工業用地、城市住宅、鄉村住宅、交通用地、水田、灌溉地、旱田、花園地、喬木林地、灌木林地、天然草地、人工草地、河流、湖泊、池塘、未知背景，以不同顏色表示，如表 23.2 所示。

▼ 表 23.2 帶有 RGB 顏色代碼的 GID-15 資料集類別

Index	Name	R	G	B	Color
0	unknown	0	0	0	
1	industrial land	200	0	0	
2	urban residential	250	0	150	
3	rural residential	200	150	150	
4	traffic land	250	150	150	
5	paddy field	0	200	0	

▼接下頁

Index	Name	R	G	B	Color
6	irrigated land	150	250	0	
7	dry cropland	150	200	150	
8	garden plot	200	0	200	
9	arbor woodland	150	0	250	
10	shrub land	150	150	250	
11	natural grassland	250	200	0	
12	artificial grassland	200	200	0	
13	river	0	0	200	
14	lake	0	150	200	
15	pond	0	200	250	

土地覆蓋 AI 資料集由 41 張高解析度影像組成。我們透過裁剪將資料集預處理為 3,015 張較小的影像。圖 23.6 顯示來自土地覆蓋 AI 資料集的範例影像及其對應的分割遮罩。

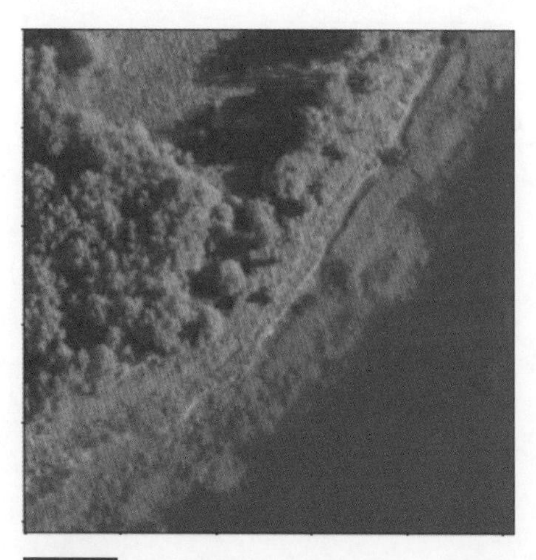

圖 23.6 土地覆蓋 AI 資料集中的土地覆蓋影像樣本（左）和對應的遮罩（右）。

Land Cover AI 資料集包含 5 個類別：建築物、林地、水域、道路和未知，並以不同的顏色表示，如表 23.3 所示。

▼ 表 23.3 帶有 RGB 顏色代碼的土地覆蓋 AI 資料集類

Index	Name	R	G	B	Color
0	unknown	0	0	0	
1	building	0	255	255	
2	woodland	255	255	0	
3	water	255	0	255	
4	road	0	255	0	

23.4.2 評估指標

我們透過幾個指標來評估所提出方法的性能，包括準確性、IoU、精確度、召回率和 F1 分數。它們的表示如下：

$$Accuracy = \frac{Correct\ predictions}{Total\ Predictions} = \frac{TP + TN}{TP + TN + FP + FN} \tag{23.1}$$

$$IoU = \frac{Intersection\ of\ prediction\ and\ ground\ truth}{Union\ of\ prediction\ and\ ground\ truth} = \frac{TP}{TP + FP + FN} \tag{23.2}$$

$$Precision = \frac{FP}{TP + FP} \tag{23.3}$$

$$Recall = \frac{TP}{TP + FN} \tag{23.4}$$

$$F1Score = \frac{2 * Precision * Recall}{Precision + Recall} \tag{23.5}$$

其中 TP 表示真陽性，TN 表示真陰性，FP 表示假陽性，FN 表示假陰性。

23.4.3 實驗結果與比較

我們使用 Pytorch Lightning 框架，並在具有 GPU 支援的 Google Colab 上運行我們的實驗。所提出的方法 FPA-Net 的性能與現有先進的技術進行了比較，例如 U-Net、UNet++、MA-Net、MV2 DeepLabv3+、和 STU-Net。實驗結果表示，我們提出的 FPA-Net 在 DeepGlobe、GID-15 和 Land Cover AI 資料集上的準確度、IoU、精準度、召回率和 F1 分數方面表現最佳。此外，我們提出的 FPA-Net 具有較低的運算複雜度和較低的記憶體需求。以下我們顯示所提出的 FPA-Net 和其他技術在 DeepGlobe、GID-15 和 Land Cover AI 資料集上的效能比較。

表 23.4 顯示，所提出的 FPA-Net 優於所有提到的技術，它達到了最高的 96.2% 準確率和 78.4% 平均 IoU。此外，精確度、召回率和 F1 分數也驗證了我們提出的方法的優勢。在 DeepGlobe 資料集的訓練和驗證資料上獲得的損失、IoU、準確度、精確度、召回率和 F1 分數曲線分別如圖 23.7 和圖 23.8 所示。

▼ **表 23.4　DeepGlobe 資料集上的方法評估**

Metric	U-Net	UNet++	MA-Net	DeepLabv3+	STU-Net	FPA-Net (Proposed)
Accuracy	0.951	0.956	0.948	0.954	0.908	**0.962**
IoU	0.731	0.752	0.720	0.748	0.555	**0.784**
Precision	0.830	0.846	0.821	0.842	0.681	**0.869**
Recall	0.830	0.846	0.821	0.842	0.681	**0.869**
F1 score	0.830	0.846	0.821	0.842	0.681	**0.869**

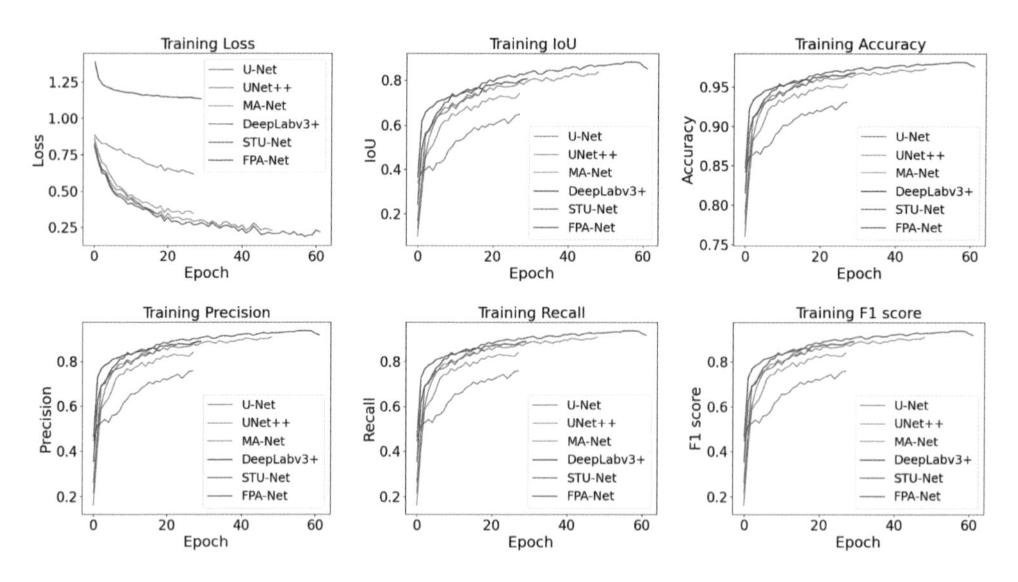

圖 23.7 DeepGlobe 資料集訓練資料上的效能。

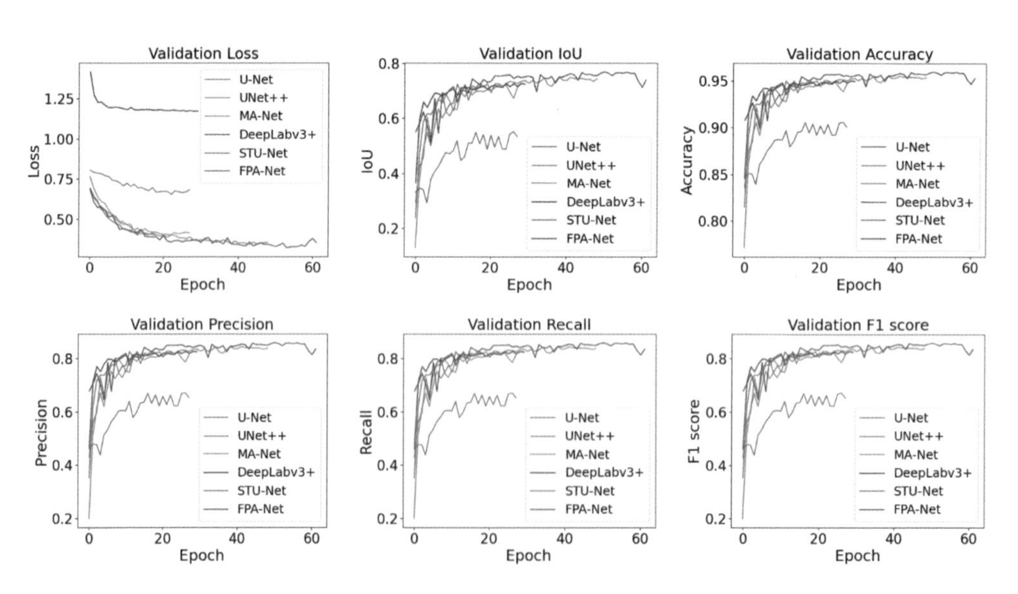

圖 23.8 DeepGlobe 資料集驗證資料的效能。

當驗證損失相對於前五次連續運行沒有改善時，網路訓練就會停止。訓練和驗證損失在初期迅速下降，然後逐漸變得相對穩定。MA-Net、DeepLabv3+ 和 STU-Net 在 30 個訓練週期（Epoch）後停止，而其他方法則繼續運行更多訓練週期。FPA-Net 的驗證損失直到最後一個訓練週期都小於其他方法。我們觀察到其他指標，如平均 IoU、準確率、精確率、召回率和 F1 分數，都顯示 FPA-Net 在每個時期的優勢。

表 23.5 提供了 GID-15 資料集的效能比較。我們觀察到 FPA-Net 的準確率達到 98%，平均 IoU 達到 91.2%，是其中最好的。此外，其他指標（例如精確度、召回率和 F1 分數）驗證了我們提出的 FPA-Net 的優越性。

▼ **表 23.5　GID-15 資料集上的方法評估**

Metric	U-Net	UNet++	MA-Net	DeepLabv3+	STU-Net	FPA-Net (Proposed)
Accuracy	0.968	0.968	0.964	0.968	0.937	**0.972**
IoU	0.626	0.624	0.600	0.631	0.379	**0.671**
Precision	0.746	0.745	0.719	0.747	0.499	**0.780**
Recall	0.746	0.745	0.719	0.747	0.499	**0.780**
F1 score	0.746	0.745	0.719	0.747	0.499	**0.780**

圖 23.9 和圖 23.10 分別顯示 GID-15 資料集的訓練和驗證資料上不同方法的損失、IoU、準確率、精確度、召回率和 F1 分數曲線。我們觀察到，隨著訓練次數的增加，訓練和驗證損失都會減少，並且趨於穩定。此外，平均 IoU、準確率、精確率、召回率和 F1 分數隨著訓練週期（Epoch）的增加而逐漸增加。由於訓練和驗證損失彼此接近，這表示訓練過程沒有對訓練資料過度擬合，並且訓練模型的泛化能力夠好。這些實驗曲線清楚地驗證了我們提出的 FPA-Net 的主導地位。

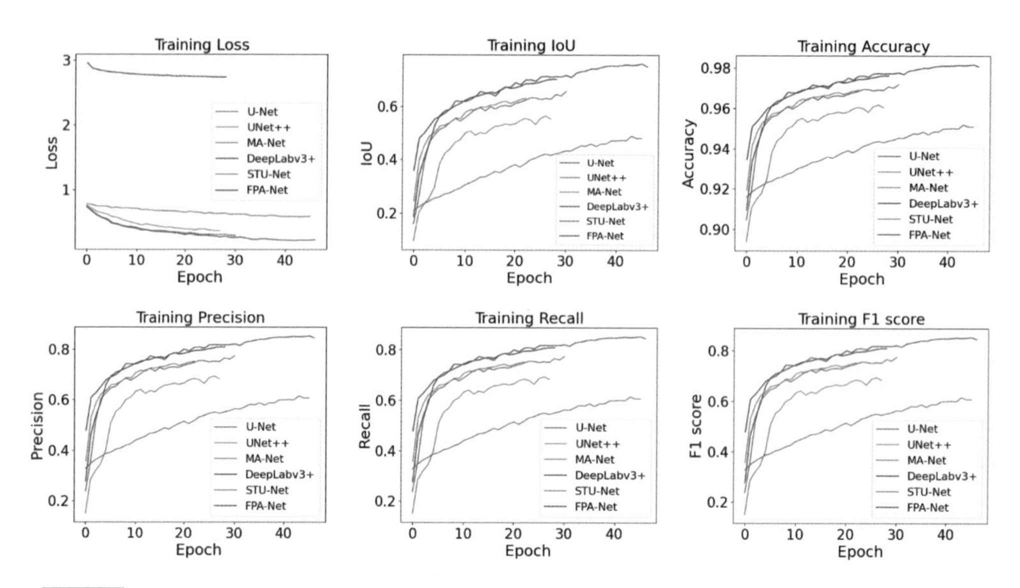

圖 23.9 不同方法在 GID-15 資料集訓練資料上的效能。

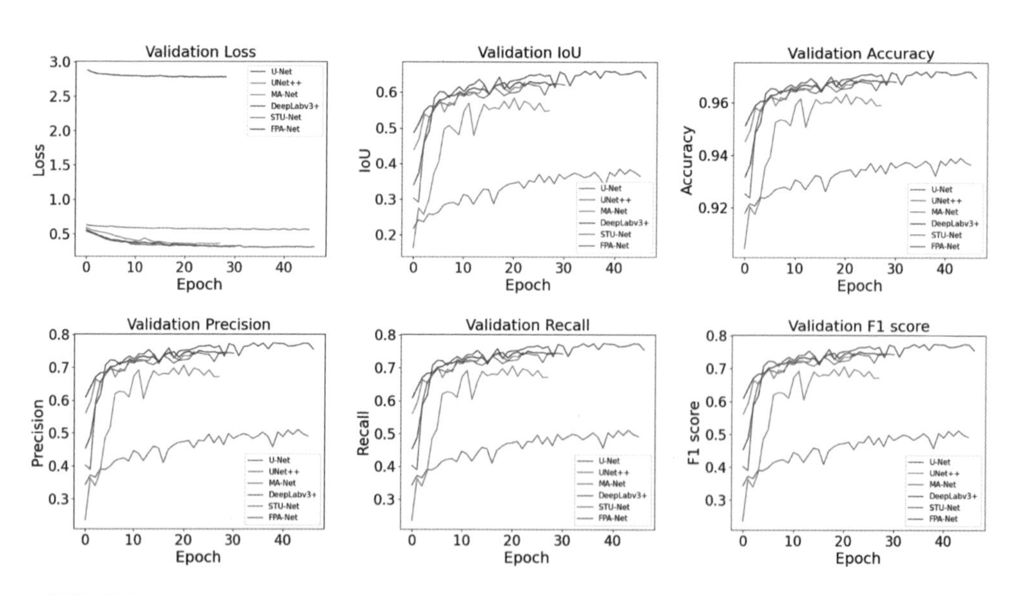

圖 23.10 不同方法在 GID-15 資料集驗證資料上的效能。

表 23.6 提供了土地覆蓋 AI 資料集的效能比較。我們觀察到 FPA-Net 的準確率達到 98%，平均 IoU 達到 91.2%，是其中最好的。此外，其他指標（例如精確度、召回率和 F1 分數）驗證了我們提出的 FPA-Net 的優越性。

▼ 表 23.6 Land Cover AI 資料集上的方法評估

Metric	U-Net	UNet++	MA-Net	DeepLabv3+	STU-Net	FPA-Net (Proposed)
Accuracy	0.978	0.978	0.979	0.978	0.957	**0.980**
IoU	0.904	0.903	0.910	0.904	0.828	**0.912**
Precision	0.945	0.945	0.949	0.946	0.892	**0.950**
Recall	0.945	0.945	0.949	0.946	0.892	**0.950**
F1 score	0.945	0.945	0.949	0.946	0.892	**0.950**

土地覆蓋 AI 資料集上訓練資料和驗證資料的損失、IoU、準確度、精確度、召回率和 F1 分數曲線分別如圖 23.11 和圖 23.12 所示。所提出的 FPA-Net 在幾個 epoch（5-10）後就達到了相對較高的精準度，並在後續的訓練週期中逐漸改進。總結來說，所有模型的訓練和驗證精準度、平均 IoU、精準度、召回率和 F1 分數一直到最後一個時期都達到相對較高的值，並且雜訊有限。當所有方法的訓練連續五個時期沒有改善時，所有方法的實驗都會停止。選擇驗證損失最低的所有模型以避免潛在的過度擬合。

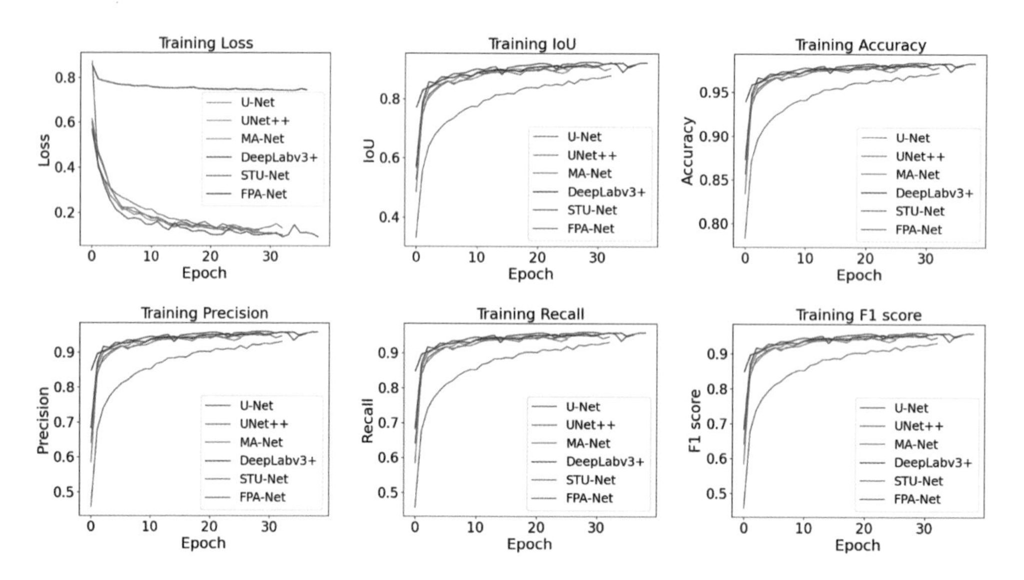

圖 23.11 不同方法在 Landcover AI 資料集訓練資料上的效能。

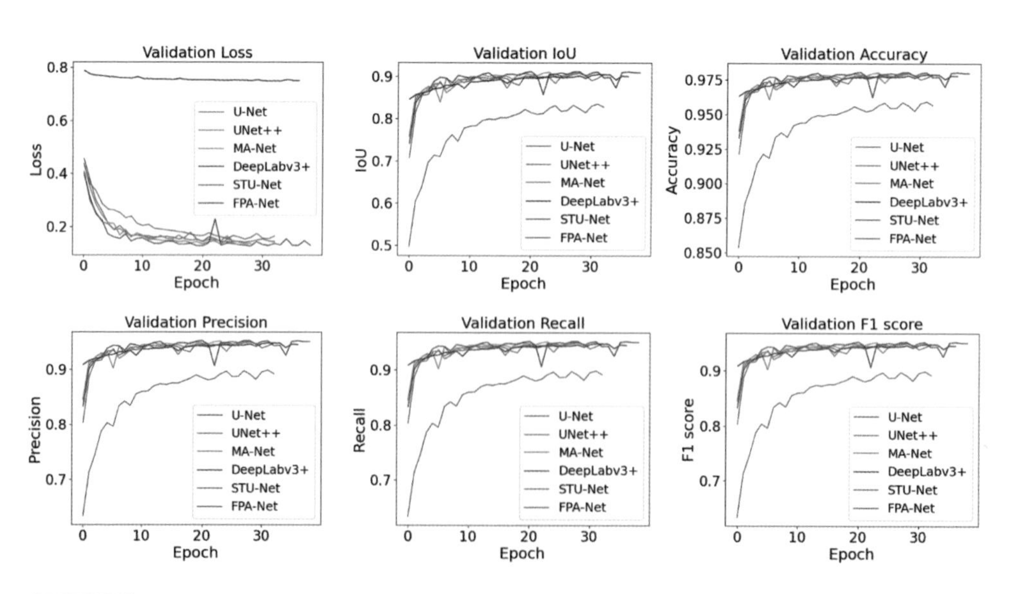

圖 23.12 不同方法在 Landcover AI 資料集驗證資料上的效能。

圖 23.13 顯示我們提出的 FPA-Net 以及其他模型的預測，這有助於視覺化我們的方法與其他現有方法相比的有效性。我們觀察到所提出的方法比其他方法更能準確地預測地面實況。即使 GID-15 樣本影像比其他資料集更複雜，我們的方法也可以產生更好的分割遮罩，而其他方法很難解決識別影像中複雜形狀的問題。

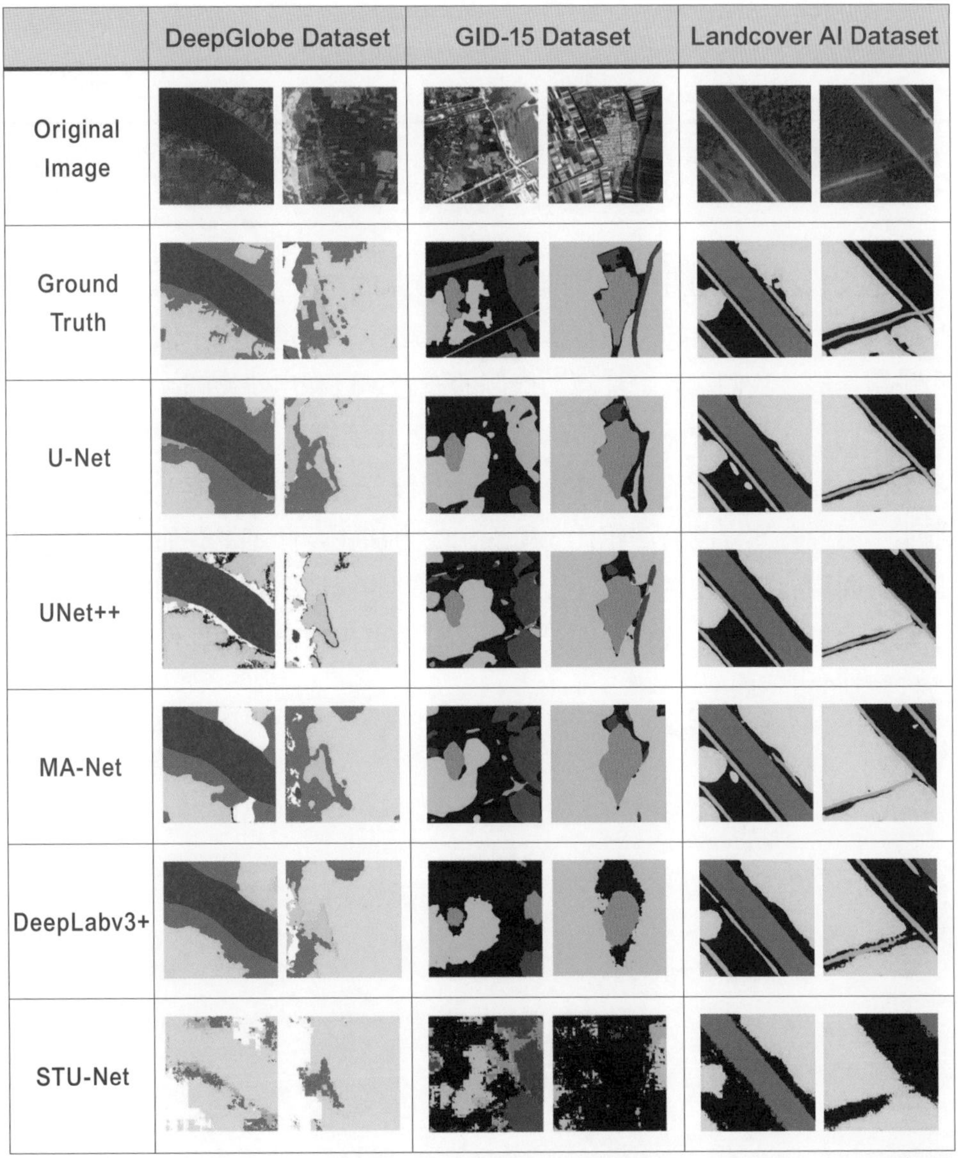

	DeepGlobe Dataset	GID-15 Dataset	Landcover AI Dataset
Original Image			
Ground Truth			
U-Net			
UNet++			
MA-Net			
DeepLabv3+			
STU-Net			

▼接下頁

	DeepGlobe Dataset	GID-15 Dataset	Landcover AI Dataset
FPA-Net	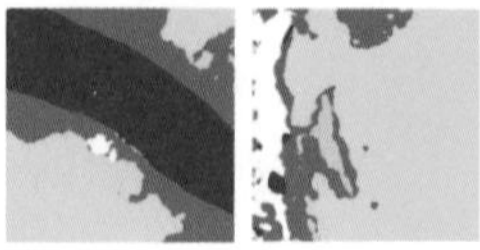	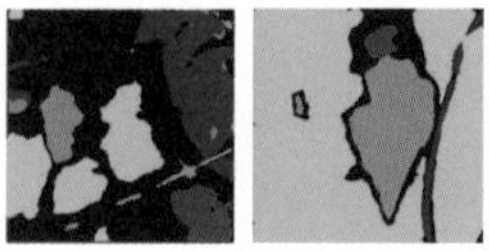	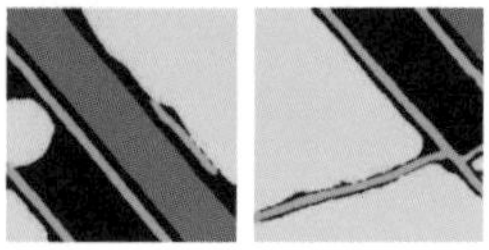

圖 23.13 不同模型在 DeepGlobe、GID-15 和 Landcover AI 資料集上的預測結果。

23.5 結論

本文設計了一種用於土地覆蓋影像分割的新型 FPA-Net 方法。這種基於編碼器 - 解碼器的方法包括頻率引導組件、殘差區塊、位置的注意力和跳躍連接。我們融入了注意力機制的概念，以利用特徵圖之間的空間依賴性。此外，我們還利用頻率引導組件擴展了網路，將高頻特徵納入其中，從而提高了我們的方法在土地覆蓋影像分割方面的性能。我們的實驗證明，與現有的分割方法相比，所提出的方法在多個定量評估指標和定性評估方面均能提供出色的性能。不過，我們的模型在其他相關應用領域的分割方面還有更大的改進空間，例如，包含更複雜模式的影像和更多各式各樣類別的影像。

CHAPTER

24

基於隨機對抗式攻擊防禦的醫學影像退化標記激勵網路

在醫學影像系統中，機器學習技術通常具有高精確性，但即使是微小的對抗式攻擊也能使其上當受騙。這些攻擊使系統容易受到欺騙和誤導，從而在實際應用中面臨巨大挑戰。為了解決這一問題，我們提出了一種基於無梯度訓練的標記激勵網路，專門用於檢測和阻止對醫學影像人工智慧系統的對抗式攻擊。實驗結果顯示，在磁振造影、胸部 X 光片和組織病理學影像資料集上，我們的模型在抵抗對抗式攻擊方面表現出色。攻擊我們提出的模型所需的失真值比其他現有的最先進模型更高。此外，我們的模型在這些資料集上的性能優於現有最佳模型，甚至提升了一倍。具體而言，我們的模型在分類對抗例時的平均準確率達到 88.89%，而 MLP 和 LeNet 的準確率為 81.48%，ResNet18 的準確率僅為 38.89%。總結來說，標記激勵網路具有高失真容忍度和高分類準確性，是防禦對抗式攻擊的有效解決方案。我們的工作是邁向建構安全可靠的醫療人工智慧系統的重要一步。

24.1 簡介

磁振造影（Magnetic Resonance Imaging, MRI）、電腦斷層掃描（Computed Tomography, CT）和組織病理學等醫學影像為診斷各種疾病提供了詳細資訊。隨著更準確、更高效的醫學影像分類系統的部署，對強大醫學機器學習系統的需求也越來越高。這些系統能幫助專家診斷疾病，加速治療進程。

人類專家和機器學習系統在分類方法上有所不同。人類專家利用自身知識尋找與正常部分區分開來的異常區域，而機器學習技術則透過函數將健康和不健康狀態映射為特定標籤，並以監督的方式學習資訊。因此，醫學影像資料集的品質和解析度直接影響機器學習的效能。

機器學習演算法在分類任務中已證明能達到很高的準確率，且不斷有新的模型被提出來進一步提升準確率。然而，這些演算法可能會因資料中的微小擾動（即對抗式攻擊）而產生分類錯誤。對抗例已被證明可以跨模型轉移，這使得基於轉移（替代模型）的黑箱攻擊成為可能。轉移對抗攻擊和邊界攻擊是最為致命的，因為它們可以在不接觸模型參數的情況下有效地執行。

攻擊者可以利用對抗影像欺騙機器學習系統，而這些影像通常是人眼無法察覺的。換句話說，模型可能會因為這些故意製作的對抗式輸入而出錯。因此，機器學習系統可能會產生錯誤結果、誤診甚至是保險詐欺。為了抵禦對抗式攻擊，研究人員提出了許多防禦方法，其中對抗訓練最為普遍。然而，這往往會降低對乾淨測試數據的準確性。為了克服這個問題，研究人員開發了基於轉移的方法，但這些方法仍然不可靠。因此，對抗強健性仍然是機器學習中的一個未解決的問題。

無梯度訓練的標記激勵網路已被證明能以更高的成功率抵禦對抗式攻擊。這些網路採用隨機座標下降演算法，其較高的最小失真度表示，影像必須經過更明顯的修改才能騙過模型。本文採用了無梯度隨機座標下降演算法，並在醫學影像資料集（包括磁振造影、胸部 X 光片和組織病理學）上訓練標記激勵網路。

24.2 建議的標記激勵網路

我們提出使用無梯度隨機座標下降演算法來訓練標記激勵網路。該演算法稱為隨機座標下降（Stochastic Coordinate Descent, SCD）。

24.2.1 隨機座標下降（SCD）

我們將給定的二進位類別資料 $x_i \in R^d$ 和 $y_i \in \{-1, +1\}$ 其中 $i = 0, 1, ..., n-1$。線性分類器 $w \in R^d$, $w_0 \in R$ 的目標是將給定損失函數（Loss Function）的經驗風險最小化，其定義為：

$$Lscd = \sum_i L\left(w, w_0, x_i, y_i\right) \tag{24.1}$$

我們從隨機解開始 $w_i \in N(0, 1)$, $w_0 \in N(0, 1)$ 開始，其中 $i = 0, 1, ..., d-1$，並透過迭代進行增量更改，以此來提高模型性能。在每次迭代中，我們從 w 中隨機選擇一組特徵（座標），稱為 F。對於每個特徵 $w_i \in F$，我們加上或減去學習率 η，然後確定最佳化風險的 w_0。我們計算 w_0 的所有可能值，定義如下：

$$w_0 = \frac{w_i^T x_i + w_{i+1}^T x_{i+1}}{2} \tag{24.2}$$

其中 $i = 0,1, ..., n-2$，並且選擇使損失 L_{scd} 最小化的權重。在每次迭代中，我們生成訓練資料的隨機樣本，以避免陷入局部最小值。為了訓練單隱藏層網路，我們將 SCD 應用於最終節點，並在每次迭代中應用於隨機選擇的隱藏節點。我們在實踐中應用平行處理和多種啟發式方法來加快運行時間。

24.2.2 網路實現

我們使用這個演算法來訓練以下三種類型的標記激勵網路：

(1) SCD01：在最終節點使用 01- 損失

(2) SCDCE：在最終節點使用交叉熵損失

(3) SCDCEBNN：在最終節點使用交叉熵損失，且在整個模型具有二進位權重

SCD 模型的基本架構如圖 24.1 所示。由於標記激勵是非凸的，因此我們的訓練過程從不同的隨機初始化開始。我們運行 100 次訓練並輸出多數投票結果。

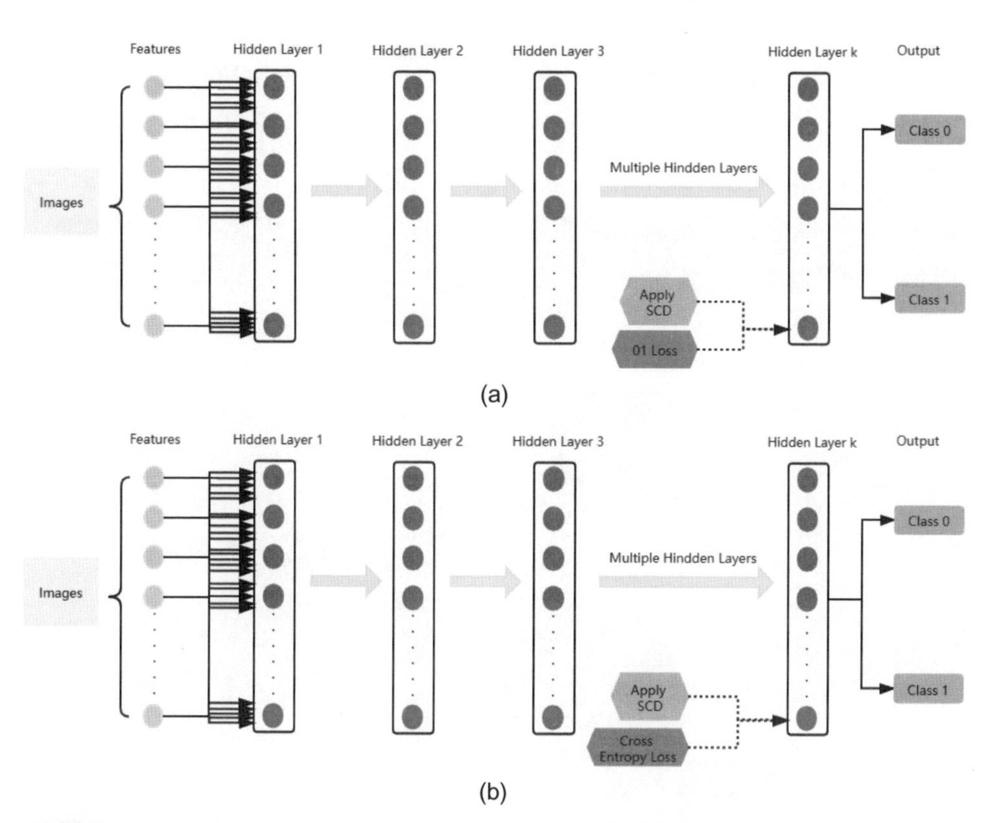

圖 24.1 SCD 模型的結構。(a) 採用我們演算法的標記激勵網路，最終節點使用 01 損失。(b) 採用我們演算法的標記激勵網路，最終節點使用交叉熵損失。

為了說明運行時間和純測試準確率，我們將模型與卷積網路 LeNet、ResNet18 以及具有 20 個節點的單隱藏層，並且使用 Sigmoid 激勵函數和 Logistic 損失函數的等效網路（稱為 MLP）進行比較。MLP 分類器使用 scikit-learn 實現，並使用 Larq 函式庫則近似實現標記激勵。此外，我們還使用了 IBM Adversarial Robustness Toolkit 中的 HopSkipJump 實作。這是一組針對 L2 和 L∞ 相似度指標進行最佳化的非目標攻擊和目標攻擊演算法。

HopSkipJump 基於利用決策邊界的二進位資訊對梯度方向進行新的估算。理論分析和實驗結果表示，該演算法所需的模型參數明顯少於幾種最先進的基於決策的對抗攻擊方法。此外，在攻擊幾種廣泛使用的防禦機制時，HopSkipJump 的表現得也非常具有競爭力。在圖 24.2 中，HopSkipJump 對預測模型進行攻擊，生成可以欺騙模型的對抗式影像。為了獲得盡可能精確的估算，我們運行了 HopSkipJump 10 次。每次，我們使用 1000 個隨機資料點作為初始值，並進行最多 100 次迭代來報告最小值。由於單個數據點通常需要幾個小時才能完成，因此我們只能報告 5 個隨機資料點的失真情況。

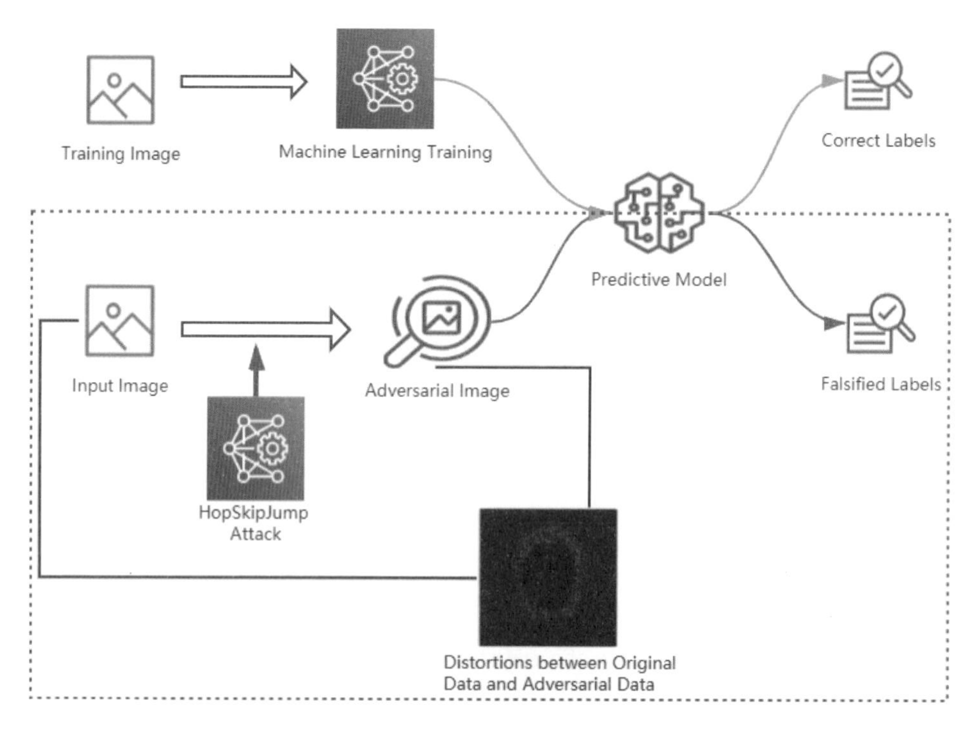

圖 24.2 使用 HopSkipJump 攻擊模型的過程。

24.3 實驗結果

24.3.1 資料集

我們使用了三個流行的醫學影像資料集：BraTs18、胸部 X 光片和結腸直腸組織病理學資料集來評估分類的準確性。

24.3.1.1 BraTs18 資料集

BraTs18 資料集包含 210 張高度神經膠質瘤（High-Grade Glioma, HGG）和 75 張低度神經膠質瘤（Low-Grade Glioma, LGG）的 MRI 影像，每張影像都有腫瘤的二進位遮罩。每張 3DMRI 影像包含 155 張尺寸為 240×240 的切片。在所有實驗中，我們都使用 FLAIR 模式影像，因為這種模式能呈現整個腫瘤。我們總共有 17,100 張異常影像和 18,500 張正常影像用於訓練。在測試過程中，我們有 1,800 張異常影像和 1,900 張正常影像。我們還展示了其他模式下的實驗結果，其中 ANT-GAN 在這些模式下的合成品質令人印象深刻。我們將兩類資料進行降採樣作為平衡資料集，每個類別包含 1,462 張影像，影像大小調整為 96×96，並以 80:20 的比例分割訓練和測試資料集。

24.3.1.2 胸部 X 光影像

胸部 X 光影像（前胸 - 後背）選自中國廣州婦女兒童醫療中心的 1 至 5 歲兒科患者的回顧性隊列研究。所有胸部 X 光成像均作為患者常規臨床護理的一部分進行。資料集分為兩個資料夾（訓練資料夾和測試資料夾），並包含每個影像類別（肺炎 / 正常）的子資料夾。共有 5863 張 X 光影像和兩個類別（肺炎 / 正常）。對所有胸部 X 光片進行初步品質控制篩選，去除所有低品質或無法讀取的掃描影像。然後，由兩名專家對影像進行診斷分級，並進一步用於人工智慧系統的訓練。為了避免任何分級錯誤，評估集由第三位專家進行檢查。作為平衡資料集，我們將影像大小調整為 96×96，並將每個類別的影像降採樣為 1,584 張。我們總共有 3,168 張影像，並以 80:20 的比例分成訓練集和測試集。

24.3.1.3 大腸組織病理學資料集

此資料集收集了人類結直腸癌組織學影像中的紋理特徵。來自德國曼海姆海德堡大學曼海姆大學醫學中心的病理檔案的十張匿名 H&E 染色的結直腸癌組織切片。此資料集中包含低度和高度腫瘤，無需進一步篩選。首先將切片數位化，然後對連續的組織區域進行人工標註和棋盤格化，以創建 625 個不重疊的組織切片，每個切片的大小為 150×150 像素（74 μm×74 μm）。這些切片包含了不同尺度的紋理特徵，從單個細胞（約 10 μm）到較大的結構，如黏膜腺（>50 μm）。

我們選擇以下八種類型的組織進行分析：腫瘤上皮、簡單基質、複雜基質、免疫細胞、碎屑、正常黏膜腺、脂肪組織和背景（無組織）。該資料集包含 5,000 張影像，分別代表訓練集和測試集。我們隨機選取免疫細胞和正常黏膜腺兩個類別，將它們的影像大小調整為 96×96 像素，並以 80：20 的比例分割訓練集和測試集。圖 24.3 顯示了這三個資料集中的影像，除了成像的組織和方式不同外，其他特徵相似。

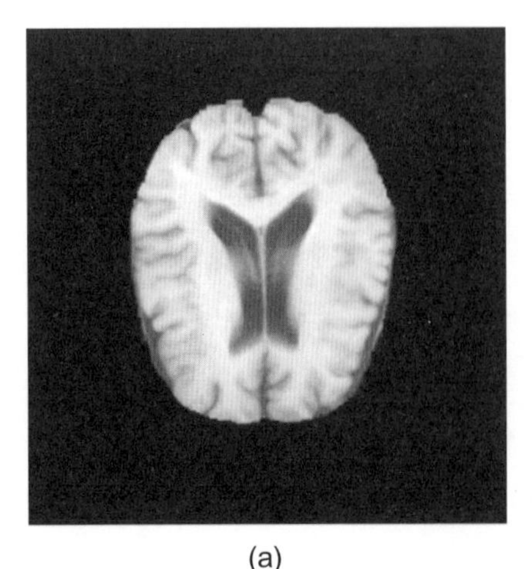
(a)

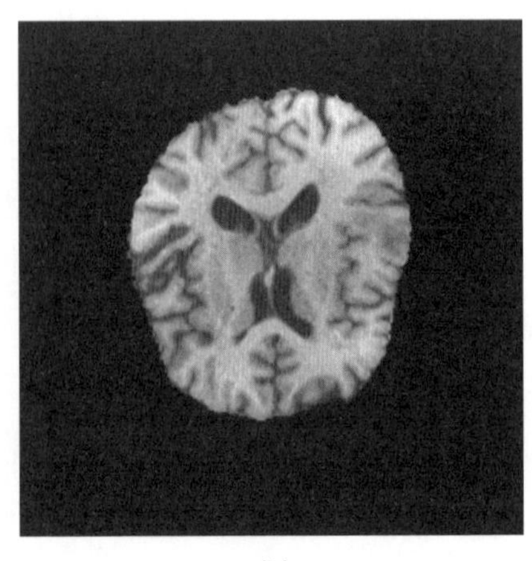
(b)

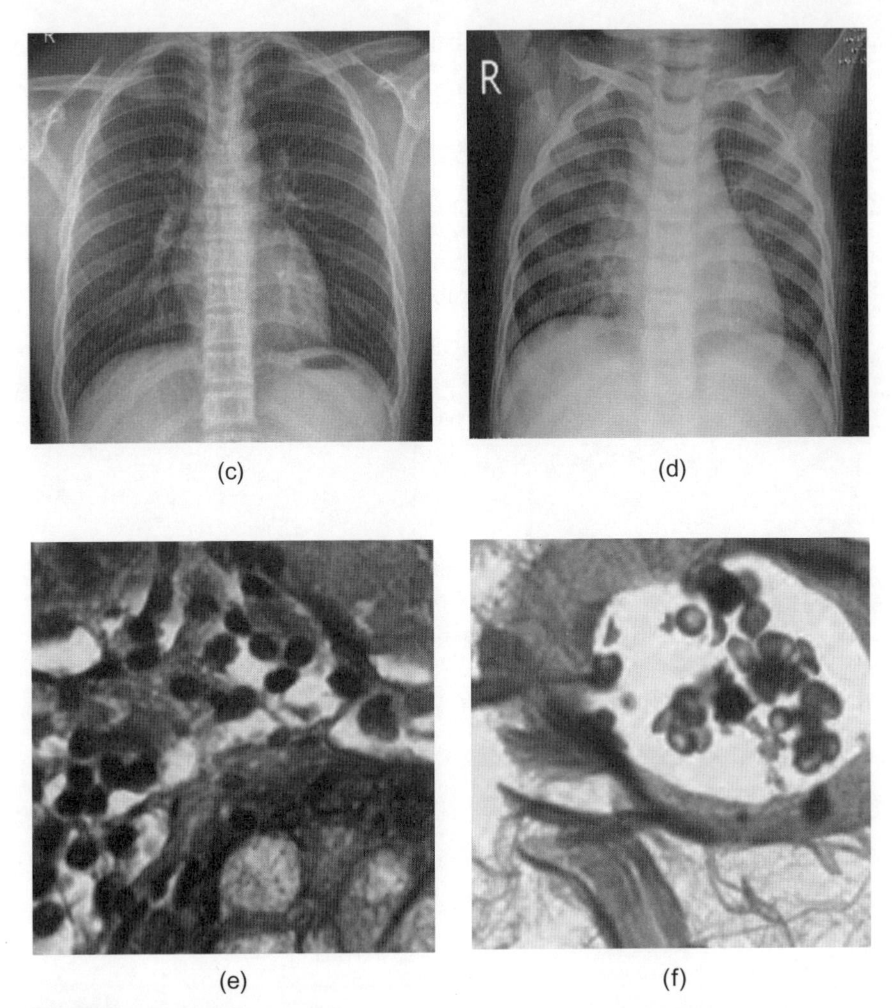

圖 24.3 三個資料集的樣本影像。(a) 正常腦部 MRI，(b) 異常腦部 MRI，(c) 健康胸部 X 光片，(d) 受肺炎影響的胸部 X 光片，(e) 和 (f) 兩種不同類型的人類結直腸癌、正常黏膜腺和免疫細胞。

24.3.2 定性分析

24.3.2.1 測試準確率評估

我們首先進行實驗，比較七個模型在胸部 X 光、組織病理學和 BraTs18 上的測試準確率結果如表 24.1 所示。在胸部 X 光資料集上，卷積網路 LeNet 和 ResNet18 的準確率較高，因為它們具有卷積的優勢。在組織病理學資料集上，MLP 和隨機森林的準確率更高。在 BraTs18 資料集中，ResNet18、LeNet 和隨機森林的準確率較高，但其他模型也相差不遠。

▼ 表 24.1 BraTs18、胸部 X 光和組織病理學影像資料集驗證資料的平均準確率

	SCD01	SCDCE	SCDCE BNN	MLP	LeNet	ResNet18	Random Forest
BraTs18	98.38%	98.92%	95.31%	98.76%	99.1%	99.64%	99.07%
Chest X-ray	90.69%	91.32%	89.12%	88.72%	92.59%	94.32%	89.12%
Histopathology	99.2%	99.6%	99.6%	100%	99.6%	99.6%	100%

24.3.2.2 透過 L2 距離評估防禦能力

我們比較不同模型在生成對抗影像時所需的最小失真度，以評估它們對抗攻擊的防禦能力。該值越大，模型的強健性越強，因為顯著的失真很可能會被事先偵測到。尋找確切的最小失真度是一個 NP- 困難（NP-hardness）問題，在 ReLU 激活神經網路和樹狀集合分類器中進行評估。甚至在 ReLU 激勵神經網路中最小失真度的近似也是 NP- 困難問題。

HopSkipJump 報告的失真已被證明比其他邊界攻擊方法更低（即更嚴格且更準確）。因此，我們運行 HopSkipJump 基於邊界的黑箱攻擊，來確定從 BraTs18、胸部 X 光和結直腸癌組織病理學驗證資料集中隨機選擇的影像的對抗式失真。HopSkipJump 在每個影像上運行十次以報告最小值。如圖 24.4 所示，我們觀察到經過 90 次迭代後，失真最小並變得穩定。因此，綜合考慮最佳結果和計算能力，我們選擇 100 次作為最大迭代次數。

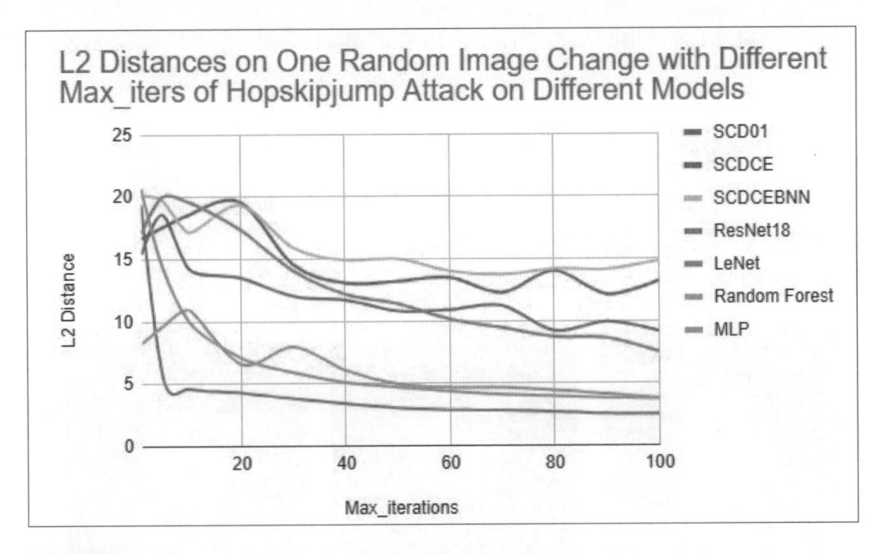

圖 24.4 不同模型上的 HopSkipJump 攻擊期間具有不同最大迭代次數的一張影像上 L2 距離的變化。

我們透過測量 L2（標準歐幾里得範數）指標下正常樣本和異常樣本之間的距離來定量評估防禦的強健性，這與大多數攻擊的評估方法相同。表 24.2 顯示 BraTs18 隨機測試影像的平均對抗式失真。無梯度訓練的標記網路比其他最先進的模型具有更高的失真，且 SCDCEBNN 模型的失真值最高。

▼ 表 24.2　HopSkipJump 在攻擊不同模型時，BraTs18 資料集的平均最小估計 L2 對抗式失真

	SCD01	SCDCE	SCDCEBNN	MLP	LeNet	ResNet18	Random Forest
Image 1	14.61	19.13	23.47	8.95	12.28	2.00	3.44
Image 2	10.55	13.44	16.18	4.32	9.06	1.95	4.03
Image 3	8.17	12.05	15.13	2.75	7.47	1.82	2.12
Image 4	7.49	13.00	3.33	3.67	7.50	2.50	3.33
Image 5	8.75	11.66	2.87	3.99	8.75	2.12	3.99
Average	9.06	12.23	13.7	4.38	8.27	2	2.78

我們在圖 24.5 中展示了 BraTs18 資料集中 " 影像 1" 的原始影像和對抗影像，以便直接感受失真情況。前六張對抗影像具有較高的失真度，其中 (b) ~ (d) 是來自 SCD 模型的對抗影像。請注意，這些影像的失真度高於目前可用的最先進模型。顯然，這些影像比原始影像包含更多的雜訊，而在其他影像中，肉眼很難察覺到差異。

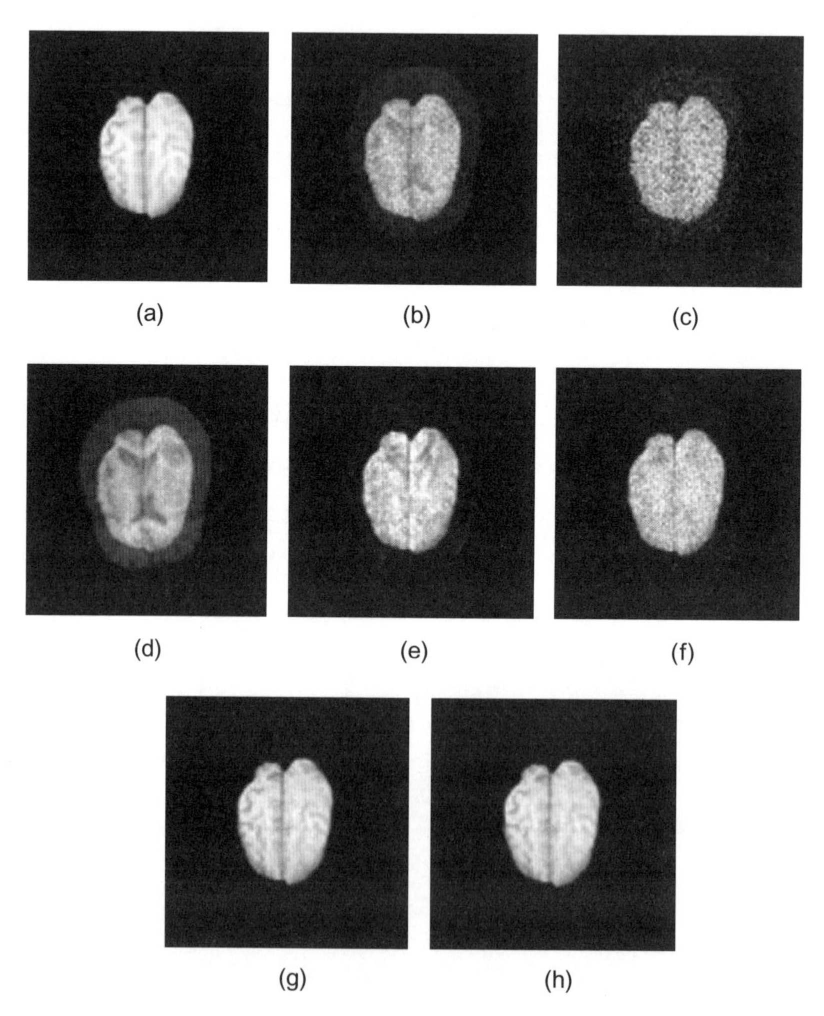

圖 24.5 BraTs18 資料集中不同網路之間的原始影像和對抗影像的視覺化展示。(a) 原始影像，(b) 欺騙 SCD01 的對抗例，(c) 欺騙 SCDCE 的對抗例，(d) 欺騙 SCDCEBNN 的對抗例，(e) 欺騙 MLP 的對抗例，(f) 欺騙 LeNet 的對抗例，(g) 欺騙 ResNet18 的對抗例，以及 (h) 欺騙隨機森林的對抗例。

圖 24.6 顯示胸部 X 光片資料集中 " 影像 1" 的原始影像和對抗影像的視覺化展示，以直接地感受失真情況。這些對抗影像都有較高的失真度，其中 SCDCE 的失真度最高。

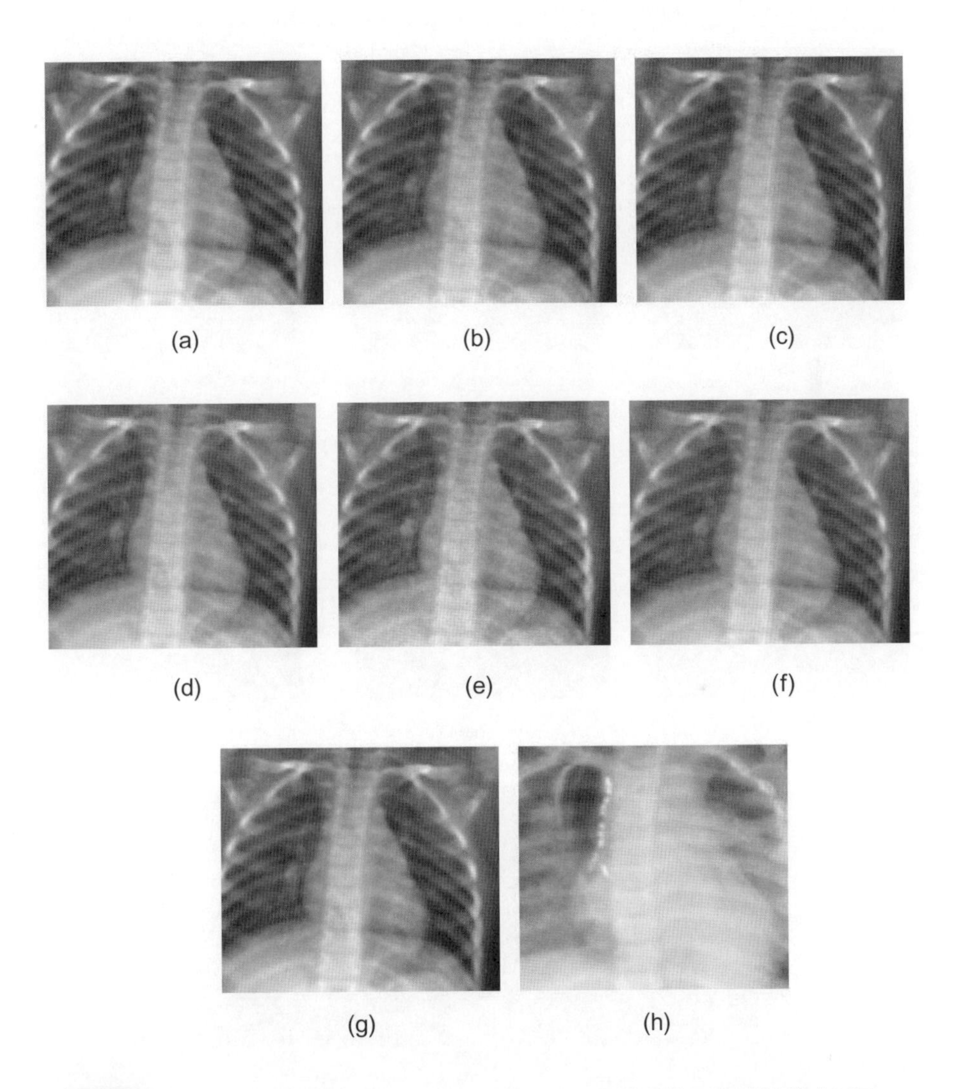

圖 24.6 胸部 X 光資料集的原始影像和不同網路之間的對抗影像的視覺化展示。(a) 原始影像，(b) 欺騙 SCD01 的對抗例，(c) 欺騙 SCDCE 的對抗例，(d) 欺騙 SCDCEBNN 的對抗例，(e) 欺騙 MLP 的對抗例，(f) 欺騙 LeNet 的對抗例，(g) 欺騙 ResNet18 的對抗例，以及 (h) 欺騙隨機森林的對抗例。

圖 24.7 顯示人類結直腸組織病理學資料集的原始影像和對抗影像的視覺化展示，從中可以直接地感受到失真情況。三種 SCD 模型的失真度都高於其他模型。與其他對抗影像相比，SCDCE 的對抗影像充滿了更多的色彩斑點的細節，且很難辨識是否潛在異常的形態。

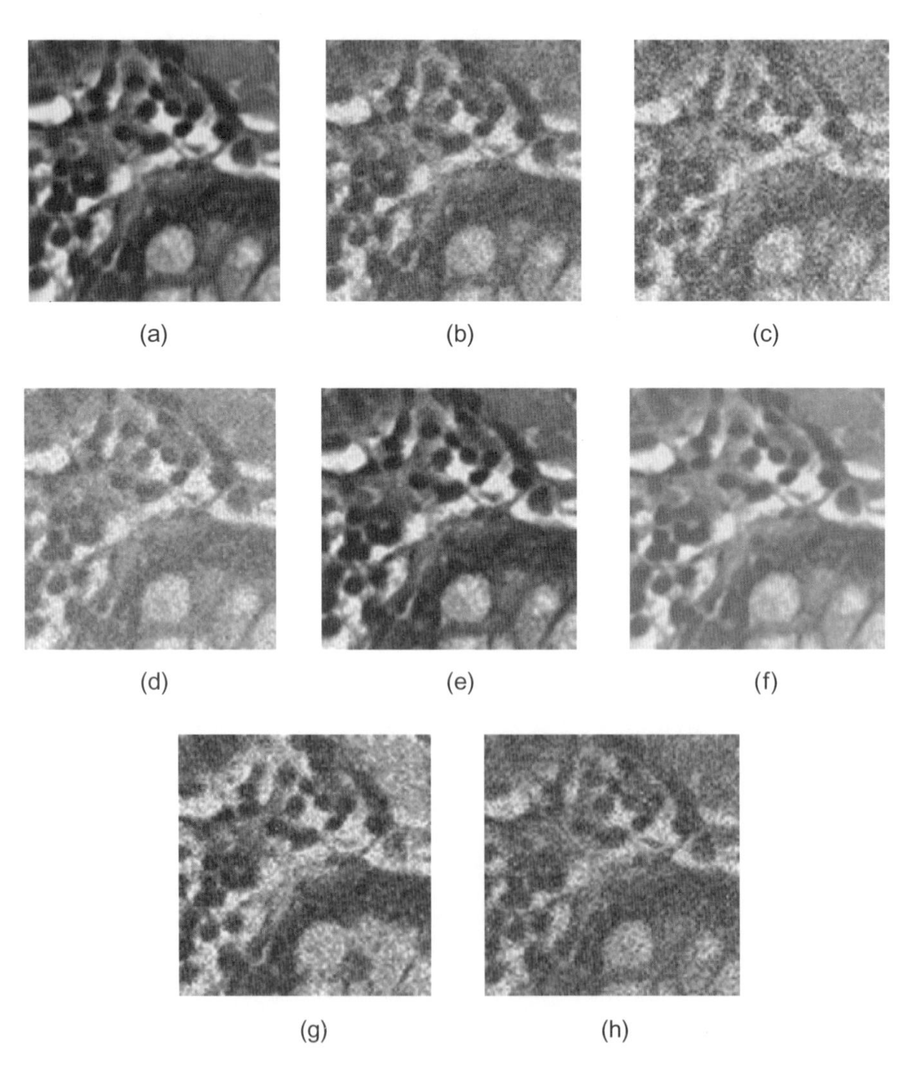

圖 24.7 結直腸組織病理學資料集中不同網路之間的原始影像和對抗影像的視覺化展示。(a) 原始影像，(b) 欺騙 SCD01 的對抗例，(c) 欺騙 SCDCE 的對抗例，(d) 欺騙 SCDCEBNN 的對抗例，(e) 欺騙 MLP 的對抗例，(f) 欺騙 LeNet 的對抗例，(g) 欺騙 ResNet18 的對抗例，以及 (h) 欺騙隨機森林的對抗例。

表 24.3 列出了所有三個資料集上的平均最小估計 L2 對抗式失真。SCD 模型的失真度更高，其中 SCDCEBNN 的表現最佳，失真度比所有其他模型高出兩倍。

▼ 表 24.3　所有三個資料集的平均最小估計 L2 對抗式失真

	SCD01	SCDCE	SCDCEBNN	MLP	LeNet	ResNet18	Random Forest
Average	13.67	18.26	19.12	8.59	10.96	8.43	10.74

24.3.2.3　透過可轉移性評估防禦能力

另一種評估方法是利用可遷移性。給定兩個模型 F (·) 和 G (·)，在 F 上訓練的對抗例將是在 G 上訓練的對抗例，即使它們以完全不同的方式或在不同的資料集上進行訓練。有大量可用的方法來建立對抗例並使網路對抗例具有強健性。沒有任何防禦方法能夠正確地將對抗例分類。因此，正確分類對抗例很困難。

在上一節中，我們展示了攻擊者如何在不同模型上產生對抗樣本；在這裡，我們在所有模型上測試所有這些對抗例。如果模型 G 可以偵測到另一個模型 F 中的對抗例並對其進行正確分類，則模型 G 對對抗式攻擊具有更強的強健性。表 24.4 顯示對一張隨機影像和所有對抗例進行分類的結果。我們可以看到，隨機影像可以被所有模型分類，標記為 Y。如果模型能夠正確識別對抗例，則標記為 Y，否則標記為 N。

▼ 表 24.4　對一張隨機影像和所有對抗例進行分類的結果

	SCD01	SCDCE	SCDCEBNN	MLP	LeNet	ResNet18	Random Forest
Original Test Image	Y	Y	Y	Y	Y	Y	Y
Adversarial Image from SCD01	-	Y	Y	Y	Y	**N**	Y
Adversarial Image from SCDCE	Y	-	Y	**N**	Y	**N**	Y
Adversarial Image from SCDCEBNN	Y	Y	-	Y	**N**	**N**	**N**
Adversarial Image from MLP	Y	Y	Y	-	Y	**N**	Y

▼接下頁

	SCD01	SCDCE	SCDCEBNN	MLP	LeNet	ResNet18	Random Forest
Adversarial Image from LeNet	Y	Y	Y	Y	-	**N**	Y
Adversarial Image from ResNet18	Y	Y	Y	Y	Y	-	Y
Adversarial Image from Random Forest	Y	Y	Y	Y	Y	**N**	-

表 24.5 顯示在分類對抗樣本時所有模型的平均準確率。我們可以看到，我們提出的模型具有更高的準確率，分別達到 88.89% 和 85.19%。這些模型能夠識別虛假樣本，並且不容易被對抗式攻擊所欺騙。相比之下，其他模型如 MLP 和 LeNet 的表現雖然最好，但其準確率仍然低於我們提出的模型。

▼ 表 24.5　對抗樣本分類時所有模型的平均準確率

	SCD01	SCDCE	SCDCEBNN	MLP	LeNet	ResNet18	Random Forest
Average Accuracy	88.89%	88.89%	85.19%	81.48%	81.48%	38.89%	57.14%

24.4 結論

在本文中，我們提出了一種在磁振造影、胸部 X 光和組織病理學影像中對抗式攻擊具有強健性的模型。我們發現，與最先進的模型相比，當對抗式攻擊應用於具有 SCD 的無梯度訓練標記網路時，需要更高的失真度。對對抗樣本進行分類的實驗結果表明，我們的模型準確性更高，因此，在我們的模型上可以輕鬆地檢測到對抗式攻擊。要開發出能提前阻止攻擊的強健性醫療機器學習模型，還需要進行更多的研究，包括在更大的資料集上驗證結果，並展示不同對抗式攻擊（如白箱攻擊）的效果。我們計劃在今後的工作中開發一種能夠提前檢測和阻止對抗式攻擊的醫療人工智慧影像系統。

CHAPTER

25

用於防禦的自適應影像重建對抗式攻擊

對抗式會欺騙卷積神經網路，使系統容易受到欺騙。抵禦這類惡意攻擊在實踐是一項重要挑戰。對抗式攻擊通常透過在影像上添加微小擾動來導致網路誤分類。雖然影像降噪技術可以抵禦攻擊，但並不適用於所有情況。考慮到不同模型對於對抗式攻擊的承受能力不同，我們開發了一種新型檢測模型，透過自適應過程去除雜訊，並在不修改模型的情況下檢測對抗式攻擊。實驗結果表示，我們的模型在比較 MNIST 和 ImageNet 資料集兩個子類的對抗樣本的分類結果時，能成功去除大部分雜訊，檢測準確率分別達到 97.71% 和 92.96%。此外，我們的自適應模型可以組裝至不同的網路，對 ResNet18 和 SCD01MLP 影像的白箱對抗式攻擊的偵測準確率分別達到 70.83% 和 71.96%。在處理黑箱攻擊時，這兩個網路均獲得了 62.5% 的最佳準確率。

25.1 簡介

深度神經網路（Deep Neural Network, DNN）已廣泛應用於許多任務，並達到高準確率，甚至在某些方面超越了人類的表現。不幸的是，最近的研究表示，對抗式攻擊可以透過對輸入資料添加輕微擾動，迫使 DNN 做出錯誤決策。對抗式攻擊的成功會帶來安全威脅，因此在現實世界中部署深度學習演算法之前，需要重新評估其強健性。確保神經網路能夠以更安全、更可靠的方式偵測異常輸入是非常重要的。

基於 DNN 的影像分類器可能會對精心設計的對抗例進行錯誤分類。研究表示，對手可以利用這些對抗例對系統造成嚴重損害。為了防禦對抗式攻擊，一些研究人員提出了提高模型強健性和偵測惡意行為的技術，然而大多數技術需要修改目標模型。最直接的方法之一稱為對抗訓練，它使用大量對抗例重新訓練網路以提高分類準確性。

近期的研究重點集中於直接偵測對抗例。儘管在抵禦對抗式攻擊方面取得了一些成果，但重新訓練模型和修改網路架構的時間成本和計算複雜度仍是非常巨大的。產生適當的對抗例用於訓練和統計測試的成本也相當高，且依賴於對各種潛在對抗技術的全面先驗知識。此外，攻擊者可以透過改進的攻擊演算法生成對抗例，防禦者通常事先並不知情，使對抗例很可能躲過分類器。現有大多數防禦技術針對特定模型，重建或重新訓練分類器耗時費力，攻擊者可以輕易偽造有效的對抗例。

其他防禦方法旨在重建輸入影像，但這些技術存在一些問題。重構和去噪方法對輸入影像進行平滑濾波以減少雜訊，但不可避免地會去除物體的一些細節。不同對抗式攻擊者會在影像上放大不同程度的擾動，這在語義資料集和灰階資料集中尤為明顯。同樣的對抗式攻擊參數在 ImageNet 影像上成功，並不能在 MNIST 資料庫中產生成功的對抗例。使用相同重構策略可能會過度降低雜訊，導致新的錯誤分類。

為了應對上述挑戰，我們開發了一種新方案，它能有效地重建輸入影像，並透過自適應方法提前檢測對抗樣本，以避免過度降噪。該框架輕量級，可整合到任何網路中，只需設定幾個參數即可。

25.2 對抗性擾動與清除

25.2.1 來自對抗式攻擊的干擾

我們觀察到，原始影像和偽造的對抗影像之間的差異在視覺效果中看起來像是雜訊。圖 25.1 展示了這一現象：第一行顯示的是乾淨的影像，中間一行顯示的是由 ResNet18 模型上的 HopSkipJump 黑箱攻擊生成的對抗影像，最後一行顯示的是攻擊者添加的雜訊。這表明，肉眼很難在像素層級檢測到對抗性擾動，但這些擾動在特徵層級會產生大量雜訊。

來自對抗式攻擊的擾動會逐層增加，直到分類器做出錯誤的決定。即使使用相同的模型和攻擊方法，不同的資料集也需要不同規模的擾動。同樣，由相同模型訓練的相同影像，不同攻擊者生成的有效假樣本也是不同的。我們可以觀察到，圖 25.1 (c) 和 (f) 中在兩個不同資料集上添加的雜訊是不同的，儘管它們都是由 ResNet18 模型上的 HopSkipJump 攻擊製作的。

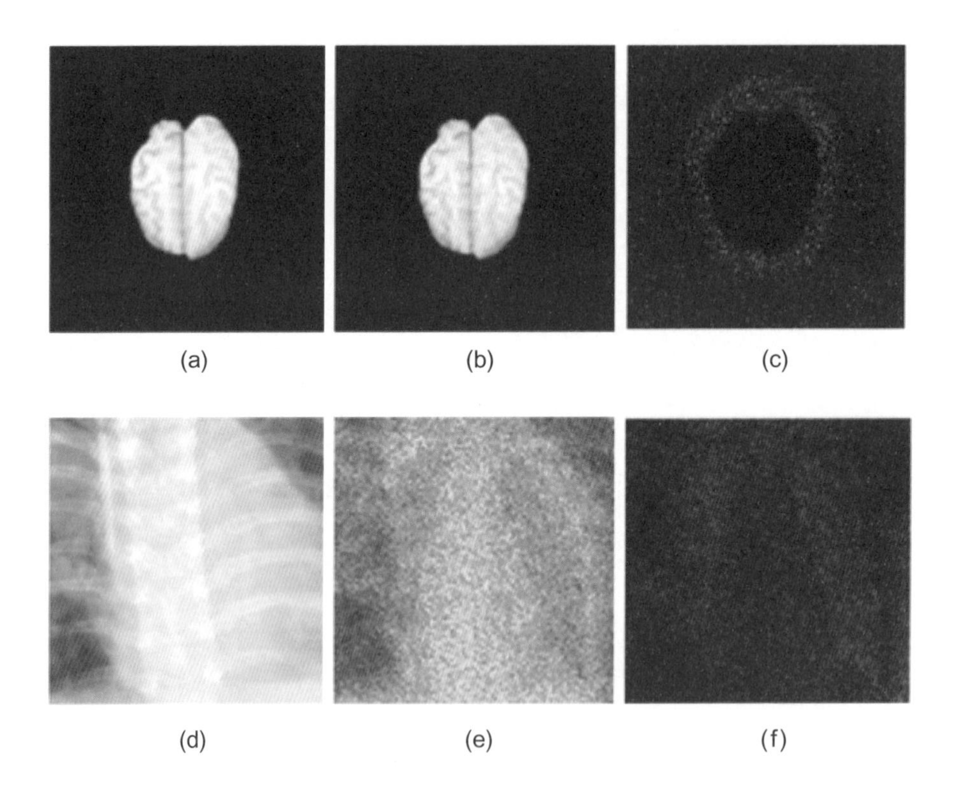

圖 25.1 影像上的擾動。(a) BraTs18 的乾淨影像，(b) 由 HopSkipJump 黑箱攻擊在 ResNet18 模型上產生的惡意影像，(c) 攻擊者添加的雜訊，(d) ChestXray 的乾淨影像，(e) 由 HopSkipJump 黑箱攻擊在 ResNet18 模型上產生的惡意影像，(f) 攻擊者添加的雜訊。

25.2.2 擾動消除

設 G 表示對抗式攻擊者，他產生一個假樣本 $I'(x, y)$，透過在原始影像 $I(x, y)$ 上添加擾動 $\varepsilon(x, y)$ 來 欺騙模型 F：

$$I'(x, y) = I(x, y) + \varepsilon(x, y) \tag{25.1}$$

其中，x 和 y 表示空間座標。請注意，擾動 $\varepsilon(x, y)$ 在攻擊者 G、分類器 F 和乾淨輸入 I 之間存在很大的差異。透過應用重建技術去除 $\varepsilon(x, y)$，我們可以產生重建影像 $I''(x, y)$，其分類結果與乾淨影像 I 相同：

$$F(I) = \mathrm{F}(I'') \tag{25.2}$$

需要注意的是，無法只使用單一技術來消除所有不同的擾動。影像重建技術可以減少一些雜訊，但由於不同情況下的雜訊不同，因此會出現過度去噪的情況。重建影像 $I''(x, y)$ 是比對抗影像 $I'(x, y)$ 更高品質的影像，但比原始乾淨影像 $I(x, y)$ 品質更低。我們的目標是最小化差 $d(x, y)$，具體公式如下：

$$d(x, y) = I(x, y) - I''(x, y) \tag{25.3}$$

透過這種方式，模型 F 就有更高的機會做出正確的決策。因此，挑戰在於當給定未知輸入並添加未知雜訊時，盡可能消除擾動 $\varepsilon(x, y)$。

25.2.3 熵值

為了分析內部資訊特徵，我們使用夏農熵（Shannon entropy）來衡量影像中的不確定分佈和複雜性特徵。如果熵值高，則表示影像包含更多資訊。設灰階 k 具有機率 Pk。熵 H 計算如下：

$$\mathrm{H} = -\sum_{k} P_k * log_2\left(P_k\right) \tag{25.4}$$

讓

$$k = \sum_{(x,y)} k(x, y) \tag{25.5}$$

在像素 $k(x, y)$ 處，此像素的機率為 $P_{xy} = k(x, y)/k$。因此，我們有

$$H(x, y) = log_2(k) - \frac{1}{k}\sum_{(x,y)} k(x, y) * log_2(k(x, y)) \tag{25.6}$$

當任何位置的影像像素值不變時，最小熵值為零；最大熵值與灰階總數有關。例如，256 級灰階的影像的最大熵為 log_2（256）= 8。圖 25.2 顯示不同影像的熵值，其中（a）的熵值小於（c），顯示其包含的有用資訊較少。

需要注意的是，(a) 和 (b) 的乾淨影像與對抗影像之間的差異大於 (c) 和 (d)。我們可以得出這樣的結論：較簡單的影像需要較大的擾動才能成功生成對抗樣本。由於簡單影像的熵值通常較小，較大的雜訊更有可能影響影像的特徵，因此會增加原始影像與偽造影像之間的熵值差異。相比之下，彩色影像的熵值較大，因此通常需要較小的雜訊來製作成功的對抗影像。

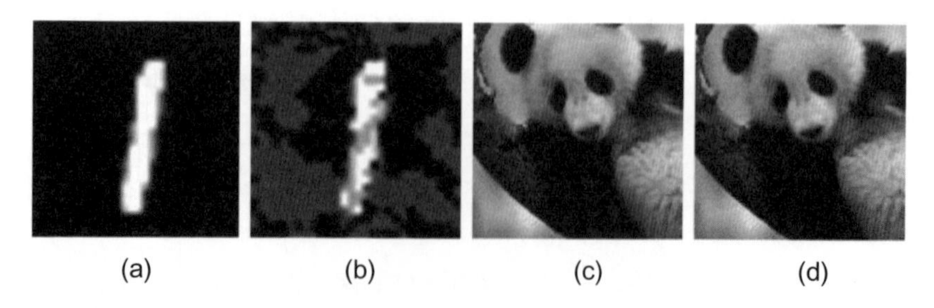

圖 25.2（a）熵值為 1.5222 的乾淨影像，（b）熵值為 5.4241 的 FGSM 攻擊者製作的惡意影像，（c）熵值為 4.9742 的 ImageNet 乾淨影像，以及（d）熵值為 7.5302 的 FGSM 攻擊者製作的惡意影像。

25.2.4 自適應平滑

影像平滑主要在減少和抑制影像雜訊。我們使用平均平滑濾波器，如圖 25.3 所示，其中 (a) 是 3×3 的方形遮罩，(b) 是 5×5 的十字形遮罩。平均平滑濾波器是一種常見的去噪技術，其作用是透過將像素與鄰域內的像素值平均化來減少雜訊。具體操作如下：

- **3x3 遮罩**：對於每個像素，取其周圍 3×3 區域內的所有像素值，然後計算這些值的平均值，將結果作為該像素的新的像素值。
- **5x5 遮罩**：對於每個像素，取其周圍 5×5 區域內的所有像素值，然後計算這些值的平均值，將結果作為該像素的新的像素值。

這些平滑技術可以有效地減少影像中的隨機雜訊，同時保留重要的結構資訊。然而，過度平滑可能會導致影像細節丟失，因此需要在平滑和保留細節之間取得平衡。

1/9 *

1	1	1
1	1	1
1	1	1

1/9 *

0	0	1	0	0
0	0	1	0	0
1	1	1	1	1
0	0	1	0	0
0	0	1	0	0

圖 25.3 不同的平均平滑濾波器遮罩。
(a) 3×3 的方形遮罩和 (b) 5×5 的十字形遮罩。

高斯模板（Gaussian template）是一種在平滑過程中減少模糊並獲得更自然平滑效果的方法。與平均平滑法不同，平均平滑法對鄰域中的所有像素都採用相同的權重。高斯模板則根據距離中心的遠近對像素賦予不同的權重，靠近中心的像素權重較大，遠處的像素權重較小。圖 25.4 顯示一個 3×3 的高斯模板。

	1	2	1
1/16 *	2	4	2
	1	2	1

圖 25.4 3 × 3 高斯遮罩模板。

增加濾波器的大小來減少雜訊是一種盡可能去除雜訊的方法，但這種方法也會導致影像過度模糊。我們使用自適應維納濾波器，在去除雜訊的同時重建數據，而不會明顯模糊影像中的結構。鄰域 $a(n1, n2)$ 用於估計局部平均值 μ 和變異數 σ^2，如下所示

$$\mu = \frac{1}{n * m} \sum_{n1, n2 \in x} a(n1, n2) \tag{25.7}$$

$$\sigma^2 = \frac{1}{n * m} \sum_{n1, n2 \in x} (a(n1, n2) - \mu)^2 \tag{25.8}$$

其中 x 是每個像素的 $n \times m$ 局部鄰域。抑制雜訊的像素濾波器表示為

$$b(n1, n2) = \mu + \frac{\sigma^2 - \gamma^2}{\sigma^2}\left(a(n1, n2) - \mu\right) \tag{25.9}$$

其中 γ^2 是雜訊變異數，預設為公式（25.8）中所有局部變異數的平均值。

25.3 我們提出的方法

25.3.1 框架

圖 25.5 顯示我們提出的框架。此檢測方案的可靠性取決於兩個主要因素：

1. **模型的強健性**：不同模型對擾動的容忍能力有所不同。例如，LeNet 比 ResNet18 具有更高的容忍能力，但與 MLP 分類器類似。這意味著在某些情況下，重建影像可能無法透過 ResNet18 進行分類，但可以在 LeNet 上進行分類。
2. **重建技術**：重建技術的效果也影響檢測方案的可靠性。在乾淨影像上添加的擾動是隨機的，且不同場景下的預處理方法可能會去除不同的雜訊。這種技術需要能夠適應各種情境，確保對抗性擾動被有效去除，而不影響原始影像的關鍵特徵。

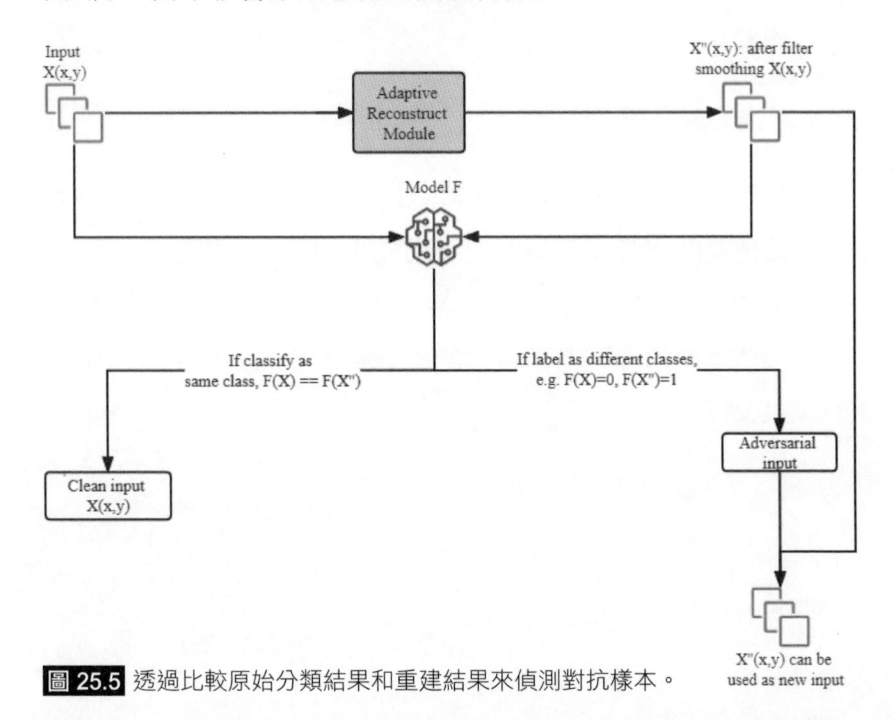

圖 25.5 透過比較原始分類結果和重建結果來偵測對抗樣本。

有兩個因素決定了此檢測方案的可靠性。一是模型 F 的強健性。例如，LeNet 比 ResNet18 具有更高的容忍能力，但與 MLP 分類器類似。這意味著重建影像 $X''(x, y)$ 無法透過 ResNet18 進行分類，但可以在 LeNet 上進行分類。另一種是重建技術，使得在乾淨影像上添加的擾動是隨機的，不同場景中由預處理方法去除的雜訊也各不相同。

如圖 25.6 所示，我們提出了一種具有自適應過程的新型重建模組。此模組可根據輸入影像的特徵，自動選擇並應用適當的平滑濾波器，以有效去除對抗性擾動。

自適應過程的主要步驟如下：

1. **熵值計算**：

   - 針對每個輸入影像計算其夏農熵（Shannon entropy），以衡量影像的資訊量和複雜性。
   - 熵值高的影像表示其包含更多的資訊和細節，熵值低的影像則相對簡單。

2. **平滑濾波器選擇**：

   - 根據熵值高低決定是否需要應用平滑濾波器以及應用哪種濾波器。
   - 熵值高的影像通常只需要應用較少的平滑，以避免過度去除影像細節。
   - 熵值低的影像則需要較大的擾動平滑，以去除更多的雜訊並保留重要特徵。

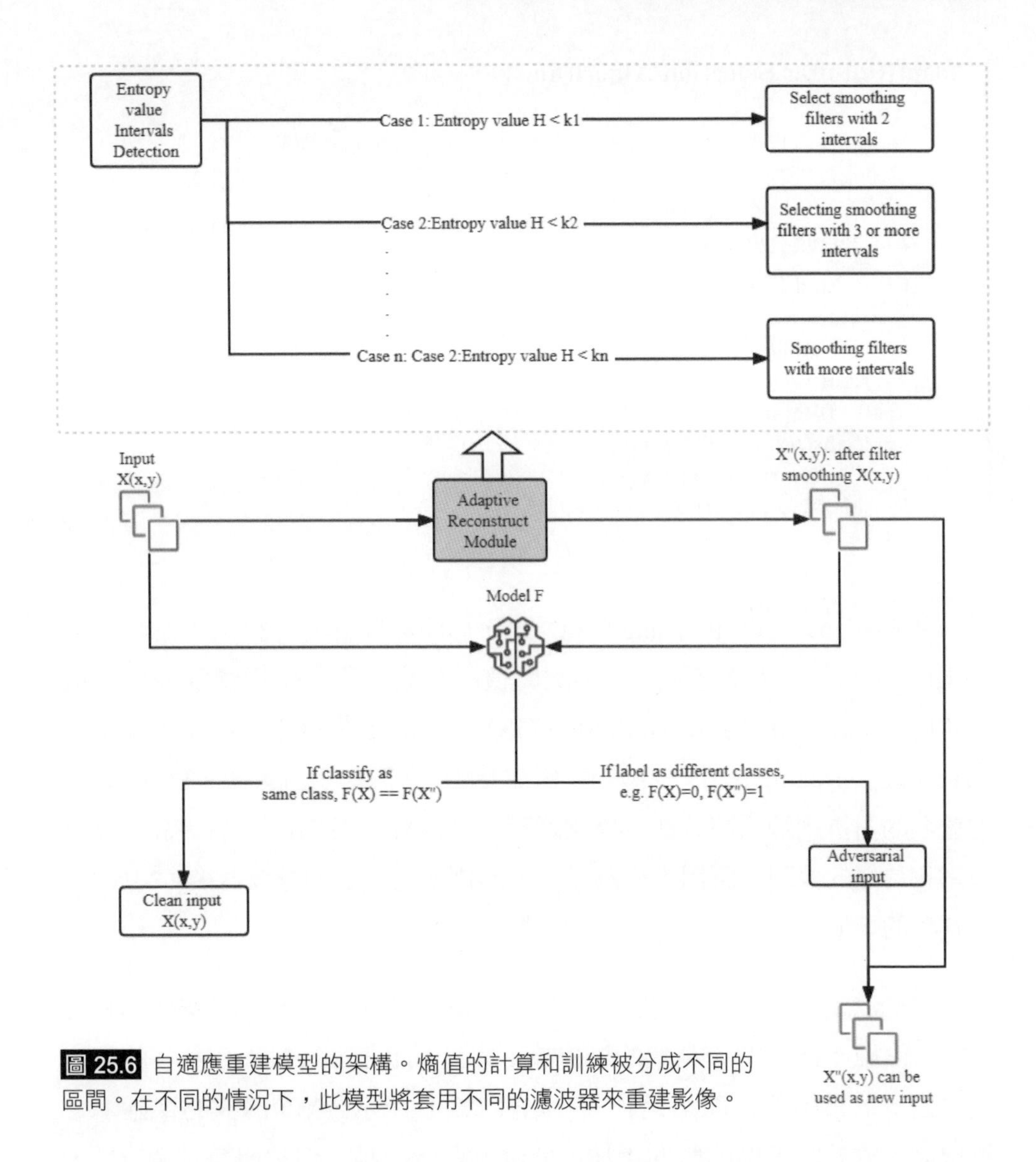

圖 25.6 自適應重建模型的架構。熵值的計算和訓練被分成不同的區間。在不同的情況下，此模型將套用不同的濾波器來重建影像。

25.3.2 參數設定

如前所述，濾波器在重建影像時可能會過度平滑，並且模型可能會傳回新的錯誤分類。為了解決這個問題，我們採用均勻的方法將熵值均勻地劃分為多個區間，並且每個區間的大小都相同。熵值決定區間的數量。開發了以下自適應濾波器選擇演算法來為具有不同熵值的影像選擇濾波器。

Adaptive Filter Selection Algorithm

輸入：H：熵值；k：區間數；F：初始化空間濾波器；$I(x,y)$：原始影像輸入；Fi：另一個濾波器；i：預定義的濾波器數量；n：熵值；$m1$：區間編號；$m2$：區間編號

輸出：$I'(x, y)$: the smoothed image

```
if H < n and k ==m1,
    return I(x, y)
if H<n+1 and k ==m2,
    return I(x, y)
for all i filters:
    if abs(I(x, y) – F(I(x, y)) ) <= abs(I(x, y) – Fi(I(x, y))),
        return I'(x, y) = F(I(x, y))
    otherwise, return I'(x, y) = Fi(I(x, y))
end
```

我們在 MNIST 和 ImageNet 子集（即兩個類別）影像上測試了所提出的演算法，以設定區間大小的閾值。然後，我們使用快速梯度符號法（Fast Gradient Sign Method, FGSM）和投影梯度下降法（Projected Gradient Descent, PGD）來攻擊 ResNet18 和製作對抗影像。PGD 是一種著名的對抗訓練攻擊方法。事實證明，FGSM 比 PGD 具有更高的訓練效率和更好的表現。應用大小為 5×5 的標準卷積空間濾波器後，MNIST 資料集的熵值小於 4，ImageNet 的熵值大於 6。

我們測試了不同的區間數，並將 MNIST 和 ImageNet 子集作為實驗基準。由於 MNIST 資料集的熵值都小於 4，而 ImageNet 資料集的熵值是更廣泛的熵值集，即都大於 6。如表 25.1 所示，MNIST 的準確率一直很高。雖然隨著區間數的增加，準確率有所提高，但都沒有超過 1%，因此我們可以得出結論：兩個區間已經足夠。當區間數從 6 開始時，ImageNet 子集的準確率會有所提高。

▼ 表 25.1　不同區間數下 MNIST 和 ImageNet 子集的準確率

Dataset	The number of intervals						
	2	3	4	5	6	7	8
MNIST	97.14%	97.28%	97.42%	97.57%	97.64%	97.65%	97.71%
ImageNet-subset (2 classes)	54.64%	78.05%	81.96%	85.86%	92.10%	92.88%	92.96%

25.4 實驗結果

在本節中，我們將介紹在 ImageNet 子集分類資料集和三個流行的醫學影像資料集上進行的實驗：BraTs18、胸部 X 光片和結腸直腸組織病理學資料集，以評估所提出的演算法。

25.4.1 資料集

25.4.1.1 BraTs18 資料集

BraTs18 資料集包括 210 張高度神經膠質瘤（High-Grade Glioma, HGG）和 75 張低度神經膠質瘤（Low-Grade Glioma, LGG）MRI 影像，腫瘤使用二進位遮罩標記。每個三維 MRI 影像包含 155 個切片，每個切片的大小為 240×240 像素。我們在所有實驗中都使用 FLAIR 模式影像，因為這種模式能很好地表現整個腫瘤。

- **訓練數據**：總共有 17100 張異常影像和 18500 張正常影像。
- **測試數據**：總共有 1800 張異常影像和 1900 張正常影像。

我們還展示了在其他模式下的更多實驗結果，使用 ANT-GAN 進行的合成品質令人印象深刻。為了使資料集平衡，我們對兩類影像進行降採樣，每類影像包含 1462 張調整大小為 96×96 的影像。訓練資料集和測試資料集的比例為 80:20。

25.4.1.2 胸部 X 光影像

胸部 X 光影像（前胸 - 後背）選自中國廣州婦女兒童醫療中心的 1 至 5 歲兒童患者回顧性隊列。所有胸部 X 光成像均作為患者常規臨床護理的一部分進行。資料集分為訓練資料夾和測試資料夾，每個影像類別（肺炎 / 正常）有各自的子資料夾。

- **總數**：共有 5863 張 X 光影像，分為兩個類別（肺炎或正常）。
- **品質控制**：所有胸部 X 光片經過初步品質控制篩選，刪除所有低品質或無法讀取的掃描影像。由兩名專家對影像進行診斷分級，第三位專家檢查評估集以排除任何分級錯誤。
- **平衡資料集**：我們將影像大小調整為 96×96，並將每個類別的影像降採樣至 1584 張。總共有 3168 張影像，按 80:20 的比例分為訓練集和測試集。

透過這兩個資料集，我們進行了詳細的實驗，驗證了所提出方法的有效性和可靠性。

25.4.1.3 結腸直腸組織病理學資料集

此資料集收集了人類結直腸癌組織學影像中的紋理特徵。來自德國曼海姆海德堡大學醫學中心的病理檔案的十張匿名 H&E 染色的結直腸癌組織切片。此資料集中包含低度和高度腫瘤，無需進一步篩選。首先將切片數位化處理，然後對連續的組織區域進行人工標註和棋盤格化，以創建 625 個不重疊的組織切片，每個切片的大小為 150×150（74 μm×74 μm）。這些切片包含了不同尺度的紋理特徵，從單一細胞（約 10 μm）到較大的結構（如黏膜腺體 >50 μm）。

選擇以下八種組織類型進行分析：腫瘤上皮、簡單基質、複雜基質、免疫細胞、碎屑、正常黏膜腺、脂肪組織和背景（無組織）。這 5000 張影像分別代表訓練集和測試集。我們隨機選取免疫細胞和正常黏膜腺兩類影像，將其大小調整為 96×96，並以 80:20 的比例分割訓練集和測試集。

25.4.2 定性分析

我們使用 ResNet18 和 SCD01MLP 兩個網路來評估防禦性能。

25.4.2.1 針對白箱攻擊的評估

我們在乾淨的資料集上訓練了 ResNet18 和 SCD01MLP 兩個網路，其分類準確率均高於 90%。由於生成 PGD 對抗例在非凸 SCD 模型上不起作用，我們將不考慮隨機座標下降（Stochastic Coordinate Descent, SCD）模型的檢測樣本。表 25.2 評估了 ResNet18 偵測白箱 PGD 攻擊範例的準確性。結果顯示使用自適應平滑濾波器有更好的效果。表 25.3 顯示 SCD01MLP 偵測白箱 PGD 攻擊樣本的準確性。結果表明自適應濾波器在 BraTS18 資料集上的效果更好，但高斯平滑濾波器在人類結直腸組織病理學影像上的效果更佳。

▼ 表 25.2　ResNet18 使用不同平滑濾波器偵測 PGD 對抗樣本的效能

Accuracy	Clean Accuracy on ResNet18	3*3 Spatial Average Smoothing	5*5 Spatial Average Smoothing	3*3 Gaussian Smoothing	Adaptive Smoothing with Mean
Colorectal Histopathology	99.60%	25%	25%	54.16%	54.16%
BraTs18	99.64%	29.16%	29.16%	66.67%	70.83%
ChestXray	94.32%	16%	25%	41.66%	41.66%

▼ 表 25.3　SCD01MLP 在使用不同平滑濾波器偵測 PGD 對抗樣本時的表現

Accuracy	Clean Accuracy on SCD01MLP	3*3 Spatial Average Smoothing	5*5 Spatial Average Smoothing	3*3 Gaussian Smoothing	Adaptive Smoothing with Mean
Colorectal Histopathology	99.20%	29.16%	54.16%	66.67%	54.16%
BraTs18	98.38%	29.16%	66.67%	79.16%	79.16%
ChestXray	90.69%	25%	41.66%	41.66%	41.66%

25.4.2.2 針對黑箱攻擊的評估

在表 25.4 和 25.5 中，我們列出了黑箱 HopSkipJump 實現的對抗樣本的準確率。我們設置了四個不同的濾波器，並在乾淨的資料集上訓練兩個網路，以實現比較分類準確率。對抗性範例在沒有防禦方法的相關模型上進行分類。實驗結果表明，自適應濾波器和高斯濾波器在三個資料集上效果更好，但自適應濾波器在消除黑箱擾動方面表現更佳。

▼ 表 25.4 ResNet18 在使用不同平滑濾波器檢測 HopSkipJump 對抗例方面的效能

Accuracy	Clean Accuracy on ResNet18	3*3 Spatial Average Smoothing	5*5 Spatial Average Smoothing	3*3 Gaussian Smoothing	Adaptive Smoothing with Mean
Colorectal Histopathology	99.60%	41.66%	45.83%	58.33%	58.33%
BraTs18	99.64%	41.66%	50%	62.50%	62.50%
ChestXray	94.32%	37.50%	37.50%	37.50%	45.83%

▼ 表 25.5 SCD01MLP 在使用不同平滑濾波器檢測 HopSkipJump 對抗例時的效能

Accuracy	Clean Accuracy on SCD01MLP	3*3 Spatial Average Smoothing	5*5 Spatial Average Smoothing	3*3 Gaussian Smoothing	Adaptive Smoothing with Mean
Colorectal Histopathology	99.20%	45.83%	58.33%	58.33%	62.50%
BraTs18	98.38%	50%	62.50%	62.50%	62.50%
ChestXray	90.69%	45.83%	37.50%	37.50%	58.33%

25.4.2.3 針對非對抗樣本的評估

為了評估濾波器是否可以過度去除影像中的資訊，我們評估了乾淨影像的準確性。表 25.6 顯示濾波器會降低準確率，但不會超過 1%。濾波器改善了分類結果或保證了基線準確率。

▼ 表 25.6　使用不同平滑濾波器偵測乾淨範例的效能

Accuracy	Clean Accuracy on SCD01MLP	3*3 Spatial Average Smoothing	5*5 Spatial Average Smoothing	3*3 Gaussian Smoothing	Adaptive Smoothing with Mean
Colorectal Histopathology	99.20%	99.80%	98.69%	99.80%	99.20%
BraTs18	98.38%	99.41%	98.38%	99.41%	99.67%
ChestXray	90.69%	92.23%	90.69%	93.78%	93.78%

25.4.2.4　使用轉移對抗樣本進行評估

可遷移性是機器學習系統的另一個重要屬性。如果模型能夠將對抗樣本與其他未知模型正確分類，則該模型具有穩健的防禦能力。我們在表 25.7 和 25.8 中顯示轉移樣本的分類率。最好的準確率是 91.19%，最差的是 83%。ResNet18 的分類率提高了 16.1%。

▼ 表 25.7　SCD01MLP 在偵測轉移的對抗樣本的表現

Accuracy	Clean Accuracy on SCD01MLP	No Defense	3*3 Spatial Average Smoothing	5*5 Spatial Average Smoothing	3*3 Gaussian Smoothing	Adaptive Smoothing with Mean	Best case Improvement
Colorectal Histopathology	99.20%	85.19%	85.83%	83.33%	86.89%	86.89%	1.70%
BraTs18	98.38%	88.89%	89%	88.41%	89.00%	91.17%	2.28%
ChestXray	90.69%	82.13%	83.00%	83.00%	85.83%	83.00%	3.70%

▼ 表 25.8　ResNet18 在偵測轉移的對抗樣本方面的表現

Accuracy	Clean Accuracy on ResNet18	No Defense	3*3 Spatial Average Smoothing	5*5 Spatial Average Smoothing	3*3 Gaussian Smoothing	Adaptive Smoothing with Mean	Best case Improvement
Colorectal Histopathology	99.60%	26.60%	31.66%	25.83%	38.33%	38.33%	11.73%
BraTs18	99.64%	38.89%	45.83%	43.92%	52.50%	52.50%	13.61%
ChestXray	94.32%	21.40%	31.66%	31.66%	37.50%	37.50%	16.10%

25.5 結論

在本文中，我們提出了一種新穎的自適應框架，該框架能夠重建影像並提前檢測出對抗式攻擊。透過比較原始影像和重建影像的分類結果，本文的方法能夠成功檢測出對抗樣本。我們基於熵值開發的自適應重建過程可以避免在重建影像時過度降噪。所提方法的一大優勢在於它不需要重新訓練模型，並且可以組裝到任何網路中。

我們在白箱和黑箱攻擊場合下評估了該方法的性能。為了展示其通用性，我們在不同的目標模型上測試了我們的方法。實驗結果表示，與現有技術相比，該方法在正確分類對抗樣本方面取得了顯著進步，並提供了更高的檢測準確率。我們未來的工作將專注於擴展更多的對抗式攻擊和目標模型，並包括更大規模的資料集。這些擴展將進一步驗證和強化我們方法的有效性和實用性，使其在更廣泛的應用中發揮更大的作用。

CHAPTER

26

基於決策樹的高效能摩托車多車牌偵測辨識系統

摩托車車牌的自動偵測和辨識是一項極具挑戰性的任務，因為摩托車車牌相比於汽車車牌顯得更加緊湊且多變。本文提出了一種基於決策樹和深度學習的高效能摩托車牌照偵測和識別系統。該系統可在各種條件下成功運行，例如正面、水平或垂直傾斜、模糊、光線不佳、視距或視角較大、畸變、影像中有多個車牌、夜間或受煞車燈和大燈干擾等情況。根據實驗結果顯示，與六種最先進的方法相比，我們的系統在不同條件下測試多個車牌影像時表現最佳。此外，在使用準確率、精確率、召回率和 F1 分數進行評估時，我們的偵測和識別系統比三個商業車牌自動識別系統顯示出更準確的結果。

26.1 簡介

摩托車被認為是小型、便利的交通工具，廣泛使用於亞洲和其他熱帶國家。由於路邊停放的摩托車數量日益增多，由人工輸入車牌號碼容易出錯且需要許多人力，因此停車管理局迫切需要摩托車車牌自動偵測和辨識技術。因此，開發精確的車牌偵測和識別系統非常重要，其應用領域包括停車管理、收費處理和停車費收取。此外，該系統還能幫助警察在巡邏時透過簡單地掃描車牌來確認是否為被盜摩托車。

車輛牌照識別（Vehicle License Plate Recognition, VLPR）或車牌自動識別（Automated License Plate Recognition, ALPR）在過去十年中得到了深入且廣泛的研究。在現實世界中，車輛行駛時會遇到各種天氣狀況，這些狀況會影響車牌偵測和辨識的準確性。這些挑戰包括光照不均、視角傾斜、模糊與攝影機的距離不同、失真、影像中有多個車牌、夜間、煞車燈、車頭燈、不利的大氣條件、複雜的背景、不清晰的車牌、低品質的監視器等。

與汽車相比，摩托車的體積更小，用途更廣，因此其車牌時常會出現在場景雜亂、背景複雜的影像中。因此，摩托車車牌辨識（Motorcycle License Plate Recognition, MLPR）比 VLPR 更具挑戰性和難度。如果將現有的 VLPR 系統直接應用於 MLPR，往往會導致不理想的結果。圖 26.1 顯示使用 WPOD-NET 偵測摩托車車牌時產生 " 無車輛 " 偵測失敗結果的一些範例。

圖 26.1 摩托車車牌辨識範例。(a) 三輛摩托車在光線不足的情況下，每個車牌都有不同程度的傾斜；(b) 兩輛摩托車在雨夜中，車牌有大量的水平和垂直傾斜；(c) 三輛摩托車在光線不足的條件下；(d) 八輛摩托車用相機閃光燈照明下拍攝；(e) 在夜間拍攝的車牌，車牌模糊，燈光明亮，視距大，角度傾斜；(f) 兩輛摩托車，車牌傾斜角度較大。

傳統的 ALPR 方法包括車牌偵測、傾斜校正、字元分割和字元辨識。在本文中，我們針對摩托車（包括輕型摩托車和重型摩托車）提出了一個基於決策樹的高效能深度學習框架。我們提出的方法從車牌偵測開始，以確定輸入影像的方向，並明確識別車牌的不同視角偏斜，從而有效地處理車牌校正和識別流程。

26.2 擬議的摩托車車牌偵測與識別系統

車輛牌照辨識技術可分為三類：(1) 傳統方法、(2) 基於深度學習的方法及 (3) 混合方法。基於深度學習的方法使用單一或多個卷積神經網路 (CNN)。我們提出的摩托車車牌偵測與辨識系統是基於決策樹處理流程中的 YOLOv3 深度學習模型。

現有的 ALPR 系統以汽車為目標，假設汽車牌照周圍的背景為較簡單。然而，我們的系統可以在複雜背景下有效地偵測和定位多個摩托車車牌，糾正不同的視角配置，並識別車牌，這些都是以決策樹流程的方式逐一分析。此外，我們的系統簡單、有效、靈活且易於訓練。

圖 26.2(如下頁) 展示了我們提出的偵測和識別系統。該系統將摩托車車牌的視角分為三種：正面視角、水平傾斜視角和水平與垂直混合傾斜視角。為了避免不必要的修正和額外計算，這些車牌類型按照從簡單到複雜的順序處理。如果一張車牌被確定只有水平傾斜而沒有垂直傾斜，我們將只對其進行水平矯正。這種決策樹流程可有效提高多個車牌的處理速度。值得注意的是，根據我們的實驗，對於超過兩個參數的混合水平和垂直傾斜校正，如有仿射變換或透視變換，沒有必要對其進行進一步校正。

一般情況下，摩托車通常依靠中柱或側柱停放，這會使摩托車呈現傾斜角度。如果摩托車是直立停放且從正面拍攝，則無需校正 (如下頁的圖 26.2，紅色案例一的流程)，可直接進行車牌字元辨識。如果識別出的車牌字元數量少於預先定義的閾值，則車牌很可能處於傾斜視角中 (如藍色的案例二的流程)。如果無法辨識足夠數量的車牌字元，我們將轉到紫色的案例三的流程，以應用混合水平和垂直傾斜校正。如果 YOLOv3 車牌偵測器無法偵測到任何車牌，則會將輸入影像與地面實況標籤進行核對，以確定是否發生漏檢。如果是，該影像將用於偵測器的重新訓練或微調。(註：您可以連到 https://www.flag.com.tw/DL.asp?F4331 瀏覽「圖 26.2」的彩色圖檔)

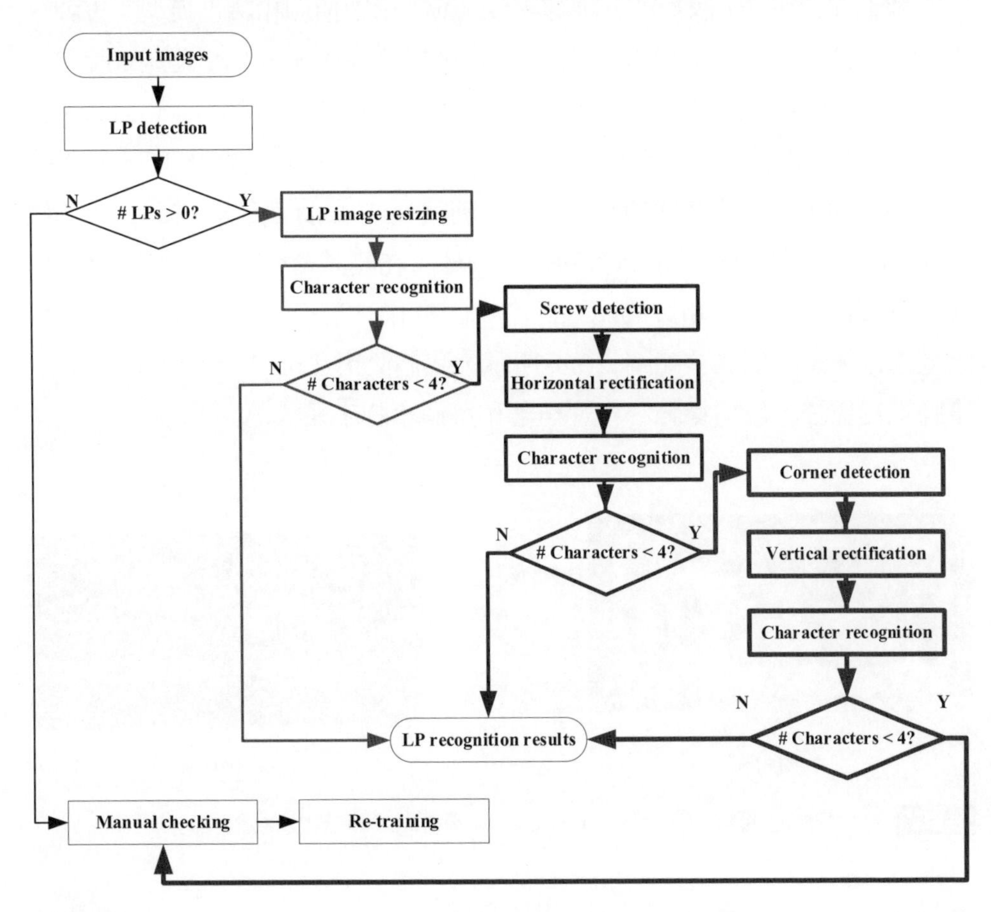

圖 26.2 針對摩托車提出的決策樹為基礎的深度學習流程。

由於只需要一個偵測器網路，我們提出的系統在整個決策樹流程和案例中非常有效率。需要注意的是，YOLOv3 被用作基礎檢測器，它可以被其他相容的檢測器取代，而無需改變流程。由於 YOLOv3 最初並不是為了偵測車牌或識別車牌字元而設計的，因此我們提出了一種用於校正車牌的決策樹流程，以實現高性能和高效率。

我們在以下 40 個類別上訓練 YOLOv3 車牌偵測和識別模型：車牌、螺絲、角落、車牌的圓點 " • " 字元、車牌數字（0 至 9）和大寫車牌字元（A 至 Z），這些類別足以應對所有情況下的 ALPR。我們對 YOLOv3 模型的一些超參數進行了調整，使用的批次大小為 64，細分為 16，最大批次為 50200，卷積濾波器的數量 = (類別數 + 1 + 4) * 3 = 135 。我們使用 ImageNet 預訓練模型進行初始化訓練，在測試運行中，我們降低了偵測得分閾值，以確保車牌的高召回率，因為在決策樹的後續案例中可以可靠地過濾掉錯誤偵測。如圖 26.3 所示，我們使用 LabelImg GUI 工具對車牌進行標註，包括螺絲、車牌角落和每個車牌字元。

(a)

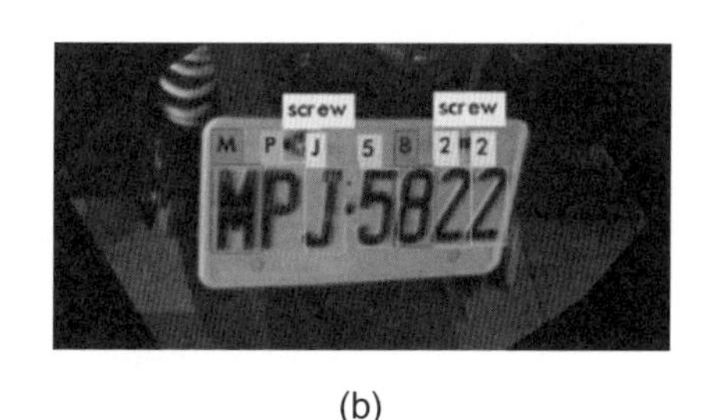

(b)

圖 26.3 (a) LabelImg 車牌標註範例，(b) YOLOv3 車牌字元和標靶偵測範例。

案例一：辨識正面車牌的決策樹流程

在偵測到車牌後，我們裁剪車牌影像並將偵測到的影像放大到 600×300，然後執行 YOLOv3 偵測器偵測單個車牌字元。這一步驟解決了 YOLOv3 偵測器無法偵測小尺寸的物體（如單個車牌字元）的限制。如果調整後的車牌字元數大於閾值，則該車牌被視為正面視圖，即無需進行視圖視角校正。否則，流程將繼續進入案例二流程，進行視角校正。

案例二：辨識水平傾斜視角中車牌的決策樹流程

現有的 ALPR 方法透過二值化閾值、Canny 邊緣檢測和霍夫轉換的組合來檢測水平傾斜角度，從而進行類似的水平矯正。但是，這種方法對環境因素和大視角非常敏感，因此需要進行對比度增強和中值濾波等後處理。在我們的方法中，我們首先使用 YOLOv3 模型偵測兩個車牌螺絲作為基準點，從而估算出車牌的水平傾斜角度。此外，如果沒有偵測到任何車牌螺絲，我們將使用接下來介紹的案例三流程來估算車牌傾斜度。圖 26.4 顯示如何使用偵測到的兩個螺絲來計算車牌的水平傾斜角度。

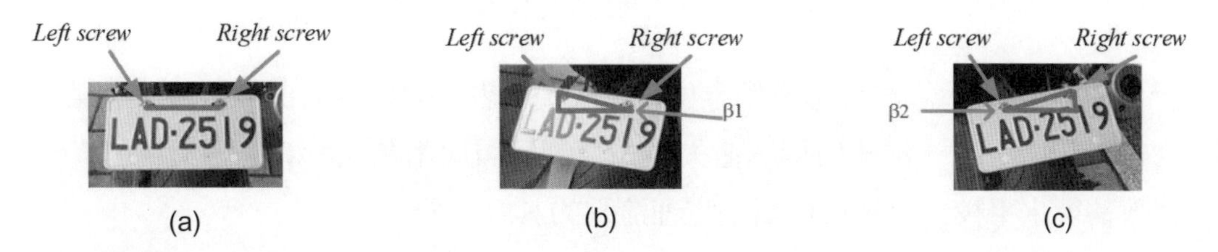

圖 26.4 基於偵測到的兩個螺絲進行車牌水平校正。(a) 無水平偏斜的正面圖 (b) 順時針偏斜角度 β 1 的水平偏斜情況 (c) 逆時針偏斜角度 β 2 的水平偏斜情況。

圖 26.5 描述了透過使用以下公式交換座標來計算傾斜角和水平校正的座標變換：

$$
\begin{aligned}
x1 &= screw\_x1 - screw\_x1 + 1 = 1 \\
y1 &= screw\_y2 - screw\_y2 = 0 \\
x2 &= screw\_x2 - screw\_x1 + 1 \\
y2 &= screw\_y1 - screw\_y2
\end{aligned}
\tag{26.1}
$$

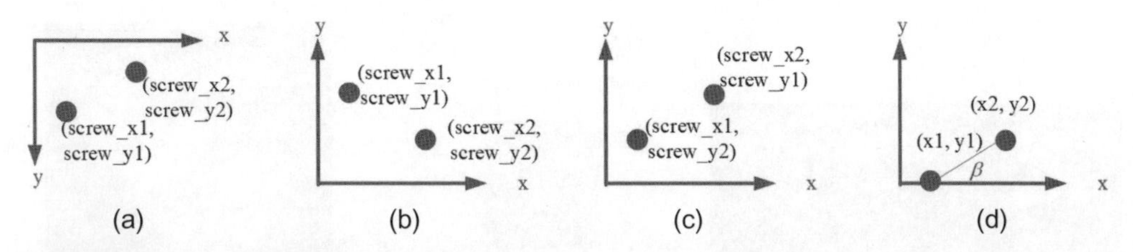

圖 26.5 車牌螺絲座標變換。(a) 影像像素中的 YOLOv3 偵測座標，(b) 直角座標，(c) 座標交換，(d) 用於傾斜校正計算的標準化座標。

以弧度表示的水平傾斜角 (β) 透過以下公式計算：

$$\beta = -\cos^{-1} \frac{x_1 \times x_2 + y_1 \times y_2}{\sqrt{x_1^2 + y_1^2} \times \sqrt{x_2^2 + y_2^2}} \tag{26.2}$$

水平校正的座標變換為：

$$\begin{cases} x' = x_0 \times \cos\beta - y_0 \times \sin\beta \\ y' = x_0 \times \sin\beta + y_0 \times \cos\beta \end{cases} \tag{26.3}$$

其中 (x_0, y_0) 表示影像像素位置，(x', y') 表示變換後的影像位置。在某些特殊情況下，當任何螺絲遺失時，我們只需使用預先計算的預設傾斜參數執行水平校正，然後再繼續處理流程的其餘部分。

接下來，YOLOv3 將對修正後的車牌影像進行偵測並辨識車牌字元。如果辨識出的字元數大於或等於根據經驗確定的 4 個閾值，我們就會以一個經過校正的車牌視角作為結束，從而完成整個流程。否則，流程將繼續進入下面的案例三。

案例三：識別水平和垂直混合傾斜視角中車牌的決策樹流程

如圖 26.6 所示，我們考慮了車牌在水平和垂直方向都傾斜的情況。現有的幾種 ALPR 方法在不同假設下需要類似的垂直校正。例如，使用二值化閾值、Canny 邊緣偵測和霍夫轉換來偵測垂直傾斜角度。

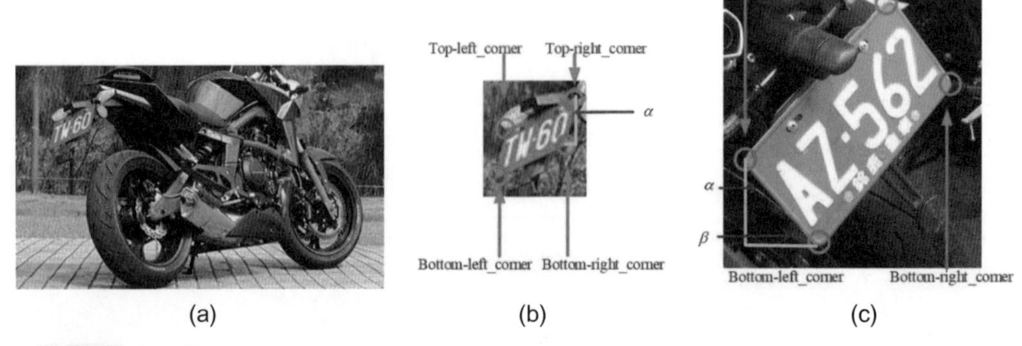

圖 26.6 四個角的例子：(a) 含有車牌的重型摩托車，(b) 放大裁剪後的車牌，其中顯示垂直傾斜角度 α，以及 (c) 裁剪後的摩托車車牌，且具有較大垂直傾斜角度 α。

我們進行 YOLOv3 車牌角落偵測以進行傾斜校正。垂直傾斜角 α 是透過座標變換估計的，如圖 26.7 所示。具體來說，座標變換計算定義為：

$$
\begin{aligned}
\mathrm{x1} &= corner\_\mathrm{x1} - corner\_x1 + 1 = 1 \\
y1 &= corner\_y1 - corner\_y1 = 0 \\
x2 &= corner\_x2 - corner\_x1 + 1 \\
y2 &= corner\_y2 - corner\_y1
\end{aligned} \tag{26.4}
$$

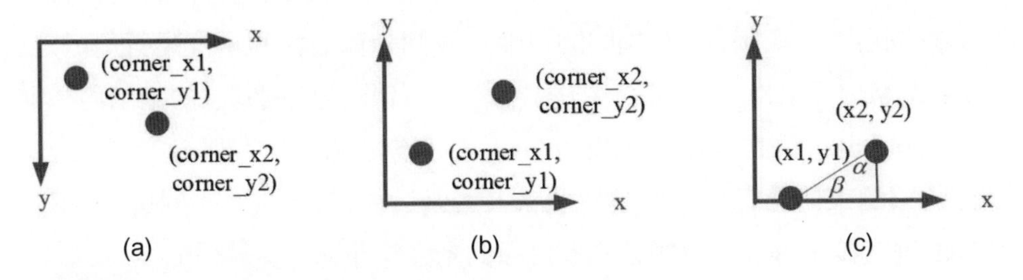

圖 26.7 車牌角落座標變換。(a) 影像像素中的 YOLOv3 座標，(b) 笛卡爾座標，(c) 用於傾斜校正計算的標準化座標。

以弧度表示的角 (β) 計算如下：

$$
\beta = \cos^{-1} \frac{x_1 \times x_2 + y_1 \times y_2}{\sqrt{x_1^2 + y_1^2} \times \sqrt{x_2^2 + y_2^2}} \tag{26.5}
$$

垂直整流角 α 的計算公式為 $\alpha = \pi/2 - \beta$。垂直校正計算如下：

$$
\begin{cases}
x'' = y' \\
y'' = x' + y' \times \tan^{-1}\alpha + \left(-\alpha * 100\right)
\end{cases} \tag{26.6}
$$

其中 (x', y') 是水平校正影像的座標，(x'', y'') 是垂直校正影像的座標值。當使用垂直校正角度（α）來校正水平校正車牌時，垂直校正車牌仍可能含有一些扭曲或變形。也就是說，車牌將向左邊緣或右邊緣旋轉。車牌上的數字和字元將變得難以辨識。為了解決這個問題，使用了 $(-\alpha*100)$，讓數字和字元移動到車牌的中間部分。這樣車牌就可以完整的顯示在圖片上，後續的字元辨識就可以將其辨識出來。

我們將車牌左側的垂直傾斜角度表示為 α_1，右側的垂直傾斜角度表示為 α_2。如果 α_1 和 α_2 具有相同的符號，我們計算最終的垂直傾斜角 α 為 $(\alpha_1 + \alpha_2)/2$；否則，$\alpha = (\alpha_1 + \alpha_2)$。此外，如果僅偵測到左側兩個角，則 $\alpha = \alpha_1$；同樣，對於右側。如果 α_1 和 α_2 都無法確定，我們參考點「‧」字元的偵測來估計車牌矩形幾何形狀。透過這種方式，在大多數情況下，我們的垂直校正可以針對雜亂的場景和低光源條件進行更具穩健性。

接下來，在校正後的車牌影像上執行 YOLOv3 字元辨識。如果我們無法成功識別四個或更多車牌字元，則該車牌是困難負樣本，需要手動檢查是否插入到訓練集中以進行必要的模型重新訓練。我們的流程一直持續到處理輸入影像中所有偵測到的車牌為止。

26.3 實驗結果

我們實驗的系統採用 C 語言，在配備 Intel CPU i7-7700 3.60GHz 和 GeForce GTX 1080 的 Linux GPU 工作站上運作。實驗結果使用以應用為導向的車牌（Application-Oriented License Plate, AOLP）資料集和我們新收集的臺灣摩托車車牌（Taiwan Motorcycle License Plate, TMLP）資料集進行。將我們的方法與三個最先進的商用 ALPR 系統（即 PLATE RECOGNIZER、OPENALPR 和 Sighthound ALPR）進行比較。

26.3.1 資料集

AOLP 資料集已被許多最新的方法廣泛用於效能比較。此資料集包含 2049 張臺灣車牌影像，分為三類：執法（Law Enforcement, LE）有 757 張影像，門禁（Access Control, AC）有 681 張影像，道路巡邏（Road Patrol, RP）有 611 張影像。這些影像是在不同地點、不同時間、不同天氣和光照條件下拍攝的。

我們自己創建了一個新的臺灣摩托車車牌（Taiwan License Plate, TLP）資料集，影像大小為 1229×691 像素，拍攝地點包括學校的摩托車停車區、路邊、住宅區摩托車停車區、道路上和摩托車店前。此資料集包含具有挑戰性的真實環境條件，包括透視變形、不同的傾斜角度、光照不足、與攝影機的不同距離、模糊以及車輛頭燈的過度飽和。摩托車車牌的尺寸和長寬比主要因觀察距離和方向而異。

TLP 資料集共包含 4140 張影像，其中 2623 張用於訓練，1105 張用於驗證，412 張用於測試。為了將提出的方法擴展到偵測和識別汽車車牌，訓練影像中有 62 張、18 張和 65 張影像分別來自 AOLP 資料集中的 LE、AC 和 RP 子集。因此，大部分訓練影像都是摩托車車牌和少量汽車車牌影像。此外，訓練集中的每張影像都至少包含一個車牌，但其中兩張影像包含四個字元的特殊客製化車牌。

經過訓練，我們的模型可以偵測以下 40 個物件類別：車牌、螺絲、4 個角落、點字元、數字（0 至 9）和大寫字元（A 至 Z）。表 26.1 列出了在 TLP 資料集的訓練影像中使用 LabelImg 標註的每個物件類別的數量。在 TLP 資料集的訓練影像中，車牌、螺絲、角落、圓點、數字和字母的總數分別為 1364、2783、4674、1651、5302 和 3798。我們總共使用了 19,572 個樣本（包括所有物件類別）來訓練我們的模型。

▼ 表 26.1　TLP 訓練集 40 個類別中標註物件的數量

class	#	class	#	class	#	class	#
LP	1364	6	585	G	163	Q	113
screw	2783	7	596	H	174	R	95
corner	4674	8	683	I	29	S	74
.	1651	9	573	J	175	T	104
0	525	A	191	K	232	U	98
1	551	B	181	L	145	V	63
2	609	C	244	M	437	W	99
3	556	D	204	N	173	X	81
4	74	E	186	O	0	Y	100
5	550	F	139	P	198	Z	100

26.3.2　評估標準

我們採用標準的精準度 - 召回率對車輛車牌偵測和辨識進行評估。具體來說，真陽性（true positives, TP）是指正確識別的車牌；假陽性（false positives, FP）是指錯誤識別的車牌；假陰性（false negatives, FN）是指未識別的車牌；真陰性（true negatives, TN）是指沒有車牌且未檢測到車牌的情況，在我們的案例中始終為 0。我們透過以下公式計算準確度和 F1 分數：

$$
\begin{aligned}
&Accuracy(A) = (TP + TN) / (TP + TN + FP + FN) \\
&Precision(P) = TP / (TP + FP) \\
&Recall(R) = TP / (TP + FN) \\
&F1score(F) = (2 \times PC \times RC) / (PC + RC)
\end{aligned}
\quad (26.7)
$$

26.3.3　TLP 驗證集的效能評估

表 26.2 顯示 TLP 驗證集上的車牌偵測評估結果。共有 1105 張驗證影像，分為四類：其中 708 張街道影像，252 張路邊影像，59 張道路影

像，86 張重型摩托車影像。大部分道路影像都是在夜間拍攝的，因此附近車輛的前燈和尾燈經常會出現過曝現象，從而影響車牌偵測性能。在這種情況下，我們的方法在所有類別中都實現了精確率 100% 的完美檢測，準確率、召回率和 F1 分數都相當不錯。大部分車牌漏檢（FN 值）是由於車牌尺寸較小且與攝影機距離較遠造成的。總準確率、精確率、召回率和 F1 分數分別為 96.79%、100%、96.79% 和 98.37%，這表示所提出的方法在 TLP 驗證集上檢測車牌非常有效。

▼ 表 26.2　TLP 驗證集上的車牌偵測性能評估

LP detection	#LP	TP	TN	FP	FN	A	P	R	F
street	1123	1111	0	0	12	98.93	100	98.93	99.46
sideway	499	487	0	0	12	97.96	100	97.60	98.78
road	221	183	0	0	38	82.81	100	82.81	90.58
Heavy-Motor	86	86	0	0	0	**100.0**	**100**	**100.0**	**100.0**
Total	1929	1867	0	0	62	96.79	100	96.79	98.37

表 26.3 顯示 TLP 驗證集上的車牌辨識比較。在車牌辨識方面，我們對每個車牌字元的檢測和識別性能進行了量化。總準確率、精確率、召回率和 F1 分數分別為 99.72%、99.84%、99.88% 和 99.96%，這表示所提出的方法能有效辨識 TLP 驗證集上的每個車牌字元。

▼ 表 26.3　TLP 驗證集上的車牌字元辨識效能評估

LP recognition	#LP characters	TP	TN	FP	FN	A	P	R	F
street	7000	6995	0	5	5	99.86	**99.93**	99.93	99.93
sideway	3080	3080	0	3	0	**99.90**	99.90	**100.0**	**99.95**
road	1132	1123	0	10	9	98.34	99.12	99.20	99.16
Heavy-Motor	513	513	0	1	0	99.81	99.81	100.0	99.90
Total	11725	11711	0	19	14	99.72	99.84	99.88	99.86

26.3.4 TLP 測試集的效能評估

表 26.4 顯示 TMLP 測試集上車牌檢測的評估結果。測試影像共有 412 張，分為三類：172 張路邊影像、102 張道路影像、138 張重型摩托車影像。總體準確率、精確率、召回率和 F1 分數分別為 91.64%、99.77%、91.84% 和 95.64%，顯示此方法的有效性。我們注意到，由於漏檢率較高（即 57 個假陰性案例），因此道路影像的性能得分最低。這是因為在許多情況下距離過遠，導致車牌較小而難以檢測。

▼ 表 26.4 TLP 測試集上車牌檢測的性能評估結果

LP detection	#LP	TP	TN	FP	FN	A	P	R	F
sideway	447	429	0	0	18	95.97	100.0	95.97	97.95
road	342	285	0	2	57	82.85	99.30	83.33	90.62
Heavy-Motor	142	141	0	0	1	99.30	100.0	99.30	99.65
Total	931	855	0	2	76	91.64	99.77	91.84	95.64

表 26.5 顯示 TLP 測試集上車牌辨識的評估結果，其中量化了每個單獨的車牌字元的偵測和辨識。總體準確率、精確率、召回率和 F1 分數分別為 98.31%、98.87%、99.42% 和 99.15%，顯示該方法在 TLP 測試集上對車牌字元辨識是有效的。

▼ 表 26.5 TLP 測試集上車牌辨識的性能評估結果

Recognition	Characters	TP	TN	FP	FN	A	P	R	F
sideway	2746	2734	0	24	12	98.70	99.13	99.56	99.35
road	1819	1801	0	35	18	97.14	98.09	99.01	98.55
Heavy-Motor	806	805	0	2	1	99.63	99.75	99.88	99.81
Total	5371	5340	0	61	31	98.31	98.87	99.42	99.15

26.3.5 時間複雜度

表 26.6 顯示該方法在 1105 張影像的驗證集和 412 張影像的測試集上的時間複雜度。驗證集和測試集的每個影像的平均執行時間分別為 97.6 毫秒和 125.3 毫秒。此外，當影像僅包含一張未傾斜車牌時，執行時間約為 48 毫秒。隨著影像中出現更多傾斜車牌，執行時間將會增加。

▼ 表 26.6　所提出的方法在 1105 張影像的驗證集和 412 張影像的測試集上的時間複雜度（毫秒）

Data sets	Images	Resolution	LPs	Characters	Total time	Average/Image
Validation	1105	1229x691	1929	11725	107848.0	97.6
Testing	412	1229x691	931	5371	51623.6	125.3

總結來說，所提出的方法在準確度、精確度、召回率和 F1 分數方面都大幅優於所比較的三種商用 ALPR 系統。儘管如此，ALPR 系統仍有很大的改進空間，尤其是在摩托車方面。本文的貢獻總結如下：

(1) 我們提出了一個基於決策樹的深度學習 ALPR 系統，該系統僅基於一個 YOLOv3 模型運行，可有效偵測和識別輕型摩托車、普通摩托車、重型摩托車和汽車的車牌。

(2) 所提出的 ALPR 方法可以偵測和識別三大視角類別下的多個車牌：正面視角、水平傾斜視角以及混合水平和垂直傾斜視角。

(3) 所提出的 ALPR 方法可以在現實環境中運行，以應對現實世界中的各種挑戰：模糊、極差的照明與攝影機的距離不同、畸變、影像中有多個車牌、夜間、煞車燈、摩托車前燈，以及這些問題的組合。

(4) 我們為 ALPR 創建了一個新的臺灣車牌（TLP）資料集，其中包含 2,623 張完整標註的影像（超過 19,572 個車牌字元），這些影像均取自真實環境中的場景。

(5) 我們將所提出的方法與其他最先進的方法和三個商業 ALPR 系統進行性能評估。實驗結果證明了我們方法的高效性。

26.4 結論

我們提出了一種在真實條件下進行車牌偵測和識別的方法。所提出的方法結合了決策樹和深度學習方法。決策樹用於將車牌視圖影像分為三種情況（正面視圖、水平傾斜視圖和混合水平與垂直傾斜視角）。深度學習方法只使用一個 CNN 來訓練四十個物件類別。實驗從視覺品質、準確度、精確度、召回率和 F1 分數表現等方面進行評估，取得了良好的結果。實驗結果表示，所提出的方法不僅優於六種最先進的車牌檢測方法和六種最先進的車牌識別方法，而且還比三種商用 ALPR 系統表現更為出色。

我們今後的工作重點將集中在以下幾個方面：(1) 最佳化所提出的程序；(2) 處理受其他摩托車車頭燈影響的遠距離車牌影像；(3) 尋找處理困難負樣本車牌影像的方法；(4) 將所提出的方法擴展到現實世界的行動和嵌入式應用。

CHAPTER

27

透過機器學習方法預測藥物毒性

藥物特性預測，尤其是毒性預測，有助於降低一系列實際應用中的風險。本文旨在應用各種機器學習模型來解決藥物毒性預測問題。在眾多機器學習方法中，我們選擇了五個具代表性的模型：隨機森林（Random Forest）、多層感知器（Multi-Layer Perceptron, MLP）、邏輯迴歸（Logistic Regression）、圖卷積神經網路（Graph Convolutional Neural Network）和圖同構網路（Graph Isomorphism Network, GIN），並在六個資料集（包括 Tox21、ClinTox、ToxCast、SIDER、HIV 和 BACE）上進行了毒性預測實驗。我們設計了一個具有四個隱藏層的 GIN 模型，並選擇了學習率為 10^{-4}、批次大小為 256 的 Adam 優化器。此外，我們在每個 GIN 隱藏層內加入了一個批次正規化層。實驗結果顯示，在 ROC AUC 分數和召回率的評估下，所設計的 GIN 模型在區分安全藥物和有毒藥物方面表現最為出色，優於其他模型。

27.1 簡介

過去幾十年來，非法毒品市場因秘密生產特製毒品的數量激增而發生了顯著變化。合成毒品在美國日益流行，這促使美國政府積極採取行動，禁止在毒品中發現的某些物質。然而，新的毒品衍生物不斷出現在非法毒品市場上，使得立法難以跟上其變化。由於人類每天都會接觸到數以百萬計的化學分子和化合物，因此提供高效且準確的毒性預測變得至關重要。過去，藥物毒性預測主要在實驗室中進行測試，這一過程非常耗時且成本高昂。如今，隨著基於分子的機器學習方法的改進，毒性預測變得越來越高效且可靠。

在機器學習技術中，隨機森林適合從病患記錄中辨識感染，並能改善激酶配體、荷爾蒙等分子的預測。多層感知器是一種強大的機器學習方法，可以用來預測不同藥物的作用。此外，MLP 還被用於藥物設計，根據預先定義的特性自動產生不同的化合物。

作為機器學習的子集，深度學習在藥物探索領域得到了廣泛應用。例如，循環神經網路（Recurrent Neural Network, RNN）透過分子指紋技術發現了抗癌藥物。自動編碼器（Autoencoder）也被引入，透過直接對小型動物進行實驗來提供分子。深度學習在藥物探索方面的廣泛應用，引起了研究人員對開發更強大深度學習模型的濃厚興趣。然而，輸入數據（如分子）可以是任意大小和形狀的。目前，大多數機器學習和深度學習方法只能處理固定大小的輸入，即固定的向量、矩陣或張量。這一限制制約了機器學習方法在藥物發現方面的應用，特別是在毒性預測方面。

為了解決這一問題，一種名為圖神經網路（Graph Neural Network, GNN）的深度學習模型被提出。GNN 可以以圖為輸入進行特徵提取，能夠進行節點分類、連結預測、圖分類和圖生成等任務。例如，ChemRL 是一種有效的分子表徵學習方法，它成功地促進了分子性質的預測。

在自監督學習和圖轉換器的幫助下，GROVER 在 1000 萬個未標註分子的 1 億個參數的巨大資料集上獲得了顯著改進。隨後，對表徵學習方案的興趣日益濃厚，推動了 GNN 的應用範圍不斷擴大。其中，Pretrain GNN 採用了一種策略，避免負遷移並提高下游任務泛化能力，在分子性質預測方面取得了最先進的表現。此外，Uni-Mol 在 Tox21、ClinTox、ToxCast、SIDER、HIV 和 BACE 等各種資料集上顯著提高了分子性質預測的性能。總之，這些圖神經網路在許多與圖相關的應用中，如連結預測、圖分類、節點分類和圖生成等，成功達到了最先進的效能。

本文旨在應用各種機器學習方法來解決毒性預測問題。為了觀察和比較這些方法在毒性預測中的效能，我們選用了六個資料集：Tox21、ClinTox、ToxCast、SIDER、HIV 和 BACE。我們選擇了五種機器學習技術，包括隨機森林、多層感知器、邏輯迴歸、圖卷積神經網路和圖同構網路（Graph Isomorphism Network，GIN），以研究不同模型在不同毒性預測資料集上的效果。

27.2 毒性預測的機器學習技術

在本文中，我們將簡要介紹五種用於毒性預測的機器學習技術，包括隨機森林、多層感知器、邏輯迴歸、圖卷積神經網路和圖同構網路。

27.2.1 隨機森林

隨機森林由多棵決策樹組成，是一種能夠進行迴歸和分類的監督學習演算法。每棵決策樹都會給出一個分類決策，並透過多數投票來做出最終的分類預測。透過增加各個決策樹的多樣性，我們可以顯著提高模型的泛化能力。在隨機森林中，每個葉節點都會被分配到其訓練樣本的多數類別中，然後整個森林根據所有樹的多數票來預測給定樣本的類別。圖 27.1 顯示隨機森林的流程圖。隨機森林中的樹是平行運作的，每棵樹都是獨立建立的。決策樹具有靈活性，因為它既可以執行迴歸任務，也可以執行分類任務。

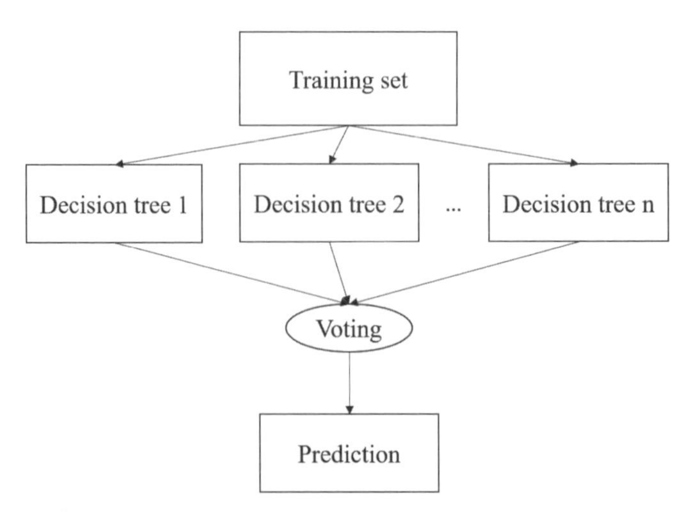

圖 27.1 一般隨機森林模型的流程圖。

27.2.2 多層感知器

多層感知器由一個輸入層、一個輸出層和至少一個隱藏層組成。圖 27.2 展示了一個三層感知器。給定一組資料 $\{x_i\}$ 和權重 w_i,，我們可以將以下權重調整規則表示如下：

$$w_i \leftarrow w_i + \Delta w_i \tag{27.1}$$

$$\Delta w_i = \alpha\left(y - \hat{y}\right)x_i \tag{27.2}$$

其中 $a \in (0,1)$ 是學習率，y 是 MLP 的輸出，$\hat{y}$ 是目標值。如果 $y = \hat{y}$，即預測正確，則權重不更新；否則，權重將根據誤差 $\left(y - \hat{y}\right)$ 進行調整。

MLP 的神經元透過前饋控制方式更新，而權重則透過反向傳播方式更新。由於 MLP 的容量較大，模型容易過度擬合，因此開發了提前停止（Early Stopping）和正則化來克服過擬合問題。

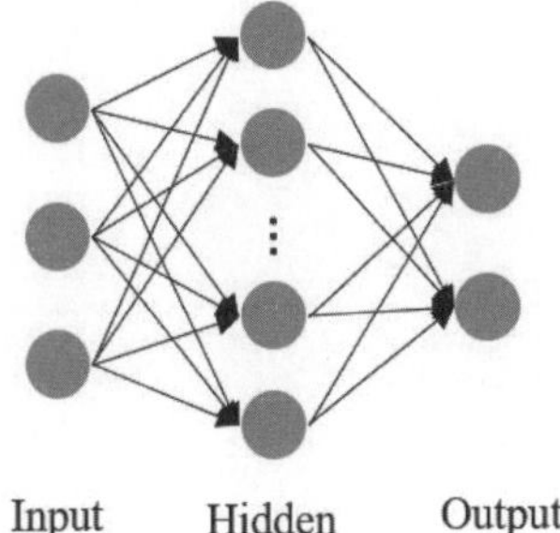

圖 27.2 三層 MLP 的示意圖。輸入層接收輸入資料並將其輸入神經網路。隱藏層透過其神經元提取特徵，然後輸出層輸出網路的預測結果。

27.2.3 邏輯迴歸

邏輯迴歸是一種監督式機器學習演算法，透過預測結果、事件或觀察結果的機率來完成二元分類任務。此模型提供的二元或二分結果僅限於兩種可能的結果：是 / 否、0/1 或真 / 假。它採用邏輯函數將線性公式的輸出映射到 [0, 1]。邏輯迴歸根據給定的自變數資料集估算事件發生的機率，如投票或不投票。這類統計模型（也稱為 Logit 模型）通常用於分類和預測分析。由於結果是一種機率，因變數的範圍在 0 和 1 之間。在邏輯迴歸中進行 Logit 轉換，即以成功機率除以失敗機率。

標準邏輯函數（即 Sigmoid 函數）定義為：

$$f(z) = \frac{1}{1+e^{-z}} \tag{27.3}$$

圖 27.3 顯示 Sigmoid 函數的圖形。

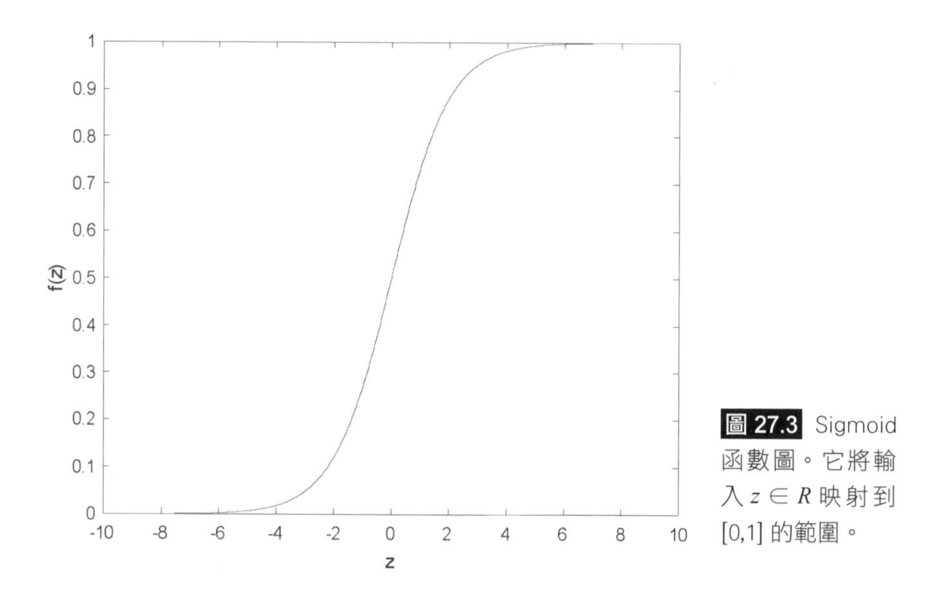

圖 27.3 Sigmoid 函數圖。它將輸入 $z \in R$ 映射到 [0,1] 的範圍。

線性公式將 $\hat{y}$ 預測為

$$\hat{y} = \sum_{i=1}^{n} w_i x_i + b \tag{27.4}$$

其中 w_i 是權重向量 w 的第 i 個元素，x_i 是輸入向量 x 的第 i 個元素，b 是偏差。因此，我們可以將線性公式轉換為邏輯迴歸問題為：

$$f(z=\hat{y}) = \frac{1}{1+e^{-\sum_{i=1}^{n} w_i x_i - b}} \tag{27.5}$$

我們選擇合適的閾值來確定輸入樣本屬於類別 0 或類別 1。

27.2.4 圖卷積神經網路

圖卷積神經網路（Graph Convolutional Networks, GCN）引入一種可以在任意大小和形狀的圖上運行的卷積神經網路。它遵循卷積神經網路的一般原理，但採用環形指紋方法。透過在每一層應用雜湊函式（Hash function），每個原子及其相鄰原子的結構資訊被組合起來。索引運算將雜湊函式中的所有特徵向量組合成分子的指紋。因此，環形指紋能夠產生每一層的特徵，這類似於卷積神經網路中的卷積層和全局池化層。

27.2.5 圖同構網路

圖同構網路是一種有效的圖表示學習框架。它使用遞歸聚合和轉換相鄰節點的表示向量來計算節點的表示向量。由於分子、社會、生物和金融網路等圖結構資料的學習，需要有效表示其圖結構，因此將其應用於藥物特性分類是非常合適的。

設 $G = \{V,E\}$ 表示 K- 層圖神經網路 $f(\cdot)$ 的無向圖。第 k 層的傳播表示為：

$$g_n^{(k)} = AGGREGATION^{(k)}\left(\left\{h_{n'}^{(k-1)} : n' \in N(n)\right\}\right) \tag{27.6}$$

$$h_n^{(k)} = COMBINE^{(k)}\left(h_n^{(k-1)}, g_n^{(k)}\right) \tag{27.7}$$

其中 $h_n{}^{(k)}$ 是節點 v_n 在第 k 層的嵌入，$h_n{}^{(0)} = x_n$，$N(n)$ 是與 v_n 相鄰的節點集合，$AGGREGATION^{(k)}(\cdot)$ 和 $COMBINE^{(k)}(\cdot)$ 是 GNN 層的函數。在 K- 層 GNN 層之後，$READOUT$ 函數計算輸出以獲得圖的嵌入。採用 MLP 來執行下游任務：

$$f(G) = READOUT\left(\left\{h_n^{(k)} : v_n \in V, k \in K\right\}\right), z_G = MLP\left(f(G)\right) \tag{27.8}$$

圖 27.4 顯示圖神經網路的概覽。為了最大限度地提高圖神經網路的表徵能力，我們開發了圖同構網路，在處理非同構圖時使用聚合器產生不同的節點嵌入。此外，還添加了全局池化功能，透過使用每個節點嵌入的平均值、總和或最大值來產生圖嵌入。總結來說，GIN 是一種功能更強大的 GNN，因為它在很大程度上提高了傳統 GNN 的表徵能力。這些技術的結合使我們能夠有效地進行毒性預測，從而更準確地識別安全和有毒的化學物質。

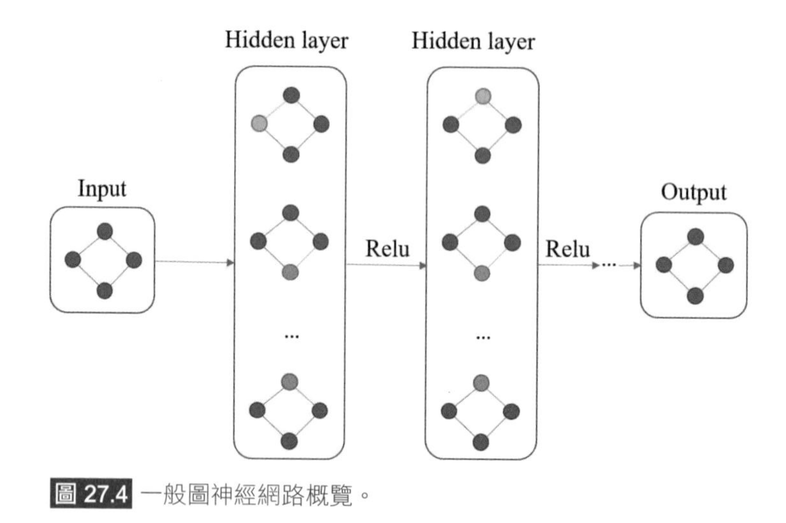

圖 27.4 一般圖神經網路概覽。

27.3 實驗設計平台

為了對不同的毒性預測模型進行效能比較，我們採用了六個資料集：Tox 21、ClinTox、ToxCast、SIDER、HIV 和 BACE。

Tox 21 資料集是為測量化學化合物毒性而創建的公開資料集。它包含 7,950 種化合物以及 12 個毒性分類標籤。其中，我們隨機選取 6,242 個作為訓練集，683 個作為驗證集，784 個作為測試集。

ClinTox 是一個毒性預測資料集，由 1,451 種用於毒理學研究的化合物和 2 個毒性任務的標籤組成。在這些化合物中，我們隨機選擇了 1,182 個作為訓練集，148 個作為驗證集，148 個作為測試集。圖 27.5 顯示 ClinTox 中的一些分子範例。

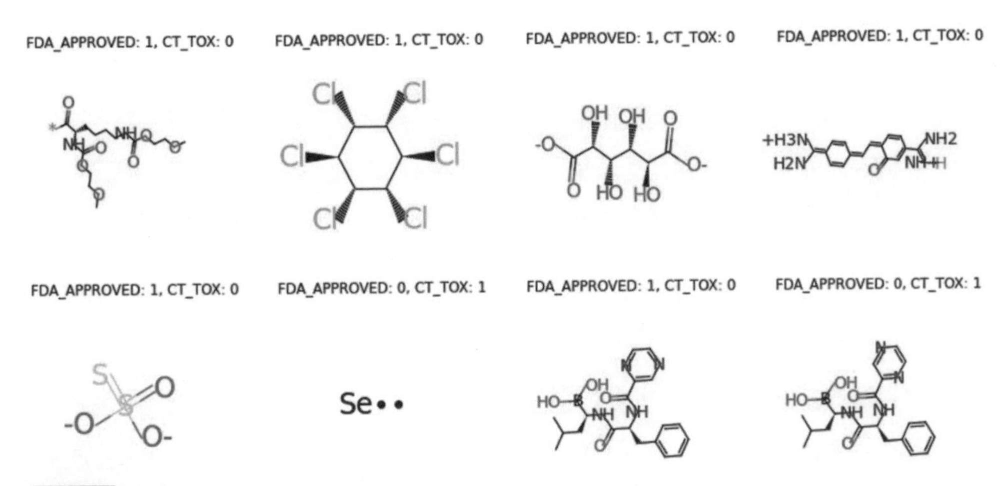

圖 27.5 從 ClinTox 資料集中選取的部分分子。

ToxCast 資料集是另一個公開的毒性預測資料集，提供了 8,575 個分子和 617 個分類任務。其中，我們隨機選取了 6,860 個樣本作為訓練集，857 個樣本作為驗證集，857 個樣本作為測試集。

SIDER 資料集是一個開源資料集，致力於匯總已上市藥物對人體的副作用。該資料集包含 1,427 種已獲批准的藥物和 27 項分類任務。我們將其中的 1141 種用於訓練，143 種用於驗證，其餘用於測試。

HIV 資料集是為實驗測量抑制 HIV 複製能力而創建的資料集。此資料集包括 41 127 個分子和 1 個分類任務。其中 32,901 個被用作訓練數據，4,113 個用於測試，另外 4,113 個用於測試集。

BACE 資料集包含一組人類 ß- 分泌酶抑制劑的二元結合結果。此資料集包含 1,513 個分子和 1 個分類任務。訓練集的大小為 1,210 個，驗證為 151 個，測試為 152 個。

由於電腦處理所有結構和化學特徵的需求日益增長，多年來開發了大量化學分子表示法。化學結構通常用分子圖來表示：二維或三維表示法以及輸入字串：SMILES（簡化分子線性輸入系統）、Canonical SMILES、IUPAC 等。根據不同的表示方法，這些分子會以不同的格式儲存。一旦分子以正確的格式表示，將三維表示法轉換為二維表示法或 SMILES 輸入字串就成為一個簡單的格式轉換問題。我們將 SMILES 字串作為分子編碼的輸入，並透過 Python 庫 RDKit 將其轉換為圖形表示。

圖 27.6 顯示從 Tox 21 中選取的分子 SMILES 字串及其對應的圖表示（即鄰接矩陣）。最後也展示了所選分子的可視化效果。透過將分子表示為圖形，我們可以包含分子的拓撲資訊、節點及其鄰接關係，甚至連通性屬性。

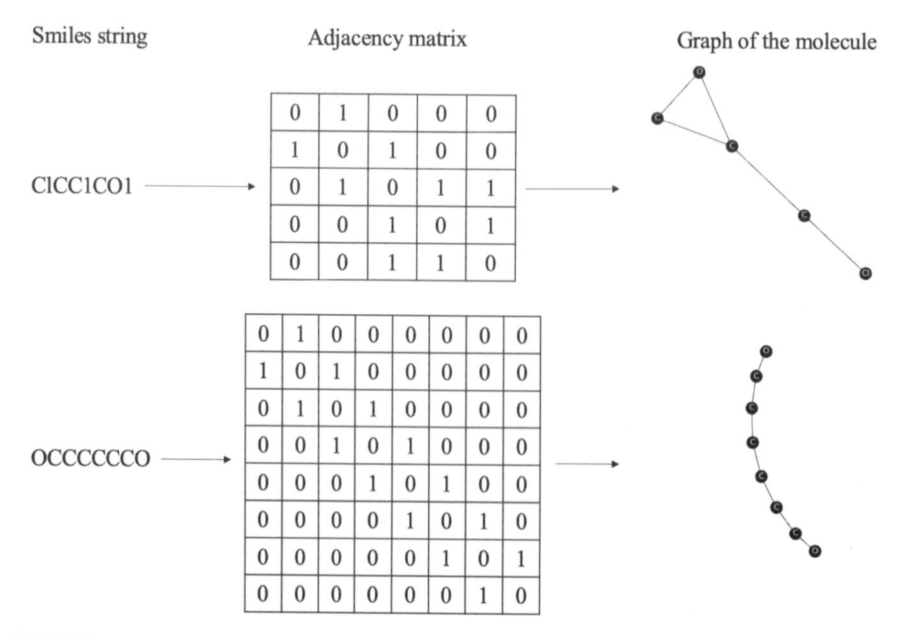

圖 27.6 將 SMILES 字串轉換為鄰接矩陣及其對應圖形視覺化的範例。

透過這種方法，我們可以盡可能保留分子的資訊，這無疑有利於分子的性質預測。在實驗中，我們選擇了五種機器學習技術，包括隨機森林、多層感知器、邏輯迴歸、圖卷積神經網路和圖同構網路，以研究它們在不同資料集上的毒性預測性能。我們為隨機森林創建了 500 棵決策樹，並採用 Gini 不純度來分割節點以形成決策樹。對於 MLP，我們建立了一個三層感知器，並在輸出層末端使用 Softmax 分類器執行了 300 個訓練週期（Epoch）。

對於深度學習模型，我們使用 Adam 優化器對具有四個隱藏層的圖卷積進行優化，採用小批次策略，學習率為 0.0001，批次大小為 1,024 次。為了進行公平比較，我們採用了具有四個隱藏層的 GIN，並保留了學習率 10^{-4} 和批次大小為 256 的 Adam 優化器。對於這兩種深度學習模型，我們都採用了二元交叉熵損失函數，並對它們進行了 500 個訓練週期。更具體地說，我們在圖 27.7 中展示了 GIN 模型的架構。每個隱藏層的維度為 512，輸出維度為 1,024。此外，我們在每個 GIN 隱藏層內都採用了批次正規化層。

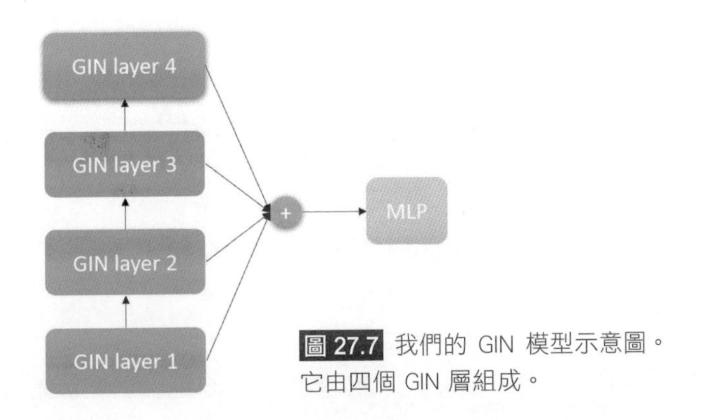

圖 27.7 我們的 GIN 模型示意圖。它由四個 GIN 層組成。

我們的所有實驗都是透過 Pytorch 使用四個 NVIDIA Titan XP GPU 實現的。此外，圖卷積和 GIN 由 TorchDrug 實現，它在 Pytorch 中提供了藥物探索模型。

27.4 實驗結果與定量分析

我們使用 ROC AUC 分數來衡量毒性預測的效能。它計算 ROC 曲線下的面積，該曲線是顯示每個閾值的 *TPR*（真陽性率）和 *FPR*（假陽性率）之間權衡的圖表。*TPR* 和 *FPR* 可以表示為：

$$TPR = \frac{TP}{TP + FN} \tag{27.9}$$

$$FPR = \frac{FP}{FP + TN} \tag{27.10}$$

其中 *TP* 和 *FN* 分別是混淆矩陣中的真陽性和假陰性，*TN* 是真陰性。因此，ROC AUC 分數在 [0,1] 範圍內，越高越好。換句話說，ROC AUC 分數衡量區分正類和負類的能力。

我們使用準確率來衡量分類效能。選擇 0.5 的閾值進行分類。若預測大於 0.5，則屬於類別 1；否則屬於類別 0。準確率公式為：

$$Accuracy = \frac{TP + TN}{TP + TN + FP + FN} \tag{27.11}$$

其中 *FP* 是在混淆矩陣中的假陽性。直觀上，它將正確預測的數量除以預測的總數。

我們使用召回率來顯示分類器對正樣本進行分類的能力。它實際上是由公式 (27.9) 計算得出的 *TPR*。因此，它的範圍在 [0,1] 之間，且數值越高越好。

表 27.1、27.2 和 27.3 顯示四種方法對 Tox 21、ClinTox、ToxCast、SIDER、HIV 和 BACE 的表現。我們可以觀察到，與隨機森林、MLP 和邏輯迴歸相比，深度學習方法顯著提高了所有資料集上的 ROC AUC 分數。具體而言，Graph Conv 在 Tox 21、ClinTox、ToxCast、SIDER、HIV 和 BACE 資料集中分別達到了 0.6720、0.8282、0.6190、0.5524、0.7517 和 0.8838。此外，GIN 在大多數資料集上都比圖卷積獲得了更大的改進。在 Tox 21 上，GIN 比圖卷積提升了約 0.12，而在 ClinTox 提升了 0.10。在 ToxCast 資料集中，ROC AUC 分數略微增加了約 0.01。在 SIDER 資料集中，GIN 比圖卷積顯著提高了約 0.05 的 ROC AUC 分數。在 HIV 資料集中，GIN 比圖卷積提高了約 0.05，並且在 BACE 資料集中，略微提高了 0.01。召回分數顯示與 ROC AUC 分數相似的模式。儘管邏輯迴歸在 HIV 資料集上表現最好，但 GIN 在毒性預測方面仍然具有優勢。因此，我們得出結論，GIN 在安全藥物分類方面的表現最佳。

▼ 表 27.1　不同機器學習方法在毒性預測資料集上的 ROC AUC 分數

ROC AUC Score	Tox 21	ClinTox	ToxCast	SIDER	HIV	BACE
RF	0.6536	0.6975	-	0.6205	0.6966	0.8752
MLP	0.6497	0.6708	-	0.5922	0.6878	0.7641
LR	0.6570	0.7470	-	0.5917	0.6999	0.7982
Graph Conv	0.6720	0.8282	0.6190	0.5524	0.7517	0.8838
GIN	**0.8045**	**0.9240**	**0.6330**	**0.6750**	**0.8009**	**0.8971**

▼ 表 27.2　不同機器學習方法在毒性預測資料集上的準確性

Accuracy (%)	Tox 21	ClinTox	ToxCast	SIDER	HIV	BACE
RF	92.93	93.58	-	**78.11**	97.11	**73.03**
MLP	91.24	**94.25**	-	73.99	**97.16**	67.76
LR	76.96	82.43	-	67.37	61.10	71.71
Graph Conv	87.72	93.91	81.01	46.91	96.45	58.55
GIN	**93.09**	49.99	**81.66**	45.13	96.08	57.24

▼ 表 27.3　回顧毒性預測資料集的不同機器學習方法

Recall	Tox 21	ClinTox	ToxCast	SIDER	HIV	BACE
RF	0.0525	0.5000	-	0.7138	0.0846	0.5978
MLP	0.1820	0.6464	-	0.6619	0.2000	0.5652
LR	0.4479	0.6817	-	0.6601	**0.6923**	0.6522
Graph Conv	0.2977	0.7212	0.1789	0.6998	0.3767	0.8730
GIN	**0.4948**	**0.8507**	**0.2811**	**0.7171**	0.4470	**0.8923**

在我們的實驗中，分類準確率的結果並不一致，這主要是由於藥物性質預測資料集的不平衡性。分類準確率並不是藥物性質預測任務的理想效能指標。透過定量分析，我們發現圖神經網路（GNN）的效能優於其他方法，這表示 GNN 在藥物性質預測任務中的有效性。在可以接受任意形狀和大小的輸入條件下，GNN 能夠將圖形的精確表示作為輸入，並提取特徵以獲得圖形嵌入，從而完成下游任務。此外，GNN 的權重不僅在神經元上，還在圖的邊和節點上，這有助於它學習圖的結構。透過這種方式，GNN 就能從圖的節點和邊中學習特徵，使其在學習圖拓撲方面比其他機器學習和深度學習方法更強大。

根據表 27.2 的結果，由於藥物屬性預測資料集中標籤的不平衡，分類準確率與 ROC AUC 分數和召回率並不一致。在現實世界的應用中，我們的目標是從大量安全藥物中識別出少量的有毒藥物，因此提高召回率而非分類準確率是至關重要的。ROC AUC 分數和召回率等效能指標優於分類準確率。

此外，我們透過調整每個隱藏層的維度對 GIN 進行了消融研究。如表 27.4 所示，當針對不同的資料集調整隱藏層的維度時，我們可以稍微提升 GIN 的性能。特別是在 ClinTox、SIDER 和 HIV 資料集上，透過增加隱藏層的維度後，ROC AUC 得分分別從 0.9240 增加到 0.9786，從 0.5965 增加到 0.6750，從 0.8009 增加到 0.8401。因此，透過調整一些超參數，GIN 仍有潛力提高其毒性預測的性能。

▼ 表 27.4 GIN 在毒性預測資料集上不同隱藏層維度的 ROC AUC 分數

Hidden dim	Tox 21	ClinTox	ToxCast	SIDER	HIV	BACE
256	0.7707	0.7073	**0.6496**	0.5965	**0.8401**	0.8970
512	**0.8045**	0.9240	0.6330	**0.6750**	0.8009	0.8971
1024	0.7755	**0.9786**	0.6212	0.5891	0.7575	**0.9375**

27.5 結論

本文將機器學習方法應用於藥物特性預測任務，特別是毒性預測。我們展示了深度學習方法，尤其是圖神經網路（GNN），在學習化學分子的圖表示方面擁有卓越能力。GNN 能夠將分子視為任意大小和形狀的圖，並透過定位節點和邊來聚合圖嵌入，從而比其他機器學習方法取得更好的效果。

從不同表現指標的實驗結果來看，我們觀察到，分類準確率在其他應用領域中常用，但可能並不適合藥物性質預測。因為我們預測藥物性質的主要目標是明確區分陽性樣本和陰性樣本。因此，使用 ROC AUC 分數是衡量藥物特性預測模型效能的一個更好的方法。ROC AUC 分數被用來衡量毒性預測的效能，計算的是 ROC 曲線下的面積，該曲線顯示每個閾值下的真陽性率（TPR）和假陽性率（FPR）之間的權衡。

總結來說，我們的研究表示，深度學習方法在藥物毒性預測中的應用具有顯著優勢。GNN 尤其在處理圖結構數據方面表現出色，能夠在多個資料集上取得優異的預測性能。透過進一步調整超參數和改進模型結構，我們相信 GNN 在藥物性質預測中的應用潛力將得到進一步發揮。這一成果為未來藥物開發和毒性評估提供了新的方向和方法。

MEMO

CHAPTER

28

統計小型車輛和人群的新型多資料增強和多深度學習框架

在無人航空載具（Unmanned Aerial Vehicles，簡稱 UAV）影像中，計算小像素大小的車輛和人群在各個領域都至關重要，包括地理資訊收集、交通監控、物品運送、通訊網路中繼站以及目標分割、偵測和追蹤等。然而，由於視角的不同及變化、無人機上的攝影機位置不固定、物體尺寸較小、光照變化、物體遮蔽和影像抖動等因素，這項任務面臨巨大的挑戰。在本文中，我們介紹了一種新穎的多資料增強和多深度學習框架，旨在計算無人機影像中的小型車輛和人群。該框架利用了特定深度學習偵測模型的優勢，並結合了卷積塊注意力模組和資料增強技術。此外，我們在資料集 v2 上進行了評估，並取得了最高調和平均數，從而獲得了私有排行榜的第一名，我們還提出了一種用於檢測小像素尺寸的汽車、摩托車和人群的新方法。我們的方法在 2022 年人工智慧盃競賽的測試資料獲得第一名。隨後的實驗結果表示，我們的框架優於現有的 YOLOv7-E6E 模型。我們還使用公開的 VisDrone 資料集進行了對比實驗，結果顯示我們的模型以 52% 的最高 AP50 得分優於其他模型。

註：在 MS COCO 的辨識結果中，AP50 是 IOU = 0.5 時的平均精準度，AP75 是 IOU = 0.75 時的平均精準度，APS 是小型物體的平均精準度，APM 是中型物體的平均精準度，APL 是大型物體的平均精準度。交集大於聯集是一個簡單的比率。交並比（Intersection over Union, IOU）是一種效能指標，用於評估標記、分割和物件偵測演算法的準確性。它量化了預測邊界框或分割區域與資料集的地面實況邊界框或標記區域之間的重疊程度。IoU 的計算方法是將預測的標記與地面實況註釋的重疊部分除以兩者的結合部分。在分子中，我們計算預測邊界框與地面實況邊界框之間的重疊面積。分母是合併面積，更簡單地說，就是預測邊界框和地面實況邊界框所包含的面積。用重疊面積除以聯集面積，就得到了最終得分 IOU。

28.1 簡介

近幾十年來，科學與技術的快速發展極大地影響了人類的生活環境。無人航空載具（UAV）因其視野開闊、和更高的機動性與靈活性等特點，廣泛應用於地理資訊收集、交通監控、物品運送、通訊網路中繼站、雷達無人機偵測、視覺無人機追蹤及無人機影像的城市景觀分割等眾多工業領域。無人機具有高機動性和遙控能力，能輕鬆進入大多數地區。利用高解析度相機，無人機能從空中視角捕捉詳細而全面的地面變化，不會有任何遺漏。

在電腦視覺領域，解決無人機捕捉的影片序列所帶來的挑戰至關重要。在無人機影像或影片中對非常小的車輛和人群進行計數是一項艱鉅的任務，主要面臨以下幾個固有的困難及挑戰：

(1) **非固定相機**：安裝在無人機上的攝影機並非固定，這導致捕捉的影像或影片具有可變性。

(2) **不同的視角**：影像或影片是從不同的視角獲取的，增加了小型車輛和人群計數任務的複雜性。

(3) **小尺寸的物體**：車輛和人群通常非常小，對偵測和計數的精確率要求很高。

(4) **光照和遮蔽的變化**：不同光照條件和遮蔽情況使偵測過程更加複雜。

(5) **不同的方向**：同一類別的物體可能以不同的方向呈現，這需要穩健的方向感知模型。

(6) **影像或影片震動**：無人機捕捉的影像或影片具有抖動的不穩定性，這也增加了挑戰。

圖 28.1 說明了這些挑戰，其中包含小型汽車、重型車輛、摩托車以及不同視角和小尺寸的人。

圖 28.1 捕捉的物體出現在無人機的不同視角。

平行殘差雙融合特徵金字塔網路（PRB-FPN）具有平行設計和多項改進，能準確檢測影像或影片中的小型和大型物體。當應用於圖 28.1 所示的場景時，檢測結果如圖 28.2 所示，其中許多汽車、卡車、摩托車和遠處的人無法被偵測到。該模型在面對不同視角、小尺寸的物體、光照變化及遮擋效應等困難條件時，無法有效檢測無人機影像中的小而擁擠的物體。因此，需要進一步研究以開發更強大、更準確的目標偵測模型。

YOLOv7 是另一個模型，能在所有已知的即時目標偵測器中實現最高的精準度。然而，當應用於圖 28.1 時，結果如圖 28.3 所示，儘管檢測效果略有改善，但其中許多汽車、巴士、卡車、摩托車和遠處的人仍無法被檢測到。這些結果表明，目前的模型在處理無人機影像中的小型和擁擠物體方面仍存在局限性，需要進一步改進以提高其在各種複雜條件下的偵測性能。

圖 28.2 應用 PRB-FPN 的檢測結果偵測圖 28.1 中的汽車、巴士、卡車、摩托車和人的方法。

圖 28.3 應用 YOLOv7 偵測圖 28.1 中的小型汽車、巴士、卡車、摩托車和人的檢測結果。

在本文中，我們提出了一個多資料增強和多深度學習（Multi-Data-Augmentation and Multi-Deep-Learning, MDAMDL）框架，以應對上

述挑戰。這個框架透過利用幾種技術的優勢，實現了高精準度和高效率。其工作流程如圖 28.4 所示，其中結合了 PRB-FPN、PRB-FPN6-3PY、YOLOv7-E6E、CBAM 和資料增強（data augmentation）的優點。

MDAMDL 框架的設計旨在解決無人機影像中小型和擁擠物體的檢測問題。透過融合多種深度學習模型和資料增強技術，我們的框架在應對不同視角、小尺寸的物體、光照變化及遮擋效應等挑戰方面，顯示出顯著的優勢。這種多層次、多模態的處理方式，不僅提高了檢測的精準度，還增強了系統的穩健性和適應性。

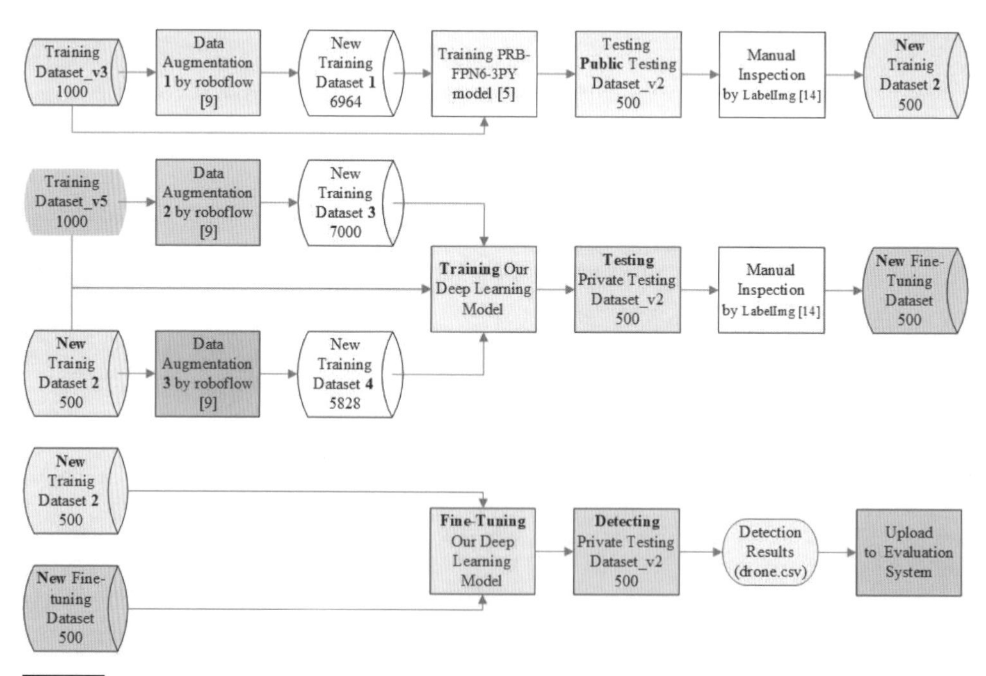

圖 28.4 提出的 MDAMDL 架構的一般流程。

PRB-FPN 模型專注於偵測小型物體，而 PRB-FPN6-3PY 模型則能同時偵測大型和小型物體。YOLOv7-E6E 模型提供快速且準確的物體偵測，CBAM 注意力機制則能改善物體特徵的表示能力。資料增強技術用於增加訓練資料的多樣性，進一步提高模型的泛化效能。

我們在公開測試資料集（Public Testing Dataset_v2）上對所提出的框架進行了評估。該資料集包含無人機影像中的小型車輛和擁擠場景。實驗結果表示，該框架是精確計算無人機影像中小型車輛和人群的理想解決方案，並具有在交通監控、安全監控和災難應變等多個領域的潛在應用。

28.2 我們所提出的 MDAMDL 系統流程

本節介紹為車輛和人群計數設計的多資料增強和多深度學習（MDAMDL）系統的流程框架。該系統包括以下組成部分：

1. **新的訓練資料集**：四個新的訓練資料集和一個新的微調資料集。
2. **資料增強方法**：三種資料增強方法，用於增加訓練資料的多樣性。
3. **深度學習模型**：兩個用於訓練的深度學習模型和一個用於微調的深度學習模型。
4. **測試方法**：兩種測試方法，用於評估模型性能。
5. **物體檢測方法**：一種專門設計的物體檢測方法，適用於無人機影像中的車輛和人群。
6. **人工檢測方法**：兩種人工檢測方法，以確保標籤的準確性。

該系統的設計目的是在不同視角、小尺寸的物體、光照變化及遮擋效應等條件下，精確偵測和計數無人機影像中的小型車輛和人群。透過結合多種技術和方法，MDAMDL 系統展示了其在各種複雜場景中的強大適應性和高效能。

28.2.1 人工智慧盃競賽 2022 年資料集及資料準備

在 2022 年舉辦的車輛和人群計數比賽中，主辦方提供了兩個用於訓練和測試的資料集。訓練資料集 _v3 包含 1000 張大小為 1920×1080 的無人機影像及 1000 個標籤，包括汽車、貨車、人和摩托車四個類別。然而，這些標籤不太準確，因此大賽主辦方提供了新版本的訓練資料集 -- Training Dataset_v5，在相同數量的影像上提供了更準確的標籤。

公開測試資料集 _v2 包含 500 張沒有地面實況標籤的無人機影像，參賽者可以用來測試自己訓練的模型，並將結果提交給評估系統進行評分。公開排行榜會顯示提交結果的得分。此外，競賽主辦方還提供了私有測試資料集 _v2，其中包括 500 張與訓練資料集大小相同的無人機影像，供參賽者測試並上傳結果，分數將顯示在私有排行榜上。

總而言之，參賽者可以使用這些資料集來訓練和測試他們的模型，以參加比賽。為了應對無人機影像中極小的車輛和人群計數挑戰，第一步是擴大訓練資料集的規模。我們創建了四個新的訓練資料集和一個額外的微調資料集。下文將詳細介紹這五個資料集。

(1) 新訓練資料集 1

為了產生新訓練資料集 1，我們應用資料增強技術 1，如表 28.1 所示。這種方法利用線上 Roboflow，透過四種技術增強訓練資料集 _v3。產生的資料集包含 6964 張無人機影像，每張影像大小為 640×342 像素，四種增強方法各包含 1741 張影像。

▼ 表 28.1　新訓練資料集 1

Data Augmentation 1	Descriptions	Amount	Size
Method 1	Horizontal Flip Rotation：between -45° and +45° Noise：up to 5% of pixels	1741	640×360
Method 2	90° Flip：clockwise, counterclockwise Rotation：between -45° and +45°	1741	640×360
Method 3	Horizontal Flip Rotation：between -30° and +30° Brightness：between -5% and +5%	1741	640×360
Method 4	Horizontal Flip Rotation：between -12° and + 12° Brightness：between -5% and +5% Noise：up to 5% of pixels	1741	640×360

(2) 新訓練資料集 2

為了獲得新訓練資料集 2，我們在訓練資料集 _v3（1000）和新訓練資料集 1（6964）上訓練 PRB-FPN6-3PY 深度學習模型，以識別四種類別（汽車、貨車、人和摩托車）。隨後，我們利用此偵測器對公開測試資料集 _v2 進行評估，從而產生新標籤。然後，我們利用 LabelImg 手動驗證這些新標籤，修正任何錯誤，並開發包含 500 張無人機影像和 500 個新標籤的新訓練資料集 2。

(3) 新訓練資料集 3

為了產生新的訓練資料集 3，我們使用資料增強 2，如表 28.2 所示。該方法使用線上 roboflow，透過七種技術增強訓練資料集 _v5。產生的資料集包含 7000 張無人機影像，每種技術各貢獻 1000 張影像。增強影像的大小從 640×360 到 1920×1080 像素不等。

▼ 表 28.2　新訓練資料集 3

Data augmentation	Descriptions	Amount	Size
Method 1	Horizontal Flip	1000	1920×1080
Method 2	Horizontal Flip Rotation：between －45° and＋45°	1000	1920×1080
Method 3	Horizontal Flip Clipping：Horizontal ±15°, Vertical ±15° Noise：up to 5% of pixels	1000	640×360
Method 4	Horizontal Flip Rotation：between －22° and＋22° Brightness：between －20% and＋20%	1000	640×360
Method 5	Horizontal Flip Rotation：between －45° and＋45° Hue：between －25° and＋25°	1000	640×360
Method 6	90° rotation：clockwise, counterclockwise Hue：between －25° and＋25°	1000	640×360
Method 7	Saturation：between －4% and＋4% Brightness：between －2% and＋2% Bounding Box：Flip: Horizontal, Vertical	1000	640×360

(4) 新訓練資料集 4

為了獲得新的訓練資料集 4，我們採用資料增強 3，如表 28.3 所示。這種方法是利用線上 Roboflow，透過六種技術來增強新訓練資料集 2。由此產生的資料集包含 5828 張影像，每種技術都貢獻了不同數量的影像。增強影像後的大小從 640×360 到 1920×1080 像素不等。

▼ 表 28.3　新訓練資料集 4

Data augmentation	Descriptions	Amount	Size
Method 1	90° rotation：clockwise, counterclockwise	1000	640×360
Method 2	Horizontal Flip Noise：up to 5% of pixels	1000	640×360

▼接下頁

Data augmentation	Descriptions	Amount	Size
Method 3	90° rotation：clockwise, counterclockwise Rotation：between －22° and ＋22° Brightness：between －5% and ＋5%	1000	640×360
Method 4	Bounding Box：Flip: Horizontal Brightness：between －5% and ＋5%	998	640×360
Method 5	90° rotation：clockwise, counterclockwise	830	1920×1080
Method 6	Clipping：horizontal ±15°, vertical ±15° Bounding Box：Noise: Up to 5% of pixels	1000	640×360

(5) 新的微調資料集

為了產生新的微調資料集，我們在訓練資料集 _v5（1000 張影像）、新訓練資料集 3（7000 張影像）、新訓練資料集 2（500 張影像）和新訓練資料集 4（5828 張影像）上訓練我們提出的深度學習模型，以檢測四個類別（汽車、貨車、人和摩托車）。然後我們利用該偵測器來評估私有測試資料集 _v2，從而產生新的標籤。隨後，我們利用 LabelImg 手動驗證這些新標籤，修正任何錯誤，並產生包含 500 張無人機影像和 500 個新標籤的新微調資料集。

28.2.2 我們所提出的 PRB-FPN-CBAM 模型

我們提出的 MDAMDL 系統的主要目的是準確計算無人機影像中的小型車輛和人群。為了在每張無人機影像中獲得最佳的邊界框性能，我們整合了先進的物體偵測模型，包括 PRB-FPN、PRB-FPN6-3PY、YOLOv7-E6E、CBAM attention 和 Inception Architecture。

我們所開發的深度學習物體偵測模型稱為 PRB-FPN-CBAM，如圖 28.5（a）所示，是整個模型的概覽。圖 28.5（b）深入分析了構成 PRB-FPN-CBAM 模型的各個組件，提供了對其內部結構的全面了解。

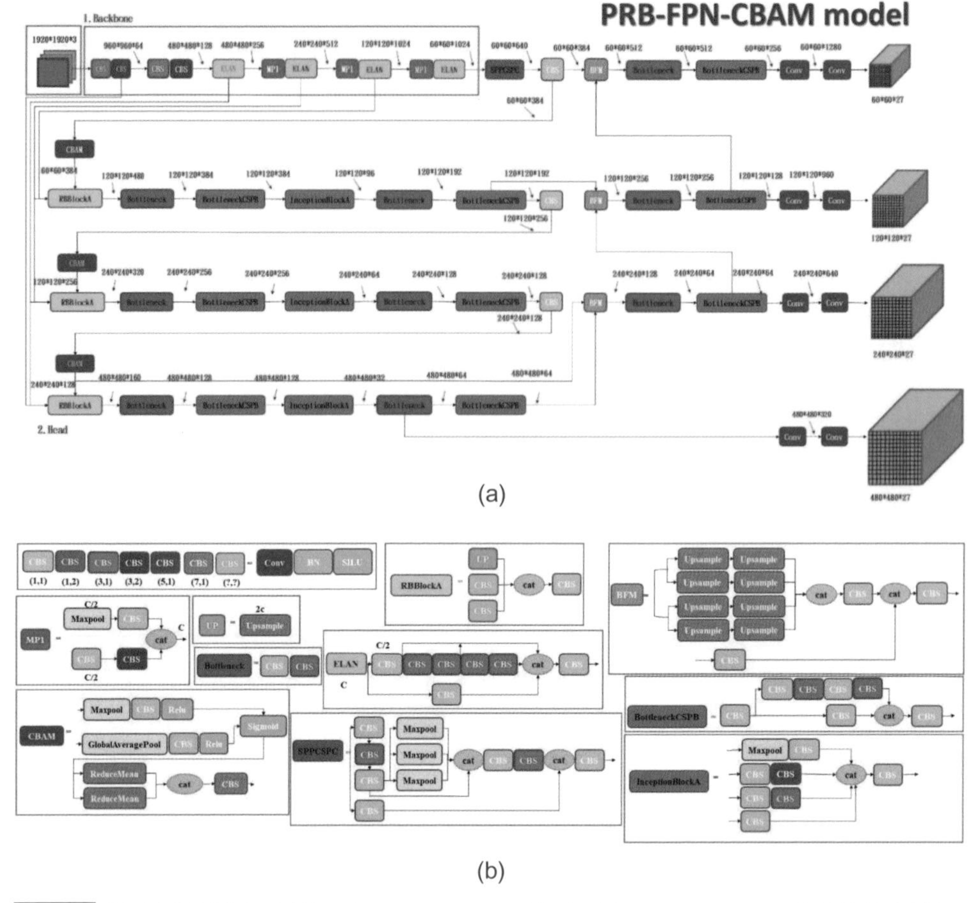

圖 28.5 所提出模型的示意圖。(a) PRB-FPN-CBAM 模型。(b) PRB-FPN-CBAM 模型的組成部分。

(1) **骨幹網路**：建議模型採用 PRB-FPN 模型作為骨幹，以確保卓越的偵測精準度。雖然許多先進的物體偵測器利用深度卷積神經網路（CNN）結構在偵測中型和大型物體方面取得了優異的性能，但它們偵測小型物體的能力仍然有限。這主要是由於在特徵金字塔（Feature Pyramid, FP）中進行簡單池化後，特徵圖的解析度會降低。因此，微小物體（小於 32×32 像素）在最後一個 FP 層中經過五層池化後，就會變成一個單像素的特徵向量，導致空間解析度不足，無法精確分辨。為了克服這個問題，我們在 FP 中只使用了三個池化層。

(2) **頭部（Head）**：建議模型的頭部包括一個雙融合（Bi-Fusion）模型和三個自下而上的融合模型（Bottom-up Fusion Modules, BFMs），這些模型改編自 PRB-FPN6-3PY 模型。此外，我們也採用了 YOLOv7-E6E 模型中的主導頭（Lead Head）和輔助頭（Aux Head）。Bi-Fusion 模型旨在融合從骨幹網路和 BFM 提取的多層次特徵，以獲得高品質的特徵表示。BFM 負責融合特徵金字塔中不同層次的特徵。導引頭和輔助頭分別專門偵測大型和小型物體。將這些組件整合到頭部中可提高無人機影像中各種大小物體的偵測精準度。

- **一個雙融合（Bi-Fusion）模型**：在 PRB-FPN6-3PY 模型中，提出了一種平行特徵金字塔融合設計，以解決具有挑戰性的物體偵測任務，同時考慮到所有尺度的物體。這種方法創建了多條融合路徑，以捕捉適合檢測各種大小物體（包括小型和大型物體）的特徵。我們在特徵金字塔中用了三個池化層和一個雙融合模型，後者以平行的方式結合了相鄰層的上下文特徵。
- **三個自下而上的融合模型（BFM）**：我們提出的模型結合了 PRB-FPN6-3PY 模型中的自下而上融合模型，以增強對各種大小物體的定位。BFM 使用 Re-Org 區塊將特徵圖的 C 通道劃分為 4C 通道，這有助於保留空間資訊，並透過 1×1 卷積生成穩健的語義特徵，從而提高小尺寸的物體的偵測能力。
- **主導頭（Lead Head）與輔助頭（Aux Head）**：我們提出的模型中的主導頭和輔助頭改編自 YOLOv7-E6E 模型。主導頭引導標籤分配器以及由粗到細的主導頭引導標籤分配器透過主導頭預測來引導輔助頭和主導頭。主導頭引導標籤分配器根據主導頭預測結果和地面實況計算軟標籤，並透過最佳化過程產生一組軟標籤。這組軟標籤被用來作為輔助頭和主導頭的目標訓練模型。從粗到細的主導頭引導標籤分配器也會根據主導頭和地面實況的預測結果產生軟標籤。不過，這個過程會產生兩組軟標籤：粗標籤和細標籤。細標籤與主導頭引導標籤分配器產生的軟標籤相同，而粗標籤則放寬了正樣本分配過程的限制，允許更多的網格被視為正目標。

- **卷積塊注意力模型（CBAM）**：我們採用 CBAM 機制，透過強調重要特徵和抑制無關特徵來增強 CNN 的表示能力。它由兩個模組組成：通道注意和空間注意。通道注意力模組根據每個特徵圖通道的全局分佈來權衡其重要性，而空間注意力模組則根據每個通道內的空間位置來突出資訊。CBAM 可以以最小的成本整合到任何 CNN 架構中，並且可以與基礎 CNN 一起進行端到端的訓練。在我們提出的模型中，CBAM 模組被整合在 CBS 模組和 RBBlockA 模組之間。
- **Inception 架構**：GoogLeNet 的 Inception 架構是為了在嚴格的記憶體和運算限制條件下高效運作而設計的，因此適合處理大型資料集。然而，它的複雜性給修改帶來了挑戰，簡單地擴展架構可能會導致計算效益的損失。為了解決這個問題，在 79×79 的低感知域解析度下也能獲得高品質的結果，這有利於檢測相對較小的物體。透過對卷積進行因式分解，並積極減少神經網路內部的維度。

28.2.3 微調所提出的 PRB-FPN-CBAM 模型

為了在 2022 年人工智慧盃私有排行榜上獲得更高的分數，我們使用新訓練資料集 2 和新微調資料集對我們的模型進行了微調。微調過程中產生了一個物體偵測器，能夠偵測所有四種物體類別。產生的物體偵測器用於偵測私有測試資料集 _v2，並產生 AI Cup 2022 上傳格式的偵測結果。這些偵測結果將提交給評估系統，以獲得私有排行榜上的得分。比賽的最終排名是根據「私有排行榜」上的分數決定。

28.3 實驗結果

我們進行了實驗，以評估所提出的框架在 2022 年 AI 盃競賽的私有測試資料集 _v2 上的表現。系統環境使用 Ubuntu 20.04 LTS 作業系統、8 張 NVIDIA Tesla V100 32GB GPU、Nvidia 450.119.04 驅動程式、CUDA 11.7 驅動程式和用於訓練的 Python 3.8 來實現。為了進行測試和偵測，我們使用 Ubuntu 18.04.6 LTS 作業系統，配備 1 張 NVIDIA TESLA T4 15GB GPU、Nvidia 460.32.03 驅動程式、CUDA 11.2 驅動程式和 Python 3.8.15。我們的 MDAMDL 框架的程式碼已在 https://github.com/cmtsai2023 上公開提供。

28.3.1 資料集和評估指標

調和平均數（$Hmean_{TIoU}$）被用作 2022 年 AI 盃競賽資料集的評估指標。$Hmean_{TIoU}$ 分數的公式涉及 $Recall_{TIoU}$、$Precision_{TIoU}$ 和 $SCORE_{dis}$，其計算步驟如下：

(1) 對於每個地面實況框 G_i，我們找到與偵測框 D_j 具有最大交集（IoU）（大於 0.5）的偵測 G_i，且預測標籤與地面實況標籤相同。計算 $TIoU^{Recall}$ 分數如下：

$$TIoU_i^{Recall} = \frac{A\left(G_i \cap D_j\right)}{A\left(G_i \cup D_j\right)} \times \frac{A\left(G_i \cap D_j\right)}{A\left(G_i\right)} \tag{28.1}$$

其中，$A(G_i)$、$A(G_i \cap D_j)$ 和 $A(G_i \cup D_j)$ 分別是 G_i 的面積、G_i 和 D_j 的交集面積以及 G_i 和 D_j 的並集面積。如果沒有偵測框 D_j 滿足條件，則該項計算為 0。

(2) 對於每個偵測框 D_j，我們找到與 D_j 具有最大 IoU（大於 0.5）的地面實況框 G_i，而地面實況標籤與預測標籤相同。計算 $TIoU^{Precision}$ 分數如下：

$$TIoU_j^{Precision} = \frac{A(G_i \cap D_j)}{A(G_i \cup D_j)} \times \left(1 - \frac{A\left(U_{k \neq i}\left\{D_j \cap G_k - D_j \cap G_k \cap G_i\right\}\right)}{A(D_j)}\right) \tag{28.2}$$

其中 $A(D_j)$ 是偵測框 D_j 的面積。如果沒有地面實況框 G_i 符合條件，則該項計算為 0。

(3) 計算 $Recall_{TIoU}$ 和 $Precision_{TIoU}$ 如下：

$$Recall_{TIoU} = \frac{1}{Num_{gt}} \sum_{i=1}^{Num_{gt}} TIoU_i^{Recall} \tag{28.3}$$

$$Precision_{TIoU} = \frac{1}{Num_{dt}} \sum_{j=1}^{Num_{dt}} TIoU_{ij}^{Precision} \tag{28.4}$$

其中 Num_{gt} 和 Num_{dt} 分別表示所有影像中地面實況框和偵測框的總數。

(4) 對於每個地面實況框 G_i，我們找到與 G_i 具有最大 IoU（大於 0.5）的偵測框 D_j，且預測標籤與地面實況標籤相同。計算 $SCORE_{dis}$ 如下：

$$SCORE_{dis} = \frac{1}{Num_{gt}} \sum_{i=1}^{Num_{gt}} e^{\frac{-\left\|G_i(x,y) - D_j(x,y)\right\|_2^2}{c}} \tag{28.5}$$

其中 $G_i(x, y)$ 和 $D_j(x, y)$ 是第 i 個地面實況框和第 j 個偵測框的中心點的座標，Num_{gt} 是地面實況框的總數，C 是正歸化常數。

(5) 計算調和平均數 ($Hmean_{TIoU}$)：

$$Hmean_{TIoU} = \frac{3 \times Recall_{TIoU} \times Precision_{TIoU} \times SCORE_{dis}}{Recall_{TIoU} \times Precision_{TIoU} + Precision_{TIoU} \times SCORE_{dis} + Recall_{TIoU} \times SCORE_{dis}} \tag{28.6}$$

在計算最終分數時，它對 $Recall_{TIoU}$、$Precision_{TIoU}$ 和 $SCORE_{dis}$ 給予同等的權重。

28.3.2 實施細節

在本節中，我們提供了所提出檢測模型在訓練和測試過程中的實作細節。首先，我們使用 PRB-FPN6-3PY 模型來測試公開測試資料集 _v2 並產生新訓練資料集 2，同時使用預設的 p6 參數。對於第一個測試，使用輸入大小 1280×1280、置信度閾值 0.5、IoU 閾值 0.65 來評估檢測模型。

在訓練的第二階段，我們訓練所提出的模型來偵測私有測試資料集 _v2 中的物件並產生新的微調資料集。使用預設的 p6 參數，檢測模型訓練了 300 個訓練週期（Epoch），輸入尺寸為 1920×1920。我們在公開測試資料集 _v2 上對模型進行測試，輸入尺寸為 1920×1920，獲得檢測結果後將其上傳到評估系統以獲得公開排行榜上的分數。經過嘗試不同的置信度和 IoU 閾值參數後，我們發現最佳值分別為 0.28 和 0.35。我們使用這些參數來測試私有測試資料集 _v2，以產生新的微調資料集。使用不同參數的檢測結果也上傳到 AI Cup 2022 評估系統中，並顯示其在公開排行榜上的得分。

在第三次訓練中，我們使用第二次訓練中獲得的檢測模型和最好的兩個參數，使用預設的 p6 參數對輸入大小為 1920×1920 的新訓練資料集 2 和新微調資料集進行 350 個訓練週期的微調。在最後的偵測步驟中，我們使用微調的偵測模型來偵測私有測試資料集 _v2，將偵測結果上傳到評估系統，並在私有排行榜中顯示分數。

28.3.3 與其他團隊的比較

我們將所提出的系統提交給 AI CUP 2022 車輛和人群計數競賽進行評估。表 28.4 顯示，我們的系統在公開排行榜上獲得了 0.74645 的 HmeanTIoU 分數，在參加比賽的 106 支隊伍中排名第一。在決賽中，如表 28.5 所示，我們的系統在私有排行榜上獲得了 0.765476 的 HmeanTIoU 分數，在提交成績的 68 支隊伍中排名第一。

▼ 表 28.4 AI CUP 2022 公開排行榜

Rank	Team Name	Upload times	$\text{Hmean}_{\text{TIoU}}$ scores
1	**TEAM_2334 (ours)**	120	**0.74645**
2	TEAM_2432	114	0.745735
3	TEAM_2082	33	0.739696
4	TEAM_2144	161	0.739406
5	TEAM_2610	44	0.739363
6	TEAM_2060	123	0.737379
7	TEAM_2484	43	0.737348
8	TEAM_2059	86	0.73687
9	TEAM_2422	46	0.736586
10	TEAM_2189	39	0.7356

▼ 表 28.5 AI CUP 2022 私有排行榜

Rank	Team Name	Upload times	$\text{Hmean}_{\text{TIoU}}$ scores
1	**TEAM_2334 (ours)**	**120**	**0.765476**
2	TEAM_2432	114	0.764277
3	TEAM_2080	33	0.758381
4	TEAM_2144	161	0.756348
5	TEAM_2610	44	0.754987
6	TEAM_2060	123	0.754827
7	TEAM_2484	43	0.754777

▼接下頁

Rank	Team Name	Upload times	$Hmean_{TIoU}$ scores
8	TEAM_2059	86	0.754556
9	TEAM_2189	46	0.753994
10	TEAM_2449	39	0.749105

28.3.4 與 YOLOv7-E6E 模型的比較

我們將我們提出的模型的結果與 YOLOv7-E6E 模型進行比較。兩個模型均在新訓練資料集 3 和 4 上進行訓練，輸入大小為 1920×1920，使用預設 p6 參數進行 350 個訓練週期。訓練好的模型在公開測試資料集_v2 上進行測試，以比較精確度（Precision）、召回率（Recall）、mAP@.5 和 mAP@.5:.95。表 28.6 和 28.7 分別列出了 YOLOv7-E6E 模型和我們提出的模型的測試結果。值得注意的是，YOLOv7-E6E 模型在所有類別、汽車類別和人員類別中比我們提出的模型具有更高的召回率。

▼ 表 28.6　YOLOv7-E6E 模型在 Public Testing Dataset_v2 上的測試結果

Class	Images	Labels	Precision	Recall	mAP@.5	mAP@.5:.95
all	500	16457	0.835	**0.901**	0.888	0.598
car	500	11974	0.976	**0.973**	0.986	**0.878**
hov	500	757	0.893	0.93	0.951	0.7
person	500	2135	0.649	**0.819**	0.733	0.373
motorcycle	500	1591	**0.823**	0.882	**0.883**	0.532

▼ 表 28.7　所提出的模型在 Public Testing Dataset_v2 上的測試結果

Class	Images	Labels	Precision	Recall	mAP@.5	mAP@.5:.95
all	500	16457	**0.844**	0.889	**0.893**	**0.621**
car	500	11974	**0.977**	**0.973**	**0.987**	0.804
hov	500	757	**0.911**	**0.943**	**0.955**	**0.724**
person	500	2135	**0.699**	0.741	**0.749**	**0.398**
motorcycle	500	1591	0.788	**0.9**	0.881	**0.557**

我們提出的模型中所有類別的精確度、mAP@.5 和 mAP@.5:.95 都高於 YOLOv7-E6E 模型。我們也在 Private Testing Dataset_v2 上測試了這兩個模型，結果列於表 28.8 和 28.9。我們的模型不僅在所有類別的精確度、mAP@.5 和 mAP@.5:.95 上超越了 YOLOv7-E6E 模型，還在汽車、高乘載車道、行人和摩托車類別上取得了更好的表現。

▼ 表 28.8　YOLOv7-E6E 模型在 Private Testing Dataset_v2 上的測試結果

Class	Images	Labels	Precision	Recall	mAP@.5	mAP@.5:.95
all	500	19995	0.952	0.926	0.926	0.701
car	500	12827	0.988	0.973	0.979	0.864
hov	500	863	0.968	0.935	0.94	0.807
person	500	3918	0.885	0.905	0.889	0.485
motorcycle	500	2387	0.966	0.891	0.896	0.648

▼ 表 28.9　PRB-FPN-CBAM 模型在 Private Testing Dataset_v2 上的測試結果

Class	Images	Labels	Precision	Recall	mAP@.5	mAP@.5:.95
all	500	19995	**0.994**	**0.942**	**0.95**	**0.812**
car	500	12827	**0.999**	**0.974**	**0.981**	**0.937**
hov	500	863	**0.998**	**0.949**	**0.955**	**0.892**
person	500	3918	**0.987**	**0.927**	**0.941**	**0.62**
motorcycle	500	2387	**0.992**	**0.917**	**0.923**	**0.8**

28.3.5　消融研究（Ablation Study）

為了展示在我們所提出的模型中整合 CBAM 的效果，我們透過刪除 CBAM 來創建一個沒有 CBAM 的模型（名為 PRB-FPN）來進行消融研究。我們在公開測試資料集 _v2 和私有測試資料集 _v2 上評估這兩個模型的效能，結果分別列於表 28.10 和表 28.11。從表 28.7 和表 28.10 中，我們觀察到 PRB-FPN 模型的所有類別和汽車類別的召回率都高於所提出的模型。對於所有其他指標，所提出的模型優於 PRB-FPN 模型。此外，如表 28.9 和表 28.11 所示，在所有類別（包括汽車、重型車輛、人和摩托車）中，所提出的模型所獲得的結果都優於 PRB-FPN 模型所獲得的結果。因此，實驗結果表示，將 CBAM 納入我們提出的模型中可以提高效能。

▼ 表 28.10 PRB-FPN 模型在 Public Testing Dataset_v2 上的測試結果

Class	Images	Labels	Precision	Recall	mAP@.5	mAP@.5:.95
all	500	16457	0.821	**0.891**	0.884	0.6
car	500	11974	0.97	**0.974**	0.984	0.782
hov	500	757	0.9	0.93	0.948	0.692
person	500	2135	0.652	0.772	0.742	0.386
motorcycle	500	1591	0.761	0.889	0.863	0.538

▼ 表 28.11 PRB-FPN 模型在 Private Testing Dataset_v2 上的測試結果

Class	Images	Labels	Precision	Recall	mAP@.5	mAP@.5:.95
all	500	19995	0.953	0.933	0.933	0.703
car	500	12827	0.989	0.975	0.98	0.853
hov	500	863	0.979	0.927	0.931	0.778
person	500	3918	0.89	0.919	0.907	0.508
motorcycle	500	2387	0.955	0.91	0.913	0.674

28.3.6 定性結果

YOLOv7-E6E 模型和提出的 PRB-FPN-CBAM 模型對圖 28.1 中的汽車、重型車輛（巴士和卡車）、人和摩托車的檢測結果如下所示。在圖 28.6(a) 中，YOLOv7-E6E 模型未能偵測到道路頂端一輛非常小的汽車（藍色箭頭所示），而所提出的模型在圖 28.6(b) 中成功檢測到它。然而，這兩種模型都無法檢測到非常小的物體，例如道路頂端上騎摩托車的兩個人（由橙色箭頭表示）。

(a)

(b)

圖 28.6 對於圖 28.1 的檢測結果。(a) 結果是透過 YOLOv7-E6E 模型獲得的，(b) 結果是透過所提出模型獲得的。

28.3.7 VisDrone 上不同場景的物件偵測結果

為了展示所提模型的多功能性，我們使用了 VisDrone-DET 資料集中的 Testset-Dev 進行檢測。這個特定的資料集子集有助於全面評估模型在不同場景下的物件偵測能力，並可以了解模型在不同環境條件下的穩健性和效能。圖 28.7 全面展示了所提模型在不同情境下所獲得的檢測結果。每個子圖都直觀地展示了模型在不同環境場景中的表現，突出了模型應對各種挑戰的能力，如低光條件、遮擋、不同物體大小、天氣變化和小尺寸的物體檢測等。

圖 28.7 不同場景下的檢測結果。(a) 有遮蔽的夜間環境，(b) 有大型物體的夜間環境，(c) 有不同大小物體的夜間環境，(d) 霧霾天氣，(e) 日照天氣，(f) 小型物體。

28.4 結論

本文提出了一種用於計算無人機影像中的小型車輛和人群的 MDAMDL 框架，該框架在 2022 年人工智慧盃：車輛和人群計數競賽中獲得了第一名。我們的框架透過多種資料增強方法來擴充訓練資料集，並利用深度學習技術來產生新的訓練數據，從而提升了效能。我們還開發了一種名為 PRB-FPN-CBAM 的深度學習物體檢測模型，該模型結合了現代最先進的物體檢測技術，用於檢測汽車、公車、卡車、人和摩托車，實現了更高的檢測精準度。實驗結果表示，MDAMDL 框架在檢測無人機影像中的小型車輛和擁擠場景方面，優於現有最先進的物體檢測技術。未來，我們的目標是應對檢測極小物體的挑戰。此外，我們還計劃進一步提高我們提出的模型在物體檢測方面的準確性。

CHAPTER

29

深度混合神經網路及其在息肉偵測的應用

數學形態學和卷積運算子是提取影像特徵和結構的兩種不同方法。在過去的幾十年中，深度卷積神經網路（Deep Convolutional Neural Networks, DCNN）已被證明比傳統影像處理方法更為強大。在本文中，我們結合卷積神經層與形態學神經層的優勢，提出了一種名為深度混合神經網路（Deep Hybrid Neural Network, DHNN）的新型架構，並將其實際應用於醫學影像中的息肉檢測。為了驗證該方法的有效性，我們採用了九個息肉影像資料集，這些資料集包括公開資料和我們自行收集的資料。為了進行性能比較，我們選擇了三個骨幹模型作為基準。實驗結果顯示，我們的 DHNN 在計算複雜度和準確性方面均達到了最佳性能。這些結果表明，DHNN 結合了卷積神經網路的特徵提取能力和形態學操作的結構分析優勢，能夠更有效地識別和檢測醫學影像中的息肉。這一方法不僅提升了檢測的準確性，還有效降低了計算成本，展示了在醫學影像分析中的廣泛應用前景。

29.1 簡介

大腸直腸癌（Colorectal Cancer）佔新病例總數的 10%，在已開發國家的發病率較高。這種疾病被認為與高熱量飲食、動物脂肪和久坐不動的生活方式有著密切關係。大腸鏡檢查是篩檢大腸直腸癌的黃金標準，在美國和中國，大腸直腸癌是癌症相關死亡的主要原因之一。大腸鏡檢查能在早期發現並治療腫瘤，同時也能切除腺瘤性的息肉，從而降低大腸直腸癌的死亡風險。然而，若未能及時發現腺瘤，則可能導致間隔大腸直腸癌（interval colorectal cancer）的發生。

研究表明，腺瘤檢出率（adenoma detection rate）每增加 1%，間隔大腸直腸癌的風險就會降低 3%。因此，為了提高腺瘤檢出率並減少漏檢病灶的數量，人們開發了多種輔助方法。在大腸鏡檢查過程中，這些方法包括使用內視鏡帽（endoscope cap）、定位輔助系統（positional assisted system）以及窄頻影像（narrow-band imaging）等技術。窄頻影像透過強調毛細血管形態和黏膜表面特徵，幫助內視鏡醫師能更清楚地看到息肉，從而提高腺瘤檢出率。此外，即時息肉自動檢測系統作為內視鏡醫師的 " 第二雙眼睛 "，能夠輔助他們更有效地檢測息肉，進一步提升檢查的準確性和效率。這些技術的應用不僅有助於提高腺瘤檢出率，還能顯著減少間期大腸直腸癌的風險，從而改善患者的整體預後。

在過去的幾十年中，深度卷積神經網路（Deep Convolutional Neural Network, DCNN）已被證明比傳統影像處理方法更為強大。基於 DCNN 的檢測方法已被廣泛應用於醫學影像的各種任務中，包括疾病檢測、分割、分類和異常檢測。然而，這些檢測模型也存在一些潛在的缺陷，可能會影響其在某些情況下的表現。以下是基於 DCNN 檢測模型的幾個常見缺陷：假陽性、假陰性、對影像品質的靈敏度以及計算複雜性高。這些缺陷可以透過適當的訓練技術、資料增強、模型架構改進和針對特定領域的微調在一定程度上得到緩解或解決。

數學形態學（Mathematical Morphology）廣泛應用於影像處理和模式識別中。這種方法以集合論（Set Theory）為基礎，透過探究物體的微觀結構（即結構元素，Structuring Element）來提取物體特徵。與線性卷積運算子不同，數學形態學運算子是非線性的。

近來，許多研究人員考慮用非線性數學形態層來取代卷積層。在本文中，我們提出了一個新的概念運算子，即同時採用卷積層和數學形態層，將線性和非線性運算子結合。我們平行產生卷積和形態骨幹，以提取線性和非線性特徵，然後結合這些特徵進行進一步分析。透過將卷積層和數學形態層相結合，我們希望能夠更全面地捕捉影像中的特徵，從而提高模型的檢測精準度和可靠性。這種新型結構在影像品質波動和計算複雜度方面也有望表現出更好的穩定性和效率。

29.2 資料集素材

利用基於深度學習的解決方案來獲取高品質、高效率的數據是一項重大挑戰，也是關鍵問題。在醫療應用中，這項挑戰因兩個主要問題而變得更加複雜。首先，必須徵得患者同意，以解決資料保護問題。其次，需要醫療專業人員花費大量時間就專業知識來對資料進行註釋。

為了開發息肉檢測模型，我們利用了公開數據和從三軍總醫院及秀傳紀念醫院收集的數據進行了實驗。我們採用了包括 Kvasir-SEG、CVC-ClinicDB、CVC-ColonDB、CVC-300、ETIS-LaribPolypDB、EndoCV2022、EDD2020 等在內的九個息肉影像資料集，以及我們收集的資料集進行訓練和驗證，並使用 PICCOLO 進行測試。

這些資料集提供了豐富的影像樣本，有助於我們構建和優化深度學習模型，以實現更高的檢測精準度和效率。透過結合公開數據和自有數據，我們能夠更全面地涵蓋各種臨床情況，從而提高模型的泛化能力和實際應用效果。

29.2.1 訓練和驗證資料集

我們將公開資料和我們收集的資料結合起來，形成包含 15,620 張影像的資料集。圖 29.1 顯示資料素材的概述，由影像和邊界框組成。表 29.1 顯示資料素材的摘要。

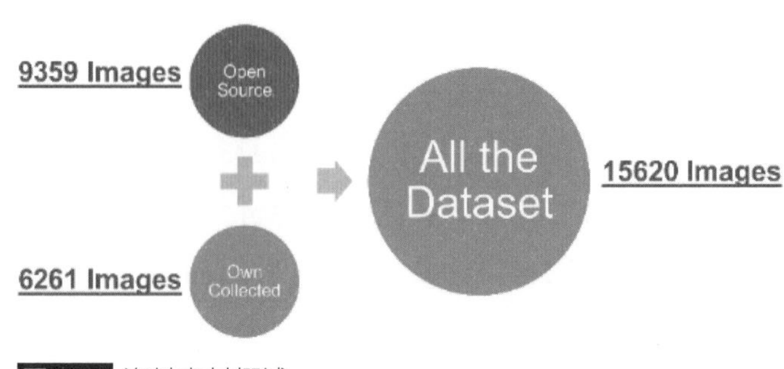

圖 29.1 資料素材概述。

▼ 表 29.1　資料素材摘要

Dataset	Category	Images	Source	Findings
Kvasir-SEG	Public	1000	WL	Polyp
CVC-ClinicDB	Public	612	WL	Polyp
CVC-ColonDB	Public	380	WL	Polyp
CVC-300	Public	60	WL	Polyp
ETI-LaribPolypDB	Public	196	WL	Polyp
EndoCV2022	Public	3292	WL NBI	Polyp
EDD2020	Public	386	WL NBI	Polyp
TSGH	Private	3317	WL NBI	Polyp
SCMH	Private	2944	WL NBI	Polyp
PICCOLO (Testing)	Public	3433	WL NBI	Adenoma Hyperplastic

下面第 1 項至第 7 項中列出了可公開取得的資料集，第 8 項是我們收集的資料集。

(1) **Kvasir-SEG**：此資料集包含 1,000 張影像。這些影像由挪威 Vestre Viken 健康信託基金會經驗豐富的胃腸病專家收集並驗證。

(2) **CVC-ClinicDB**：此資料集是從大腸鏡檢查影片中提取的資料庫。此資料集包括 612 張解析度為 384×288 像素的標準清晰度靜態影像，其中有 31 個不同序列的 31 個不同息肉。

(3) **CVC-ColonDB**：此資料集由 380 張解析度為 574×500 像素的標準清晰度靜態影像組成，由西班牙巴塞隆納自治大學電腦視覺中心（CVC）創建。

(4) **CVC-300**：此資料集由 60 張解析度為 574×500 像素的標準清晰度靜態影像組成。此資料集由西班牙巴塞隆納自治大學電腦視覺中心創建。

(5) **ETI-LaribPolypDB**：此資料集包括 34 個不同影像序列的 196 張標準品質息肉影像和 196 張臨床醫生標註的基準真相影像，解析度為 1,225×966 像素。

(6) **EndoCV2022**：這是國際醫學影像計算和電腦輔助干預會議（MICCAI）在內視鏡電腦視覺領域組織的一項挑戰賽。資料集包括 3292 張解析度為 1920×1080 像素的標準清晰度靜態影像。

(7) **EDD2020**：這是一項競賽，共發佈了包含五個不同類別的資料集，每個影像和息肉實例都有遮罩（mask）和邊界框。息肉從所有影像中提取，並與相關邊界框一起儲存到自訂的 JSON 檔案中。這些數據包含 386 張影像，大小為 720×576。

(8) **自行收集的資料集**：三軍總醫院（TSGH）和秀傳紀念醫院（SCMH）的回顧性病例。三軍總醫院和秀傳紀念醫院分別有 2944 和 3317 張息肉影像。

29.2.2 測試資料集

PICCOLO 資料集由 AVerMedia 影片擷取和硬碟儲存記錄。它包含來自 40 名患者的 76 個病變，並於 2017 年 10 月至 2019 年 12 月期間在巴蘇爾託大學醫院（西班牙畢爾巴鄂）使用奧林巴斯內視鏡（CF-H190L 和 CF-HQ190L）記錄病灶。這 76 個病灶中的 62 個病灶同時包含白光 (WL) 和窄頻影像 (NBI) 影格，而其餘 14 個病灶僅使用 WL 記錄。共超過 145,000 影格被修改，其中有 80,847 影格中顯示息肉，並選擇了 3433 影格進行手動分割。PICCOLO 資料集的一些息肉影像如圖 29.2 所示。

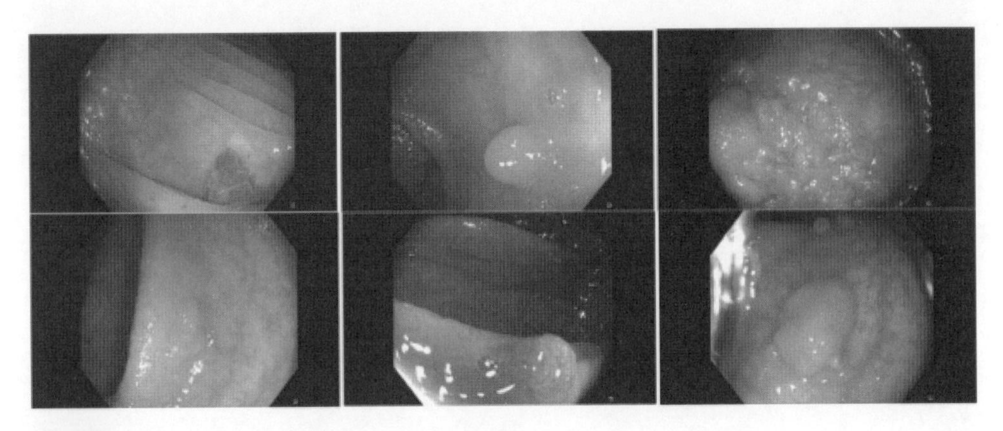

圖 29.2 來自 PICCOLO 資料集的一些息肉樣本。

29.3 深度混合神經網路

29.3.1 背景知識

我們提出一款新的深度混合神經網路（Deep Hybrid Neural Networks, DHNN）。數學形態學和卷積是影像處理和電腦視覺應用中兩種不同類型的運算子。卷積和形態運算子是透過應用另一個函數來改變一個函數的形狀的過程。為了清楚地說明這兩個運算子之間的主要區別，我們調整了各自的數學公式。令 f 表示灰階影像，g 表示遮罩。在卷積和形態運算子的上下文中，g 分別稱為「內核遮罩」和「結構元素」。

卷積運算子屬於線性運算子，它是 f 與鏡像和 g 的乘積之和，表示如下：

$$(f * g)(x) = \sum_{x-z \in F,\ z \in G} \left[f(x-z) \cdot g(z) \right] \tag{29.1}$$

其中符號 F 和 G 分別代表 f 和 g 的有界域。

數學形態學運算子屬於非線性運算子，以集合論和拓樸學為基礎。這些運算子根據結構元素與影像之間的交集或合併來改變影像的形狀和結構。形態運算子與卷積運算子類似，只是用加法和減法代替乘法，用最大值和最小值代替求和。

數學形態學的 f 和 g 的灰階膨脹運算定義為

$$(f \oplus g)(x) = \max_{x-z \in F,\ z \in G} \left[f(x-z) + g(z) \right] \tag{29.2}$$

數學形態學的 f 和 g 的灰階侵蝕運算定義為

$$(f \ominus g)(x) = \min_{x+z \in F,\ z \in G} \left[f(x+z) - g(z) \right] \tag{29.3}$$

卷積運算子主要用於平滑影像、增強影像細節或進行特徵提取。它可以應用各種卷積核來實現不同的效果，例如高斯模糊、邊緣檢測和銳利化等。卷積運算子廣泛應用於許多影像處理領域，包括影像增強、特徵提取、圖型識別和醫學影像處理。

形態學運算子主要用於改變影像的形狀、大小和結構。例如，膨脹操作（Dilation）可以擴大目標區域，侵蝕操作（Erosion）可以縮小目標區域，開運算（Opening）可以消除小雜訊，閉運算（Closing）可以填滿小孔。形態學運算子常用於形狀分析、特徵提取、目標偵測和影像分割等應用，特別適合處理二值化影像。這些技術在影像處理中發揮了重要作用。卷積運算子和形態學運算子各有其獨特的優勢和應用場景，結合這兩種技術可以更全面地分析和處理影像，提高處理結果的品質和準確性。

29.3.2 提出的 DHNN 架構

如前所述，卷積運算子和形態學運算子是兩種不同類型的運算子，因此 DHNN 架構設計將這兩種運算子整合在一起，如圖 29.3 所示，其中 (a) 顯示傳統深度卷積神經網路（DCNN）架構的概念，它包括兩個主要部分：特徵提取和分類，(b) 展示了建議的 DHNN 架構，其中包括線性和非線性運算子，具有有可訓練參數。

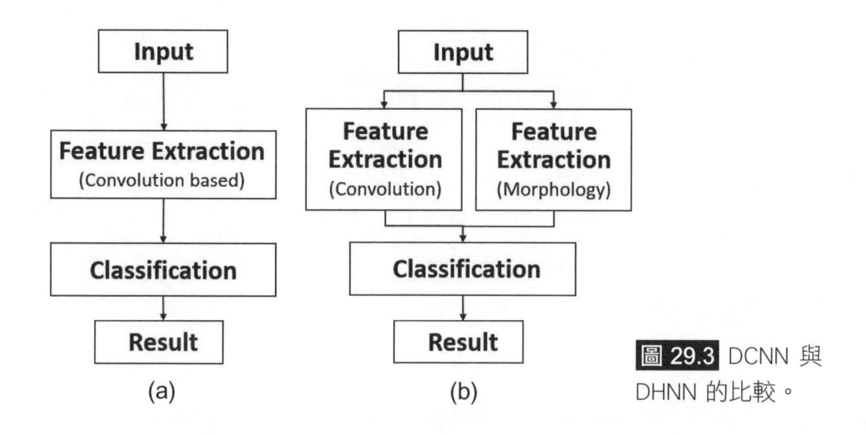

圖 29.3 DCNN 與 DHNN 的比較。

為了說明所提出的 DHNN 架構的效率和有效性，我們在現有的 DCNN 模組中加入了基於形態學的特徵提取部分。我們選擇 YOLOv5 作為 DCNN 模組，因為它是最先進的即時物體偵測系統，並已在大量影像資料集上進行過訓練。由於我們的 DHNN 架構將同時提取線性和非線性特徵，因此能夠從本質上提高網路識別和分析不同形狀和結構的能力，我們相信網路的計算複雜度也會相應降低。

YOLOv5 的特徵提取部分（也稱為骨幹）可分為 7 個階段，基於 YOLOv5 的 DHNN 架構（稱為 DHNN-YOLOv5）如圖 29.4 所示。表 29.2 顯示詳細的神經網路。YOLOv5 架構的基於卷積的特徵提取神經網路層數比原始 YOLOv5 減半，FLOPs 和可訓練參數分別從 290 減少到 205.49，從 46,625,206 減少到 28,962,742。

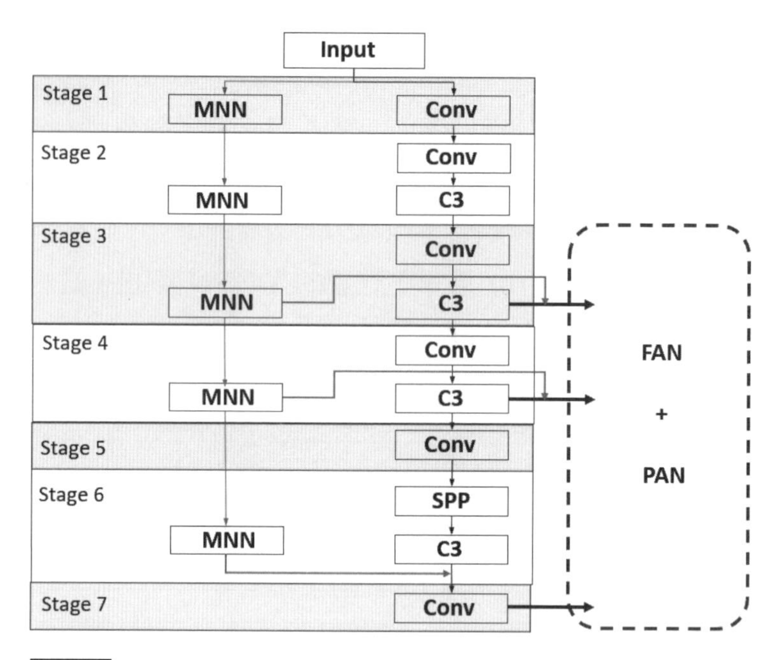

圖 29.4 DHNN-YOLOv5 的特徵提取神經網路層。

▼ **表 29.2 DCNN 和 DHNN 特徵提取部分(Backbone)網路架構比較**

layers	output size	DCNN (Yolov5)	DHNN (Yolov5-Half + Morphology)	
		Convolution-Based	Convolution-Based	Morphology-Based
Stage1	256X256	1X1, 64, stride 1	1X1, 32, stride 1	Erosion 3X3, 8, stride4 Dilation 3X3, 8, stride1
Stage2	128X128	3X3, 128, stride 2 1X1, 64, stride 1 [1X1, 32, stride 1] X3 [3X3, 64, stride 1] X3 1X1, 128, stride 1	3X3, 64, stride 2 1X1, 32, stride 1 [1X1, 16, stride 1] X3 [3X3, 32, stride 1] X3 1X1, 64, stride 1	Erosion 3X3, 8, stride1 Dilation 3X3, 8, stride1

▼接下頁

layers	output size	DCNN (Yolov5)	DHNN (Yolov5-Half + Morphology)	
Stage3	64X64	3X3, 256, stride 2 1X1, 128, stride 1 [1X1, 64, stride 1] X9 [3X3, 128, stride 1] X9 1X1, 256, stride 1	3X3, 128, stride 2 1X1, 64, stride 1 [1X1, 32, stride 1] X9 [3X3, 64, stride 1] X9 1X1, 128, stride 1	Erosion 3X3, 16, stride2 Dilation 3X3, 16, stride1
Stage4	32X32	3X3, 512, stride 2 1X1, 256, stride 1 [1X1, 128, stride 1] X9 [3X3, 256, stride 1] X9 1X1, 512, stride 1	3X3, 256, stride 2 1X1, 128, stride 1 [1X1, 64, stride 1] X9 [3X3, 128, stride 1] X9 1X1, 256, stride 1	Erosion 3X3, 32, stride2 Dilation 3X3, 32, stride1
Stage5	10X10	3X3, 1024, stride 2	3X3, 512, stride 2	
Stage6	10X10	1X1, 512, stride 1 5X5, max pool, stride 1 9X9, max pool, stride 1 13X13, max pool, stride 1 1X1, 1024, stride 1	1X1, 256, stride 1 5X5, max pool, stride 1 9X9, max pool, stride 1 13X13, max pool, stride 1 1X1, 512, stride 1	Erosion 3X3, 64, stride2 Dilation 3X3, 64, stride1
Stage7	10X10	1X1, 512, stride 1 [1X1, 256, stride 1] X3 [3X3, 512, stride 1] X3 1X1, 1024, stride 1 1X1, 512, stride 1	1X1, 256, stride 1 [1X1, 128, stride 1] X3 [3X3, 256, stride 1] X3 1X1, 512, stride 1 1X1, 256, stride 1	
FLOPs		290	205.49	
Parameters		46,625,206	28,962,742	

29.3.3 建模

建模過程涉及設計和創建系統、現象或問題的數學或計算表示。在機器學習和深度學習的背景下，建模是指建立可以從資料中學習並做出預測或決策的模型架構。以下是建模過程中涉及的三個步驟（預訓練模型、資料預處理和模型訓練）：

(1) **預訓練模型**：我們提出的模型是使用 ImageNet 資料集進行預訓練的，該資料集由超過 1400 萬個影像樣本和超過 1000 個不同的物件類別組成。使用 ImageNet 進行預先訓練可以使模型學習廣泛的影像特徵，從而提高模型的準確性和效率。其次，該模型具有良好的可移植性，可輕鬆應用於影像辨識、目標偵測等相關任務。此外，使用 ImageNet 進行預訓練還可以加速訓練過程，因為預訓練模型已經學習了大量的影像特徵。它作為模型訓練的起點，減少了訓練時間和成本。因此，我們相信利用 ImageNet 進行預訓練是提高模型效能和效率的非常有效的方法。

(2) **資料預處理**：資料預處理通常在訓練模型之前進行，以確保資料的格式適當並提高模型的效能。以下步驟概述了資料預處理的過程。

- **第 1 步：資料增強**

  為了增加收集樣本的多樣性和數量並提高模型的穩健性，我們進行資料增強。資料增強主要在以下四個方向進行。這些資料增強技術有助於引入訓練資料的變化，使模型能夠更好地泛化，並對現實場景中的不同條件和變化下變得更加穩健。

  » A. **隨機裁切**：將影像隨機裁切成不同的尺寸和比例，從而增加訓練樣本的多樣性和數量。

  » B. **翻轉**：將影像水平或垂直翻轉，從而增加訓練樣本的多樣性和數量。

  » C. **旋轉**：影像隨機旋轉一定角度，有助於訓練樣本的多樣性和數量。

  » D. **縮放**：將影像隨機縮放為不同的尺寸和比例，增加訓練樣本的多樣性和數量。

- **第 2 步：資料分割**

  我們使用了 11,925 張影像用於資料訓練，其中包括從資料素材中提到的開放和私有資料集收集的影像。這些影像以 9:1 的比例分為訓練集和驗證集。訓練集用於模型訓練過程中的權重更新，驗證集用於評估模型的即時效能。訓練集由 10,731 張影像組成，驗證集由 1,194 張影像組成，如表 29.3 所示。為了確保模型學習與非息肉樣本相關的特徵，我們特別選擇並包含了 659 張背景影像（真陰性）作為訓練資料的一部分，這有助於模型更有效地區分息肉和非息肉特徵。

▼ 表 29.3　訓練和驗證資料集摘要

	WLI	NBI	Background	Total
Training	7572	2566	593	10731
Validation	842	286	66	1194

- **第 3 步：資料調整大小和標準化**

  在模型訓練之前，所有影像首先調整為 480×480 像素解析度的統一尺寸。隨後，將影像的每個通道除以 255 進行正規化，使其數值置於 [0, 1] 範圍內。正規化的目的是幫助模型更快收斂，防止梯度爆炸或消失的問題，並提高模型的穩定性和準確性。此外，正規化過程可確保影像資料採用一致且標準化的格式，使模型能夠有效地處理輸入。它幫助模型更好地理解不同像素值之間的相對強度和關係，促進更有效率的學習，並提高模型的整體表現和穩定性。

(3) **模型訓練**：我們的模型權重透過在 ImageNet 資料集上進行預訓練來初始化，然後在我們自己的資料集上進行微調。訓練過程使用具有 12GB RAM 的 NVIDIA GeForce RTX 3090 執行。為了避免訓練期間 GPU 資源超載，我們將訓練資料集分成更小的子集。每個子集透過模型網路獨立處理，並計算損失函數。然後用自適應矩估計（Adaptive Moment Estimation, Adam）優化器執行反向傳播來更新模型權重，旨在最小化損失函數。Adam 是一種利用自適應學習率的優化器。它會自動調整學習率，在處理大型資料集時表現良好，且避免陷入局部最優的問題。每次訓練週期更新後，模型都會計算驗證集上的損失函數，以評估是否發生過擬合。

我們設定最多 300 次訓練週期（Epoch）進行訓練。如果達到最訓練週期代次數，訓練過程將停止。此外，為了防止過度擬合，如果連續五次訓練週期，並且驗證集上的損失函數的改進下降小於 1%，則會觸發提前停止以停止模型的學習過程。訓練集的損失、精確度與召回率函數隨著訓練週期變化的情況如圖 29.5 所示。

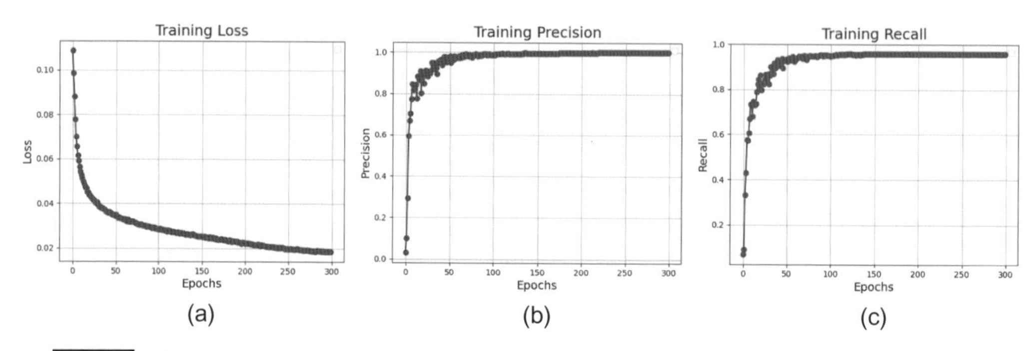

圖 29.5 訓練過程中的損失、精確度和召回率函數。

29.4 實驗結果

29.4.1 實驗環境

我們使用 Python 3.8 程式語言以及開源深度學習框架 Pytorch 1.13.1 和 CUDA 11.6 來實作偵測模型的實驗環境。實驗在 Ubuntu 20 作業系統下構建，並在 Intel Core i9-11900KF CPU 2.80GHz 和 RTX 3090 顯示卡上運行。

29.4.2 評估指標

我們使用標準電腦視覺指標來評估 PICCOLO 資料集上的息肉檢測和定位方法。考慮到息肉檢測的問題，這些數值可以考慮如下。真陽性（True Positive, TP）表示預測的邊界框落在息肉的真實位置上。偽陽性（False Positive, FP）表示預測的邊界框超出了息肉的基準真相。偽陰性（False Negative, FN）表示沒有預測的邊界框但幀中存在息肉。最後，真陰性（True Negative, TN）表示在沒有息肉的影像中沒有偵測到息肉。

精確度（Precision）表示預測為陽性的值中有多少是真正的陽性，其公式為 Precision = TP / (TP + FP)。召回率（Recall）表示從所有陽性中估計出多少真正的陽性，有時也稱為靈敏度，其公式為 Recall =TP / (TP + FN)。特異度（Specificity）表示從所有陰性估計出多少真陰性，其公式為 Specificity = TN / (TN + FP)。F1 分數表示精確度和召回率指標的調和平均值，其公式為 F1 = (2* Precision * Recall)/ (Precision + Recall)。特別是當需要精確度和召回率之間需要平衡時應該選擇它。

曲線下面積 (AUC) 表示 ROC 曲線下的面積，衡量二元分類模型的整體表現。由於真陽性率（True Positive Rate, TPR）和偽陽性率（False Positive Rate, FPR）都在 0 到 1 之間，因此該面也會在 0 到 1 之間，AUC 值越大表示模型表現越好。

29.4.3 實驗

本節中，實驗資料集是 3,433 張包含息肉的影像和 1,003 張不含息肉的影像。所有息肉均經過活檢後的組織學確認。為了評估我們的 DHNN 架構的效能，基於 YOLOv5 架構製作了三個骨幹（DHNN、CSPDarknet53 和形態學），其中 CSPDarknet53 是 YOLOv5 的原始骨幹。

圖 29.6 顯示 DHNN、CSPDarknet53 和形態骨幹模型的 FROC（自由回應接收者操作特徵曲線）曲線，不同模型的 AUC 值分別為 0.97、0.94 和 0.85。

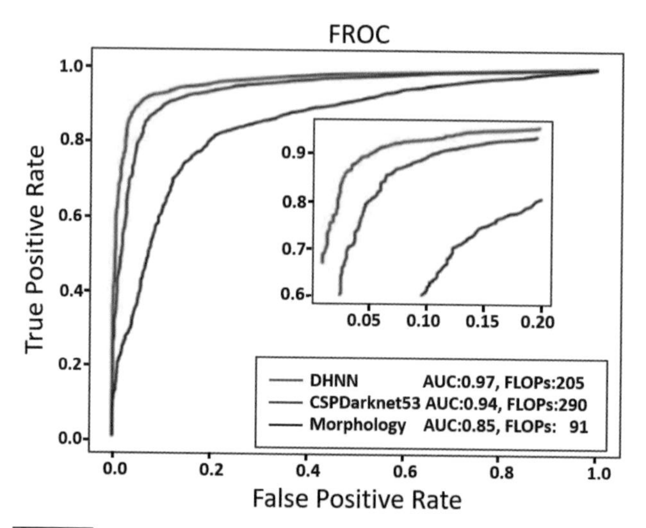

圖 29.6 DHNN、CSPDarknet53 和形態骨幹模型的 AUC 結果。

表 29.4 和表 29.5 分別顯示 PICCOLO 資料集上息肉檢測和定位的結果。當設定靈敏度為 90% 時，DHNN、CSPDarknet53 和形態學骨幹模型的特異度分別為 94.63%、89.3% 和 46.1%。當 FPR 設定為 0.1 時，DHNN、CSPDarknet53 和形態學骨幹模型的靈敏度分別為 92.92%、89.04% 和 60.76%。

▼ 表 29.4 基於 90% 靈敏度的特異度和 FP 計數結果

Method	Backbone	Specificity	FP counts
Yolov5	CSPDarknet53	89.36%	107
Yolov5	DHNN	**94.63%**	**54**
Yolov5	Morphology	46.1%	539

▼ 表 29.5　基於 10% FPR 的靈敏度和 FN 計數結果

Method	Backbone	Sensitivity	FN counts
Yolov5	CSPDarknet53	89.04%	376
Yolov5	DHNN	**92.92%**	**243**
Yolov5	Morphology	60.76%	1343

表 29.6 顯示 PICCOLO 資料集上息肉檢測和定位的結果。當 FPR 設定為 0.1，DHNN 時、CSPDarknet53 和形態骨幹模型的 F1 分數分別為 0.9486、0.9276 和 0.7421。DHNN、CSPDarknet53 和形態學骨幹模型的精確度分別為 0.9687、0.9680 和 0.9529。DHNN、CSPDarknet53 和形態學骨幹模型的靈敏度分別為 92.92%、89.04% 和 60.76%。

▼ 表 29.6　F1 分數、精確度和靈敏度結果（基於 FPR 為 0.1）

Method	Backbone	F1	Precision	Sensitivity
Yolov5	CSPDarknet53	0.9276	0.9680	89.04%
Yolov5	DHNN	**0.9486**	**0.9687**	**92.92%**
Yolov5	Morphology	0.7421	0.9529	60.76%

表 29.7 顯示 PICCOLO 資料集上息肉檢測和定位的結果。當靈敏度設定為 90% 時，DHNN、CSPDarknet53 和形態骨幹模型的 F1 分數分別為 0.9403、0.9321 和 0.8762。DHNN、CSPDarknet53 和形態學骨幹模型的精確度分別為 0.9828、0.9665 和 0.8517。DHNN、CSPDarknet53 和形態學骨幹模型的特異度分別為 94.63%、89.36% 和 90.21%。

▼ 表 29.7　基於靈敏度為 90% 的 F1 分數、精密度和特異度結果

Method	Backbone	F1	Precision	Specificity
Yolov5	CSPDarknet53	0.9321	0.9665	89.36%
Yolov5	DHNN	**0.9403**	**0.9828**	**94.63%**
Yolov5	Morphology	0.8762	0.8517	90.21%

從實驗結果可以發現，DHNN 架構比僅卷積或僅使用形態學的骨幹模型表現出更好的性能。然而，我們想知道所提出的 DHNN 架構在不同子集中的進一步效能。根據病理報告，不同的子集參照息肉的組織學、形態、大小。表 29.8 根據息肉的形態、組織學和大小顯示息肉子集的詳細表現結果。

▼ 表 29.8 整體影像測試資料集的表現指標，根據息肉的組織學、形態學、大小劃分的不同子集

	Recall	Precision	F1-Score
Overall	0.929	0.969	0.949
Histology			
Adenoma	0.958	0.954	0.956
Hyperplasia	0.807	0.843	0.825
Adenocarcinoma	0.966	0.813	0.883
Morphology			
Protruded	0.977	0.926	0.951
Flat	0.881	0.934	0.906
Size			
≥ 5mm	0.927	0.956	0.941
< 5mm	0.895	0.809	0.850

在組織學方面，腺瘤息肉的影像比平均預測更準確，達到了最高的 F1 分數 0.956。在形態方面，有更多變化，使用扁平形態息肉影像進行測試時獲得的 F1 分數遠低於平均值 (0.906)。然而，突出息肉的影像比平均預測更準確，達到了最高的 F1 分數 0.951。小型息肉的檢測難度較大，檢測較大息肉的表現優於檢測較小息肉（F1 分數分別為 0.941 和 0.850）。息肉的組織學、形態和大小分類的混淆矩陣如圖 29.7、圖 29.8 及圖 29.9 所示。

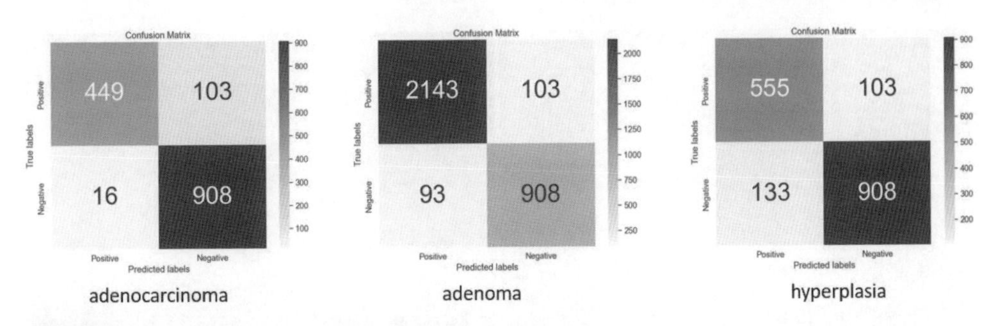

圖 29.7 腺癌、腺瘤和增生分類的混淆矩陣。

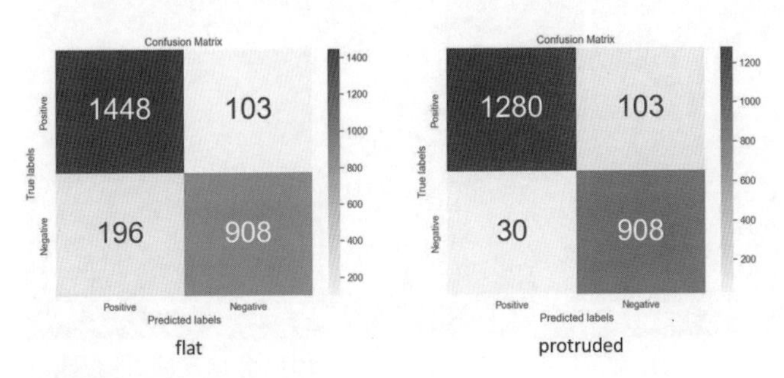

圖 29.8 平面和突出分類的混淆矩陣。

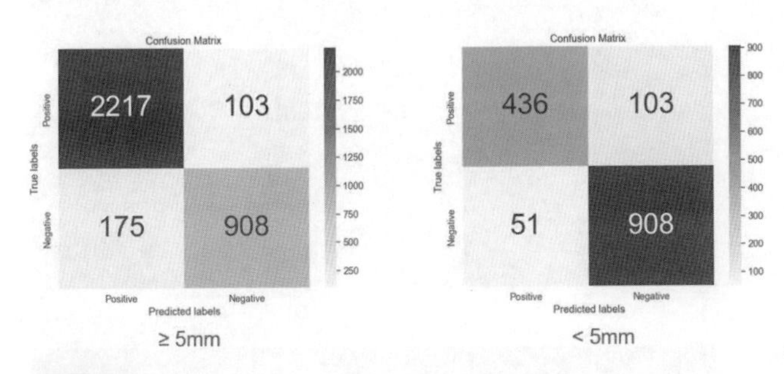

圖 29.9 尺寸小於 5 的混淆矩陣及其他分類。

我們將腺瘤和增生性息肉分為兩種類型：突出的 IS 病變和平坦的 IIa 病變。圖 29.10 和圖 29.11 分別顯示腺瘤突出的 IS 和平坦的 IIa 病變。

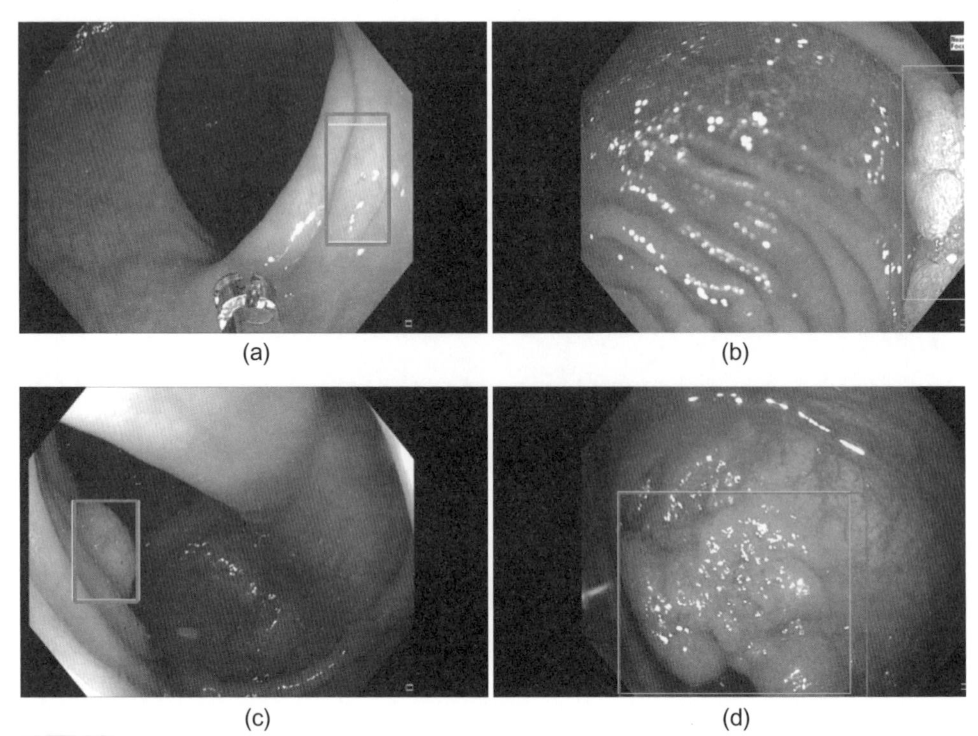

圖 29.10 我們的 DHNN 架構檢測到腺瘤突出的 IS 病變，但原始 YOLOv5 架構無法檢測到。

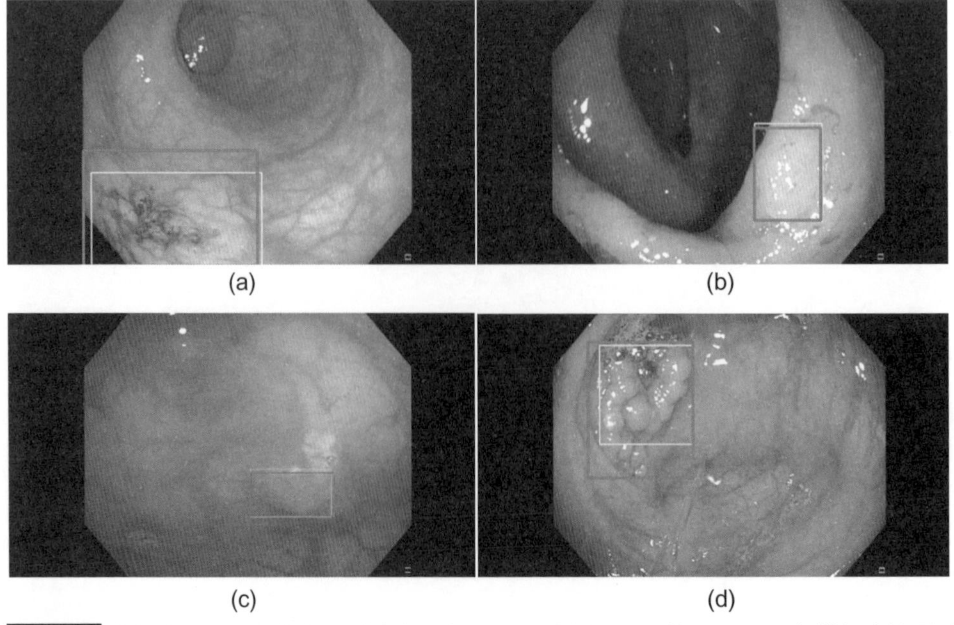

圖 29.11 我們的 DHNN 架構檢測到腺瘤突出平坦 IIa 病變，但原始 YOLOv5 架構無法檢測到。

圖 29.12 顯示增生扁平 IIa 病變。紅色邊界框代表地面實況(Ground Truth)，綠色邊界框是我們的 DHNN 架構偵測到的息肉。值得注意的是，原始的 YOLOv5 架構無法偵測到這些息肉。由此可以得出結論，當息肉的邊界不太明顯時，原始的 YOLOv5 檢測模型較難檢測到息肉。然而，在提取線性和非線性特徵後，它就能偵測到邊界不明顯的息肉。在臨床上，這些邊界不清晰的息肉也更容易被漏診。因此，本文提出的方法可以提高息肉的臨床檢測率（註：您可以連到 https://www.flag.com.tw/DL.asp?F4331 瀏覽「圖 29.10」～「圖 29.12」的彩色圖檔）。

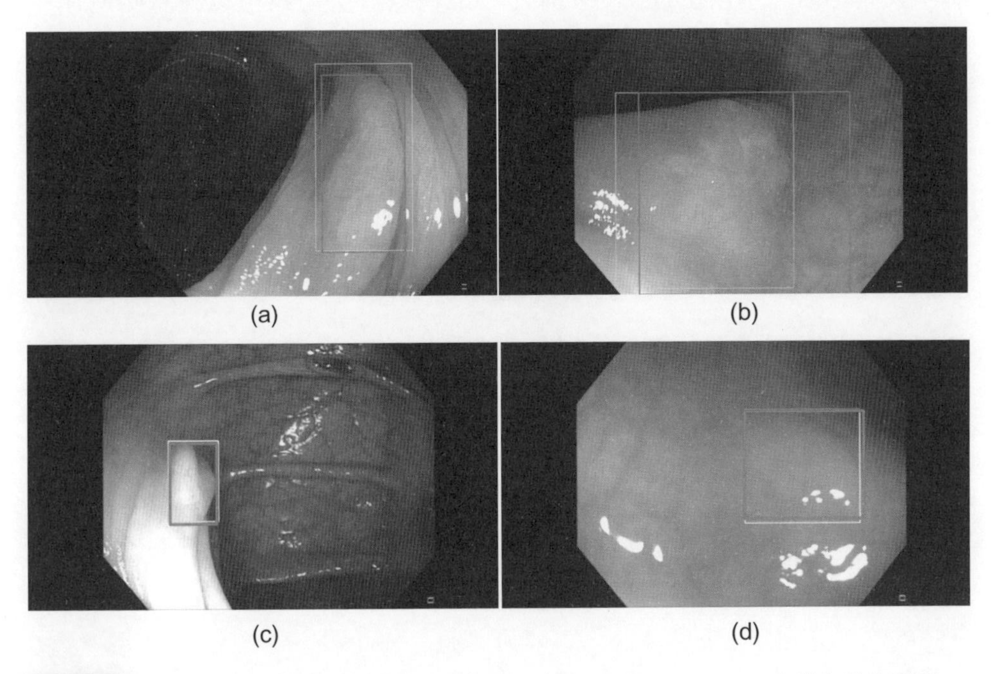

圖 29.12 我們的 DHNN 架構檢測到的增生平 IIa 病變，但原始 YOLOv5 架構無法檢測到。

29.5 結論

本文所提出的深度混合神經網路（DHNN）架構結合了形態學（非線性）和卷積（線性）運算子，旨在增強網路識別和分析影像資料中不同形狀和結構的能力。我們利用九個息肉影像資料集（包括公開資料和我們自己收集的資料）進行實驗，並選擇了三個骨幹模型進行比較。實驗結果表明，所提出的 DHNN 架構在計算複雜度和精確度方面均優於現有最佳架構。我們相信，基於 DHNN 架構的人工智慧解決方案可以在實際應用中成為內視鏡醫師檢測息肉的第二雙眼睛，有效輔助他們提高檢測的準確性和效率。這項創新架構不僅有助於提升息肉偵測的可靠性，還能減少漏檢和誤檢的可能性。

CHAPTER

30

利用全局限制對比度自適應直方圖均衡化增強醫學 X 光影像

在醫學影像領域，準確診斷在很大程度上依賴於有效的影像增強技術，特別是 X 光影像增強技術。現有的方法面臨各種挑戰，例如在強調全局影像特徵時忽略了局部影像特徵，反之亦然。本文提出了一種名為全局限制對比度自適應直方圖均衡化（Global Contrast-Limited Adaptive Histogram Equalization, G-CLAHE）的新方法，專門針對 X 光醫學成像進行最佳化。該方法結合了全局直方圖均衡化（Global Histogram Equalization, GHE）和限制對比度自適應直方圖均衡化（Contrast Limited Adaptive Histogram Equalization, CLAHE）的優點，保留了局部和全局特徵。實驗結果顯示，G-CLAHE 能顯著改進現有最先進的演算法，有效克服其局限性，提高 X 光影像的對比度和品質，從而提升診斷準確性。

30.1 簡介

X 光影像在醫學診斷中提供了大量的訊息，因此廣泛應用於生物醫學和醫療領域。當 X 光束穿過人體時，其初始均勻強度會隨著與不同器官和組織的相互作用而改變。由於人體各器官的衰減能力不同，X 光影像的亮度也有所不同。這些組織根據其衰減 X 光的能力通常可以分為四類，如表 30.1 所示。原始醫學 X 光影像通常對比度較低，使得準確的醫學診斷變得困難。因此，必須使用適當的影像增強方法來提高此類重要影像的品質。

▼ 表 30.1 基於 X 光衰減能力的人體組織類別

Brightness level	Negligible	Low	Middle	High
Category	gas in respiratory, gastrointestinal, and other chamber	Fat	Soft tissues (muscles, solid organ, body fluids)	Bone, calcium salt

研究人員提出了多種影像增強和直方圖均衡化方法。最新的影像增強技術，包括基於 PLIP 的非銳化掩蔽技術，已經面世，以解決傳統掩蔽技術的局限性並提供更佳的增強效果。同態濾波（Homomorphic）是另一種影像增強演算法，它將影像轉換到頻域並應用穩態濾波器（Homeostasis Filter）來提高對比度。然而，此方法可能會導致灰階值的修正，這使得它對 X 光影像增強而言並非理想解決方案。此外，為 X 光影像選擇最有效的穩態濾波器也是一項挑戰。針對醫學 X 光影像，另一種 TV- 同態濾波（TV-Homomorphic）技術被提出來以改進影像增強效果。

多尺度 Retinex 演算法被認為是醫學影像增強的進一步進展。該演算法在 HSV（色調、飽和度、明度）色彩空間中運行，採用多速率取樣技術將顏色與強度分離，從而能夠在不同解析度下進行全面分析。透過結合對比度拉伸和多尺度 Retinex 技術，該方法能夠跨多個尺度增強影像，最終將所有這些尺度的結果合併以重建最終輸出影像。

直方圖均衡化（Histogram Equalization, HE）是一種廣泛使用的影像增強技術，根據其實現方式有多種變化。在其最基本的形式中，它將輸入影像的灰階值映射到輸出影像中。全局直方圖均衡化（Global Histogram Equalization, GHE）使用所有像素值來計算每個像素的新灰階值。然而，這種方法的缺點在於，它會丟失局部影像特徵，並且不區分距離遠近的像素來計算特定像素的新灰階值。此外，由於缺乏評估指標，將其結果與其他方法進行比較是具有挑戰性的。

為了解決 GHE 的問題，局部直方圖均衡化（Local Histogram Equalization, LHE）被提出。LHE 將影像分割成多個圖塊，並對每個圖塊獨立應用直方圖均衡化。雖然這種方法能夠保留局部特徵，但存在雜訊過度放大的問題。為了解決這一問題，限制對比度自適應直方圖均衡化（Contrast Limited Adaptive Histogram Equalization, CLAHE）應運而生。CLAHE 透過使用裁剪限制（Clipping Factor）來控制直方圖累積分佈函數（Cumulative Distribution Function, CDF）的斜率。裁剪限制控制了 CDF 的斜率，從而將直方圖峰值的高值部分剪切並將其分佈在整個灰階範圍內。然而，由於 CLAHE 主要應用於圖塊並關注局部影像特徵，因此它未能考慮全局影像特徵。此外，為了使該演算法正確運作，必須精確選擇裁剪限制和圖塊大小這兩個關鍵參數。

在本文中，我們提出了一種新方法，稱為全局限制對比度自適應直方圖均衡化（G-CLAHE），以利用 GHE 和 CLAHE 的優點並避免它們的缺點。

30.2 全局直方圖均衡化

為了根據預先定義的衡量標準提升影像品質，我們需要在輸入影像上應用特定的運算方法，以獲得增強的輸出影像。這種運算可以直接在空間域中進行，也可以在影像經過變換後在頻率域中進行。常用的頻域轉換方法包括傅立葉轉換（Fourier Transform）、小波轉換（Wavelet Transform）和離散餘弦轉換（Discrete Cosine Transform）。圖 30.1 說明了影像增強的主要步驟。

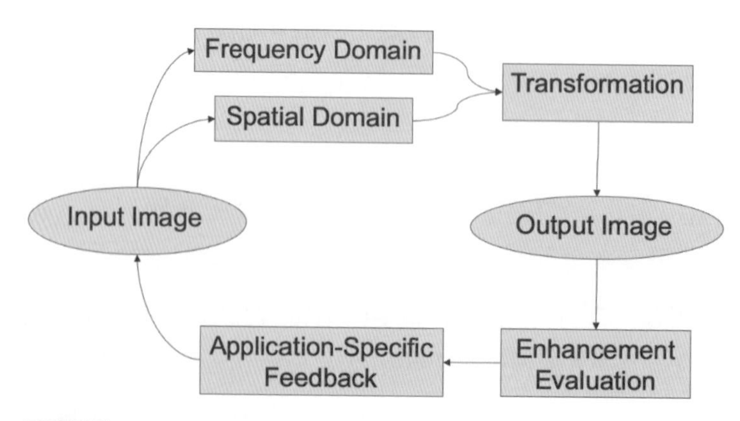

圖 30.1 影像增強的主要步驟。

直方圖均衡化（Histogram Equalization）是一種廣泛應用於影像增強的技術，主要在空間域中進行處理。根據全局直方圖均衡化（Global Histogram Equalization）或自適應直方圖均衡化（Adaptive Histogram Equalization）的實作方式，它可以被視為遮罩或全局算子。其基本原理是透過增加對比度來使影像細節更加清晰。這種演算法透過重新分配像素強度，使直方圖分佈更加均勻。

直方圖均衡化的工作流程如下：

(1) 分析原始影像的直方圖。

(2) 推導出能夠平衡強度分佈的變換函數。

(3) 將這種變換應用於原始影像的強度值，重組影像的強度分佈。

圖 30.2 展示了直方圖均衡化如何改變影像直方圖的大致過程，說明了該技術如何透過重新分配像素強度來增強影像品質。

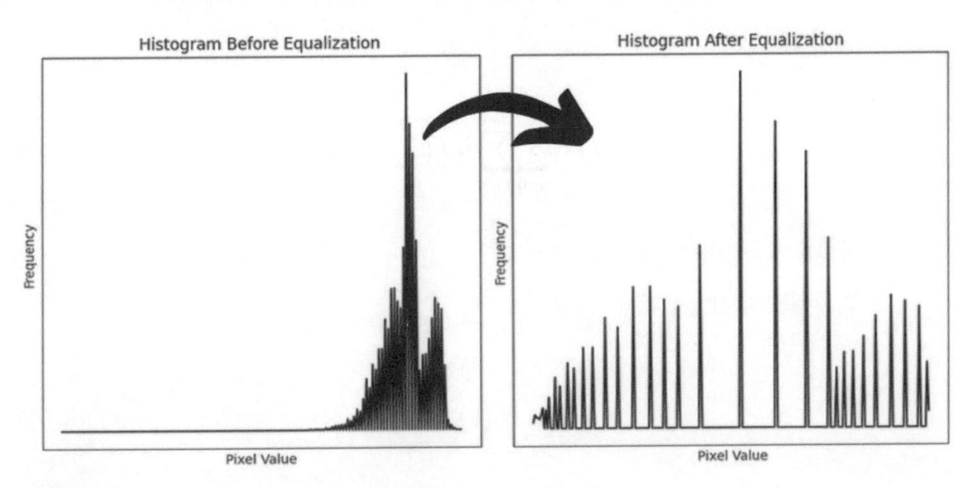

圖 30.2 直方圖均衡化對影像直方圖的影響。

為了描述全局直方圖均衡化演算法，我們採用表 30.2 中所列的符號。

▼ 表 30.2 全局直方圖均衡化演算法中的符號

Symbol	Description
N	total number of pixels of the input image
L	number of unique gray levels ([0-L-1])
W	width of the image in terms of pixels
H	height of the image in terms of pixels
δ	Dirac Delta function in discrete form
I	the input image

全局直方圖均衡化演算法描述如下：

(1) **Compute_Histogram（影像）**：首先，我們需要計算輸入影像的直方圖。它只是意味著對於 [0, L-1] 範圍內的每個灰階，我們計算輸入影像中存在多少具有該特定灰階的像素。每個灰階的直方圖值計算為：

$$H(i)=\sum_{x=0}^{W-1}\sum_{y=0}^{H-1}\delta(I(x,y)-i) \tag{30.1}$$

其中 δ 是離散格式的狄拉克 Delta 函數，$I(x, y)$ 表示位於 (x, y) 的像素。因此，我們有：

$$\sum_{i=0}^{L-1}H(i)=N \tag{30.2}$$

其中 N 是像素總數。例如，尺寸為 5944×3963 的影像和所計算的直方圖如下頁圖 30.3 所示。

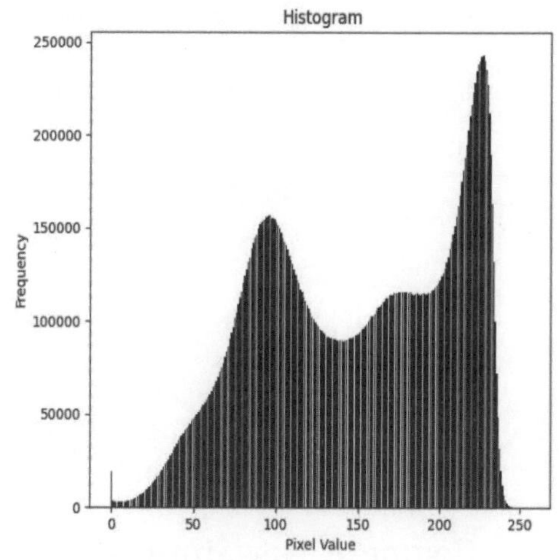

圖 30.3 範例影像的直方圖。

(2) Compute_CDF（直方圖）：在這一步驟中，我們計算直方圖的累積分佈函數（Cumulative Distribution Function, CDF），如下所示。計算所得的圖 30.3 直方圖的 CDF 如圖 30.4 所示。

$$CDF(i) = \sum_{j=0}^{i} H(j) \tag{30.3}$$

很明顯我們有

$$CDF(L-1) = N \tag{30.4}$$

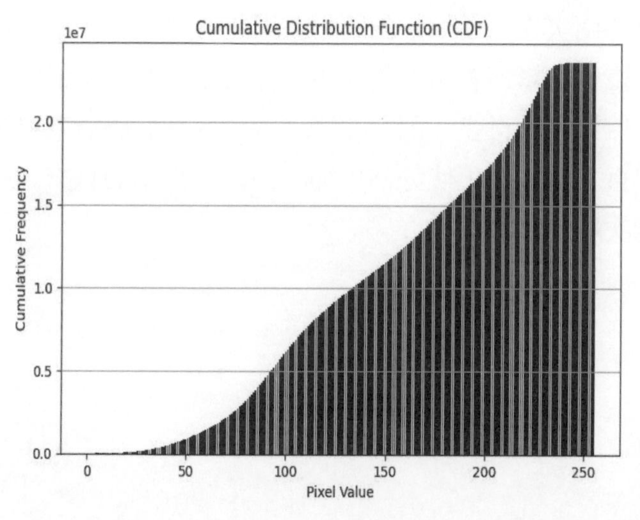

圖 30.4 輸入影像的累積分佈函數。

(3) **正歸化 (CDF)**：在這一步驟中，我們透過以下公式對 CDF 進行正歸化，使得新值在 [0, 1] 範圍內。

$$NCDF\left(i\right)=\frac{CDF\left(i\right)}{N} \tag{30.5}$$

因此，我們有

$$NCDF\left(L-1\right)=1 \tag{30.6}$$

(4) Compute_New_Intensity (NCDF, Image)：新的強度值透過以下方式獲得

$$New\_Intensity\left(p\right)=round\left(NCDF\left[original\_intensity\left(p\right)\right]\times 255\right) \tag{30.7}$$

這個 *round* 函數只是將浮點結果四捨五入到最接近的整數。

(5) Create_Output()：計算出每個像素的新強度後，我們只需用步驟 4 獲得的新值來取代每個像素的原始強度。

圖 30.5 顯示直方圖均衡化如何確實幫助提高影像的對比。在這個例子中，有一個次峰值（如圓圈所示）與主峰值相比明顯較低。要注意的是，這個次峰值有可能傳達出影像的重要意義，但由於第一個峰值的數值比它高得多，因此次峰值很難在影像中清晰可見。不過，在應用直方圖均衡化使分佈更加均勻後，得到的直方圖就能更成功地顯示次峰值了。

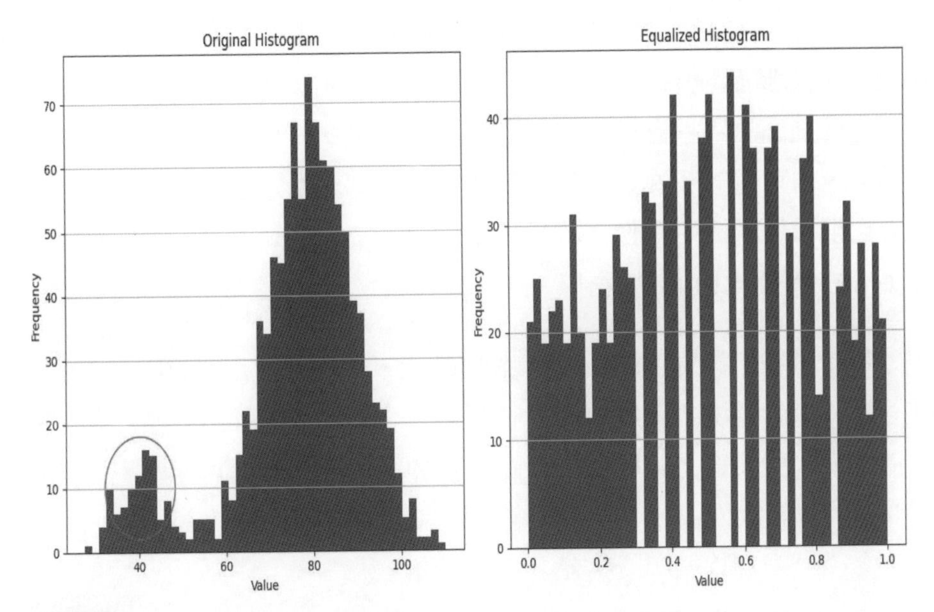

圖 30.5 使用直方圖均衡化來增加對比。

雖然全局直方圖均衡化是一種提高影像對比度的完美演算法，但它只考慮整體影像特徵，並不區分鄰近像素和其他像素。然而，在醫學 X 光影像的某些部分，可能會出現局部鄰近像素比遠處像素更重要的情況。因此，它通常會遺失局部影像特徵。

30.3 自適應直方圖均衡化（Adaptive Histogram Equalization）

自適應直方圖均衡化的基本方法是將影像劃分為較小的區域，這些區域稱為「 圖塊」(tile)，然後對每個圖塊獨立應用直方圖均衡化。因此，在自適應直方圖均衡化中，只有相鄰像素會影響像素的新強度值。作為關鍵參數，圖塊大小的選擇非常重要，通常的做法是 8×8。

AHE 演算法的缺點之一是棋盤效應，因為影像被分成區塊並且每個區塊都是單獨處理的。產生的圖塊邊框周圍的像素可能不完美匹配，因此，邊框周圍的這些區域可能看起來不切實際。一種解決方案是使用雙線性插值，這可以減少在對每個圖塊應用直方圖均衡之後圖塊邊界的人為外觀。它根據最近的四個像素的加權平均值計算這些新的像素值，從而產生更平滑的過渡和更自然的結果。

然而，AHE 可能會導致雜訊過度放大。假設在使用 AHE 演算法時，有一個特定的圖塊中有雜訊，但除此之外，其餘像素強度非常均勻。在這種情況下，由於直方圖均衡化可能會增加對比度，因此可能會導致該特定圖塊中的雜訊放大。

30.4 提出的方法

在本節中，我們首先介紹限制對比度自適應直方圖均衡化（Contrast Limited Adaptive Histogram Equalization, CLAHE），它可以避免雜訊過度放大問題。當 AHE 大幅增加有雜訊的圖塊的對比度時，就會發生雜訊過度放大。CLAHE 透過裁剪限制控制影像直方圖的累積分佈函數 (CDF) 的斜率，以避免對比度過高。如果任兩個相鄰灰階的 CDF 值差異大於裁剪限制，則將其設定為裁剪限制。對於影像直方圖，CLAHE 剪切直方圖的頂部，然後將其重新分佈在整個直方圖上。頂部部分被視為超過裁剪限制的直方圖值。裁切對樣本直方圖的影響如圖 30.6 所示。

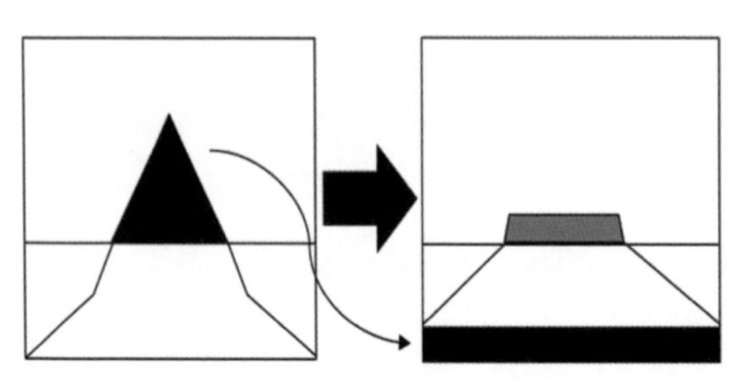

圖 30.6 裁切對樣本直方圖的影響。

然而，CLAHE 的問題在於它純粹關注局部影像特徵，並且對每個局部區域獨立地進行裁剪。然而，在某些情況下，全局影像特徵與局部特徵一樣重要，在這種情況下，CLAHE 的表現會很差，因為它只考慮局部特徵，並且在某些情況下，局部特徵可能沒有意義。CLAHE 的另一個挑戰是應該明智地選擇裁剪限制以使演算法正確執行。

為了解決上述問題，我們提出了全局限制對比度直方圖均衡化（Global-Contrast Limited Adaptive Histogram Equalization, G-CLAHE），以在保留局部影像特徵和全局影像特徵之間找到平衡。

與基於原始影像的傳統評估方法不同，我們的方法根據全局均衡影像評估局部增強。更詳細地說，我們不會將局部增強影像（LEI）與原始影像進行比較來評估增強效果的好壞，而是將其與局部增強影像的全局均衡影像（GEI）進行比較。一般來說，只要局部增強的影像趨向於自身的全局均衡影像，我們就會繼續以基於迭代的方法一遍又一遍地局部增強影像。當 LEI 開始與其 GEI 越來越不相似時，這意味著我們必須停止該演算法。否則，我們將失去影像的全局特徵。

使用影像的全局增強版本作為參考是一個明智的決定，因為與原始影像相比，全域增強影像是更好的評估參考。原因是全局增強影像的對比度已經增加，並且與原始影像相比具有更高的品質，同時保留了全局特徵。因此，與可能具有許多潛在低對比度區域的初始原始影像相比，具有放大的全局對比度的 GHE 結果是更好的參考。

在 G-CLAHE 演算法中，我們使用相似性評估指標來確定何時終止演算法。我們的框架旨在允許適應或選擇任何合適的相似性評估函數。這種基於迭代的演算法的目標是相對於全局增強影像逐步局部增強輸入影像，從而使相似性評估指標最大化。在我們的實驗中，我們採用了各種指標，例如 SSIM、PSNR、MSE、SCI、RMSE 和 MAE。結果證明了演算法在所有這些指標上的有效性。

所提出的 G-CLAHE 演算法描述如下：

```
Algorithm G-CLAHE
Input: Image I, Output: Enhanced Image O
TS = 8, N = 0, LEI = I, Clipping_Factor = 3
GEI = GHE(LEI)
Prev_F = Evaluate_Similarity(GEI, LEI)
While N < (TS * TS – 1):
        GEI = GHE(LEI)
        New_LEI = CLAHE(Cipping_Factor, LEI)
        F = Evaluate_Similarity(GEI, New_LEI)
        If F > Prev_F:
                Prev_F = F
                LEI = New_LEI
                Clipping_Factor += 1
        Else:
                Return (LEI, Clipping_Factor – 1)
        N += 1
Return (LEI, N – 1)
```

首先，計算輸入影像的全局直方圖均衡化並儲存在 GEI（全局增強影像）中。令 N 為演算法的迭代索引，最初設定為 0。裁剪限制最初設定為 3，在迭代過程中，我們打算找到最佳值。讓 LEI 表示最初設定為輸入影像 I 的局部增強影像。此外，我們也計算新 LEI 的 GHE。然後，我們使用相似性評估指標（例如 SSIM）來評估新 LEI 與 GEI 之間的相似性。如果結果比前一次迭代更好，則表示保留了更多的全局特徵。因此，我們更新 LEI 並以更大的裁剪限制運行 CLAHE。如果獲得較低的相似度(SSIM)，演算法將停止並傳回先前的結果。

30.5 實驗結果

在本節中，我們描述實驗中使用的資料集。幾個關鍵的相似性 / 相異性度量用於將我們的演算法與其他方法進行比較。使用大型胸部 X 光影像資料集；其中，1349 張影像用於訓練。這些影像的尺寸從 912×672 到 2916×2663 像素不等。對於實驗，隨機選擇影像以確保結果獨立於特定的影像集。

與 PSNR 或 SSIM 等用於評估兩個影像之間相似性的相似性度量不同，我們採用專注於增強影像的特定特徵的評估度量來定量評估我們提出的方法。雖然相似性度量對於評估兩個影像之間的相似性很有用，但它們並不能完全反映影像增強演算法的有效性。例如，高 PSNR 或 SSIM 值並不一定表示增強影像更適合其預期應用，也不一定保留了邊緣或對比度等重要特徵。因此，我們的評估指標更深入地研究這些方面，以提供對演算法性能更全面的評估。

這些評估指標包括：

(1) **邊緣計數**：使用 Canny 邊緣偵測演算法在增強影像中偵測到的邊緣總數。較高的邊緣計數可能意味著增強的影像清晰度和對比度，因為這意味著增強後可偵測到影像中的更多邊緣。

(2) **邊緣密度**：增強影像中的邊緣密度計算為邊緣像素與總像素的比率。邊緣密度越高表示顯著特徵的存在越明顯。

(3) **熵**：它是增強影像的強度值的隨機性或不確定性的量測。較低的熵值表示更可預測和結構化的像素分佈。

(4) **平均值**：增強影像中像素的平均強度值。平均值越高表示影像越亮。

(5) **平均梯度**：影像上強度值梯度的平均大小。平均梯度值越高，表示強度等級之間的過渡越明顯，從而產生更清晰的影像特徵。

這些指標為我們的演算法檢測邊緣、增強對比度和保持重要影像特徵的能力提供了寶貴的見解。透過定量分析這些方面，我們可以更好地了解我們演算法的性能，並將其與文獻中現有的方法進行比較。

我們使用提到的評估指標將我們的演算法與其他方法進行比較。然而，我們也嘗試了許多不同的相似性指標。結構相似性指數（SSIM）是一種廣泛使用的相似性度量，用於評估兩個影像之間的相似性。與考慮像素差異的 PSNR 不同，SSIM 基於影像的結構資訊、亮度和對比度來計算相似度，並結合了人類視覺系統的特徵。這就是我們更喜歡使用 SSIM 作為評估指標而不是其他指標的原因。SSIM 的結果值在 [-1, 1] 範圍內。表 30.3 描述了不同 SSIM 值的意義。

▼ 表 30.3　SSIM 值說明

Value	-1	0	1
Description	Totally dissimilar images	Not similar images	Totally similar images

我們在實驗中也採用峰值信噪比（PSNR）作為相似性評估指標。它透過計算影像的最大可能功率與影響其表示保真度的破壞雜訊的功率之比來測量重建影像與原始影像相比的品質。PSNR 以分貝 (dB) 表示，數值越高表示影像品質越好。

均方誤差 (MSE) 是衡量兩個影像之間差異的另一個常用指標。它計算兩張影像對應像素之間差異的平方平均值。MSE 值越低表示影像之間的相似度越高。因此，它基本上是一種相異性度量，並且在每次迭代中，與前一次迭代相比，它的減少意味著改進。

結構內容索引 (SCI) 是根據兩個影像的結構資訊來量化其內容差異的指標。它評估增強影像中原始影像結構特徵的保留。

均方根誤差 (RMSE) 與 MSE 類似，但取影像對應像素之間的平均平方差的平方根。它提供了預測值和觀測值之間誤差的平均大小的測量。它基本上可以用作相異性度量。

平均絕對誤差 (MAE) 測量影像對應像素之間的平均絕對差。它也是一個差異度量。

所有上述相似性 / 相異性度量都可以幫助我們定量評估 G-CLAHE 的迭代 / 步驟，以便我們決定何時終止演算法。在一項實驗中，我們隨機選擇 100 張醫學 X 光影像，並分別應用 G-CLAHE 演算法和所有提到的相似性度量。檢測到的邊緣和邊緣密度的結果如表 30.4 所示，其中所有相似性指標都非常接近。這與我們提出的方法完全獨立於所選相似性測量的事實相符。另一方面，透過精確比較邊緣密度，我們可以觀察到具有 SSIM 的 G-CLAHE 能夠偵測到更多的邊緣。

▼ **表 30.4　使用不同相似度量的 G-CLAHE 結果**

	SSIM	PSNR	MSE	SCI	RMSE	MAE
Edge Count	305320.60	303525.80	303310.50	302785.90	303310.50	302534.40
Edge Density	0.1203	0.1195	0.1194	0.1193	0.1194	0.1191

為了進行比較，我們實作了 TV-Homomorphic 方法、PLIP_Unsharp_Masking、Multiscale_Retinex、GHE、CLAHE 和 G-CLAHE。我們也直觀地比較了它們的相應結果。圖 30.7 顯示 GHE、CLAHE 和 G-CLAHE 分別處理的兩張隨機 X 光樣本影像。第一行中，G-CLAHE 實現了 SSIM = 0.95，並獲得了最佳裁剪限制 11。第二行中，G-CLAHE 的 SSIM = 0.94，最佳裁剪限制為 28。很明顯，G-CLAHE 的結果具有最佳的對比表現，細節也更容易分辨。此外，與 GHE 相比，CLAHE 的品質更好。

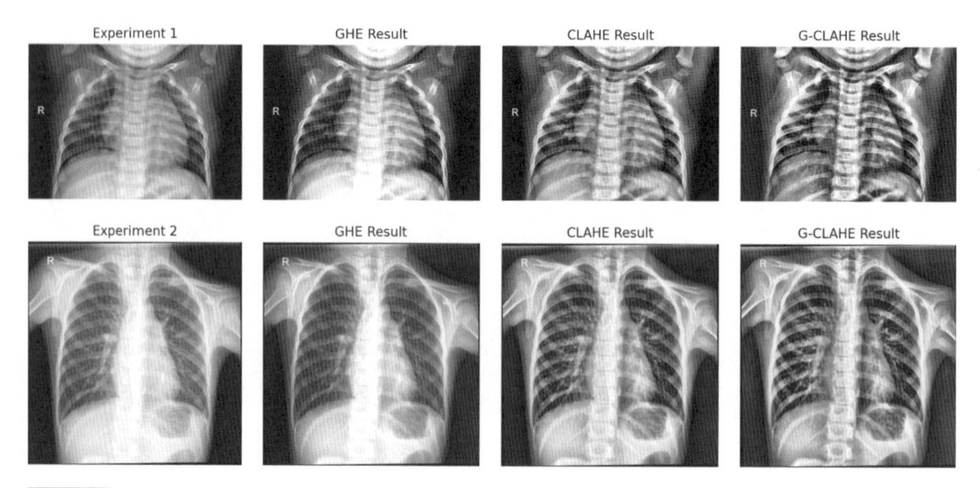

圖 30.7 在兩個樣本 X 光影像上應用 GHE、CLAHE 和 G-CLAHE。

在圖 30.8 中，另一張 X 光影像由 TV-Homomorphic、PLIP_Unsharp_Masking、Multiscale_Retinex 和 G-CLAHE 操作。G-CLAHE 達到 SSIM = 0.97，並獲得最佳裁剪限制 10。TV-Homomorphic 和 G-CLAHE 增強的影像在細節清晰度方面優於其他方法。具體來說，G-CLAHE 是對比度增強的最佳方法，因為它顯示影像中一些次要但非常詳細的部分。

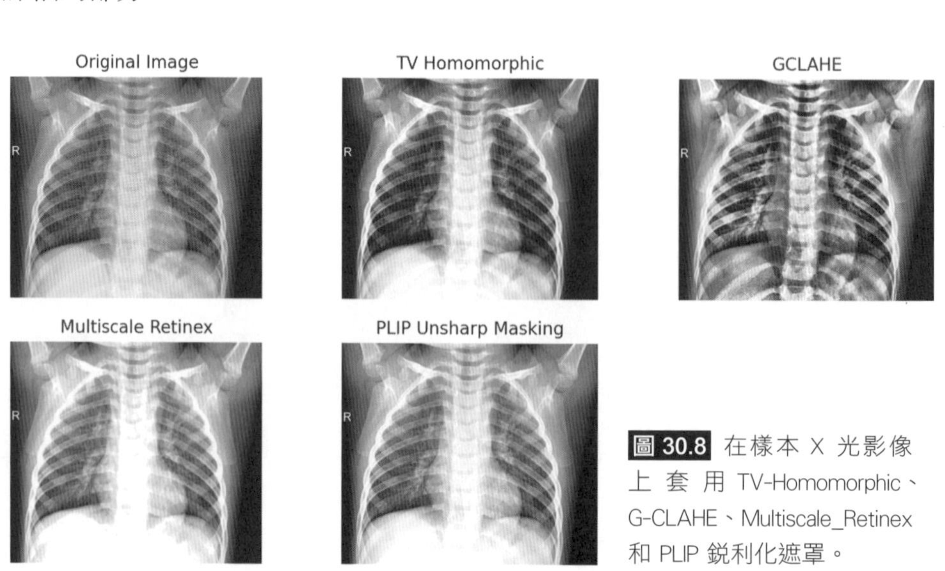

圖 30.8 在樣本 X 光影像上套用 TV-Homomorphic、G-CLAHE、Multiscale_Retinex 和 PLIP 銳利化遮罩。

我們的定性實驗顯示 G-CLAHE 優於其他方法。我們應用 Canny 邊緣偵測來計算每個演算法產生的影像的邊緣矩陣。然後，我們計算邊緣密度以及應用每種演算法可以檢測到的邊緣數量。這些定量評估指標可以幫助我們將 G-CLAHE 與其他方法進行比較。表 30.5 顯示對資料集中 100 多個隨機 X 光影像進行平均的結果。在此實驗中，CLAHE 和 G-CLAHE 的圖塊大小均為 8。此外，CLAHE 的裁剪限制設定為 2。G-CLAHE 所選擇的裁剪限制的平均值為 19。

▼ 表 30.5　G-CLAHE 與其他方法平均結果的定量比較

	Edge Count	Edge Density	Mean value	Entropy	Average Gradient
Original Image	4312.30	0.0020	119.95	7.4337	21.83
GHE	18586.10	0.0073	119.43	7.2869	30.24
CLAHE	40248.60	0.0153	127.20	7.6363	39.33
G-CLAHE	327681.70	0.1161	120.70	7.7622	61.23
TV-Homomorphic	12232.00	0.0146	119.94	5.1129	33.49
Multiscale_Retinex	3556.00	0.0170	139.75	7.4131	34.59
PLIP Unsharp Masking	5391.00	0.0064	130.61	7.4316	30.22

證明了 G-CLAHE 相對於其他方法的優勢後，我們描述了有關 G-CLAHE 關鍵參數的實驗結果。儘管 G-CLAHE 會自動找到最佳裁剪限制，但圖塊大小幾乎仍然是 G-CLAHE 中唯一需要明智選擇的關鍵參數。

我們使用樣本輸入和不同的圖塊大小來運行 G-CLAHE，以比較圖塊大小如何影響原始影像的定性特徵。圖 30.9 顯示應用不同圖塊大小的 G-CLAHE 演算法的結果。據觀察，具有非常小的圖塊尺寸（tile_size = 4）並不是非常有效，並且不能適當地增加影像的對比度。另一方面，具有非常大的圖塊大小 (tile_size = 32) 會導致雜訊過度放大並產生過多的對比。因此，圖塊大小應在適當的範圍內，且此特定資料集的範圍約為 8 到 16。

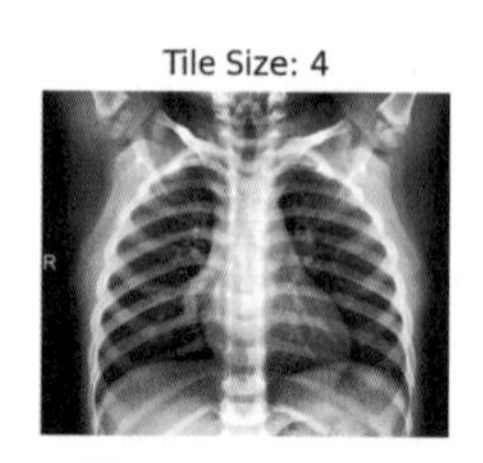

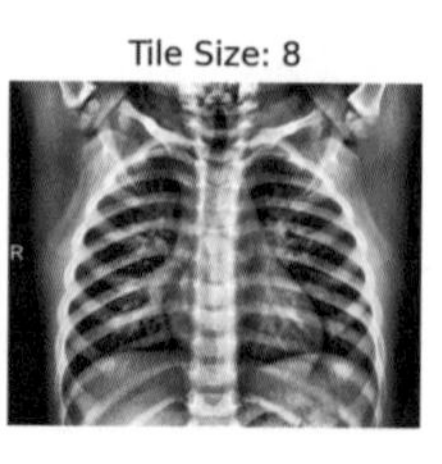

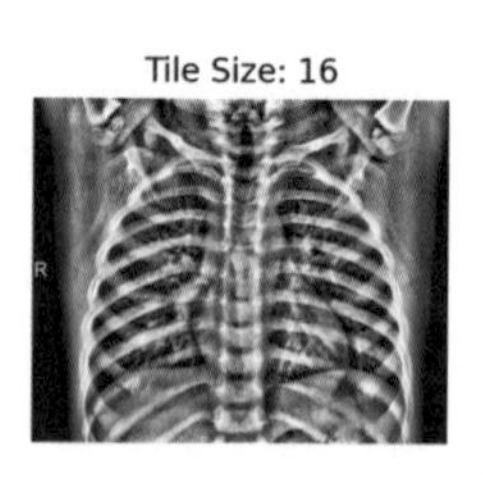

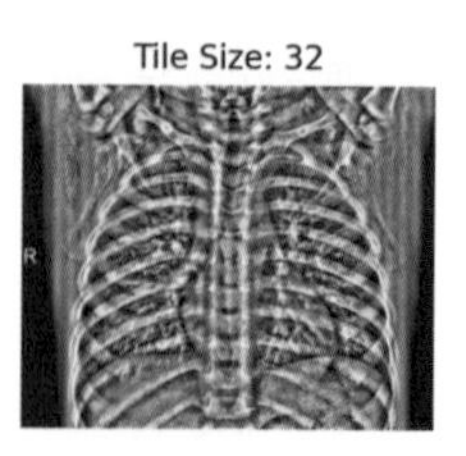

圖 30.9 不同圖塊大小的 G-CLAHE 演算法。

30.6 結論

總之，醫學 X 光影像對於醫學診斷至關重要，但其對比度通常較低。全局限制對比度自適應直方圖均衡化（G-CLAHE）的開發為增強這些影像提供了一種新的方法，專門針對 X 光影像進行優化。透過結合全局直方圖均衡化（GHE）和限制對比度自適應直方圖均衡化（CLAHE）的優勢，G-CLAHE 能夠同時保留局部和全局影像特徵，並避免雜訊過度放大的常見問題。實驗表明，我們的框架不依賴於任何特定的相似性指標。評估結果顯示，G-CLAHE 在增強 X 光影像方面非常有效，為更清晰、更準確的醫療診斷提供了一個前景廣闊的解決方案。

附錄 A

參考文獻

- F. Y. Shih, Digital Watermarking and Steganography: Fundamentals and Techniques, 200 pages, Taylor & Francis Group, CRC Press, Boca Raton, FL, (Edition 1) Dec. 17, 2007, ISBN-10# 1-4200-6950-0, ISBN-13# 978-1420069501; (Edition 2) Jan. 1, 2008, ISBN-10# 1-4200-4757-4, ISBN-13# 978-1420047578.
- F. Y. Shih, Image Processing and Mathematical Morphology: Fundamentals and Applications, 439 pages, Taylor & Francis Group, CRC Press, Boca Raton, FL, 2009, ISBN-10# 1-4200-8943-9, ISBN-13# 978-1420089431.
- F. Y. Shih, Image Processing and Pattern Recognition: Fundamentals and Techniques, 537 pages, Wiley-IEEE Press, ISBN-10: 0-470-40461-2, ISBN-13: 978-0-470-40461-4, 2010.
- F. Y. Shih, Multimedia Security: Watermarking, Steganography, and Forensics, 423 pages, Taylor & Francis Group, CRC Press, Boca Raton, FL, 2013, ISBN: 978-1-4398-7331-1.
- F. Y. Shih, Marching towards Harvard from Taiwan, 施永強 , 留學美國、教育子女、邁向哈佛 , 永望出版社 , 2016, ISBN: 9789574338061.
- F. Y. Shih, Digital Watermarking and Steganography: Fundamentals and Techniques, second edition, Taylor & Francis Group, CRC Press, Boca Raton, FL, 2017, ISBN: 978-1-4987-3876-7.
- F. Y. Shih, Y. Shen, and X. Zhong, "Development of deep learning framework for mathematical morphology," Pattern Recognition and Artificial Intelligence, vol. 33, no. 6, pp. 1954024 (16 pages), June 2019.
- M. Fang, L. Kuo, F. Y. Shih, and S. Taylor, "Sector categorization using gradient boosted trees trained on fundamental firm data," SSRN Electronic Journal, June 2019.
- F. Y. Shih and H. Patel, "Deep learning classification on optical coherence tomography retina images," Pattern Recognition and Artificial Intelligence, vol. 34, no. 8, pp. 2052002 (20 pages), July 2020.
- X. Zhong, P.-C. Huang, S. Mastorakis, and F. Y. Shih, "An automated and robust image watermarking scheme based on deep neural networks," IEEE Trans. Multimedia, vol. 23, pp. 1951-1961, July 2021.
- S. Liu, F. Y. Shih, G. Russell, K. Russell, and H. Phan, "Classification of ecological data by deep learning," Pattern Recognition and Artificial Intelligence, vol. 34, no. 13 pp. 2052010 (20 pages), Dec. 2020.

- S. Liu, X. Zhong, and F. Y. Shih, "Joint learning for pneumonia classification and segmentation on medical images," Pattern Recognition and Artificial Intelligence, vol. 35, no. 5, pp. 2157003 (19 pages), April 2021.
- S. Liu, F. Y. Shih, and X. Zhong, "Classification of chest X-ray images using novel adaptive morphological neural networks," Pattern Recognition and Artificial Intelligence, vol. 35, no. 10, pp. 2157006 (14 pages), Oct. 2021.
- S. Somasunder and F. Y. Shih, "Land cover image segmentation based on individual class binary masks," Pattern Recognition and Artificial Intelligence, vol. 35, no. 16, pp. 2154034 (14 pages), Dec. 2021.
- Y. Yang, F. Y. Shih, and U. Roshan, "Defense against adversarial attacks based on stochastic descent sign activation networks on medical images," Pattern Recognition and Artificial Intelligence, vol. 36, no. 3, pp. 2254005 (17 pages), Mar. 2022.
- C. M. Tsai and F. Y. Shih, "An efficient detection and recognition system for multiple motorcycle license plates based on decision tree," Pattern Recognition and Artificial Intelligence, vol. 36, no. 5, pp. 2250022 (23 pages), May 2022.
- Y. Yang, F. Y. Shih, and I. C. Chang, "Adaptive image reconstruction for defense against adversarial attacks," Pattern Recognition and Artificial Intelligence, vol. 36, no. 12, pp. 2252022 (16 pages), Dec. 2022.
- Y. Shen, F. Y. Shih, X. Zhong, and I. C. Chang, "Deep morphological neural networks," Pattern Recognition and Artificial Intelligence, vol. 36, no. 12, pp. 2252023 (21 pages), Dec. 2022.
- Y. Shen, F. Y. Shih, and H. Chen, "Drug toxicity prediction by machine learning approaches," Pattern Recognition and Artificial Intelligence, vol. 37, no. 10, pp. 2351013 (14 pages), Oct. 2023.
- A. S. Rubel and F. Y. Shih, "FPA-Net: Frequency-guided position-based attention network for land cover image segmentation," Pattern Recognition and Artificial Intelligence, vol. 37, no. 11, pp. 2354015 (20 pages), Nov. 2023.
- C. M. Tsai and F. Y. Shih, "A novel multi-data-augmentation and multi-deep-learning framework for counting small vehicles and crowds," Pattern Recognition and Artificial Intelligence, vol. 38, no. 2, pp. 2452001 (24 pages), Feb. 2024.
- Y. Wu, F. Y. Shih, C. Wang, K. Hsiao, Y. Liu, F. Chang, and E. Yu, "The deep hybrid neural network and an application on polyp detection," Pattern Recognition and Artificial Intelligence, vol. 38, no. 4, pp. 2452009 (21 pages), Apr. 2024.
- S. N. Nia and F. Y. Shih, "Medical X-ray image enhancement using global contrast-limited adaptive histogram equalization," Pattern Recognition and Artificial Intelligence, vol. 38, no. 12, pp. 2457010 (17 pages), Dec. 2024